多轴数控加工中心编程与加工从入门到精通

张喜江　编著

化学工业出版社

·北京·

本书从多轴加工中心（主要针对4轴、5轴）的编程基础讲起，详细介绍了多轴加工零件时UG NX软件的编程、后置处理定制、多轴零件的Vericut软件的仿真、多轴加工中心的具体操作和加工。书中通过许多典型案例详细阐述多轴加工的编程与操作实用技能，案例按照多轴零件的实际加工过程，从零件图分析、制定工艺过程、机床操作、编程、加工仿真，到机床加工的流程来安排。随书二维码中，附带各种类型机床的仿真项目，供读者练习编程使用。

在本书的案例中，提供了作者多年来多轴加工中的经验，侧重介绍多轴加工中心机床的加工，介绍了如何通过最优的对刀方法来简化编程操作，或通过编程手段来简化对刀操作，从而实现最优的多轴加工工艺。

本书可作为各工厂、企业从事多轴加工的培训教材，适用于多轴加工编程及仿真应用的中、高级用户，可作为各类中、高职高专院校的机械、模具、机电及相关师生教学培训的教材和作为应用型本科工程训练培训的教材，也可作为数控加工从业人员自学多轴加工的参考资料。

图书在版编目（CIP）数据

多轴数控加工中心编程与加工：从入门到精通/张喜江编著.—北京：化学工业出版社，2020.6（2025.2重印）

ISBN 978-7-122-36246-9

Ⅰ.①多… Ⅱ.①张… Ⅲ.①数控机床加工中心-程序设计②数控机床加工中心-加工 Ⅳ.①TG659

中国版本图书馆CIP数据核字（2020）第030159号

责任编辑：张兴辉　毛振威　　　装帧设计：王晓宇

责任校对：张雨彤

出版发行：化学工业出版社（北京市东城区青年湖南街13号　邮政编码100011）

印　　装：北京天宇星印刷厂

787mm×1092mm　1/16　印张22½　字数602千字　　2025年2月北京第1版第5次印刷

购书咨询：010-64518888　　　售后服务：010-64518899

网　　址：http://www.cip.com.cn

凡购买本书，如有缺损质量问题，本社销售中心负责调换。

定　　价：89.80元

前　言

近年来，随着我国国民经济的迅速发展，4 轴、5 轴联动机床不仅在军工企业得到普及，在中小企业也开始普遍装备多轴机床。针对不同的客户需求，市场上出现了种类繁多的多轴机床，从低端的 5 轴雕刻机到高档的进口 5 轴机床，如同雨后春笋般地出现在各类机械加工企业中。作为数控加工的辅助工具，CAM 编程软件也纷纷推出多轴编程模块以适应多轴加工的需求。为适应社会需求，大量从事数控加工的技术人员需要学习 5 轴编程与操作技术。本书就是在这种背景下，结合笔者长期从事数控加工生产与教学经验编写的。

本书从多轴加工中心的编程基础讲起，详细介绍了多轴加工零件时 UG NX 软件的编程、后置处理定制、多轴零件的 Vericut 软件的仿真、多轴加工中心的具体操作和加工，这里多轴主要是针对目前制造业 4 轴、5 轴加工中心而言的。同时，书中通过几个典型案例进一步阐述了多轴加工的编程与操作技术。案例按照多轴零件的实际加工过程，从零件图分析、制订工艺过程、机床操作、编程、加工仿真，到机床加工的流程来安排。多轴加工技术具有很强的系统连贯性，特别是 5 轴编程涉及很多方面的知识。为便于读者系统学习多轴加工技术，本书以典型零件的实际加工流程为主线，通过零件的工艺分析、机床操作、编程、虚拟仿真等环节来详细介绍了 4 轴、5 轴加工的编程与操作。

为了便于拓展学习，书中附录了很多 4 轴、5 轴零件图。随书二维码可扫描下载素材，包括各种类型机床的仿真项目，书中所有案例配有 Vericut 项目文件，部分项目配有 UG 后处理文件，提供图纸或实体文件，供读者练习编程使用。

在本书的案例中，提供了笔者多年来多轴加工中的经验，侧重介绍多轴加工中心机床的加工，介绍了如何通过最优的对刀方法来简化编程操作，或通过编程手段来简化对刀操作，从而实现最优的多轴加工工艺。

本书可作为各工厂、企业从事多轴加工的培训教材，适用于多轴加工编程及仿真应用的中、高级用户，可作为各类中、高职高专院校的机械、模具、机电及相关师生教学培训的教材和作为应用型本科工程训练培训的教材，也可作为数控加工从业人员自学多轴加工的参考资料。

由于 5 轴数控系统的控制功能不断增加和完善，CAD/CAM 软件也不断地推出更新更高档的版本，因此多轴加工工艺也在不断地更新、完善当中。限于笔者水平，书中不妥之处，欢迎读者提出宝贵意见。

编著者

目　录

第 1 章

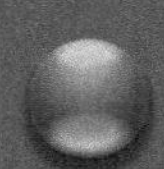

多轴加工的相关基础知识介绍

1.1 常见多轴加工中心机床种类及加工特点

通常所说的多轴铣床包括 4 轴加工中心、5 轴加工中心、5 轴车铣复合机床，本书主要介绍 4 轴加工中心、5 轴加工中心机床的编程与操作技术。多轴机床种类很多，它们具有不同的机械结构，不同的加工特点。5 轴数控机床配套的数控系统，常见的有海德汉、西门子、法那科、华中等系统，为适应多轴加工编程的需要，几乎所有的数控系统都开发了和多轴加工相适应的特殊指令或循环。对于 5 轴编程熟悉这些特殊指令或循环，无论手工编程还是 CAM 编程，都是非常必要的、重要的工作。只有充分了解多轴机床的结构特点，熟悉数控系统编程指令，才能充分发挥多轴机床的加工特点，更好地完成加工任务。发达国家在数控加工领域已经大量采用多轴机床，即使在 3 轴铣床上可以加工的零件，为提高加工效率和加工精度，也要在 5 轴（或 4 轴）机床上加工。

（1）4 轴卧式加工中心（图 1-1）

加工特点：通常用于箱体、支架类零件加工，主要加工大、中型零件。卧式加工中心一般带有交换工作台、大容量刀库，便于复杂零件的批量加工，减少加工辅助时间。

图 1-1　4 轴卧式加工中心

(2) 4 轴立式加工中心（图 1-2）

加工特点：通常由 3 轴加工中心附加回转工作台（图 1-3）组成，可使用尾座顶尖，便于轴类零件的铣削。立式加工中心的刀库容量一般不超过 30 把，常用于小型零件、细长零件的铣削。

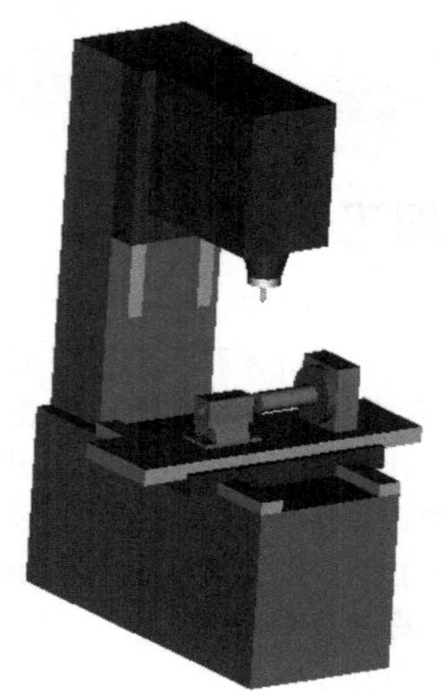

图 1-2　4 轴立式加工中心

图 1-3　回转工作台

(3) 5 轴双转台加工中心（图 1-4）

加工特点：适用于加工小型、轻型工件，工艺性较好，能较好完成孔的钻、扩、铰、镗、攻螺纹等加工。常用于复杂箱体、精密机械零件、模具的加工。经济型 5 轴双转台加工中心通常由 3 轴加工中心附加 A、C 轴回转工作台（图 1-5）组成，常用于加工精度要求不高的小型零件。

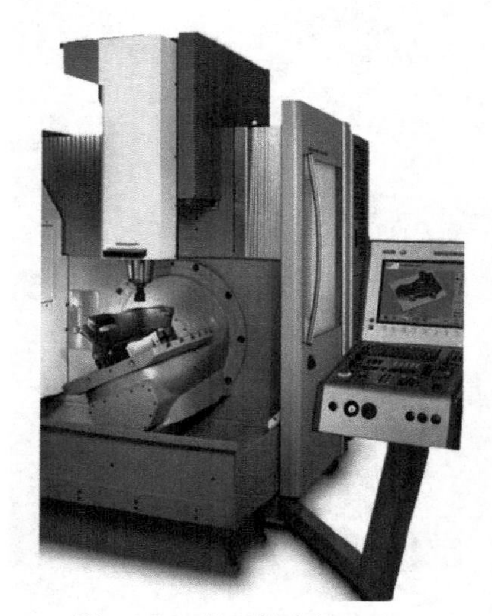

图 1-4　5 轴双转台加工中心

图 1-5　回转工作台

(4) 5 轴双摆动主轴头（图 1-6）

加工特点：适用于大型、重型工件。机床结构一般为龙门式，常用于大型模具、飞机机翼等的加工。

（5）5 轴旋转工作台＋摆动主轴头（图 1-7）

加工特点：由于减少了旋转轴、摆动轴的叠加，提高了机床刚性。适合叶轮、支架类中小型零件加工。

图 1-6　5 轴双摆动主轴头

（6）非正交 5 轴加工中心

非正交 5 轴加工中心由于机床结构的特殊性，使得机床整体结构紧凑、操作灵活、刚性较好。常见的非正交机床有：非正交 5 轴双转台加工中心，见图 1-8；非正交 5 轴双摆头加工中心，见图 1-9；非正交 5 轴一转台一摆头加工中心，见图 1-10。这些特殊结构的 5 轴机床，都是为适应某一类产品的加工要求开发的。选择合适的机床，是多轴编程的第一步，熟悉每种机床的加工特点，是 5 轴加工的基础。

图 1-7　5 轴旋转工作台＋摆动主轴头

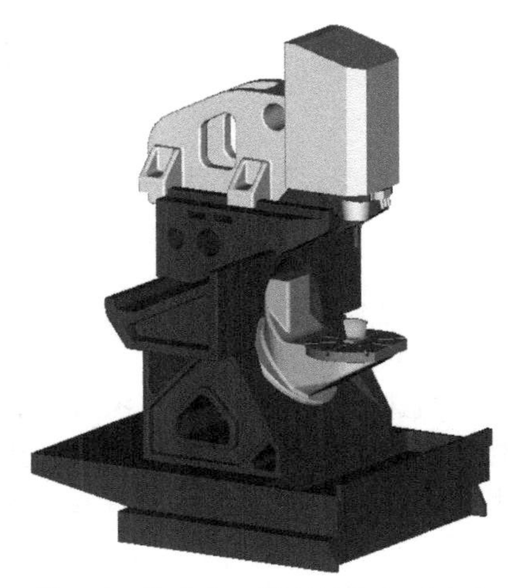

图 1-8　非正交 5 轴双转台加工中心

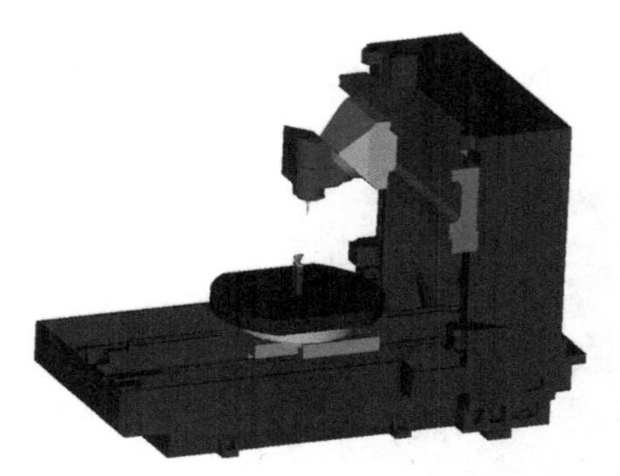

图 1-9　非正交 5 轴双摆头加工中心

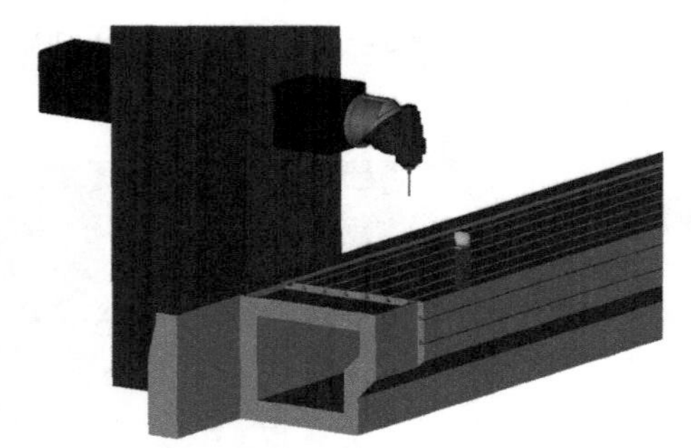

图 1-10　非正交 5 轴一转台一摆头加工中心

1.2　机床坐标系

机床坐标系是为了确定工件在机床上的位置、机床运动部件的特殊位置以及运动范围等而建立的几何坐标系，是机床上固有的坐标系。在机床坐标系下，始终认为工件静止，而刀具是运动的，通俗讲就是“刀具绕着工件转”。

标准机床坐标系采用右手直角笛卡儿坐标系，其坐标命名为 X、Y、Z，常称为基本坐标系，如图 1-11 所示。其规定遵循右手定则，伸出右手的大拇指、食指和中指，并互相垂直，则大拇指的指向为 X 坐标的正方向，食指的指向为 Y 坐标的正方向，中指的指向为 Z 坐标的正方向。围绕 X、Y、Z 坐标轴或与 X、Y、Z 坐标轴平行的坐标轴线旋转的圆周进给坐标分别用 A、B、C 表示，根据右手螺旋定则，大拇指的指向为 X、Y、Z 坐标中任意一轴的正向，则其余四指的旋转方向即为旋转坐标 A、B、C 的正向，如图 1-11 所示。

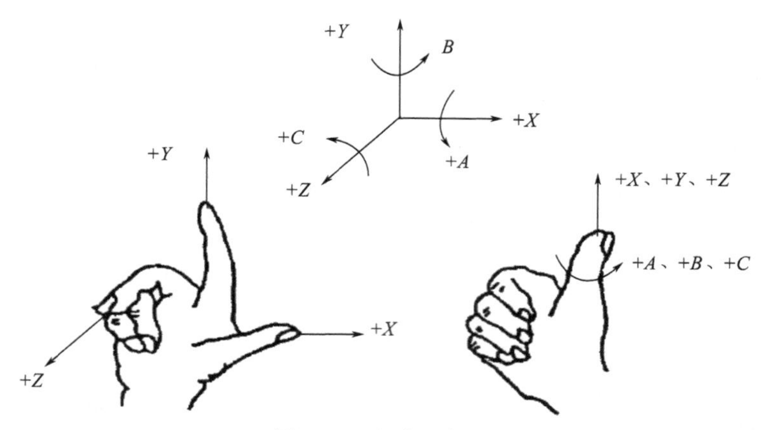

图 1-11　机床坐标系

了解多轴加工中心机床上的几个特征点，有助于更好地理解坐标系。

（1）机床参考点

机床参考点由机床厂家设定，不允许用户修改。对于半闭环机床通常是在参考点处安装行程开关，对于闭环机床则是在光栅尺上标记一个特殊的刻度作为参考点。通常在数控机床上，机床参考点与机床原点是重合的，这时的返回参考点操作也可称之为“回零”。

（2）机床零点

机床坐标系的原点称为机床零点，机床零点是机床上的一个固定点，一般由制造厂家确定，它是其他所有坐标系，如工件坐标系、编程坐标系的基准点。用户只有经过厂家授权才可调整机床零点，机床零点的设定，是通过调整机床参数，从而使机床零点和机床上的某个特征点重合。机床零点的设置一般遵循两个原则：一是简化机床操作，提高操作灵活性；二是保证机床运行具有较高的安全性。

(3) 刀长基准点

测量刀具真实长度的点，通常在主轴端面和主轴轴线的交点，如图 1-12 所示。

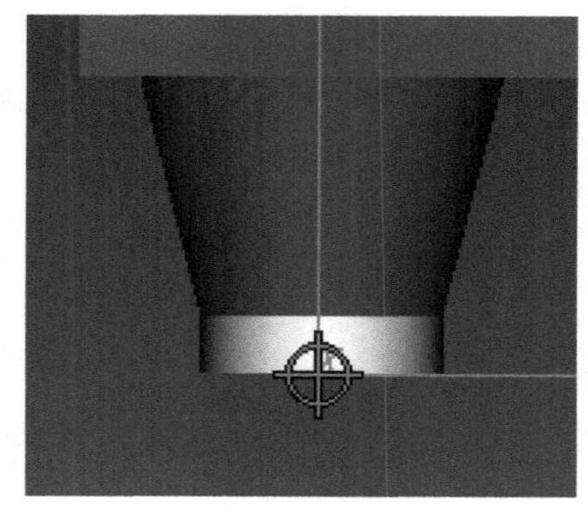

图 1-12　刀长基准点

(4) 工件零点

工件坐标系是用于确定工件几何要素（点、直线、圆弧）的位置而建立的坐标系，工件坐标系的零点即工件零点。工件零点的设置应遵循以下原则：简化编程、便于对刀。

立式 4 轴加工中心的编程零点一般在第 4 轴的轴线和回转工作台表面的交点。

立式双旋台 5 轴加工中心的编程零点一般在第 4 轴的轴线和第 5 轴轴线的交点。

双摆头 5 轴加工中心的编程零点一般在工件上的某个特征点，设定原则类似 3 轴机床。

一摆头一旋转台 5 轴加工中心的编程零点一般在回转工作台的表面中心点。

1.3　多轴加工中心的对刀

在数控机床上，对刀的具体任务就是建立工件坐标系和确定刀具长度补偿值。图 1-13、图 1-14 是 FANUC-0i 系统存放对刀数据的两个界面，分别是工件坐标系界面和刀具补偿界面。

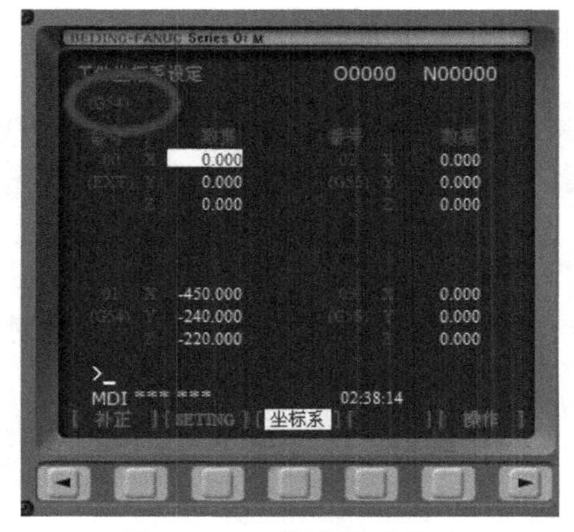

图 1-13　工件坐标系界面

工具补正　O　N

番号	形状(H)	摩耗(H)	形状(D)	摩耗(D)
001	0.000	0.000	0.000	0.000
002	0.000	0.000	0.000	0.000
003	0.000	0.000	0.000	0.000
004	0.000	0.000	0.000	0.000
005	0.000	0.000	0.000	0.000
006	0.000	0.000	0.000	0.000
007	0.000	0.000	0.000	0.000
008	0.000	0.000	0.000	0.000

现在位置(相对座标)

X -500.000　Y -250.000　Z 0.000

S 0　T

MEM **** *** ***

图 1-14　刀具补偿界面

1.3.1　相对对刀与绝对对刀

相对对刀，是指直接确定刀尖与工件零点的相对位置的一种对刀方法，直接测出图 1-15 中所示的刀具长度补偿即可。

绝对对刀，则要分 2 步，首先确定工件零点相对于机床零点的位置，再确定刀尖点相对于刀长基准点的长度。如图 1-16 所示，要分别测出刀具长度和工件坐标系偏置。

采用相对对刀，要在工件装夹好后，在机床内部进行，需要占用一定的加工辅助时间。但是由于操作简单，在立式 4 轴加工中心上普遍采用相对对刀。采用绝对对刀，则可以减少对刀次数，降低对刀失误所带来的加工风险。采用绝对对刀方式，通常要配备光学对刀仪，以减少机床加工辅助时间，如果有机内对刀仪，那么对刀将变得非常轻松。

在高档机床上，一般采用绝对对刀。对于经济型 4 轴、5 轴机床，一般采用相对对刀。

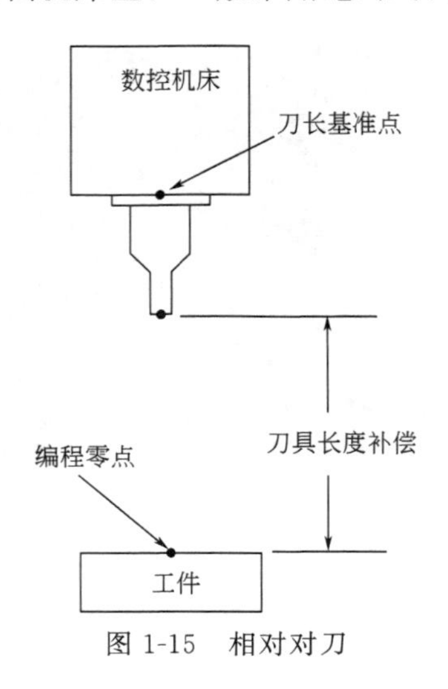

图 1-15 相对对刀

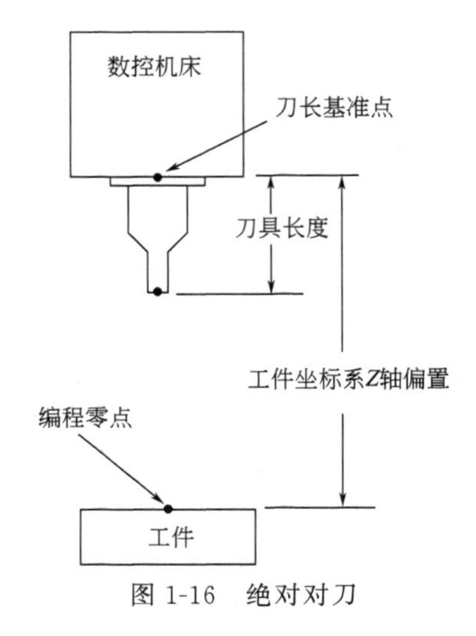

图 1-16 绝对对刀

1.3.2 常见对刀工具

(1) 对刀棒

可用来确定编程零点的 X 轴、Y 轴、Z 轴坐标偏置和刀具长度补偿。一般采用直径是整数的圆柱销，亦有用对刀块来代替对刀棒的。对刀棒价格低廉，使用方便，广泛应用于小型加工企业。

图 1-17 光电式寻边器

例如 $\phi10$、$\phi6$ 的对刀棒和 8×8 的对刀块。

(2) 寻边器

用来确定编程零点的 X 轴、Y 轴坐标偏置。由于寻边器有一定的缓冲距离，对刀安全系数要比对刀棒高，操作要求比对刀棒低。常见的寻边器有光电式寻边器（图 1-17）和机械式寻边器（图 1-18）。

(3) Z 轴设定仪

用来测量刀具长度补偿。由于 Z 轴设定仪有一定的缓冲距离，对刀安全系数要比对刀棒高，操作要求比对刀棒低，见图 1-19。

图 1-18 机械式寻边器

图 1-19 Z 轴设定仪

(4) 百分表

用来测量工件编程零点的 X 轴、Y 轴、Z 轴坐标偏置，见图 1-20。

(5) 杠杆表

杠杆表的功能同百分表，用来测量狭小区域的位置。例如测量孔心的坐标、沟槽的坐标，见图 1-21。

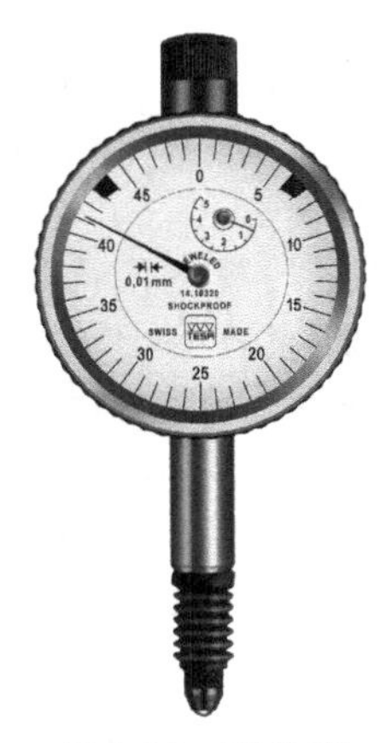

图 1-20　百分表

图 1-21　杠杆表

(6) 光学对刀仪（图 1-22）

在绝对对刀方式中，光学对刀仪用于确定刀具长度。在使用前要使用标准长度的验棒进行校对，以确保刀具长度的准确性。

(7) 机内对刀仪（图 1-23）

通过调用对刀程序，数控系统自动测量刀具长度，并输入到指定的长度补偿寄存器中。机内对刀的出现，降低了操作工人的劳动强度，减少了人为的对刀失误，进一步提高了数控机床的加工效率。机内对刀是数控加工的发展方向，中高档加工中心大都配备机内对刀仪。

(8) 红外测头（图 1-24）

绝对对刀方式中，红外测头一般用来自动测量工件编程零点的坐标偏置。通常采用宏程序实现自动测量，并把对应的坐标偏置值输入到指定的寄存器中。

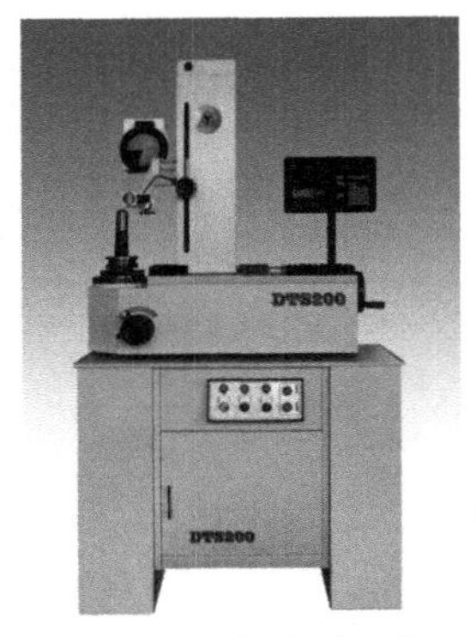

图 1-22　光学对刀仪

图 1-23　机内对刀仪

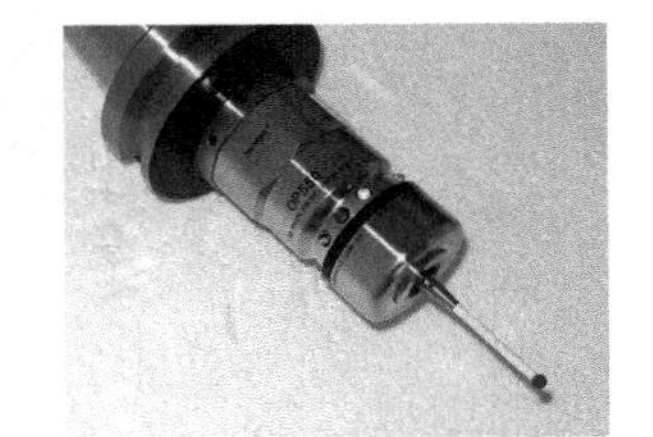

图 1-24　红外测头

1.4　5 轴编程的高档功能 RTCP 与 RPCP

5 轴联动数控系统相对 3 轴数控系统增加了两个回转坐标，使得刀具轴线的控制更加灵活，从而保持最佳的切削状态，有效避免刀具干涉。5 轴加工中心的功能更加强大，一次装夹就可以完成复杂箱体、异形曲面的加工。但是由于增加了两个回转坐标，使 5 轴联动的数学模型相对 3 轴联动的数学模型要复杂许多。因此，相对 3 轴数控系统，5 轴数控系统也增加了许多功能，比较典型的功能是：三维空间刀具半径补偿、三维曲线的样条插补功能、RTCP 功能等。

5 轴联动加工中心的机械机构形式多种多样，但是大致可以分成下面三种形式（图 1-25）：一是两个转动坐标直接控制刀具轴线的方向（双摆头结构）；二是两个转动坐标直接控制工件的旋转（双转台结构）；三是两个转动坐标一个作用在刀具上，一个作用在工件上（摆头、转台结构）。无论何种结构形式的五轴机床，都有一个共同的特点，就是刀具中心和旋转主轴头（或工作台）的中心都有一个距离（图 1-26），这个距离称为枢轴中心距，由于这个距离的存在，使得 5 轴数控系统零件程序的编制存在其特殊性，那就是如果对刀具中心编程，转动坐标的运动将导致平动坐标的变化，产生了一个位移。通常消除这个位移有两种办法：一种是在后置处理中添加这个枢轴中心距；另一种就是直接调用数控系统的 RTCP 和 RPCP 功能。对于高档的数控系统，大都带有类似 RTCP 或 RPCP 功能的循环指令。

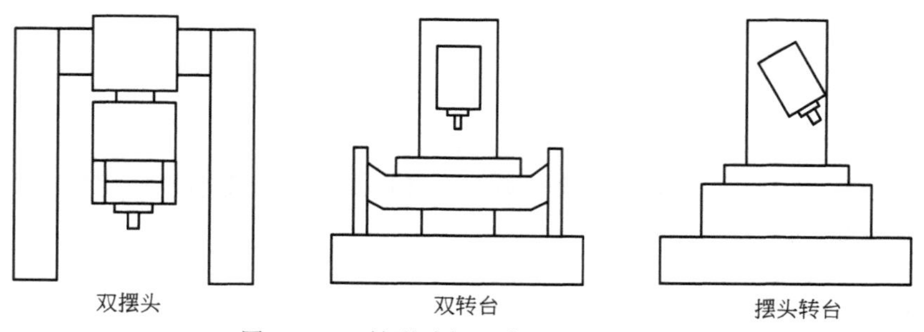

图 1-25 5 轴联动加工中心的机械机构

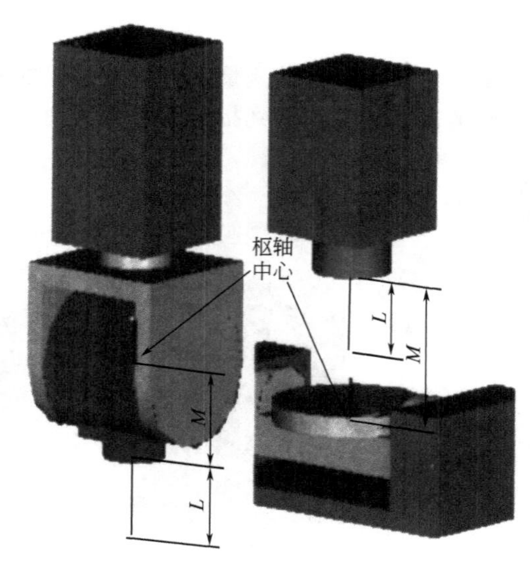

图 1-26 枢轴中心距

1.4.1 RTCP 应用介绍

RTCP（rotation around tool center point）是 5 轴机床（双摆头结构）刀具旋转中心编程的简称。RTCP 功能应用在双摆头结构形式的机床上，目前高档的双摆头 5 轴数控系统都可以在一般模式（非RTCP模式）和RTCP模式下进行编程。在非RTCP模式下编程，要求机床的转轴中心长度正好等于书写程序时所考虑的数值，每一次更换刀具都要求重新书写程序。而如果启用RTCP功能后，控制系统会自动计算并保持刀具中心始终在编程的*XYZ*位置上，转动坐标的每一个运动都会被*XYZ*坐标的一个直线位移所补偿。相对传统的数控系统而言，一个或多个转动坐标的运动会引起刀具中心的位移，而对带有RTCP功能的数控系统而言，可以直接编程刀具中心的轨迹，而不用考虑枢轴的中心距，这个枢轴中心距是独立于编程的，是在执行程序前由显示终端输入的，与程序无关。从运行方式上看，数控系统在启动RTCP功能的情况下，每插补一次都进行一次补偿计算，将补偿后的计算值作为插补结果输出到数控系统中。

对于普通双转台5轴加工中心的工艺过程是：零件图纸—制订工艺过程—机床操作（测量零件在机床中的位置）—编程（根据零件实际位置）—仿真—实际加工。对于带有RTCP功能的双转台5轴加工中心，其工艺过程和3轴加工中心相同：零件图纸—制订工艺过程—编程—机床操作（测量零件在机床中的位置）—仿真—实际加工。不同的数控系统厂商会采用不同的功能代码或循环指令去实现RTCP功能。

图1-27所示是打开RTCP功能时，更换刀具前加工叶片。更换刀具后加工叶片如图1-28所示。

图1-27 刀具更换前加工叶片

图1-28 刀具更换后加工叶片

1.4.2 RPCP应用介绍

RPCP是5轴机床（双转台结构）工件旋转中心编程（rotation around part center point）的简称。RPCP与RTCP功能类似，不同的是该功能是补偿工件旋转所造成的平动坐标的变化。RPCP功能应用在双转台形式的机床上，目前高档的双转台5轴数控系统都可以在一般模式（非RPCP模式）和RPCP模式下进行编程。在非RPCP模式下编程，要求必须先测量机床的回转轴中心和工件的相对位置，工件的每一次装夹调整都要求重新书写程序。而一摆头、一转台形式的机床是上述两种情况的综合应用。从运行方式上看，数控系统在启动RPCP、RTCP功能的情况下，每插补一次都进行一次补偿计算，将补偿后的计算值作为插补结果输出到数控系统中。

简单地说，就是不带RPCP功能的数控系统，必须先装夹工件并对刀，而后才能根据对刀数据输出编程。而带有RPCP功能的数控系统，则可以和3轴加工一样，先输出程序，而后再对刀、加工零件。

打开RPCP功能时，零件装夹位置变动后，只需重新对刀，而不用重新编程就能继续加工零件，如图 1-29、图 1-30 所示。

图 1-29　工件装夹位置 1

图 1-30　工件装夹位置 2

在 5 轴一转一摆机床上，同时打开 RPCP 与 RTCP 功能时，在更换刀具和零件装夹位置前后，加工叶片如图 1-31、图 1-32 所示。

图 1-31　更换刀具和零件装夹位置前

图 1-32　更换刀具和零件装夹位置后

不同的数控系统厂商会采用的不同的功能代码或循环指令去实现 RPCP、RTCP 功能。例如海德汉 iTNC530 数控系统采用 M128（刀尖跟随功能）和循环指令 CYCL19（倾斜面加工）功能来实现 RPCP、RTCP 功能；在西门子 840D 中，使用 TRAORI 来实现 RPCP、RTCP 功能；华中数控也开发了带有 RPCP、RTCP 功能的高端数控系统。

RTCP 与 RPCP 功能的应用，提高了程序的通用性，使编程可以提前进行，缩短了加工辅助时间，提高了 5 轴数控机床的加工效率。

第 2 章

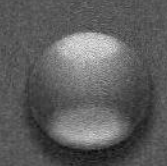

4轴加工中心的操作、编程与仿真

2.1 立式 4 轴加工中心操作与编程基础

2.1.1 4 轴加工中心的坐标系统

(1) 机床零点

立式 4 轴加工中心的机床通常由一台 3 轴加工中心附加一个回转工作台组成，机床零点默认在机床工作台的右上角，见图 2-1。

提示：为简化操作与编程，机床零点一般设在回转工作台表面中心点，见图 2-2。对于 FANUC-0i 系统，可以通过修改以下系统参数重新设置机床零点。如果系统的换刀程序和机床零点相关联，则要慎重修改。如果系统的换刀程序和机床的参考点相关联，则不会影响换刀程序的运行。

参数：12341　(X 零点坐标)
　　　12342　(Y 零点坐标)
　　　12343　(Z 零点坐标)
　　　12344　(A 零点坐标)

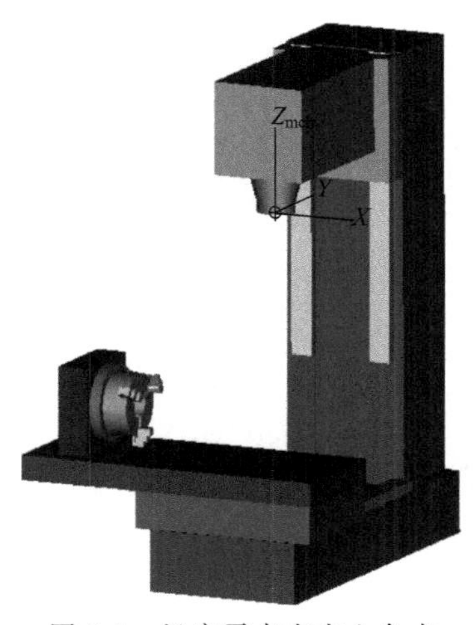

图 2-1　机床零点在右上角点

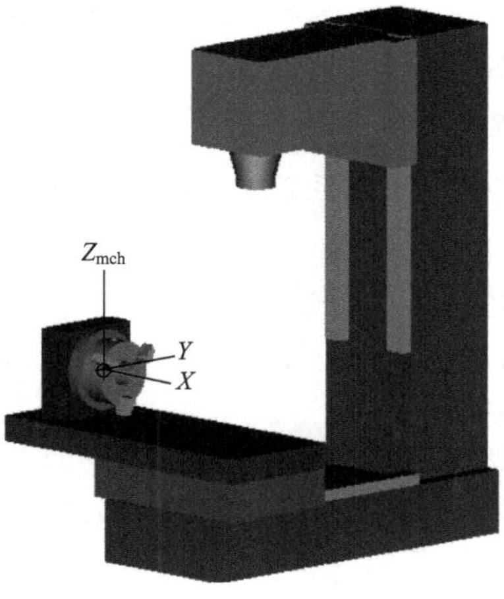

图 2-2　机床零点在工作台表面中心点

(2) 第 4 轴的方向判断

使用右手定则，大拇指指向 X 轴的正方向，其余四指指向 A 轴的正方向，见图 2-3。

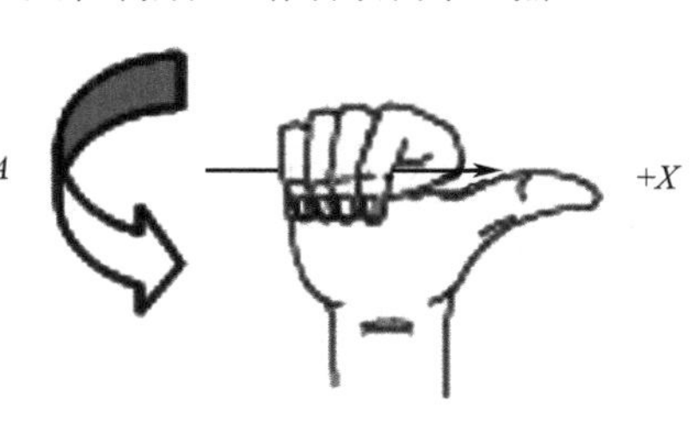

图 2-3　A 轴编程的正方向

【提示】　数控机床的编程原则是工件静止，刀具移动。A 轴的正方向是指刀具绕 X 轴旋转的正方向，由于机床的结构设计不同，当刀具不能旋转时，

则是通过 A 轴反方向回转来完成旋转指令的（见图 2-4）。

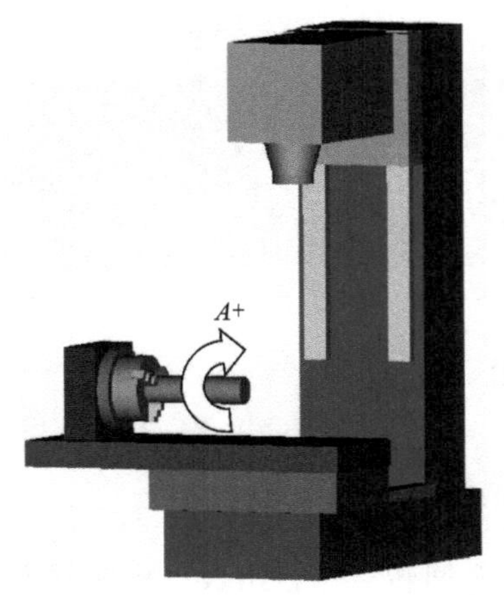

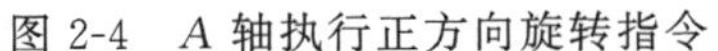
图 2-4　A 轴执行正方向旋转指令

图 2-5　圆柱形零件装夹

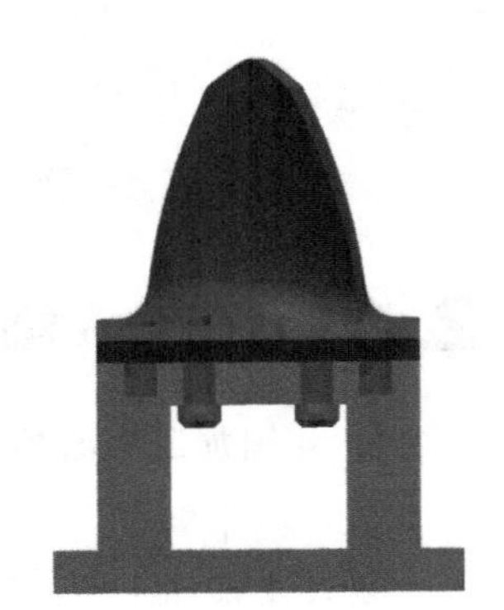
图 2-6　专用工装

2.1.2　工件装夹

在立式 4 轴加工中心上，典型的装夹方案是采用三爪卡盘来装夹圆柱形零件，见图 2-5。对于支架类小零件则采用压板装夹，对于箱体类零件则采用专用工装进行装夹，见图 2-6。

装夹注意事项：保证工件露出长度和必要的装夹刚性；避免夹具和刀具的干涉。

2.1.3　立式 4 轴加工中心的对刀

① 确定回转工作台表面中心点的坐标值。当机床零点设在回转工作台表面中心点后，可以省略此步。

② 装夹工件，使工件处于正确的加工位置。

③ 确定工件零点。

④ 测量刀具长度。

2.1.4　FANUC -0i 系统 4 轴编程指令

（1）常用 G 代码

① G01、G02、G03、G00。

② G17、G18、G19。

③ G43。

④ G81、G82、G83、G73、G80。

⑤ G54、G55、G56、G57、G58、G59。

⑥ G90、G91。

⑦ G65、G66、G67。

⑧ G68、G69。

（2）常用 M 代码

① M01、M00。

② M02、M30。

③ M03、M04、M05。

④ M06。

⑤ M07、M08、M09。

⑥ M98、M99。

2.2 UG CAM软件的4轴编程

CAM系统的迅猛发展，促进了多轴加工的普及。CAM是使用多轴机床所必备的工具，在多轴加工中CAM将发挥不可替代的作用。常见的CAM软件有UG、CAXA制造工程师等，不管哪个软件都有自己的优点，关键是要学透、学精。具有丰富知识和经验是用好CAM软件的基础，不同的人可以用不同的方法做好同一件事，为了更好地利用多轴铣加工，最好继承已有的经验，它将使我们少走许多的弯路。下面介绍UG相关的4轴加工操作。

(1) 用于4轴定位加工的操作

平面铣、型腔铣、固定轴轮廓铣、孔加工。

(2) 用于4轴联动加工的操作

可变轴轮廓铣、顺序铣。

(3) 用于4轴加工的刀轴控制

UG为4轴加工提供了丰富的刀轴控制方法，使多轴加工变得非常灵活。这些刀轴控制方法必须与不同的操作、不同的驱动方式配合，才能完成不同的加工任务。在选择刀轴控制方法时，必须考虑到机床工作台在回转中刀具与工作台、夹具、零件的干涉。减小工作台的旋转角度，并尽可能使工作台均匀缓慢旋转，对4轴加工是非常重要的。

① 可变轴轮廓铣中的刀轴控制方法

a. 离开直线；

b. 朝向直线；

c. 4轴，垂直于部件；

d. 4轴，相对于部件；

e. 4轴，垂直于驱动体；

f. 4轴，相对于驱动体。

② 顺序铣中的刀轴控制方法

a. 4轴投影部件表面（驱动表面）法向；

b. 4轴相切于部件表面（驱动表面）；

c. 4轴与部件表面（驱动曲面）成一角度。

2.3 CAM软件的4轴加工中心后处理定制

在利用UG软件创建操作，并生成刀具加工轨迹后，需要根据机床结构、操作系统信息等，把这些包含刀尖点数据的轨迹转变成机床可以执行的代码，这个转换过程叫后处理。同一台机床可能有多个不同的后处理，但是不同的编程员用不同的操作、不同的后处理，却能完成同一个零件的加工。针对不同形式的加工编程，需要和后处理协调工作，才能得到想要的结果，因此后处理一定要和加工操作相适应。

2.3.1 数据准备

① 机床零点：工作台右上角点。

② 4轴零点（A轴回转台表面中心点）：$X-460$，$Y-195$，$Z-615$。

③ 编程零点：4轴零点，见图2-7。

④ 机床行程：$-600\leqslant X\leqslant 0$，$-400\leqslant Y\leqslant 0$，$-450\leqslant Z\leqslant 0$，$-9999\leqslant A\leqslant 9999$。

⑤ 数控系统：FANUC-0i。

【提示】 机床零点和4轴零点不重合时，在编程时通常假设4轴零点为 X0 Y0 Z0（后处理中也设为 X0 Y0 Z0），而后在工件偏置 G54 中设置4轴零点的实际位置 X－460 Y－195 Z－615。

2.3.2 定制后处理

① 在【开始】菜单，单击【后处理构造器】，见图 2-8，打开后处理主菜单。

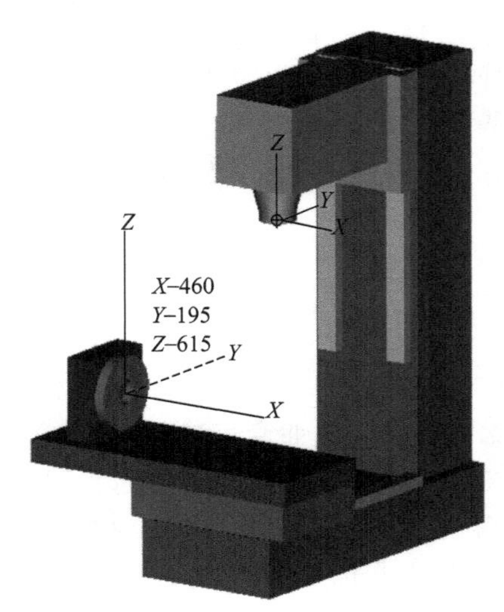

图 2-7　编程零点

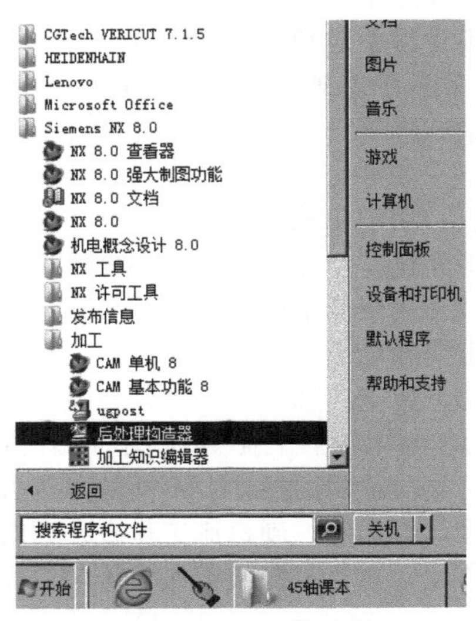

图 2-8　后处理构造器

② 设置。

新建后处理名：4axis。

单位：米制。

机床类型：4 轴带回转台，见图 2-9。

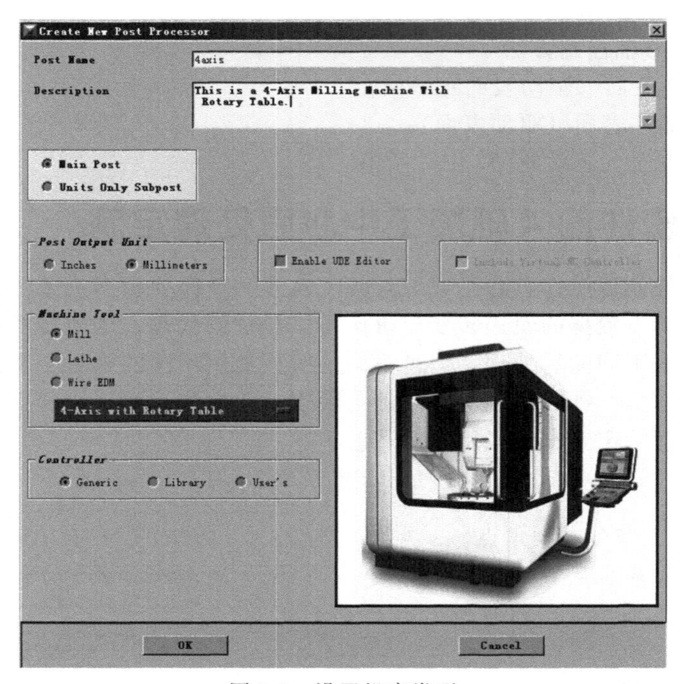

图 2-9　设置机床类型

单击【OK】进入 4 轴后处理设置界面。

③ 直线轴设置，见图 2-10。

机床行程：$X600$，$Y400$，$Z450$。

XYZ 轴最大切削速度：F3000。

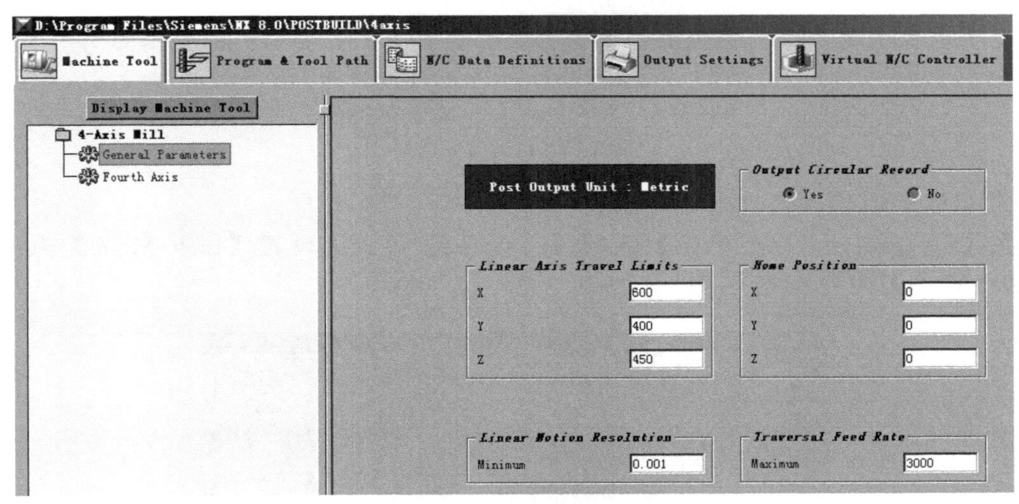

图 2-10　直线轴设置

④ 第 4 轴设置，见图 2-11。

4 轴名称：A 轴（YZ 平面）。

行程：−7200～7200。

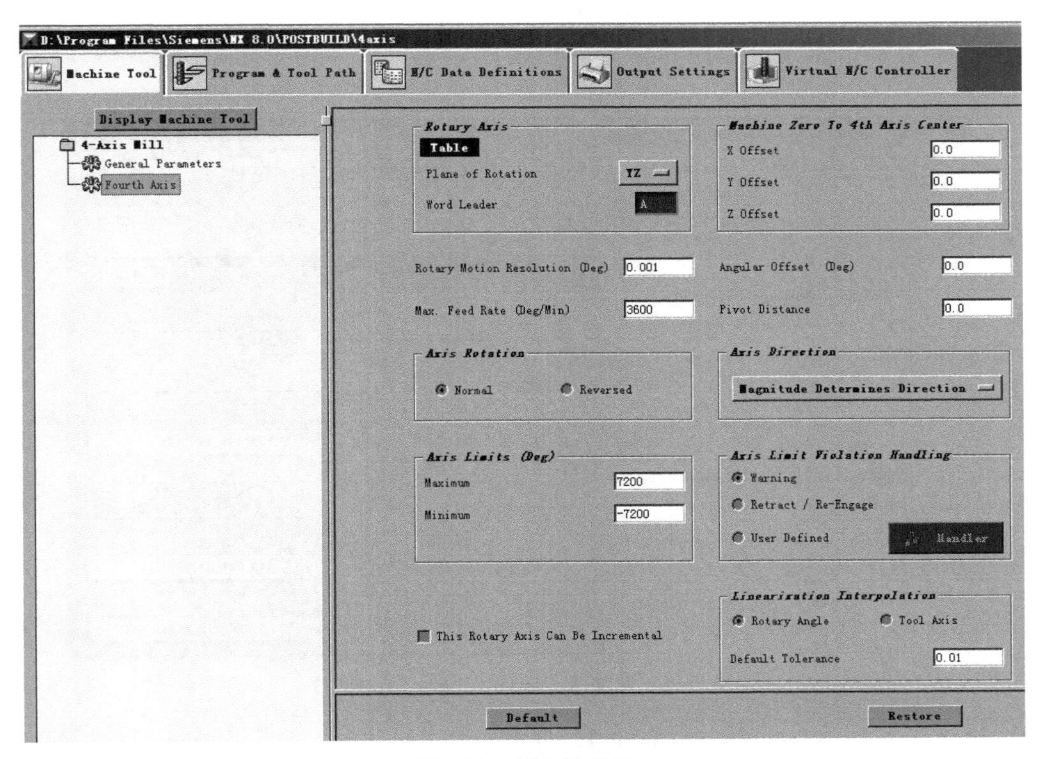

图 2-11　第 4 轴设置

【提示】　如果在【Machine Zero To 4th Axis Center】中设置了实际数据，在机床上则不设置“工件坐标系偏置”（G54～G59），直接在机床坐标系下切削加工，见图 2-12。

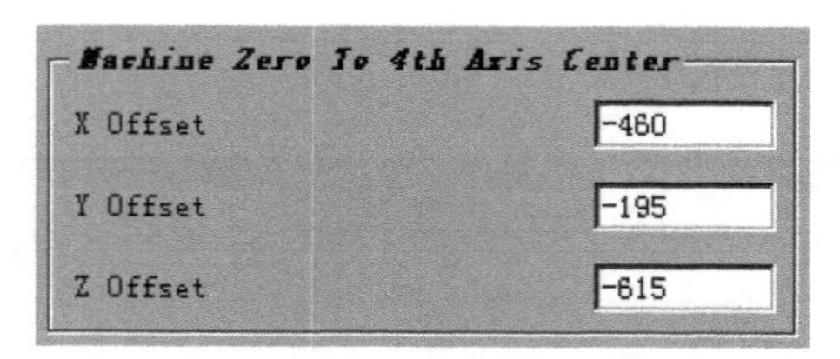

图 2-12　设置实际数据

⑤ 单位设置，见图 2-13。

在【Program & Tool Path】下的【G Codes】界面，设置【Inch Mode】为 G20；【Metric Mode】为 G21。

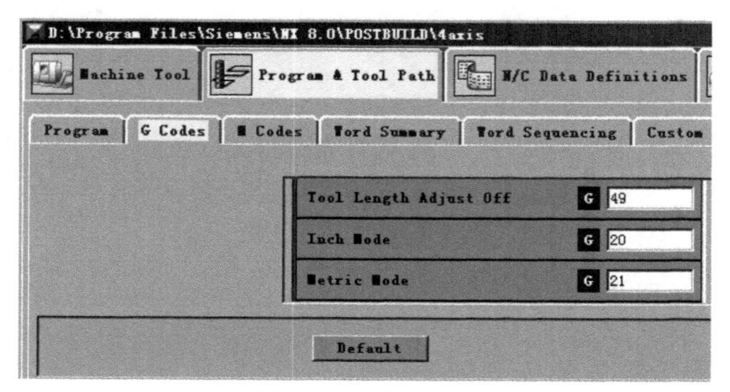

图 2-13　单位设置

⑥ 设置【Program Start Sequence】，见图 2-14。

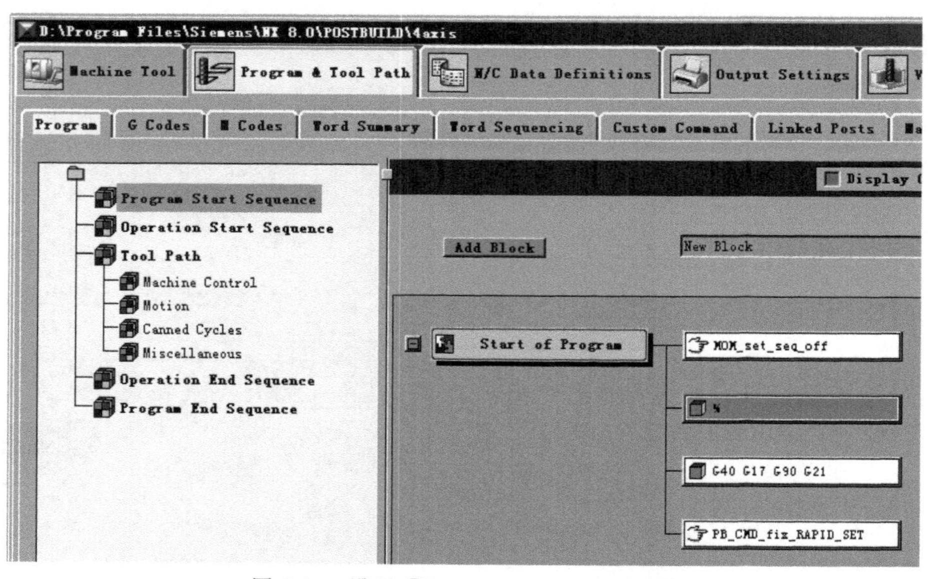

图 2-14　设置【Program Start Sequence】

⑦ 设置【Operation Start Sequence】，见图 2-15。

在换刀时加入行号，便于在程序中搜索刀具和统计换刀次数。

设置编程坐标系，在【Initial Move】节点，加入 G90 G54（G-MCS Fixture Offset）。

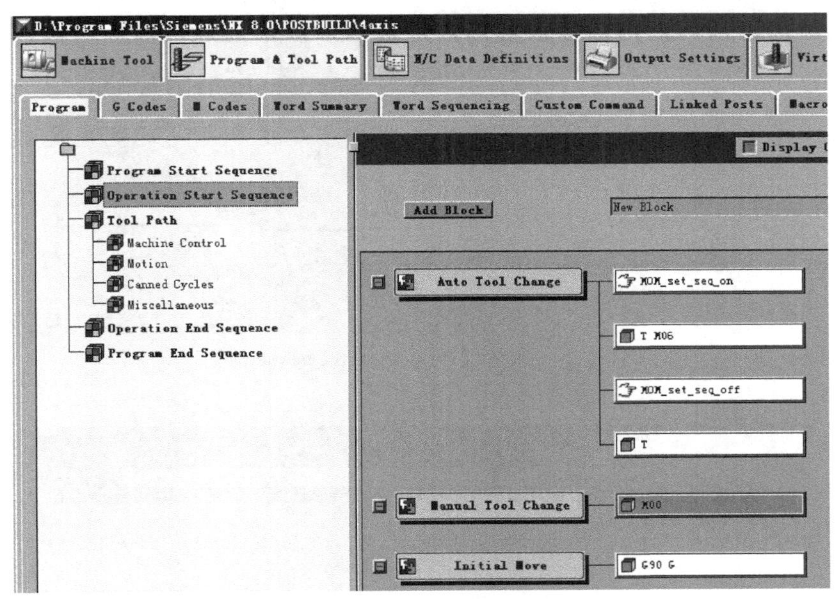

图 2-15　设置【Operation Start Sequence】

⑧ 设置【Tool Path】，见图 2-16。

在【Machine Control】下的【Cutcom Off】节点，去掉 G40，使 G40 不再独占一行输出。

⑨ 设置【Program End Sequence】，见图 2-17。

用 M30 替换 M02。

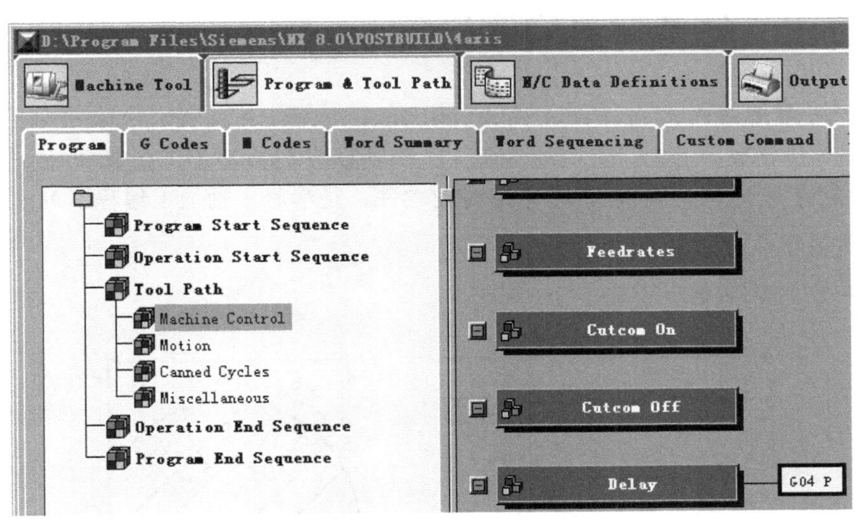

图 2-16　设置【Tool Path】

在【Custom _ Command】中，加入下面指令（见图 2-18）：

```
global  mom_machine_time
MOM_output_literal"(cut time:[format"%.2f"$ mom_machine_time])"
```

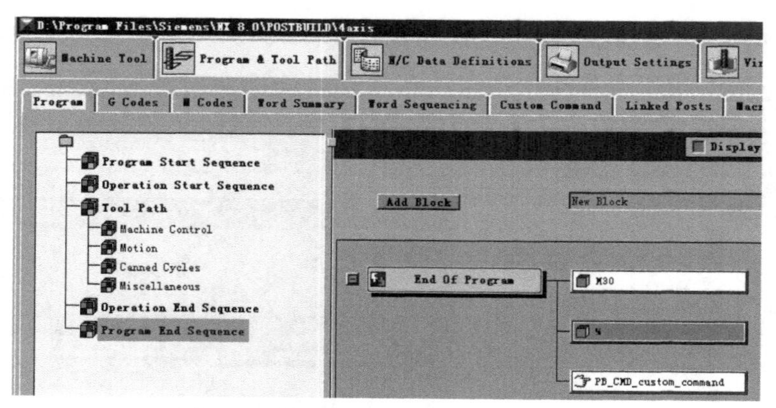

图 2-17　设置【Program End Sequence】

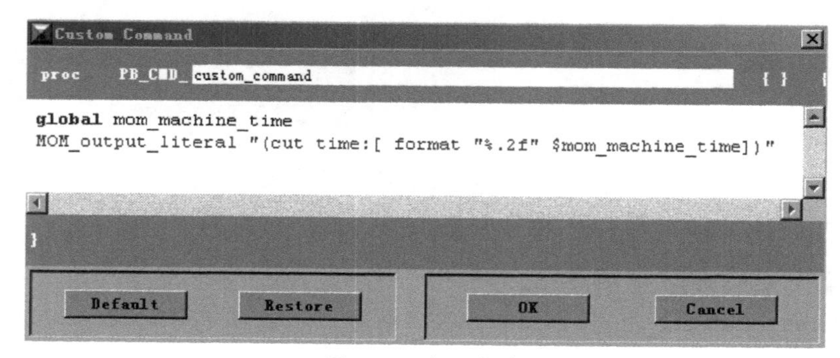

图 2-18　加入指令

⑩ 保存文件，D:\v7\UG_post\4L\4a.pui。

2.4　立式4轴零件的软件仿真

2.4.1　Vericut 界面介绍

Vericut 软件是美国 CGTech 公司为工业生产而研发的数控加工仿真软件，是数控程序校验、测量分析、干涉检查等精确仿真的专业软件，是学习多轴加工编程不可或缺的工具。

2.4.2　传动轴零件的孔加工工艺

① 零件图见图 2-19。

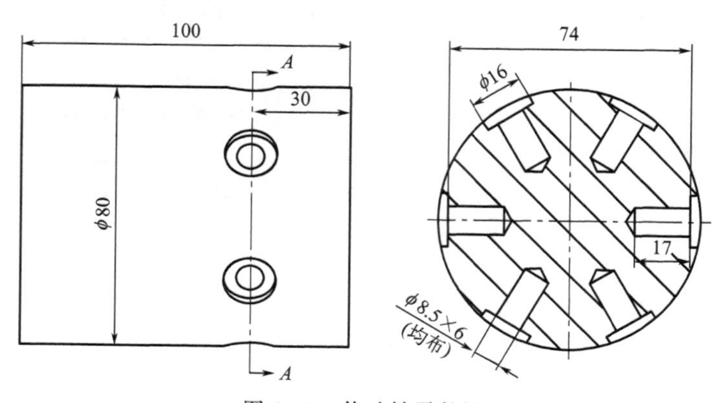

图 2-19　传动轴零件图

② 毛坯：ϕ80×100。

③ 装夹：使用三爪卡盘装夹，保证工件露出长度大于 60，见图 2-20。

④ 工件零点：在工件右端面中心点。

⑤ 刀具。

T1：ϕ16 立铣刀。

T2：ϕ8.5 钻头。

⑥ 程序：o2.txt。

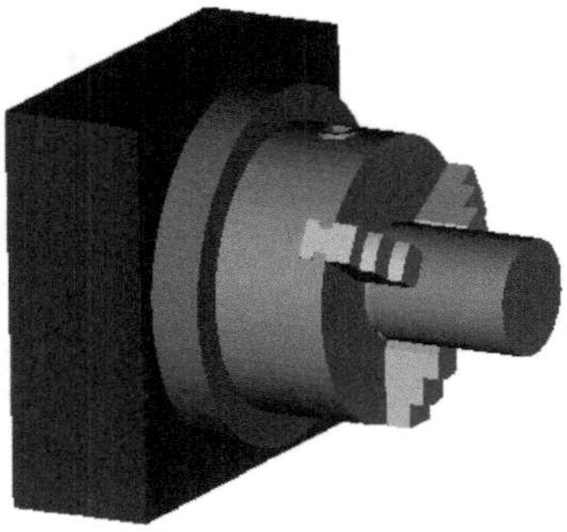

图 2-20　装夹工件

2.4.3　4 轴加工中心仿真流程

（1）建立一个 4 轴零件项目

该项目已加载 4 轴立式加工中心机床和 FANUC-0i 系统。

单击【文件】→【新项目】，选择从一个模板开始，模板文件名 D:\v7\4x\4a.vcproject，项目文件名 D:\v7\4x\01\demo.vcproject。单击【确定】，建立新项目，见图 2-21。

（2）装夹工件

在 stock 节点下，单击鼠标右键，依次【添加模型】→【圆柱】，在【配置模型】窗口，设置模型参数，见图 2-22～图 2-24。

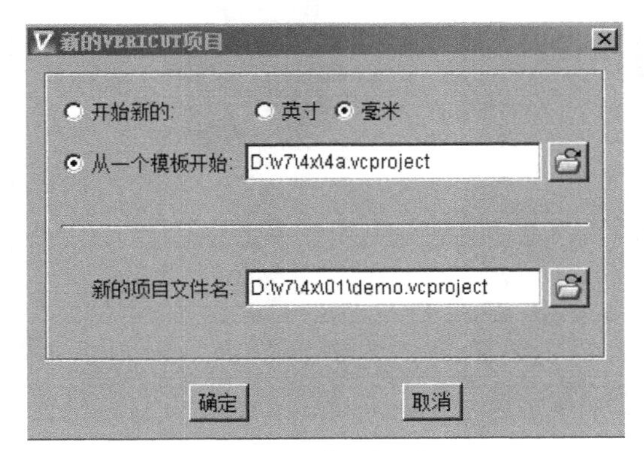

图 2-21　建立新项目

图 2-22　配置模型（一）

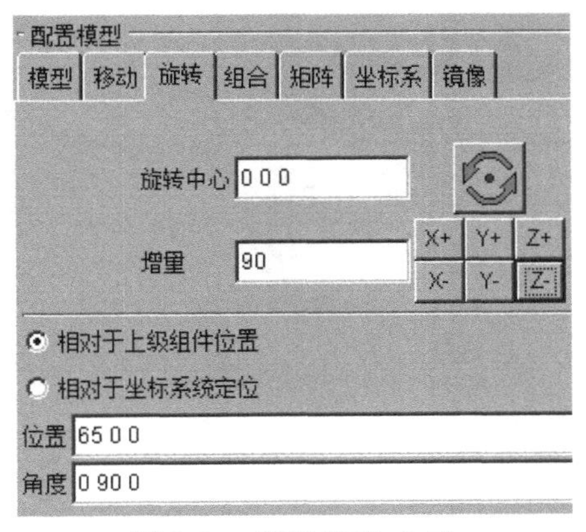

图 2-23　配置模型（二）

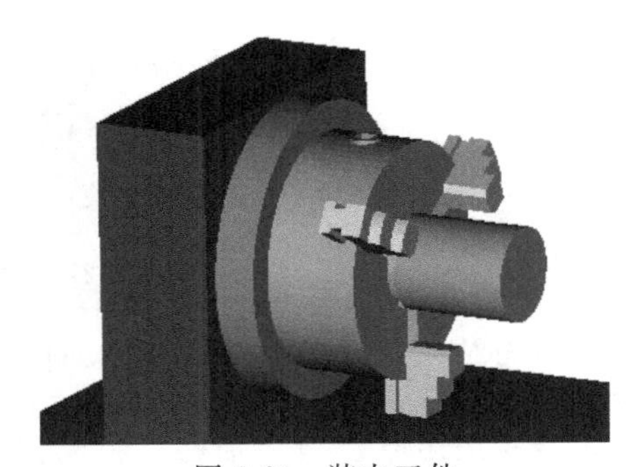
图 2-24　装夹工件

（3）调入刀具库

在【加工刀具】节点下，点击鼠标右键，打开 D:\v7\4x\01\demo.tls，见图 2-25。

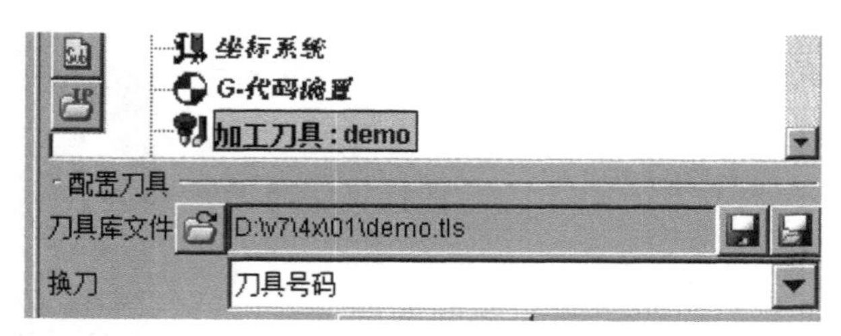

图 2-25　配置刀具

双击“加工刀具:demo”打开刀具库，见图 2-26。

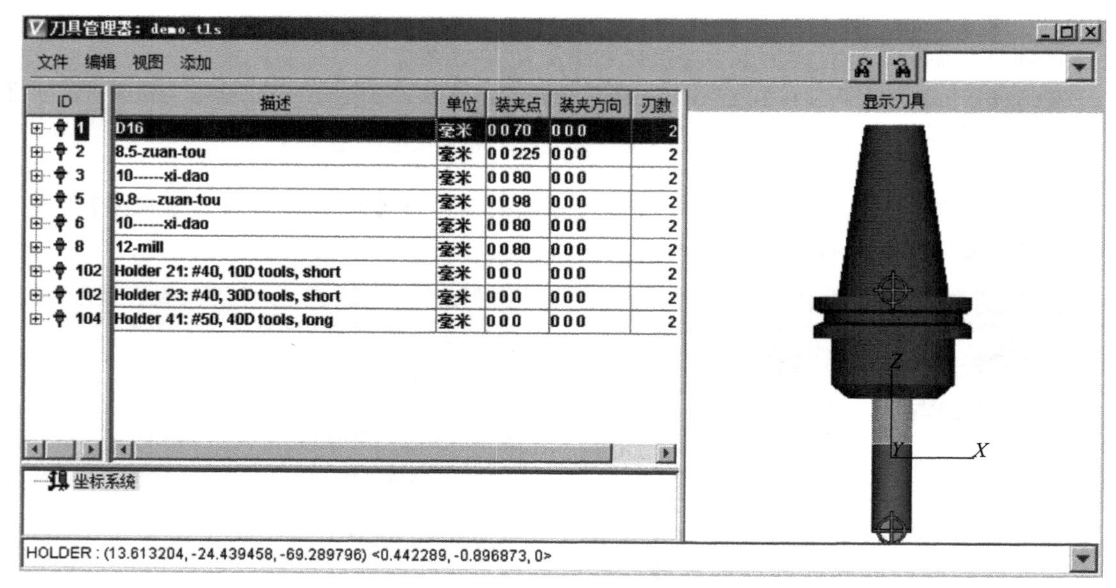

图 2-26　刀具库

（4）设置工件坐标系 G54

单击【G 代码偏置】，在【配置 G 代码偏置】界面，寄存器设置“G54”，见图 2-27。

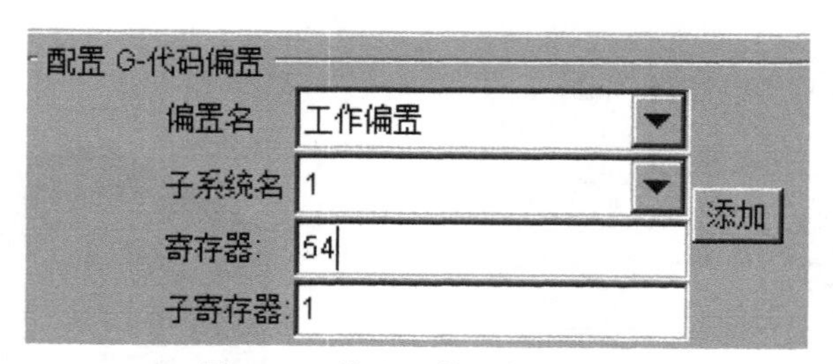

图 2-27　设置工件坐标系 G54

根据对刀结果（见图 2-28），输入偏置值，见图 2-29。

（5）调入程序

单击【数控程序】、【添加数控程序】，选择 D:\v7\4x\01\o2.txt，见图 2-30。程序 o2（图 2-31）采用手工编程。

（6）观察仿真结果

单击播放图标“”，运行程序，并显示模拟结果，见图 2-32。

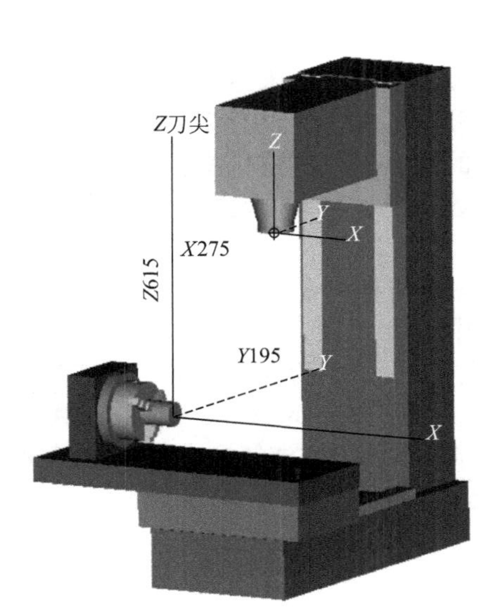

图 2-28　对刀结果

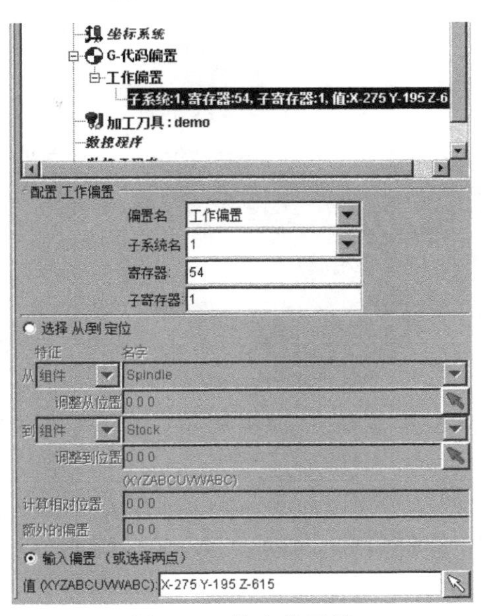

图 2-29　输入偏置值

坐标系统
G-代码偏置
加工刀具 : demo
数控程序
o2.txt
数控子程序
保存过程文件

图 2-30　选择数控程序

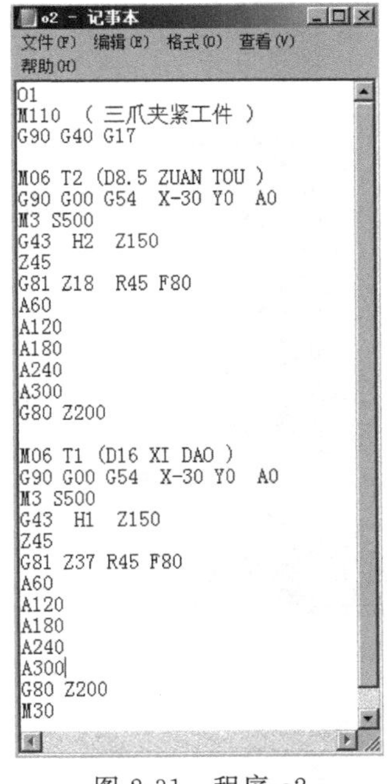


```
O1
M110 ( 三爪夹紧工件 )
G90 G40 G17

M06 T2 (D8.5 ZUAN TOU )
G90 G00 G54  X-30 Y0  A0
M3 S500
G43  H2  Z150
Z45
G81 Z18  R45 F80
A60
A120
A180
A240
A300
G80 Z200

M06 T1 (D16 XI DAO )
G90 G00 G54  X-30 Y0  A0
M3 S500
G43  H1  Z150
Z45
G81 Z37 R45 F80
A60
A120
A180
A240
A300
G80 Z200
M30
```

图 2-31　程序 o2

图 2-32　仿真结果

2.5　卧式 4 轴加工中心操作与编程基础

在实际应用中，卧式 4 轴加工中心通常有两种结构：一种是 4 轴 4 联动的卧式加工中心，通常用于大型曲面零件的加工；还有一种是 4 轴 3 联动的卧式加工中心，第 4 轴采用鼠牙盘进行分度，由于鼠牙盘定位刚度好、重复定位和分度精度高，适合大型箱体类零件的加工。

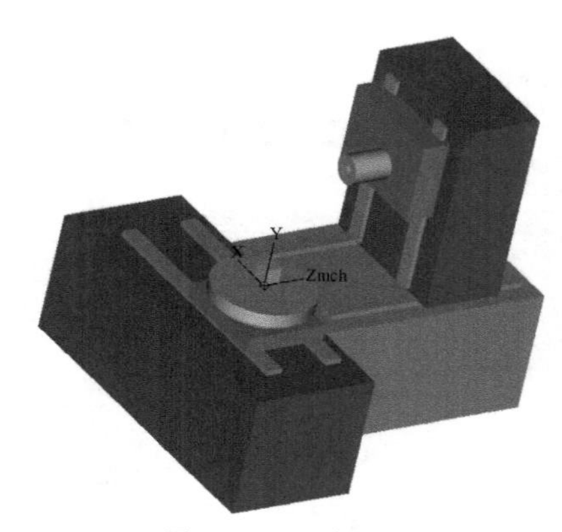

图 2-33 机床零点

2.5.1 卧式 4 轴加工中心的坐标系统

(1) 机床零点

卧式 4 轴加工中心的机床零点通常在回转工作台表面中心点，见图 2-33。但也有部分机床出厂时默认在机床工作台的右上角，为简化操作与编程，用户可以修改机床参数，把机床零点设在回转工作台表面中心点。

(2) 第 4 轴的方向判断

卧式加工中心的 Z 轴为主轴方向，远离工作台的方向为 Z 轴正方向。Y 轴为立柱方向，远离工作台的方向为正方向。水平方向为 X 轴方向。使用右手定则，大拇指指向 Y 轴的正方向，其余四指指向 B 轴的正方向，见图 2-34。

2.5.2 工件装夹

在卧式 4 轴加工中心上，对于板类、支架类小零件则采用弯板装夹，对于箱体类零件则采用专用工装进行装夹，见图 2-35。

装夹注意事项：保证工件在工作台上露出高度，避免工作台、夹具和主轴发生干涉。

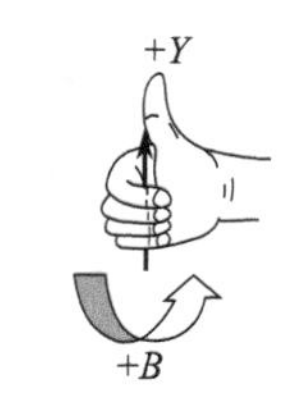

图 2-34 B 轴的正方向

2.5.3 卧式 4 轴加工中心的对刀

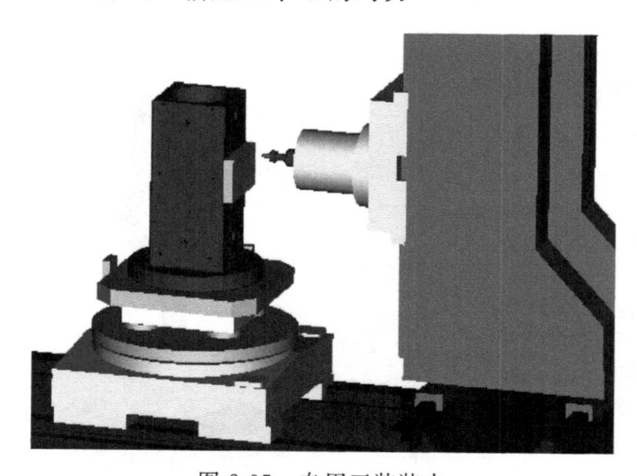
图 2-35 专用工装装夹

① 确定回转工作台表面中心点的坐标值。当机床零点设在回转工作台表面中心点后，可以省略此步。

② 装夹工件，使工件处于正确的加工位置和方向。

③ 确定对刀点的坐标位置。通常采用百分表测量定位销或定位孔的坐标。

④ 测量刀具长度。

a. 通常采用机外光学对刀仪测量刀长；

b. 在工作台的已知坐标位置放置 Z 轴对刀仪，用来对刀。

2.5.4 卧式 4 轴加工中心后处理定制

(1) 数据准备

① 机床零点：回转工作台表面中心点。

② 4 轴零点：$X0$，$Y0$，$Z0$。

③ 机床行程：$-300 \leqslant X \leqslant 300$，$50 \leqslant Y \leqslant 650$，$200 \leqslant Z \leqslant 800$，$-9999 \leqslant A \leqslant 9999$。

④ 数控系统：FANUC-0i。

(2) 定制后处理

打开立式 4 轴后处理文件，另存为 D:\v7\UG_post\4W\4W. pui。而后修改第 4 轴为 B 轴，旋转平面为 ZX 平面，修改机床行程，保存文件。

2.6　卧式 4 轴加工中心的零件仿真

2.6.1　传动轴的加工工艺

① 图纸见图 2-36。

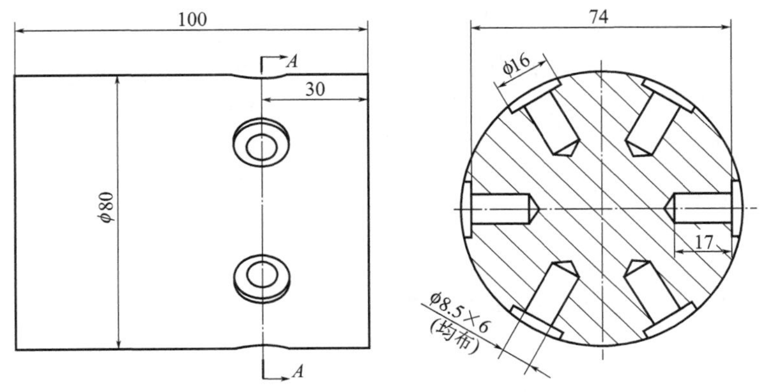

图 2-36　传动轴零件图

② 装夹：使用三爪卡盘装夹，保证工件露出长度大于 60（图 2-37）。

③ 工件零点：在工件顶面中心点。

④ 刀具。

T1：ϕ16 立铣刀。

T2：ϕ8.5 钻头。

⑤ 程序：O12. txt。

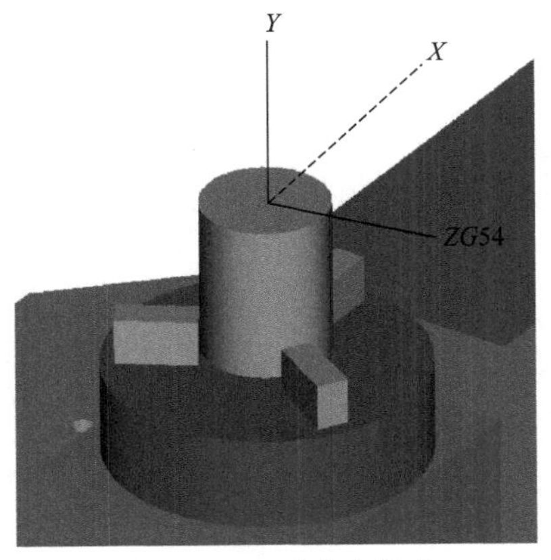

图 2-37　三爪卡盘装夹

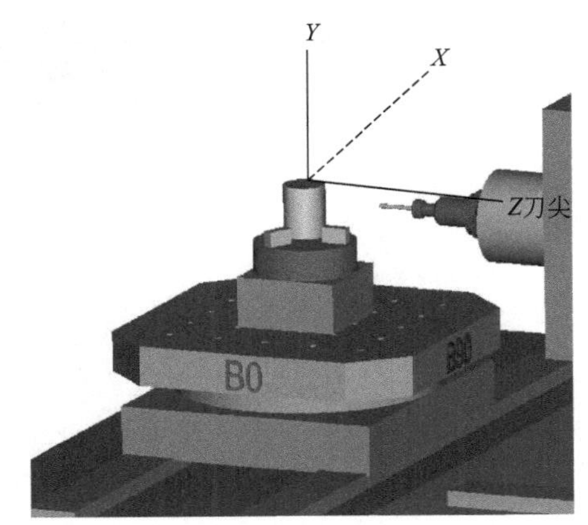

图 2-38　装夹工件

2.6.2　卧式 4 轴加工中心仿真流程

① 打开 D:\v7\4x_wo\演示案例-4W \ 4w. vcproject。

② 装夹工件，并设置工件坐标系 G54（图 2-38）。

③ 检查刀具库，见图 2-39。

④ 调入程序。单击【数控程序】、【添加数控程序】，选择 D:\v7\4x_wo\O12. txt，见图 2-40。

图 2-39　刀具库

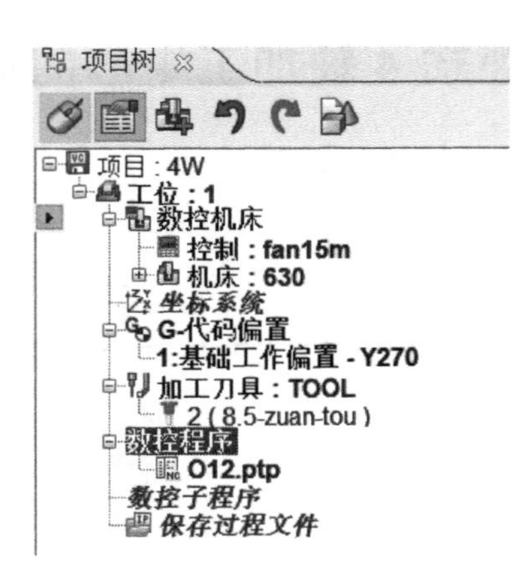

图 2-40　调入程序

⑤ 观察仿真结果。单击播放图标“ ”，运行程序，并显示模拟结果，见图 2-41。

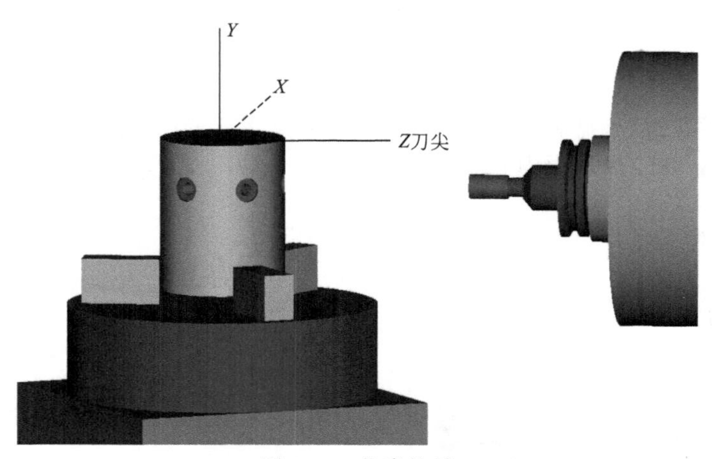

图 2-41　仿真结果

第 3 章

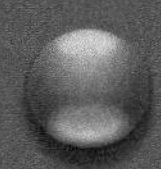

4轴加工的典型案例

3.1 案例1 简易箱体的4轴加工

3.1.1 零件加工工艺

（1）零件分析

图3-1为箱体零件图，图3-2为毛坯图，40×20的阶台已经在3轴数控上完成。要求在20×40×20的方台上完成ϕ6孔系的加工。其中20×40×20的方台已经加工完毕。零件材料：45钢。

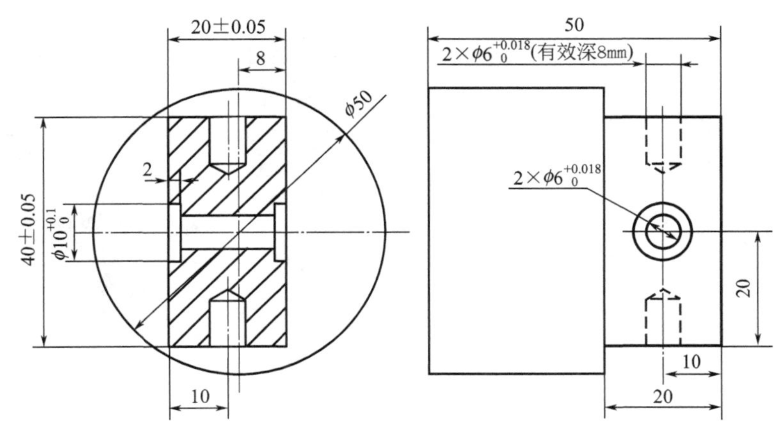

图3-1 箱体零件图

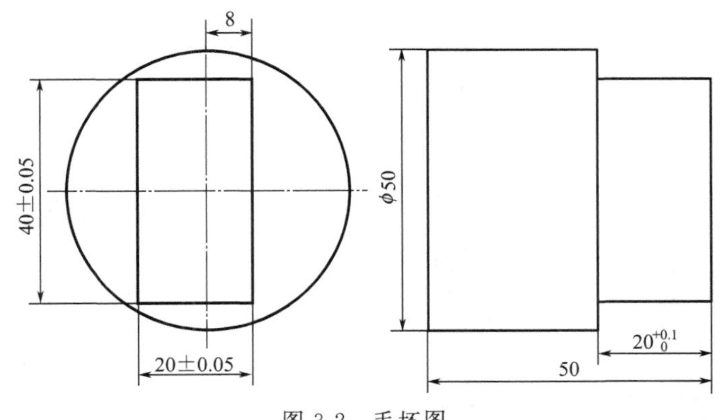

图3-2 毛坯图

（2）工件装夹

夹具采用三爪卡盘，夹持毛坯ϕ50圆柱部位，夹持长度大约15mm（见图3-3）。

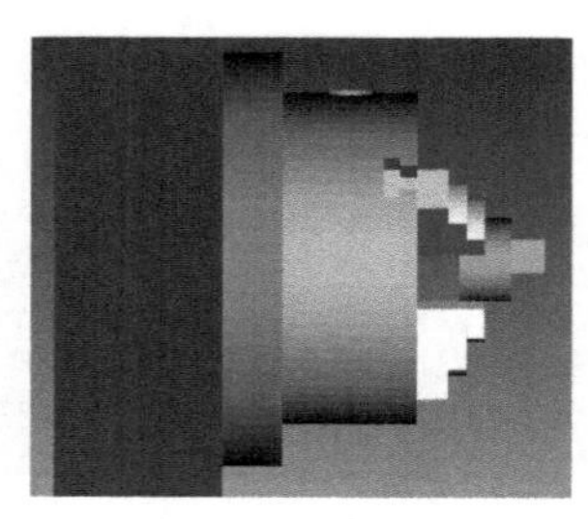
图 3-3　工件装夹

(3) 刀具选择

T1：ϕ5 中心钻。

T2：ϕ5.8 钻头。

T3：ϕ6 铰刀。

T4：ϕ8 铣刀。

3.1.2 对刀

本案例采用相对对刀。工件零点设在工件表面和 4 轴轴线的交点，并存储在 G54 坐标偏置中。

(1) 找正 A 轴

使用百分表拉平边长 40mm 的表面（图 3-4）。此时机床坐标系的 A 轴位置，即工件坐标系 G54 的 A 轴零点。

(2) 测量工件零点

使用寻边器测得工件零点的 X、Y 轴偏置，Z 轴为 0，并输入 G54 坐标偏置中（图 3-5)。

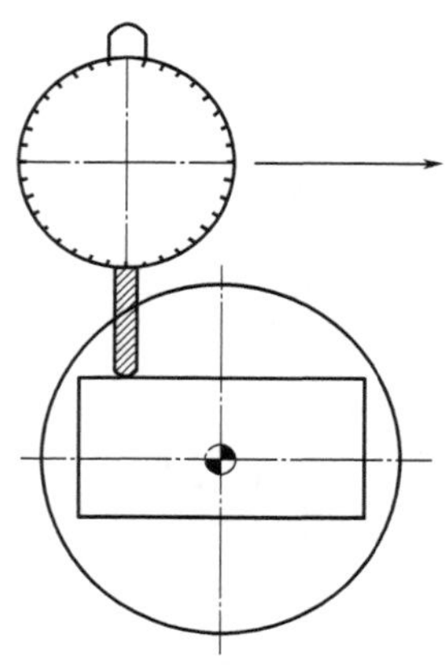
图 3-4　找正 A 轴

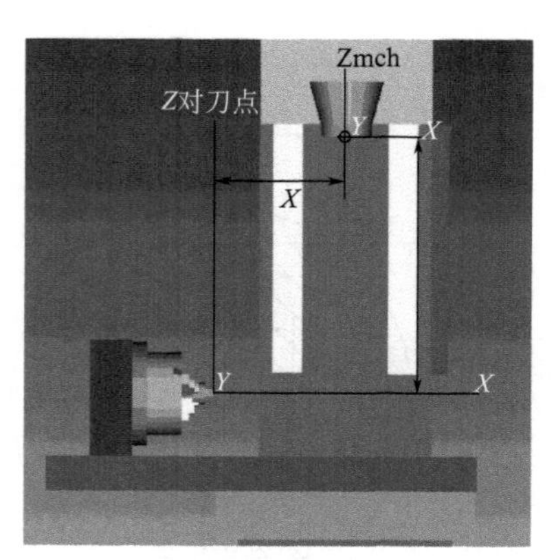

图 3-5　测量工件零点

(3) 测量刀具长度

把工作台表面作为对刀平面。首先测量工作台表面相对 4 轴回转中心的距离（或查阅 4 轴回转台参数)，实测：距离为 150mm（图 3-6)。

采用 ϕ10 的对刀棒，当刀尖和工作台表面是一个对刀棒直径的距离时，记下机床坐标系的 Z 轴坐标值（例如：$Z-409$)，则当前刀具的刀具长度补偿为：$-409-(10-150)=-269$。依次测量所有刀具（图 3-7)。

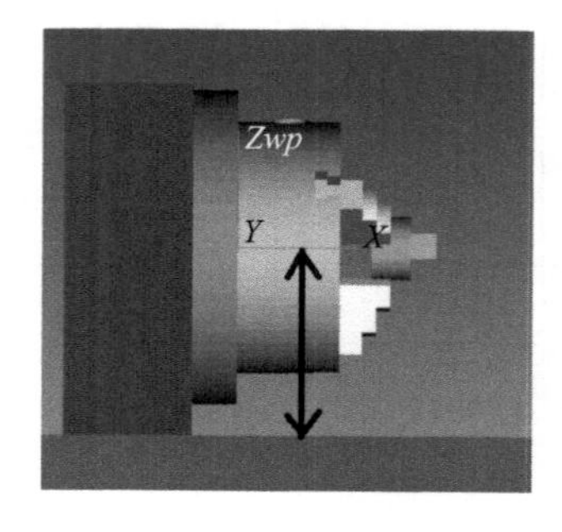

图 3-6　工作台表面相对 4 轴回转中心的距离

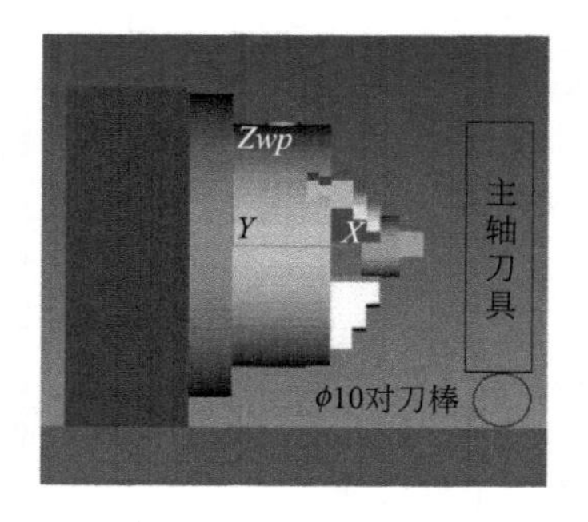

图 3-7　测量刀具长度

【提示】 对于 FANUC-0i 系统，在“坐标偏置”界面，还可以使用“测量”功能键，输入 Z-140 测量，即可得到刀具长度补偿。

3.1.3 使用 UG 编程

(1) 完成零件造型

① 绘制草图（图 3-8）。

② 拉伸成实体（图 3-9）。

③ 导出实体文件：4a1. stl。

依次单击【文件】、【导出】、【stl】，选择实体，导出快速成型文件（文件名：4a1. stl）。作为 Vericut 仿真的毛坯几何体。

④ 完成其他孔的造型，并保存文件（图 3-10）。

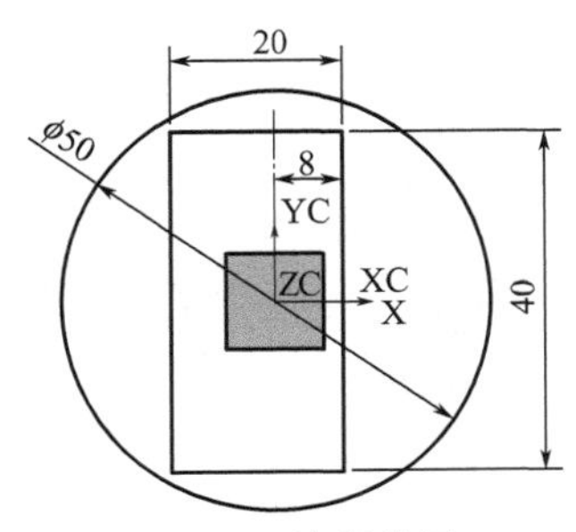

图 3-8　绘制草图

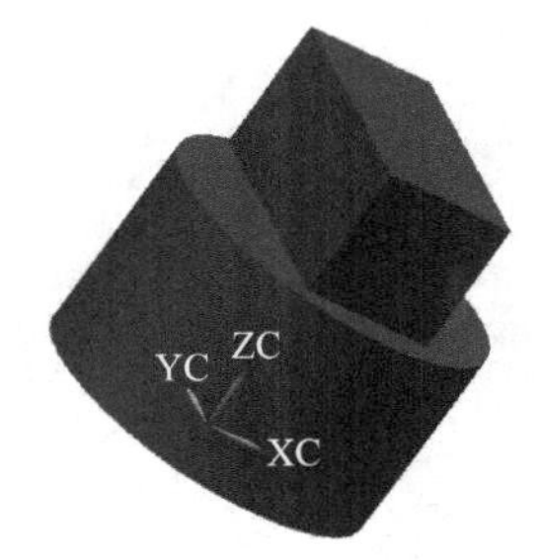

图 3-9　拉伸成实体

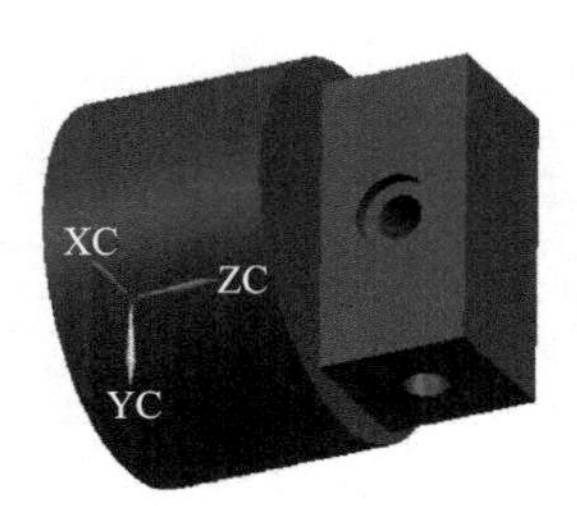

图 3-10　完成其他孔的造型

(2) 设置加工坐标系

① 进入加工模块，在加工环境中选择“多轴铣加工”（图 3-11）。

② 细节设置。设置为主加工坐标系 G54（对应装夹偏置 1），见图 3-12。

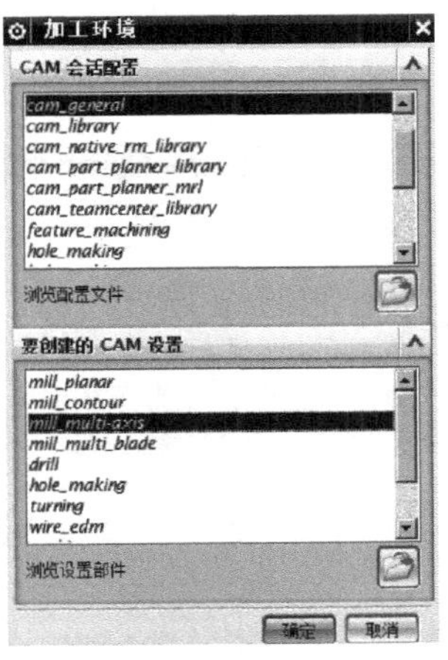

图 3-11　多轴铣加工

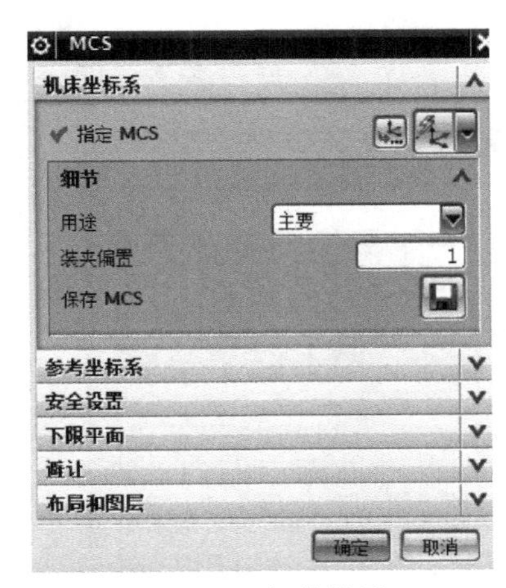

图 3-12　细节设置

③ 加工坐标系的零点设在工件表面和 4 轴轴线的交点，保证 X 轴和 A 轴轴线一致（图 3-13）。

(3) 创建刀具

在刀具视图下，创建所有刀具。依次为每一把刀具设置参数。如图 3-14～图 3-18 所示。

(4) 生成中心钻操作

① 创建操作。刀具选择“T1”，几何体选“WORKPIECE”，名称“YZ1”（图 3-19）。

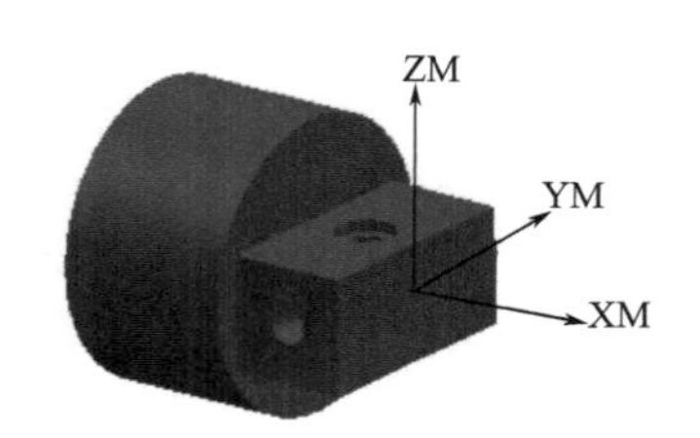

图 3-13　设置加工坐标系的零点

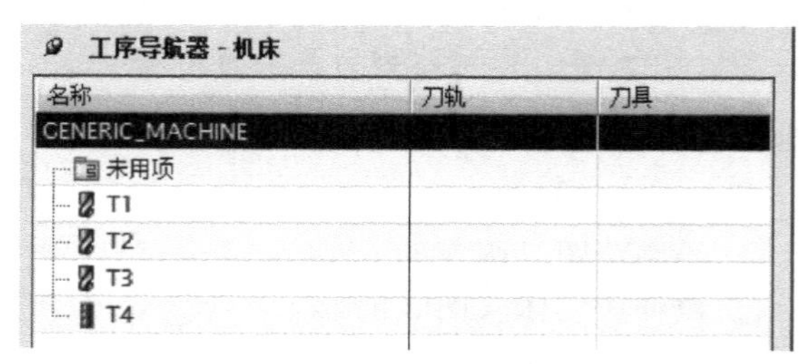

图 3-14　创建刀具

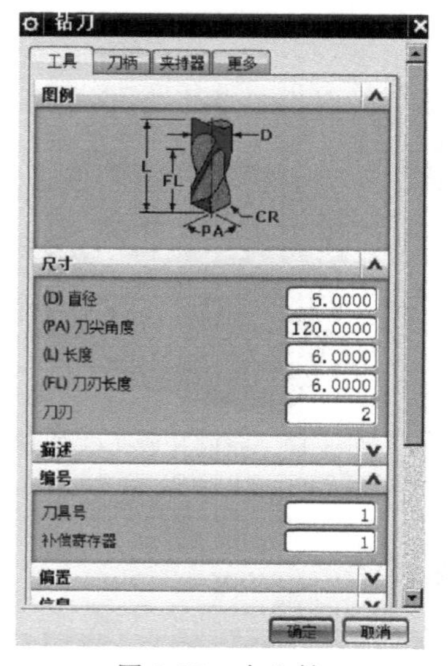

图 3-15　中心钻

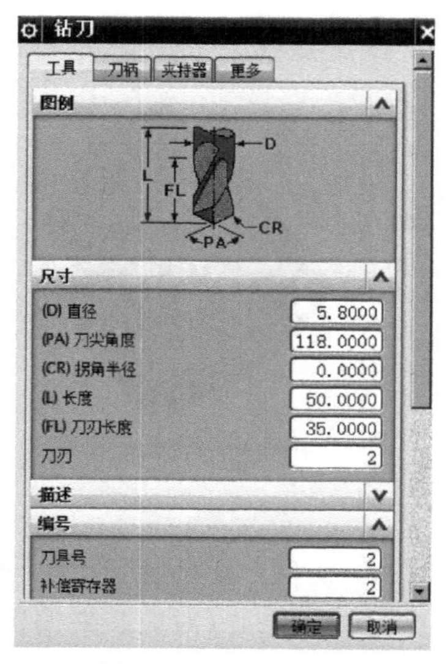

图 3-16　ϕ5.8 钻头

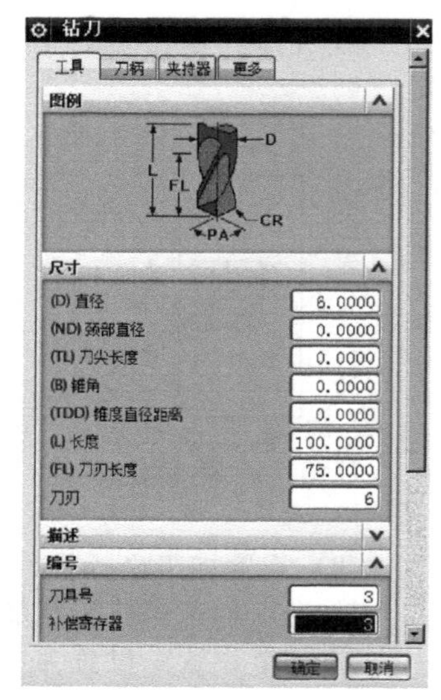

图 3-17　ϕ6 铰刀

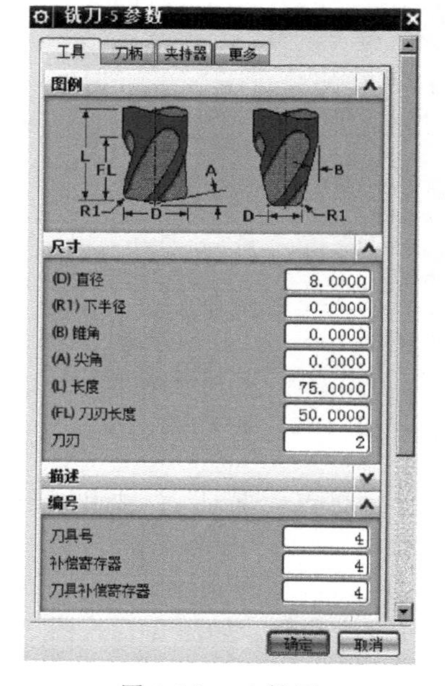

图 3-18　ϕ8 铣刀

图 3-19　创建操作

② 操作参数设置（见图 3-20、图 3-21）。

指定孔：选择面上所有孔，拾取零件表面。

刀具：T1。

指定矢量：孔的轴线。

循环：钻孔深度选择刀尖深度，设定值 2mm。

避让：安全面设在钻孔表面上方 100mm。

切削用量：S1600，F80。

③ 依次生成其他 3 个面的中心孔操作 YZ2、YZ3、YZ4（图 3-22）。

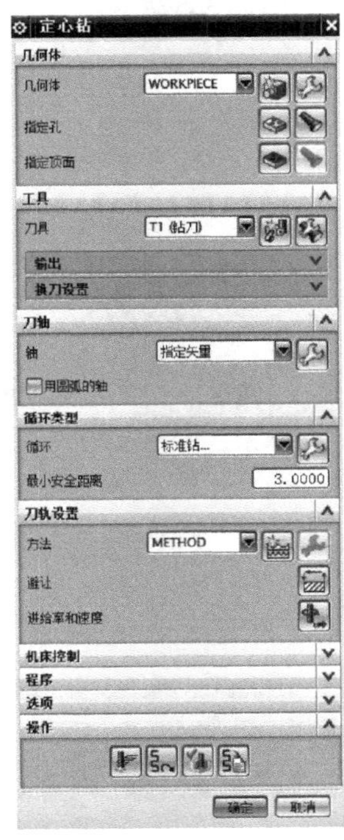

图 3-20　操作参数设置

图 3-21　设置结果

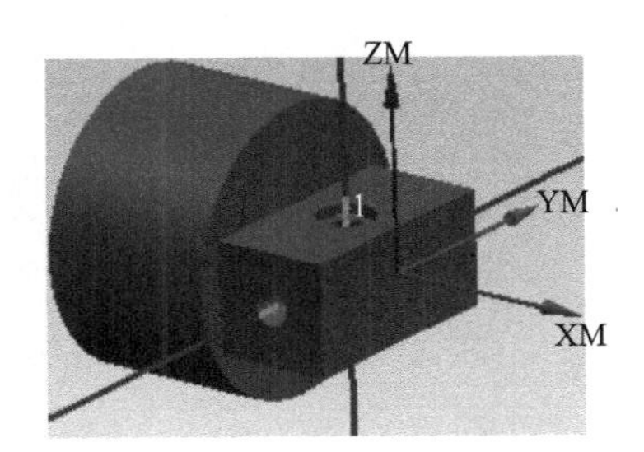

图 3-22　生成其他 3 个面的中心孔操作 YZ2、YZ3、YZ4

（5）生成钻 $\phi 5.8$ 孔操作

① 创建操作。刀具选择“T2”，几何体选“WORKPIECE”，名称“Z1”（图 3-23）。

② 操作参数设置（图 3-24、图 3-25）。

指定孔：选择面上所有孔，拾取零件表面。

刀具：T2。

循环：钻孔深度选择模型深度。

指定矢量：孔的轴线。

避让：安全面设在钻孔表面上方 100mm。

切削用量：S2000，F150。

③ 依次生成其他 2 个面的钻孔操作 Z2、Z3（图 3-26）。

（6）生成铰 $\phi 6$ 孔操作

① 创建操作。刀具选择“T3”，几何体选“WORKPIECE”，名称“J1”（图 3-27）。

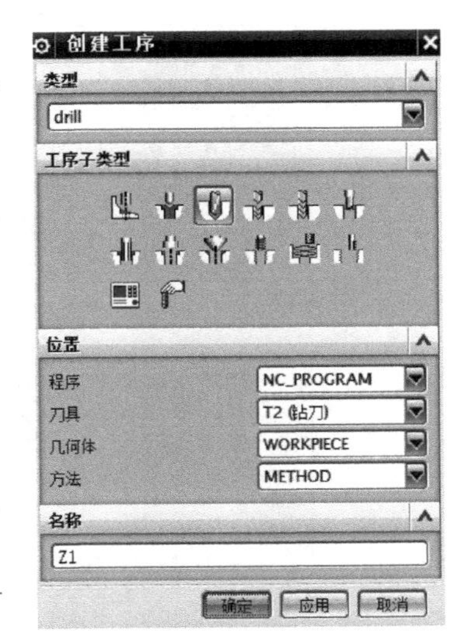

图 3-23　创建操作

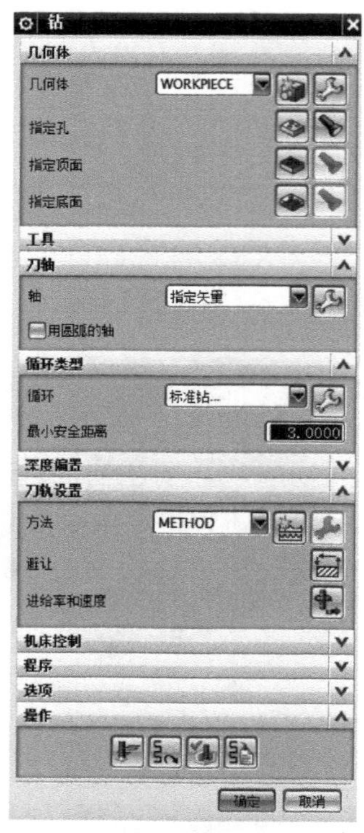

图 3-24　操作参数设置

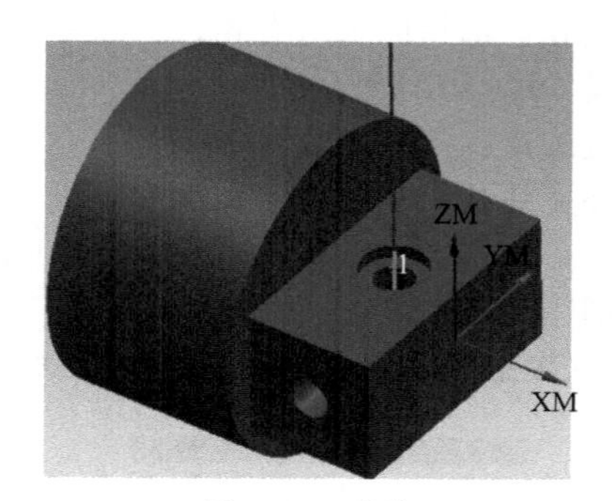

图 3-25　通孔

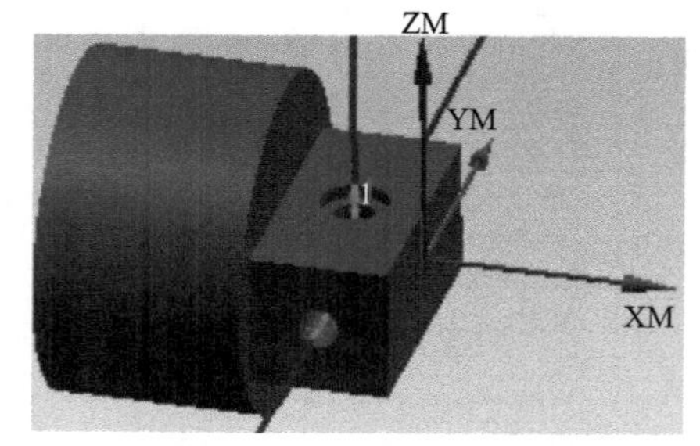

图 3-26　生成其他 2 个面的钻孔操作 Z2、Z3

② 操作参数设置（图 3-28、图 3-29）。

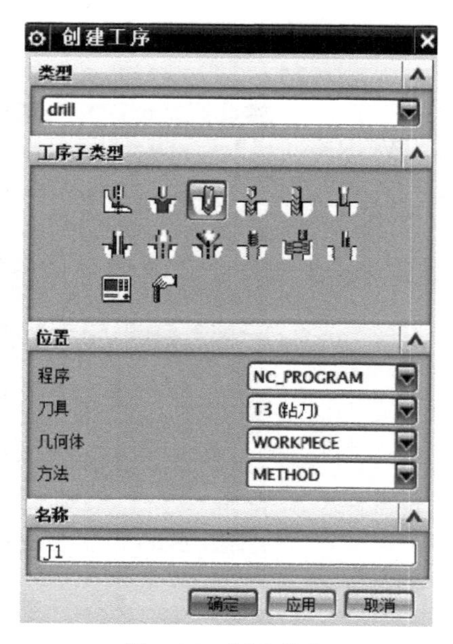

图 3-27　创建操作

图 3-28　操作参数设置

指定孔：选择面上所有孔，拾取零件表面。
刀具：T3。
指定矢量：孔的轴线。
循环：钻孔深度选择刀尖深度，通孔设定值分别为 25mm（两端孔设定为 8mm）。
避让：安全面设在钻孔表面上方 100mm。
切削用量：S500，F160。
③ 依次生成其他 2 个面的铰孔操作 J2、J3（图 3-30）。

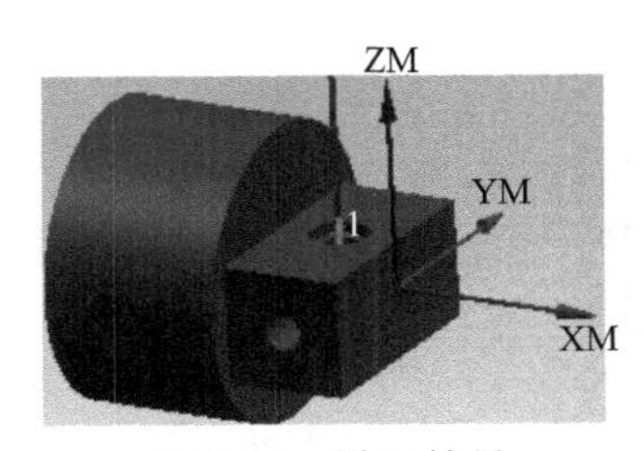

图 3-29　设置结果

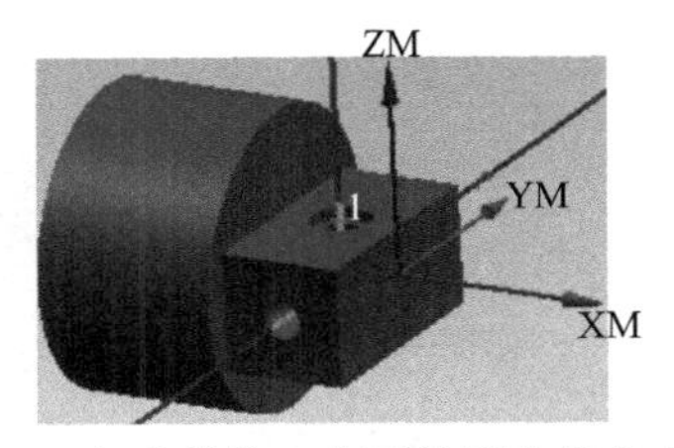

图 3-30　生成其他 2 个面的铰孔操作 J2、J3

（7）生成铣 $\phi 8$ 孔操作
① 创建操作。刀具选择“T4”，几何体选“WORKPIECE”，名称“X1”（图 3-31）。
② 操作参数设置（图 3-32、图 3-33）。

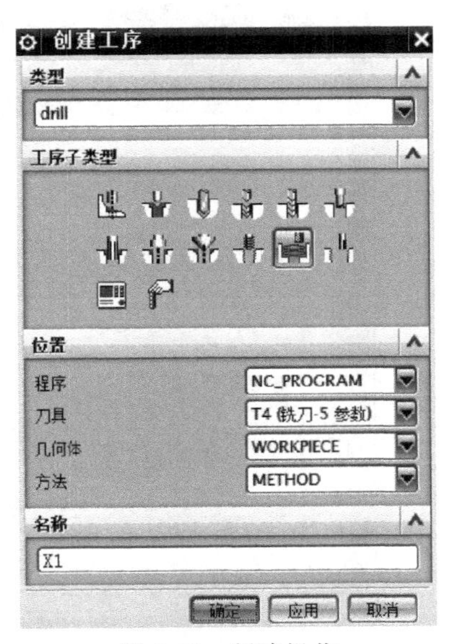

图 3-31　创建操作

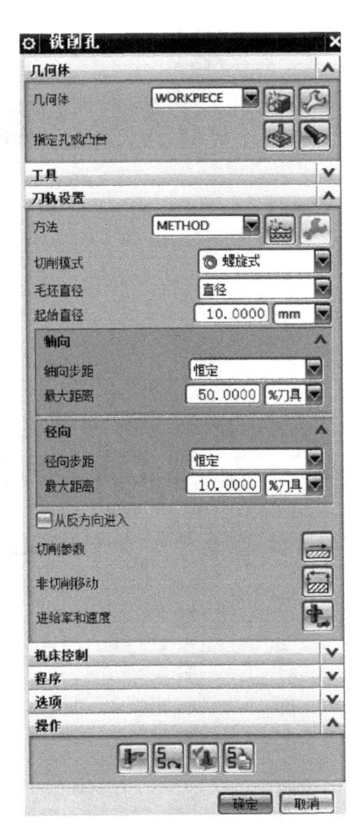

图 3-32　操作参数设置

指定孔或台：选择孔的侧壁，自动识别直径和深度。
刀具：T4。

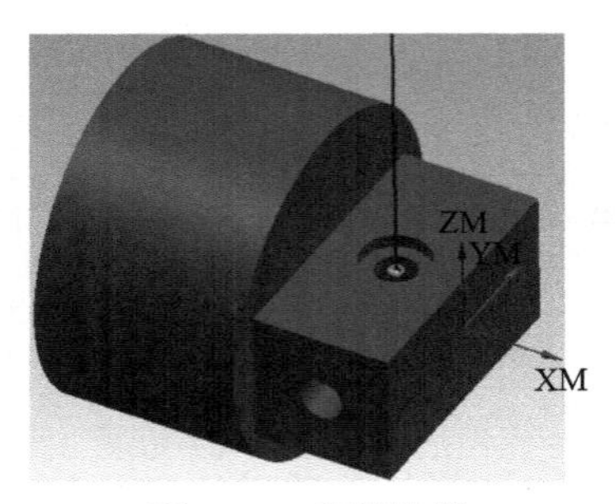

图 3-33　设置结果

切削参数：零件余量 0。

避让：安全面设在钻孔表面上方 100mm。

切削用量：S3000，F300。

③ 生成另一个面的铣孔操作 X2（图 3-34）。

（8）后处理生成 NC 程序

① 选择加工坐标系为节点，点击右键，后处理（图 3-35）。

② 选择后处理器：4a（光盘目录 D:\v7\UG_post\4L. pui）。

③ 选择文件名：o1（图 3-36）。

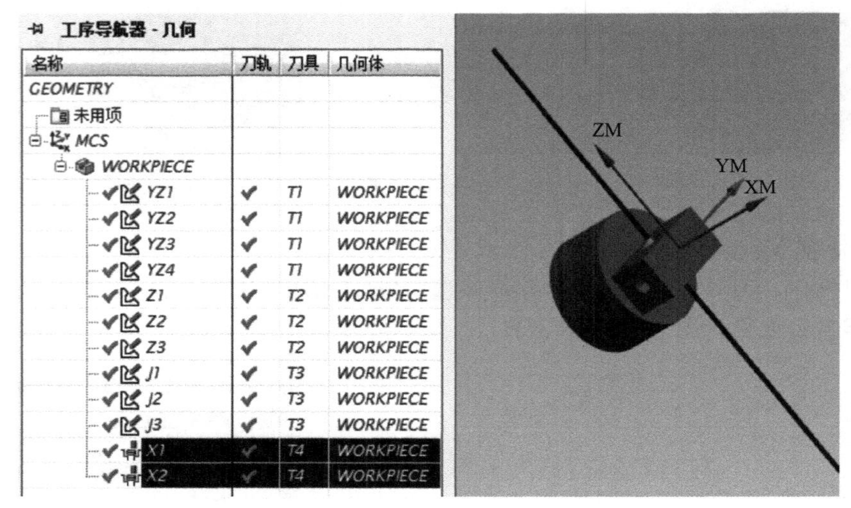

图 3-34　生成另一个面的铣孔操作 X2

名称	刀轨	刀具	几何体
GEOMETRY			
未用项			
MCS			
WORKPIECE			
YZ1		T1	WORK
YZ2		T1	WORK
YZ3		T1	WORK
YZ4		T1	WORK
Z1		T2	WORK
Z2		T2	WORK
Z3		T2	WORK
J1		T3	WORK
J2		T3	WORK
J3		T3	WORK
X1		T4	WORK
X2		T4	WORK

工序导航器 - 几何（右键菜单：编辑…、剪切、复制、删除、重命名、生成、平行生成、重播、后处理、插入、对象）

图 3-35　后处理

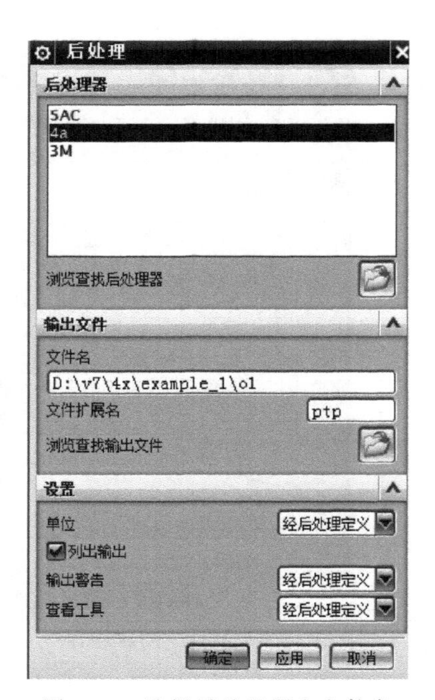

图 3-36　选择后处理器和文件名

3.1.4　使用 Vericut 仿真切削过程

（1）建立项目

选择模板 D:\v7\4x\01\demo.vcproject，新项目名为 D:\v7\4x\example_1\example_1.vcproject（图 3-37）。

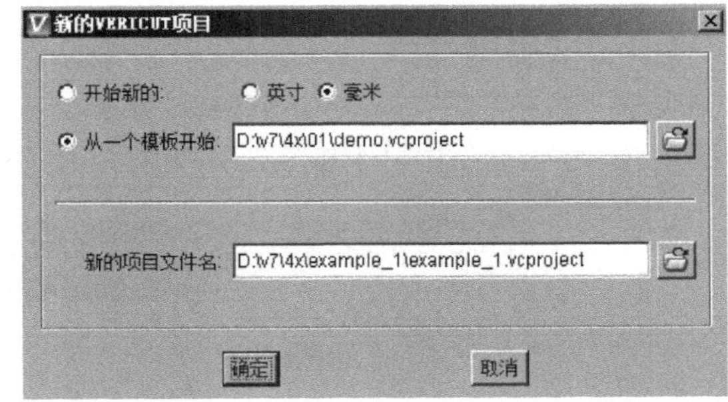

图 3-37　建立项目

（2）导入毛坯

在“stock”节点下，右击，依次点击添加模型、模型文件。选择在 UG 中导出的 4a1.stl 文件，并调整到位置。如图 3-38～图 3-40 所示。

（3）建立刀具库

① 打开原先的 demo.tls，而后另存为 D:\v7\4x\01\ example_1\4a1.tls。

② 打开 D:\v7\4x\01\ example_1\4a1.tls。

③ 修改 T1 为 $\phi5$ 中心钻、T2 为 $\phi5.8$ 钻头、T3 为 $\phi6$ 铰刀、T4 为 $\phi8$ 铣刀（图 3-41）。

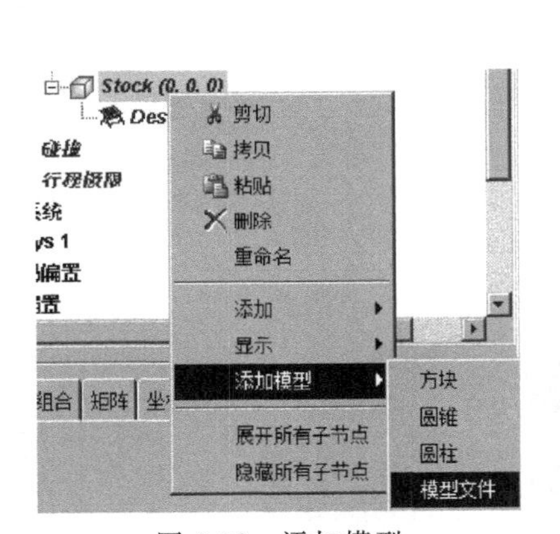

图 3-38　添加模型

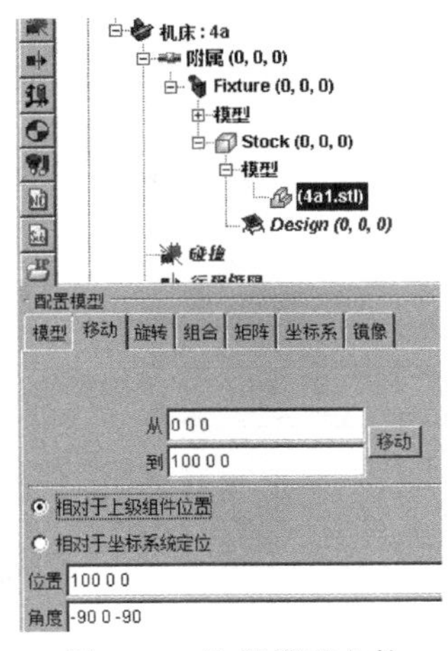

图 3-39　选择模型文件

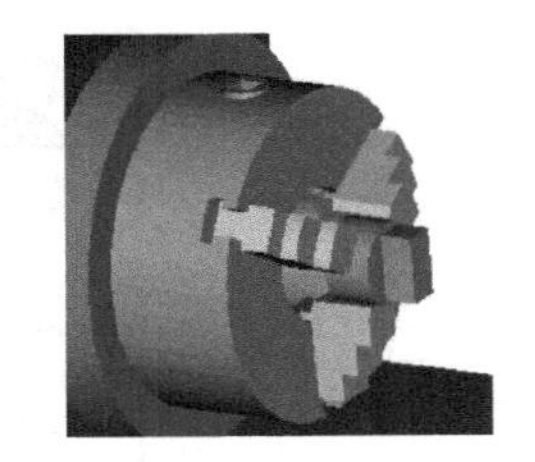

图 3-40　导入毛坯

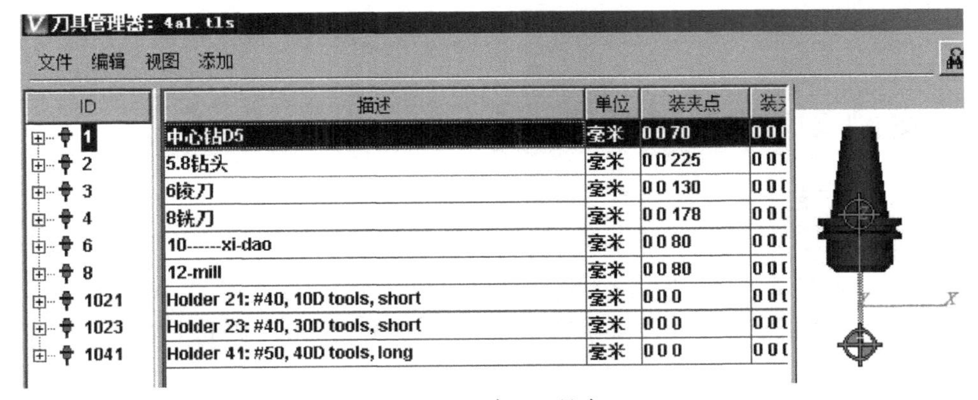

图 3-41　建立刀具库

（4）建立工件坐标系

在机床上，对应坐标偏置“G54 X−310 Y−195 Z−615 A90”（图 3-42）。

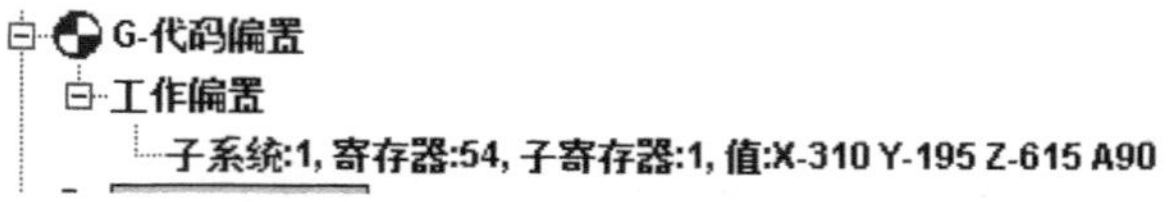

G-代码偏置
工作偏置
子系统:1, 寄存器:54, 子寄存器:1, 值:X-310 Y-195 Z-615 A90

图 3-42　建立工件坐标系

（5）导入程序

双击“数控程序”，调入 NC 程序 o1. ptp（图 3-43）。编辑程序 o1. ptp，在程序中加入自定义 M 代码 M110 用于锁紧三爪卡盘（图 3-44）。

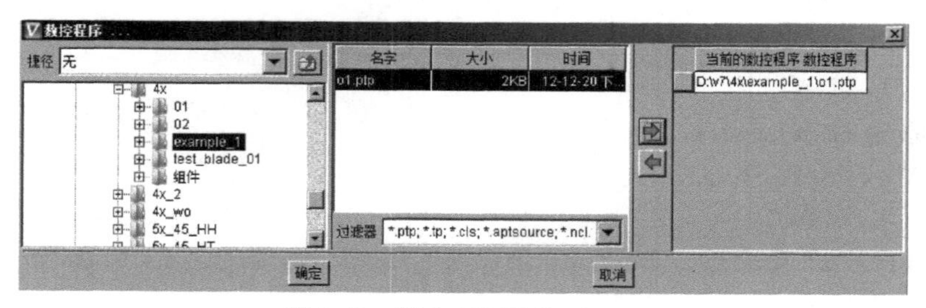

图 3-43　调入 NC 程序 o1. ptp

（6）仿真

在“机床/切削模型”视图下，单击仿真按钮“●”，观察加工过程。在“零件”视图下，观察加工效果（图 3-45）。

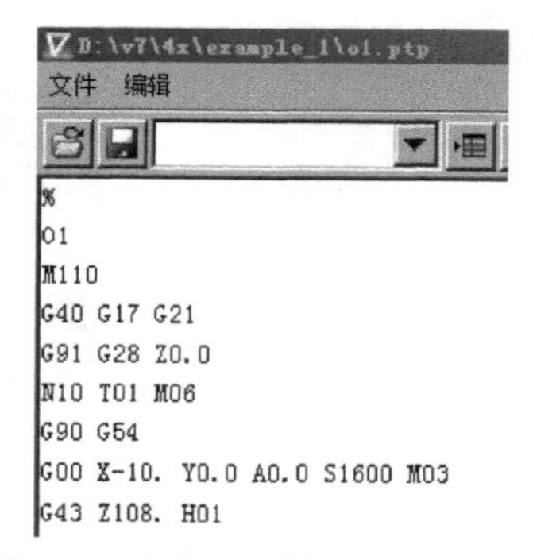

图 3-44　加入自定义 M 代码 M110

图 3-45　加工效果

3.2　案例 2　偏心轴加工

3.2.1　零件加工工艺

（1）零件分析

图 3-46 为偏心轴零件图，图 3-47 为毛坯图，$\phi80\times30$ 的圆柱面、$\phi50\times25$ 的圆柱面已经由前一道工序车削完成。本工序要求在 $\phi80\times30$ 的圆柱面上完成 6 个阶台孔的加工。零件材料为 45 钢。

（2）工件装夹

夹具采用三爪卡盘，夹持 $\phi50$ 圆柱部位，夹持长度大约 25mm。装夹时不必考虑 $\phi80$ 圆心的位置，让 3 个卡爪的端面顶住 $\phi80$ 圆柱的阶台面，保证 $\phi50$ 圆柱的轴线和 A 轴同轴（图 3-48）。

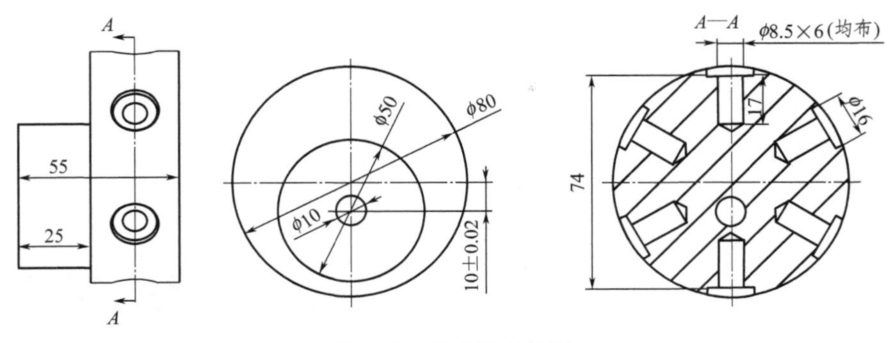

图 3-46　偏心轴零件图

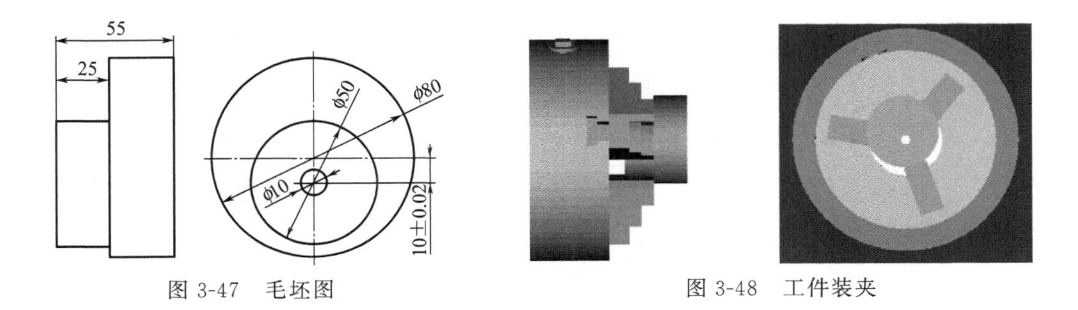

图 3-47　毛坯图　　图 3-48　工件装夹

(3) 刀具选择

T1：ϕ5 中心钻。

T2：ϕ8.5 钻头。

T3：ϕ16 铣刀。

3.2.2　对刀

对刀方法采用相对对刀。工件零点设在工件表面和 4 轴轴线的交点，并存储在 G54 坐标偏置中。

(1) 测量 ϕ80 圆心的坐标

旋转 A 轴，测量 A0、A180 位置时圆柱面最高点的坐标值，即可得到圆心 Z 轴方向与 A 轴轴线的距离。旋转 A 轴，测量 A90、A270 位置时圆柱面最高点的坐标值，即可得到 ϕ80 圆心 Y 轴方向与 A 轴轴线的距离（图 3-49）。而后计算出当工件放正时 A 轴的坐标位

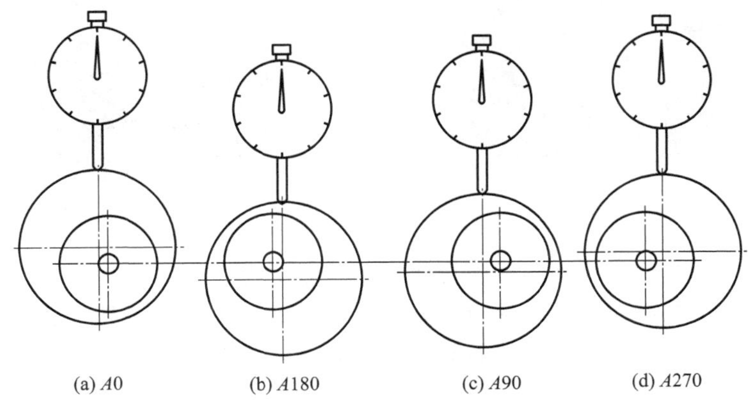

图 3-49　测量 ϕ80 圆心的坐标

置，而后写入 G54 坐标偏置中（图 3-50）。

【提示】 在装夹大型易变形零件、不适合用三爪卡盘夹紧的环形零件、小批量高精度零件时，经常采用类似的这种装夹方法，从而简化零件的装夹方案。

（2）测量工件零点

由于 A 轴轴线的 Y 轴、Z 轴坐标已经测出，因此只测量零件端面的 X 轴坐标。X 轴的坐标零点测量采用对刀棒（图 3-51）。

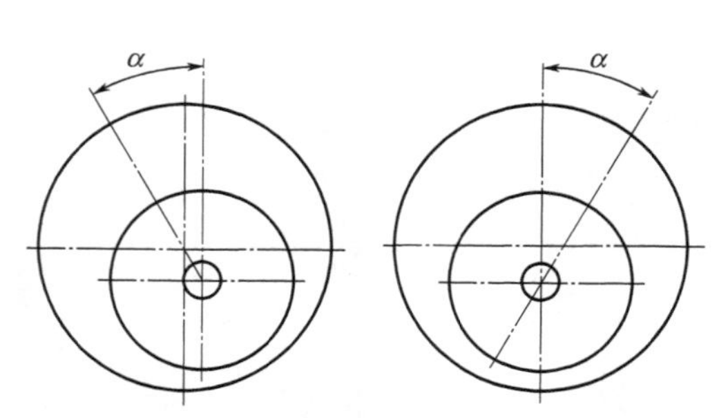

图 3-50 工件初始位置、工件放正位置

图 3-51 测量工件零点

（3）测量刀具长度

把工作台表面作为对刀平面，对刀方法同 3.1 节案例 1。

3.2.3 UG 编程

（1）零件造型

① 在图层 21 绘制草图，在图层 1 完成毛坯的实体造型（图 3-52）。并导出 STL 文件（P2.stl），为 Vericut 仿真提供切削毛坯。

② 在图层 101，创建【抽取几何体】，作为毛坯几何体。

③ 在图层 1 完成 6 个沉孔的造型（图 3-53）。

图 3-52 毛坯的实体造型

图 3-53 6 个沉孔的造型

在圆柱表面创建基准面：和圆柱面相切、和基准面 XY 平行。

创建沉头孔：以基准面作为放置面，坐标 $X0\ Y0$ 点为位置点（图 3-54）。

阵列沉头孔：以 $\phi 80$ 圆台轴线为旋转轴矢量，指定点选 $\phi 80$ 圆心，数量 6，节距角 60°（图 3-55）。

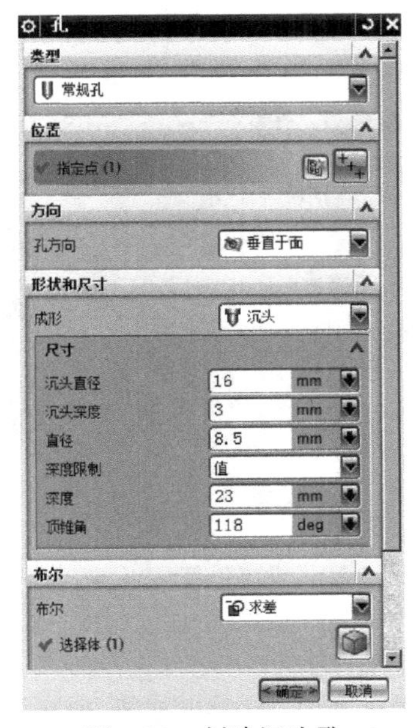

图 3-54　创建沉头孔

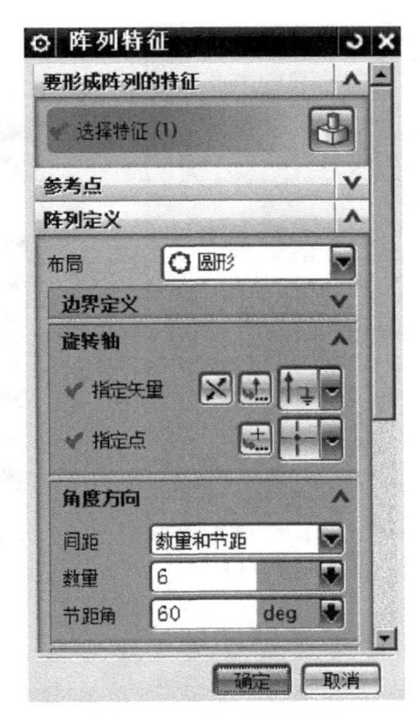

图 3-55　阵列沉头孔

(2) 设置加工坐标系

① 进入加工模块，在几何体视图下设置加工坐标系。加工坐标系的零点设在工件端面 $\phi 10$ 圆心点，X 轴和 A 轴轴线一致（图 3-56）。安全面设定为圆柱面，以 A 轴为轴线，半径 100（图 3-57）。

图 3-56　设置加工坐标系的零点

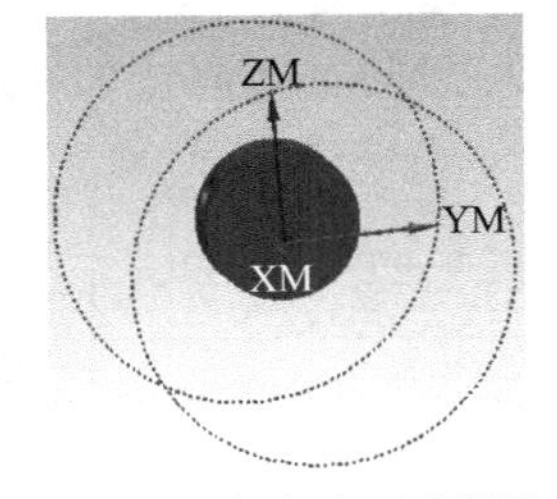

图 3-57　设定安全面为圆柱面

② 细节设置（图 3-58）。

用途选择“主要”，设定为主加工坐标系。

装夹偏置为“1”，设定偏置为 G54。

③ 设置毛坯。双击【WORKPIECE】，选择 101 层的几何体，作为毛坯几何体（图 3-59）。

(3) 创建刀具

在刀具视图下，创建所有刀具（图 3-60）。依次为每一把刀具设置参数（图 3-61）。

(4) 生成中心钻孔操作

① 创建工序。单击【创建工序】，选择类型【定心钻】，工序设置见图 3-62。

② 操作参数设置（图 3-63）。

指定孔：选择 $\phi 8.5$ 孔。

指定顶面：选择基准面。

刀具：T1。

图 3-58　细节设置

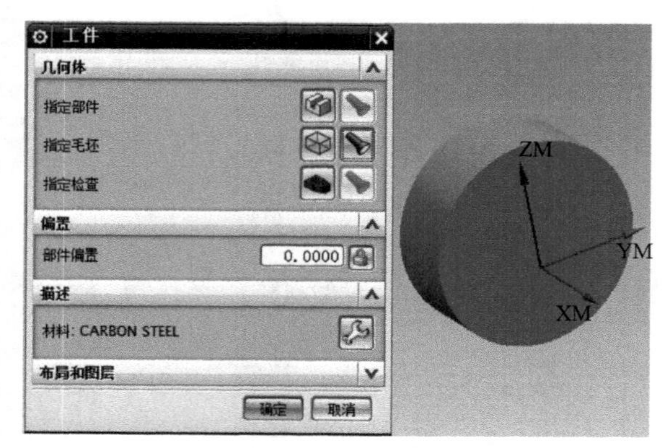

图 3-59　设置毛坯

工序导航器 - 机床

名称	刀轨	刀具	描述	刀具号	几何体	方法	程序组
GENERIC_MACHINE			Generic Machine				
未用项			mill_multi-axis				
T1			钻刀	1			
T2			钻刀	2			
T3			铣刀-5 参数	3			

图 3-60　创建刀具

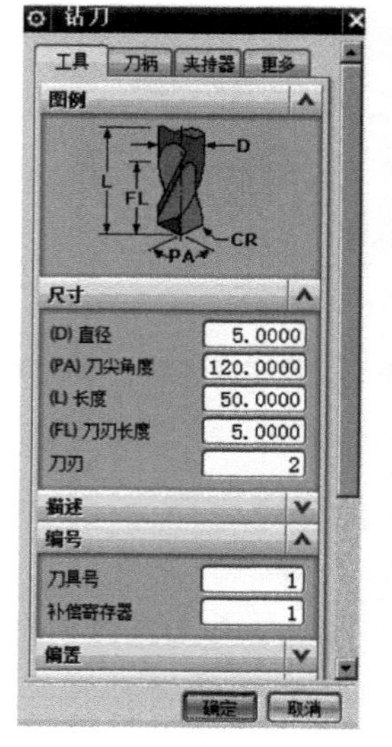

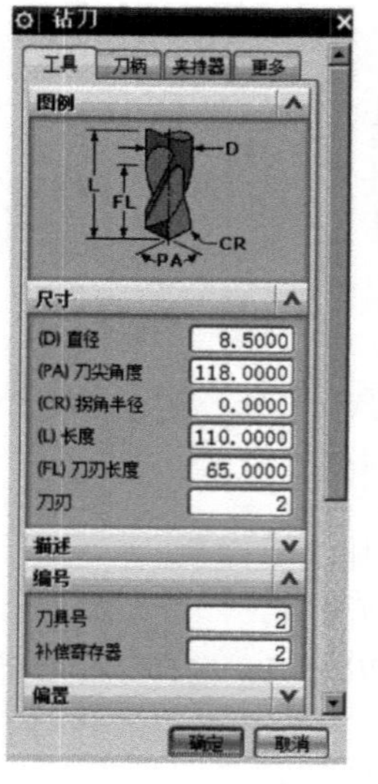

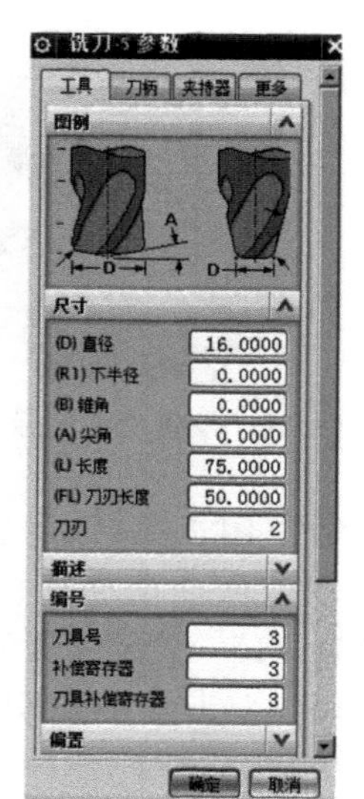

图 3-61　设置刀具参数

指定矢量：孔的轴线。

循环：标准钻，钻孔深度选择【刀尖深度】，设定值 2mm。

避让：安全面设在钻孔表面上方 100mm。

切削用量：S1600，F80。

③ 生成刀具轨迹（图 3-64）。

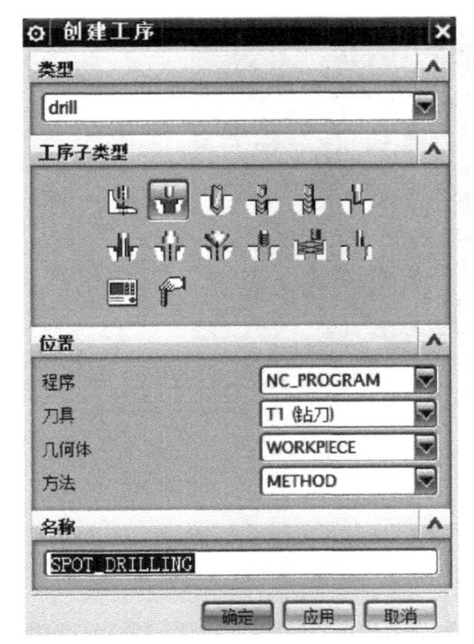

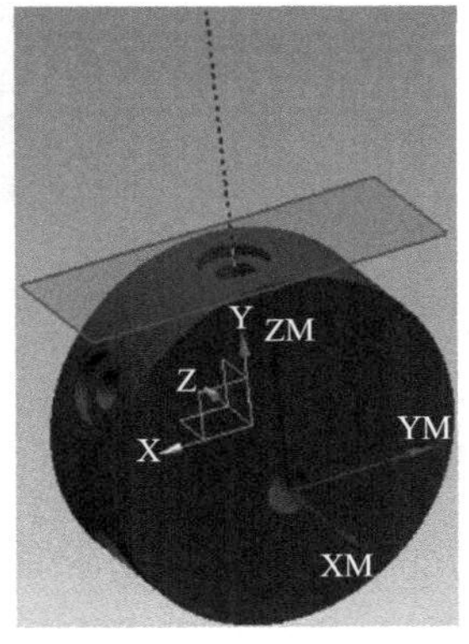

图 3-62　创建工序　　图 3-63　操作参数设置　　图 3-64　生成刀具轨迹

(5) 阵列中心钻孔操作

① 在中心钻孔操作上，右击鼠标，依次弹出【对象】、【变换】（图 3-65），弹出变换界面（图 3-66）。

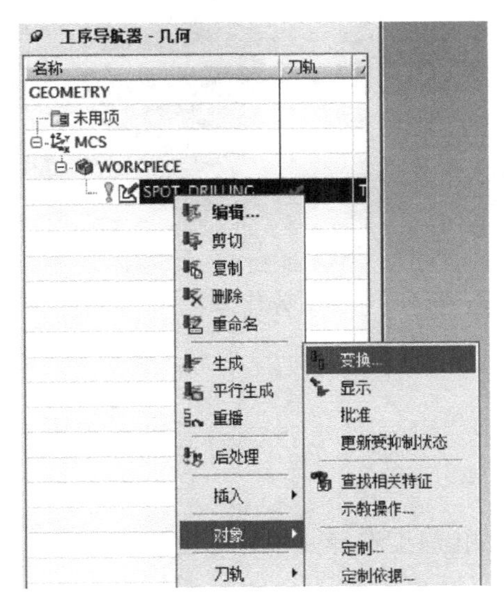

图 3-65　变换

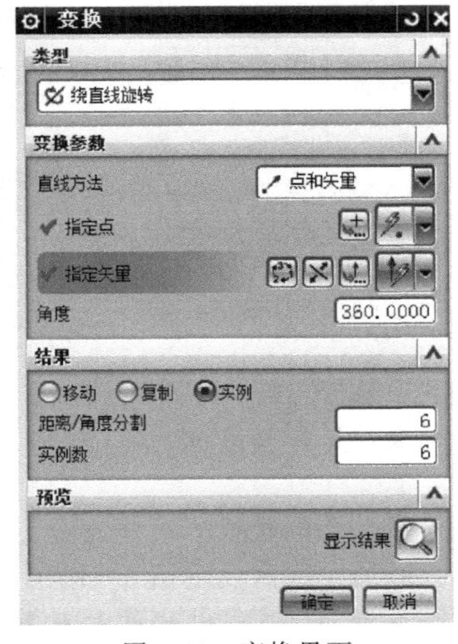

图 3-66　变换界面

② 参数设置。

指定点：ϕ80 圆心。

指定矢量：ϕ80 圆柱轴线。

角度：360°。

均分数：6。

实际阵列数：6。

③ 阵列结果见图 3-67。

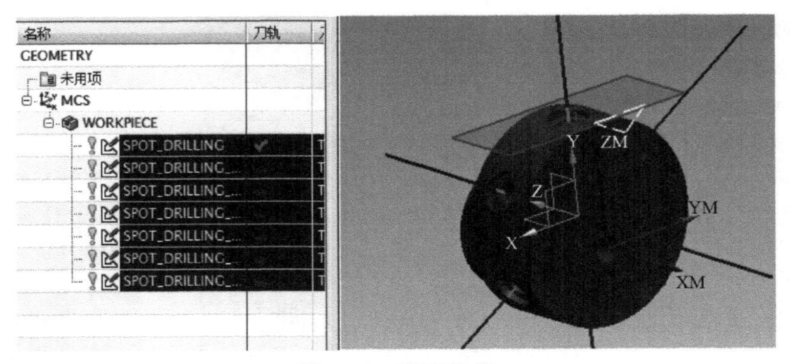

图 3-67　阵列结果

(6) 生成 ϕ8.5 钻孔操作

① 单击【创建工序】，选择类型【钻】，工序设置见图 3-68。

② 设置操作参数（见图 3-69）。

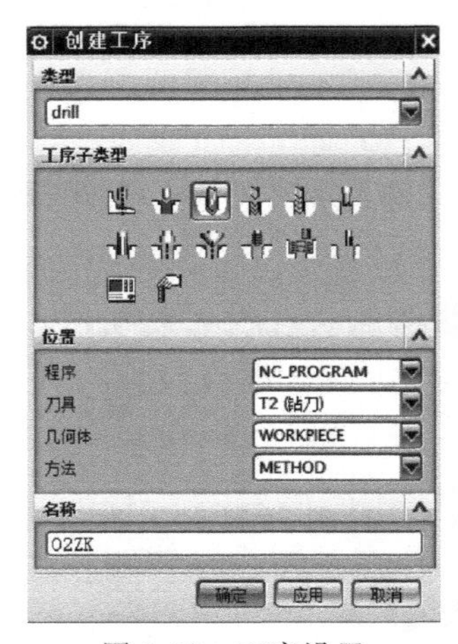

图 3-68　工序设置

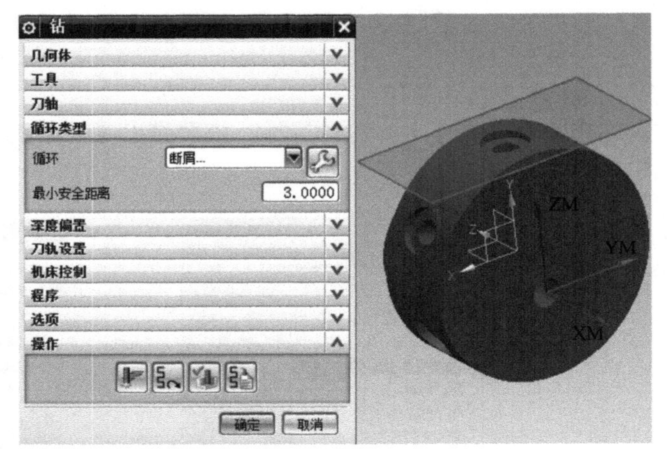

图 3-69　设置操作参数

指定孔：选择 ϕ8.5 孔。

指定顶面：选择基准面。

刀具：T2。

指定矢量：孔的轴线。

循环：断屑，距离设定值 3（断屑距离），钻孔深度选择【模型深度】。

避让：安全面设在钻孔表面上方 100mm。

切削用量：S860，F80。

(7) 阵列 ϕ8.5 钻孔操作

① 参数设置。

指定点：ϕ80 圆心。

指定矢量：ϕ80 圆柱轴线。

角度：360。

均分数：6。

实际阵列数：6。

② 阵列结果见图 3-70。

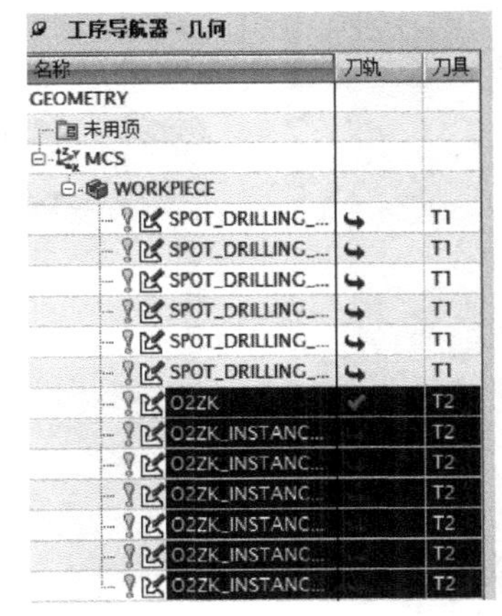

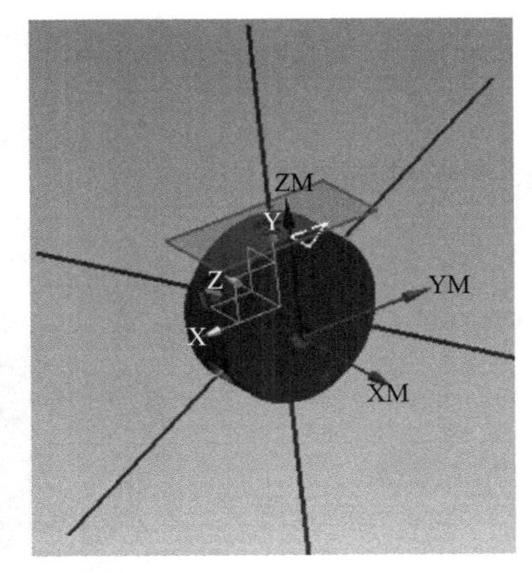

图 3-70　阵列结果

(8) 生成 ϕ16 扩孔操作

① 复制 ϕ8.5 钻孔操作 O2ZK，而后粘贴。拖动新操作到底层，并重命名为【O3K16】。

② 修改操作参数。

指定孔：选择 ϕ16 孔。

指定顶面：选择基准面。

刀具：T3。

指定矢量：孔的轴线。

循环：标准钻，钻孔深度选择【模型深度】。

避让：安全面设在钻孔表面上方 100mm。

切削用量：S520，F60。

(9) 阵列 ϕ16 扩孔操作

参数设置如下。

指定点：ϕ80 圆心。

指定矢量：ϕ80 圆柱轴线。

角度：360°。

均分数：6。

实际阵列数：6。

(10) 后处理生成 NC 程序

① 选择节点【WORKPIECE】，对所有轨迹进行后处理（图 3-71）。

② 后处理设置。

后处理器：4a（图 3-72）。

输出文件名：D:\v7\4x\example_2\P2。

3.2.4 使用 Vericut 仿真切削过程

(1) 建立项目

选择模板 D:\v7\4x\01\demo.vcproject。

创建新项目名 D:\v7\4x\example_2\example_2.vcproject（图 3-73）。

(2) 导入毛坯

在“stock”节点下，单击右键，依次点击“添加模型”“模型文件”，选择在 UG 中导出的 P2.stl 文件。而后调整毛坯的位置和机床实际装夹位置一致，如图 3-74 所示。

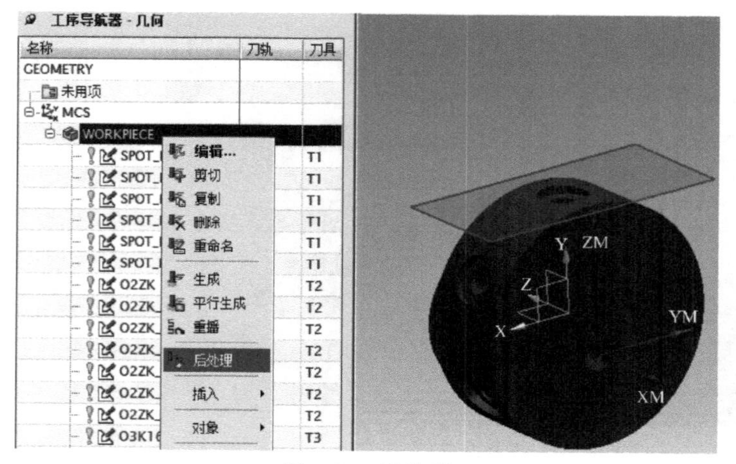

图 3-71　后处理

图 3-72　后处理器设置

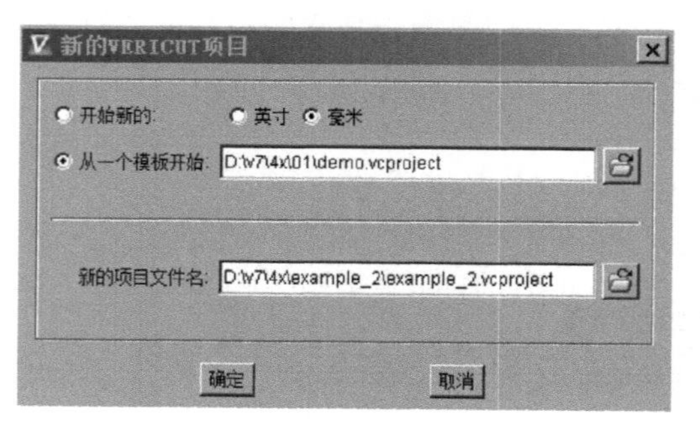

图 3-73　建立项目

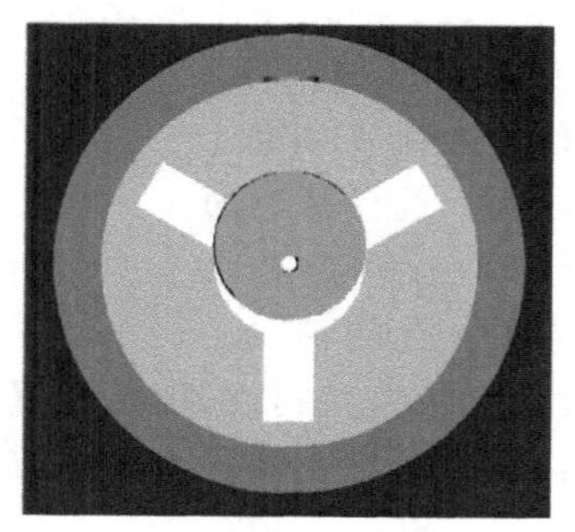

图 3-74　导入毛坯

(3) 建立刀具库

① 打开原先的 demo. tls，而后另存为 D:\v7\4x\example_2\4a2. tls。

② 打开 D:\v7\4x\example_2\4a2. tls。

③ 修改 T1 为 $\phi 5$ 中心钻，T2 为 $\phi 8.5$ 钻头，T3 为 $\phi 16$ 铣刀（图 3-75）。

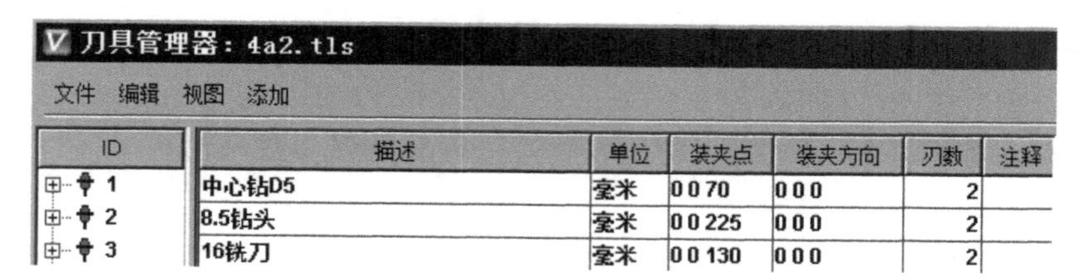

ID	描述	单位	装夹点	装夹方向	刃数	注释
1	中心钻D5	毫米	0 0 70	0 0 0	2	
2	8.5钻头	毫米	0 0 225	0 0 0	2	
3	16铣刀	毫米	0 0 130	0 0 0	2	

图 3-75　刀具管理器

(4) 建立工件坐标系

在机床上，对应坐标偏置“G54 X－310 Y－195 Z－615 A0”（图 3-76）。

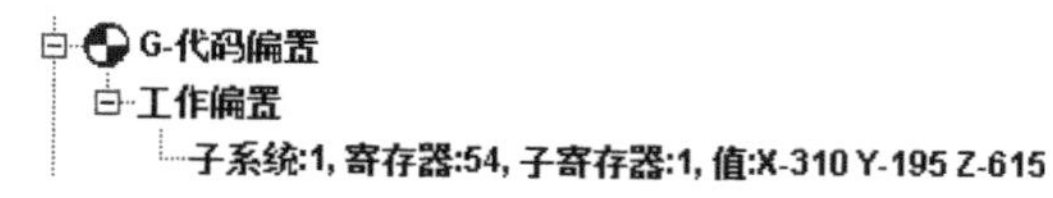

图 3-76　建立工件坐标系

（5）导入程序

删除原程序，调入程序 P2. ptp。

编辑程序 P2. ptp，在程序中加入自定义 M 代码 M110，用于锁紧三爪卡盘（图 3-77）。

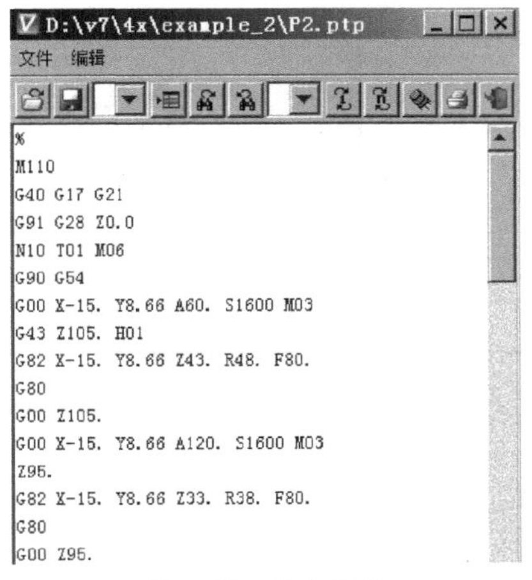

图 3-77　导入程序

3.2.5 仿真

在“视图”→“版面”→“标准”下，选择“1 2”版面（图 3-78）。“机床/切削模型”视图下，观察加工过程。在“零件”视图下，观察加工效果（图 3-79）。

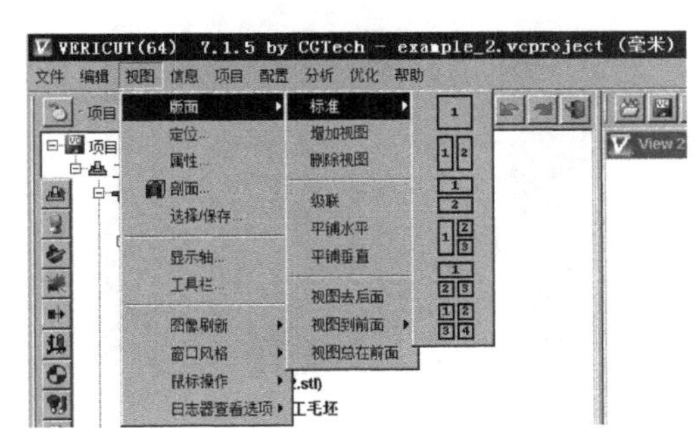

图 3-78　选择版面

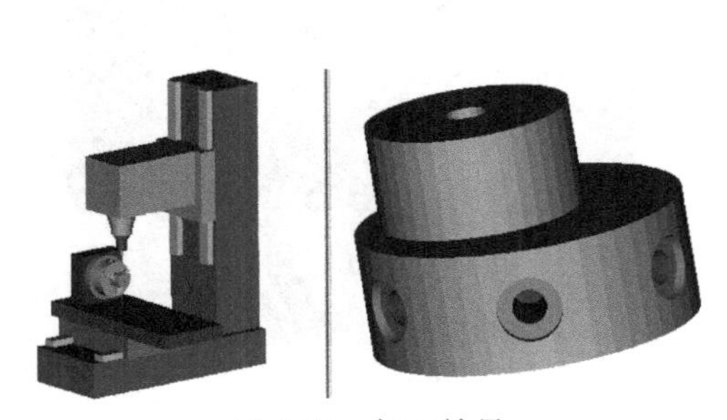

图 3-79　加工效果

3.3 案例 3　圆柱凸轮加工

3.3.1 零件加工工艺

（1）零件分析

图 3-80 为圆柱凸轮零件图，毛坯为棒料，其中 $\phi100$ 外圆、$\phi20$ 的中心孔在上工序已经完成加工。零件材料为 45 钢。要求在 $\phi100$ 圆柱表面完成 29.8×10 槽的加工。

（2）工件装夹

夹具采用一夹一拉（或一夹一顶）的装夹方式。用三爪卡盘夹持毛坯 $\phi100$ 圆柱部位，夹持长度大约 10mm，通过中心孔用拉杆压紧在回转工作台上（图 3-81）。

（3）刀具选择

T1：$\phi29.8$ 铣刀。

T2：ϕ28 铣刀。

T3：ϕ16 铣刀。

T4：ϕ10 铣刀。

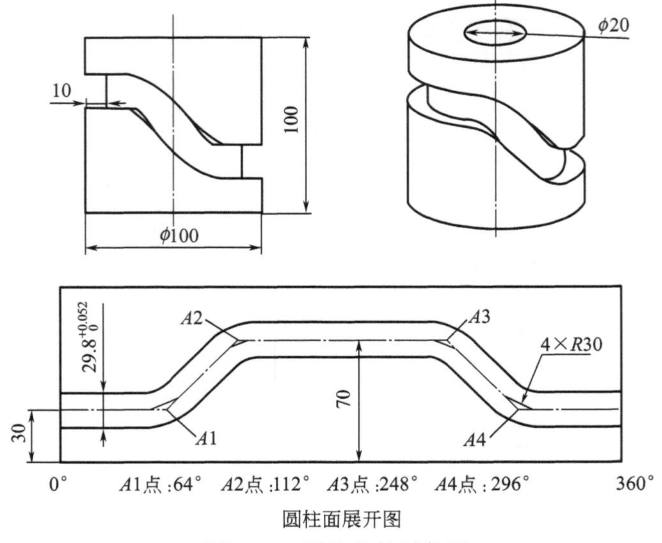

图 3-80 圆柱凸轮零件图

图 3-81 工件装夹

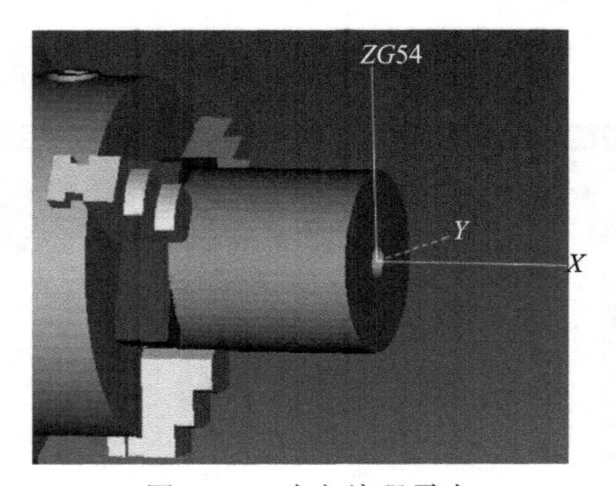

图 3-82 确定编程零点

3.3.2 对刀

对刀方法采用相对对刀。工件零点设在工件表面和 4 轴轴线的交点，并存储在 G54 坐标偏置中。

（1）确定编程零点

编程零点设在右端面中心点（图 3-82）。实测 G54 偏置为 $X-250$ $Y-195$ $Z0$。

（2）确定刀具长度

同 3.1 节案例 1。

3.3.3 编程方法一

（1）造型

① 创建 ϕ100×100 圆柱体。

② 展开圆柱面。

③ 绘制展开图曲线。

图 3-83　增厚减料生成凸轮槽

④ 缠绕曲线到圆柱面上。

⑤ 生成扫掠面。

⑥ 增厚减料生成凸轮槽（图 3-83）。

⑦ 保存为 D:\v7\4x\example_3\4x_A3_cao-lun. prt。

（2）启动多轴加工模块

进入加工模块，在加工环境中选择“多轴铣加工”（图 3-84）。

（3）创建刀具

在刀具视图下，创建直径 ϕ29.8 的铣刀（图 3-85、图 3-86）。

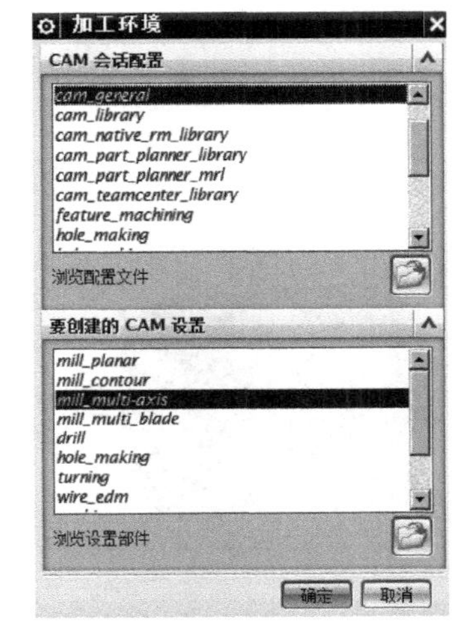

图 3-84　启动多轴铣加工模块

工序导航器 - 机床

名称	刀具号	描述	刀轨
GENERIC_MACHINE		Generic Machine	
未用项		mill_multi-axis	
D28	2	铣刀-5 参数	
D29.8	1	铣刀-5 参数	

图 3-85　创建直径 ϕ29.8 的铣刀

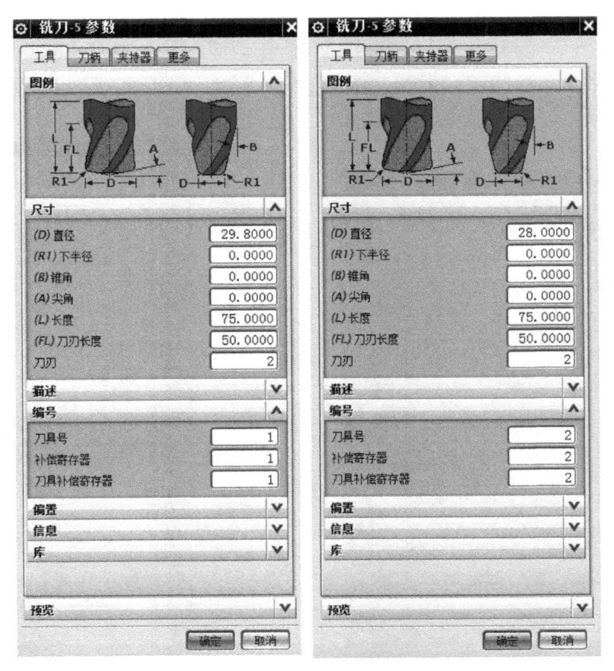

图 3-86　创建刀具

(4) 设置加工坐标系

① 在几何视图下，双击加工坐标系节点“MCS”(图 3-87)。

图 3-87 工序导航器

② 指定 MCS。把加工坐标系零点设在工件右端面中心点。

③ 安全设置。安全设置选项“圆柱”，以 X 轴为轴线，创建半径 100mm 的圆柱面(图 3-88)。

④ 细节设置。设置为主加工坐标系，对应的工件偏置为 G54。

用途选“主要”，装夹偏置为“1”。见图 3-88。

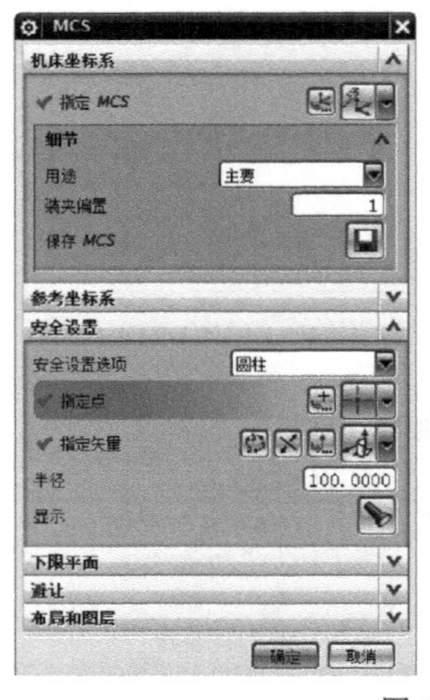

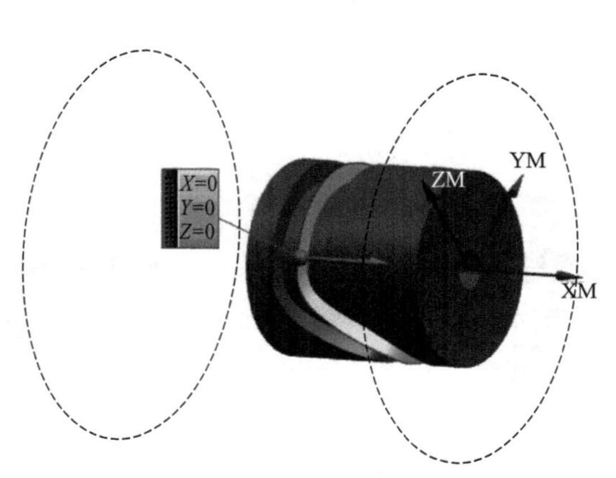

图 3-88 安全设置及细节设置

(5) 粗加工凸轮槽

① 在几何体视图下，创建“可变轴铣”操作，刀具选择 D28，几何体选择“WORKPIECE”，名称选择“O1-1”(图 3-89)。单击确定，进入可变轴铣操作(图 3-90)。

图 3-89 创建工序

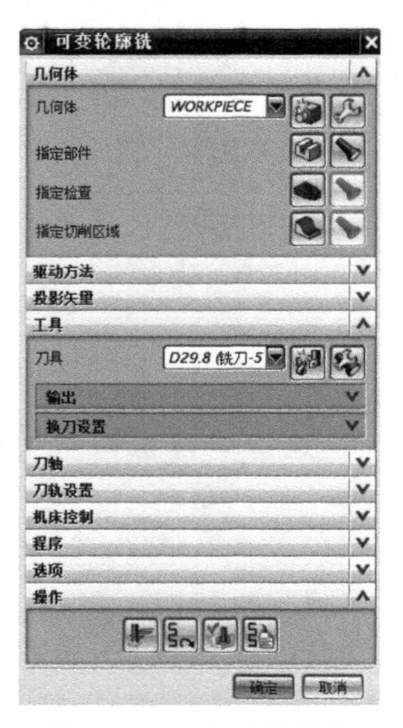

图 3-90 可变轴铣操作

② 指定部件：凸轮槽底面（图 3-91）。

图 3-91　指定部件

③ 驱动方法：曲线/点，选择缠绕在圆柱表面的线（图 3-92）。

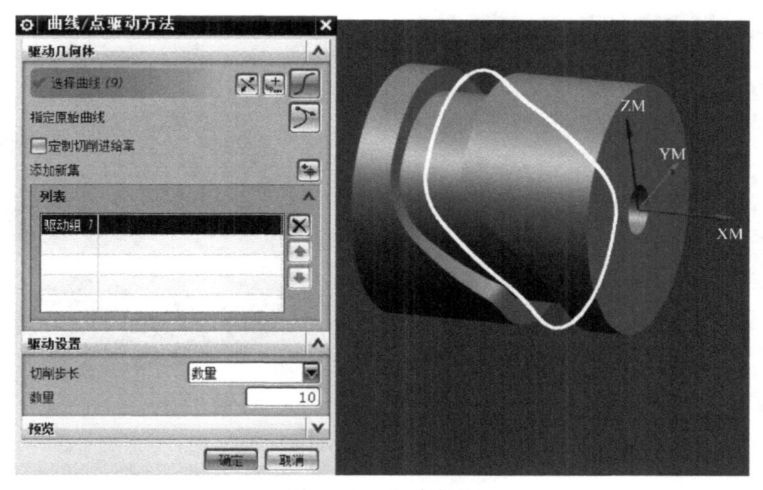

图 3-92　驱动方法

④ 投影矢量：刀轴。

刀轴：远离直线。指定矢量选 X 轴正方向（图 3-93）。

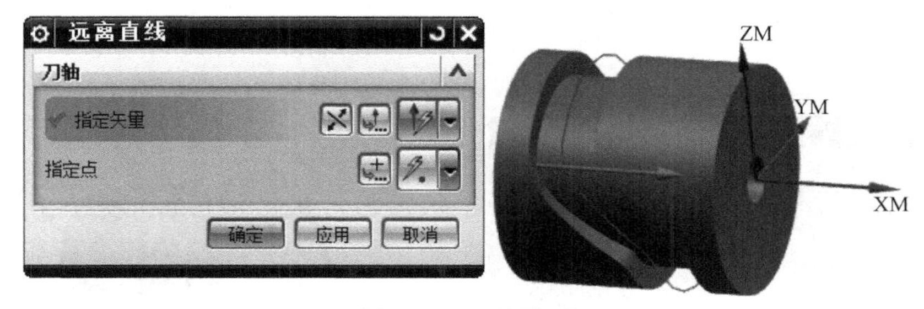

图 3-93　刀轴设置

⑤ 切削参数：多刀路设为“多重深度”，余量偏置为“10”，刀路数为“4”（图 3-94）。

⑥ 非切削移动：进刀类型“圆弧-平行与刀轴”（图 3-95）。
⑦ 进给率和速度：S360，F80（图 3-96）。
⑧ 生成刀具轨迹（图 3-97）。

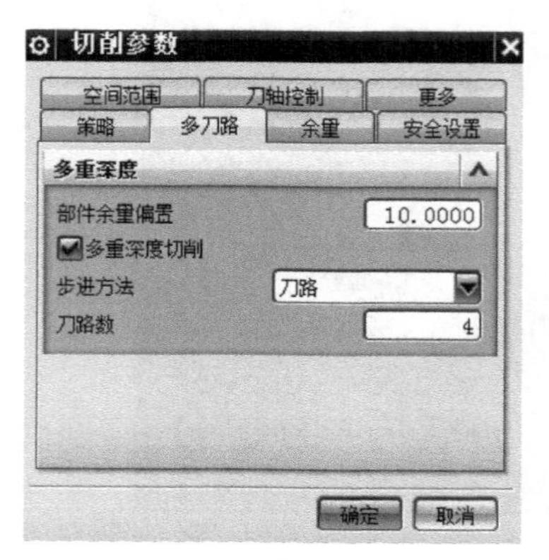

图 3-94 切削参数设置

图 3-95 非切削移动

图 3-96 进给率和速度

图 3-97 生成刀具轨迹

(6) 精加工凸轮槽

① 在几何体视图下，复制操作“O1-1”，粘贴为操作“O1-2”。
② 刀具选择 D29.8。
③ 切削参数：去掉“多重深度切削”选项，部件余量偏置“0”（图 3-98）。
④ 进给率和速度：S360，F60。
⑤ 生成刀具轨迹（图 3-99）。

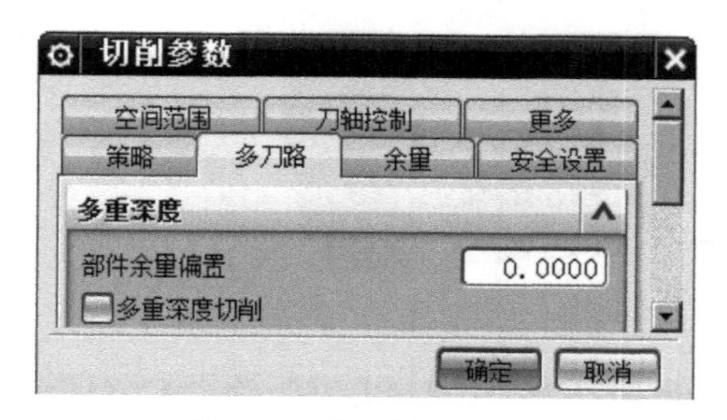

图 3-98 切削参数设置

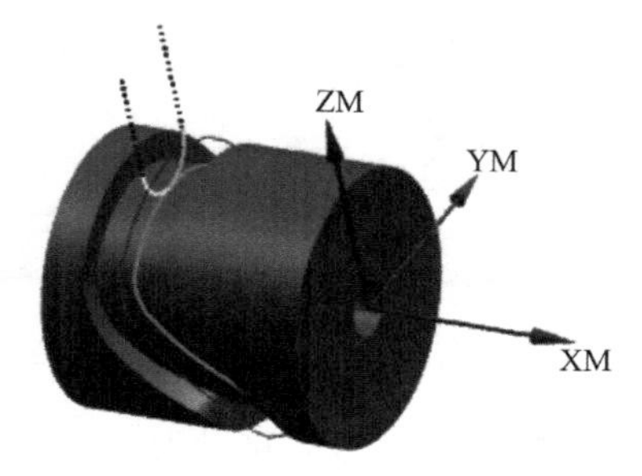

图 3-99 生成刀具轨迹

（7）后处理

在几何视图模式下，在“MCS”节点，右键单击，在弹出界面单击“后处理”（图3-100）。后处理选D:\v7\UG_post\4L\4a. pui，输出文件D:\v7\4x\example_3\O1. ptp。

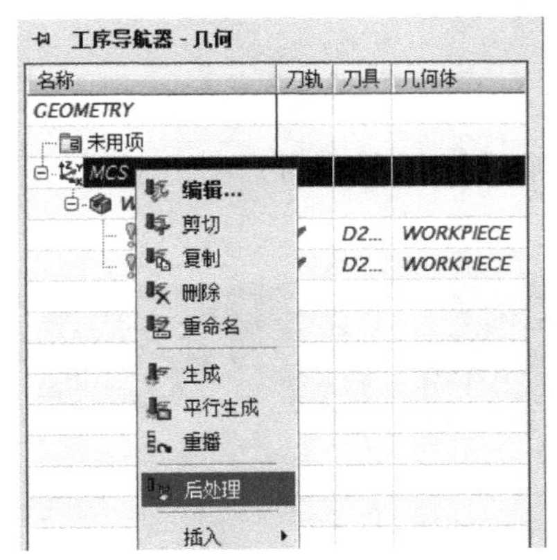

图3-100 后处理

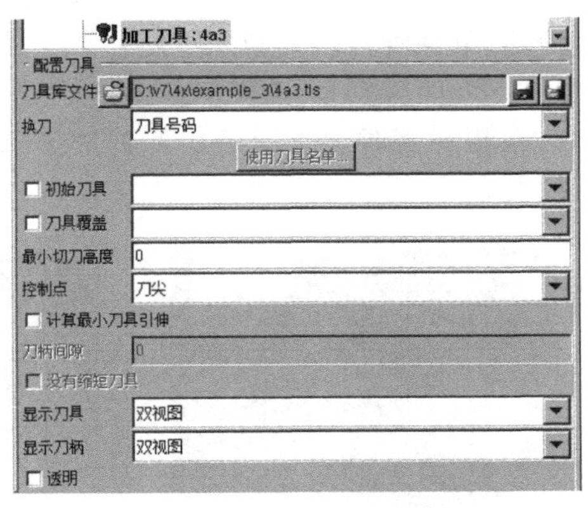

图3-101 调入刀具库

3.3.4 使用Vericut仿真切削过程

（1）复制项目

① 打开项目D:\v7\4x\example_2\example_2. vcproject。

② 另存项目为D:\v7\4x\example_3\example_3. vcproject。

③ 保持机床、数控系统不变。

④ 删除毛坯、刀具、程序、工件偏置，保存项目。

（2）导入毛坯

① 在“stock”节点下，右击，依次点击添加模型、模型文件。

选择D:\v7\4x\example_3\stock-3. stl文件。

② 调整毛坯的位置，三爪卡盘夹持工件长度10mm。

（3）调入刀具库

打开D:\v7\4x\01\ example_3\4a3. tls（图3-101）。

（4）建立工件坐标系

根据对刀结果设置工件偏置“G54：X－250 Y－195 Z－615 A0”（图3-102）。

G-代码偏置
工作偏置
子系统:1, 寄存器:54, 子寄存器:1, 值:X-250 Y-195 Z-615

图3-102 建立工件坐标系

（5）导入程序

双击“数控程序”，调入NC程序O1. ptp。

编辑程序O1. ptp，在程序中加入自定义M代码M110。

（6）加工仿真

在“机床/切削模型”视图下，观察加工过程。

在“零件”视图下，观察加工效果（图3-103）。

（7）加工过程分析

① 在加工中，由于刀具的底刃参与了切削（图3-104），由此带来一些不利因素：

a. 刀具在切削时，会产生很大的径向抗力，从而降低工艺系统的刚性（装夹刚性）。

b. 粗加工必须采用带中心刃的铣刀（键槽铣刀）。

c. 精加工时，刀具直径和槽宽必须一致，当槽宽为非标尺寸时，必须定制合适尺寸的刀具。刀具磨损导致槽宽超差后，必须换刀。在单件试加工时，成本高、效率低。

② 编程简单是唯一的优点。

③ 改进：下面分别采用手工编程和 CAM 编程的方式，用标准直径的刀具来完成凸轮槽的切削。在粗加工时，采用偏摆刀轴的方式来避免刀具底刃切削（图 3-104），从而提高工艺系统刚性。

图 3-103 加工效果

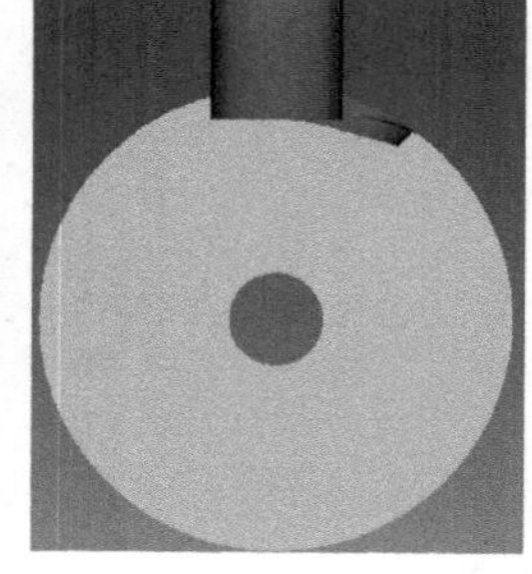

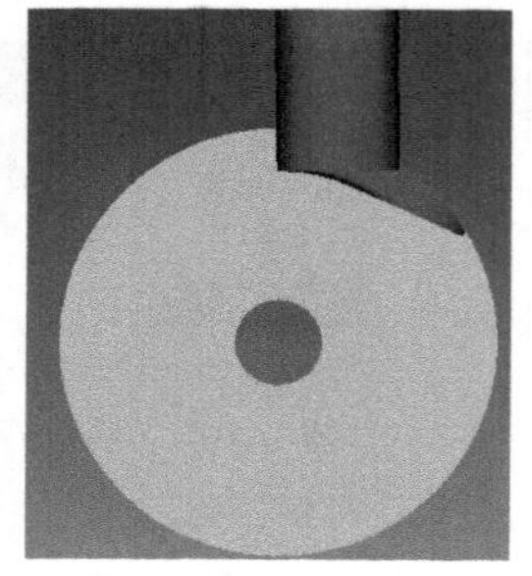

图 3-104 加工过程分析

3.3.5 编程方法二（手工编程）

（1）粗铣编程

① 刀具：ϕ16mm 铣刀。

② 编程准备：计算展开图各点的坐标值，R30mm 圆弧的夹角 #1，如图 3-105 所示。

【注释】 用宏程序插补 R30mm 圆弧，并把 Y 坐标值转换成 A 轴的旋转角度。

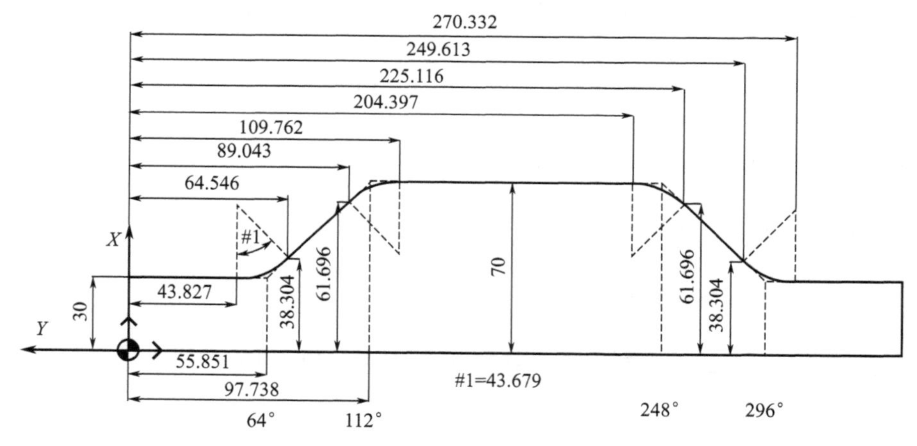

图 3-105 展开图各点的坐标值

③ 粗铣程序

```
O2
M06 T3
G90 G54
G52 X-100(把编程零点平移到工件右端面)
```

```
G00 M3 S600
G43 H1 Z100 F80
G65 P102
G00 Z100

O102
#5=360/314.15926 (弧长对应的 A 轴角度)
G00 X30 Y-8 A0 (Y-8 用来避开刀具底刃切削)
Z55
G01 Z40 F#9 (实际加工时,要分层)
A[43.827*#5]
#1=0
#2=43
WHILE [#1 LE #2] DO1
  #11=30*[1-COS[#1]]+30 (X 坐标值)
  #12=30*SIN[#1]+43.827 (Y 坐标值)
  #13=#12*#5 (Y 坐标值转换成 A 轴角度)
  X#11 A#13
  #1=#1+1
END1
X38.304 A[64.546*#5]
X61.696 A[89.043*#5]
#1=43
#2=0
WHILE [#1 GE #2] DO1
  #11=70-30*[1-COS[#1]]
  #12=109.762-30*SIN[#1]
  #13=#12*#5
  X#11 A#13
  #1=#1-1
END1
A[204.397*#5]
#1=0
#2=43
WHILE [#1 LE #2] DO1
  #11=70-30*[1-COS[#1]]
  #12=30*SIN[#1]+204.397
  #13=#12*#5
  X#11 A#13
  #1=#1+1
END1
X61.696 A[225.116*#5]
X38.304 A[249.613*#5]
#1=43
#2=0
WHILE [#1 GE #2] DO1
  #11=30*[1-COS[#1]]+30
```

```
    #12=270.332-30*SIN[#1]
    #13=#12*#5
    X#11 A#13
    #1=#1-1
END1
A360
G00 Z100
M99
```

(2) 精铣编程

① 刀具：ϕ16mm 铣刀。

② 编程准备：使用小直径刀具精铣，在铣削 R30mm 圆弧时，Y 轴必须给予一定的补偿（#7），保证刀具和零件的切点正确，如图 3-106 所示。

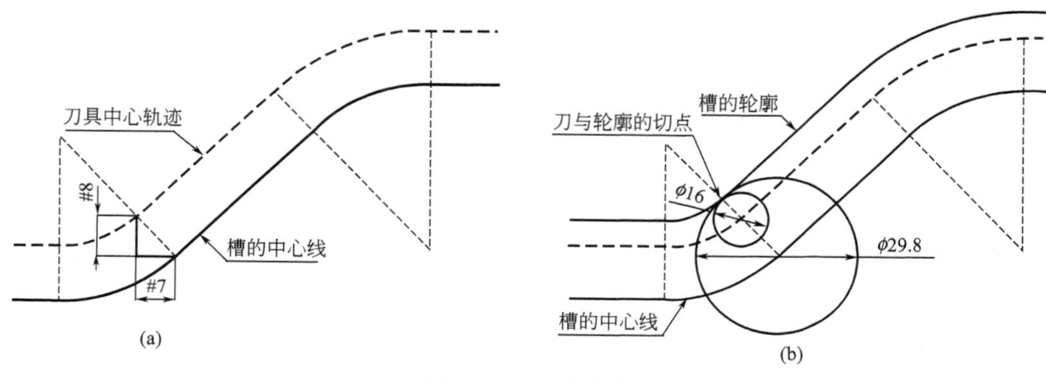

图 3-106　刀具补偿

③ 精铣程序

```
O3
M06 T3
G90 G54 G00 M3 S600
G43 H1 Z100 F80
G65 P103 R6.9  (精铣槽的上轮廓,通过 R6.9 和 R-6.9 调整槽宽)
G65 P103 R-6.9  (精铣槽的下轮廓)
G00 Z100
M30

O103
#3=43.679
#7=#18*SIN[#3]
#8=#18*COS[#3]
#5=360/314.15926  (弧长对应的 A 轴角度)
G00 X[30+#18] Y0 A0
Z55
G01 Z40
A[43.827*#5]
```

```
#1=0
#2=43
WHILE [#1 LE #2] DO1
  #11=[30-#18]*[1-COS[#1]]+[30+#18]  (刀具中心轨迹的 X 坐标值)
  #12=30*SIN[#1]+43.827  (槽中心线展开图的 Y 坐标值)
  #13=#12*#5  (Y 坐标值转换成 A 轴角度)
  #14=#18*SIN[#1]  (Y 坐标补偿)
  X#11 Y#14 A#13
  #1=#1+1
END1
X[38.304+#8] Y#7 A[64.546*#5]
X[61.696+#8] A[89.043*#5]
#1=43
#2=0
WHILE [#1 GE #2] DO1
  #11=[70+#18]-[30+#18]*[1-COS[#1]]
  #12=109.762-30*SIN[#1]
  #13=#12*#5
  #14=#18*SIN[#1]
  X#11 Y#14 A#13
  #1=#1-1
END1
#1=0
#2=43
WHILE [#1 LE #2] DO1
  #11=[70+#18]-[30+#18]*[1-COS[#1]]
  #12=30*SIN[#1]+204.397
  #13=#12*#5
  #14=-#18*SIN[#1]
  X#11 Y#14 A#13
  #1=#1+1
END1
X[61.696+#8] Y-#7 A[225.116*#5]
X[38.304+#8] A[249.613*#5]
#1=43
#2=0
WHILE [#1 GE #2] DO1
  #11=[30-#18]*[1-COS[#1]]+[30+#18]
  #12=270.332-30*SIN[#1]
  #13=#12*#5
  #14=-#18*SIN[#1]
  X#11 A#13 Y#14
  #1=#1-1
END1
A360
G00 Z100
M99
```

用户宏程序 O103 调用说明：

G65 P103 R6.9；*R* 值为理想刀具和实际刀具的半径差［例如：(29.8－16)/2＝6.9］。

(3) 使用 Vericut 仿真切削过程

① 打开项目 D:\v7\4x\example_3\example_3. vcproject。

另存项目为 D:\v7\4x\example_3\example_3_2. vcproject。

② 调入程序 O2、O3，调入子程序 O101、O102（图 3-107）。

③ 仿真（图 3-108）。

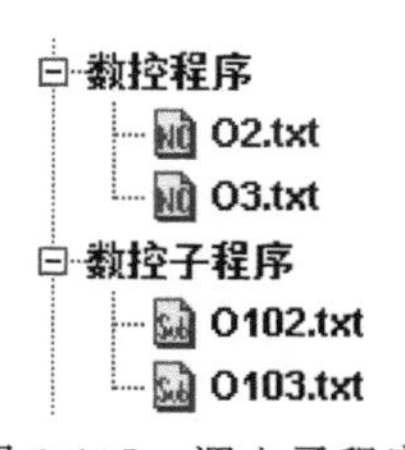

图 3-107　调入子程序

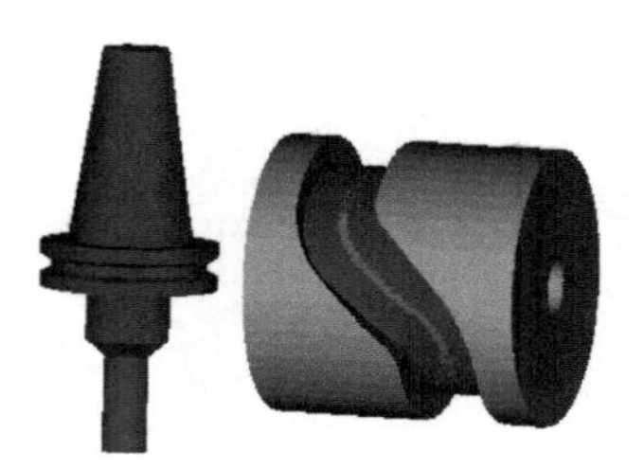

图 3-108　仿真

3.3.6 编程方法三

当圆柱凸轮的数据是通过测量得到的样条线时，显然无法用手工编程。下面介绍用标准直径铣刀精加工凸轮槽的 UG 编程方法。

(1) 复制文件

① 打开 D:\v7\4x\example_3\4x_A3_cao-lun. prt。

② 另存为 D:\v7\4x\example_3\4x_A3_cao-lun_3. prt。

③ 打开 D:\v7\4x\example_3\4x_A3_cao-lun_3. prt。

(2) 编辑操作 O1-1，用于粗加工凸轮槽

① 双击操作 O1-1（图 3-109），进入操作界面。

图 3-109　工序导航器

② 修改投影矢量为“朝向直线”，选择 *X* 轴（图 3-110）。

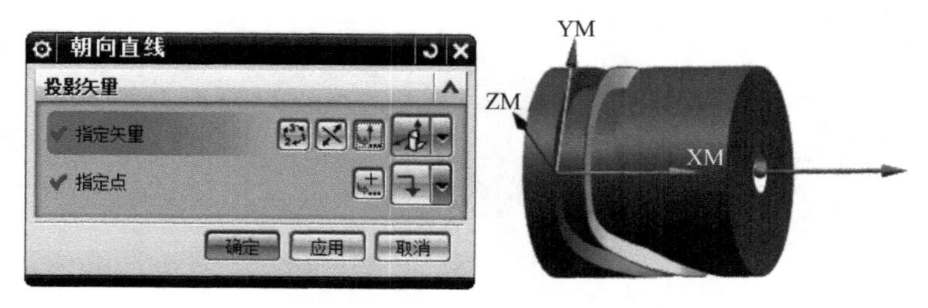

图 3-110　朝向直线

③ 修改刀轴为“4 轴，垂直于部件”，指定矢量“X 轴正方向”，旋转角度“2”（图 3-111）。

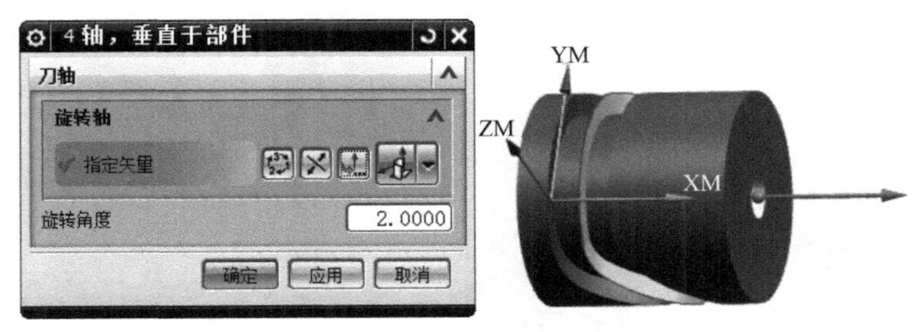

图 3-111　4 轴，垂直于部件

④ 进刀设置。在“刀轨设置”栏，单击“非切削移动”图标，进入非切削移动界面，“进刀”选项设置如下（图 3-112）。

进刀类型：圆弧-平行于刀轴。

半径：20mm。

圆弧角度：45°。

线性延伸：6mm。

其他设置：与开放区域相同。

⑤ 退刀设置。在“非切削移动”界面，“退刀”选项设置如下（图 3-113）。

进刀类型：圆弧-平行于刀轴。

半径：10mm。

圆弧角度：45°。

其他设置：与开放区域相同。

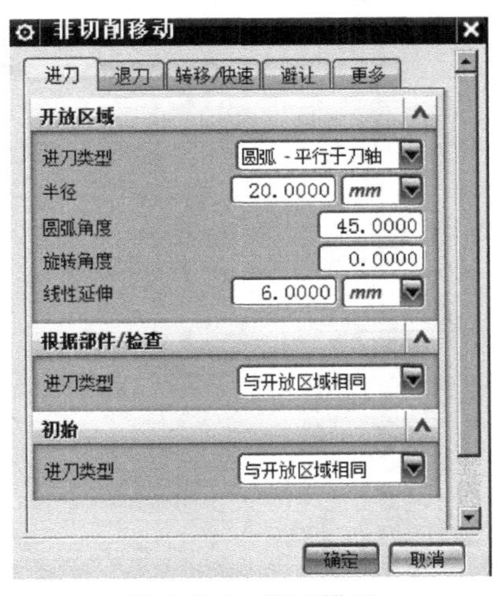

图 3-112　进刀设置

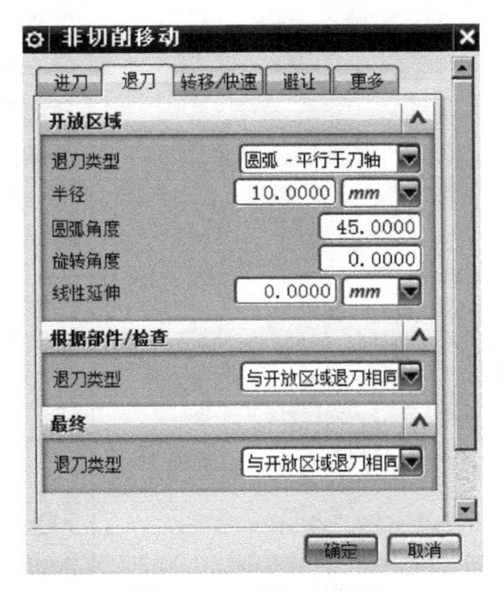

图 3-113　退刀设置

⑥ 生成刀具轨迹（图 3-114）。

（3）删除操作 O1-2。

（4）精加工凸轮槽的右侧面

① 创建刀具 D16。刀具尺寸“16”，下半径“8”，刀具编号和补偿参数“3”（图 3-115）。

② 创建刀具 Q16。刀具尺寸“16”，下半径“8”。因凸轮槽的侧面为工作面，底面为非工作面，为便于刀轴控制，编程时采用 Q16 的铣刀，而实际加工时仍调用 D16 铣刀，所以

刀具编号和补偿参数与 D16 铣刀相同（图 3-115）。

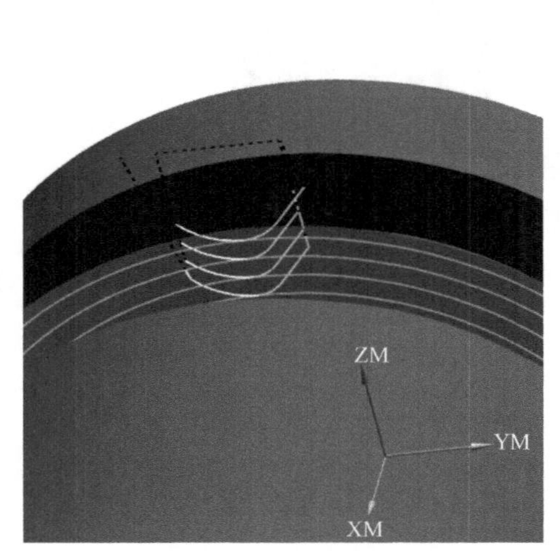

图 3-114　生成刀具轨迹

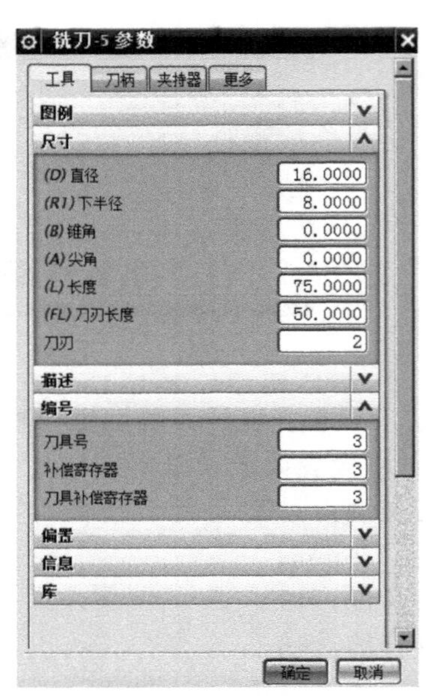

图 3-115　创建刀具 D16

③ 在几何体视图下，创建“顺序铣”操作，刀具选择 Q16，几何体选择“WORKPIECE”，名称选择“O1-3”（图 3-116）。单击确定，进入顺序铣操作界面（图 3-117）。单击确定，进入子操作界面（图 3-118）。

图 3-116　创建工序

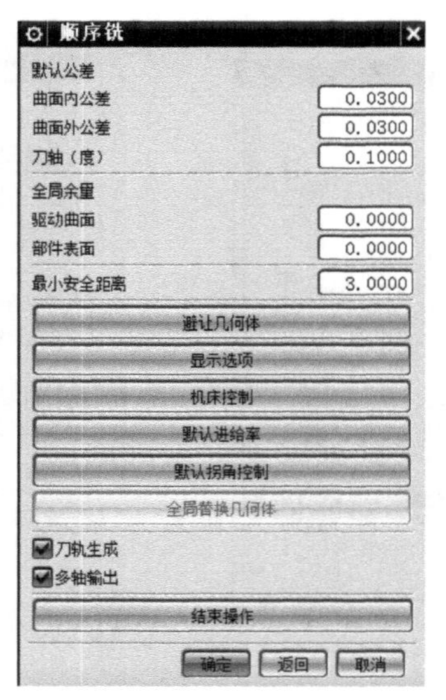

图 3-117　顺序铣操作界面

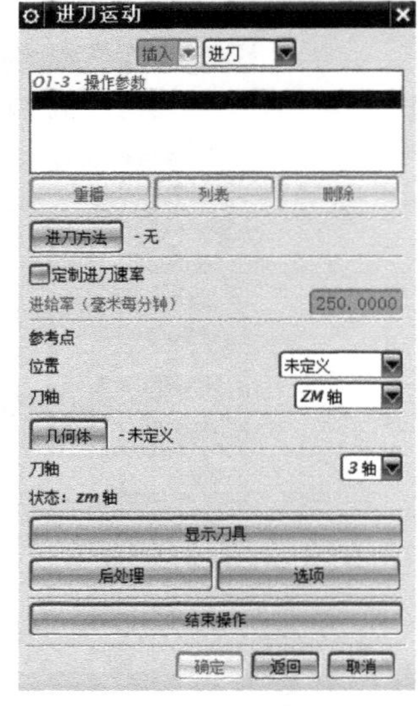

图 3-118　子操作界面

④ 创建第 1 个子操作“点到点”。

系统默认第一个子操作为“进刀”，首先将“进刀”改为“点到点”，如图 3-119 所示，弹出“点到点的运动”对话框。将“运动方式”从“无”改为“点，刀轴”，如图 3-120 所示。选择“点”（图 3-121），单击确定，弹出“矢量构造器”对话框，选择“矢量”（图 3-122），单击确定进入下一个子操作。

⑤ 创建第 2 个子操作“点到点”。

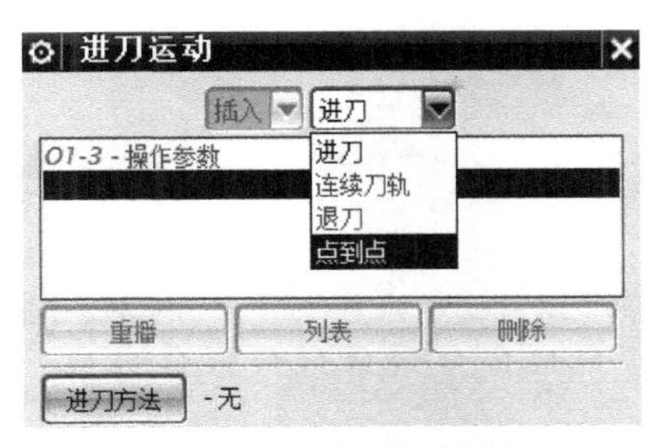

图 3-119　进刀运动设置

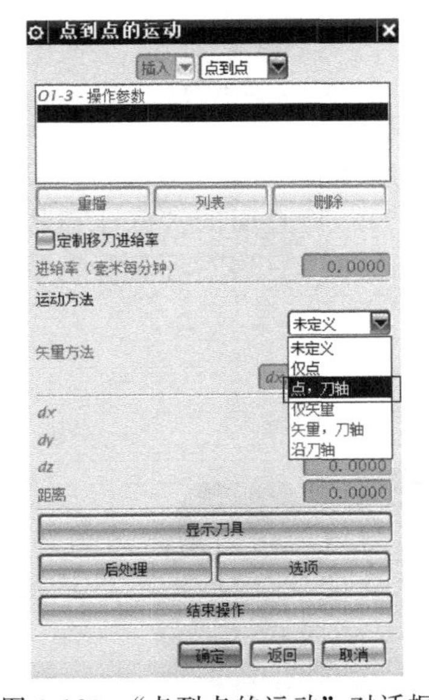

图 3-120　“点到点的运动”对话框

图 3-121　“点”对话框

图 3-122　选择“矢量”

定制移刀进给率 F60，使刀具切入到凸轮槽底面（图 3-123）。运动方法选“点到点”（图 3-124），选择图中直线的端点。单击确定进入下一个子操作。

⑥ 创建第 3 个子操作“进刀”。

a. 修改子操作为“进刀”，取消定制进给率。进刀方法选“无”。

图 3-123 “点”对话框

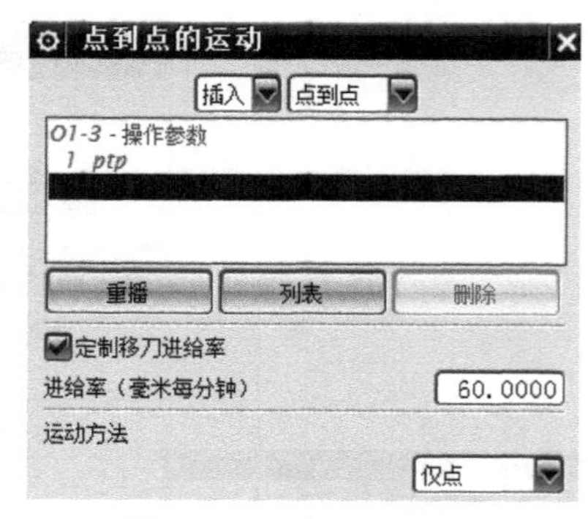

图 3-124 选“点到点”

b. 单击“几何体”按钮，弹出“进刀几何体”对话框。选择扫掠面为驱动面，设置余量为“－1.1”（图 3-125）；选择槽轮底面为零件面（图 3-126）；检查面的“停止位置”选“在曲面上”，检查面的“类型”选“临时平面”（图 3-127），选择“*XC-ZC* 平面”为检查面（图 3-128）。

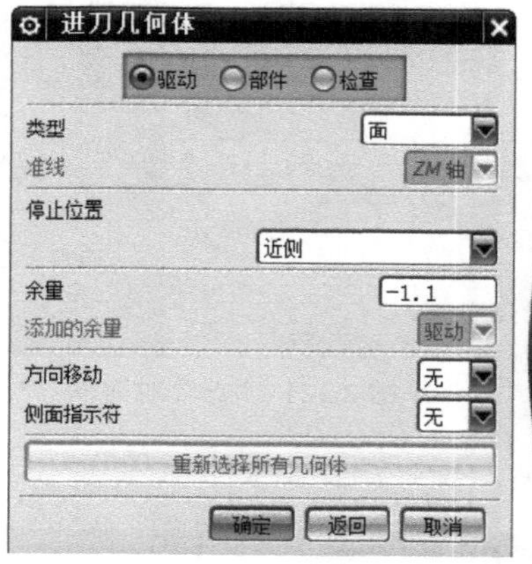

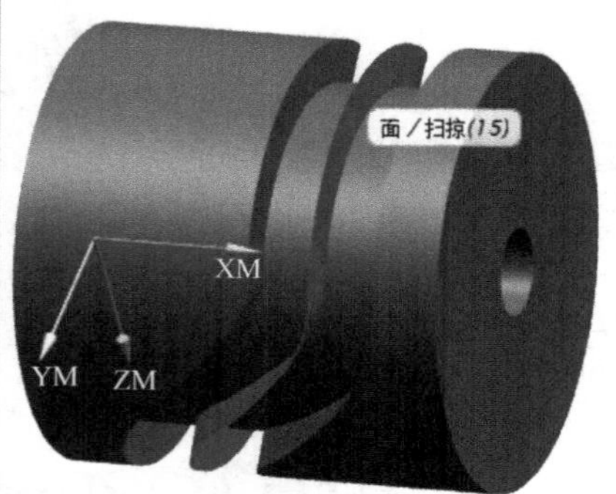

图 3-125 设置余量

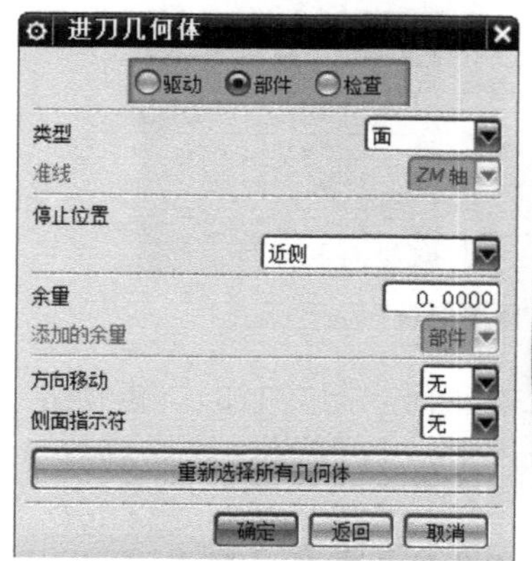

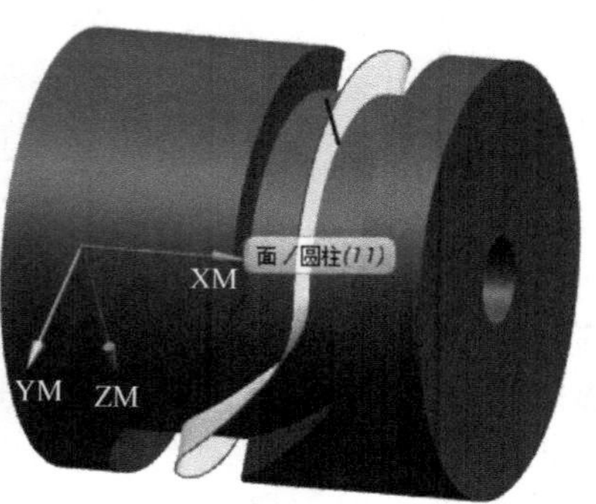

图 3-126 选择槽轮底面为零件面

图 3-127　检查面

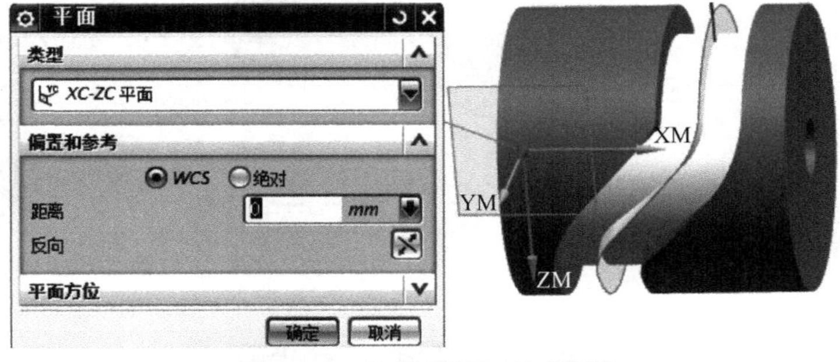

图 3-128　选择“XC-ZC 平面”

【提示】　半槽宽14.9 减去刀具直径 16 等于 −1.1。

c. 刀轴选“四轴”，弹出“四轴选项”对话框，方法选“投影部件表面法向”（图 3-129）。单击“垂直于矢量”，弹出“矢量”对话框，选择 *X* 轴线（图 3-130）。单击“下一个切削方向”，弹出“矢量”对话框，选择“曲线上的矢量”，选择直纹面外侧圆弧线（图 3-131），调整箭头的方向向前（图 3-132）。单击确定完成刀轴设定。

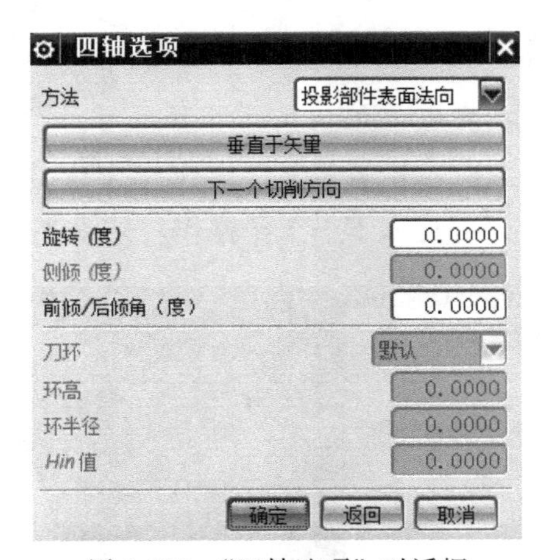

图 3-129　“四轴选项”对话框

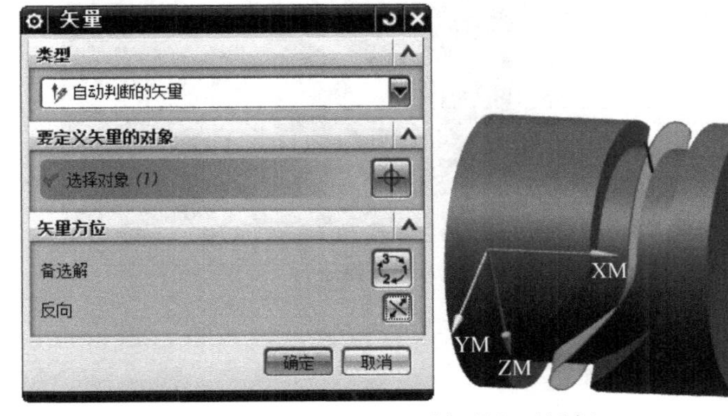

图 3-130　“矢量”对话框

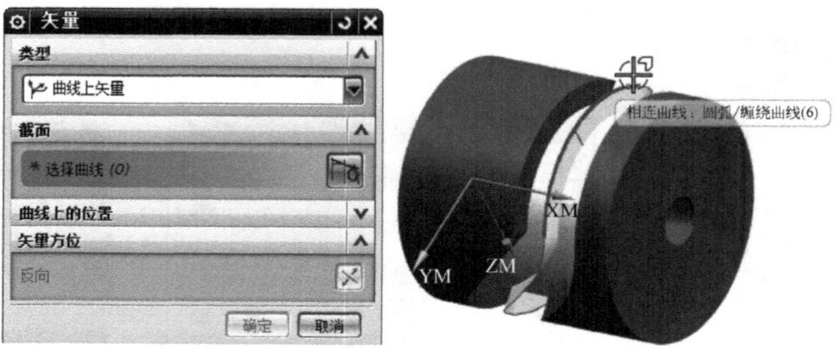

图 3-131　选择直纹面外侧圆弧线

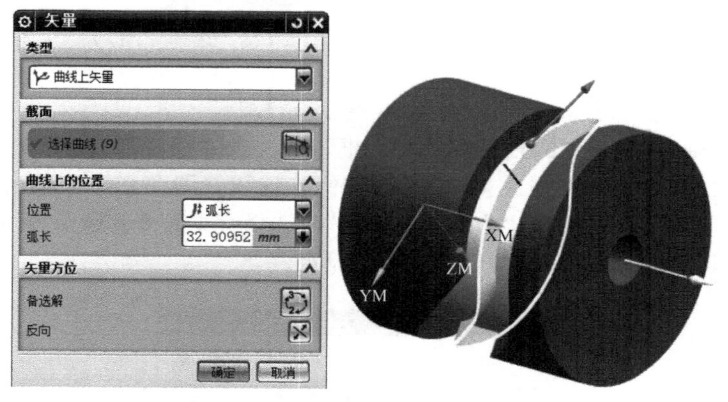

图 3-132　调整箭头的方向向前

d. 单击确定，生成进刀轨迹并进入下一个子操作，见图 3-133。

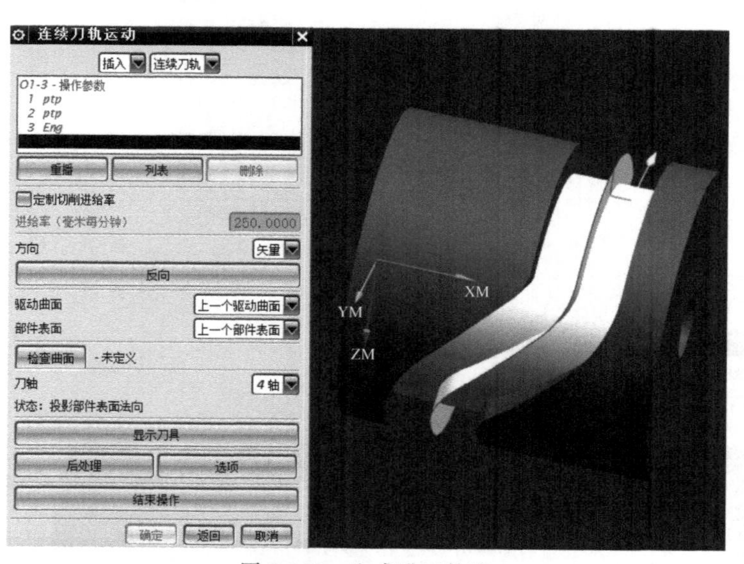

图 3-133　生成进刀轨迹

⑦ 创建第 4 个子操作“连续刀轨”。

a. 驱动曲面选“上一个驱动曲面”。

b. 在“连续刀轨运动”子操作界面，单击“几何体”按钮，弹出“进刀几何体”对话框。检查面的“停止位置”选“在曲面上”，检查面的“类型”继续选“临时平面”，弹出

“平面”对话框，类型“自动判断”，选择圆弧端点（图 3-134），生成图 3-135 所示临时平面。单击确定完成检查面选择。

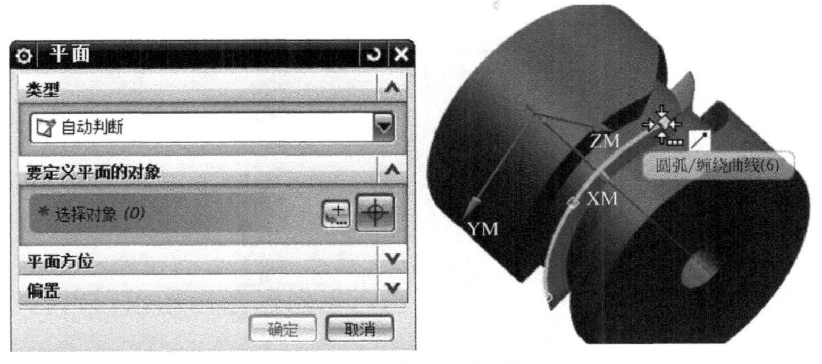

图 3-134　选择圆弧端点

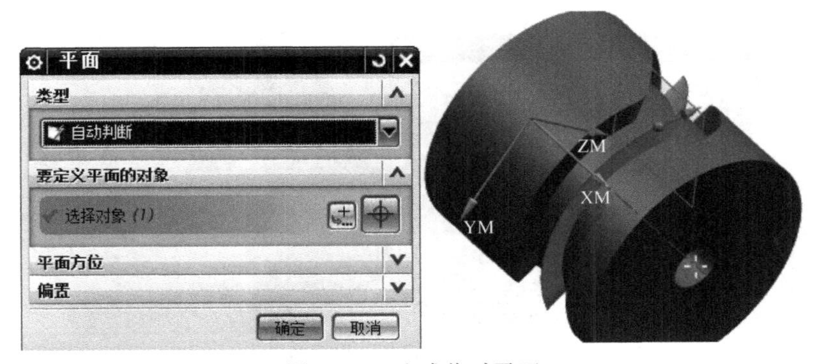

图 3-135　生成临时平面

c. 单击确定，生成进刀轨迹并进入下一个子操作，见图 3-136。

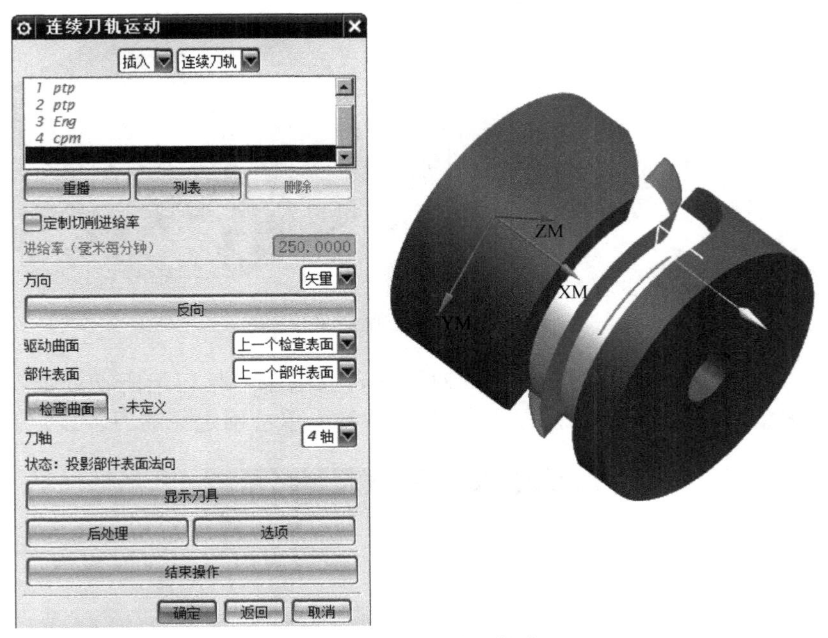

图 3-136　生成进刀轨迹

⑧ 创建第 5 个子操作“连续刀轨”。

a. 修改“方向”为“向前”，见图 3-137。

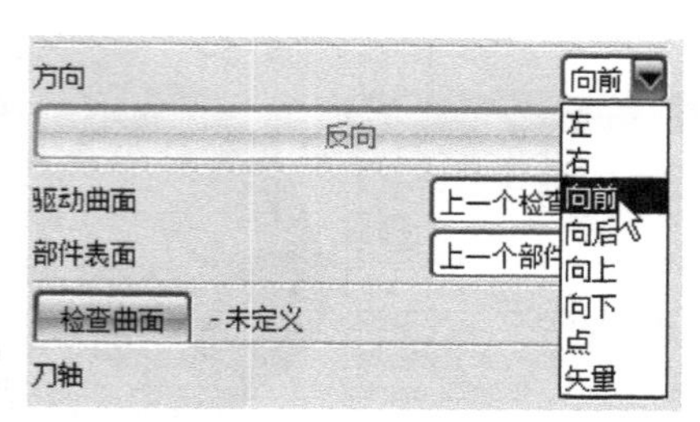

图 3-137 修改“方向”为“向前”

b. 驱动曲面选“上一个驱动曲面”。

c. 选择检查面，“类型”选择“临时平面”，弹出“平面”对话框，类型“自动判断”，选择圆弧端点（图 3-138），生成图 3-139 所示临时平面。单击确定完成检查面选择。

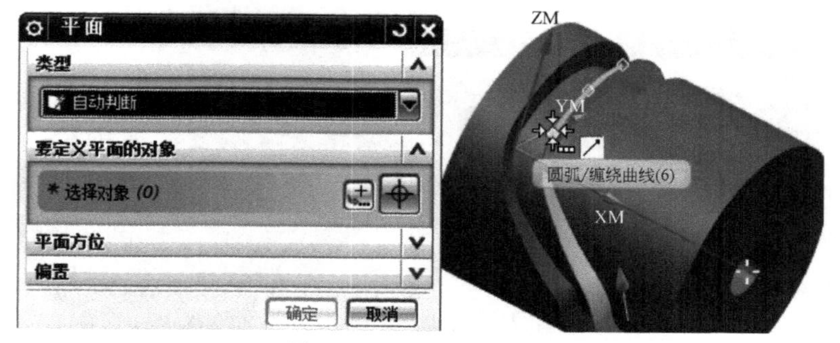

图 3-138 选择圆弧端点

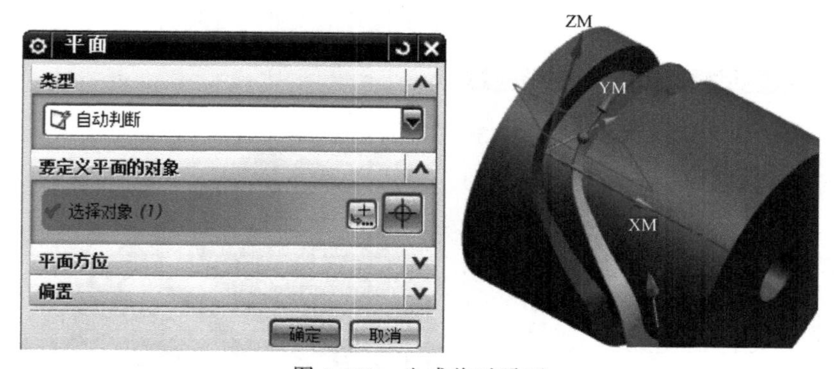

图 3-139 生成临时平面

d. 刀轴选“四轴”，弹出“四轴选项”对话框，方法选“相切于驱动曲面”（图 3-140）。单击“垂直于矢量”，弹出矢量对话框，选择 X 轴线。单击确定完成刀轴设定。

图 3-140 “四轴选项”对话框

e. 单击确定，生成刀具轨迹（图 3-141），并进入下一个子操作。

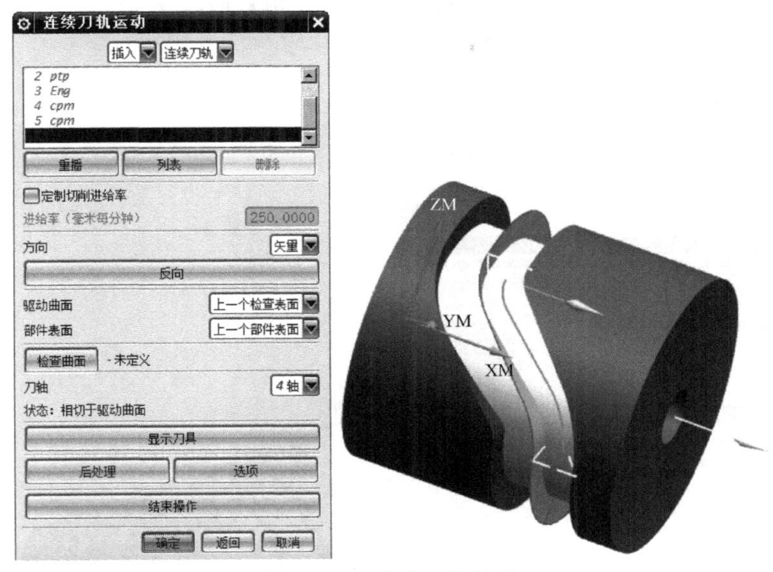

图 3-141　生成刀具轨迹

⑨ 创建第 6 个子操作“连续刀轨”。

a. 修改“方向”为“向前”。

b. 驱动曲面选“上一个驱动曲面”

c. 选择检查面，“类型”选择“临时平面”，弹出“平面”对话框，类型“自动判断”，选择圆弧端点（图 3-142），生成图 3-143 所示临时平面。单击确定完成检查面选择。

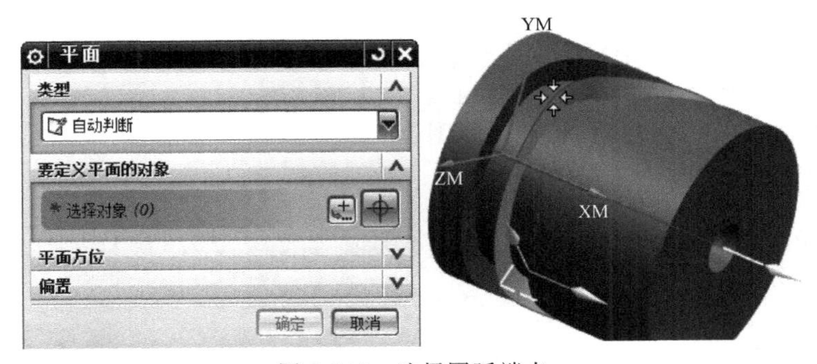

图 3-142　选择圆弧端点

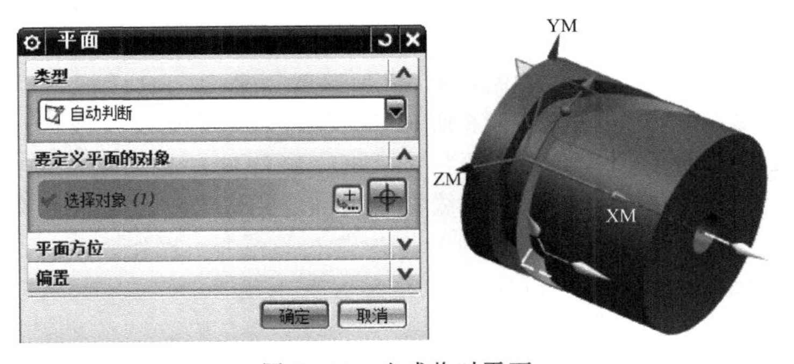

图 3-143　生成临时平面

d. 刀轴选"四轴"，弹出"四轴选项"对话框，方法选"投影部件表面法向"。单击"垂直于矢量"，弹出矢量对话框，选择 X 轴线。单击确定完成刀轴设定。

e. 单击确定，生成刀具轨迹（图 3-144），并进入下一个子操作。

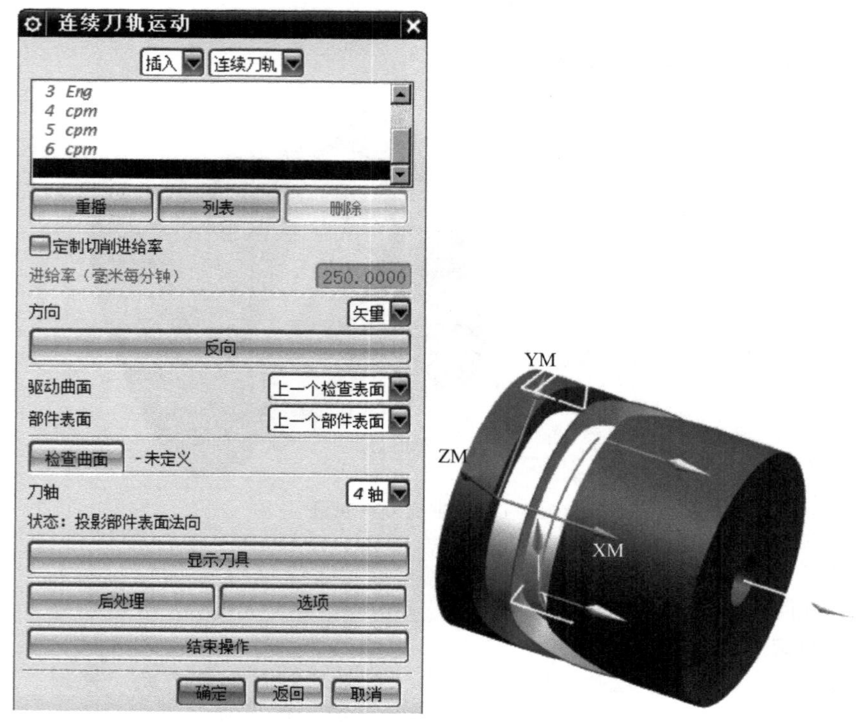

图 3-144　生成刀具轨迹

⑩ 创建第 7 个子操作"连续刀轨"。

a. 修改"方向"为"向前"，见图 3-145。

b. 驱动曲面选"上一个驱动曲面"，见图 3-146。

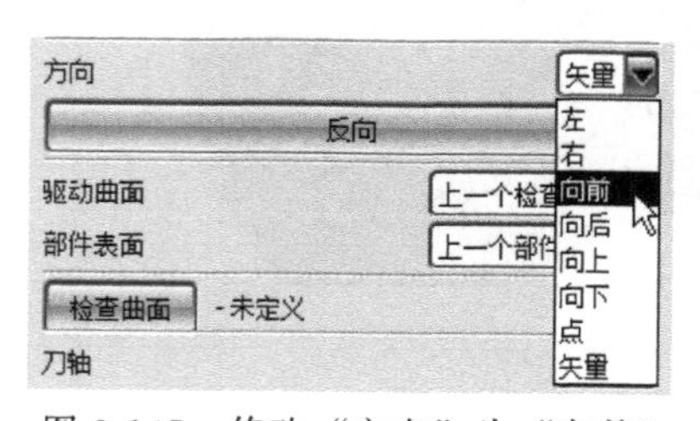

图 3-145　修改"方向"为"向前"

图 3-146　选"上一个驱动曲面"

c. 选择检查面，"类型"选择"临时平面"，弹出"平面"对话框，类型"自动判断"，选择圆弧端点（图 3-147），生成图 3-148 所示临时平面。单击确定完成检查面选择。

d. 刀轴选"四轴"，弹出"四轴选项"对话框，方法选"相切于驱动曲面"。单击"垂直于矢量"，弹出矢量对话框，选择 X 轴线。单击确定完成刀轴设定。

e. 单击确定，生成刀具轨迹（图 3-149），并进入下一个子操作。

⑪ 创建第 8 个子操作"连续刀轨"。

a. 修改"方向"为"向前"。

b. 驱动曲面选"上一个驱动曲面"。

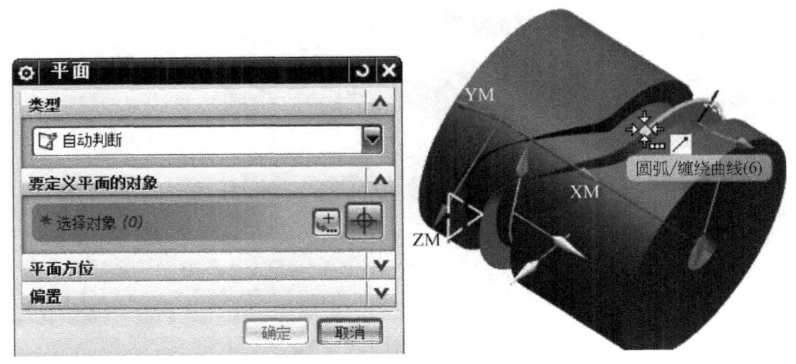

图 3-147　选择圆弧端点

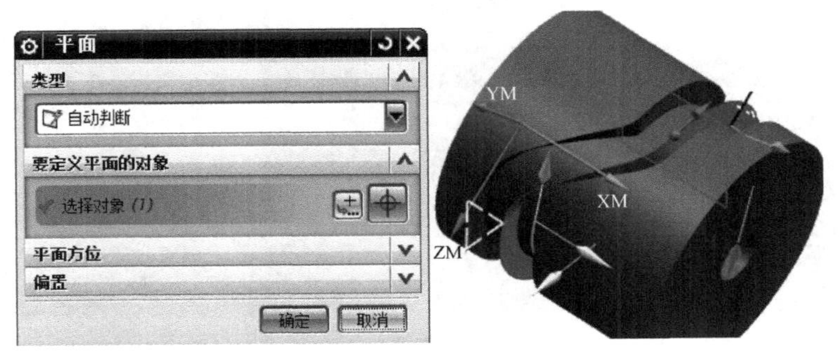

图 3-148　生成临时平面

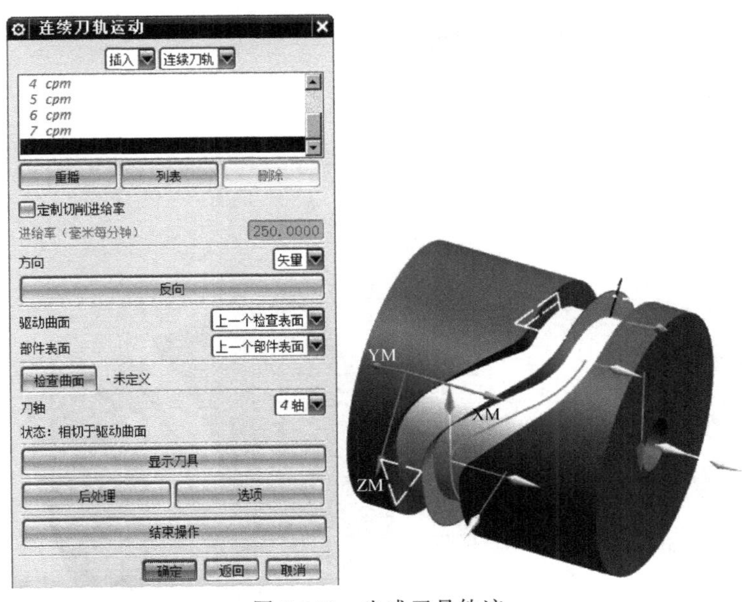

图 3-149　生成刀具轨迹

c. 选择检查面，“类型”选择“临时平面”，弹出“平面”对话框，类型“自动判断”，选择圆弧端点（图 3-150），生成图 3-151 所示临时平面。单击确定完成检查面选择。

d. 刀轴选“四轴”，弹出“四轴选项”，方法选“投影部件表面法向”。单击“垂直于矢量”，弹出矢量对话框，选择 X 轴线。单击确定完成刀轴设定。

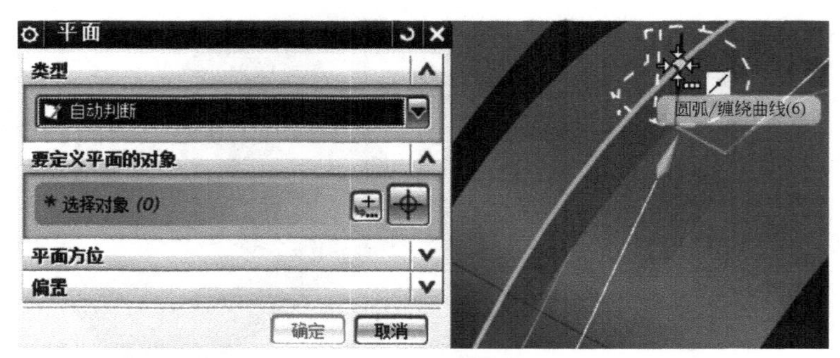

图 3-150　选择圆弧端点

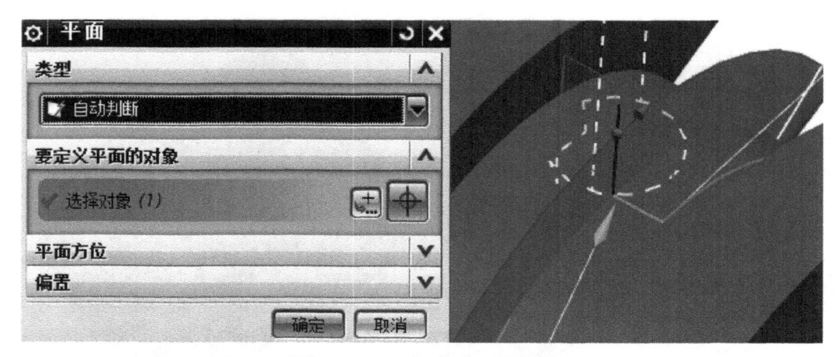

图 3-151　生成临时平面

e. 单击确定，生成刀具轨迹（图 3-152），并进入下一个子操作。

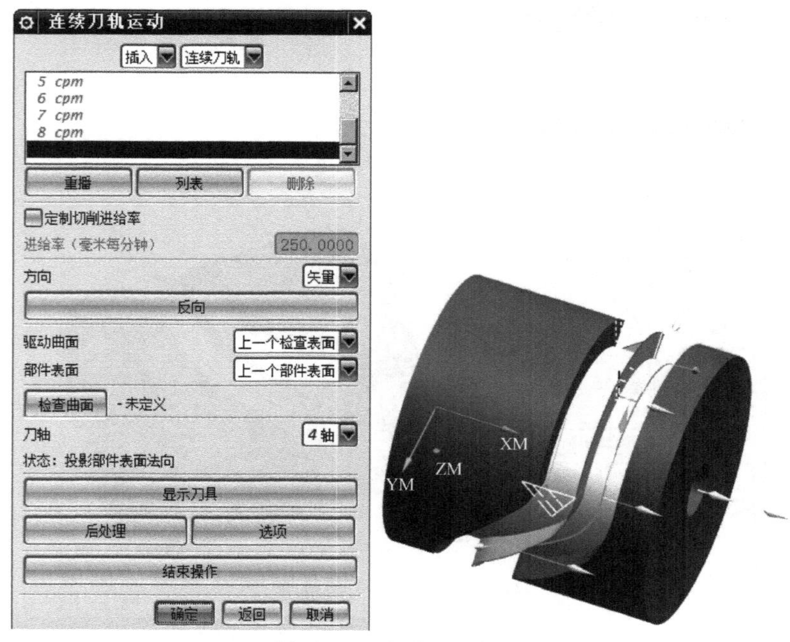

图 3-152　生成刀具轨迹

⑫ 创建第 9 个子操作“退刀”。

a. 修改子操作为“退刀”（图 3-153）。退刀方法选“至一点”（图 3-154）。选择图 3-155

所示的直线端点。

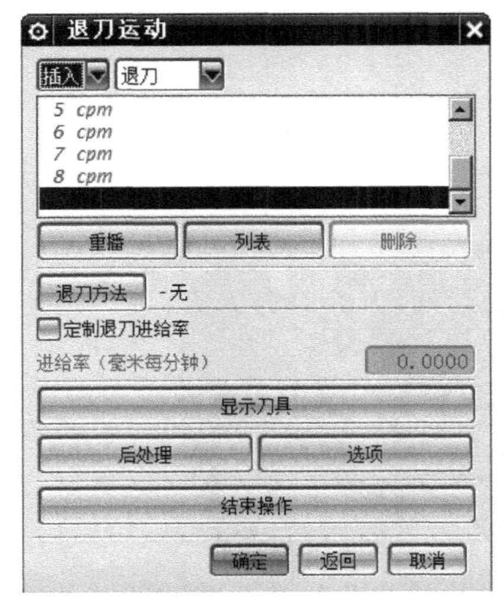

图 3-153　修改子操作为“退刀”

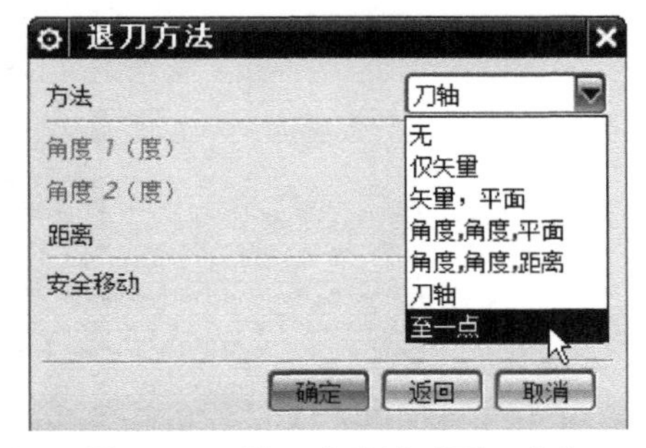

图 3-154　退刀方法选“至一点”

图 3-155　选择直线端点

b. 定制“退刀进给率”为 60（图 3-156）。

c. 单击确定，生成刀具轨迹（图 3-157），并进入下一个子操作。

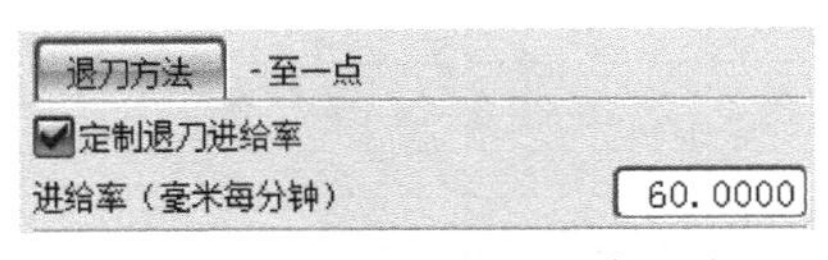

图 3-156　定制“退刀进给率”为 60

⑬ 创建第 10 个子操作“点到点”。

取消“定制进给率”，运动方法选择“沿刀轴”（图 3-158）。单击确定，生成图 3-159 所示刀具轨迹。

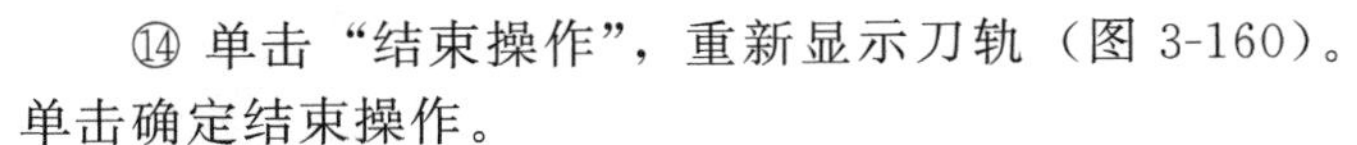

⑭ 单击“结束操作”，重新显示刀轨（图 3-160）。单击确定结束操作。

⑮ 修改切削用量。

单击操作 O1-3，进入顺序铣界面（图 3-161）。单击“默认进给率”按钮，设置主轴速度 600（图 3-162），进给率为 80（图 3-163）。结束操作对话框单击“生成刀轨”（图 3-164），单击“确定”结束操作。

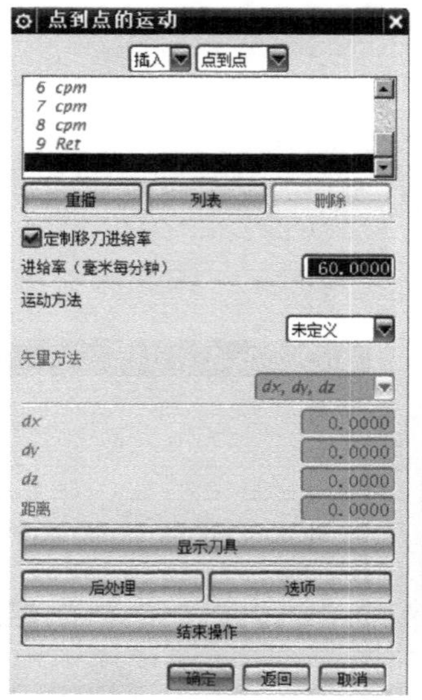

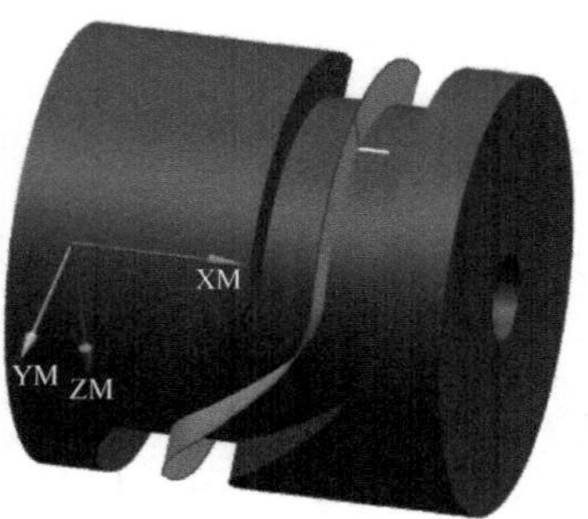

图 3-157　生成刀具轨迹

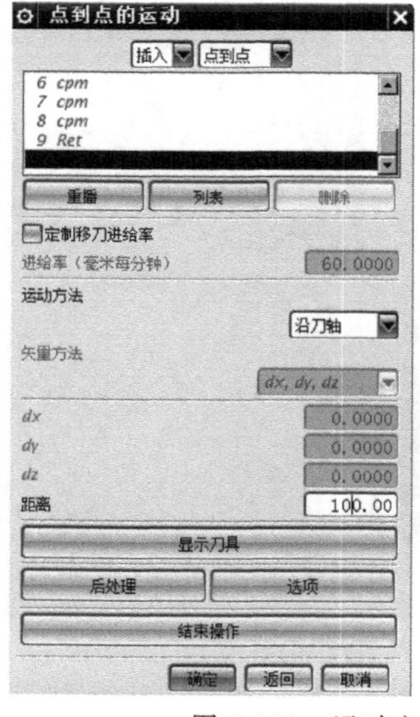

图 3-158　运动方法选择“沿刀轴”

图 3-159　生成刀具轨迹

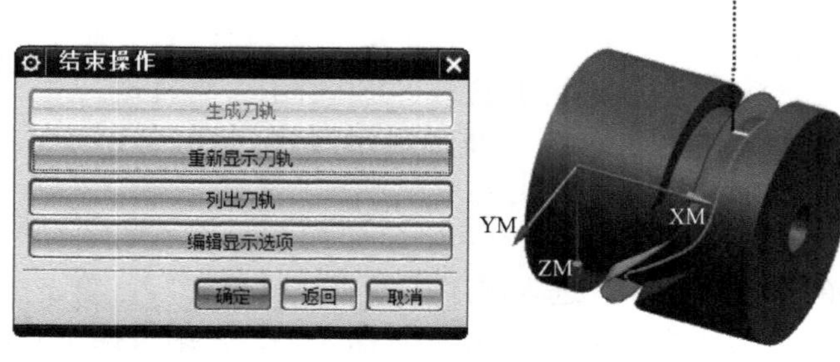

图 3-160　重新显示刀轨

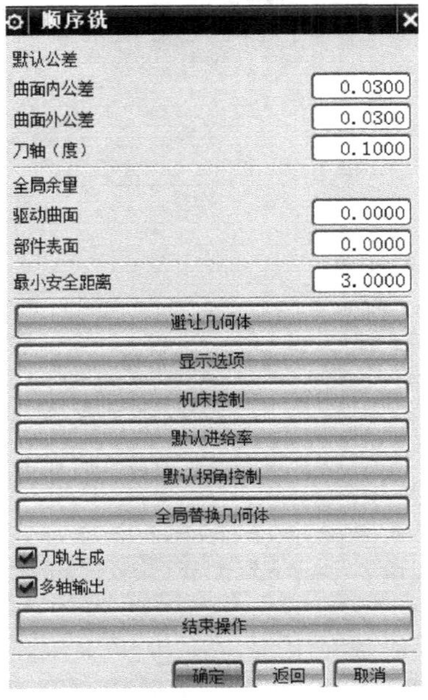

图 3-161　顺序铣界面

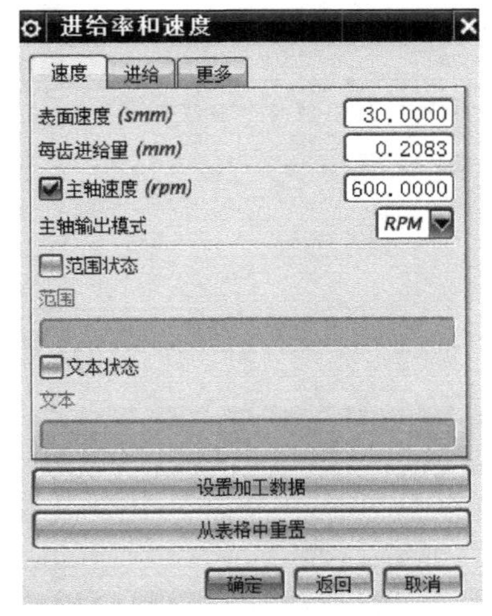

图 3-162　设置主轴速度 600

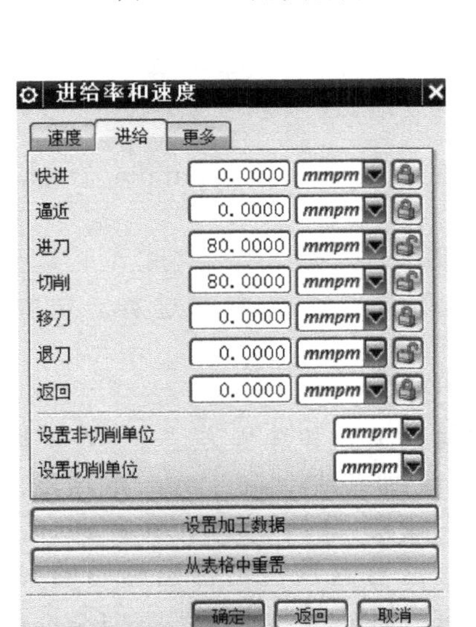

图 3-163　设置进给率 80

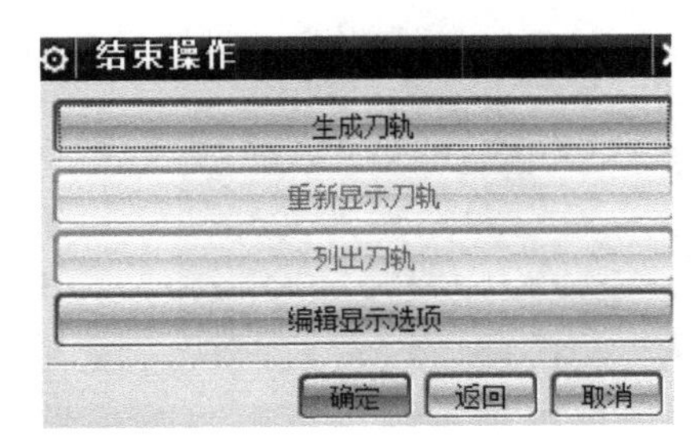

图 3-164　生成刀轨

（5）精加工凸轮槽的右侧面

① 单击复制操作 O1-3，另存为操作 O1-4。

② 单击操作 O1-4，连续单击确定，在第三个子操作“进刀”（图 3-165）中，单击“几何体”按钮，修改“进刀几何体”的“余量”为－14.9（图 3-166）。单击确定完成几何体设置。单击“结束操作”，单击“生成刀轨”（图 3-167），单击确定结束操作。

（6）后处理

在几何视图模式下，在“MCS”节点，右键单击，在弹出界面单击“后处理”。后处理名选 D:\v7\UG_post\4L\4a.pui，输出文件 D:\v7\4x\example_3\O5.ptp。

（7）使用 Vericut 仿真切削过程

① 打开项目 D:\v7\4x\example_3\example_3.vcproject。

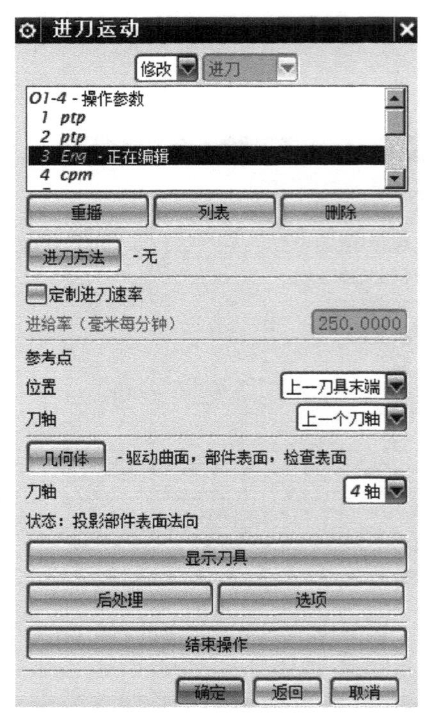

图 3-165　“进刀运动”对话框

图 3-166　“进刀几何体”对话框

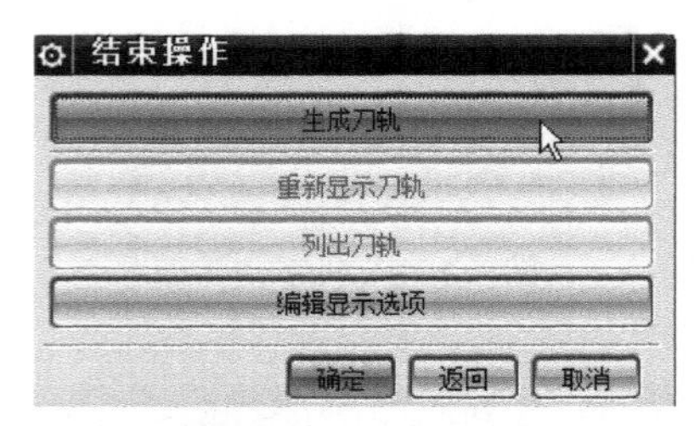

图 3-167　生成刀轨

图 3-168　仿真结果

另存项目为 D:\v7\4x\example_3\example_3_3.vcproject。

② 删除原程序，调入程序 O5.ptp。

③ 单击仿真，观察切削过程。仿真结果见图 3-168。

（8）加工质量分析

对于编程方法 2 和编程方法 3，在实际加工中有一定的限制，那就是回转工作台的精度。当回转工作台反向间隙较大时，会直接影响圆柱凸轮零件的加工精度，这时要调整工件坐标系的 A 轴初始值，进行补偿。如果调整不过来，仍要采用标准直径 ϕ29.8 铣刀精铣一遍。

3.4　案例 4　桨叶加工

3.4.1　零件加工工艺

（1）零件分析

图 3-169 为箱体零件图，毛坯为 304 不锈钢精铸。底座（110×48）、斜面（60°）已经在上一工序完成，2 个 ϕ11 孔（对角）已经加工到尺寸用于定位，另 2 个 ϕ11 孔已经加工成 M10 的螺纹孔用于装夹。本工序要求加工叶片所有面和 R58 圆弧面。

（2）工件装夹

夹具采用专用工装，采用一面两孔的定位方式，用 2 个 M10 的螺钉紧固在工装上，如图 3-170 所示。

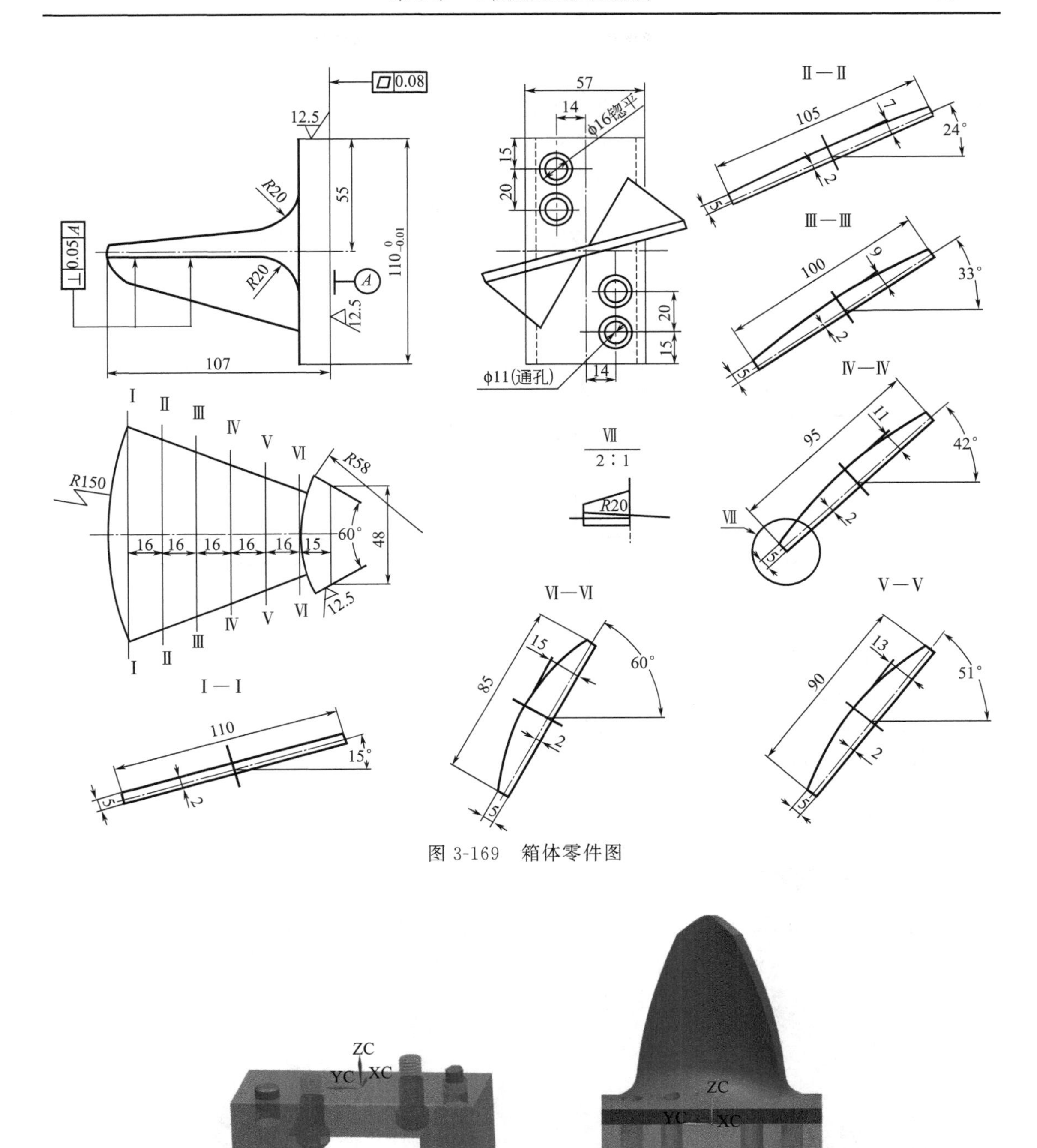

图 3-169　箱体零件图

图 3-170　工件装夹

(3) 刀具选择

T1：$\phi16$ 球铣刀。

T2：$\phi16$ 铣刀。

3.4.2 对刀

本案例采用相对对刀。工件零点设在工装表面和 4 轴轴线的交点，并存储在 G54 坐标偏置中。测量工装表面圆销中心点相对 4 轴轴线的坐标位置。

(1) 找正工件

旋转 A 轴，使用百分表沿 Y 轴移动，在 Z 轴方向调整 2 个定位销的距离差为 28mm [图 3-171(a)]，或者沿 Y 轴移动拉平工装侧面 [图 3-171(b)]。此时机床坐标系的 A 轴位置，即工件坐标系 G54 的 A 轴零点，本案例为 A0。

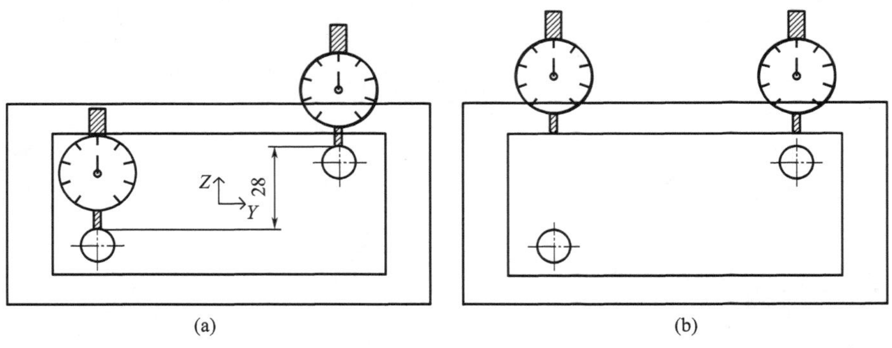

图 3-171 找正工件

(2) 测量工件零点

本案例实测工件零点的坐标值为 $X-380$ $Y-195$ $Z-615$ $A0$ (图 3-172)。

(3) 测量圆柱销相对于 4 轴零点的位置

本案例实测销钉孔相对于 4 轴零点的位置为 $X0$ $Y40$ $Z14$ (图 3-173)。

(4) 测量刀具长度

同 3.1 节案例 1。

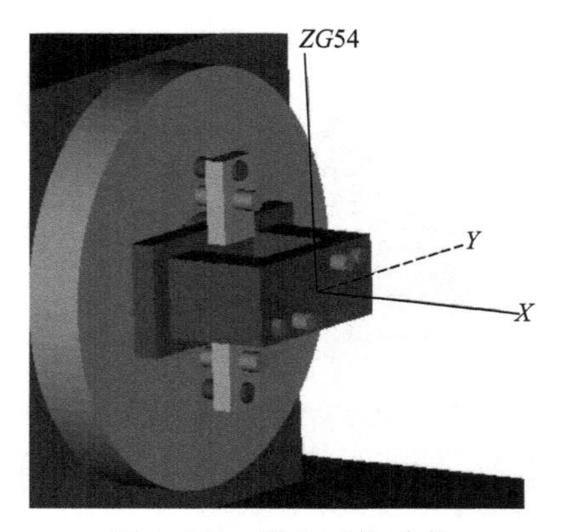

图 3-172 测量工件零点

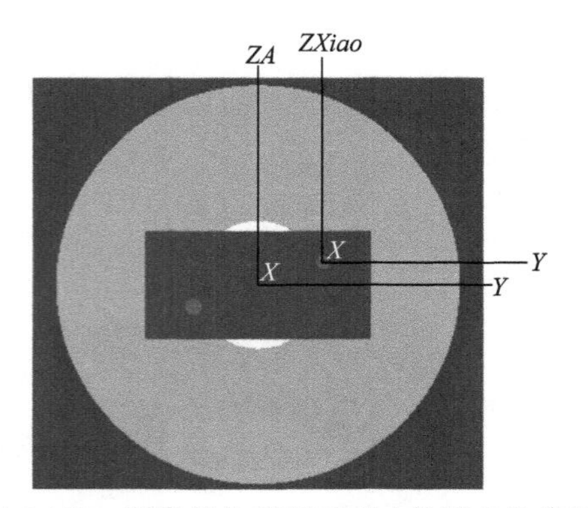

图 3-173 测量圆柱销相对于 4 轴零点的位置

3.4.3 UG 编程

(1) 造型

① 新建文件 D:\v7\4x\Example_4\4x_blade.prt。

② 依次为 6 个截面绘制草图 [图 3-174(a)]。

③ 创建 4 个网格曲面，并缝合 4 个网格曲面 [图 3-174(b)]。

④ 创建一个圆柱实体，用缝合面修剪［图 3-174(c)］。
⑤ 用偏置面功能延伸上下两个端面至少 12mm［图 3-174(d)］。
⑥ 拉伸实体创建底座，并和叶片进行求和［图 3-174 (e)］。
⑦ 拉伸生成 R150 圆弧面，并修剪叶片顶部［图 3-174(f)］，倒圆 R20 圆弧。
⑧ 倒圆所有圆角。
⑨ 为便于后续加工，在底座表面仅画出 4 个 ϕ11 的圆。

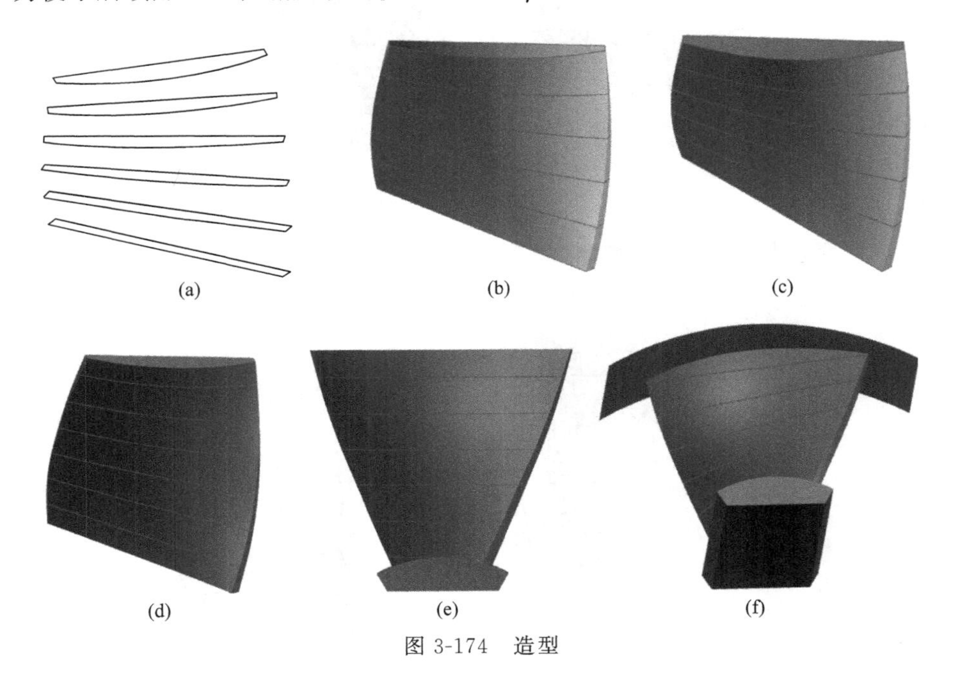

图 3-174　造型

(2) 创建刀具
进入多轴加工模块。在刀具视图下，创建所有刀具（图 3-175）。
(3) 设置主加工坐标系
① 在几何视图下，双击加工坐标系节点“MCS”（图 3-176）。

工序导航器 - 机床

名称	刀具号	描述	刀轨	刀具	几何体	方法
GENERIC_MACHINE		Generic Machine				
未用项		mill_multi-axis				
T2	2	铣刀-5 参数				
T1	1	铣刀-5 参数				

图 3-175　创建刀具

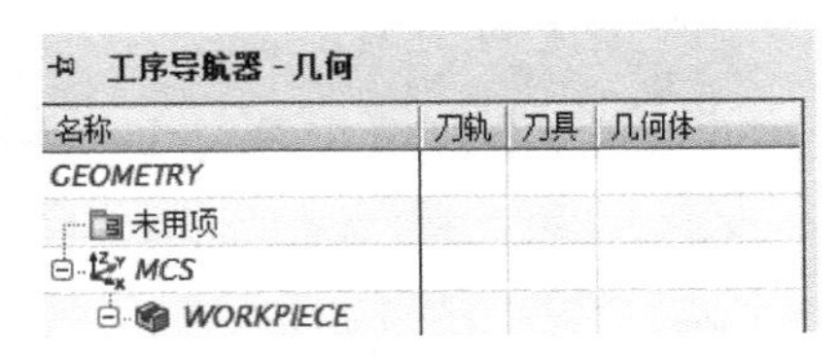

图 3-176　工序导航器

② 指定 MCS。首先加工坐标系零点设在工件底面 ϕ11 孔中心点，并调整 X、Y、Z 轴的方向［图 3-177(a)］；而后根据对刀结果调整 MCS 到指定位置［图 3-177(b)］。
③ 安全设置。安全设置选项“圆柱”，以 X 轴为轴线，创建半径 100mm 的圆柱面（图 3-178）。
④ 细节。设置为主加工坐标系，对应的工件偏置为 G54。用途“主要”，装夹偏置“1”。
(4) 设置毛坯几何体
首先设置图层 101 可见（图 3-179）。在 MCS 节点下，双击“WORKPIECE”节点，选择毛坯几何体，选择 101 图层中的毛坯几何体。而后设置图层 101 不可见。

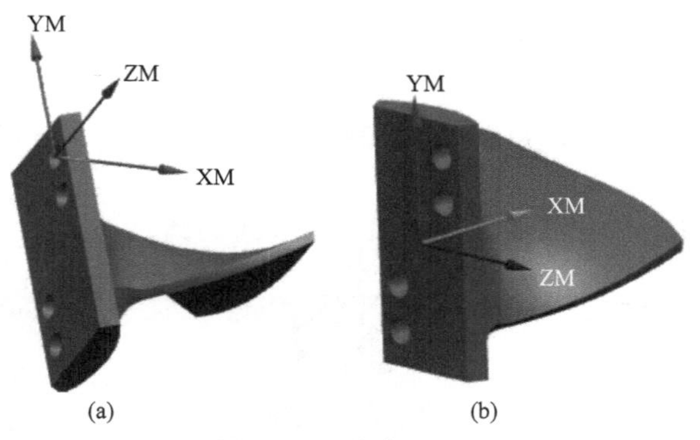

图 3-177　指定 MCS

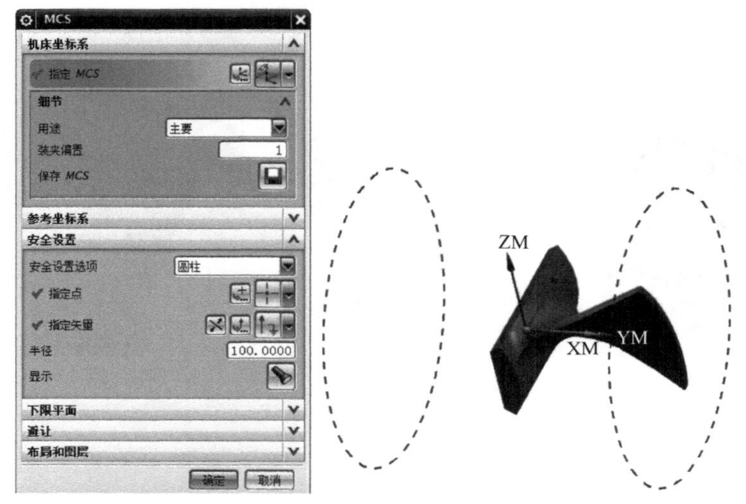

图 3-178　安全设置

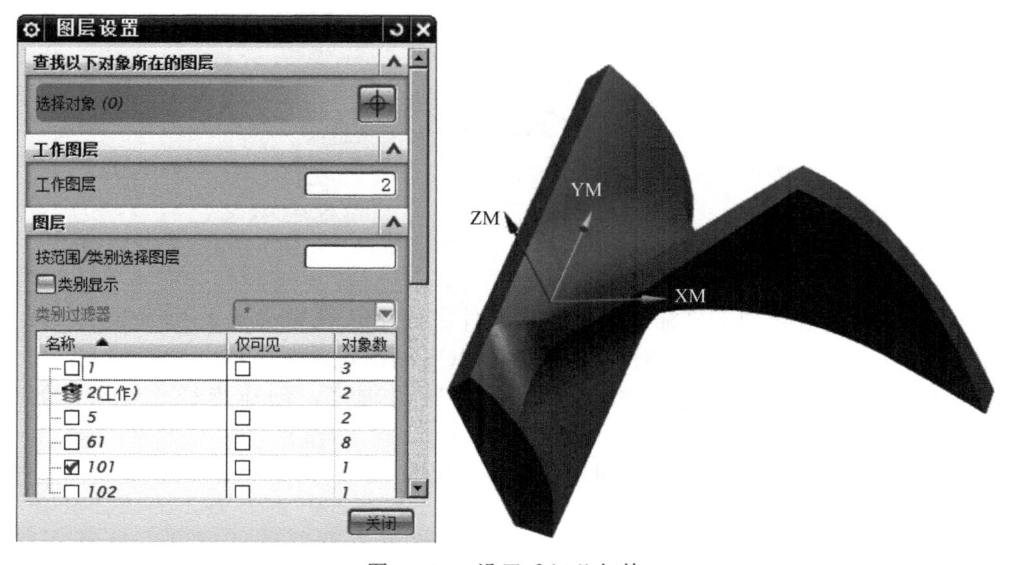

图 3-179　设置毛坯几何体

（5）创建局部加工坐标系

① 在“WORKPIECE”节点下创建局部坐标系 MCS _ 90，见图 3-180。设置用途“局部”，特殊输出“使用主 MCS”，装夹偏置“1”，安全设置选项“无”。

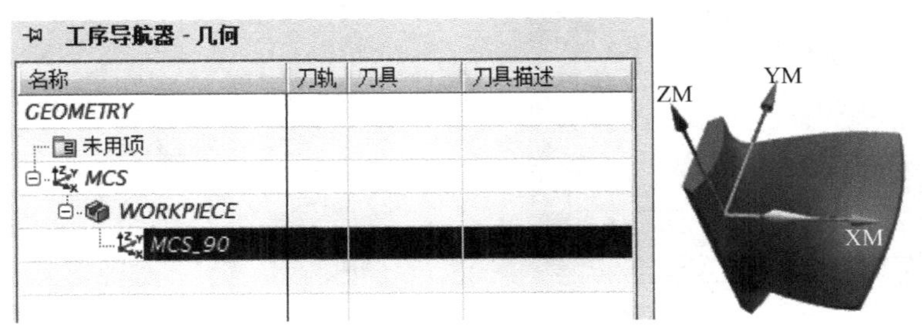

图 3-180　创建局部坐标系 MCS _ 90

② 在“WORKPIECE”节点下创建局部坐标系 MCS _ 180，见图 3-181。设置用途“局部”，特殊输出“使用主 MCS”，装夹偏置“1”，安全设置选项“无”。

图 3-181　创建局部坐标系 MCS _ 180

③ 在“WORKPIECE”节点下创建局部坐标系 MCS _ 270，见图 3-182。设置用途“局部”，特殊输出“使用主 MCS”，装夹偏置“1”，安全设置选项“无”。

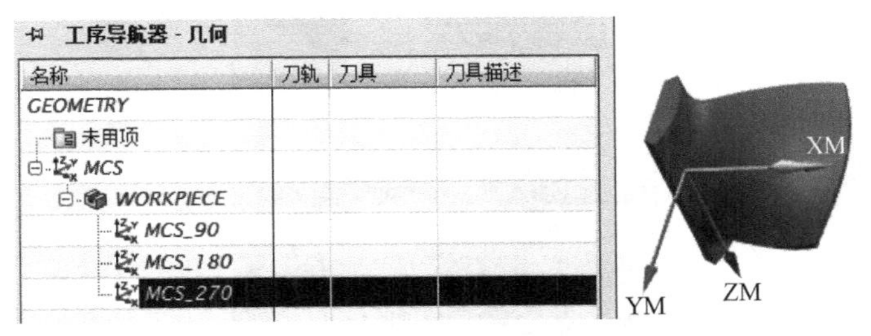

图 3-182　创建局部坐标系 MCS _ 270

（6）粗铣叶片上表面

① 创建工序。

在几何体视图下，创建“可变轴轮廓铣”（）操作，刀具选择“T1”，几何体选择“WORKPIECE”，名称选择“O1”（图 3-183）。单击确定，进入可变轴轮廓铣操作（图 3-184）。

② 选择几何体。指定部件选“整个零件”，指定切削区域选“叶片上表面”（图 3-185）。

③ 驱动方法选“曲面”。进入“曲面区域驱动方法”界面（图 3-186）。指定驱动几何体选“叶片上表面”；切削模式选“往复上升”；注意切削方向和材料方向的选择。

④ 刀轴选“4 轴，相对于部件”。指定矢量“+X 轴”，前倾角度“5”（图 3-187）。

⑤ 投影矢量选“朝向驱动体”。

⑥ 切削参数中，设置部件余量“0.3”。

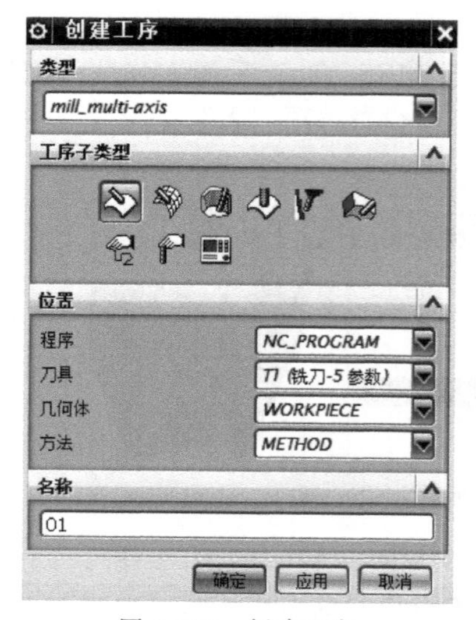

图 3-183　创建工序

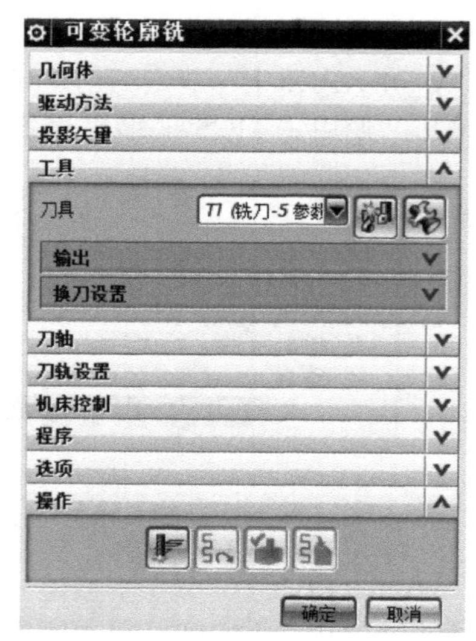

图 3-184　可变轴轮廓铣

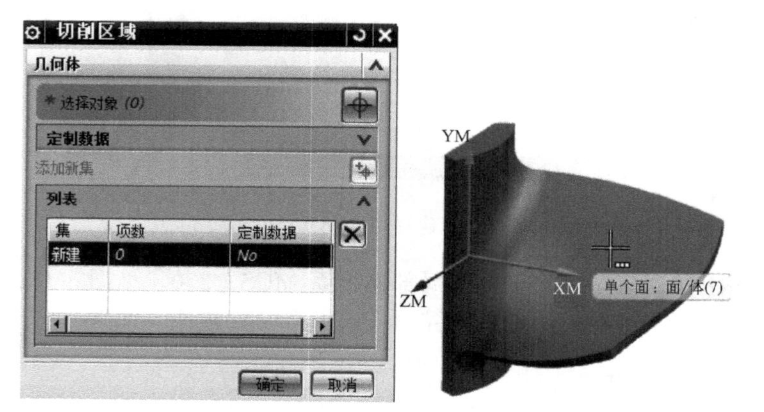

图 3-185　选择几何体

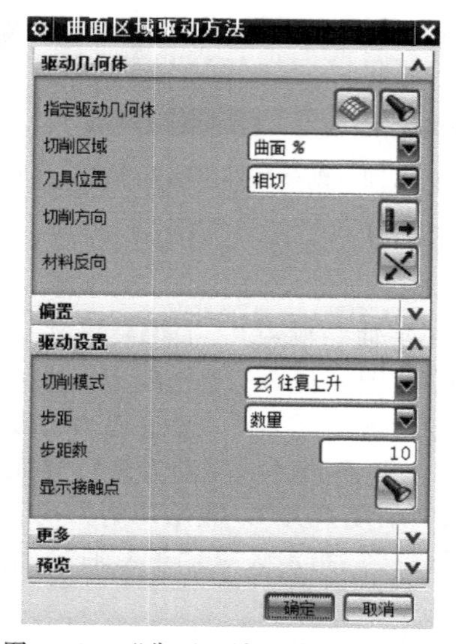

图 3-186　“曲面区域驱动方法”界面

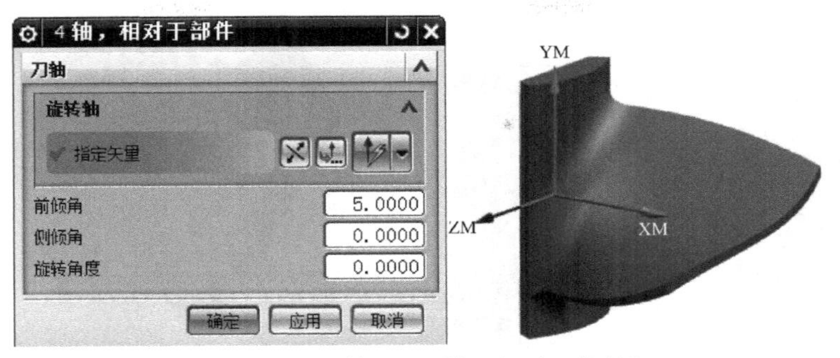

图 3-187　刀轴选“4 轴，相对于部件”

⑦ 设置非切削移动。在进刀选项中，开放区域的“进刀类型”选“圆弧-相切逼近”、半径“6”[图 3-188(a)]。在转移/快速选项中，公共安全设置选项“使用继承的”，即继承父节点（MCS）的安全设置[图 3-188(b)]。

(a)

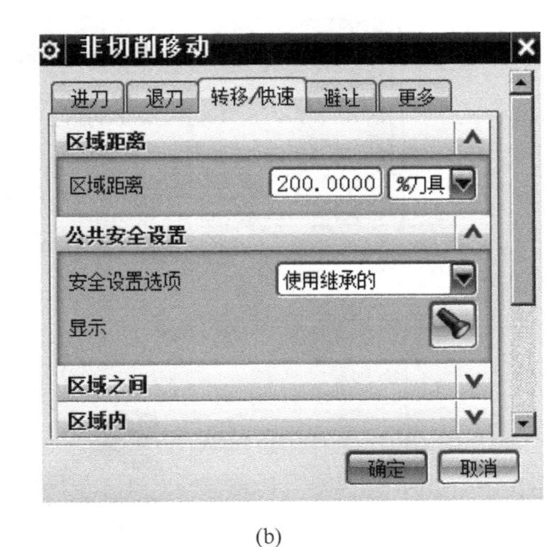

(b)

图 3-188　设置非切削移动

⑧ 进给率和速度设置。主轴速度选“2000”，进给速度选“1600”。

⑨ 生成刀具轨迹，见图 3-189。

(7) 粗铣叶片下表面

① 复制操作 O1，粘贴在父节点“WORKPIECE”下，并改操作名为 O2，见图 3-190(a)。

② 编辑操作 O2，修改几何体设置。修改切削区域，首先删除原有的区域面，而后选“叶片下表面”，见图 3-190(b)。

③ 修改驱动几何体，首先删除原有的区域面，而后选“叶片下表面”，见图 3-190(c)。调整切削方向和材料方向。

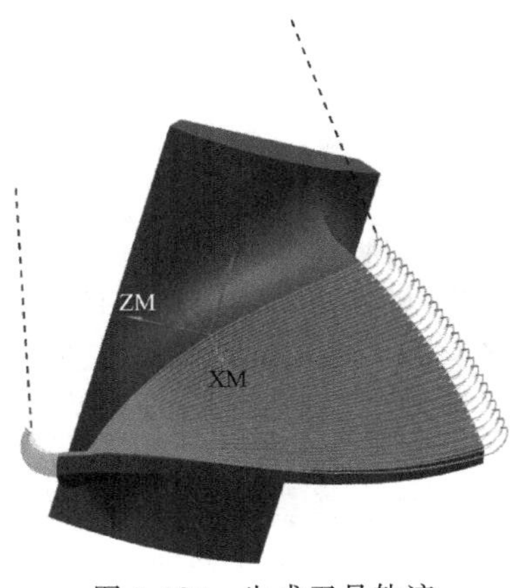

图 3-189　生成刀具轨迹

④ 生成刀具轨迹，见图 3-190(d)。

(8) 粗铣叶片左侧面

① 复制操作 O2，粘贴在父节点“WORKPIECE”下，并改操作名为 O3。

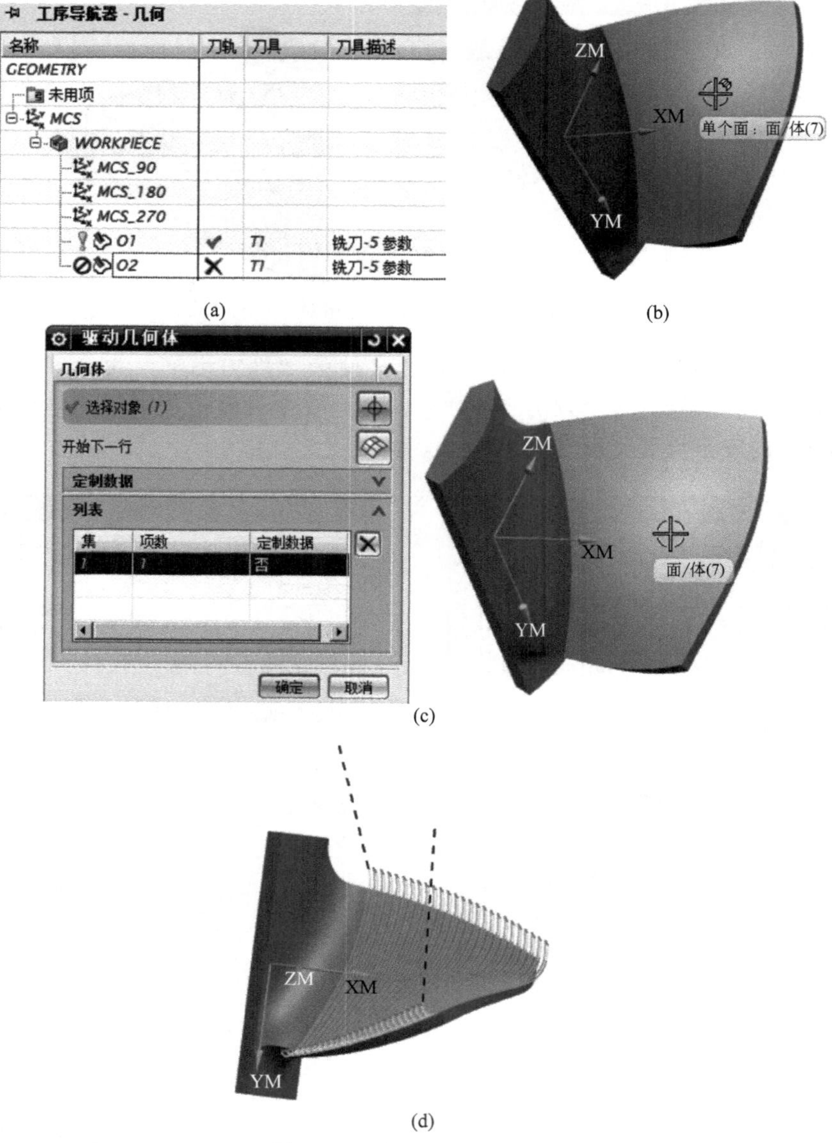

(a)　(b)　(c)　(d)

图 3-190　粗铣叶片下表面

② 编辑操作 O3，修改几何体设置。指定切削区域选“叶片左表面”，见图 3-191(a)。

③ 设置驱动几何体。在图层 81 创建直纹面作为驱动曲面，见图 3-191(b)。调整切削方向和材料方向，修改步距数为“10”。

④ 刀轴选“4 轴，垂直于部件”。指定矢量“+X 轴”，旋转角度“－10” [图 3-191(c)]。

⑤ 投影适量选“朝向驱动体”。

⑥ 设置非切削移动。开放区域进刀类型选“圆弧-相切逼近”，半径“1”，见图 3-191(d)。退刀设置与进刀相同。

⑦ 生成刀具轨迹，见图 3-191(e)。

(9) 粗铣叶片右侧面

① 复制操作 O3，粘贴在父节点“WORKPIECE”下，并改操作名为 O4。

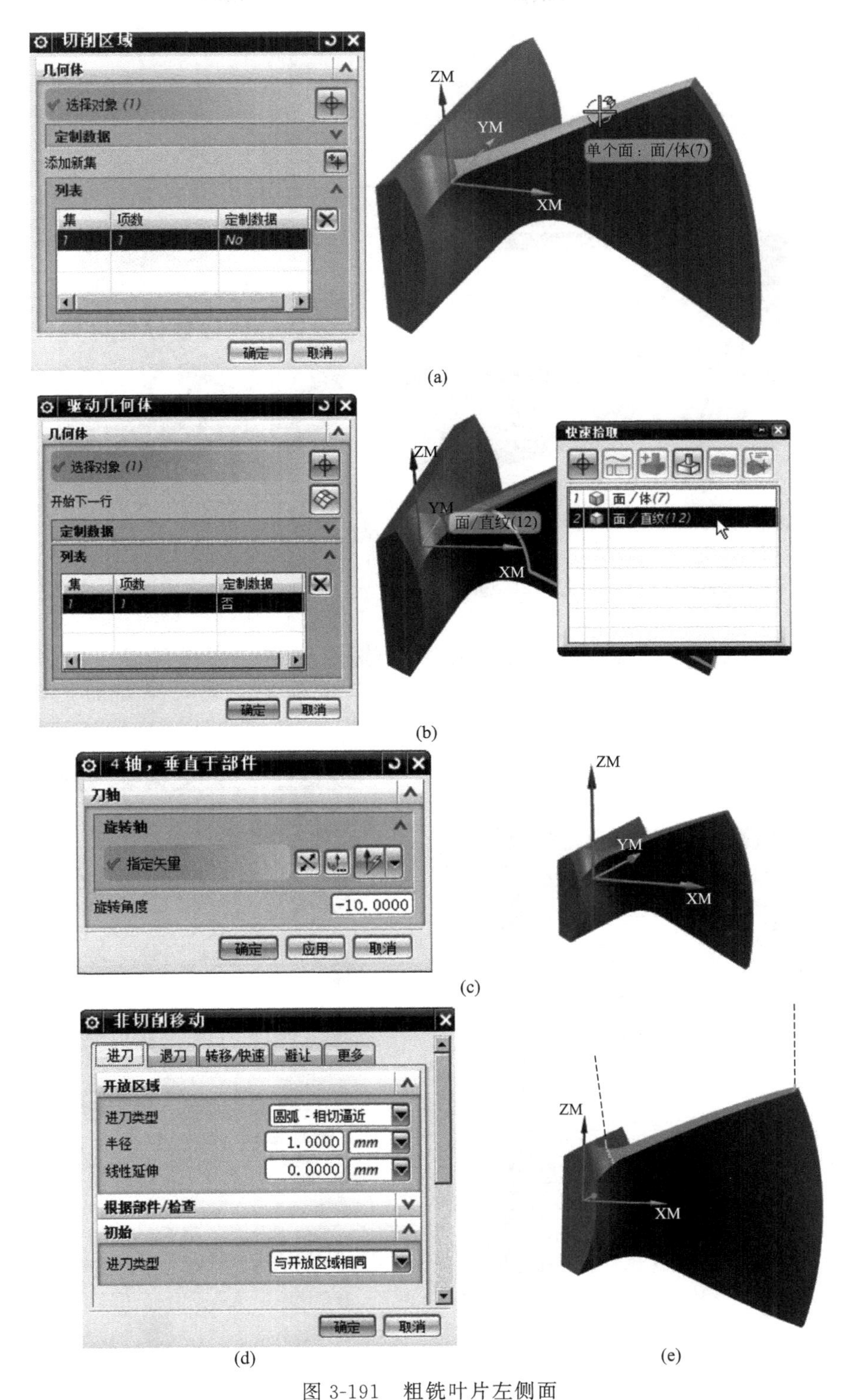

(a)　(b)　(c)　(d)　(e)

图 3-191　粗铣叶片左侧面

② 编辑操作 O4，修改几何体设置。指定切削区域选“叶片右侧面”。

③ 设置驱动几何体。在图层 81 创建直纹面作为驱动曲面，见图 3-192(a)。调整切削方

向和材料方向，修改步距数为“10”。

④ 生成刀具轨迹，见图 3-192(b)。

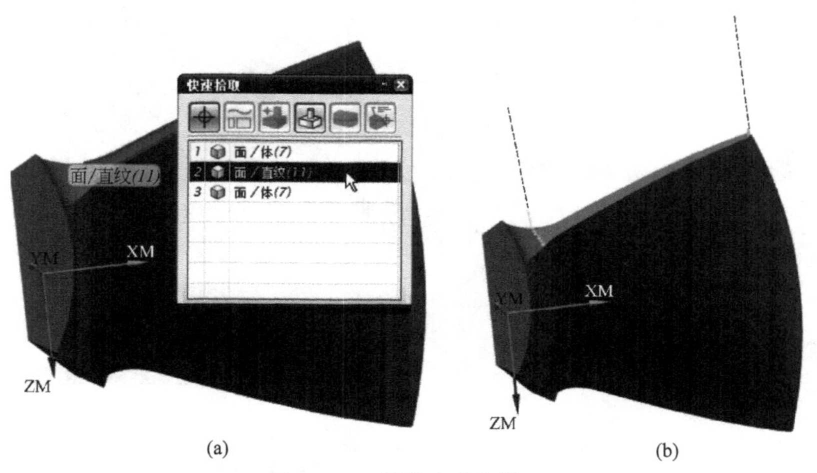

图 3-192　粗铣叶片右侧面

(10) 粗铣部分 $R58$ 圆弧面及 $R20$ 过渡面

① 创建工序

在几何体视图下，创建“深度加工轮廓”（）操作，刀具选择 T2，几何体选择“WORKPIECE”，名称选择“O5”（图 3-193）。单击确定，进入深度加工轮廓铣操作（图 3-194）。

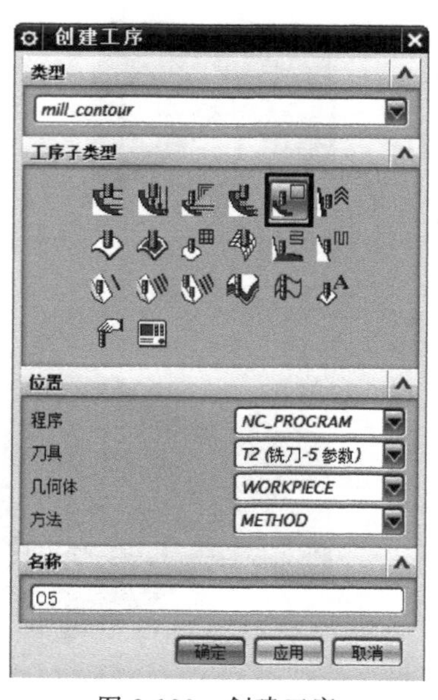

图 3-193　创建工序

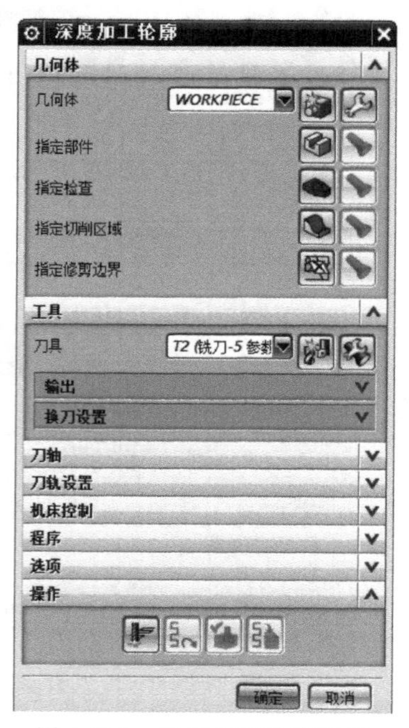

图 3-194　深度加工轮廓操作

② 选择几何体。指定部件选“整个叶片”。指定切削区域选择部分 $R58$ 圆弧面、$R20$ 过渡面，见图 3-195。

【提示】　为便于控制加工范围，已经在图层 82 中创建基准面并分割 $R58$ 圆弧面。

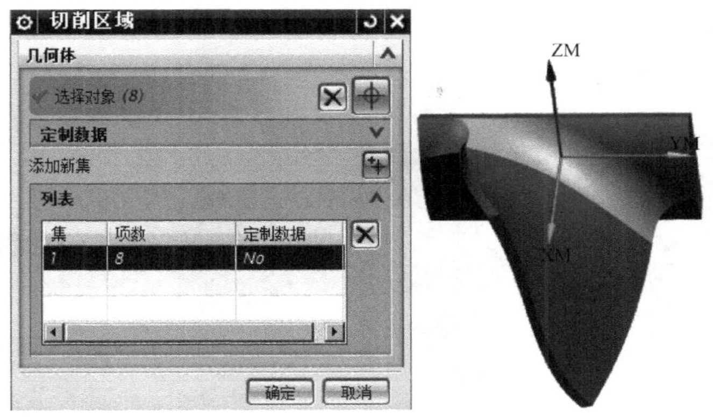

图 3-195　选择几何体

③ 刀轴选择“Z 轴”。

④ 设置切削层。

修改每刀的深度为“1”（图 3-196），其他设置用默认值。

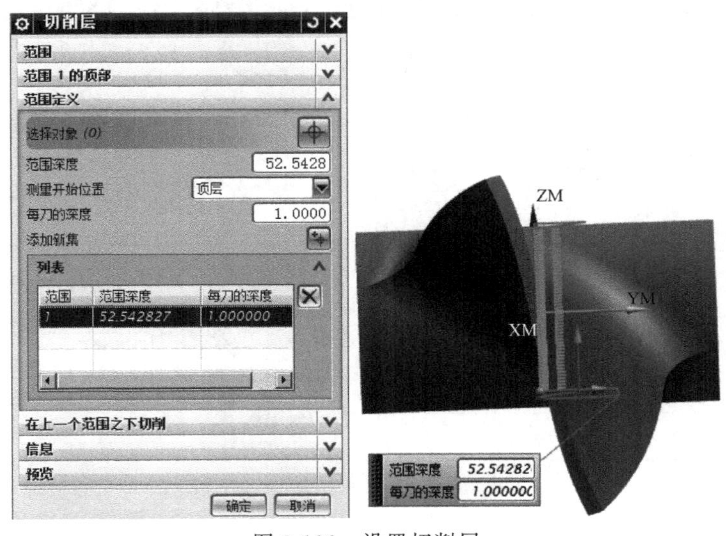

图 3-196　设置切削层

⑤ 设置切削参数

a. 在切削参数对话框，单击“策略”按钮，切削方向选“混合”，切削顺序选“始终深度优先”，勾选“在刀具接触点下继续切削”，见图 3-197(a)。

b. 在切削参数对话框，单击“余量”按钮，勾选“使底面余量与侧面余量一致”，部件侧面余量选“0. 3”，见图 3-197(b)。

c. 在切削参数对话框，单击“连接”按钮，层到层选“直接对部件进刀”，见图 3-197(c)。

⑥ 设置非切削移动

在“非切削移动”对话框，单击“进刀”按钮，进刀类型选“圆弧”，半径选“5”，圆弧角度选“30”，见图 3-198(a)。退刀设置选“与进刀相同”。

在“非切削移动”对话框，单击“转移/快速”按钮，安全设置选项选“平面”，指定平面选“Z120”为安全平面。区域内转移方式选“进刀/退刀”，转移类型选“直接”，见图 3-198(b)。

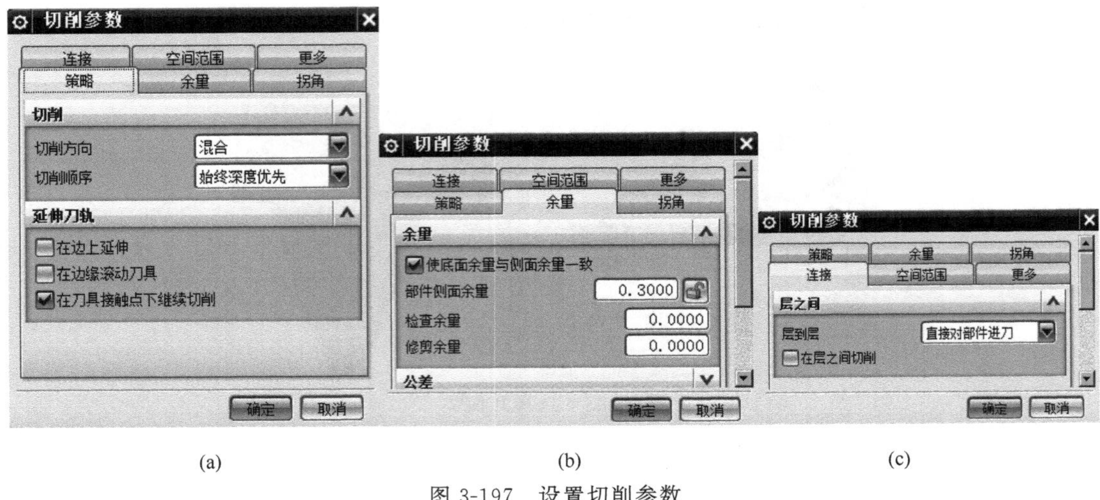

(a)　(b)　(c)

图 3-197　设置切削参数

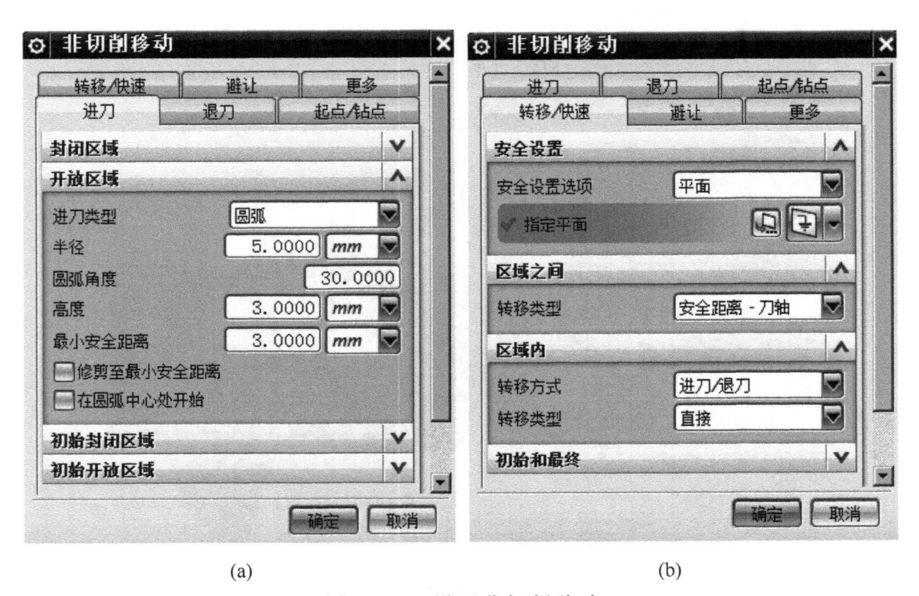

(a)　(b)

图 3-198　设置非切削移动

⑦ 进给率和速度

主轴速度选“2400”，切削选“2000”，步距选“30”，见图 3-199。

⑧ 生成刀具轨迹，见图 3-200。

(11) 粗铣另一部分 $R58$ 圆弧面及 $R20$ 过渡面

① 复制操作 O5，粘贴在父节点“MCS _ 180”下，并改操作名为 O6，见图 3-201。

② 编辑操作 O5，修改几何体设置。修改切削区域，首先删除原有的区域面，而后选“另一部分 $R58$ 圆弧面及 $R20$ 过渡面”，见图 3-202。

③ 重新设置切削层。修改“每刀的深度”为 1，见图 3-203。

④ 设置非切削移动。在“非切削移动”对话框，单击“转移/快速”按钮，安全设置选项选“平面”，指定平面选“Z150”为安全平面。区域内转移方式选“进刀/退刀”，转移类型选“直接”。

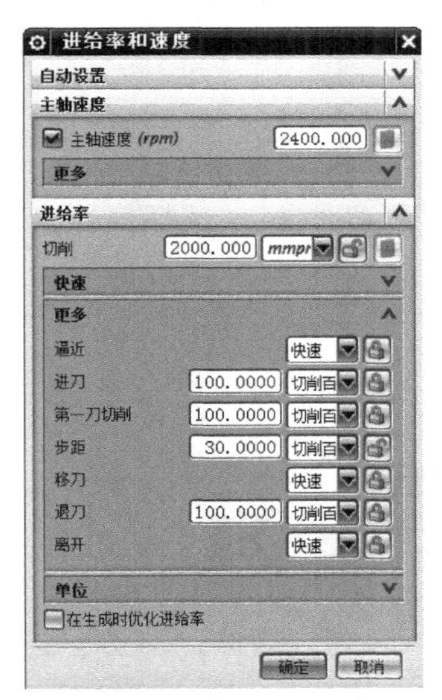

图 3-199　进给率和速度

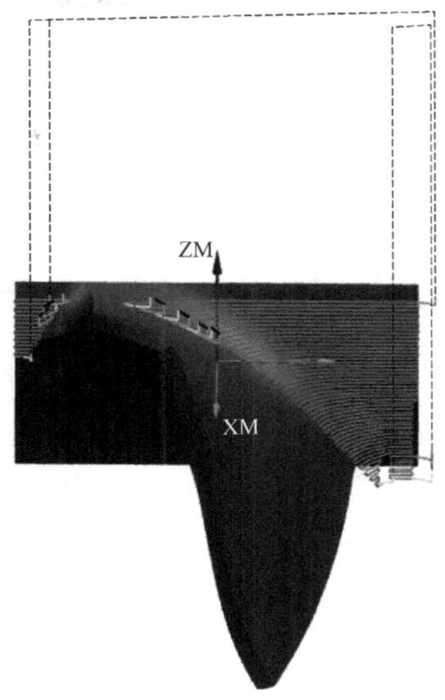

图 3-200　生成刀具轨迹

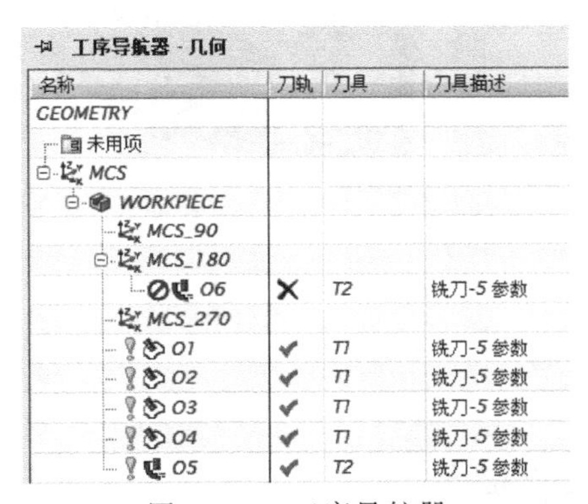

图 3-201　工序导航器

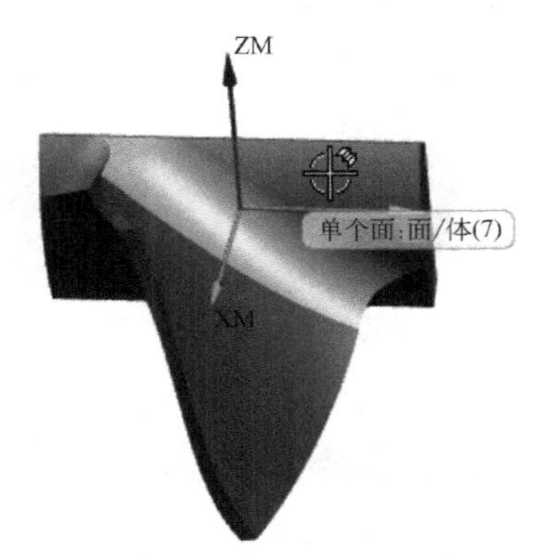

图 3-202　修改切削区域

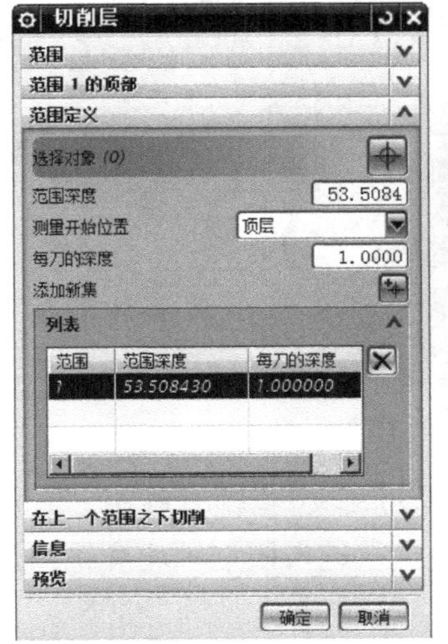

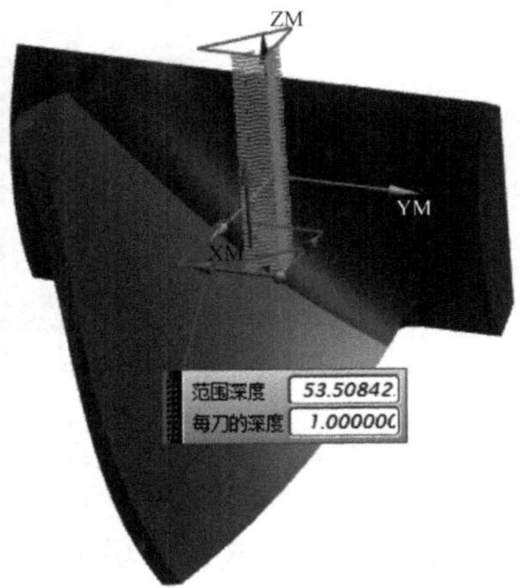

图 3-203　重新设置切削层

⑤ 生成刀具轨迹，见图 3-204。

(12) 精铣 $R150$ 圆弧面

① 在图层 141 创建辅助线。

在造型模块，单击偏置曲线，选择下面的轮廓线，类型选择“3D 轴向”，距离“8”(刀具半径)，见图 3-205。在主界面依次单击“编辑”“移动对象”，选择偏置曲线，向下移动 5mm，见图 3-206。在主界面依次单击“编辑”“曲线”“长度”，选择曲线，在开始和结束端延伸 8mm，见图 3-207。

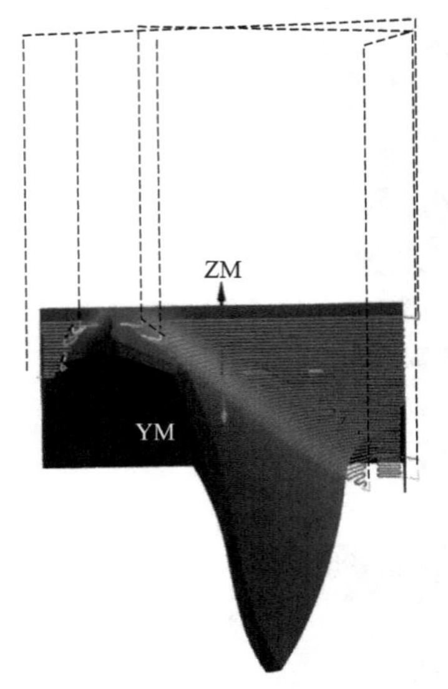

图 3-204 生成刀具轨迹

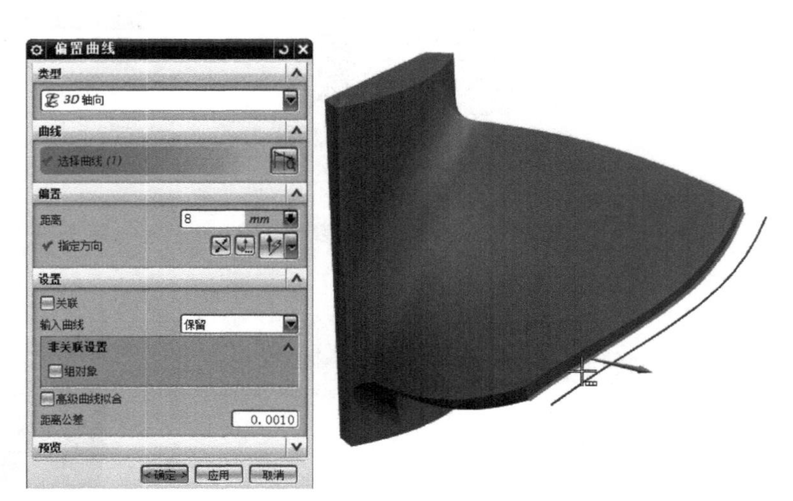

图 3-205 偏置曲线

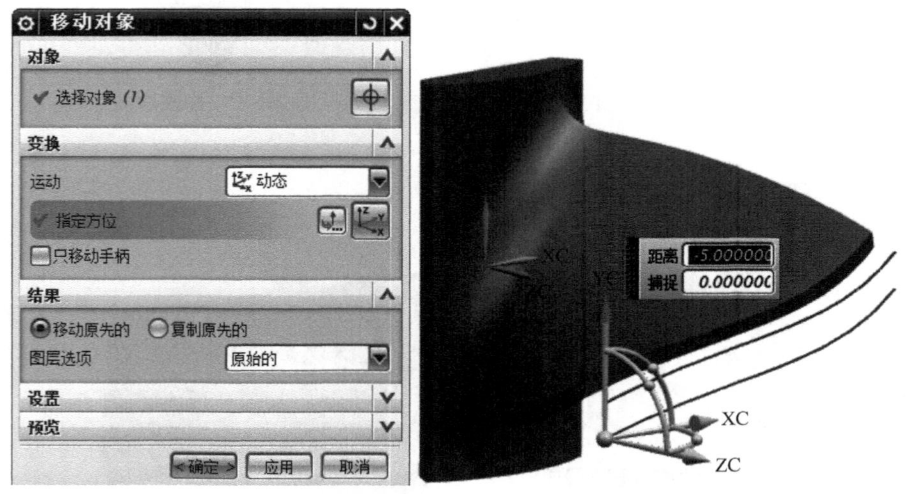

图 3-206 移动对象

② 进入加工模块，在几何体视图下，创建“固定轴轮廓铣”操作，刀具选择“T1”，几何体选择“MCS_90”，名称选择“O7”。单击确定，进入固定轴轮廓铣操作。

③ 驱动方法选“曲线/点”，选择图层 141 中的辅助线，见图 3-208。

④ 刀轴选“+Z 轴”。

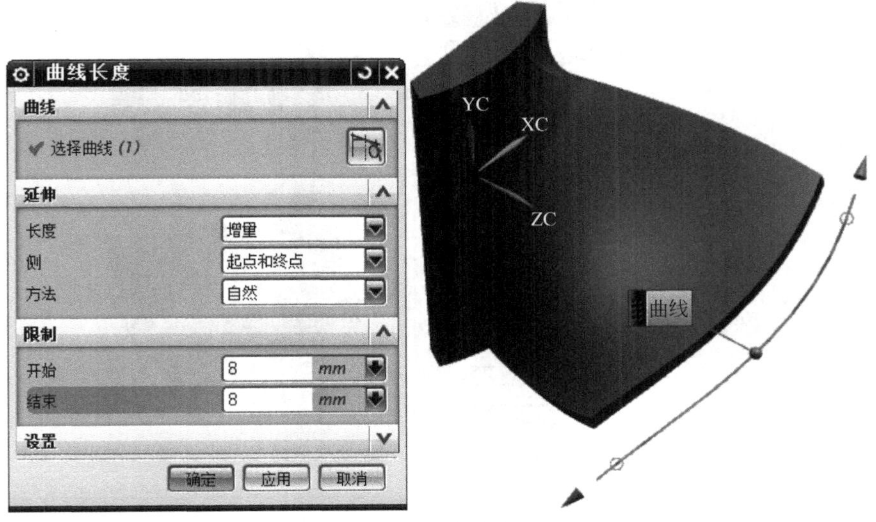

图 3-207　曲线长度

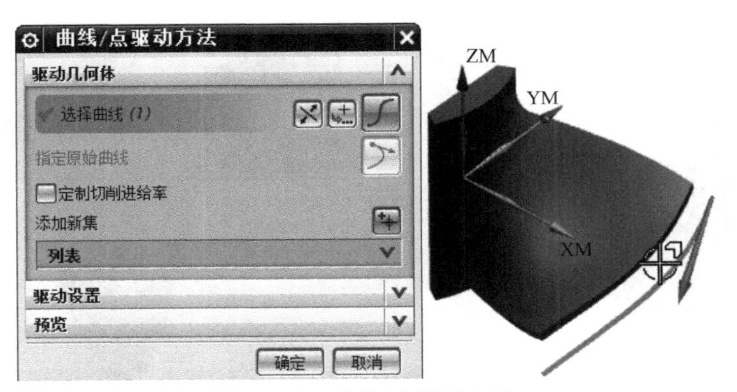

图 3-208　曲线/点驱动方法

⑤ 切削余量选“0”。

⑥ 设置非切削移动。

单击“进刀”按钮，开放区域进刀类型选“圆弧-垂直于刀轴”，半径选“50%刀具”，圆弧角度选“90”，见图 3-209。单击“转移/快速”按钮，安全设置选项选“平面”，指定平面选顶面，偏置距离 100，见图 3-210。

⑦ 主轴速度 S1200，切削进给 F200。

⑧ 生成刀具轨迹，见图 3-211。

(13) 精铣部分 $R58$ 圆弧面及 $R20$ 过渡面

① 创建工序。

在几何体视图下，创建“固定轴轮廓铣”操作，刀具选择“T1”，几何体选择“WORKPIECE”，名称选择“O8”。单击确定，进入深度加工轮廓铣操作。

② 选择几何体。指定部件选“整个零件”，指定切削区域选择部分 $R58$ 圆弧面、$R20$ 过渡面，见图 3-212。

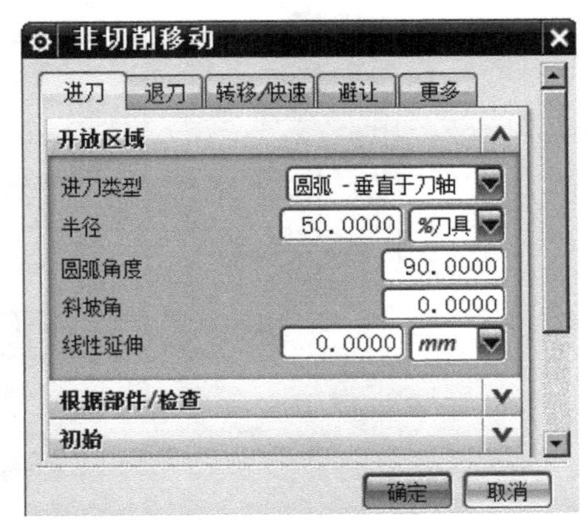

图 3-209　“进刀”设置

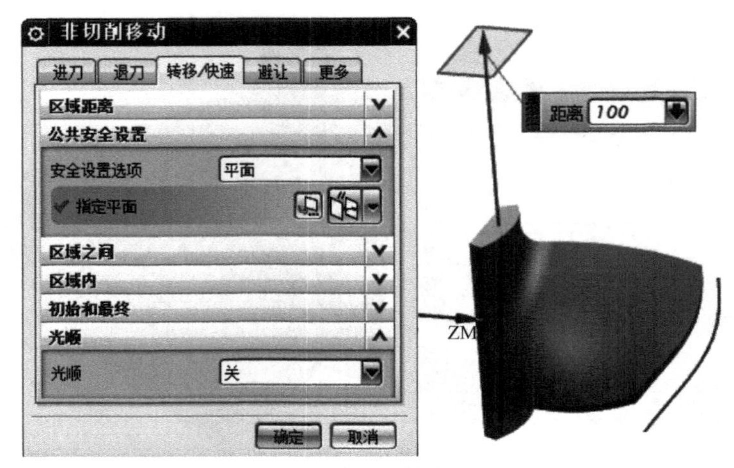

图 3-210　“转移/快速”设置

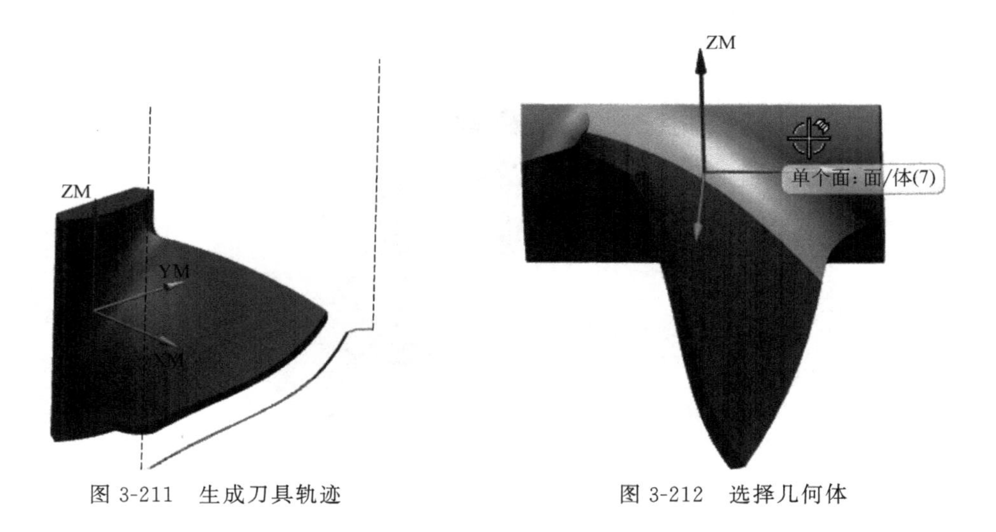

图 3-211　生成刀具轨迹

图 3-212　选择几何体

③ 驱动方法选“区域铣削”。进入“区域铣削驱动方法”界面（图 3-213）。

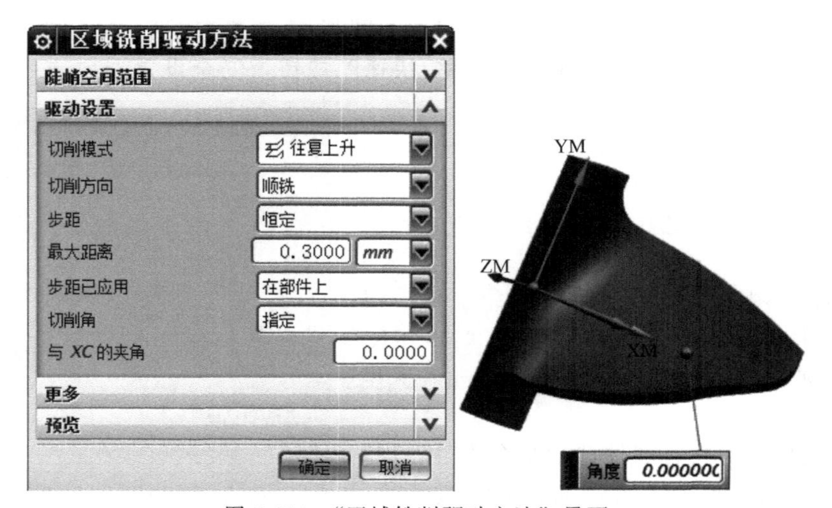

图 3-213　“区域铣削驱动方法”界面

切削模式选“往复上升”，切削方向选“顺铣”，步距“恒定”，最大步距“0.3”，步距已应用选“在部件上”，切削角与 XC 夹角“0”。

④ 部件余量设“0”。

⑤ 设置非切削移动。

单击“进刀”按钮，开放区域进刀类型选“圆弧-平行于刀轴”，半径选“3”，圆弧角度选“30”，见图 3-214。单击“转移/快速”按钮，安全设置选项选“平面”，指定 Z150 平面，见图 3-215。

图 3-214　“进刀”设置

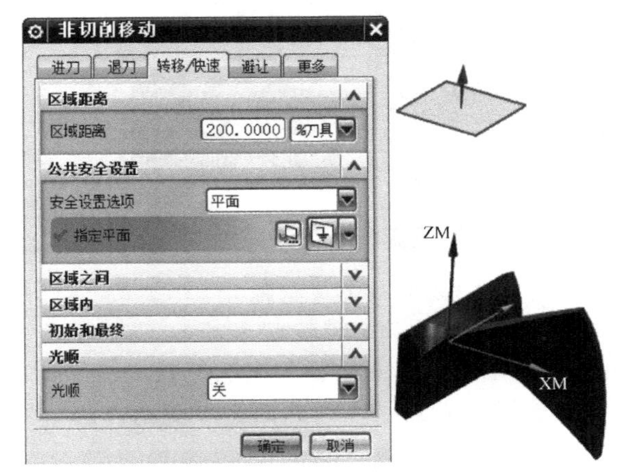

图 3-215　“转移/快速”设置

⑥ 主轴速度 S2400，切削进给 F1200。

⑦ 生成刀具轨迹，见图 3-216。

(14) 精铣另一部分 R58 圆弧面及 R20 过渡面

① 复制操作 O8，粘贴在父节点“MCS_180”下，并改操作名为 O9。

② 编辑操作 O9。修改切削区域，首先删除原有的区域面，而后选“另一部分 R58 圆弧面及 R20 过渡面”，见图 3-217。

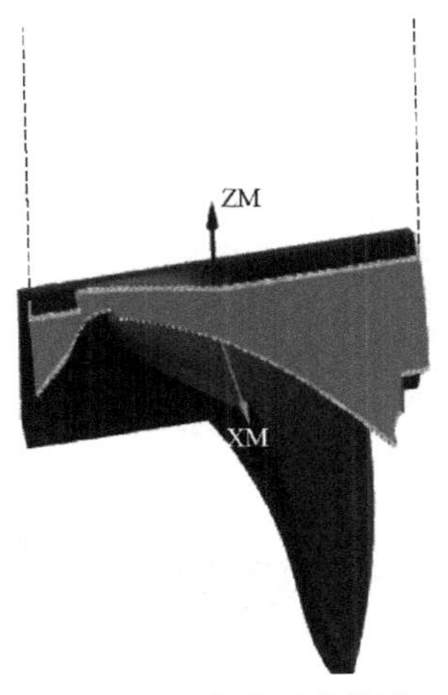

图 3-216　生成刀具轨迹

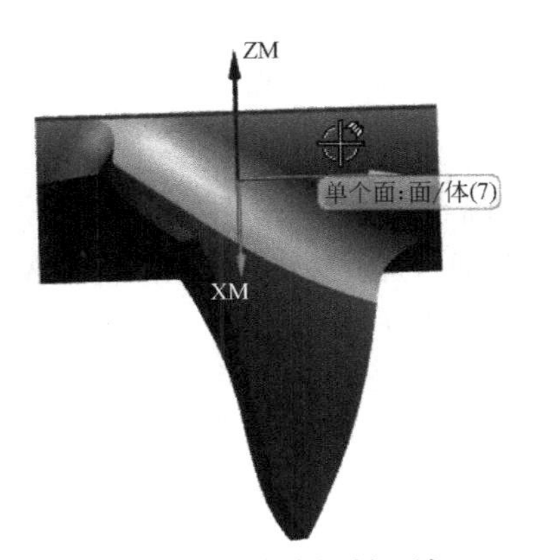

图 3-217　修改切削区域

③ 修改安全面。

依次单击“非切削移动”“转移/快速”，安全设置选项选“平面”，指定 Z150 平面，见

图 3-218。

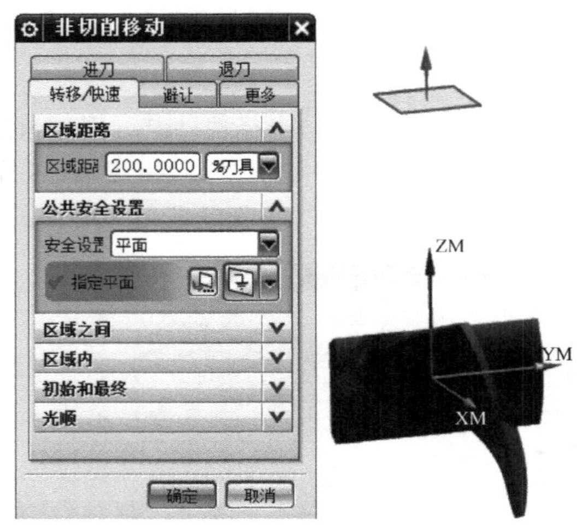

图 3-218　修改安全面

④ 生成刀具轨迹，见图 3-219。

(15) 精铣铣叶片上表面

① 复制操作 O1，粘贴在父节点“WORKPIECE”下，并改操作名为 O10。

② 编辑操作 O10，在“曲面区域驱动方法”界面，修改步距数为“100”，见图 3-220。修改切削余量为“0”，生成刀具轨迹。

(16) 精铣铣叶片下表面

① 复制操作 O2，粘贴在父节点“WORKPIECE”下，并改操作名为 O11。

② 编辑操作 O11，在“曲面区域驱动方法”界面，修改步距数为“100”。修改切削余量为“0”，生成刀具轨迹。

(17) 精铣叶片左侧面

① 复制操作 O3，粘贴在父节点“WORKPIECE”下，并改操作名为 O12。

② 编辑操作 O12，在“曲面区域驱动方法”界面，修改步距数为“20”。修改切削余量为“0”，生成刀具轨迹。

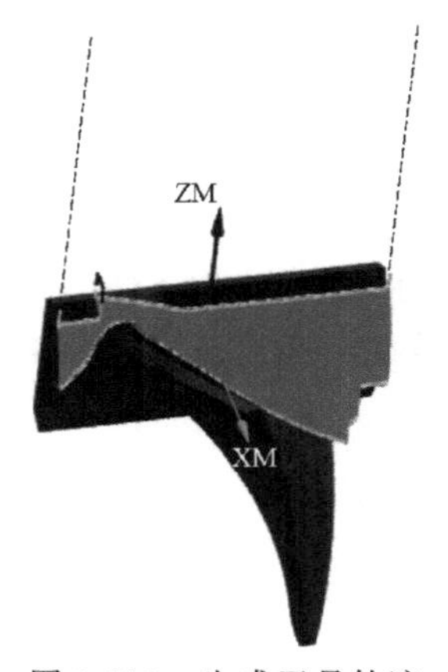

图 3-219　生成刀具轨迹

图 3-220　“曲面区域驱动方法”界面

(18) 精铣叶片右侧面

① 复制操作 O4，粘贴在父节点“WORKPIECE”下，并改操作名为 O13。

② 编辑操作 O13，在“曲面区域驱动方法”界面，修改步距数为“20”。修改切削余量为“0”，生成刀具轨迹。

(19) 修补加工 1

① 进入建模模块，在图层 182 创建 2 个草图，用于修补加工，图 3-221。

② 创建工序。

进入加工模块，在几何体视图下，创建“深度加工

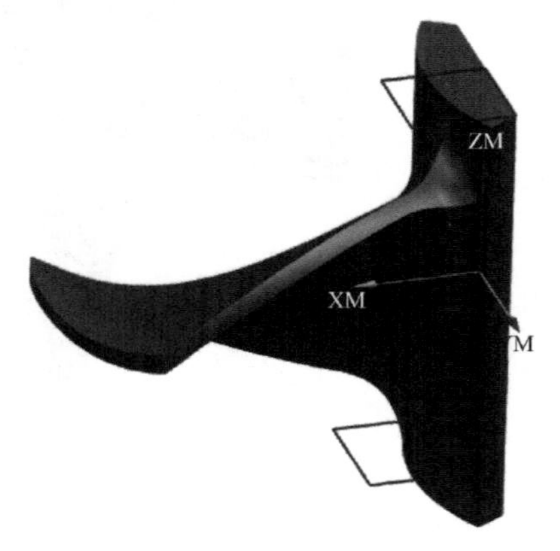

图 3-221　创建草图

轮廓”操作，刀具选择“T1”，几何体选择“MCS _ 90”，名称选择“O14”。单击确定，进入深度加工轮廓铣（Z _ level）操作。

③ 选择几何体。指定部件选“整个零件”，指定切削区域选“部分 R58 圆弧面、R20 过渡面”，见图 3-222。指定修剪边界选零件顶部的草图轮廓线，修剪侧选“外部”，见图 3-223。

图 3-222　选择几何体

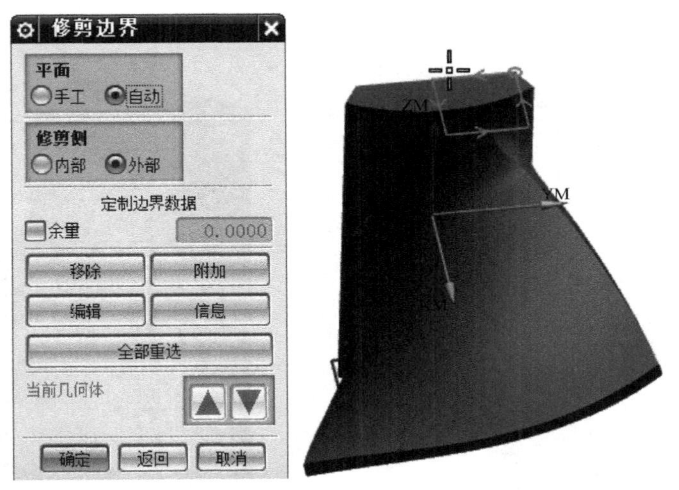

图 3-223　修剪边界

④ 刀轴“+Z 轴”。

⑤ 在切削层界面，修改每层切削深度为“1”。

⑥ 在切削参数界面，单击“策略”按钮，切削方向“混合”，切削顺序“深度优先”；单击“余量”按钮，部件余量“0”；单击“连接”按钮，层到层“直接对部件进刀”。

⑦ 在非切削移动界面，单击“进刀”按钮，开放区域进刀类型“圆弧”，半径“3”，圆弧角度“30”。单击“转移/快速”按钮，安全设置选项“平面”，指定平面“顶面向上偏置 100”。

⑧ 进给率和速度：S2400 F1200。

⑨ 生成刀具轨迹，见图 3-224。

（20）修补加工 2

① 复制操作 O14，粘贴在父节点“MCS _ 270”下，并改操作名为 O15。

② 编辑操作 O15，在“几何体”界面，切削区域选“另一部分 R58 圆弧面、R20 过渡面”，见图 3-225。修剪边界选零件底部的草图轮廓线，修剪侧选“外部”，见图 3-226。

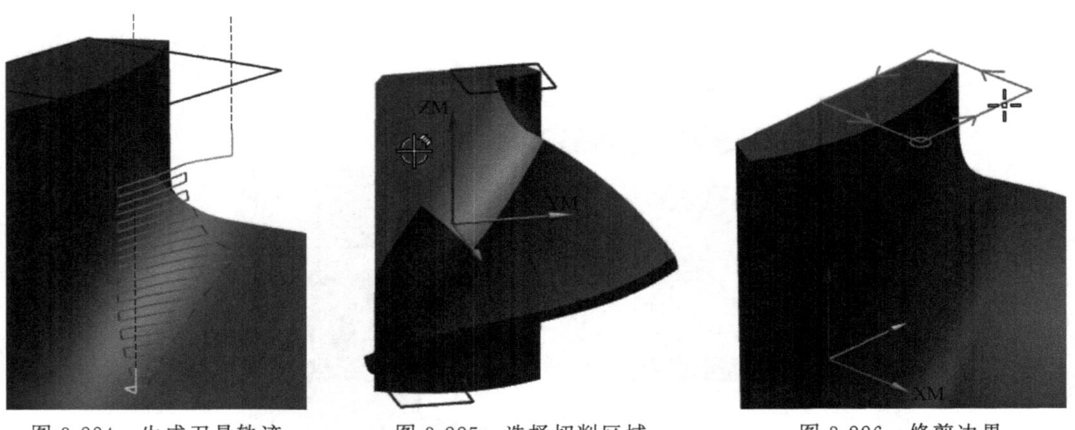

图 3-224 生成刀具轨迹　　图 3-225 选择切削区域　　图 3-226 修剪边界

③ 在切削层界面，修改每层切削深度为“1”。

④ 在非切削移动界面，单击“转移/快速”按钮，安全设置选项选“平面”，指定平面“顶面向上偏置 100”，见图 3-227。

⑤ 生成刀具轨迹，见图 3-228。

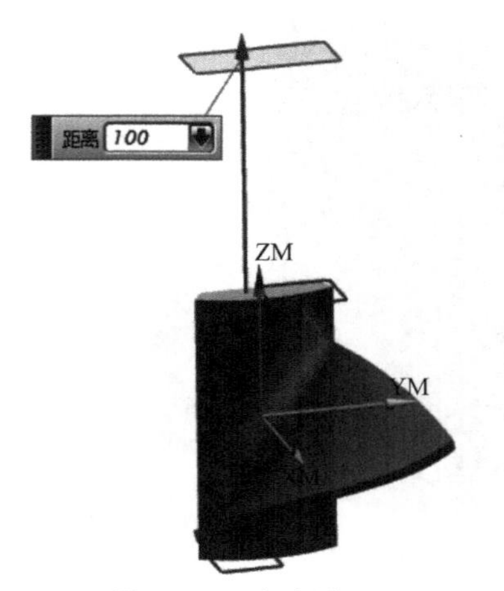

图 3-227 安全设置

图 3-228 生成刀具轨迹

（21）后处理

① 在几何视图模式下，浏览所有操作，见图 3-229。

② 在程序视图模式下，按照加工顺序重新排列操作，在“NC _ PROGRAM”节点，右键单击，在弹出界面单击“后处理”，见图 3-230。后处理选 D:\v7\UG_post\4L\4a. pui，输出文件 D:\v7\4x\example_4\O4. ptp。

3.4.4 使用 Vericut 仿真切削过程

（1）复制一个项目

① 打开项目 D:\v7\4x\example_2\example_2. vcproject。

② 另存项目为 D:\v7\4x\example_4\example_4. vcproject。

工序导航器 - 几何

名称	刀轨	刀具	刀具描述
GEOMETRY			
未用项			
MCS			
WORKPIECE			
MCS_90			
O7	✔	T2	铣刀-5参数
O14	✔	T1	铣刀-5参数
MCS_180			
O6	✔	T2	铣刀-5参数
O9	✔	T1	铣刀-5参数
MCS_270			
O15	✔	T1	铣刀-5参数
O1	✔	T1	铣刀-5参数
O2	✔	T1	铣刀-5参数
O3	✔	T1	铣刀-5参数
O4	✔	T1	铣刀-5参数
O5	✔	T2	铣刀-5参数
O8	✔	T1	铣刀-5参数
O10	✔	T1	铣刀-5参数
O11	✔	T1	铣刀-5参数
O12	✔	T1	铣刀-5参数
O13	✔	T1	铣刀-5参数

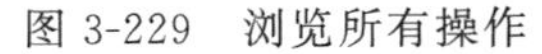
图 3-229　浏览所有操作

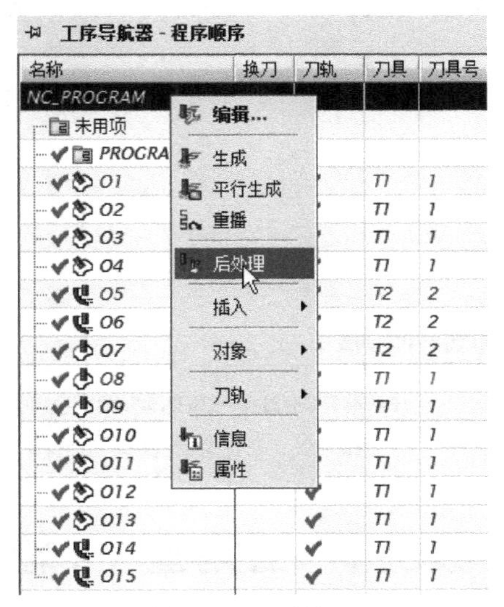

图 3-230　后处理

③ 保持机床、数控系统不变。

④ 删除毛坯、刀具、程序、工件偏置，保存项目。

(2) 导入毛坯

① 在“Fixture”节点下，调入工装，并根据对刀结果调整夹具位置，见图 3-231。

② 在“stock”节点下，右击，依次点击添加模型、模型文件。

选择 D:\v7\4x\example_3\stock-3. stl 文件，根据对刀结果调整毛坯在夹具中的位置，见图 3-232。

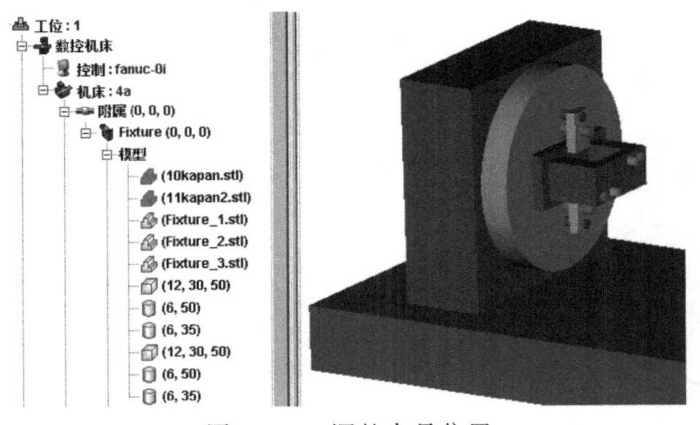

图 3-231　调整夹具位置

图 3-232　调整毛坯在夹具中的位置

(3) 调入刀具库

打开 D:\v7\4x\01\example_4\4a4. tls。

(4) 建立工件坐标系

根据对刀结果设置工件偏置“G54：X－380 Y－195 Z－615 A0”，见图 3-233。

(5) 导入程序

调入 NC 程序 D:\v7\4x\example_4\O4. ptp。

(6) 加工仿真

在“机床/切削模型”视图下，观察加工过程。

在“零件”视图下，观察加工效果，见图 3-234。

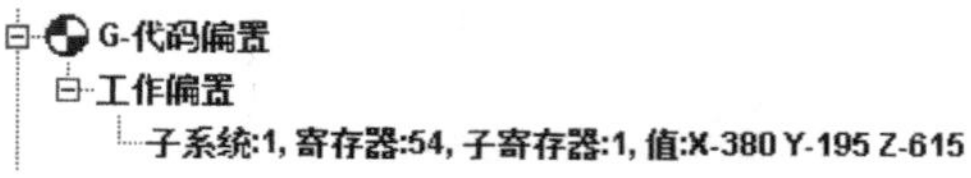

G-代码偏置
工作偏置
子系统:1, 寄存器:54, 子寄存器:1, 值:X-380 Y-195 Z-615

图 3-233　建立工件坐标系

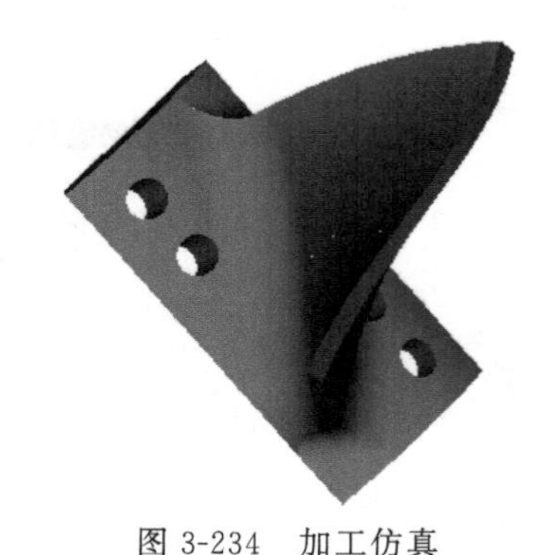

图 3-234　加工仿真

3.5　案例 5　五角星（4 轴加工）

3.5.1　零件加工工艺

（1）零件分析

图 3-235 为箱体的零件图，$\phi 18\times 20$ 的台阶在车床完成。零件材料：2A12。

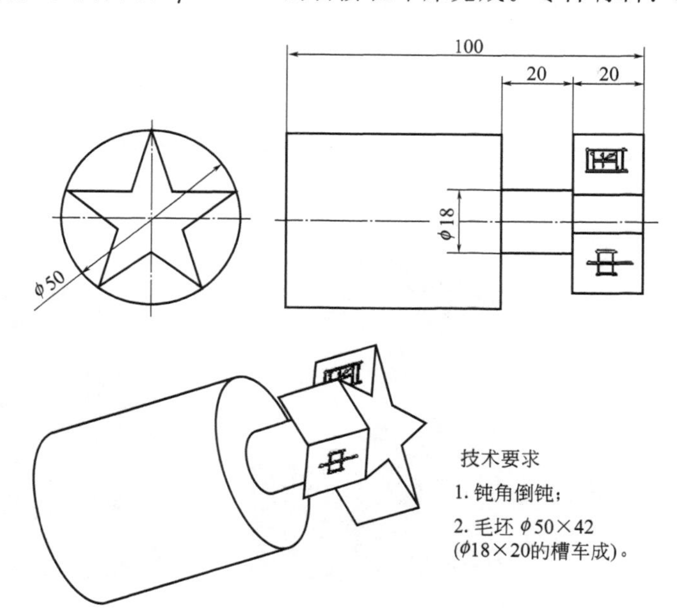

100
20
20
ϕ18
ϕ50
技术要求
1. 钝角倒钝；
2. 毛坯 ϕ50×42
(ϕ18×20的槽车成)。

图 3-235　零件图

ZG54
Y
X

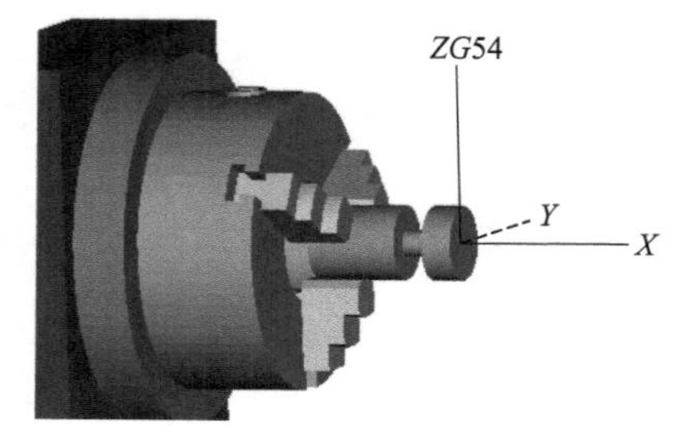

图 3-236　工件装夹

（2）工件装夹

夹具采用三爪卡盘，夹持毛坯 $\phi 50$ 圆柱部位，夹持长度大约 30mm（图 3-236）。

（3）刀具选择

T1：$\phi 10$ 铣刀。

3.5.2　对刀

本案例采用相对对刀。工件零点设在工件右端面和

4 轴轴线的交点，并存储在 G54 坐标偏置中。

(1) 测量工件零点

使用寻边器，用单边对刀测得工件零点的 X 轴偏置，用取中对刀测得工件零点的 Y 轴偏置。把工作台表面作为相对对刀的基准，测量 4 轴轴线到工作台表面的距离为 Z 轴偏置（a 实测为 160），并输入 G54 的 Z 坐标偏置中，本案例 G54 实测值为“X－270　Y－195　Z160”，见图 3-237。关于 4 轴轴线到工作台面的距离，通常采用间接测量法：方法 1，用杠杆表测量回转台中心孔下母线到工作台面的距离，再加上中心孔的半径。此方法适用于还没有装夹卡盘或工装的机床；方法 2，三爪卡盘夹持一段棒料，在 A0 状态铣一平面，Z 坐标值不动，在 A180 位置再铣一平面，用千分尺测量两个面的厚度，在 A0 或 A180 状态下用百分表分别测量所铣平面到工作台面的距离，再减去所测厚度的一半，即可得到距离 a。此方法适用于回转台已安装三爪卡盘的机床。

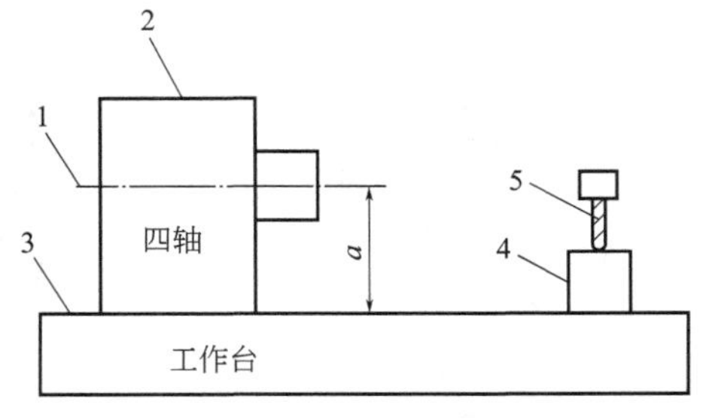

图 3-237　测量工件零点

1—4 轴轴线；2—4 轴回转台；3—工作台表面；4—Z 轴仪；5—刀具

【提示】　关于 Z 轴偏置，由于是 4 轴轴线相对于工作台表面的距离，所以一定要注意偏置值的正负。如果 4 轴回转工作台的顶面是平面，用作对刀基准面效果更好（图 3-238），也可在工作台合适位置，专门放置一个对刀块用作对刀基准面（图 3-239）。

图 3-238　工作台顶面对刀

图 3-239　工作台其他位置对刀

(2) 测量刀具长度

在工作台表面对刀，对刀工具为高度 50 的 Z 轴仪器。当 Z 轴仪表针指向零刻度时，记下机床坐标系的 Z 轴坐标值（例如：Z－409），则当前刀具的刀具长度补偿为：－409－50＝－459（图 3-237）。依次测量所有刀具。

【提示】　对于 FANUO-0i 系统，在“坐标偏置”界面，还可以使用“测量”功能键，输入 Z－50 测量，即可得到刀具长度补偿。

3.5.3　使用 UG 编程

(1) 完成零件造型

① 绘制草图 1，见图 3-240。

② 绘制草图 2，见图 3-241。

③ 拉伸成实体，见图 3-242。

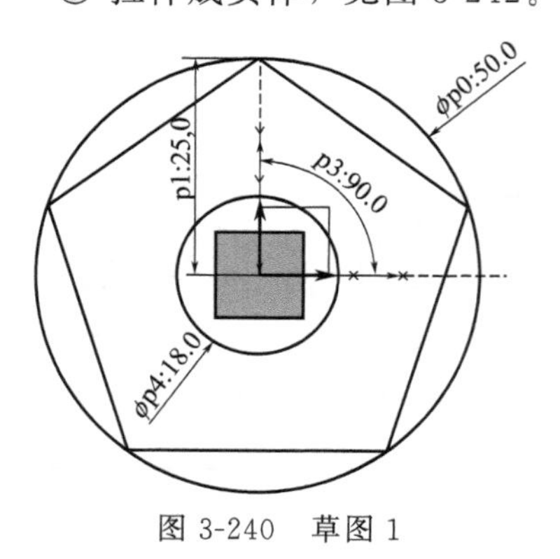

图 3-240 草图 1

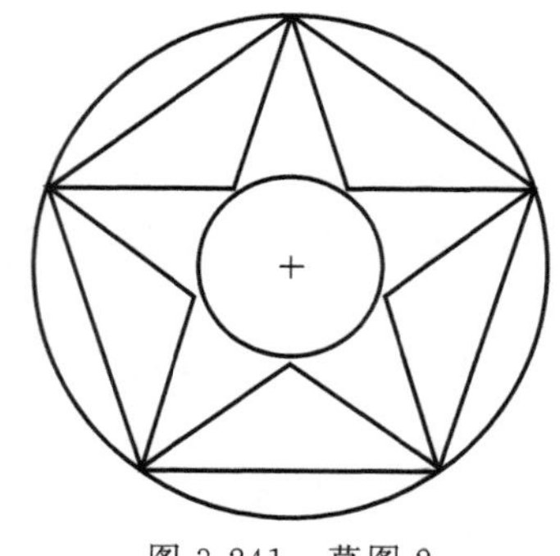

图 3-241 草图 2

图 3-242 拉伸实体

(2) 设置加工坐标系

① 进入加工模块，在加工环境中选择“多轴铣加工”，见图 3-243。

② 设置加工坐标系，编程零点设在工件表面和 4 轴轴线的交点，保证 X 轴和 A 轴轴线一致（图 3-244）。

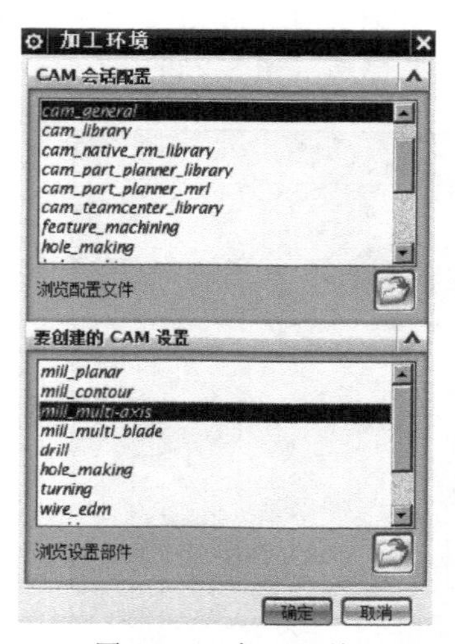

图 3-243 加工环境

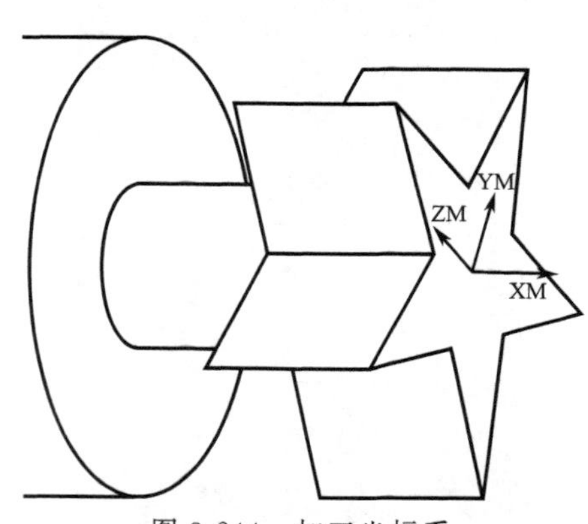

图 3-244 加工坐标系

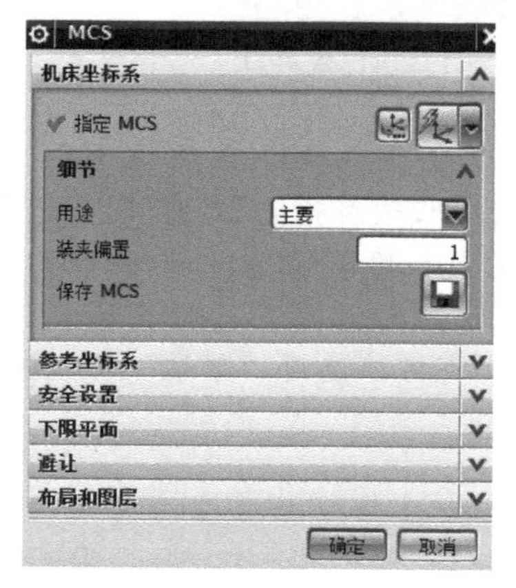

图 3-245 设置加工坐标系细节

③ 加工坐标系细节设置。

设置为主加工坐标系，G54 对应装夹偏置 1（图 3-245)。

(3) 创建刀具

在刀具视图下，创建直径 10mm 的铣刀，刀具名称“T1”。

(4) 粗铣五角星“面 1”

① 在“WORKPIECE”父节点下，创建局部坐标系“MCS _ 1”，见图 3-246。细节设置：用途“局部”，特殊输出“使用主 MCS”，见图 3-247。通过“Z 轴，X 轴，原点”方式，依次选择五角星的两个棱和交点，设置局部坐标系，见图 3-248。

【提示】 局部坐标系的 Z 轴必须垂直于 A 轴中心线。

图 3-246　创建“MCS _ 1”

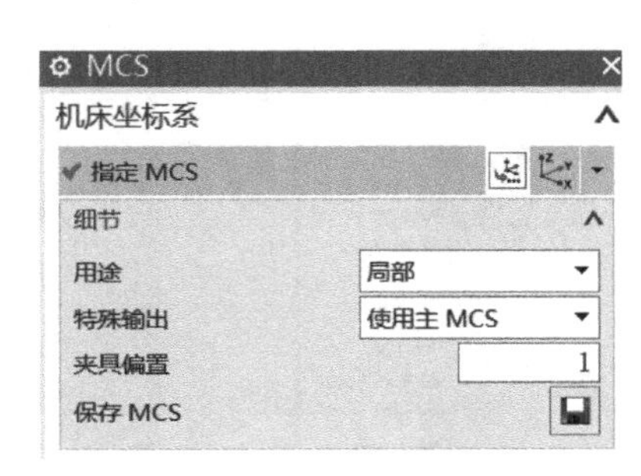

图 3-247　细节设置

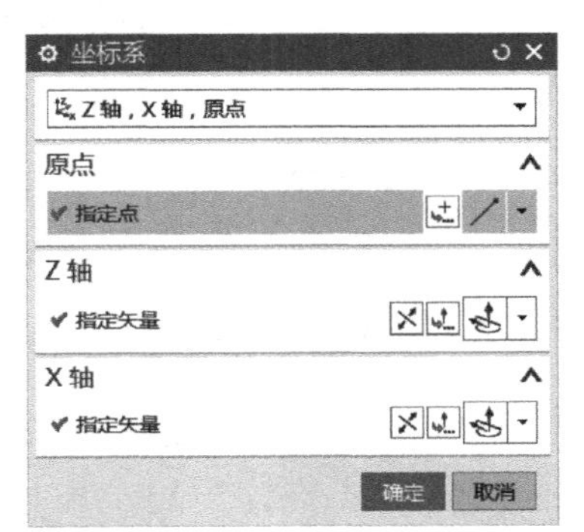

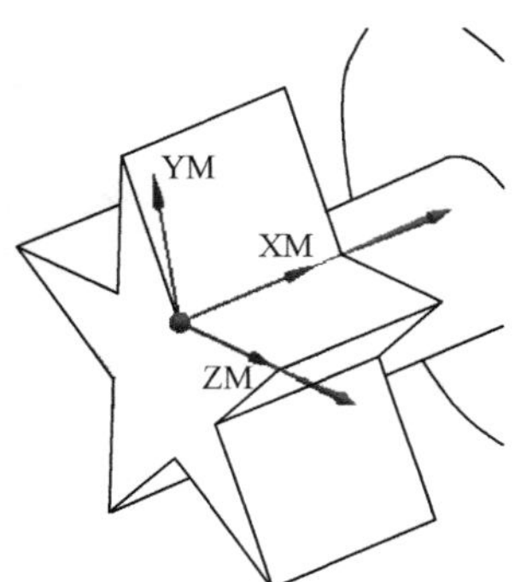

图 3-248　设置局部坐标系

② 创建平面铣操作。

刀具选择“T1”，几何体选“MCS _ 1”，名称“C1”。

③ 操作参数设置。

指定边界：选择五角星根部，两个面的交线。

指定底面：$Z0$ 平面。

切削模式：轮廓。

加工余量：0.3。

附加刀路：5。

切削宽度：30%（刀具直径）。

安全平面：Z100。

④ 生成刀具轨迹（图 3-249）。

⑤ 阵列轨迹 5 份。选中“C1”，右键→“对象”→“变换”（图 3-250）。“绕直线旋转”→直线选零件轴线→“实例”→“5 份”，点击“确定”，阵列轨迹如图 3-251。

(5) 粗铣五角星“面 2”

① 在“WORKPIECE”父节点下，创建局部坐标系“MCS _ 2”。细节设置：用途“局部”，特殊输出“使用主 MCS”。通过“Z 轴，X 轴，原点”方式，依次选择五角星的两个棱和交点，设置局部坐标系，见图 3-252。

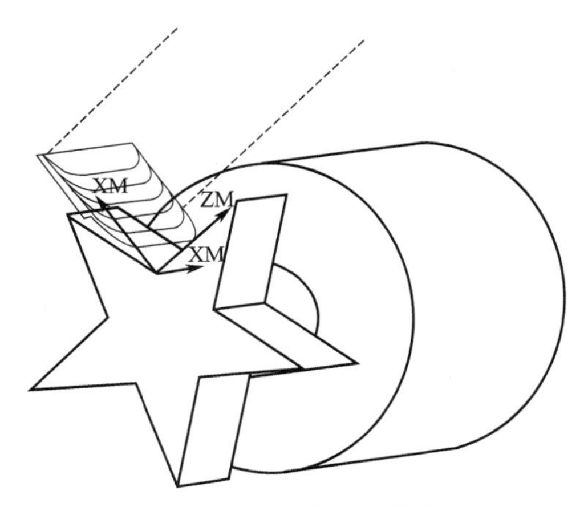

图 3-249　生成刀具轨迹

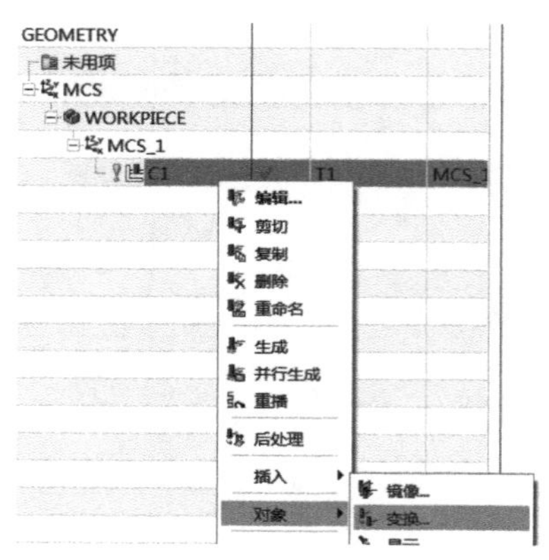

图 3-250 变换

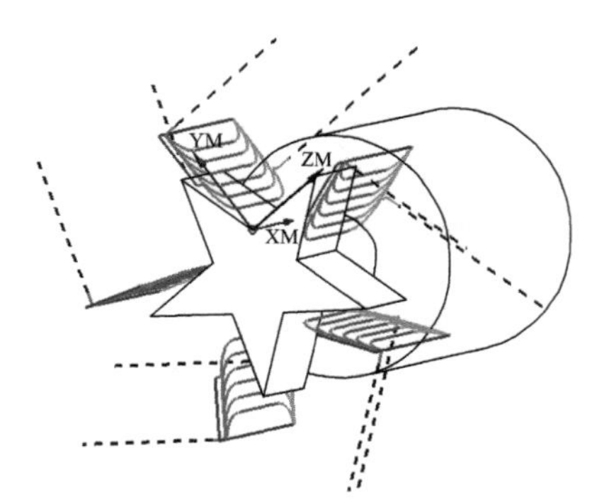

图 3-251 阵列轨迹

图 3-252 设置局部坐标系

② 创建平面铣操作。

刀具选择"T1"，几何体选"MCS _ 1"，名称"C2"。

③ 操作参数设置。

指定边界：选择五角星根部，两个面的交线。

指定底面：$Z0$ 平面。

切削模式：轮廓。

加工余量：0.3。

附加刀路：5。

切削宽度：30%（刀具直径）。

安全平面：$Z100$。

④ 生成刀具轨迹（图 3-253）。

⑤ 阵列轨迹 5 份。

（6）精铣五角星面 1

① 在"MCS _ 1"节点下，复制操作"C1"，粘贴，更名为操作"J3"。

② 调整操作参数。

加工余量：0。

附加刀路：0。

③ 生成刀具轨迹，并阵列 5 份。

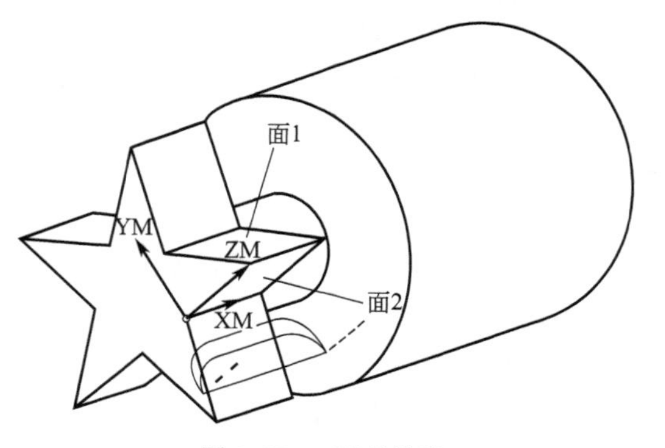

图 3-253 刀具轨迹

（7）精铣五角星面 2

① 在“MCS _ 2”节点下，复制操作“C2”，粘贴，更名为操作“J4”。

② 调整操作参数

加工余量：0。

附加刀路：0。

③ 生成刀具轨迹，并阵列 5 份。

（8）后处理生成 NC 程序

① 在程序视图，对所有操作的顺序进行检查，确保和实际加工顺序一致（图 3-254）。

② 选择“NC _ PROGRAM”为节点，单击右键，选择“后处理”（图 3-255）。

③ 选择后处理器：“4a”（素材目录 D:\v7\UG_post\4L\4a. pui）。

④ 选择文件名：“o1”（图 3-256）。

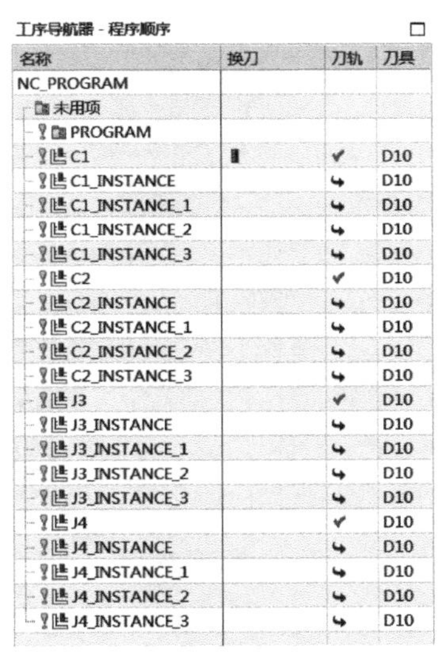

图 3-254　程序顺序

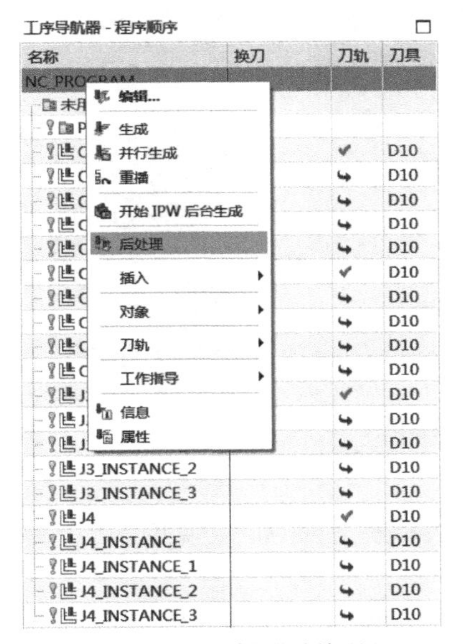

图 3-255　选择“后处理”

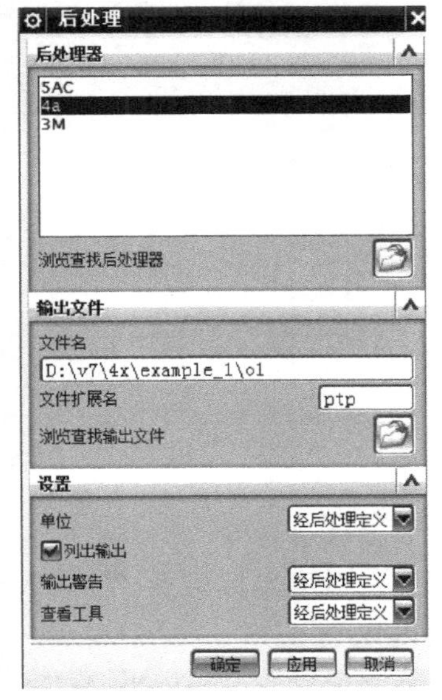

图 3-256　选择文件名

3.5.4　使用 Vericut 仿真切削过程

（1）建立一个项目

选择模板 D:\v7\4x\01\demo. vcproject。

新项目名为 D:\v7\4x\案例 5-五角星 \ 案例 5-五角星. vcproject。

（2）添加毛坯

在“stock”节点下，右击，依次点击添加模型、圆柱。共需建立 $\phi50\times20$、$\phi18\times20$、$\phi50\times60$ 三个圆柱体，并按实际尺寸调整到实际位置，见图 3-257。

（3）建立刀具库

① 打开原有的 demo. tls，而后另存为 D:\v7\4x\案例 5-五角星 \ 案例 5. tls。

② 打开 D:\v7\4x\案例 5-五角星 \ 案例 5. tls。

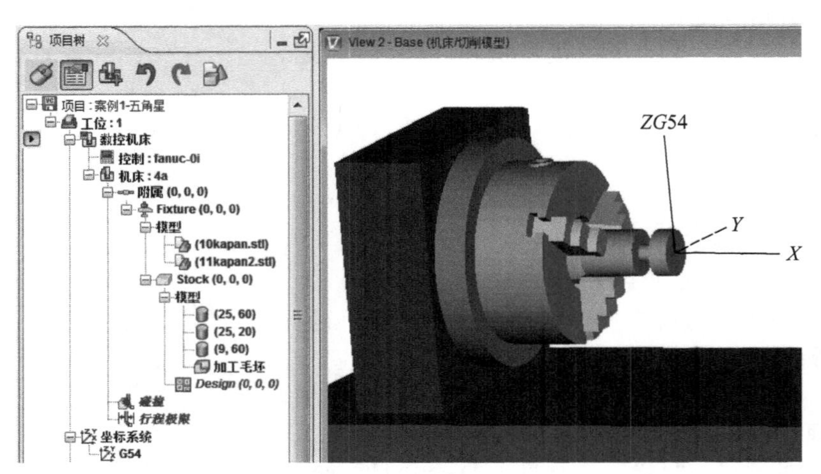

图 3-257　添加毛坯

③ 修改 T1 为 ϕ10 铣刀，见图 3-258。

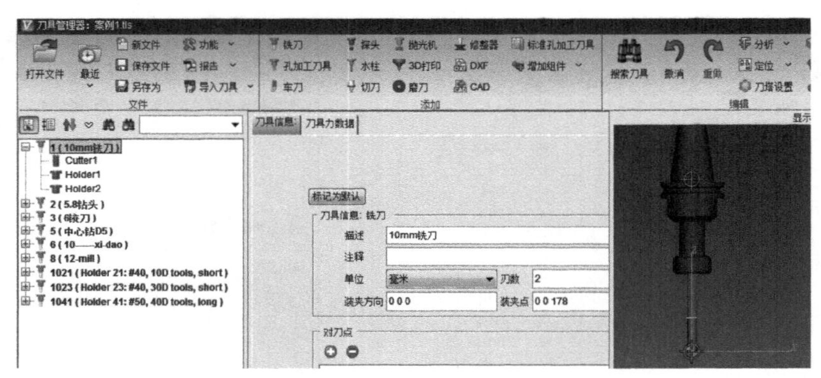

图 3-258　刀具修改

(4) 建立工件坐标系

在机床上，对应坐标偏置“G54 X－270 Y－195 Z－615 A0”，见图 3-259。

(5) 导入程序

双击“数控程序”，调入 NC 程序“O1. ptp”。编辑程序“O1. ptp”，在程序中加入自定义 M 代码 M110 用于锁紧三爪卡盘（图 3-260）。

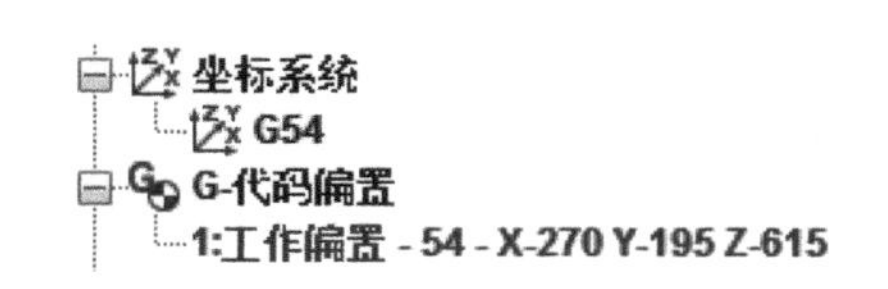

图 3-259　坐标偏置

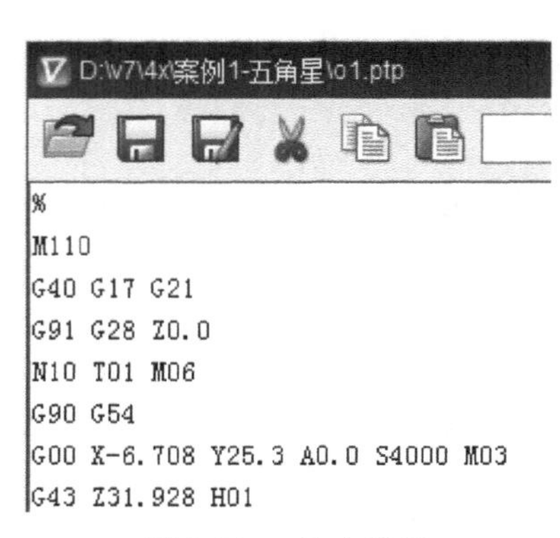

图 3-260　导入程序

（6）仿真

在“机床/切削模型”视图下，单击仿真按钮“”，观察加工过程，图 3-261。在“零件”视图下，观察加工效果，图 3-262。

图 3-261　加工过程

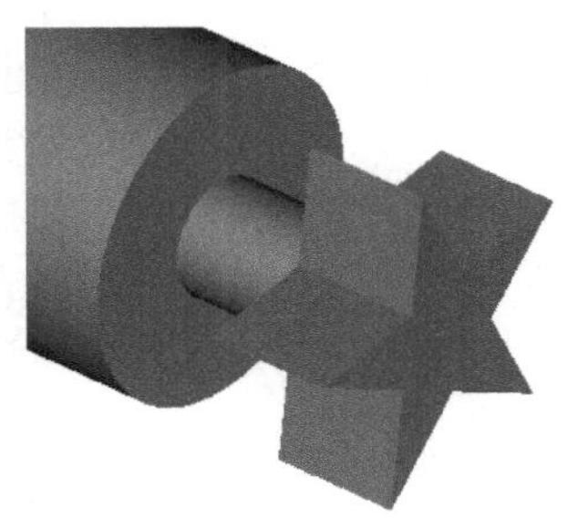

图 3-262　加工效果

3.6 案例 6　中国梦

3.6.1 零件加工工艺

（1）零件分析

图 3-263 为中国梦的零件图，$\phi 16 \times 15$ 的阶台车成。零件材料：2A12。

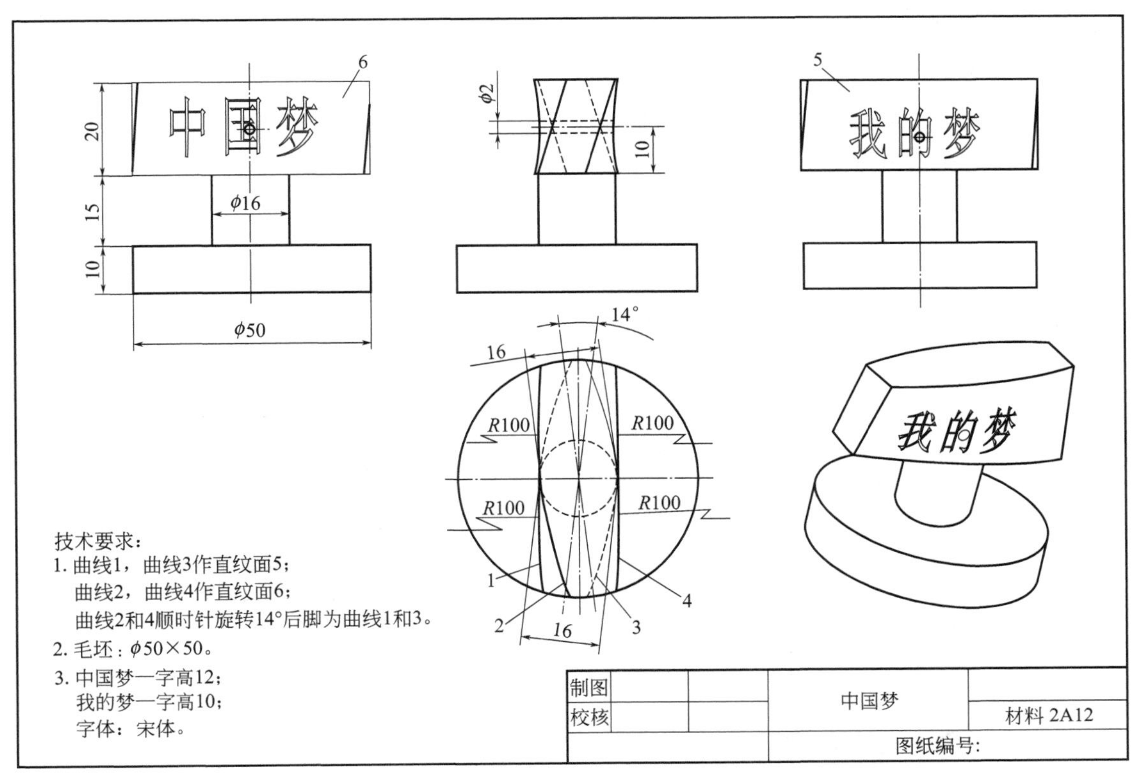

图 3-263　零件图

（2）工件装夹

夹具采用三爪卡盘，毛坯长度 100mm，夹持毛坯 $\phi 50$ 圆柱部位，夹持长度大约 30mm

(图 3-264)。加工完毕，用铣刀切断毛坯，保证总长 45mm。或用下料锯切断，再车端面。

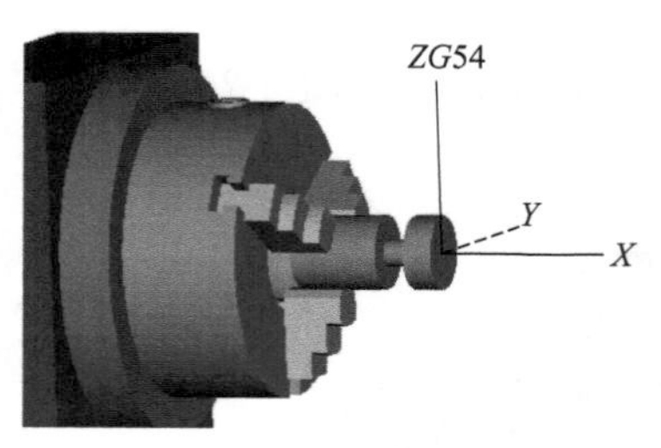

图 3-264 装夹

(3) 刀具选择

T1：ϕ6 中心钻。

T2：ϕ2 钻头。

T3：ϕ10 立铣刀。

T4：ϕ10 球铣刀。

T5：ϕ20R4 舍弃式铣刀。

T6：ϕ6 刻字刀。

3.6.2 对刀

本案例采用相对对刀。工件零点设在工件右端面和 4 轴轴线的交点，并存储在 G54 坐标偏置中。

(1) 测量工件零点

使用寻边器，用单边对刀测得工件零点的 X 轴偏置，用取中对刀测得工件零点的 Y 轴偏置。把工作台表面作为相对对刀的基准，测量 4 轴轴线到工作台表面的距离为 Z 轴偏置（a 实测为 160)，并输入 G54 坐标偏置中，本案例 G54 实测值为“X−270 Y−195 Z−160”。

(2) 测量刀具长度

在工作台表面对刀，对刀工具为高度 50 的 Z 轴仪器。

3.6.3 UG 编程方法一

(1) 完成零件造型

① 绘制草图 1，见图 3-265。

② 绘制草图 2，见图 3-266。

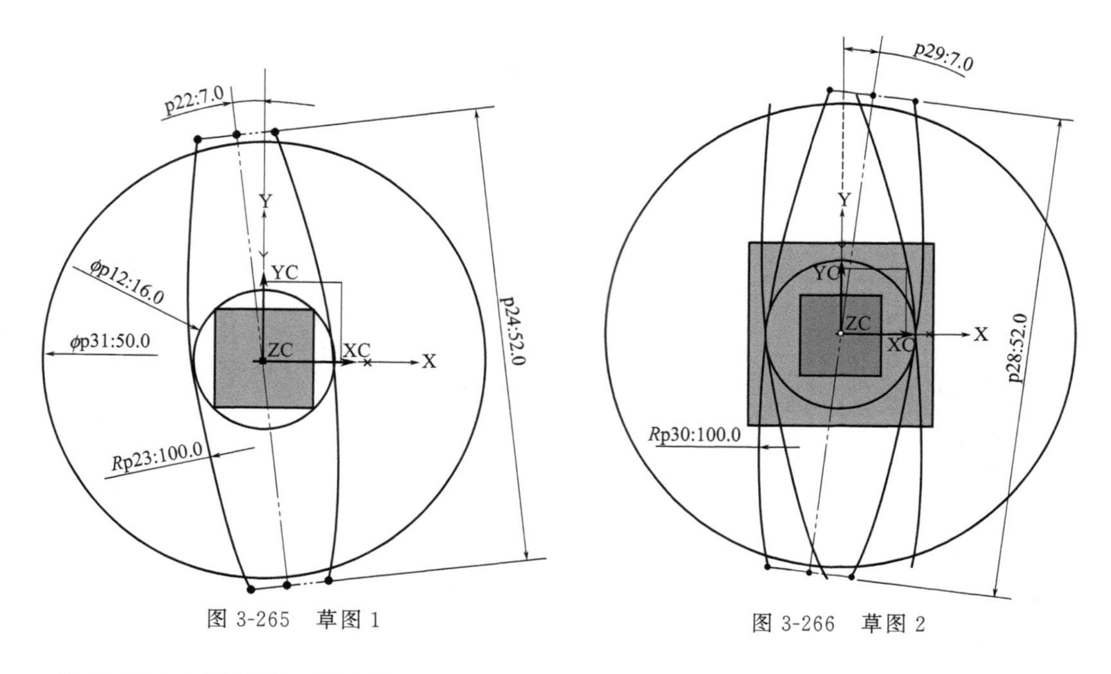

图 3-265 草图 1

图 3-266 草图 2

③ 通过对应的曲线，做直纹面，为修剪实体做准备，见图 3-267。

④ 拉伸 ϕ50×20、ϕ16×15、ϕ50×65 的圆柱，拉伸 ϕ2 的孔。用曲面修剪 ϕ50×20 部

分，并保存文件，见图 3-268。

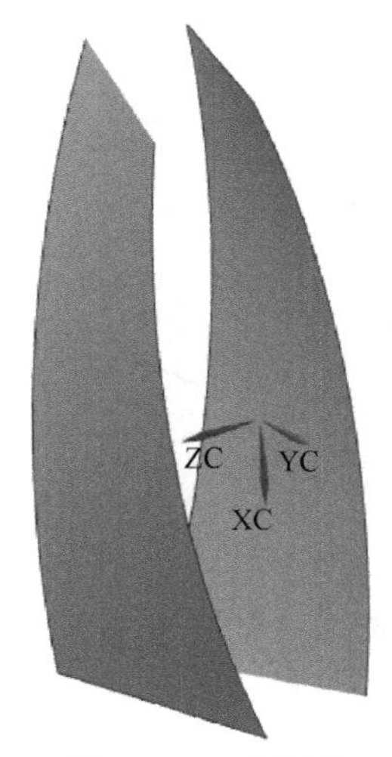

图 3-267　直纹面

图 3-268　拉伸与修剪

⑤ 在 XY 平面输入文本“我的梦”，调整字体大小和位置，见图 3-269。

⑥ 在 XY 平面输入文本“中国梦”，调整字体大小和 $\phi 2$ 孔的相对位置，见图 3-270。

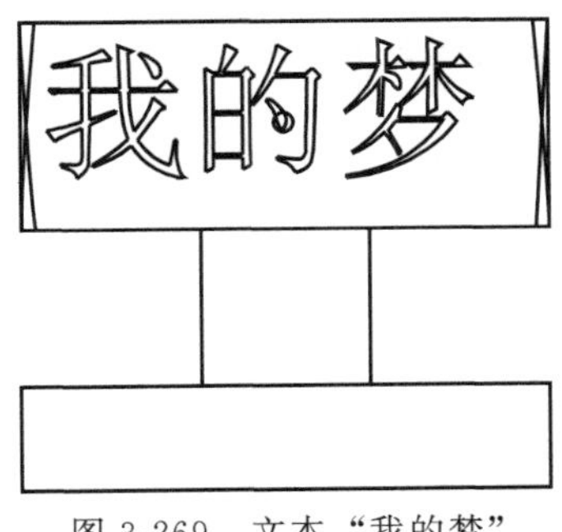

图 3-269　文本“我的梦”

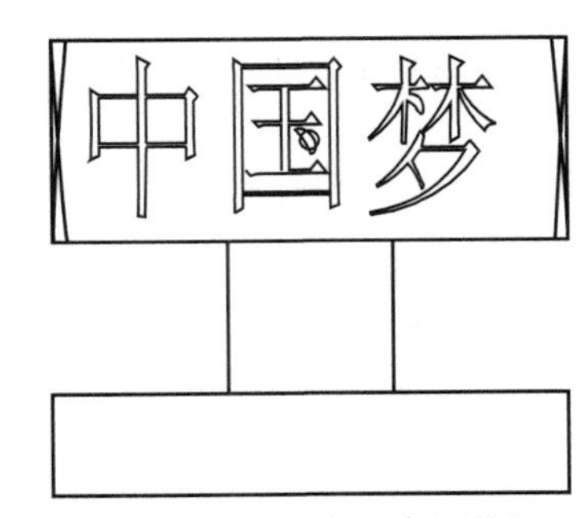

图 3-270　文本“中国梦”

⑦ 分别投影“我的梦”“中国梦”到两个曲面，并拉伸减料生成 $\phi 2$ 的通孔。

(2) 设置加工坐标系

① 进入加工模块，在加工环境中选择“多轴铣加工”。

② 细节设置。

用途：主要。

装夹偏置：1（坐标输出对应加工坐标系 G54）。

③ 加工坐标系的零点设在工件表面和 4 轴轴线的交点，保证 X 轴和 A 轴轴线一致，见图 3-271。

④ 安全设置，以 A 轴为轴线的直径 120 的圆柱面为安全面，见图 3-272。

(3) 创建刀具

在刀具视图下，创建所有刀具，依次为每一把刀具设置参数。

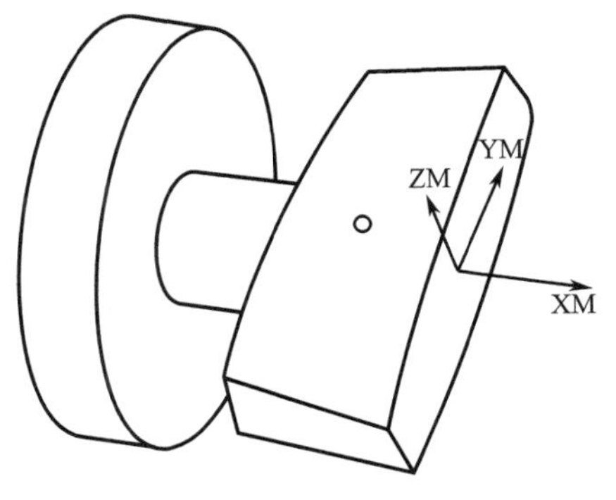

图 3-271　零点

(4) 粗铣外形

① 创建局部坐标系。

在毛坯节点下，创建局部坐标系“MCS _ 1”。坐标系的 Z 轴要垂直于 A 轴，$Z0$ 平面要高于零件最高点，见图 3-273。

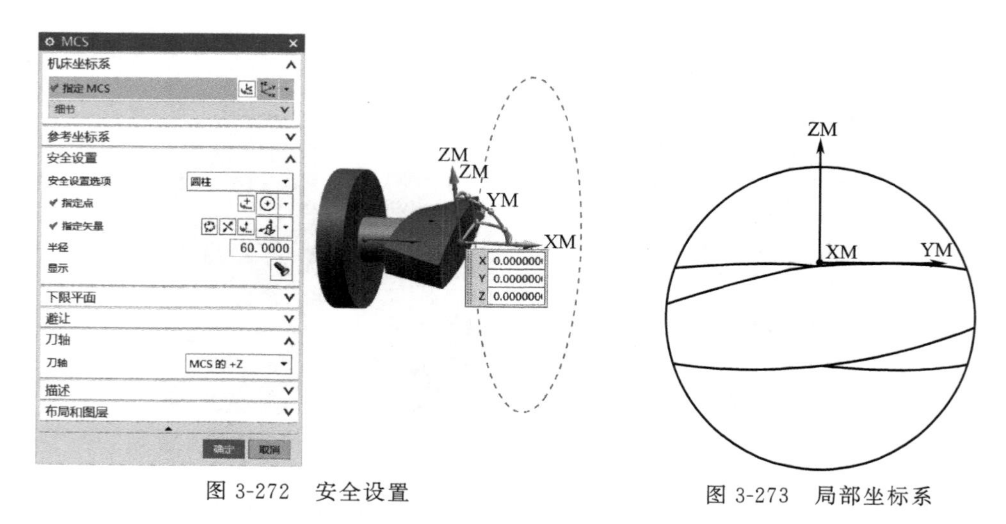

图 3-272　安全设置　　　　图 3-273　局部坐标系

② 局部坐标系细节设置。

用途：局部（计算轨迹，按照当前局部坐标系）。

特殊输出：使用主 MCS（后处理，程序按照主坐标系输出）。

③ 创建操作。

刀具选择“T3”，几何体选“MCS _ 1”，名称“O1C”。

④ 操作参数设置。

指定部件边界：选择曲面内侧的边，并指定在 $Z20$ 平面，见图 3-274。

指定底面：$Z0$ 平面。

附加刀路：3（步距 50%）。

部件余量：－1。

避让：安全面设在钻孔表面上方 100mm。

切削用量：S3000　F500。

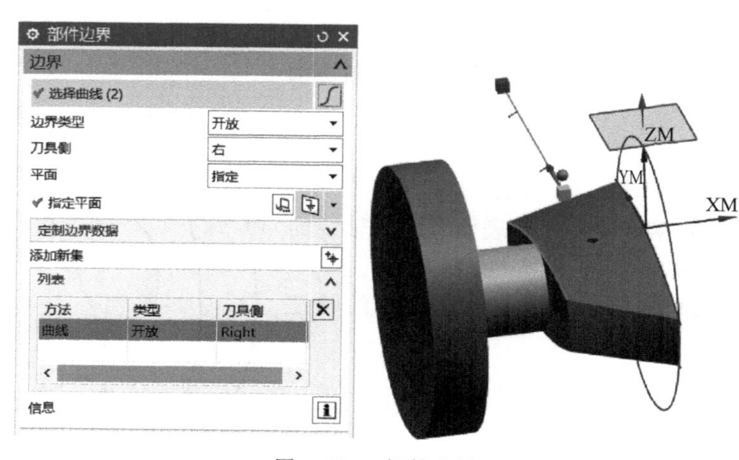

图 3-274　部件边界

⑤ 生成轨迹，见图 3-275。

⑥ 镜像轨迹，见图 3-276。

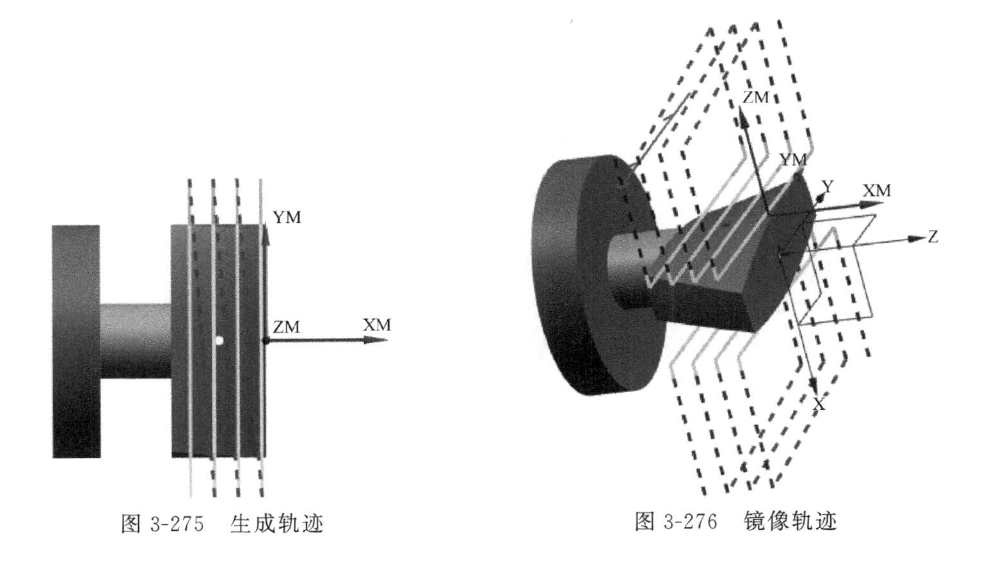

图 3-275　生成轨迹　　　　图 3-276　镜像轨迹

(5) 生成中心钻操作

① 创建操作。

类型：hole _ making。

子类型：定心钻。

刀具：T1。

几何体：MCS _ 1。

名称：O2Z，见图 3-277。

② 操作参数设置。

特征几何体："中心孔"选择 $\phi 2$ 孔，默认深度 0.25，见图 3-278。

图 3-277　创建工序

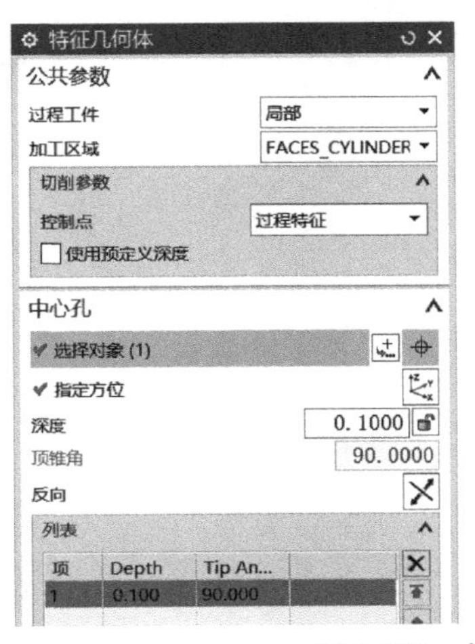

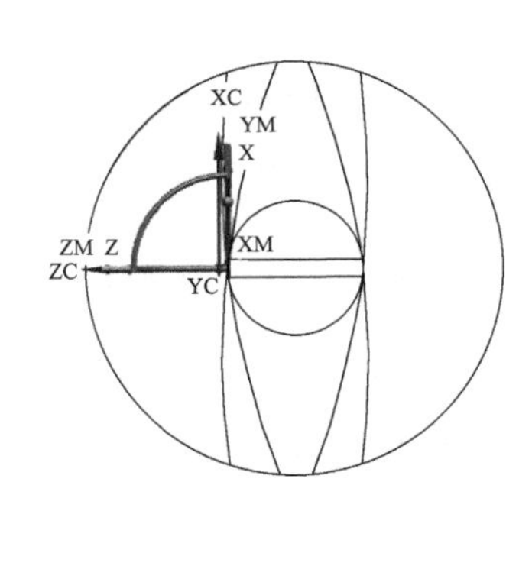

图 3-278　特征几何体

切削参数：策略，延伸路径，顶部偏置 3（因为粗铣后曲面上还有余量），见图 3-279。

切削用量：S2000　F60。

安全平面：自动平面，100。
③ 生成轨迹。
(6) 生成钻 $\phi2$ 孔操作
① 创建操作。
类型：hole _ making。
子类型：钻孔。
刀具：T2。
几何体：MCS _ 1。
名称：O3Z。
② 操作参数设置。
特征几何体："中心孔" 选择 $\phi2$ 孔，默认深度 15.89。
切削参数：策略，延伸路径，顶部偏置 3。
循环：钻，深孔（每次钻深 0.5mm）。
切削用量：S3000 F160。
安全平面：自动平面，100。
③ 生成轨迹，见图 3-280。

图 3-279 切削参数

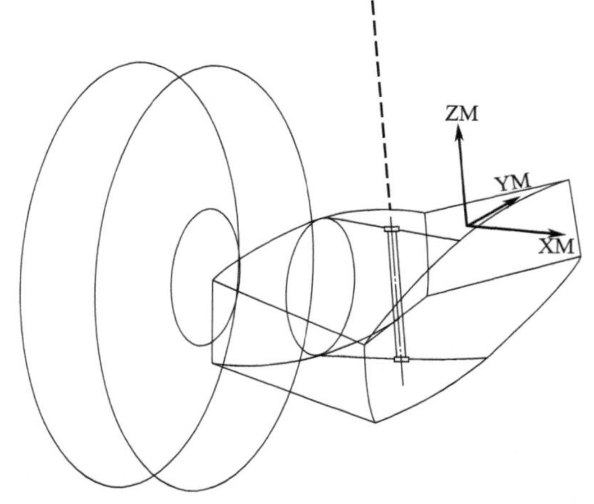

图 3-280 生成轨迹

(7) 半精铣曲面 1
① 创建操作。
类型：mill _ contour。
子类型：固定轮廓铣。
刀具：T4。
几何体选：MCS _ 1。
名称：O4。
② 操作参数设置
指定部件：选实体零件。
指定切削区域：选曲面 1。
驱动方法：区域铣削（往复切削，步距 20%）。
切削参数：零件余量 0.3。
切削用量：S4000 F500。

③ 生成轨迹，见图 3-281。

(8) 半精铣曲面 2

① 创建局部坐标系。

在毛坯节点下，创建局部坐标系 MCS _ 2。坐标系的 Z 轴和坐标系 MCS _ 2 相反（旋转 180°），Z0 平面要高于零件最高点（图 3-282）。

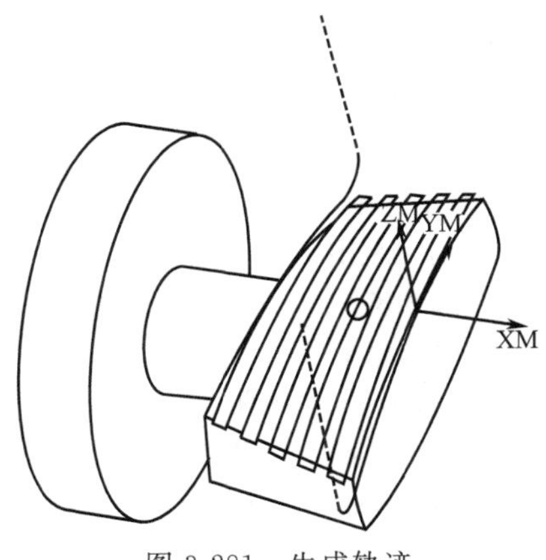

图 3-281　生成轨迹

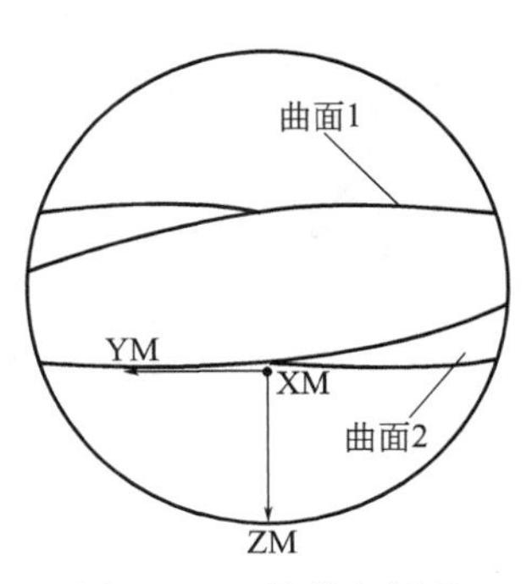

图 3-282　局部坐标系

② 局部坐标系细节设置。

用途：局部。

特殊输出：使用主 MCS。

③ 创建操作。

类型：mill _ contour。

子类型：固定轮廓铣。

刀具：T4。

几何体：MCS _ 2。

名称：O5。

④ 操作参数设置。

指定部件：选实体零件。

指定切削区域：选曲面 2。

驱动方法：区域铣削（往复切削，步距 20%）。

切削参数：零件余量 0.3。

切削用量：S4000　F500。

⑤ 生成轨迹，见图 3-283。

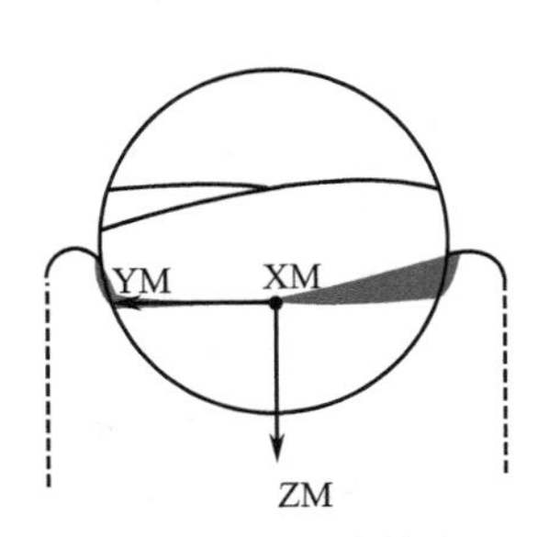

图 3-283　生成轨迹

(9) 精铣曲面 1

① 复制操作 O4，另存为 O6。

② 修改操作参数。

驱动方法：区域铣削（往复切削，步距 3%）。

切削参数：零件余量 0。

切削用量：S4500　F1500。

③ 生成轨迹。

(10) 精铣曲面 2

① 复制操作 O5，另存为 O7。

② 修改操作参数。

驱动方法：区域铣削（往复切削，步距3%）。

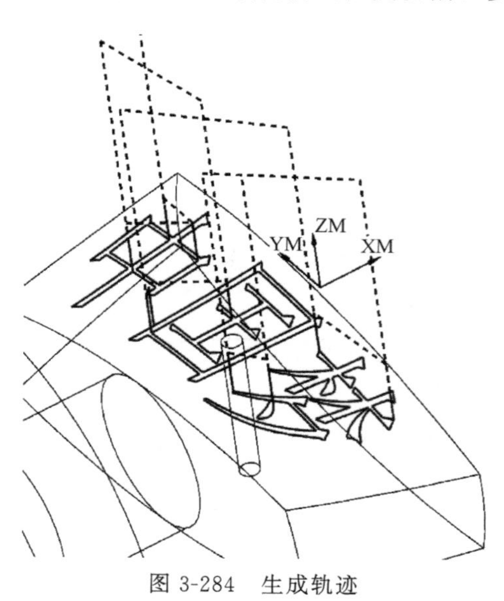

图 3-284　生成轨迹

切削参数：零件余量0。

切削用量：S4500　F1500。

③ 生成轨迹。

（11）在曲面1刻字“中国梦”

① 创建操作。

类型：mill _ contour。

子类型：固定轮廓铣。

刀具：T6。

几何体：MCS _ 1。

名称：O8K。

② 操作参数设置。

指定部件：选实体零件。

指定切削区域：选曲面1。

驱动方法：曲线/点（依次添加，拾取“中国梦”所有笔画）。

非切削参数：进刀，插削，距离1mm。

切削用量：S4500　F200。

③ 生成轨迹，见图3-284。

【提示】　刻字深度，可以通过调整刀具长度补偿实现。

（12）在曲面2刻字“我的梦”

① 创建操作。

类型：mill _ contour。

子类型：固定轮廓铣。

刀具：T6。

几何体：MCS _ 2。

名称：O9K。

② 操作参数设置。

指定部件：选实体零件。

指定切削区域：选曲面9。

驱动方法：曲线/点（依次添加，拾取“我的梦”所有笔画）。

非切削参数：进刀，插削，距离1mm。

切削用量：S4500　F200。

③ 生成轨迹。

（13）后处理生成NC程序

① 在程序顺序视图，选择“NC _ PROGRAM”节点，点击右键，选择“后处理”。

② 选择后处理器：4a。

③ 选择文件名：o1。

3.6.4　使用Vericut仿真切削过程

① 打开项目D:\v7\4x\案例6-中国梦\案例6-中国梦.vcproject。

② 查看毛坯。

③ 查看刀具库（图 3-285）。

④ 查看工件坐标系（图 3-286）。

⑤ 导入程序。双击“数控程序”，调入 NC 程序 O1. ptp。

⑥ 仿真。在“机床/切削模型”视图下，单击仿真按钮“●”，观察加工过程。在“零件”视图下，观察加工效果（图 3-287）。

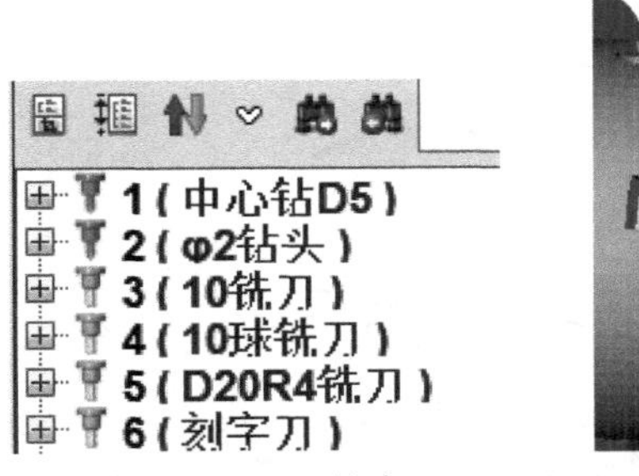

图 3-285　刀具库

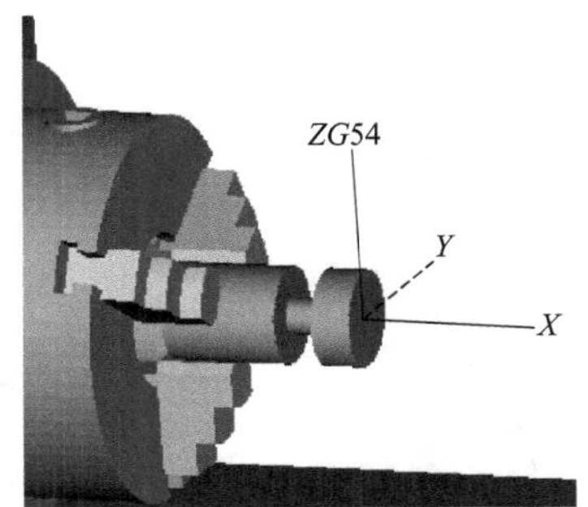

图 3-286　工件坐标系

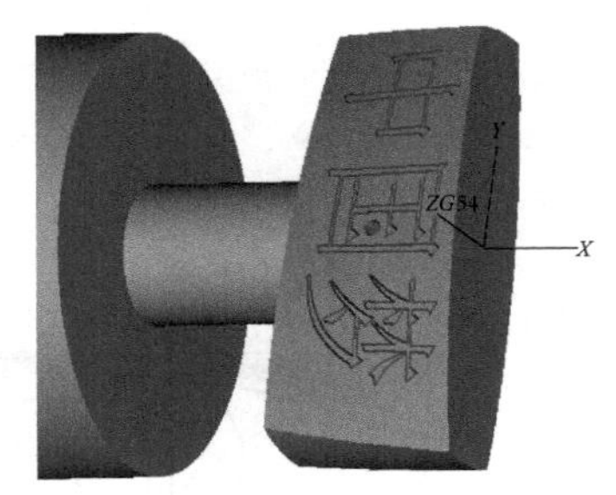

图 3-287　仿真

⑦ 加工过程分析。

a. 直径 2mm 的孔，属于深孔钻，当棒料材质不好偏软偏黏时，容易折断钻头。因此要用 G83 深孔钻指令，且每次钻深不超过 1mm。

b. 在曲面的粗、精加工中，由于球刀中心参与了切削，会产生较大的轴向抗力，且曲面质量较差。

c. 改进：下面通过调整球刀轴线和曲面的夹角，来改善切削条件，提高加工质量。

3.6.5　UG 编程方法二

本方法仅调整曲面的粗精加工工序，其他工序不变。

① 在毛坯节点下，创建局部坐标系“MCS _ 3”。

a. 复制坐标系“MCS _ 1”，另存为“MCS _ 3”。删除坐标系下其他操作，仅保留“O4 _ COPY”“O6 _ COPY”两个操作（粗、精曲面的操作）（图 3-288）。

b. 双击“MCS _ 3”，绕 X 轴旋转 45°（图 3-289）。

GEOMETRY		
未用项		
MCS		
WORKPIECE		
MCS_1		
O1C	✔	T3
O1C_1	↪	T3
O2Z	✔	T1
O3Z	✔	T2
O4	✔	T4
O6	✔	T4
O8K	✔	T6
MCS_3		
O4_COPY	✕	T4
O6_COPY	✕	T4

图 3-288　删除与保留操作

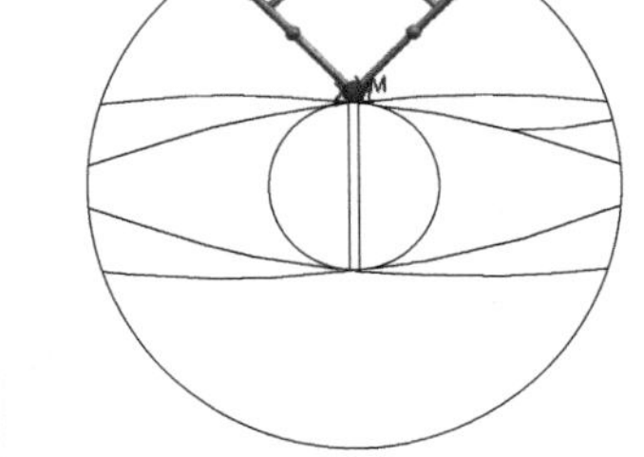

图 3-289　旋转坐标系

② 打开操作“O4 _ COPY”“O6 _ COPY”，重新生成轨迹（图 3-290）。

【提示】　注意坐标旋转后，刀具的伸出长度，避免刀柄和工件、夹具发生干涉。

③ 在毛坯节点下，创建局部坐标系“MCS _ 4”。

a. 复制坐标系“MCS _ 2”，另存为“MCS _ 4”。删除坐标系下其他操作，仅保留“O5 _ COPY”“O7 _ COPY”两个操作（粗、精曲面的操作）。

b. 双击“MCS _ 4”，绕 X 轴旋转 45°。

④ 打开操作“O4 _ COPY”“O6 _ COPY”，重新生成轨迹，见图 3-291。

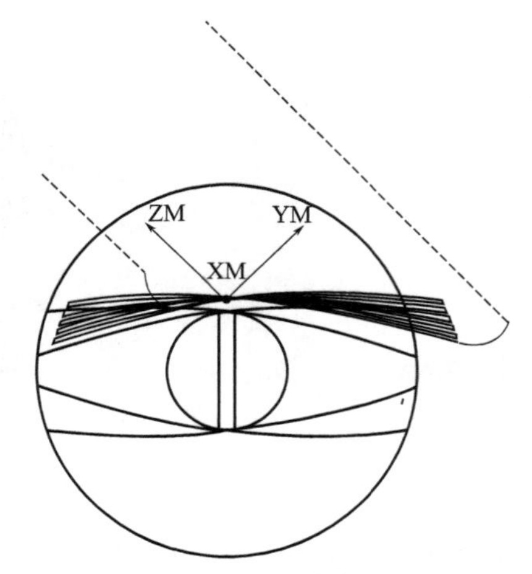

图 3-290　重新生成轨迹（一）

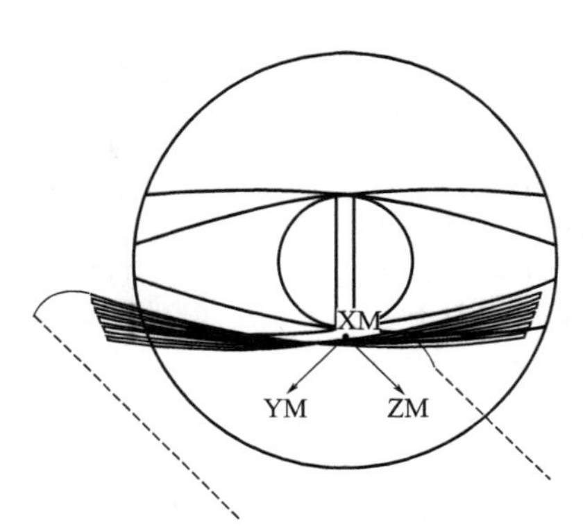

图 3-291　重新生成轨迹（二）

⑤ 另存文件，删除原操作 O4、O5、O6、O7。

工序导航器 - 程序顺序

名称
NC_PROGRAM
未用项
PROGRAM
O1C
O1C_1
O2Z
O3Z
O4_COPY
O5_COPY
O6_COPY
O7_COPY
O8K
O9K

图 3-292　程序排序

⑥ 在程序顺序视图下，对程序的前后顺序重新排列，见图 3-292。

⑦ 后处理生成 NC 程序。

a. 在程序顺序视图，选择“NC _ PROGRAM”节点，点击右键，选择“后处理”。

b. 选择后处理器：4a。

c. 选择文件名：o2。

⑧ 仿真。

a. 打开项目 D:\v7\4x\案例 6-中国梦 \ 案例 6-中国梦. vcproject。

b. 用程序 O2 替代原程序 O1。

c. 观察加工效果。

⑨ 体验编程方法 3。

a. 打开操作 O4 _ COPY、O5 _ COPY、O6 _ COPY、O7 _ COPY，刀具选用 $\phi 20R4$ 舍弃式铣刀“T5”。重新生成轨迹。

b. Vericut 软件模拟切削效果。

c. 上机床观察实际切削效果。

3.7　案例 7　分度盘

3.7.1　零件加工工艺

（1）零件分析

图 3-293 为分度盘的零件图，毛坯尺寸 $\phi 118 \times \phi 85 \times 20$ 车成。零件材料：2A12。

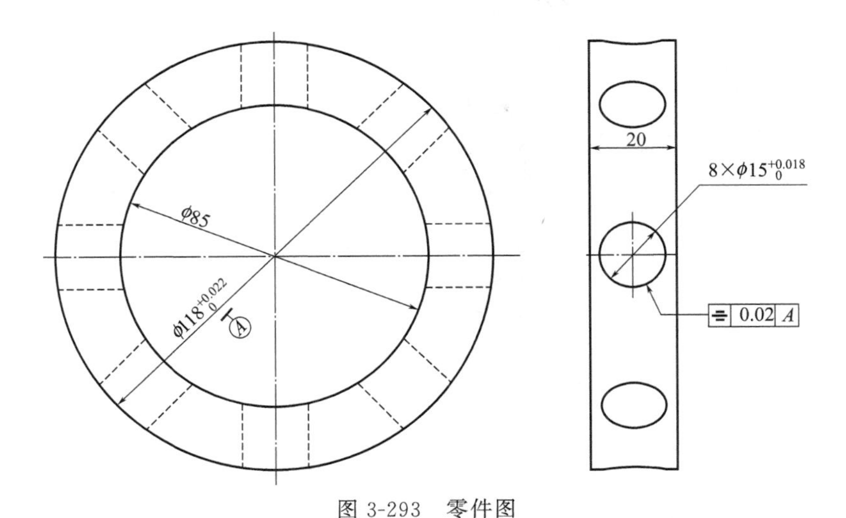

图 3-293　零件图

（2）工件装夹

① 采用三爪卡盘装夹：易夹伤工件表面，容易导致工件变形，容易导致刀具与三爪卡盘产生干涉。

② 采用专用工装：周期长，成本高，不适合单件和小批量生产。

③ 采用压板装夹：工艺简单，但是对操作技能要求较高。

本案例采用压板装夹，见图 3-294。

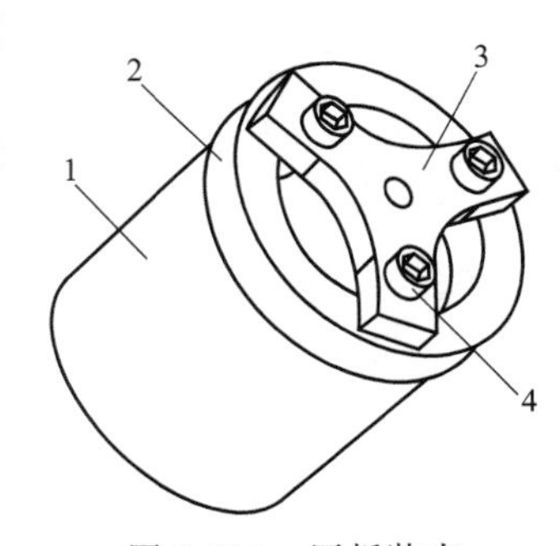

图 3-294　压板装夹

1—工装；2—毛坯；3—压板；4—螺栓

（3）刀具选择

T1：ϕ6 中心钻。

T2：ϕ14 钻头。

T3：ϕ14.7 粗镗刀。

T4：ϕ15 精镗刀。

3.7.2　对刀

本案例采用相对对刀。工件零点设在工件右端面和 4 轴轴线的交点，并存储在 G54 坐标偏置中。

① 测量工件相对于 4 轴零点的坐标偏移。使用百分表，测量 ϕ118 中心相对于 4 轴零点的坐标偏心坐标，测量方法同案例 2。

本案例 G54 实测值为“X−270 Y−195 Z−160”，ϕ118 偏心为 YZ。

② 测量刀具长度。在工作台表面对刀，对刀工具为高度 50 的 Z 轴仪器。

3.7.3　编程方法一

（1）编程准备

借助百分表或其他工具，调整中间在夹具中的位置，保证 ϕ118 圆盘中心在 4 轴轴线上。

（2）编程

```
O1
T01 M06
G90 G00 G54 X-10 Y0 A0
```

```
M3 S1500
G43 H1 Z200
M08
G81 Z58 R61 F60
A45
A90
A135
A180
A225
A270
A315
G80 Z200
M09
;
T02 M06
G90 G00 G54 X-10 Y0 A0
M3 S800
G43 H2 Z200
M08
G73 Z37 R61 Q3 F50
A45
A90
A135
A180
A225
A270
A315
G80 Z200
M09
;
T03 M06
G90 G00 G54 X-10 Y0 A0
M3 S1800
G43 H3 Z200
M08
G81 Z40 R61 F100
A45
A90
A135
A180
A225
A270
A315
G80 Z200
M09
;
T04 M06
```

```
G90 G00 G54 X-10 Y0 A0
M3 S1500
G43 H4 Z200
M08
G86 Z40 R61 F60
A45
A90
A135
A180
A225
A270
A315
G80 Z200
M09
M30
```

（3）使用 Vericut 仿真切削过程

① 打开项目 D:\v7\4x\案例 7-分度盘\案例 7-分度盘.vcproject。

② 查看毛坯、刀具库。

③ 调入程序 O1。

④ 仿真。在“机床/切削模型”视图下，单击仿真按钮“”，观察加工过程。在“零件”视图下，观察加工效果（图 3-295）。

（4）工艺分析

① 编程简单。

② 找正时，操作烦琐、困难。

③ 不适用于小批量生产。

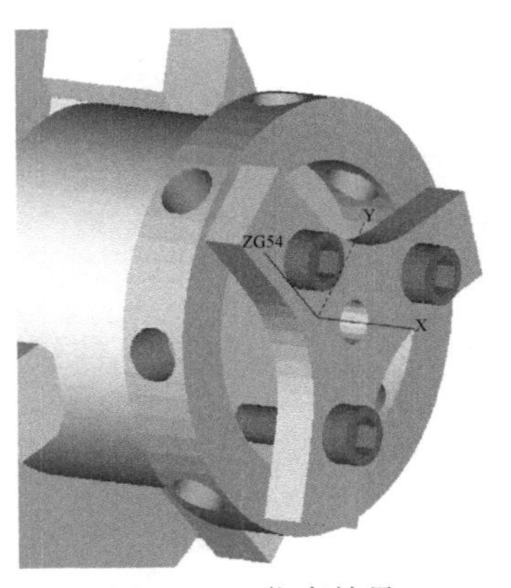

图 3-295　仿真结果

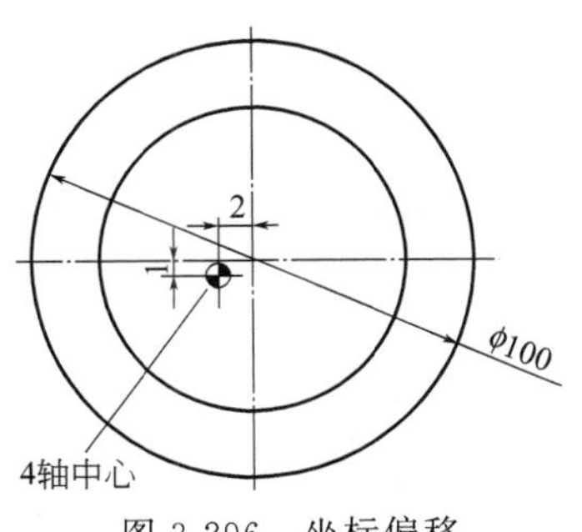

图 3-296　坐标偏移

3.7.4　编程方法二

（1）编程准备

大致把工件装夹到中心位置，而后用百分表测量 ϕ118 圆盘中心相对 4 轴中心的坐标偏移，方法同案例 2。

本案例实测，在 $A0$ 位置，ϕ118 坐标坐标偏移为 $Y2$ $Z1$（图 3-296）。

(2) 编程

本程序通过宏程序计算 A 轴旋转后，圆心相对 4 轴中心的坐标变化，实现 4 轴“3+1 定位加工”。

```
O2
#1=2
#2=1

T01 M06
G90 G00 G54 X-10 Y0 A0
M3 S1500
G43 H1 Z200
M08
#3=1
WHILE [#3 LE 8] DO1
#11=ATAN[#2/#1]
#12=SQRT[#1*#1+#2*#2]
#13=#12*SIN[#3*45+#11]
#14=#12*COS[#3*45+#11]
#15=-#3*45
G52 Y#14 Z#13
G00 X-10 Y0 A#15
Z100
G81 Z58 R61 F60
G80 Z200
#3=#3+1
END1
M09
;
T02 M06
G90 G00 G54 X-10 Y0 A0
M3 S800
G43 H2 Z200
M08
#3=1
WHILE [#3 LE 8] DO1
#11=ATAN[#2/#1]
#12=SQRT[#1*#1+#2*#2]
#13=#12*SIN[#3*45+#11]
#14=#12*COS[#3*45+#11]
#15=-#3*45
G52 Y#14 Z#13
G00 X-10 Y0 A#15
Z100
G73 Z37 R61 Q3 F50
G80 Z200
```

```
#3=#3+1
END1
M09
;
T03 M06
G90 G00 G54 X-10 Y0 A0
M3 S1800
G43 H3 Z200
M08
#3=1
WHILE [#3 LE 8] DO1
#11=ATAN[#2/#1]
#12=SQRT[#1*#1+#2*#2]
#13=#12*SIN[#3*45+#11]
#14=#12*COS[#3*45+#11]
#15=-#3*45
G52 Y#14 Z#13
G00 X-10 Y0 A#15
Z100
G81 Z40 R61 F100
G80 Z200
#3=#3+1
END1
M09
;
T04 M06
G90 G00 G54 X-10 Y0 A0
M3 S1500
G43 H4 Z200
M08
#3=1
WHILE [#3 LE 8] DO1
#11=ATAN[#2/#1]
#12=SQRT[#1*#1+#2*#2]
#13=#12*SIN[#3*45+#11]
#14=#12*COS[#3*45+#11]
#15=-#3*45
G52 Y#14 Z#13
G00 X-10 Y0 A#15
Z100
G86 Z40 R61 F60
G80 Z200
#3=#3+1
END1
M09
M30
```

（3）使用 Vericut 仿真切削过程

① 打开项目 D:\v7\4x\案例 7-分度盘 \ 案例 7-分度盘. vcproject，另存为 D:\v7\4x\案例 7-分度盘 \ 案例 7-分度盘 2. vcproject。

② 移动毛坯到 $Y2Z1$ 位置（和机床实际装夹位置保持一致），见图 3-297。

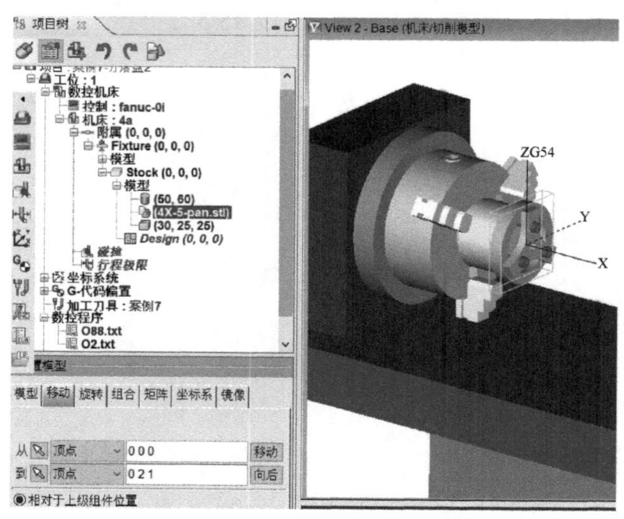

图 3-297 移动毛坯

③ 用程序 O2 替换原程序 O1

④ 仿真。在“零件”视图下，观察加工效果。

（4）工艺分析

每件毛坯，都可快速装夹到大致中心位置，而后测量 ϕ118 中心偏差，修改程序中的变量＃1、＃2，即可实现小批量高效加工。

3.8 案例 8 箱体

3.8.1 箱体零件的工艺分析

（1）零件分析

① 图 3-298 为箱体的零件图，毛坯尺寸 82×62×60。零件材料：2A12。

② 工艺方案一。

a. 采用专用工装装夹，在工装底面中心安装定位销，利用工作台中心孔定位。每次安装工装后，需要拉平两个销钉和 X 轴平行。

b. 工装制作复杂，拆卸不方便，定位精度和工装底面的定位销有关，对工人技能要求比较低。

c. 可采用 CAM 编程或手工编程。

③ 工艺方案二。

a. 工装根据加工内容，刀柄长度，调整摆放位置，而后拉平两个销钉和 X 轴平行。也可以在加工两个定位销孔时，在工装上铣一基准面，保证两个定位销孔的中心连线和所铣平面平行，这样在找正时，直接拉平基准面就行。

b. 工装制作简单，拆卸方便，便于调整。每次装夹都要后，都要拉平定位基准面，并重新对刀，对工人技能要求比较高。

c. 采用 CAM 编程：程序的调试不方便；每次装夹后，程序都要重新后处理。

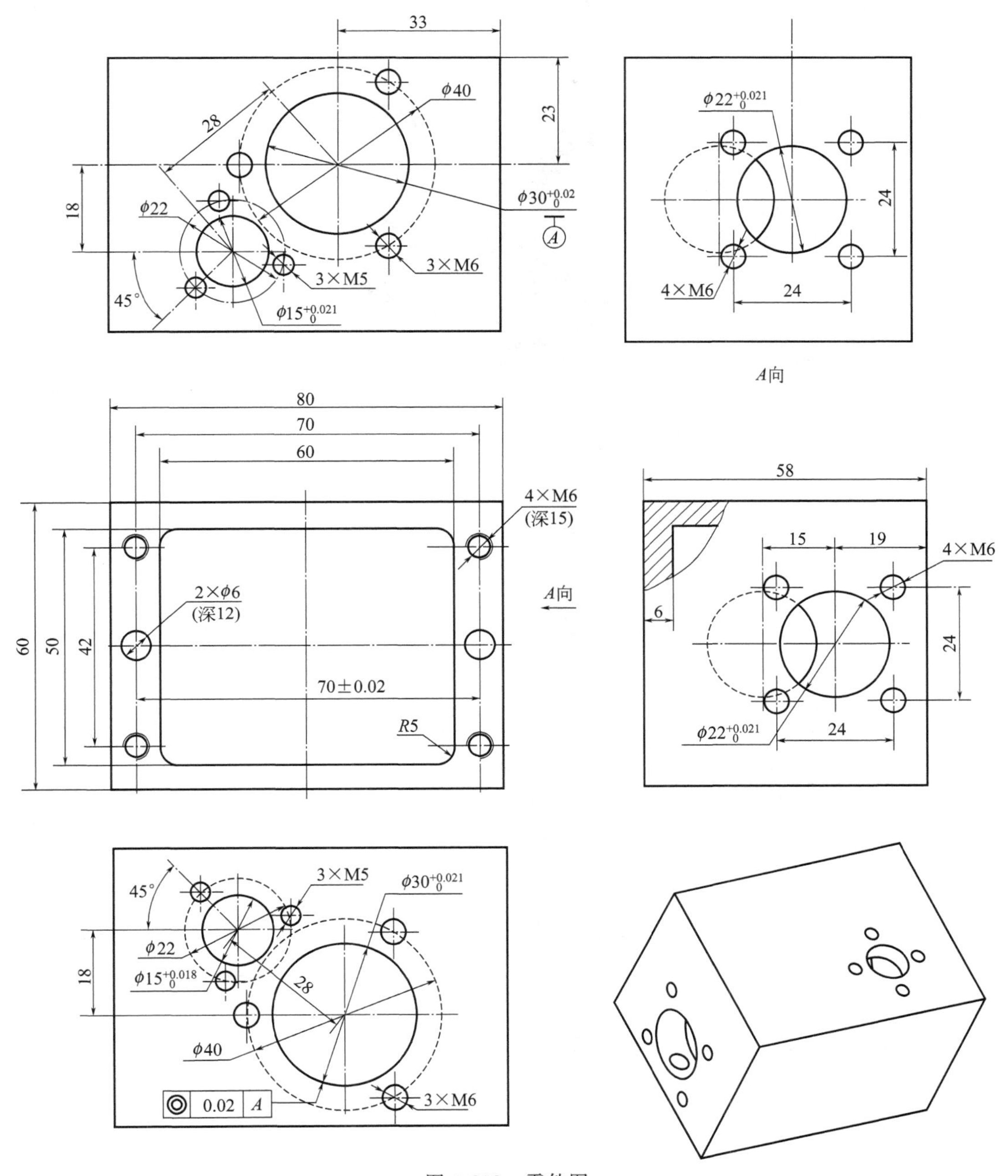

图 3-298　零件图

d. 采用手工编程：利用宏程序实现 RTCP 功能，具有程序简洁、调试方便的特点。每次装夹后，只需拉平基准面，并测主定位销的 3 个高点即可。

本案例采用工艺方案二的手工编程。

(2) 工件装夹

① 工序 1：在三轴加工中心上，用平口钳装夹，完成基准面、内腔、2 个 $\phi6$ 销钉孔、4 个 M6 螺纹孔的加工（图 3-299）。

② 工序 2：在 4 轴卧式加工中心机床上，选用专用工装（图 3-300），采用一面两孔定位

方式。定位销采用一个圆销钉和一个菱形销，安装工件后，用4颗M6内六角螺栓拉紧工件，见图3-301。

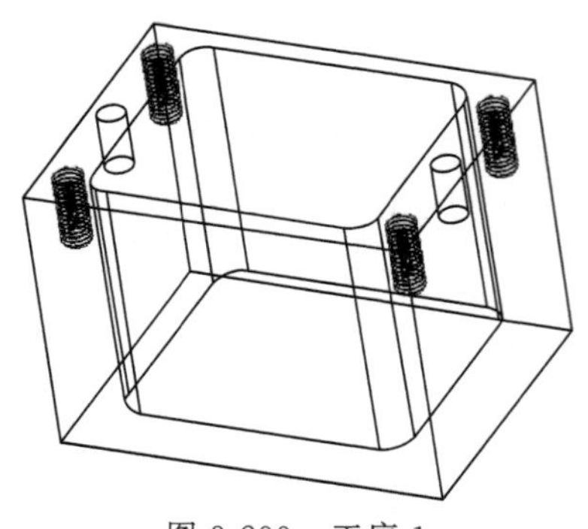

图3-299 工序1

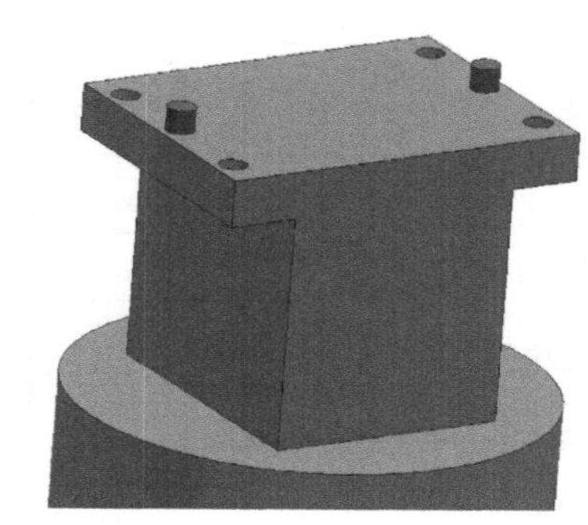

图3-300 专用工装

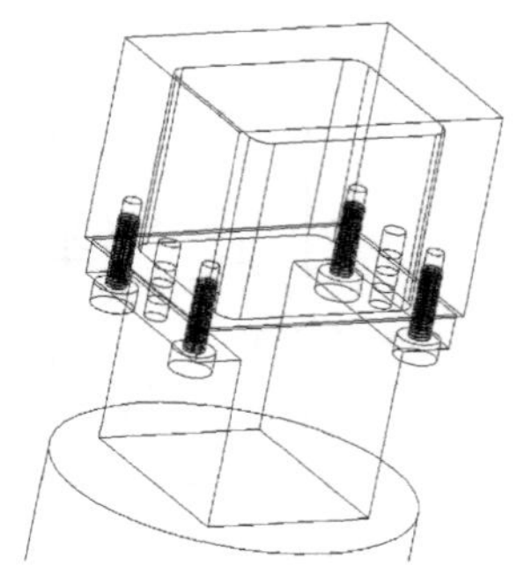

图3-301 内六角螺栓拉紧工件

(3) 刀具选择

见表3-1。

表3-1 刀具选择

刀具号	刀具长度补偿号	刀具描述	刀具名称
T1	H1	直径60mm的面铣刀	D60
T2	H2	直径10mm的铣刀	D10
T3	H3	直径10mm的90°定心钻	Z10
T4	H4	直径12mm的钻头	Z12
T5	H5	直径4.2mm的钻头	Z2.6
T6	H6	直径5mm的钻头	Z3.6
T7	H7	直径30精镗刀	T30
T8	H8	直径22精镗刀	T22
T9	H9	直径15精镗刀	T15
T11	H11	M6螺纹铣刀	X-D4.8
T12	H12	M5螺纹铣刀	X-D4
T13	H13	直径10mm的90°倒角刀	倒角刀

(4) 工序流程

见表3-2。

表3-2 工序流程

工序号	工序内容	刀具
1	口面、4个M6螺纹孔、2个ϕ6销钉孔	
2	4个面	
2.1	铣面	T1
2.2	定心钻钻孔	T3
2.3	ϕ12钻头，预钻孔ϕ30、ϕ15、ϕ22	T4

续表

工序号	工序内容	刀具
2.4	ϕ10 铣刀，扩孔 ϕ30、ϕ15、ϕ22（半精加工）	T2
2.5	精镗孔 ϕ30	T7
2.6	精镗孔 ϕ22	T8
2.7	精镗孔 ϕ15	T9
2.8	ϕ5 钻头钻孔（M6 底孔）	T6
2.9	ϕ4.2 钻头钻孔（M5 底孔）	T5
2.10	铣 M6 螺纹	T11
2.11	铣 M5 螺纹	T12
2.12	ϕ30、ϕ15、ϕ22 孔口倒角	T13
2.13	M6、M5 螺纹孔倒角	T3

3.8.2 对刀

（1）工序 1（略）

（2）确定工序 2 的编程零点

工序 2 采用专用工装，定位方式采用一面两孔。对刀点（编程零点）设在左边 ϕ6 定位销（圆销）轴线和工装表面的交点（图 3-302）。

① 用百分表拉平两个销钉。在机床坐标系 $B0$ 位置，通过铜棒敲击、调整工装位置，用百分表拉平 2 个定位销（圆柱销钉＋菱形销钉），保证两个定位销的中心线和 X 轴平行，见图 3-303。在工作台上用压板固定工装。

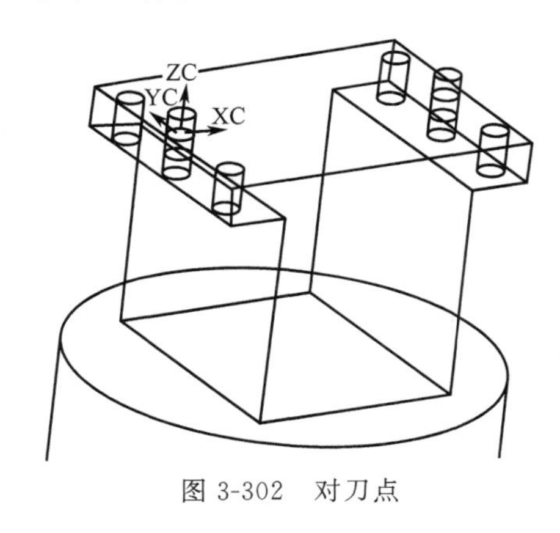

图 3-302　对刀点

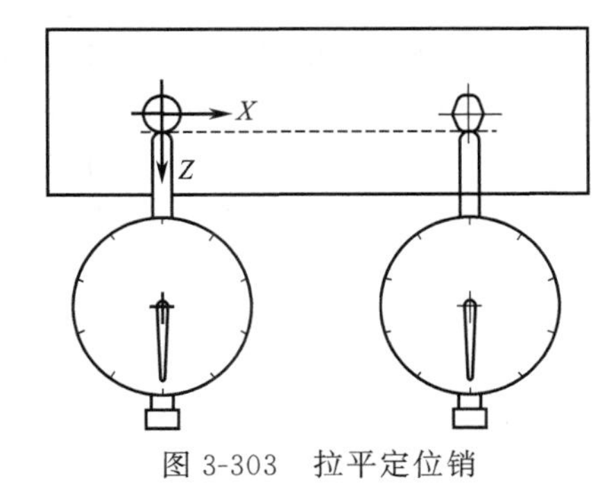

图 3-303　拉平定位销

② 测量 4 轴零点在机床坐标系中的位置。本案例 4 轴零点、机床零点都在工作台表面中心点。

如果机床零点不在工作台表面中心点，或机床发生零点漂移现象，则需要测量 4 轴零点的机床坐标，测量方法如下。

a. 工作台装夹一块毛坯，在 $B0$ 位置，铣一平面（图 3-304）。

b. 主轴安装寻边器，在 $B90$、$B270$ 位置，对“加工面”取中对刀，可测得 4 轴零点 X 坐标（图 3-305、图 3-306）。

c. 主轴安装百分表，在 $B90$、$B270$ 位置，测量加工平面到 4 轴中心的距离；在 $B0$ 位置，用主轴端面，去测量加工面的坐标，而后计算出 4 轴中心 Z 坐标。

d. 主轴安装寻边器，可测工作台表面的 Y 坐标。

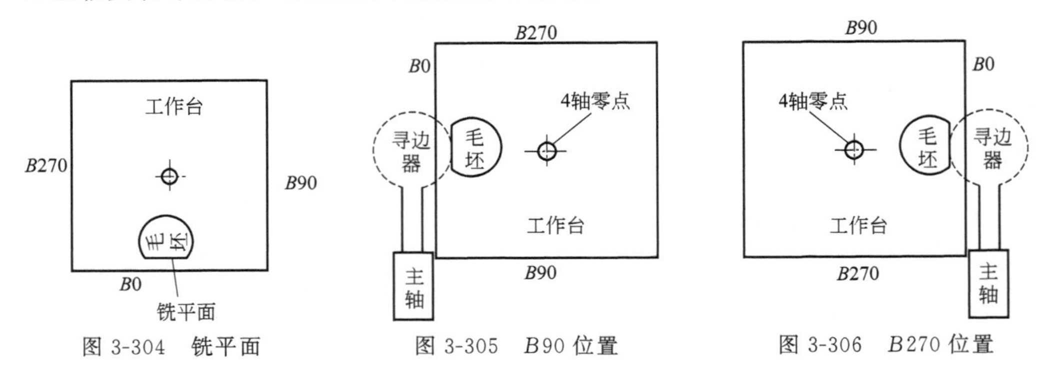

图 3-304 铣平面　　图 3-305 $B90$ 位置　　图 3-306 $B270$ 位置

【提示】 也可以采用主轴刀柄夹持百分表，工作台安装一圆柱，在 $B90$、$B270$ 的位置通过圆柱面的最高点，利用“取中对刀”的方法来计算 4 轴零点的 X 坐标（图 3-307）。

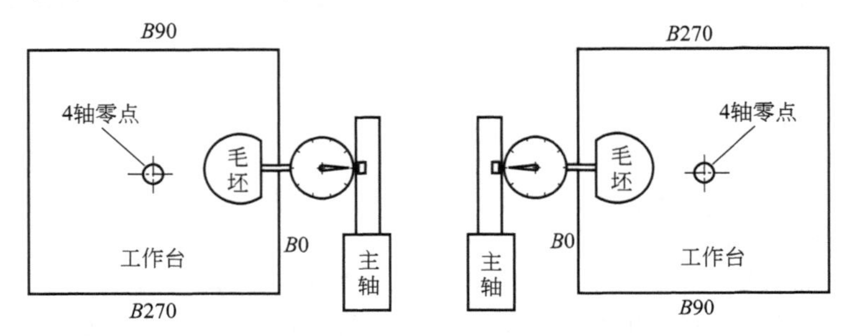

图 3-307 主轴刀柄夹持百分表

③ 测量工装上对刀点（编程零点）相对于 4 轴零点的坐标。

在 $B0$、$B270$、$B180$ 位置，用百分表“通过 Z 轴相对坐标”分别测量 $\phi6$ 销钉孔最高点的坐标（图 3-308）。在 $B0$ 位置，Z 轴相对坐标清零，在 $B180$、$B270$ 位置，分别记下 Z 轴相对坐标 Z_{180}、Z_{270}，即可计算出编程零点相对于 4 轴零点的 Z、X 坐标：$Z=(0-Z_{180})/2$；$X=(Z_{270}+Z)$。关于 X 坐标的测量，还可以通过增加一个测量点 Z_{90} 的方式，来简化计算过程：$X=(Z_{270}+Z_{90})$ /2，但要注意 Z_{90}、Z_{270} 两个测量点的行程不超出机床行程。

通过百分表测量工装表面和工作台表面的 Z 坐标，计算出编程零点相对于 4 轴零点的 Y 坐标。本案例中，对刀点（编程零点）相对于 4 轴零点的坐标为 $X-35$ $Y230$ $Z0$（图 3-309）。

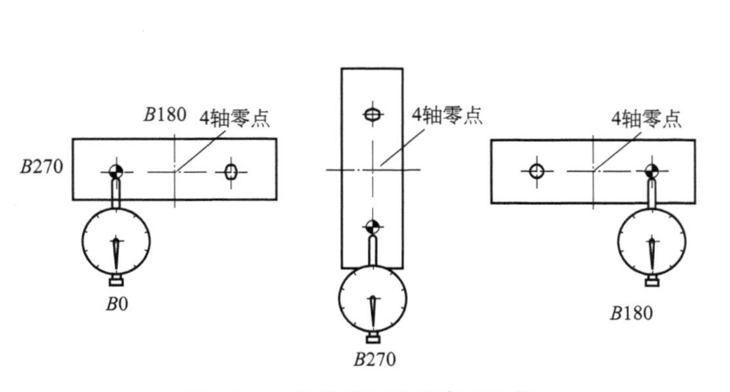

图 3-308 测量销钉孔最高点坐标

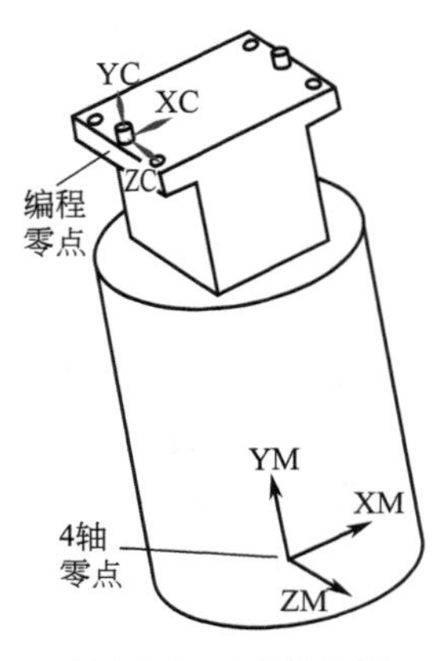

图 3-309 零点坐标

(3) 测量刀具长度

① 机外光学对刀仪对刀。特点是安全、快捷。

② 在工作台上找一个已知坐标的平面，配合 *Z* 轴设定仪对刀。刀长为对刀时的机床坐标系 *Z* 坐标值减去对刀块高度，再减去已知平面的机床坐标系 *Z* 坐标值，即刀具长度。特点是简单，但对刀占用机床工作时间。

3.8.3 手工编程

(1) 编程分析

① 本案例采用手工编程，并通过用户宏程序 O9015 实现 4 轴 3+1 定位加工功能。

```
O9015
#501=0(#501~ #503是4轴零点在机床坐标中的X、Y、Z轴坐标)
#502=0
#503=0
#11=#2+#1
#24=#24+#21
#25=#25+#22
#26=#26+#23
#33=#26*COS[-#11]-#24*SIN[-#11]
#31=#26*SIN[-#11]+#24*COS[-#11]
#31=#31+#501
#32=#25+#502
#33=#33+#503
G10 L2 P#17  X#31 Y#32  Z#33 B#11
M99
```

调用方法：G65 P9015 Q　A　B　X　Y　Z　U　V　W。

注释：

Q 为设置的坐标系，1 对应 G54，2 对应 G55……依次类推。

A 为初始 *B* 轴坐标。

B 为 *B* 轴旋转角度。

X 为零件上加工点相对于编程零点的 *X* 坐标（图 3-310）。

Y 为零件上加工点相对于编程零点的 *Y* 坐标。

Z 为零件上加工点相对于编程零点的 *Z* 坐标。

U 为编程零点相对于 4 轴零点的 *X* 坐标（图 3-309）。

V 为编程零点相对于 4 轴零点的 *Y* 坐标。

W 为编程零点相对于 4 轴零点的 *Z* 坐标。

② 为了便于说明，按照视图把加工面划分为 1#、2#、3#、4# 加工面，编程零点在 $\phi6$ 孔口中心点（图 3-311）。

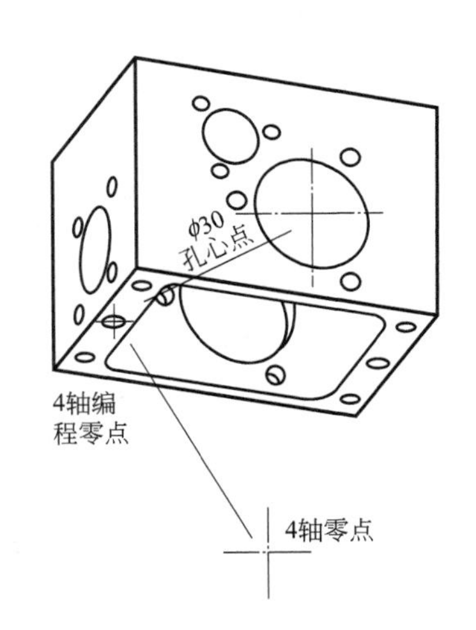

图 3-310　编程零点相对于 4 轴零点的坐标

(2) 在 1# 加工面创建 G54 坐标系

① 第一步：坐标系从“编程零点”平移 *X*42 *Y*23 *Z*30 到“$\phi30$ 孔心”（图 3-312、图 3-313）。

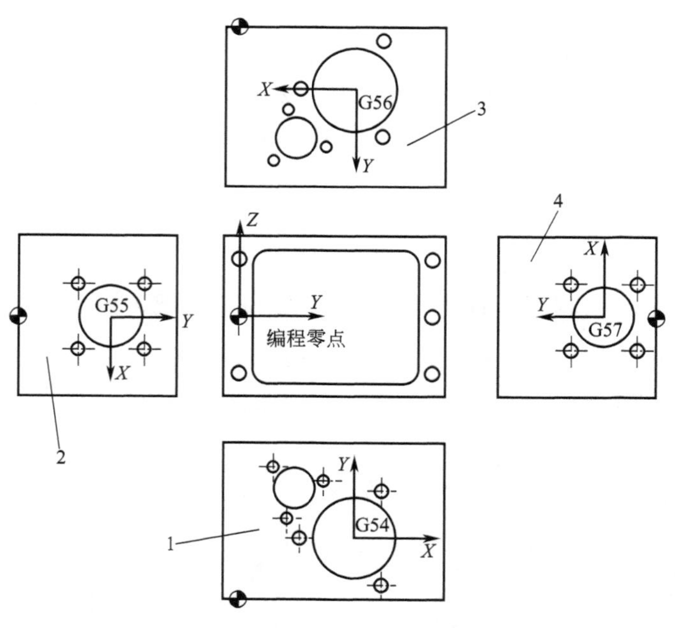

图 3-311　加工面划分

1—1＃加工面，以 ϕ30 孔心为零点建立工件坐标系 G54；2—2＃加工面，以 ϕ22 孔心为零点建立工件坐标系 G55；3—3＃加工面，以 ϕ30 孔心为零点建立工件坐标系 G56；4—4＃加工面，以 ϕ22 孔心为零点建立工件坐标系 G57

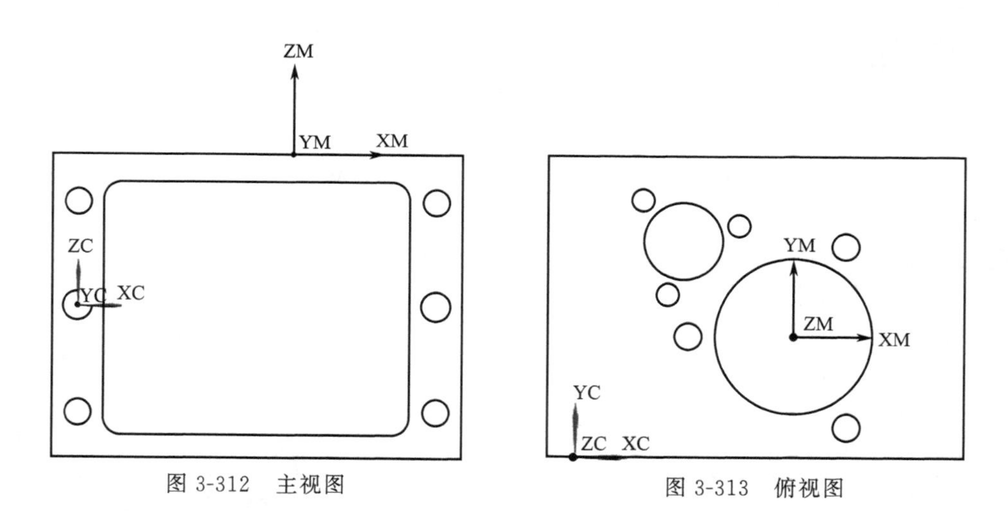

图 3-312　主视图　　　　图 3-313　俯视图

② 第二步：旋转 B 轴，让被加工面和主轴垂直，旋转后，B 轴坐标为 $B0$。

③ 在 $B0$ 位置，工件在机床中的位置见图 3-314。

④ 使用用户宏程序创建 G54 坐标系，创建后的坐标系见图 3-315。

程序：G65 P9015 Q1 A0 B0 X42 Y23 Z30 U-35 V230 W0。

（3）在 2＃加工面创建 G55 坐标系

① 第一步：坐标系从“编程零点”平移 $X75$ $Y34$ $Z0$ 到“ϕ22 孔心”（图 3-316）。

② 第二步：旋转 B 轴，让被加工面和主轴垂直（图 3-317）。旋转后，B 轴坐标为 $B90$。

③ 在 $B90$ 位置，工件在机床中的位置见图 3-318。

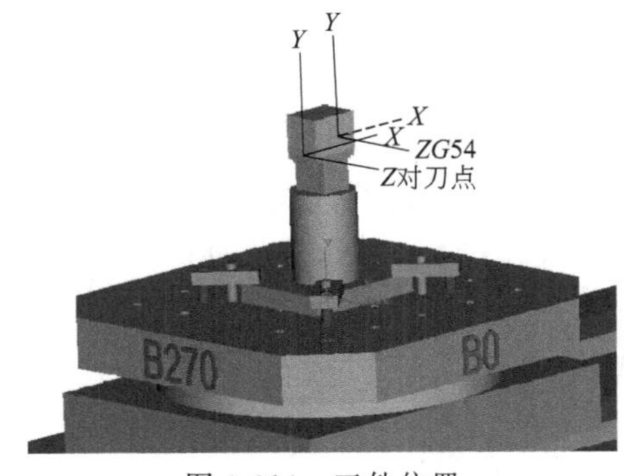

图 3-314　工件位置

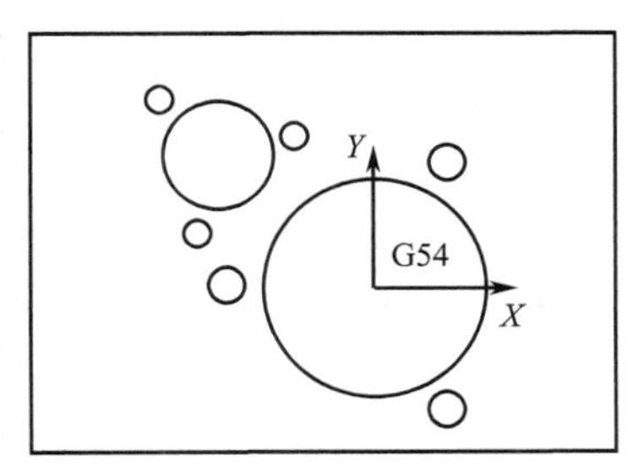

图 3-315　G54 坐标系

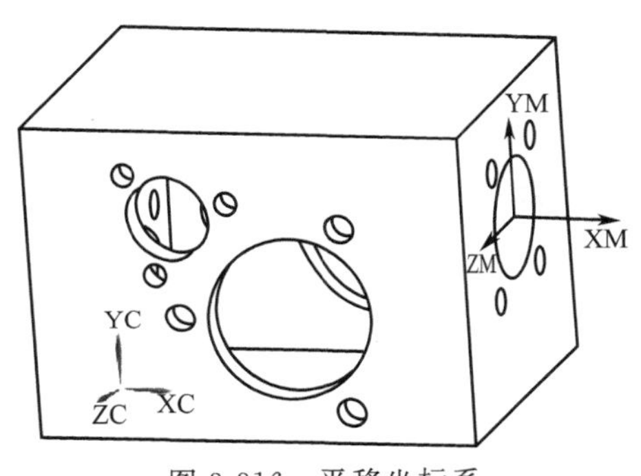

图 3-316　平移坐标系

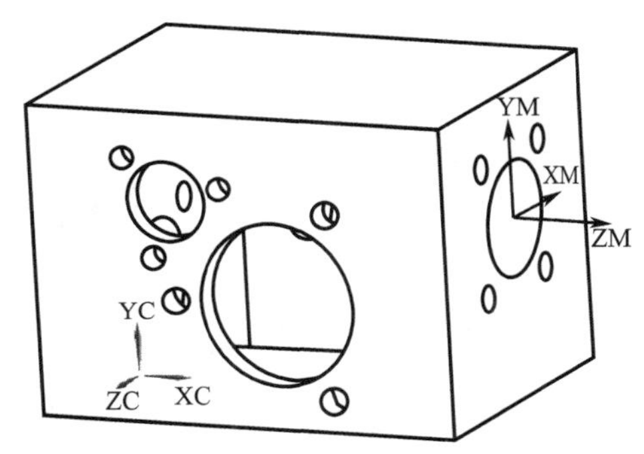

图 3-317　旋转 B 轴

④ 使用用户宏程序创建 G55 坐标系，创建后的坐标系见图 3-319。

程序：G65 P9015 Q2 A0 B90 X75 Y34 Z0 U-35 V230 W0。

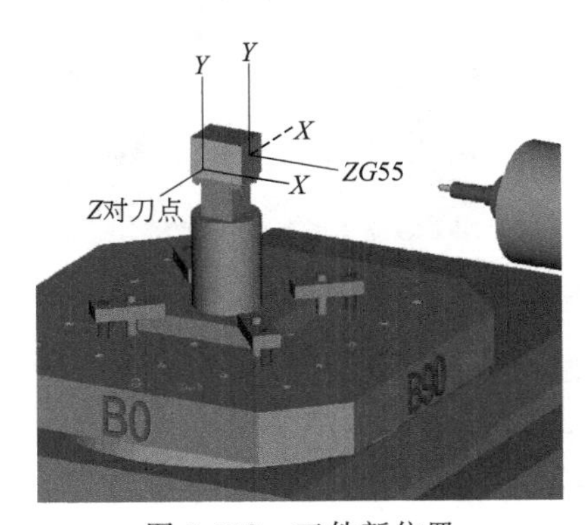

图 3-318　工件新位置

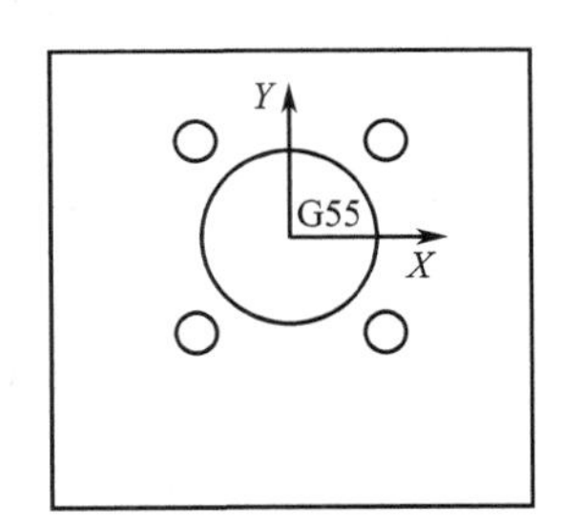

图 3-319　G55 坐标系

附件：G55 设置过程录像，D:\v7\4x_wo\案例 8-箱体 \ 录像 2-卧加. mp4。

(4) 在 3＃加工面创建 G56 坐标系

① 第一步：坐标系从“编程零点”平移 $X42$ $Y23$ $Z-30$ 到“$\phi30$ 孔心”（图 3-320）。

② 第二步：旋转 B 轴，让被加工面和主轴垂直（图 3-321）。旋转后，B 轴坐标为 $B180$。

③ 在 $B180$ 位置，工件在机床中的位置，见图 3-322。

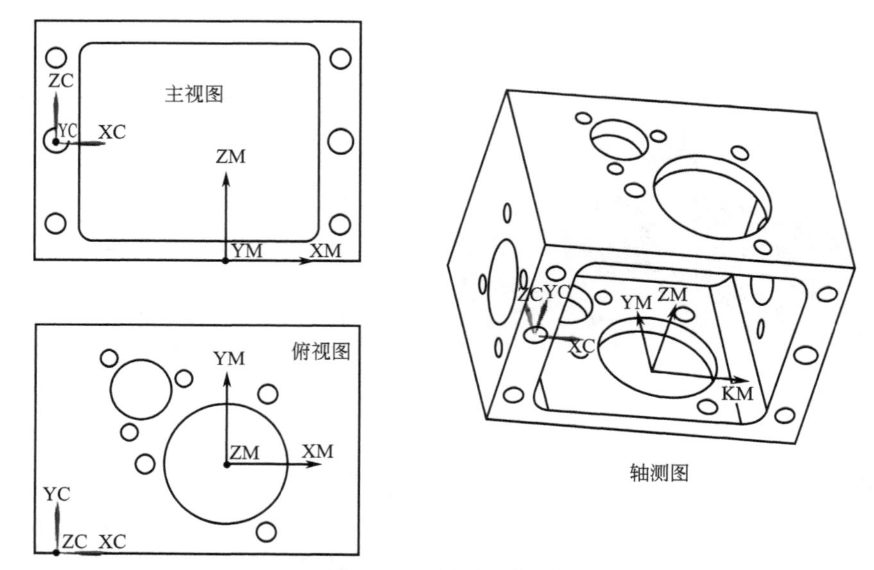

图 3-320 平移坐标系

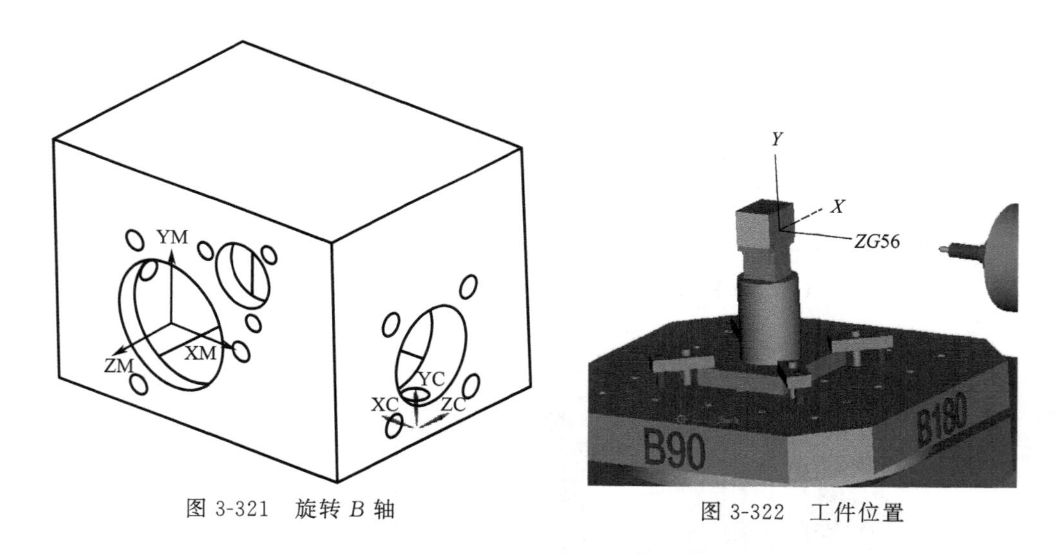

图 3-321 旋转 B 轴

图 3-322 工件位置

④ 使用用户宏程序创建 G56 坐标系，创建后的坐标系见图 3-323。

程序：G65 P9015 Q3 A0 B180 X42 Y23 Z-30 U-35 V230 W0。

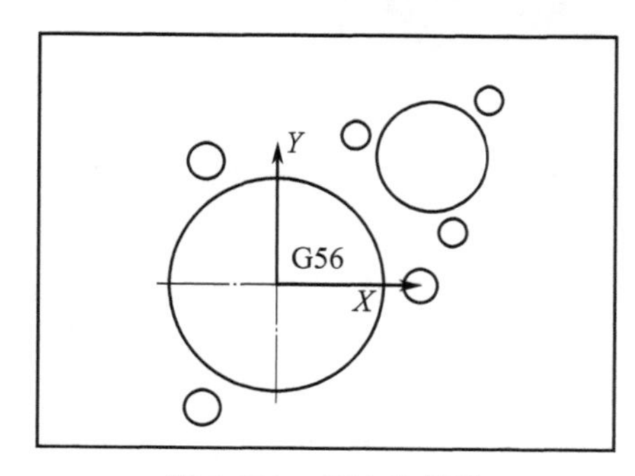

图 3-323 G56 坐标系

（5）在 4＃加工面创建 G57 坐标

① 第一步：坐标系从“编程零点”平移 *X*－5 *Y*19 *Z*0 到“ϕ22 孔心”（图 3-324）。

② 第二步：旋转 *B* 轴，让被加工面和主轴垂直（图 3-325）。旋转后，*B* 轴坐标为 *B*270。

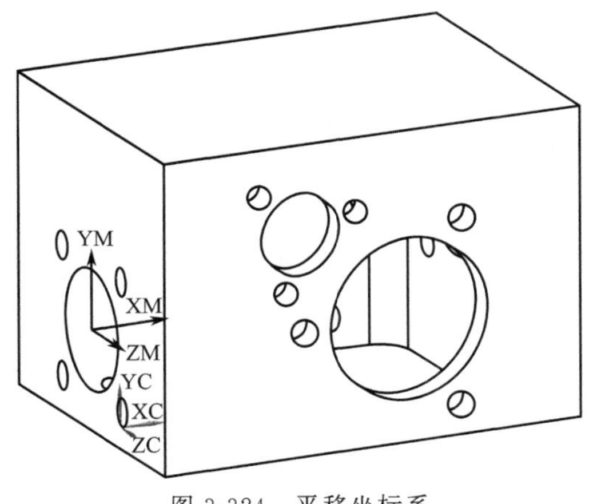

图 3-324　平移坐标系

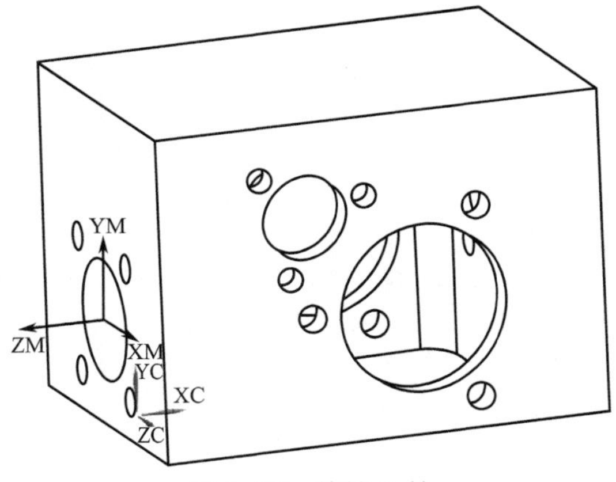

图 3-325　旋转 *B* 轴

③ 在 *B*270 位置，工件在机床中的位置，见图 3-326。

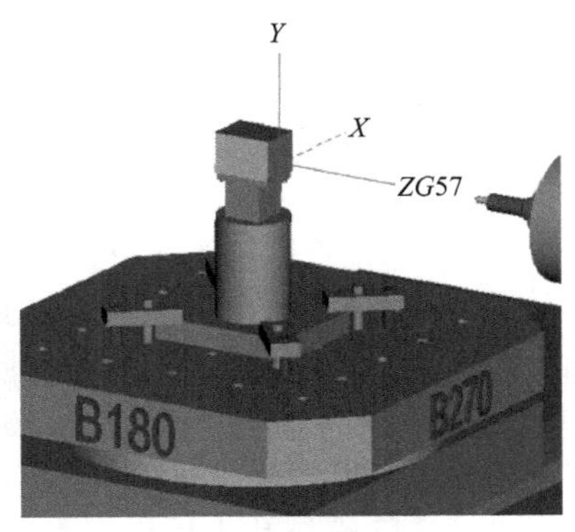

图 3-326　工件位置

④ 使用用户宏程序创建 G57 坐标系，创建后的坐标系见图 3-327。

程序：G65 P9015 Q4 A0 B270 X-5 Y19 Z0 U-35 V230 W0。

（6）计算 G54 坐标系下加工面所有孔的孔心坐标（图 3-328）。

① ϕ30 孔心坐标：*X*0 *Y*0

ϕ15 孔心坐标：*X*－21.448 *Y*18。

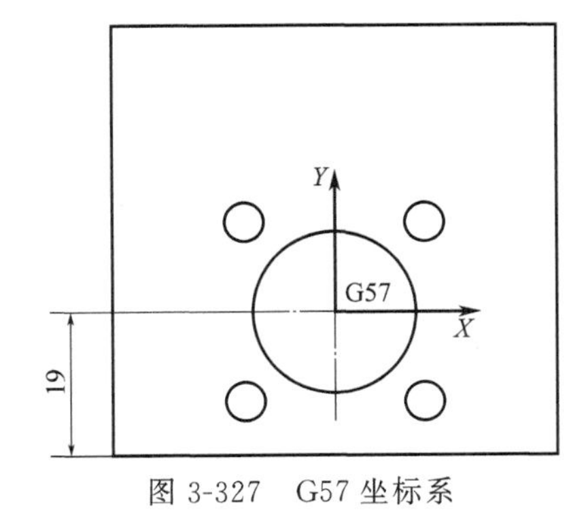

图 3-327　G57 坐标系

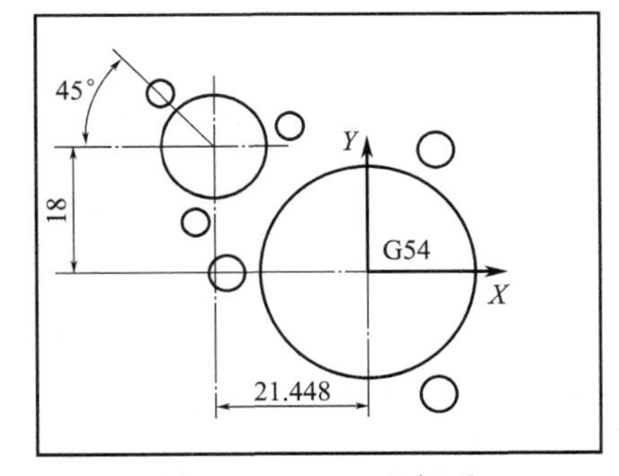

图 3-328　G54 坐标系

② 3 个 M5 螺纹孔坐标，用宏程序 O9011 计算：

```
G65 P9011 X-21.448 Y18 D22 A135 B120 K3
```

③ 3 个 M6 螺纹孔坐标，用宏程序 O9011 计算：

```
G65 P9011 X0 Y0 D40 A180 B120 K3
```

④ 计算分度圆孔心坐标的用户宏程序：

```
O9011
#32=1
#33=#7/2
WHILE [ #32 LE #6 ]  DO1
    #41=#24+#33*COS[#1]
    #42=#25+#33*SIN[#1]
    X#41 Y#42
    #1=#1+#2
    #32=#32+1
  END1
M99
```

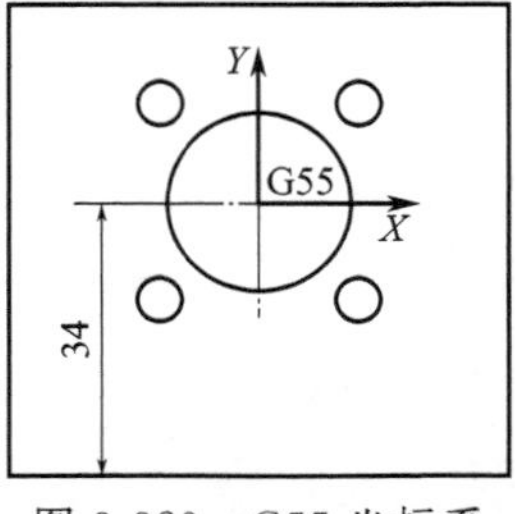

图 3-329　G55 坐标系

用户宏程序调用格式：G65 P9011 X　Y　D　A　B　K。

用户宏程序调用说明：XY，圆心坐标（分度圆）；D，分度圆直径；A，初始孔角度；B，分度角；K，孔个数。

（7）计算 G55 坐标系下加工面所有孔的孔心坐标（图 3-329）

① ϕ22 孔心坐标：X0 Y0。

② 4 个 M6 螺纹孔坐标：*X*12　*Y*12；*X*－12　*Y*12；*X*－12　*Y*－12；*X*12　*Y*－12。

（8）计算 G56 坐标系下加工面所有孔的孔心坐标（图 3-330）。

① ϕ30 孔心坐标：*X*0 *Y*0。

ϕ15 孔心坐标：*X*18 *Y*21.448。

② 3 个 M5 螺纹孔坐标用宏程序 O9011 计算：

```
G65 P9011 X21.448 Y18 D22 A45 B120 K3
```

③ 3 个 M6 螺纹孔坐标用宏程序 O9011 计算：

```
G65 P9011 X0 Y0 D40 A0 B120 K3
```

（9）计算 G57 坐标系下加工面所有孔的孔心坐标（图 3-331）。

① ϕ22 孔心坐标：*X*0 *Y*0。

② 4 个 M6 螺纹孔坐标：*X*12 *Y*12；*X*－12 *Y*12；*X*－12 *Y*－12；*X*12 *Y*－12。

（10）铣 4 面的程序

```
M6 T1
M3 S1200
G90 G54 G00 X-85 Y6 B0
```

```
G43 H1 Z100
Z0
G01 X65 F500
G00 Z100
G90 G55 G00 X-65 Y-5 B0
Z0
G01 X65
G00 Z100
G90 G56 G00 X-85 Y6 B0
Z0
G01 X65
G00 Z100
G90 G57 G00 X-65 Y10 B0
Z0
G01 X65
G00 Z300
```

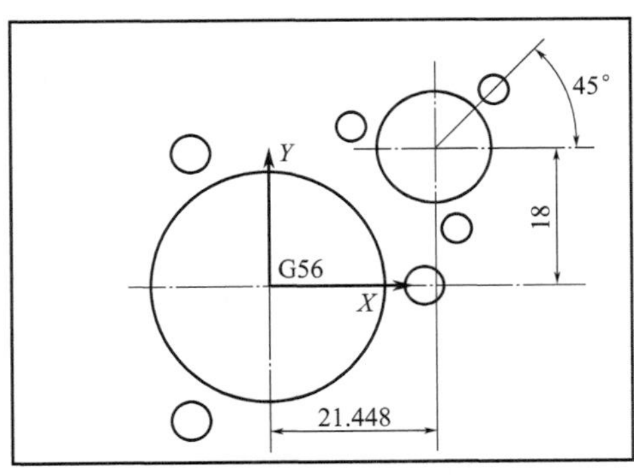

图 3-330　G56 坐标系

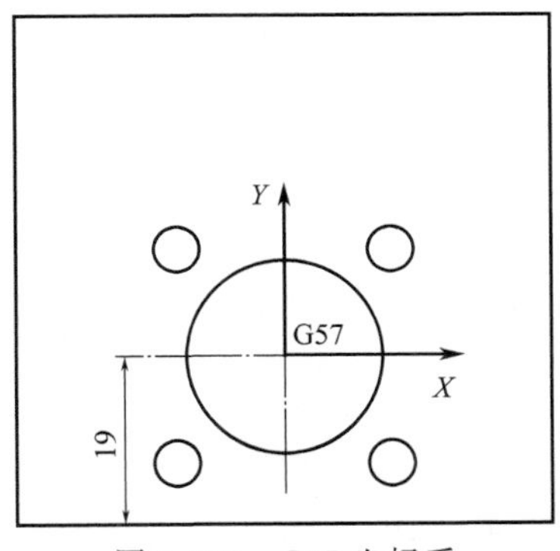

图 3-331　G57 坐标系

(11) 定心钻钻孔程序

```
M6 T3( DING XIN ZUAN )
M3 S1200
G90 G54 G00 X0 Y0 B0
G43 H3 Z100
G81 G99 Z-1 F100 R5 L1
X-21. 448 Y18
G65 P9011 X-21. 448 Y18 D22 A135 B120 K3
G65 P9011 X0 Y0 D40 A180 B120 K3
G80 Z300
G90 G55 G00 X0 Y0 B0
Z100
G81 G99 Z-1 R5
```

```
X12 Y12
X-12 Y12
X-12 Y-12
X12 Y-12
G80 Z300
G90 G56 G00 X0 Y0 B0
Z100
G81 G99 Z-1 R5
X21. 448 Y18
G65 P9011 X21. 448 Y18 D22 A45 B120 K3
G65 P9011 X0 Y0 D40 A0 B120 K3
G80 Z300
G90 G57 G00 X0 Y0 B0
Z100
G81 G99 Z-1 R5
X12 Y12
X-12 Y12
X-12 Y-12
X12 Y-12
G80 Z300
```

（12）预钻孔程序

```
M6 T4  (D12 YU ZUAN)
M3 S800
G90 G54 G00 X0 Y0 B0
G43 H4 Z100
G81 G99 Z-10 R5 F100
X-21. 448 Y18
G80 Z300
G90 G55 G00 X0 Y0 B0
Z100
G81 G99 Z-15 R5
G80 Z300
G90 G56 G00 X0 Y0 B0
Z100
G81 G99 Z-10 R5
X21. 448 Y18
G80 Z300
G90 G57 G00 X0 Y0 B0
Z100
G81 G99 Z-15 R5
G80 Z300
```

(13) 使用"用户宏程序"扩孔 $\phi30$、$\phi22$、$\phi15$ 程序

① 主程序内容：

```
T2 M6  (D10 KUO KONG)
M3 S2000
G90 G54 G00 X0 Y0 B0
G43 H2 Z100
G65 P9012 X0 Y0 Z-12 D29.7 T10 K2
G65 P9012 X-21.448 Y18Z-12 D14.7 T10 K2
G00 Z300
G90 G55 G00 X0 Y0 B0
Z100
G65 P9012 X0 Y0 Z-10 D21.7 T10 K2
G00 Z300
G90 G56 G00 X0 Y0 B0
Z100
G65 P9012 X0 Y0 Z-10 D29.7 T10 K2
G65 P9012 X21.448 Y18Z-12 D14.7 T10 K2
G00 Z300
G90 G57 G00 X0 Y0 B0
Z100
G65 P9012 X0 Y0 Z-12 D21.7 T10 K2
G00 Z300
```

②"平面螺旋扩孔"用户宏程序：

```
O9012
O9012
＃23=＃5043
＃22=＃4109
IF [＃9 EQ ＃0] THEN ＃9=＃22
IF [＃8 EQ ＃0] THEN ＃8=＃9
IF [＃26 EQ ＃0] GOTO 200
IF [＃7 EQ ＃0] GOTO 200
IF [＃20 EQ ＃0] GOTO 200
IF [＃6 EQ ＃0] GOTO 200
IF [＃9 EQ ＃0] GOTO 200
＃11=[＃3-＃20]/2
＃12=[＃7-＃20]/2
IF [ ＃11 LT 0 ] THEN ＃11=0
IF [＃11 GE ＃12] GOTO 100
G00 X＃24 Y＃25
G00 Z＃18
G01 Z＃26 F＃8
```

```
F#9
#1=#11+#6
WHILE [#1 LT #12 ] DO1
G03 X[#1+#24] I[#1-0.5*#6]
G03 X[-#1+#24] I-#1
#1=#1+#6
END1
IF [#1 GT #12] GOTO10
G03 X[#1+#24] I[#1-0.5*#6]
G03 I-#1
G00 Z#23
GOTO100
N10
#13=[#1-#6+# 12]/2
G03 X[#12+#24] I#13
G03 I-#12
G00 Z#23
N100 GOTO300
N200
#3000=119(NO:DEPTH-DIAMITER-KUAN-FEED)
N300
M99
%
```

③“平面螺旋扩孔”用户宏程序调用格式：

```
G65 P9012  X_  Y_  Z_  R_  C_  D_  T_  K_  E_  F_
必填参数(省略或填写错误,程序会拒绝加工并报警):
Z(孔深);D(孔直径);T(刀直径);K(切削宽度)。
选填参数:
X(孔心坐标);Y(孔心坐标);C(底孔直径);R(初始 Z 坐标);E(从 R 点下刀的进给速度);F(切削速度);
提示:
XY 默认当前位置为孔心;C 默认底孔直径 0;R 默认为 0;E 默认为 F;F 默认为系统初始进给速度。
```

（14）精镗 ϕ30 孔程序

```
T7 M6(D30 JING TANG)
M3 S2000
G90 G54 G00 X0 Y0 B0
G43 H7 Z100
G85 G98 Z-10 R5 F80
G80 Z300
G90 G56 G00 X0 Y0 B0
Z100
G85 G98 Z-10 R5 F80
G80 Z300
```

(15) 精镗 ϕ22 孔程序

```
T8 M6 (D22 JING TANG)
M3 S2000
G90 G55 G00 X0 Y0 B0
G43 H8 Z100
G85 G98 Z-15 R5 F80
G80 Z300
G90 G57 G00 X0 Y0 B0
Z100
G85 G98 Z-15 R5 F80
G80 Z300
```

(16) 精镗 ϕ15 孔程序

```
T9 M6( D15 JING TANG )
M3 S2000
G90 G54 G00 X-21.448 Y18 B0
G43 H9 Z100
G85 G98 Z-10 R5 F80
G80 Z300
G90 G56 G00 X21.448 Y18 B0
Z100
G85 G98 Z-10 R5 F80
G80 Z300
```

(17) 钻 M6 底孔程序

```
M6 T6(Z5 ZUAN KONG)
M3 S1200
G90 G54 G00 X0 Y0 B0
G43 H6 Z100
G73 G99 Z-10 Q1 R5 F100 L0
G65 P9011 X0 Y0 D40 A180 B120 K3
G80 Z300
G90 G55 G00 X0 Y0 B0
Z100
G73 G99 Z-15 Q1 R5 L0
X12  Y12
X-12  Y12
X-12  Y-12
X12  Y-12
G80 Z300
G90 G56 G00 X0 Y0 B0
Z100
```

```
G73 G99 Z-12 Q1 R5 L0
G65 P9011 X0 Y0 D40 A0 B120 K3
G80 Z300
G90 G57 G00 X0 Y0 B0
Z100
G73 G99 Z-15 Q1 R5 L0
X12  Y12
X-12  Y12
X-12  Y-12
X12  Y-12
G80 Z300
```

(18) 钻 M5 底孔程序

```
M6 T5(Z4.2 ZUAN KONG)
M3 S1500
G90 G54 G00 X0 Y0 B0
G43 H5 Z100
G73 G99 Z-15 Q1 R5 F100 L0
G65 P9011 X-21.448 Y18 D22 A135 B120 K3
G80 Z300
G90 G56 G00 X0 Y0 B0
Z100
G73 G99 Z-15 Q1 R5 L0
G65 P9011 X21.448 Y18 D22 A45 B120 K3
G80 Z300
```

(19) 铣 M6 螺纹孔程序

① 主程序：

```
M6 T11(M6 XI DAO)
M3 S3000
G90 G54 G00 X0 Y0 B0
G43 H11 Z100
G66 P9013 Z-12 R5 Q1 T4.6 D6 E98 F200
G65 P9011 X0 Y0 D40 A180 B120 K3
G67
G00 Z300
G90 G55 G00 X0 Y0 B0
Z100
G66 P9013 Z-12 R5 Q1 T4.6 D6 E98
X12  Y12
X-12  Y12
X-12  Y-12
```

```
X12  Y-12
G67
G00 Z300
G90 G56 G00 X0 Y0 B0
Z100
G66 P9013 Z-12 R5 Q1 T4.6 D6 E98
G65 P9011 X0 Y0 D40 A0 B120 K3
G67
G00 Z300
G90 G57 G00 X0 Y0 B0
Z100
G66 P9013 Z-12 R5 Q1 T4.6 D6 E98
X12  Y12
X-12  Y12
X-12  Y-12
X12  Y-12
G67
G00 Z300
```

② 铣螺纹用户程序：

```
O9013
#12=#5043
G90
G00 X#24 Y#25
Z#18
#2=[#7-#20]/2
#1=#18-#17
G91 G01 Y-#2 F#9
WHILE [ #1 GE #26 ]  DO1
    G90  G03 J#2 Z#1
    #1=#1-#17
END1
G91 G01 Y#2
IF[#8 EQ 99 ] THEN #11=#18
IF [#8 EQ 98 ] THEN #11=#12
G90 G00 Z#11
M99
```

③ 铣螺纹用户程序调用格式：

```
G65 P9013 X Y Z R Q T D E F
```

注释：XY，孔心坐标；Z，孔深；R，初始 *Z*；Q，螺距；T，刀直径；D，螺纹直径；E，98 返回初始平面/99 返回 *R* 点；F，切削速度。

(20) 铣 M5 螺纹孔程序

```
M6 T12 (M5 XI DAO)
M3 S1500
G90 G54 G00 X0 Y0 B0
G43 H12 Z100
G66 P9013 Z-12 R5 Q1 T4.0 D5 E98
G65 P9011 X-21.448 Y18 D22 A135 B120 K3
G67
G00 Z300
G90 G56 G00 X0 Y0 B0
Z100
G66 P9013 Z-12 R5 Q1 T4.0 D5 E98
G65 P9011 X21.448 Y18 D22 A45 B120 K3
G67
G00 Z300
```

(21) 孔口倒角程序

```
T13 M6(KONG DAO JIAO)
M3 S3000
G90 G54 G00 X0 Y0 B0
G43 H13 Z100
Z5
G01 Z-2.5 F300
Y-13
G03 J13
G00 Z5
G00 X-21.448 Y18
G01 Z-2.5
G91 G01 Y-5.5
G90 G03 J5.5
G00 Z300
G90 G55 G00 X0 Y0 B0
Z100
G01 Z-2.5
Y-9
G03 J9
G00 Z300
G90 G56 G00 X0 Y0 B0
Z100
Z5
G01 Z-2.5
Y-13
G03 J13
G00 Z5
G00 X21.448 Y18
G01 Z-2.5
G91 G01 Y-5.5
G90 G03 J5.5
```

```
G00 Z300
G90 G57 G00 X0 Y0 B0
Z100
G01 Z-2.5
Y-9
G03 J9
G00 Z300
```

（22）M6、M5 螺纹孔倒角程序

```
M6 T3
M3 S1200
G90 G54 G00 X0 Y0 B0
G43 H3 Z100
G81 G99 Z-2.7 F100 R5 L0
G65 P9011 X-21.448 Y18 D22 A135 B120 K3
G81 G99 Z-3.2 R5 L0
G65 P9011 X0 Y0 D40 A180 B120 K3
G80 Z300
G90 G55 G00 X0 Y0 B0
Z100
G81 G99 Z-3.2 R5 L0
X12  Y12
X-12  Y12
X-12  Y-12
X12  Y-12
G80 Z300
G90 G56 G00 X0 Y0 B0
Z100
G81 G99 Z-2.7R5 L0
G65 P9011 X21.448 Y18 D22 A45 B120 K3
G81 G99 Z-3.2 R5 L0
G65 P9011 X0 Y0 D40 A0 B120 K3
G80 Z300
G90 G57 G00 X0 Y0 B0
Z100
G81 G99 Z-3.2 R5 L0
X12  Y12
X-12  Y12
X-12  Y-12
X12  Y-12
G80 Z300
```

3.8.4　加工仿真

（1）创建项目

① 打开项目 D:\v7\4x_wo\案例 8-箱体 \ 案例 8.vcproject。

② 检查刀具。

③ 检查程序，见图 3-332。

（2）工序 2 的加工仿真

单击播放键，观察零件的加工过程，见图 3-333。

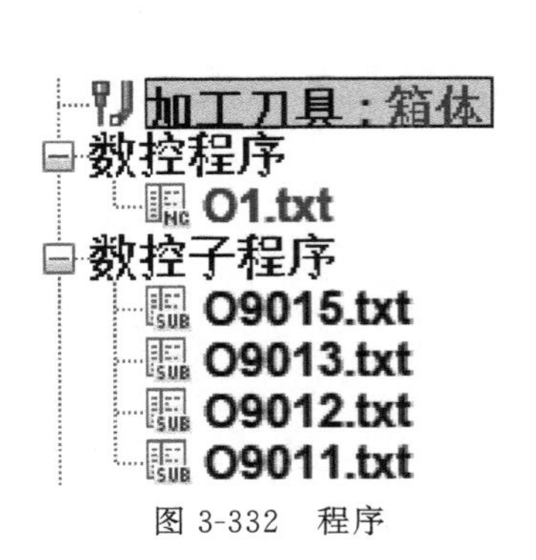

图 3-332　程序

图 3-333　加工仿真

（3）保存加工项目

3.8.5　体验“3+2 定位加工”仿真

（1）打开项目

① 打开项目 D:\v7\4x_wo\案例 8-箱体\案例 8.vcproject。

② 另存项目为 D:\v7\4x_wo\案例 8-箱体\案例 8 移动工装.vcproject。

（2）平移工装及毛坯

① 打开项目 D:\v7\4x_wo\案例 8-箱体\案例 8 移动工装.vcproject。

② 平移工装夹具。

在工作台上沿三个坐标轴移动毛坯、工装，移动距离为 X100 Y0 Z50，结果如图 3-334。

【提示】 不要大幅度移动毛坯，可能会造成程序中的退刀距离不够，导致刀柄和毛坯、机床发生干涉，或导致超程，修改过程一定要符合实际情况。

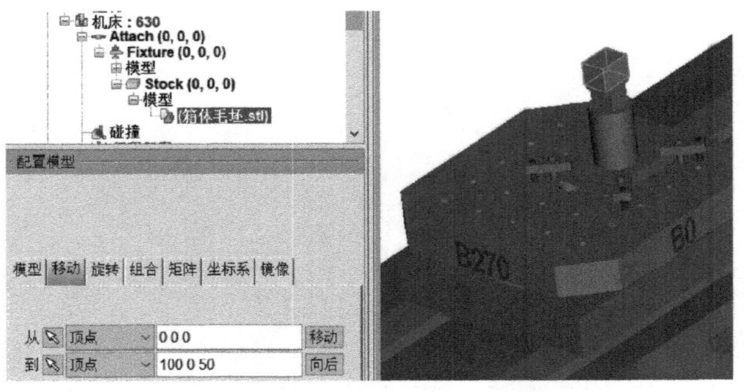

图 3-334　平移工装夹具

（3）修改主程序

① 因为工装移动后，只有“编程零点”发生了变化，因此只需修改“编程零点相对于 4 轴零点”的坐标即可。原对刀点（编程零点）相对于 4 轴零点的坐标为 X-35 Y230 Z0，现在平移 X100 Y0 Z50 后，对刀点相对于 4 轴零点的坐标变为 X65 Y230 Z50。

② 打开主程序 O1，另存为 O2，修改 O2 如下：

```
O2
G65 P9015 Q1 A0 B0      X42 Y23 Z30     U65 V230 W50
G65 P9015 Q2 A0 B90     X75 Y34 Z0      U65 V230 W50
G65 P9015 Q3 A0 B180    X42 Y23 Z-30    U65 V230 W50
G65 P9015 Q4 A0 B270    X-5 Y19 Z0      U65 V230 W50
```

【提示】 只修改了 U V W，用于重新定义工件坐标系 G54～G57。

③ 用主程序 O2 替代原主程序 O1。

④ 单击播放键，观察零件的加工过程。

3.9 案例 9　螺旋槽

3.9.1 零件加工工艺

（1）零件分析

① 图 3-335 为螺旋槽的零件图，螺距 12，圈数 3。图 3-336 为毛坯图，零件材料：2A12。

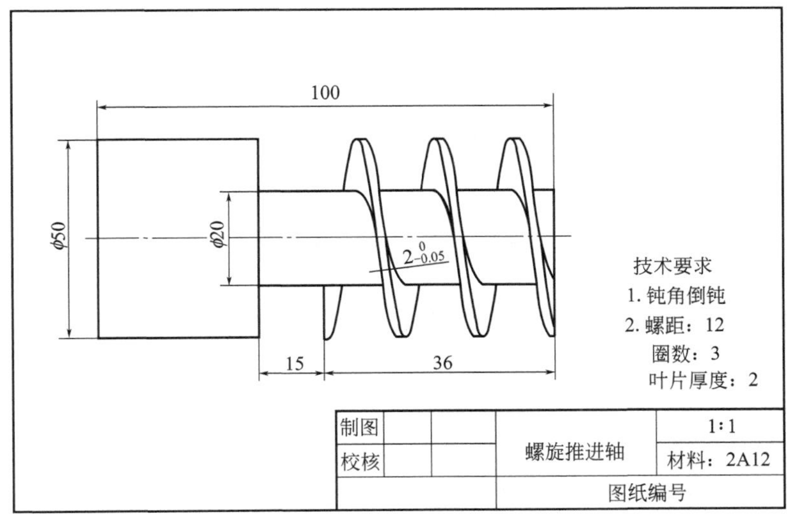

图 3-335　零件图

② 工艺方案一　采用传统的 Z 向分层加工开粗，编程方式可采取手工编程或 CAM 编程。

a. 工艺优点：程序简单。

b. 工艺缺点：粗加工时，由于刀具中心底刃参与了切削，会产生较大的轴向抗力，降低了工艺系统的刚性，且加速了刀具的磨损。

③ 工艺方案二　采用摆线切削，实现高效粗加工。编程方式采用手工编程或混合编程。

a. 工艺优点：粗加工时，刀具底刃不参与切削。

b. 工艺缺点：编程较复杂。

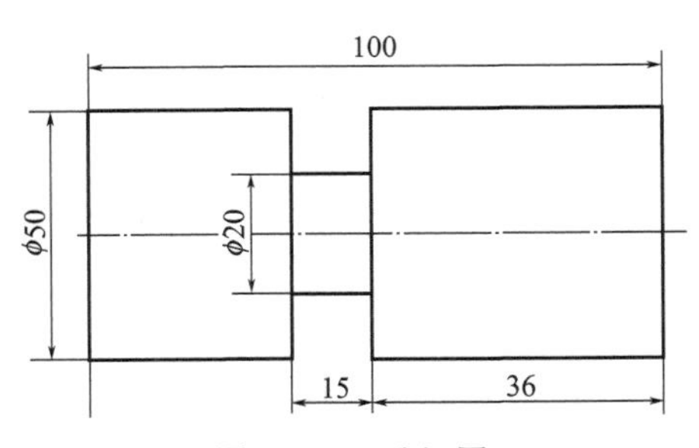

图 3-336　毛坯图

（2）工件装夹

夹具采用三爪卡盘，夹持毛坯 $\phi 50$ 圆柱部位，夹持长度大约 35mm（图 3-337）。

（3）刀具选择

T1：$\phi 8$ 铣刀。

T2：$\phi 6$ 铣刀。

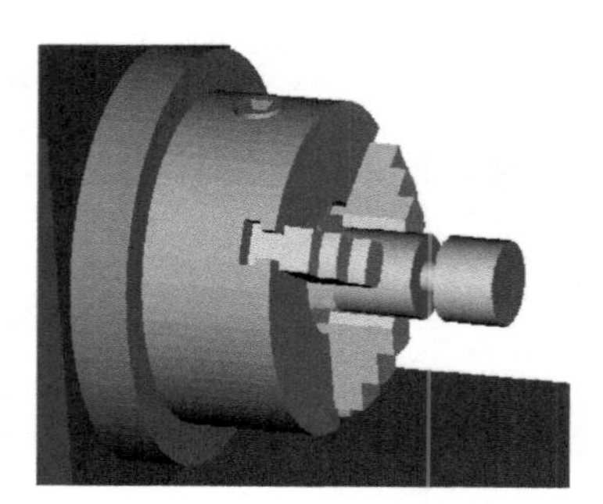

图 3-337　三爪卡盘

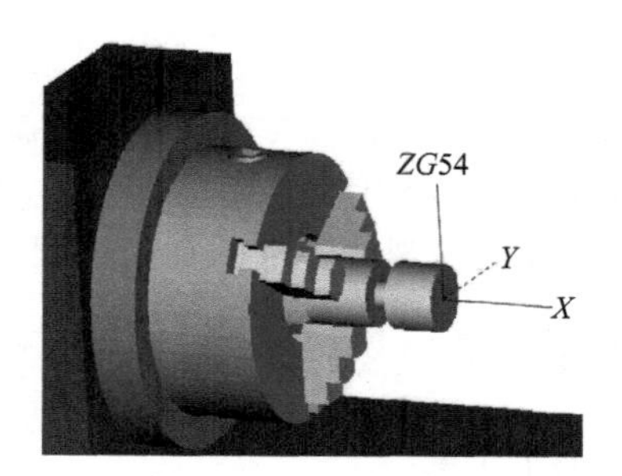

图 3-338　工件零点

3.9.2 对刀

本案例采用相对对刀。工件零点设在工件端面和 4 轴轴线的交点，见图 3-338，并存储在 G54 坐标偏置中。

（1）测量工件零点

使用寻边器测得工件零点的 X、Y 轴偏置，并输入 G54 坐标偏置中。

（2）测量刀具长度

① 把工作台表面作为对刀平面。

② 测量工作台表面相对 4 轴回转中心的距离，实测距离为 150mm。

③ 在 G54 坐标偏置中输入 $Z150$。

④ 在工作台表面采用 Z 轴对刀仪，依次测量所有刀具。

3.9.3 工艺方案一（UG 编程）

（1）完成零件造型

① 绘制草图，见图 3-339。

② 绘制螺旋线，见图 3-340。

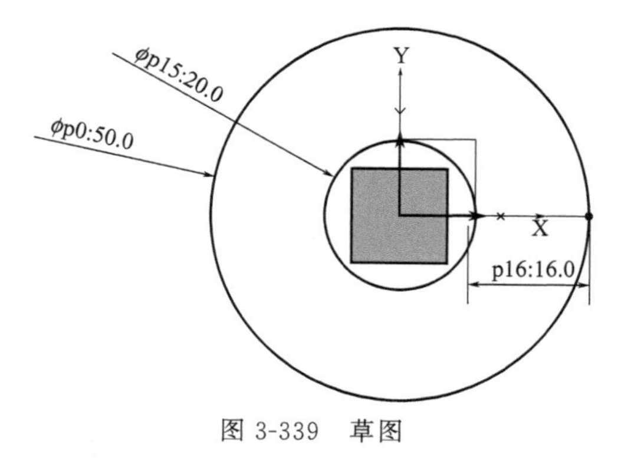

图 3-339　草图

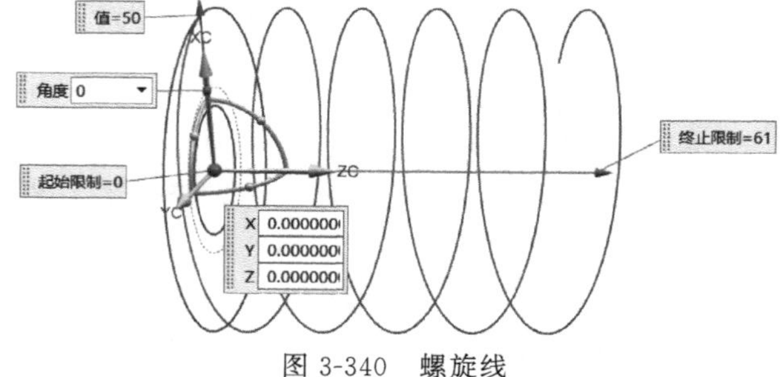

图 3-340　螺旋线

③ 扫掠曲面，见图 3-341。

④ 曲面增厚成实体，见图 3-342。

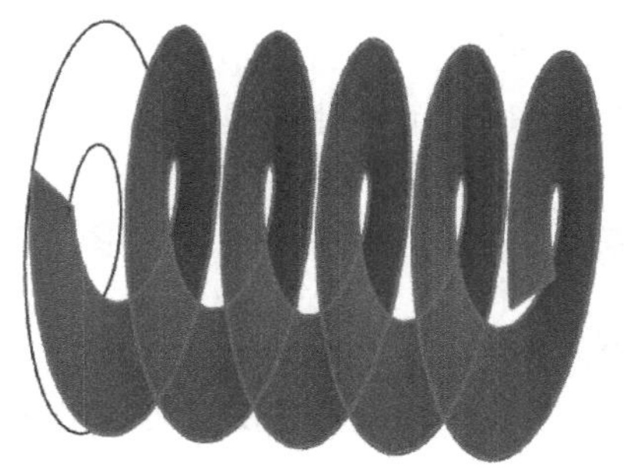
图 3-341　扫掠曲面

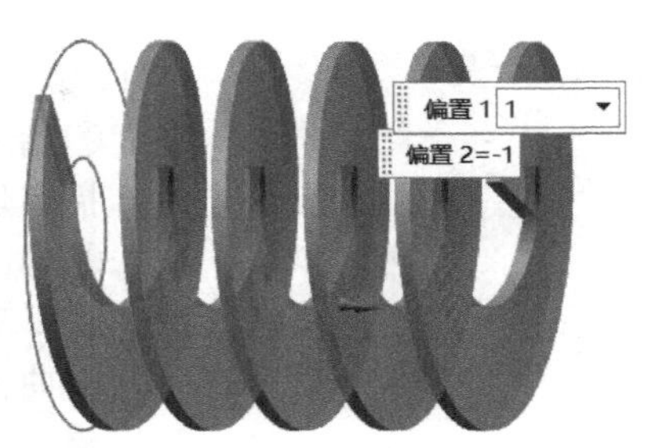

图 3-342　曲面增厚

⑤ 修剪实体，保证总长 46mm，比实际零件两端各长 5mm，见图 3-343。

⑥ 拉伸增料 ϕ20 圆柱，长度 110，方便粗加工编程。拉伸增料 ϕ50 圆柱，见图 3-344。

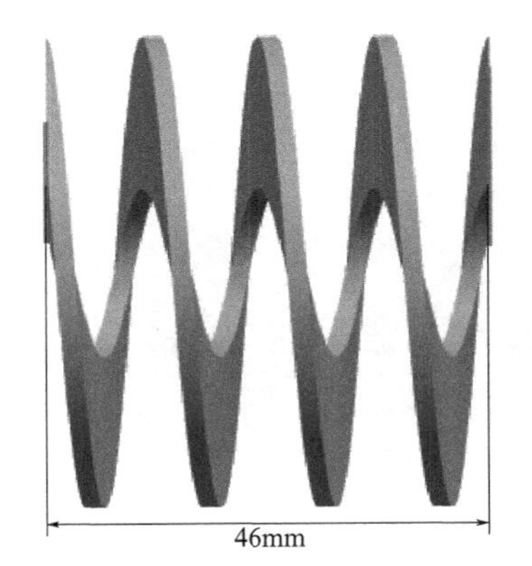

图 3-343　修剪实体

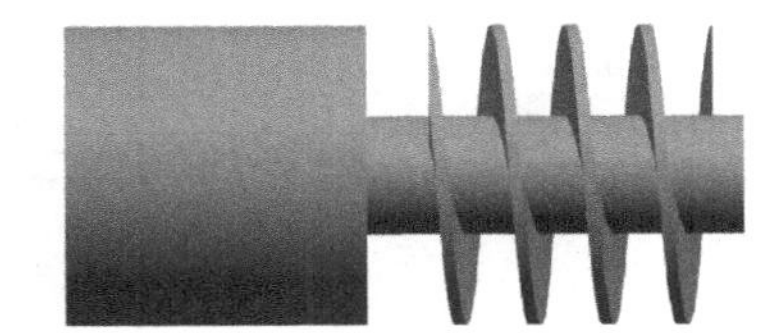
图 3-344　拉伸增料

⑦ 做一辅助面，并适当修剪后，用于粗加工，保证开粗后，叶片两边余量均匀。隐藏 2mm 厚的叶片后，辅助面见图 3-345。

(2) 设置加工坐标系

① 进入加工模块，在加工环境中选择“多轴铣加工”。

② 加工坐标系的零点设在工件表面和 4 轴轴线的交点，保证 X 轴和 A 轴轴线一致，见图 3-346。

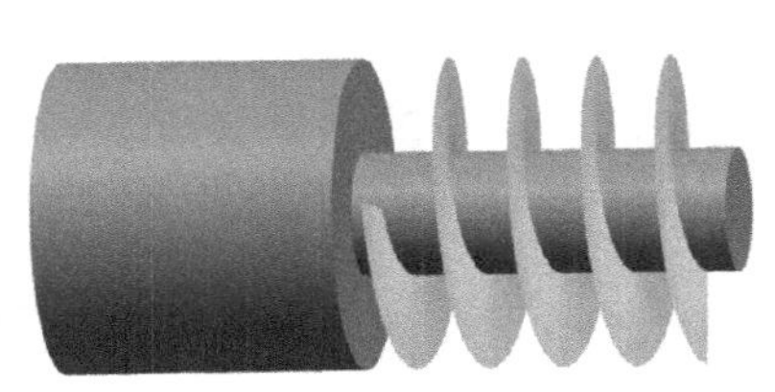
图 3-345　辅助面

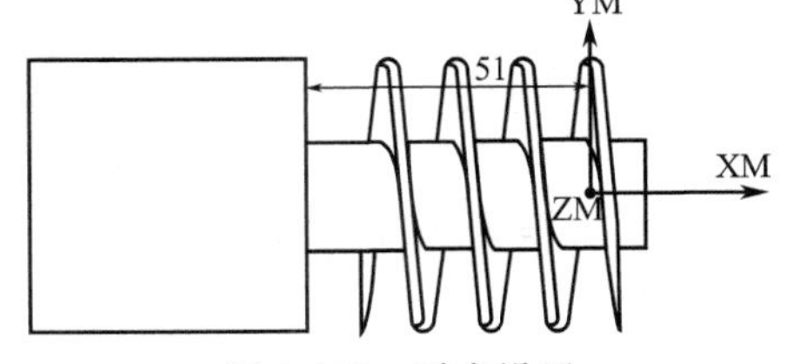

图 3-346　零点设置

③ 细节设置　设置为主加工坐标系 G54（对应装夹偏置 1），见图 3-347。

(3) 创建刀具

在刀具视图下，创建 ϕ8 铣刀“T1”、ϕ6 铣刀“T2”。依次为每一把刀具设置参数。

(4) 粗加工螺旋槽

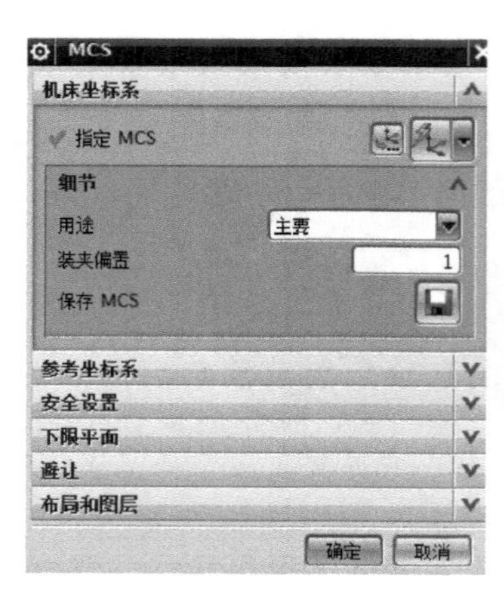

图 3-347　设置坐标系

① 在几何体视图下，创建“可变轴铣”操作，刀具选择“T1”，几何体选择“WORKPIECE”，名称选择“O1CU”。单击确定，进入可变轴铣操作。

② 指定部件：选择 ϕ20 圆柱。

指定切削区域：选择 ϕ20 圆柱表面，见图 3-348。

③ 驱动方法：曲面区域（图 3-349）。

a. 驱动几何体：选图 3-345 中的辅助片体。

b. 曲面偏置：2（刀具中心正好在螺旋槽的中心，粗加工后槽两边余量均匀）。

c. 切削方向：选择片体根部的箭头。

d. 步距数：0（只加工一刀）。

④ 投影矢量：朝向直线，指定矢量选 X 轴线。

⑤ 刀轴：选“4 轴，相对于驱动”，图 3-350。

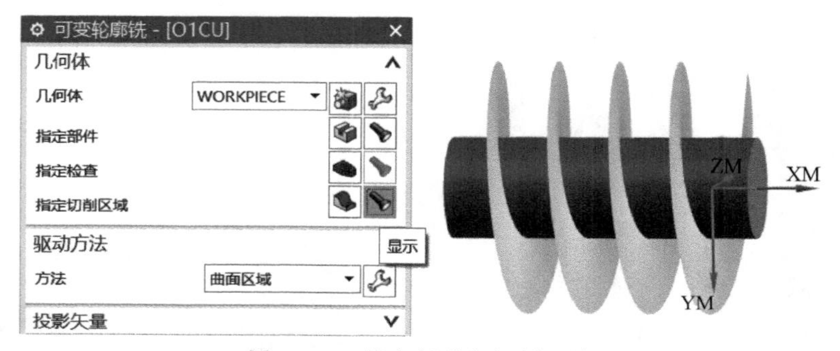

图 3-348　指定部件与切削区域

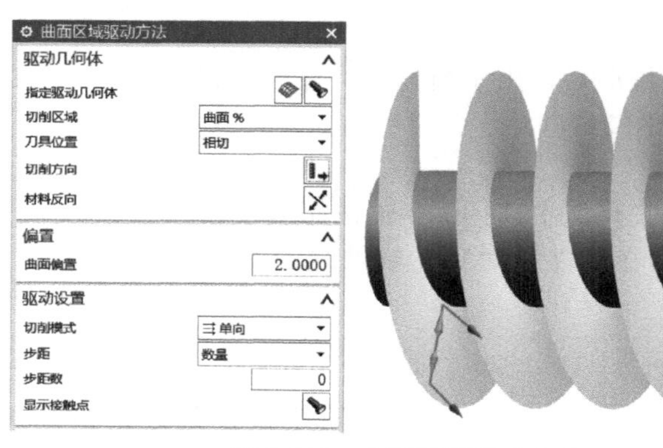

图 3-349　曲面区域驱动方法

a. 指定矢量，选 X 轴正方向。

b. 旋转角度，90°。

⑥ 切削参数：

a. 多刀路：部件余量偏置 15，见图 3-351。

b. 选中“多重深度切削”，刀路数“2”，即 15mm 的总切深分两次切削。

c. 余量：部件余量 0.3。

⑦ 非切削参数：

a. 进刀类型：圆弧-平行于刀轴（图 3-352）

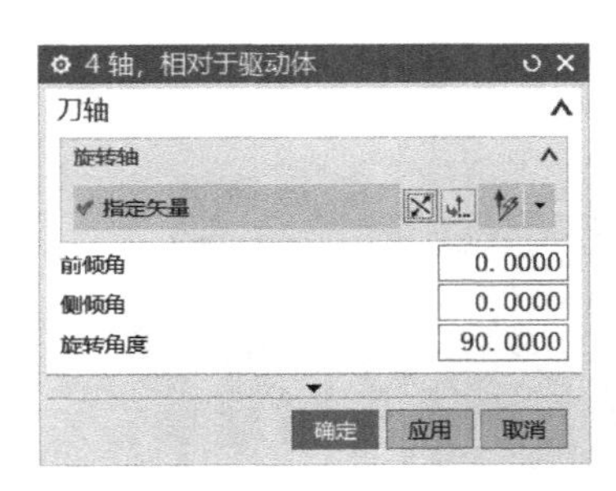

图 3-350　刀轴设置

b. 圆弧进刀半径：5（刀具直径的 50%）。

c. 退刀类型：与进刀类型相同。

图 3-351　切削参数

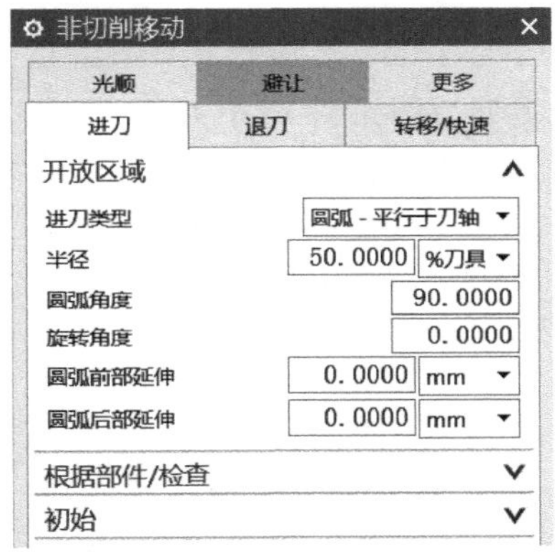

图 3-352　非切削参数

⑧ 切削速度：S4500，F500。

⑨ 生成轨迹（图 3-353）。

（5）半精加工螺旋槽侧面

① 在几何体视图下，创建“可变轴铣”操作，刀具选择“T1”，几何体选择“WORKPIECE”，名称选择“O2B”。单击确定，进入可变轴铣操作。

② 驱动方法：曲面区域，见图 3-354。

a. 驱动几何体：选螺旋槽的内侧面。

b. 曲面偏置：0.15（精加工余量）。

c. 切削方向：选择叶片根部的箭头，从不同的起点选，决定了顺逆铣。

d. 步距数：0。

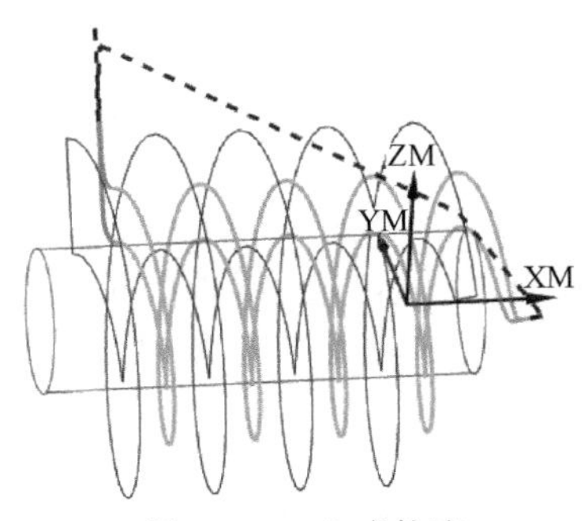

图 3-353　生成轨迹

③ 投影矢量：朝向直线，指定矢量选 X 轴线。

④ 刀轴：选“4 轴，相对于驱动”。

a. 指定矢量，选 X 轴正方向。

b. 旋转角度，90°。

⑤ 切削参数：因没有选择切削部件，不需做任何设置。

⑥ 非切削参数：

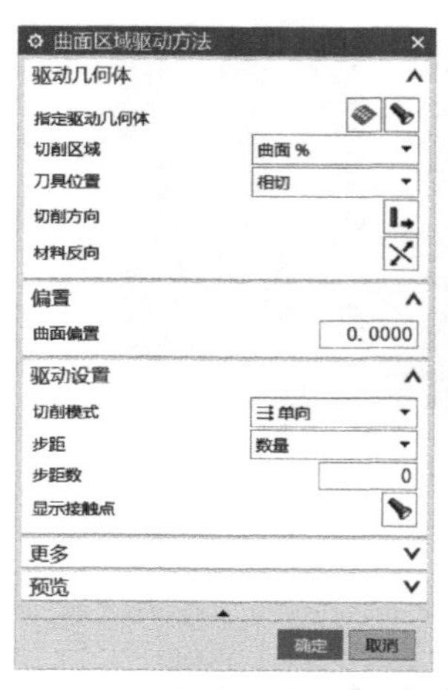

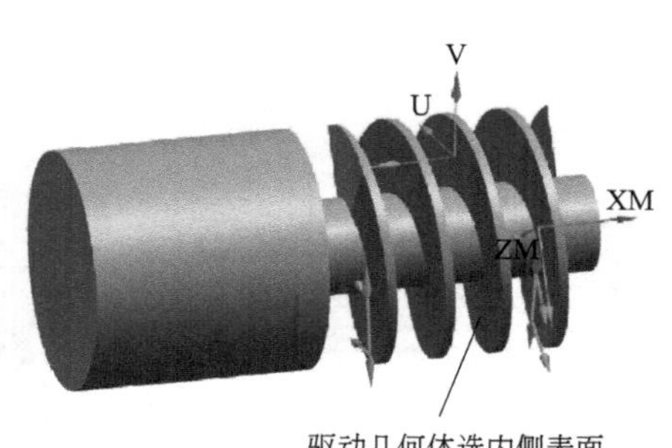

图 3-354 驱动设置

a. 进刀类型：圆弧-平行于刀轴。

b. 圆弧进刀半径：5。

c. 退刀类型：与进刀类型相同。

⑦ 切削速度：S4000，F300。

⑧ 生成轨迹（图 3-355）。

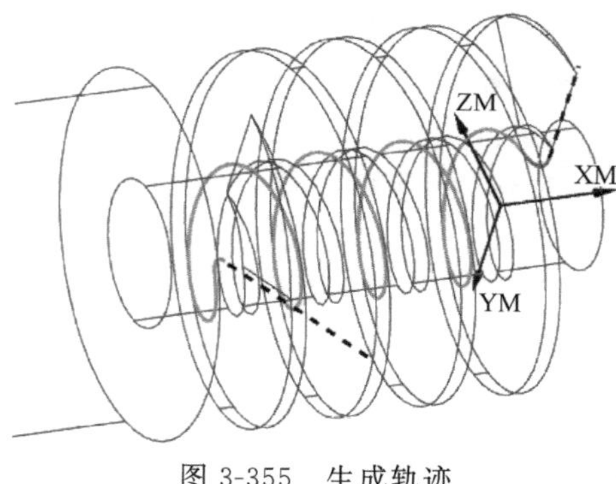

图 3-355 生成轨迹

(6) 半精加工螺旋槽另一侧面

① 在几何体视图下，创建“可变轴铣”操作，刀具选择“T1”，几何体选择“WORKPIECE”，名称选择“O3B”。单击确定，进入可变轴铣操作。

② 驱动方法：曲面区域。

a. 驱动几何体：选螺旋槽的外侧面。

b. 曲面偏置：0.15（精加工余量）。

c. 切削方向：选择叶片根部的箭头，注意顺逆铣。

d. 步距数：0。

③ 投影矢量：朝向直线，指定矢量选 X 轴线。

④ 刀轴：选“4 轴，相对于驱动”。

a. 指定矢量，选 X 轴正方向。

b. 旋转角度，90°。

⑤ 切削参数：因没有选择切削部件，不需做任何设置。

⑥ 非切削参数：

a. 进刀类型：圆弧-平行于刀轴。

b. 圆弧进刀半径：5。

c. 退刀类型：与进刀类型相同。

⑦ 切削速度：S4000，F300。

⑧ 生成轨迹。

(7) 精加工螺旋槽侧面

① 在几何体视图下，复制操作“O2B”，另存为操作“O4J”。

② 驱动方法：修改曲面偏置为 0。

③ 生成轨迹。

(8) 精加工螺旋槽另一侧面

① 在几何体视图下，复制操作“O3B”，另存为操作“O5J”。

② 驱动方法：修改曲面偏置为 0。

③ 生成轨迹。

(9) 后处理生成 NC 程序

① 在程序顺序视图：选择“NC _ PROGRAM”节点，右键，后处理，见图 3-356。

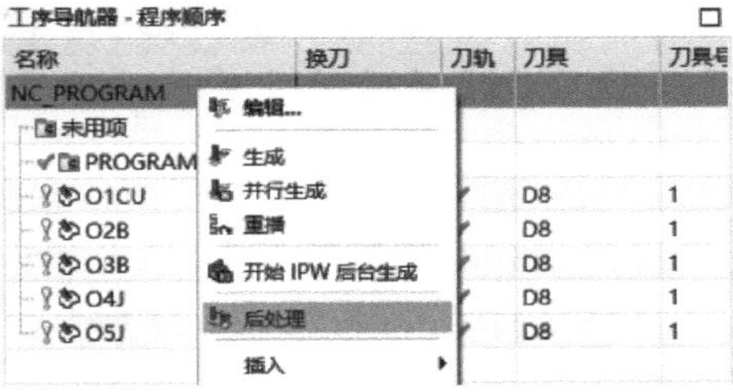

② 选择后处理器：4a（素材目录 D:\v7\UG_post\4L\4a. pui）。

③ 选择文件名：o1。

图 3-356　后处理

3.9.4 使用 Vericut 仿真切削过程

(1) 打开项目

位置 D:\v7\4x\案例 9-螺旋槽\A9. vcproject。

(2) 检查毛坯

在“stock”节点下，毛坯由 3 段圆柱组成，见图 3-357。

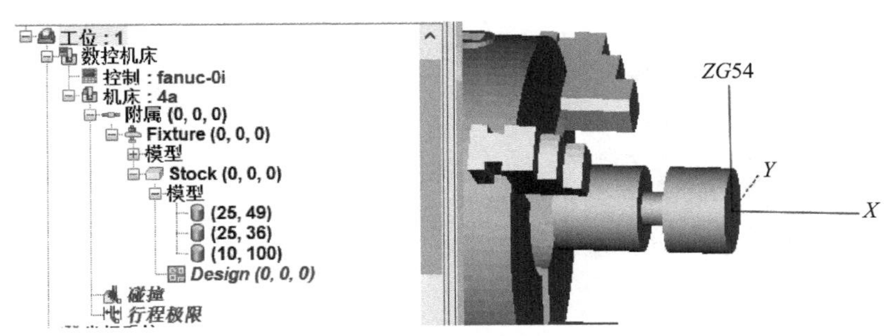

图 3-357　检查毛坯

(3) 检查刀具库

打开 A9. tls，刀库中包括 $\phi 8$、$\phi 6$ 铣刀，见图 3-358。

(4) 检查工件坐标系

在工件右端面中心点，见图 3-359。

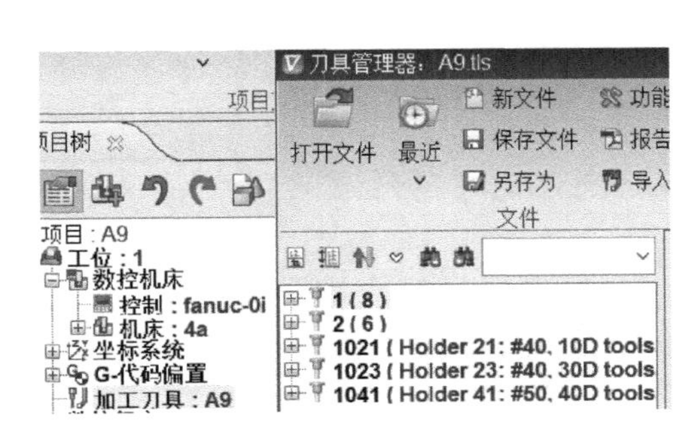

图 3-358　刀具库

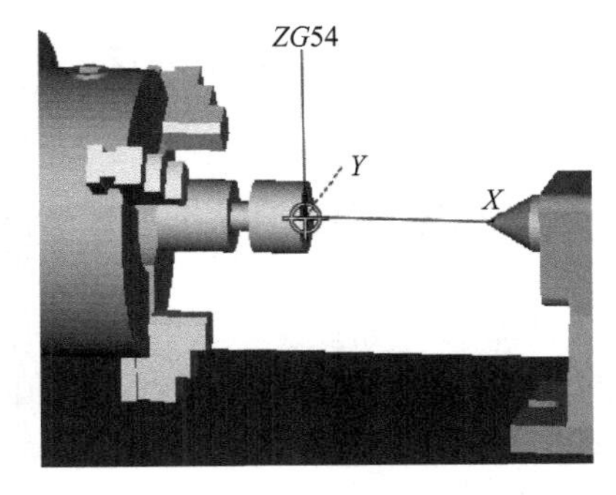

图 3-359　工件坐标系

（5）导入程序

双击“数控程序”，调入 NC 程序 O1. ptp，见图 3-360。

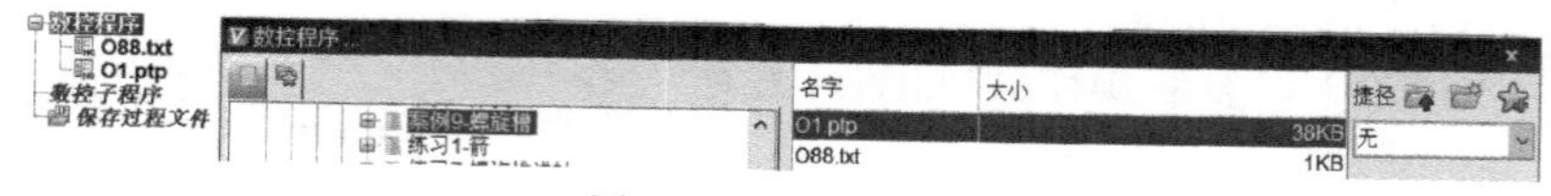

图 3-360 导入程序

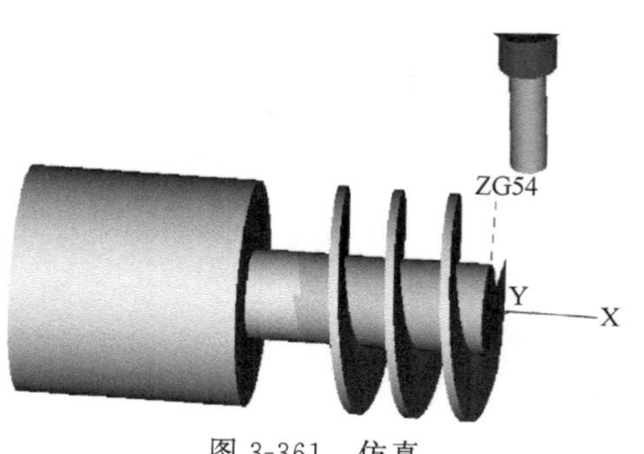

图 3-361 仿真

（6）使用 Vericut 仿真切削过程

在“机床/切削模型”视图下，单击仿真按钮“”，观察加工过程。在“零件”视图下，观察加工效果，见图 3-361。

3.9.5 工艺方案二（手工编程）

（1）编程分析

① 本案例采用手工编程，并通过用户宏程序 O2001、O2002 实现螺旋槽的粗、精加工。

a. O2001：

```
G00 X6 Y[-#5-#6] A#1
Z#23
G01 Z#26
#8=ATAN[#3/[#4*3.14159]]
WHILE [#1 GE #2 ] DO1
  #11=#3*#1/360+#5*tan[#8]
  G01 X[#11+#21] Y[-#5-#6] A#1
  G03 J#6
  #1=#1-#7
END1
G00 Z100
M99
```

b. 螺旋槽粗加工用户宏程序 O2001 调用说明：

```
G65 P2001 A120 B-1210 C12 I50 J3 K1.8 D5 U0.2 W45 Z10.2
```

A120：切入工件前 *A* 轴角度。

B-1210：切出工件后 *A* 轴角度。

C12：螺距。

D50：螺旋轴外径。

I3：*Y* 轴偏置，一般是一个刀具半径，或稍大于刀具半径。

J1.8：螺旋摆线半径。

K5：*A* 轴步进角度。

X0.2：刀具偏心造成的 *X* 轴补偿值，要求不高可忽略。

W：*Z* 轴下刀安全面。

Z：*Z* 轴切削坐标。

c. O2002：

```
O2002
#27=#5043
G52 A180
#15=#1
#16=#2
G00 X6 Y[-#5-#6] A#1
Z#23
G01 Z#26
#8=ATAN[#3/[#4*3.14159]]
WHILE [#1 GE #2 ] DO1
    #11=-[#5+#6]*cos[#8]+#3*#1/360
    #12=-[#5+#6]*sin[#8]
    G01 X#11 Y#12 A#1
    #1=#1-#7
END1
G00 Z#27
N20 #10=[#5+#6]*cos[#8]+#3*#16/360
G00 X#10 Y[#5+#6] A#22
Z#23
G01 Z#26
WHILE [#16 LE #15 ] DO1
    #11=[#5+#6]*cos[#8]+#3*#16/360
    #12=[#5+#6]*sin[#8]
    G01 X#11 Y#12 A#16
    #16=#16+#7
END1
G00 Z#27
G52 A0
M99
```

d. 螺旋槽侧面精加工用户宏程序 O2002 调用说明：

```
G65 P2002 A60 B-1140 C12 I20 J1 K3 D2.5 W45 Z10.1
```

A 60：切入工件前角度。

B-1140：切出工件后角度。

C12：螺距。

I 20：螺旋轴底径 $D20$，叶片形状顶窄根宽。如果用 $D50$ 则会根窄顶宽。

J 1：叶片厚度的 1/2。

K 3：刀具半径。

D 2.5：A 轴步距。

W：Z 轴下刀安全面。

Z：Z 轴切削坐标。

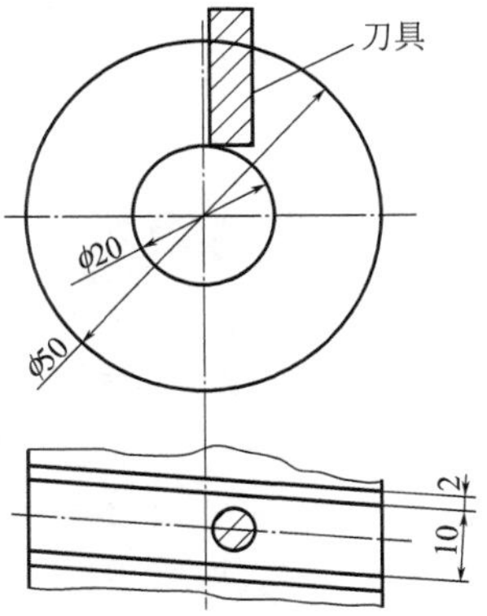

刀具
ϕ20
ϕ50
2
10

图 3-362　刀具位置

② 粗加工刀具位置分析：

通过刀具中心沿 X、Y 轴偏离一定距离，避免刀具中心刃参与切削。通过主、俯视图，说明刀具在摆线加工过程中和工件的相对位置，见图 3-362。

（2）主程序

```
O200
M110(三爪夹紧工件)
G90 G40 G17
M06 T2
G90 G00 G54 X50 Y0 A0
M3 S4500
G43 H2 Z150 F500
G65 P2001 A120 B-1210 C12 I50 J3 K1.8 D5 U0.2 W45 Z10.2(粗铣螺旋槽)
G00 Z100
G90 G00 X50 Y0 A00
Z100 F300
G65 P2001 A120 B-1210 C12 I50 J3 K0 D5 U0.2 W45 Z10.02(精铣螺旋槽底面)
G00 Z100
;
G90 G00 G54 X50 Y0 A0
M3 S4500
Z150 F300
G65 P2002 A60 B-1140 C12 I20 J1 K3 D2.5 W45 Z10.1(精铣螺旋槽两个侧面)
G00 Z100
M30
```

3.9.6 使用 Vericut 仿真宏程序切削过程

（1）打开项目

打开 D:\v7\4x\案例 9-螺旋槽 \ A9.vcproject，另存为 D:\v7\4x\案例 9-螺旋槽 \ A9-用户宏程序.vcproject。

（2）导入程序

① 用主程序 O200 替换原程序 O1。

② 双击“数控子程序”，调入 NC 程序 O2001、O2002。

（3）使用 Vericut 仿真切削过程

在“机床/切削模型”视图下，单击仿真按钮“●”，观察加工过程。在“零件”视图下，观察粗加工效果，见图 3-363。观察精加工效果，见图 3-364。

图 3-363 粗加工

图 3-364 精加工

3.10　案例 10　椭球面

3.10.1　零件加工工艺

（1）零件分析

① 图 3-365 为螺旋槽的零件图，图 3-366 为毛坯图。零件材料：2A12。

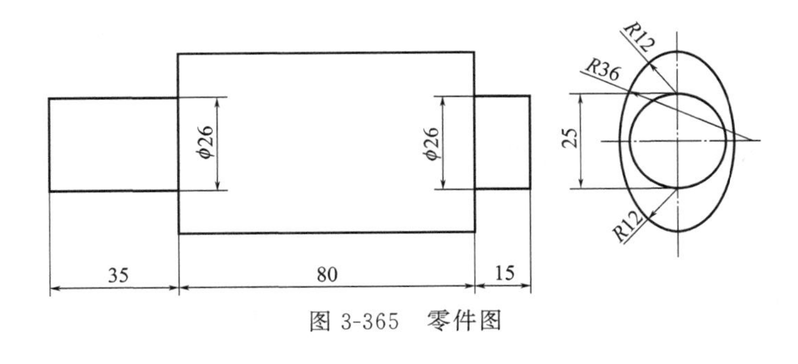

图 3-365　零件图

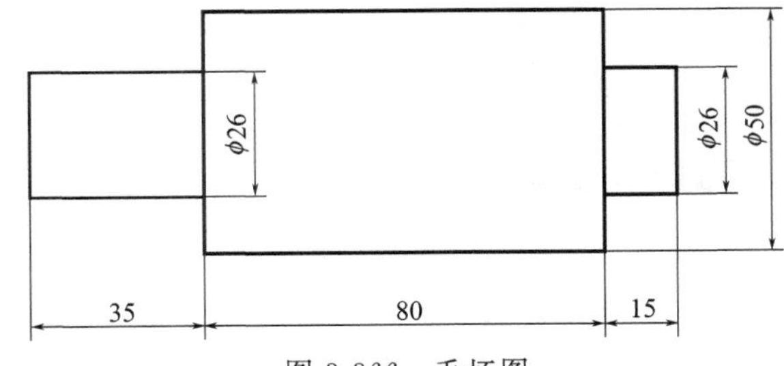

图 3-366　毛坯图

② 工艺方案一　采用球刀或 R 刀完成曲面的精加工，通常采用 CAM 编程。

a. 优点：编程简单。

b. 缺点：精加工时，只有刀刃上某一点或部位参与了切削，造成刀具局部磨损快、表面质量较差。

③ 工艺方案二　采用立铣刀侧刃展开铣削曲面，通常借助曲线公式、辅助面等方法进行混合编程。

a. 优点：精加工时，刀具侧刃不同部位对应不同的曲面位置，见图 3-367。具有刀刃寿命长、加工表面质量高的特点，特别是精加工难加工材料（如不锈钢、高温合金）的曲面时。

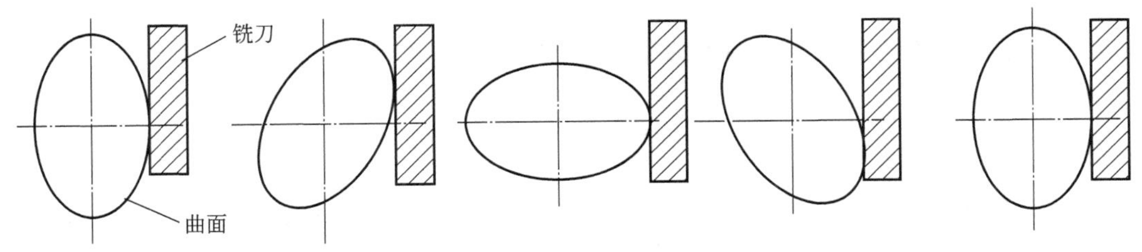

图 3-367　刀具侧刃与不同曲面位置

b. 缺点：仅适用于没有凹陷的规则曲面，且编程较复杂（图 3-368、图 3-369）。

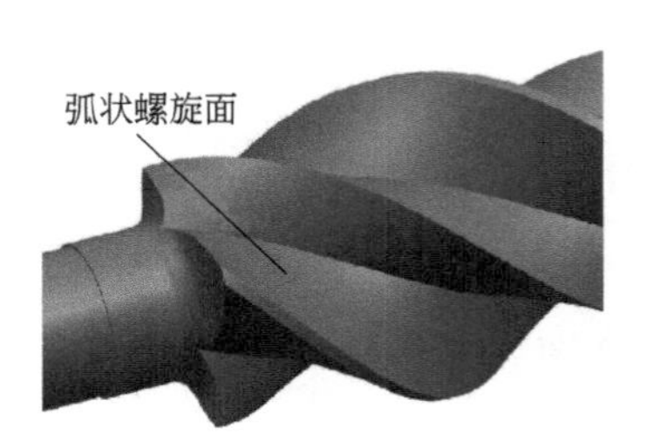

图 3-368 弧状螺旋面

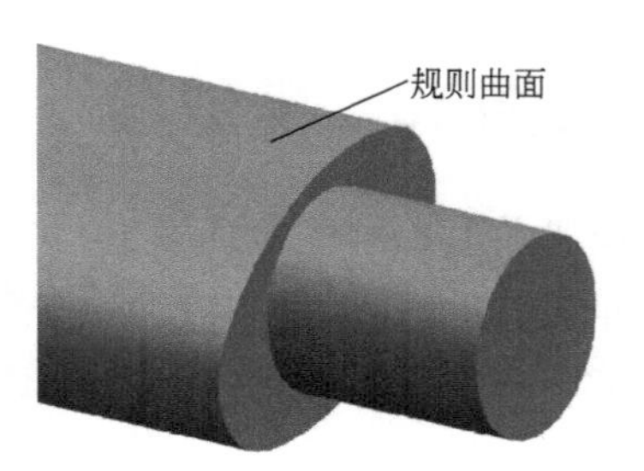

图 3-369 规则曲面

(2) 工件装夹

夹具采用三爪卡盘，一夹一顶装夹，图 3-370。

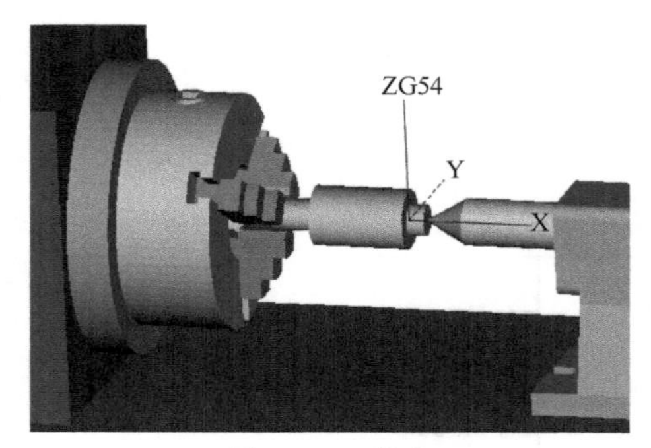

图 3-370 装夹

(3) 刀具选择

T1：ϕ10 立铣刀。

T2：ϕ10 加长立铣刀。

T3：ϕ10 球铣刀。

(4) 对刀

编程零点在椭球面右端点，对刀方法同案例 3。

3.10.2 编程

(1) 零件造型

① 绘制草图 1（图 3-371）。

② 拉伸成实体（图 3-372）。

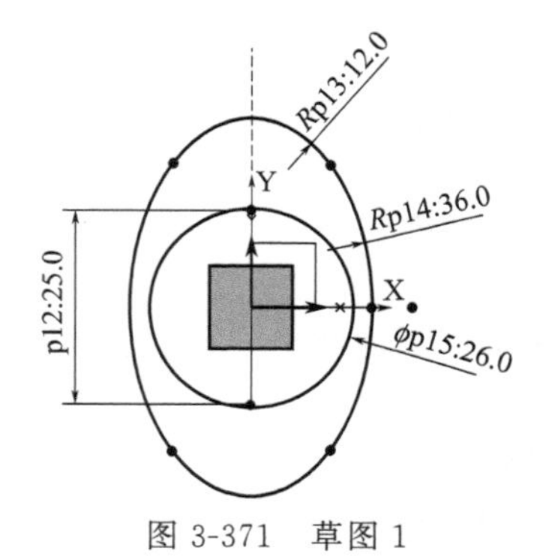

图 3-371 草图 1

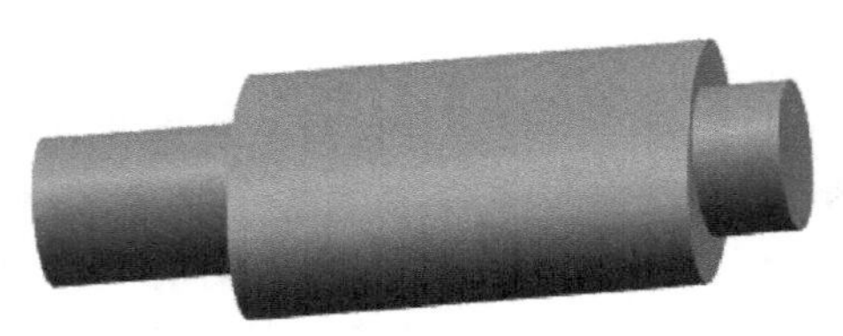

图 3-372 实体

(2) 设置加工坐标系

进入多轴加工模块，加工坐标系的零点设在椭球面右端点。

(3) 创建刀具

在刀具视图下，创建所有刀具。依次为每一把刀具设置参数。

(4) 粗铣椭球面操作

① 在几何体视图下，创建“可变轴铣”操作，刀具选择“T1”，几何体选择“WORKPIECE”，名称选择“O1CU”。单击确定，进入可变轴铣操作。

② 指定部件、指定切削区域：不选择。

③ 驱动方法：曲面区域（图 3-373）。

a. 驱动几何体：选“椭球面”。

b. 曲面偏置：0.5。

c. 切削方向：选择片体根部的箭头。

d. 步距数：50。

④ 投影矢量：朝向直线，指定矢量选 X 轴线。

⑤ 刀轴：选“4 轴，相对于驱动”。

a. 指定矢量，选 X 轴正方向。

b. 旋转角度，0。

⑥ 非切削参数：

a. 进刀类型：圆弧-垂直于刀轴。

b. 圆弧进刀半径：8。

⑦ 切削速度：S4500，F500。

⑧ 生成轨迹（图 3-374）。

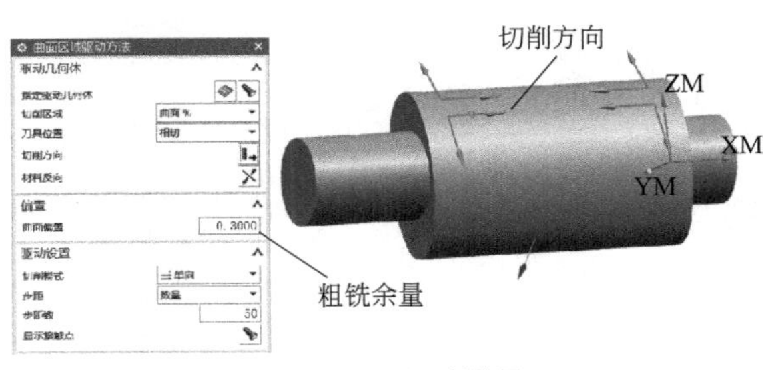

图 3-373　驱动设置

(5) 预粗铣操作

用于解决粗铣操作第一刀切削量太大。

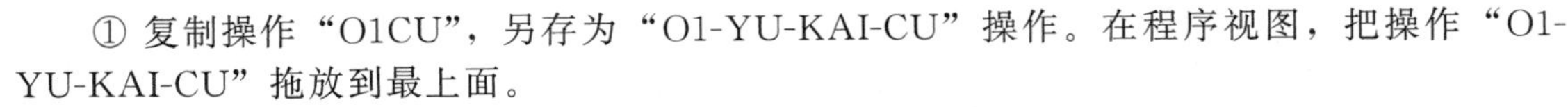

① 复制操作“O1CU”，另存为“O1-YU-KAI-CU”操作。在程序视图，把操作“O1-YU-KAI-CU”拖放到最上面。

② 指定部件、指定切削区域：不选择。

③ 驱动方法：修改步距数为 0。

④ 切削速度：S3000，F200。

⑤ 生成轨迹。

(6) 后处理生成 NC 程序

① 在程序顺序视图：选择“NC _ PROGRAM”节点，右键，后处理（图 3-356）。

② 选择后处理器：4a（素材目录 D:\v7\UG_post\4L\4a. pui）

③ 选择文件名：o1。

(7) 编写精加工程序

根据零件图形特点，见图 3-375，编写精加工宏程序如下。

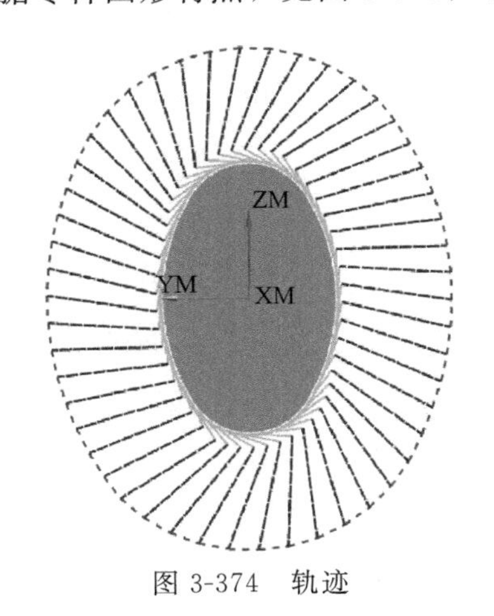

图 3-374　轨迹

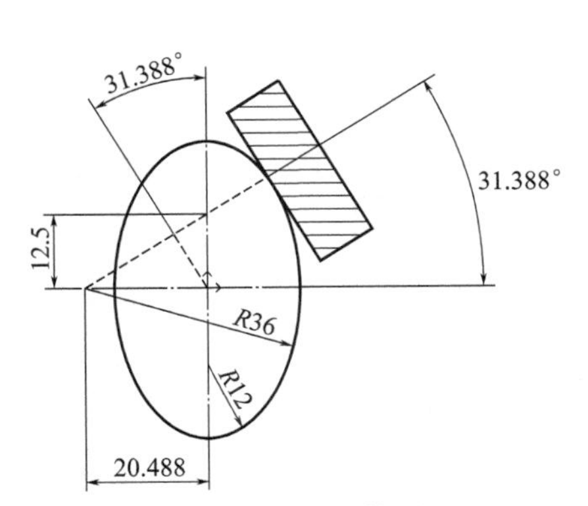

图 3-375　零件图

```
O2
T02 M06
G90 G54 G00 X-85 Y35 A0 S3000 M03
```

```
G43 Z100. H02
Z-10
F500
#1=-31.833
#2=31.388
WHILE [ #1 LE #2 ] DO1
  #3=36-ABS[20.488*COS[#1]]+5
  G00 X-85 Y35
  G01 A#1
      Y#3
      X6
  G00 Y35
  #1=#1+1
END1
#1=31.388
#2=148.612
WHILE [ #1 LE #2] DO1
  #3=12 + ABS[12.5*sin[#1]]+5
  G00 X-85 Y35
  G01 A#1
      Y#3
      X6
  G00 Y35
  #1=#1+1
END1
#1=148.612
#2=211.388
WHILE [#1 LE #2] DO1
  #3=36-ABS[20.488*COS[#1]]+5
  G00 X-85 Y35
  G01 A#1
      Y#3
      X6
  G00 Y35
  #1=#1+1
END1
#1=211.388
#2=328.612
WHILE [#1 LE #2] DO1
  #3=12+ABS[12.5*sin[#1]]+5
  G00 X-85 Y35
  G01 A#1
      Y#3
      X6
  G00 Y35
  #1=#1+1
```

```
END1
G00 Z200
M30
```

3.10.3　使用 Vericut 仿真切削过程

① 打开项目 D:\v7\4x\案例 10-椭球面\案例 10-立铣刀插补.vcproject。

② 查看毛坯。

③ 查看刀具库。

④ 查看工件坐标系。

⑤ 导入程序。双击“数控程序”，调入 NC 程序 O1、O2。

⑥ 仿真。在“机床/切削模型”视图下，单击仿真按钮“ ”，观察加工过程。在“零件”视图下，观察加工效果（图 3-376）。

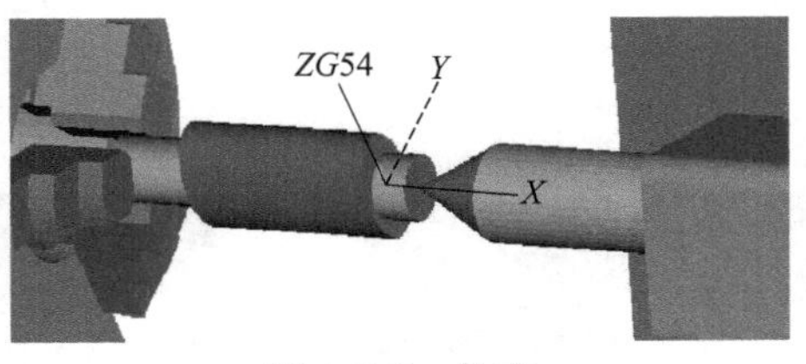

图 3-376　仿真

3.11　练习

3.11.1　练习 1　胜利之箭（4 轴加工）

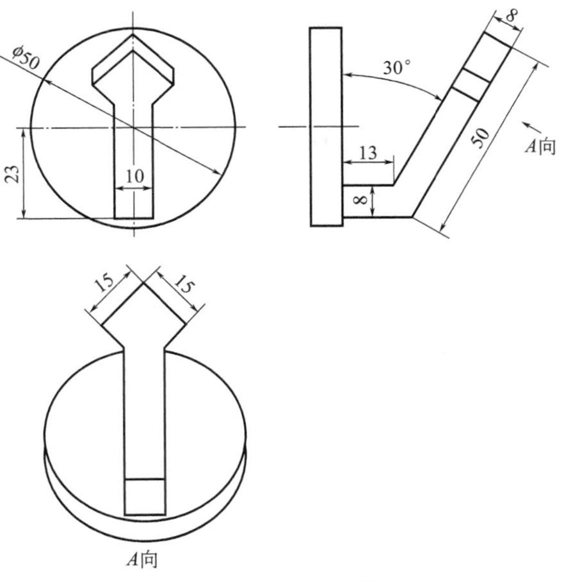

图 3-377　胜利之箭

（1）参考工艺

毛坯长度 200，三爪卡盘伸出长度 60，加工完毕后，用铣刀切断（图 3-378）。

① 粗铣 1 面，见图 3-379。

② 粗铣 3 面，见图 3-380。

③ 粗铣 2 面，见图 3-381。

④ 局部粗铣 4 面，见图 3-382。

⑤ 精铣 1 面、2 面、3 面、箭头斜面，见图 3-383。

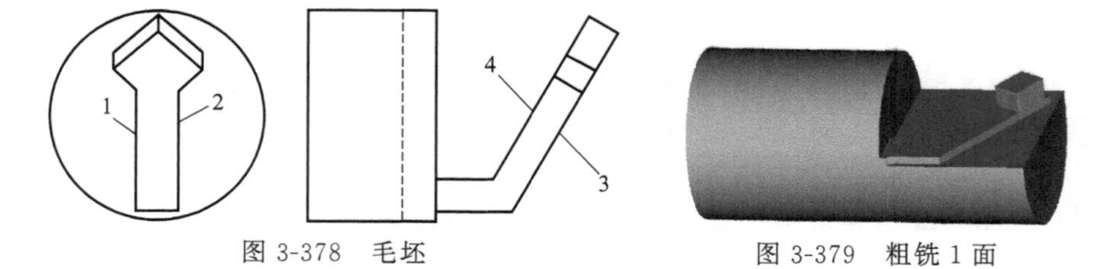

图 3-378　毛坯　　　　图 3-379　粗铣 1 面

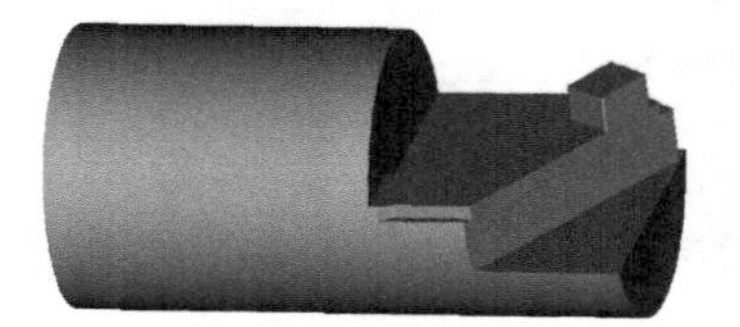

图 3-380　粗铣 3 面

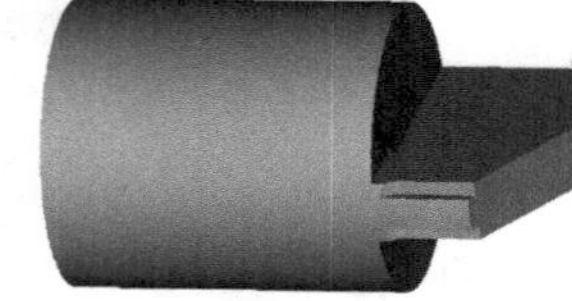

图 3-381　粗铣 2 面

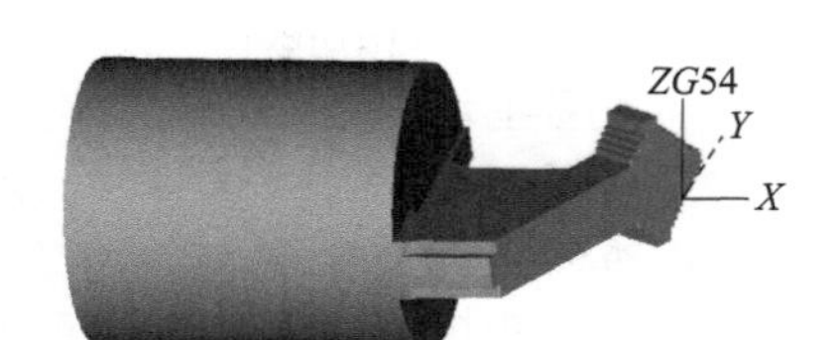

图 3-382　局部粗铣 4 面

⑥ 粗铣 4 面，见图 3-384。

⑦ 精铣剩余面，见图 3-385。

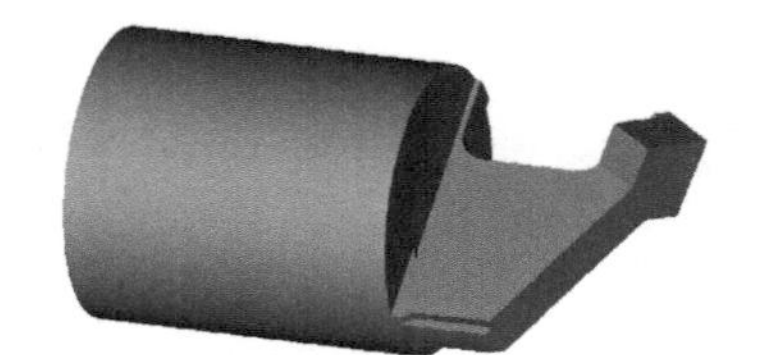

图 3-383　局部精铣

图 3-384　粗铣 4 面

图 3-385　精铣剩余面

（2）仿真文件，见 D:\v7\4x\练习 1-箭 \ 练习 1. vcproject。

3.11.2　练习 2　六边形

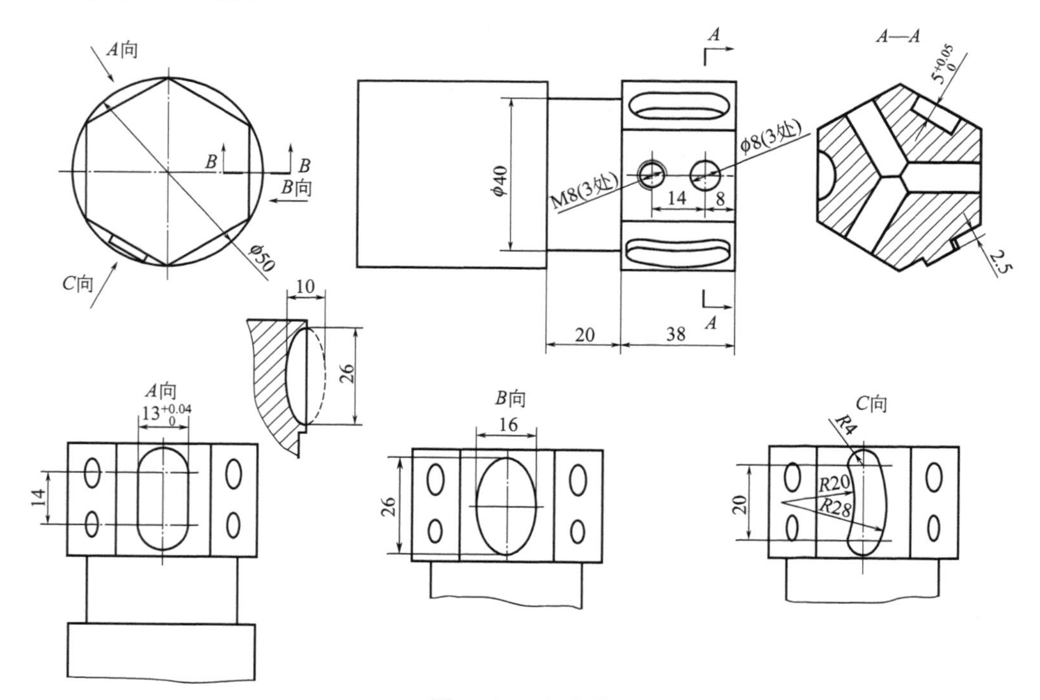

图 3-386　六边形

3.11.3 练习 3 槽轮

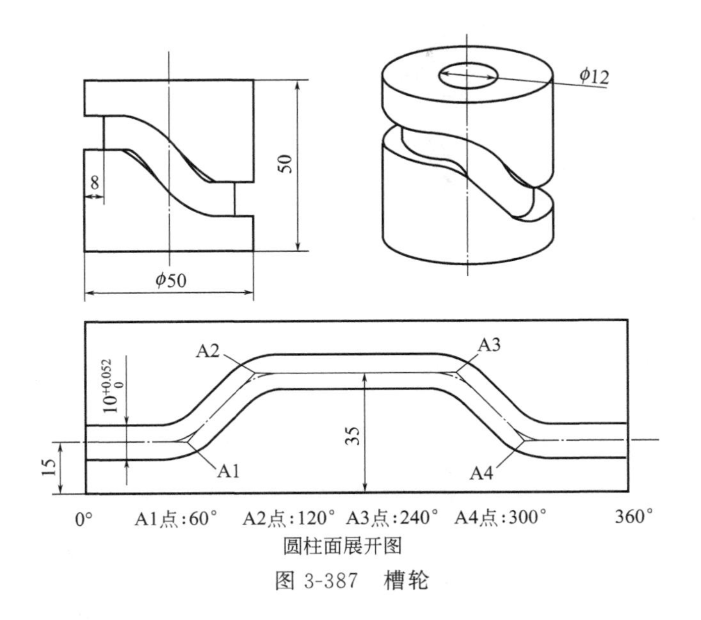

图 3-387　槽轮

3.11.4 练习 4 阀芯

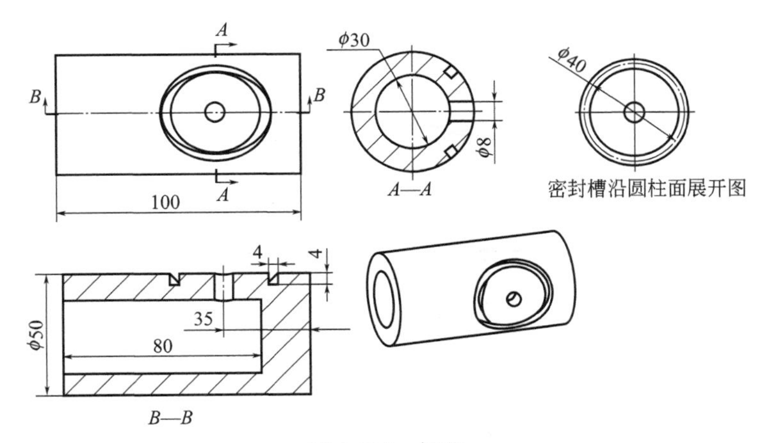

图 3-388　阀芯

3.11.5 练习 5 屏蔽盒

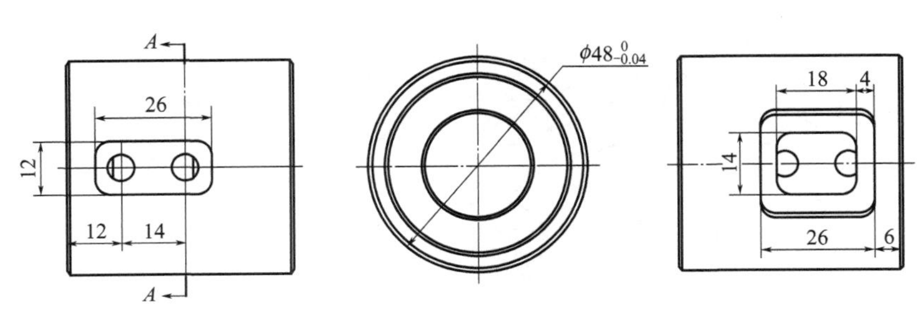

图 3-389

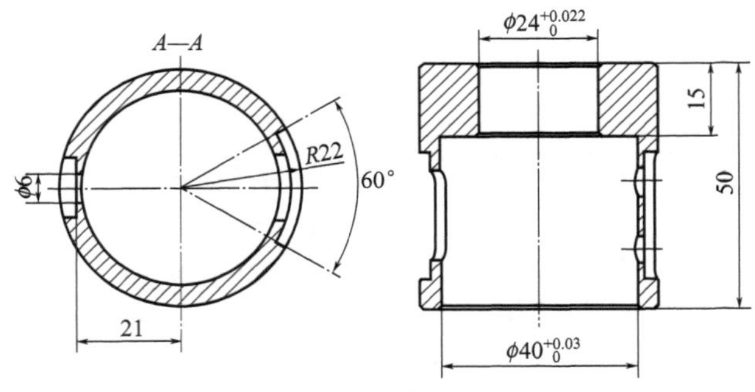

图 3-389　屏蔽盒

3.11.6　练习 6　支座

（1）零件图

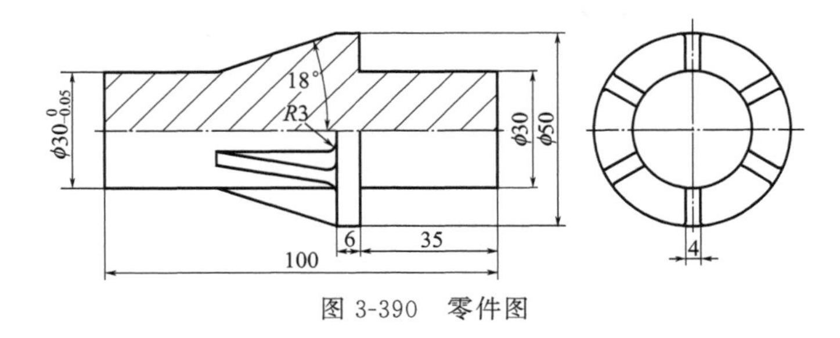

图 3-390　零件图

（2）毛坯图

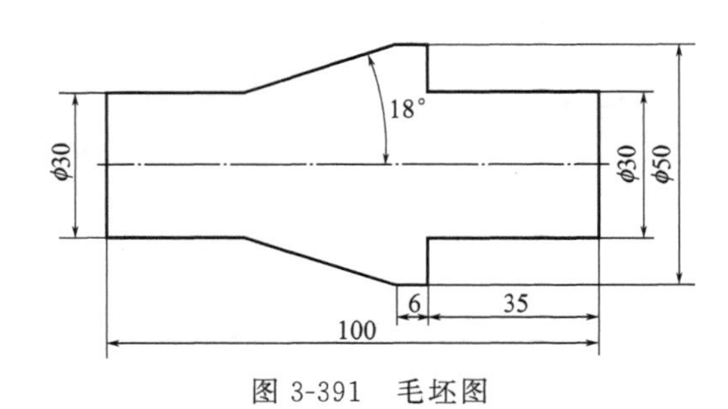

图 3-391　毛坯图

（3）工艺要求：铣削减重槽后，ϕ30 弧面接刀高度要小于 0.03。

3.11.7　练习 7　螺旋轴

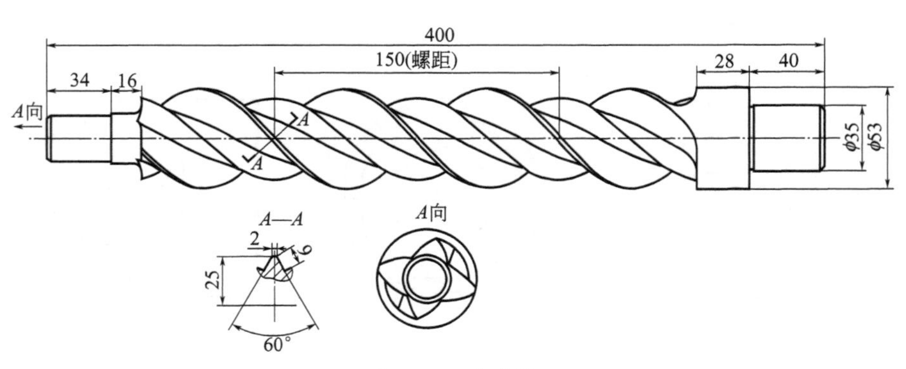

图 3-392　螺旋轴

3.11.8 练习 8　叶片

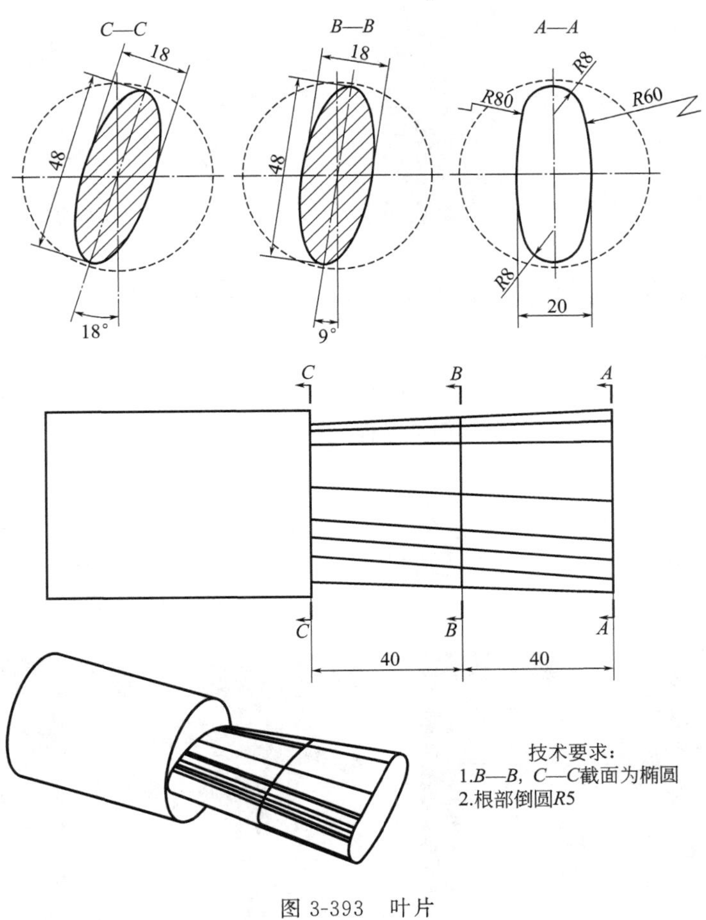

图 3-393　叶片

第 4 章

5轴双转台加工中心的操作、编程与仿真

4.1 5 轴双转台加工中心操作、编程基础

工艺特点：对于双转台 5 轴机床，首先要准确获得工件在机床（工作台）上的装夹位置，一般是测量编程零点相对于 5 轴零点的坐标位置，而后在 CAM 中建立工件坐标系，最后创建操作，生成刀具轨迹。刀具长度和编程无关。

4.1.1 5 轴机床坐标系

5 轴双转台加工中心机床坐标系包含 3 个直线轴（X、Y、Z）和 2 个旋转轴。2 个旋转轴与机床机械结构有关：一种是绕 X 轴和 Z 轴旋转的 A、C 轴，见图 4-1；另一种是绕 Y 轴和 Z 轴旋转的 B、C 轴，其中绕 Z 轴旋转的 C 轴是第 5 轴，见图 4-2。

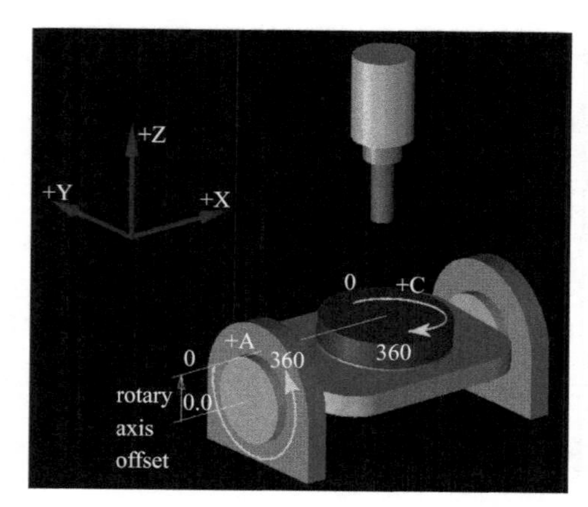

图 4-1　A、C 轴

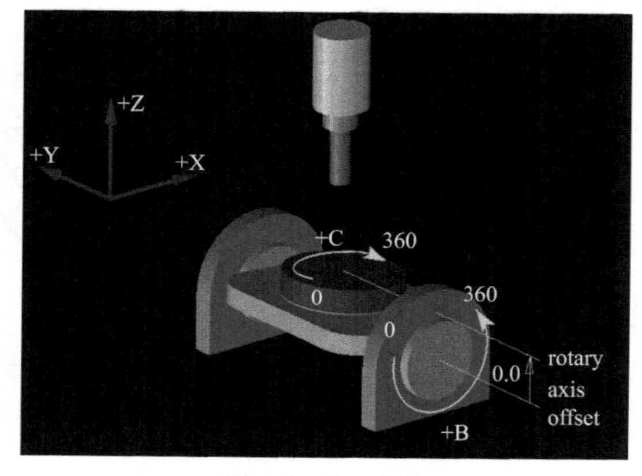

图 4-2　B、C 轴

（1）机床零点

5 轴双转台加工中心的零点位置，通常设置在机床回转工作台中心。对于经济型 5 轴机床，一般设置在进给行程范围的终点。为了简化工件找正、对刀等操作，机床零点最好设置在 4 轴中心点或 5 轴中心点。对于带有 RPCP 功能的现代 5 轴机床，很多都提供了较好的对刀循环指令，无论机床零点设在何处，机床对刀操作都非常简单。图 4-3 和图 4-4 所示分别为机床零点分别设在直线轴行程极限点，5 轴中心点、4 轴中心点的效果图。

（2）4 轴中心点

4 轴中心点是第 4 轴和第 5 轴轴线的交点。对于 4 轴和 5 轴轴线不相交的机床，则过 5 轴轴线作一垂直于 4 轴轴线的辅助面，辅助面和 4 轴轴线的交点就是 4 轴中心点。测量 4 轴中心点在机床坐标系下的位置是一项基本技能，该位置也是定制后处理必需的数据。

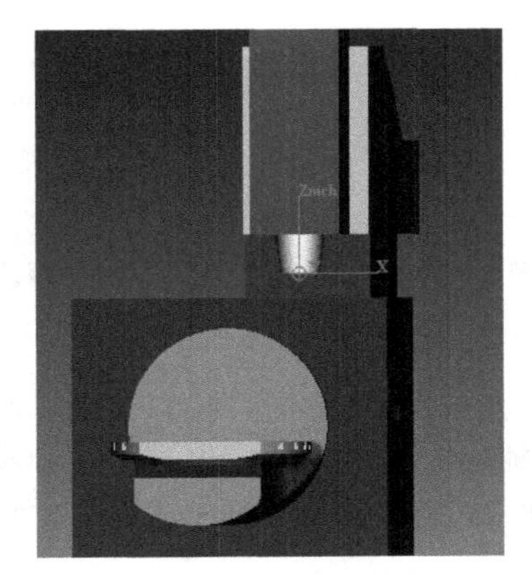

图 4-3　机床零点设在直线轴行程极限点

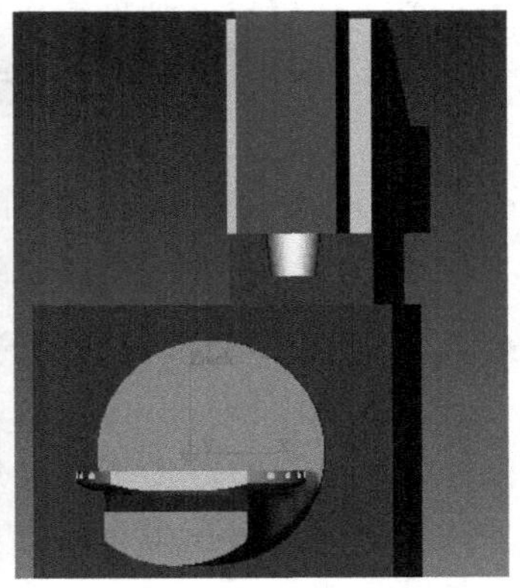

图 4-4　机床零点设在 5 轴中心、4 轴中心点

(3) 5 轴中心点

5 轴中心点是回转工作台表面和第 5 轴轴线的交点。编程零点一般设置在 5 轴中心点。检测 5 轴中心点和 4 轴中心点的距离是非常重要的工作，该距离是定制后处理必需的数据，是保证零件加工精度的基础。

4.1.2　工件装夹

在 5 轴双转台加工中心上，为了避免工作台在旋转过程中造成的刀具与工件、夹具、工作台的干涉，工件的装夹方案至关重要。

对于圆柱形零件，典型的装夹方案是采用三爪卡盘来装夹。对于支架类零件则采用压板装夹（见图 4-5），对于箱体类零件则采用专用工装进行装夹（见图 4-6）。对于小型零件，装夹时还要保证工件的露出高度和必要的装夹刚性，既要避免夹具和刀具的干涉，保证足够的装夹刚性，还要便于对刀。

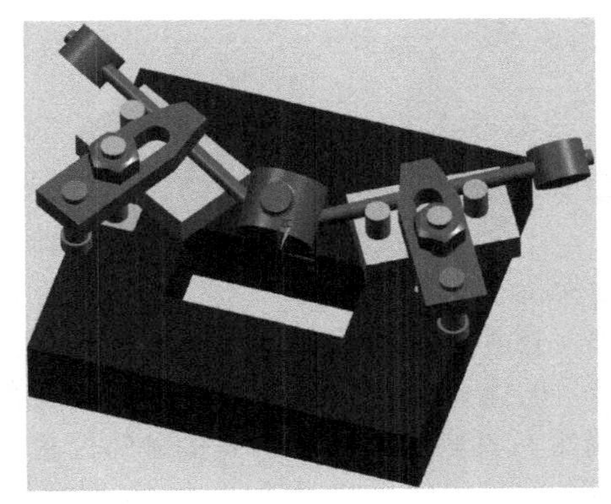

图 4-5　压板装夹机械臂零件

图 4-6　专用工装装夹箱体零件

4.1.3　对刀

(1) 确定工件零点

一般通过对刀棒测量工件在机床坐标系中的位置。也可采用光电寻边器测量工件零点，对于现代较先进的机床则采用 3D 测头。

(2) 测量刀具长度

在 5 轴加工中，一般采用绝对刀长，可以通过激光对刀仪测量，也可通过机内对刀仪测量。对于经济型 5 轴机床，也可通过对刀棒、Z 轴设定仪测量。

4.2 UG 5 轴编程

4.2.1 用于定位加工的操作

平面铣、型腔铣、固定轴轮廓铣、孔加工等所有 3 轴操作，都是用于定位加工的操作。

4.2.2 用于 5 轴联动加工的操作

可变轴轮廓铣，通常用来对零件的曲面区域进行加工。通过对刀轴方向、投影矢量、驱动面的控制，可以加工非常复杂的零件。可变轴轮廓铣为 4 轴和 5 轴加工中心提供了一种高效的、强大的编程功能，使 CAM 编程员能够实现从简单零件到复杂零件的加工，是多轴加工最常用的操作。

顺序铣，通过从一个表面到另一个表面的连续切削来加工零件轮廓，顺序铣提供了丰富的刀轴控制功能，用来保持刀具与驱动几何体、零件几何体的相对位置。顺序铣操作可以完全控制刀具的运动，在复杂的、需要多轴加工的零件精加工中非常有用。一个有经验的编程人员可以使用顺序铣来简化一个复杂刀具轨迹的创建。

4.2.3 刀轴控制

UG 为多轴加工提供了丰富的刀轴控制方法，使多轴加工变得非常灵活。这些刀轴控制方法必须与不同的操作、不同的驱动方式配合，才能完成不同的加工任务。在选择刀轴控制方法时，必须考虑到机床工作台在回转中，刀具与工作台、夹具、零件的干涉。减小工作台的旋转角度，并尽可能使工作台均匀缓慢旋转，对 5 轴加工是至关重要的。

（1）可变轴轮廓铣中的刀轴控制方法

① 离开点、朝向点、离开直线、朝向直线。

② 相对于矢量、垂直于部件、相对于部件。

③ 4 轴、垂直与部件，4 轴、相对于部件，双 4 轴在部件上。

④ 插补矢量、插补角度至部件、插补角度至驱动。

⑤ 垂直于驱动体、相对于驱动体。

⑥ 侧刃驱动体。

⑦ 4 轴、垂直于驱动体，4 轴、相对于驱动体，双 4 轴在驱动体上。

（2）顺序铣中的刀轴控制方法

① 垂直于部件表面（Normal to PS）：刀轴保持垂直于零件面。

② 垂直于驱动曲面（Normal to DS）：刀轴保持垂直于驱动面。

③ 平行于部件表面（Parallel to PS）：使刀具的侧刃保持与部件表面的直纹线在接触点处平行。该选项必须在刀具上指定一圈环，以确定刀具侧刃与部件表面接触的位置。

④ 平行于驱动曲面（Parallel to DS）：使刀具的侧刃保持与驱动曲面的直纹线在接触点处平行。该选项也必须在刀具上指定一圈环，以确定刀具侧刃与驱动曲面接触的位置。

⑤ 相切于部件表面（Tangent to PS）：刀具与当前运行方向垂直，侧刃与部件表面相切。也必须指定一圈环。

⑥ 相切于驱动曲面（Tangent to DS）：刀具与当前运行方向垂直，侧刃与驱动曲面相切。也必须指定一圈环。

⑦ 与部件表面成一定角度（At Angle to PS）：刀具与部件表面法向保持一个固定角度，和运行方向也保持一定的角度（前角或后角选项）。

⑧ 与驱动曲面成一定角度（At Angle to DS）：刀具与驱动曲面法向保持一个固定角度，

和运行方向也保持一定的角度（前角或后角选项）。

⑨ 扇形（Fan）：从起始点到停止点刀轴均匀变化。

⑩ 通过固定的点（Thru Fixed Pt）：刀具轴线总是通过一个固定的点。

4.3 UG 5 轴双转台加工中心后处理定制

后处理的定制涉及很多的内容，包括机床参数、数控系统功能、编程员的个人习惯，甚至是零件的工艺要求。通常要根据机床零点、编程零点、加工轨迹的控制等多种情形，定制对应的后处理，所以同一台机床针对不同的情形，可能需要不同的后处理。下面的后处理中不包括 5 轴加工的特殊功能，所有加工指令在机床坐标系下运行。

4.3.1 搜集机床数据

① 机床型号：DMG DMU50（图 4-7）。

② 控制系统：FANUC。

德马吉 5 轴机床选配海德汉 iTNC530 系统或西门子 Siemens 840D 系统，由于 ISO 标准的 G 代码程序清晰度较高，并为数控技术人员所熟悉，所以在案例中选配了 FANUC16 的系统。在随书素材中为 DMG DMU50 提供了 FANUC 和海德汉 iTNC530 两个系统（不带 M128、CYCL19 循环）的后处理文件，可根据不同的数控系统选用对应的后处理。同样在仿真项目中也提供了 2 个系统的控制文件。在后面的 RPCP 案例中，介绍带 M128、CYCL19 循环的 iTNC530 后处理。

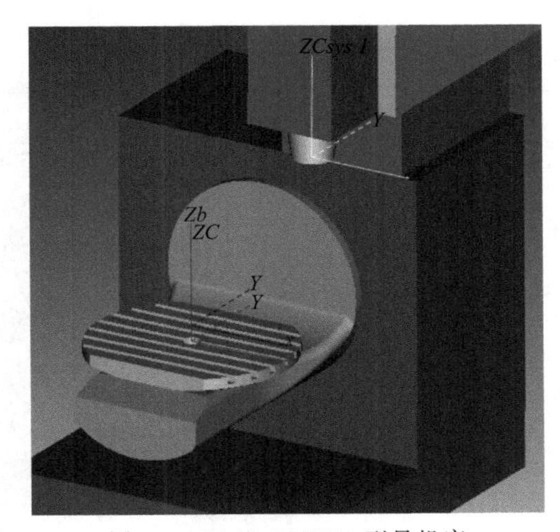

图 4-7　DMG DMU50 型号机床

③ 机床零点：工作台中心点。

④ B 轴（第 4 轴）零点：B 轴和 C 轴轴线的交点，实测坐标 $X0\ Y0\ Z50$。

【提示】 当零件的加工精度达不到要求或机床发生碰撞后，都要重新测量 B 轴零点坐标。在机床保养中，每隔一段时间就要检测 B 轴零点是否发生零偏（比如由于机床的振动光栅尺发生了位移）。

⑤ C 轴（第 5 轴）零点：工作台中心点（$X0\ Y0\ Z0$）。

⑥ 编程零点：C 轴零点（$X0\ Y0\ Z0$）。

⑦ 机床参考点：$X250\ Y260\ Z545$（机床右上角行程极限点）。

⑧ 机床行程：$X-500\sim0$，$Y-450\sim0$，$Z-400\sim0$，$B\ 0\sim110$，$C-3600\sim3600$。

【注释】 1. 对于机床零点不在工作台中心的机床，可通过坐标偏置（例如：G54）把编程零点设在工作台中心点。

2. B 轴实际行程是 $B0\sim110$，设为 $B0\sim110$ 是为避免后处理时出现歧义，如图 4-8(a) 所示。当有特殊需要时，可复制现有后处理并修改行程为 $B-5\sim110$，如图 4-8(b) 所示。C 轴的实际行程一般没有限制，即 $C\pm9999$，实际设为 $C-3600\sim3600$，是限制编程时不要让 C 轴持续向某一个方向旋转。如果 C 轴设为 $C0\sim360$，则只能用于点位定向加工，而不适合螺旋类零件的加工，见图 4-8(c)。

4.3.2 定制后处理

① 打开 UG 8.5 版本的后处理构造器，设置后处理名“5tt”、后处理单位、后处理机床类型、控制系统模板，见图 4-9。

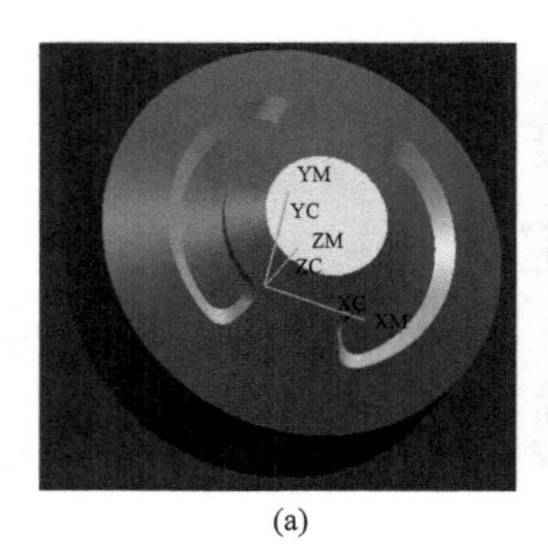

(a)

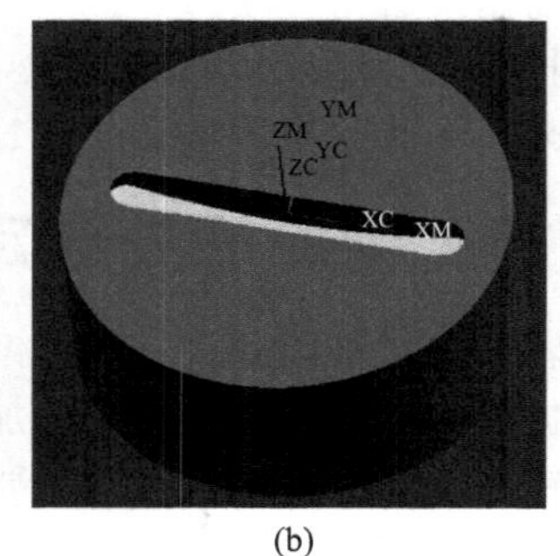

(b)

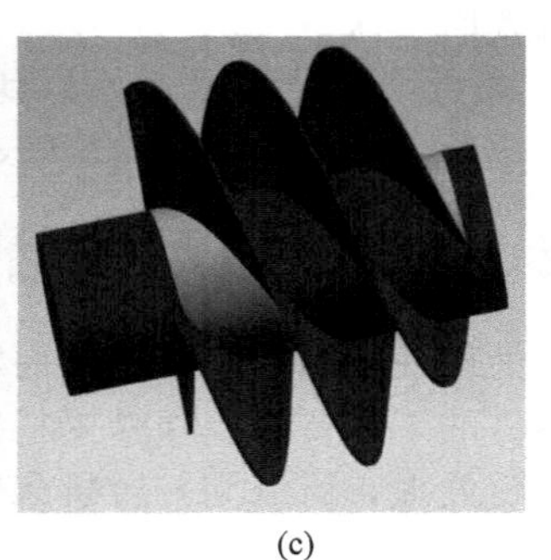

(c)

图 4-8　机床行程的设置

图 4-9　设置后处理

② 设置直线轴参数，见图 4-10。

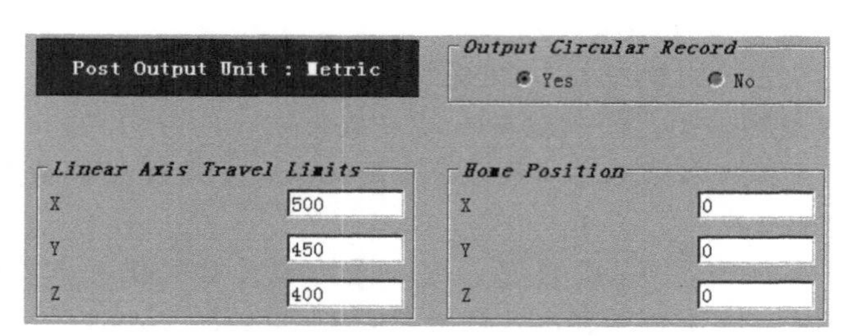

图 4-10　设置直线轴参数

③ 设置第 4、5 轴参数。

a. 设置 4 轴零点和第 4 轴行程，见图 4-11。

b. 设置 5 轴零点、4 轴零点的位置关系和第 5 轴行程，见图 4-12。

【提示】　5轴零点相对于 4 轴零点的坐标偏差是 *X*0 *Y*0 *Z*—50。

c. 设置第 4 轴、第 5 轴的名称和旋转平面，见图 4-13。

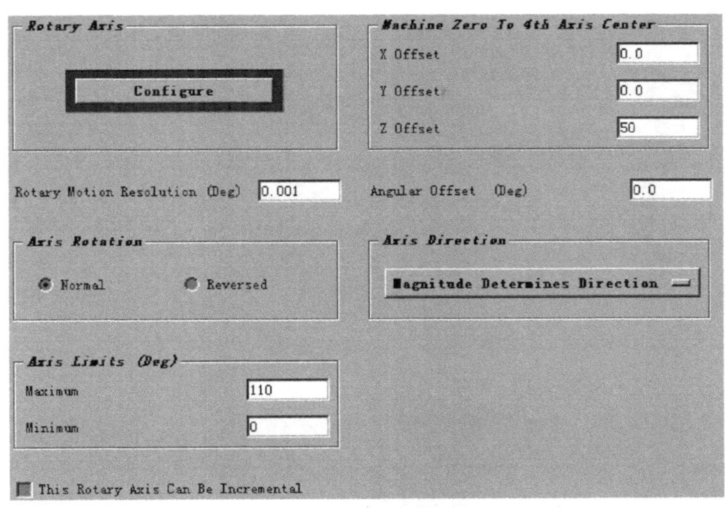

图 4-11　设置 4 轴零点和第 4 轴行程

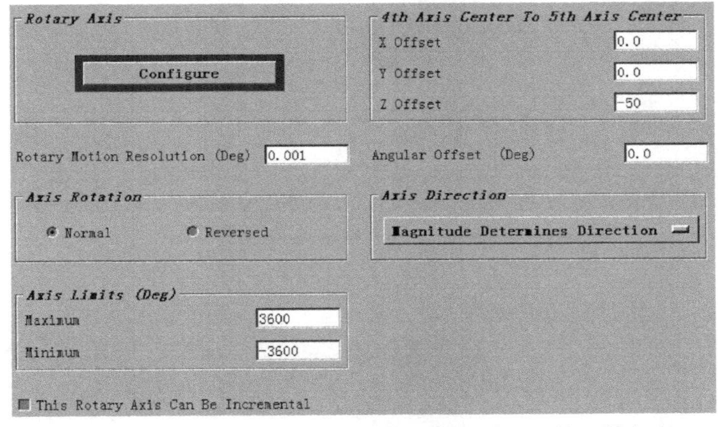

图 4-12　设置 5 轴零点、4 轴零点的位置关系和第 5 轴行程

图 4-13　设置第 4 轴、第 5 轴的名称和旋转平面

④ 换刀设置。为避免刀具和工件、夹具、回转工作台发生碰撞，在换刀结束后，添加 Z 轴返回参考点指令：G91 G28 Z0，刀具沿 Z 轴退回最远端，见图 4-14。

⑤ 快速移动 G00 设置。为避免刀具快速移动时发生刀具和工件碰撞，在刀具快速定位时，通常先移动 X、Y、B、C 轴，而后沿 Z 轴接近工件，避免 Z 轴和旋转轴同时快速移动，见图 4-15。

⑥ 设置退刀操作。操作结束后，为避免在下一个操作中 B、C 轴旋转时造成刀具和工件的碰撞，在每一个操作结束时，Z 轴要退回正向最远点。由于机床参考点在机床的右上角极限行程终点，所以添加刀具返回参考点指令：G91 G28 Z0，见图 4-16。

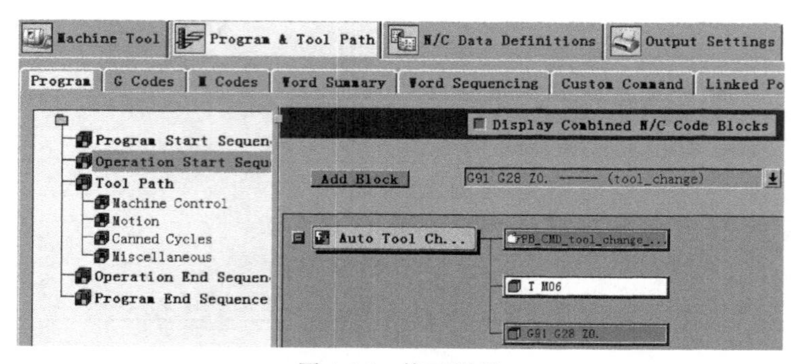

图 4-14　换刀设置

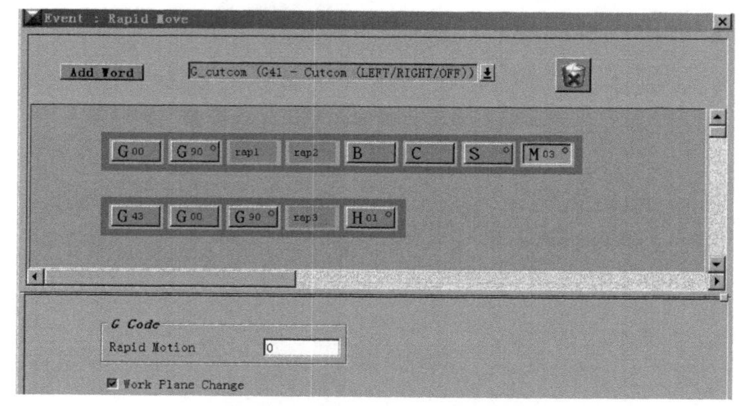

图 4-15　快速移动 G00 设置

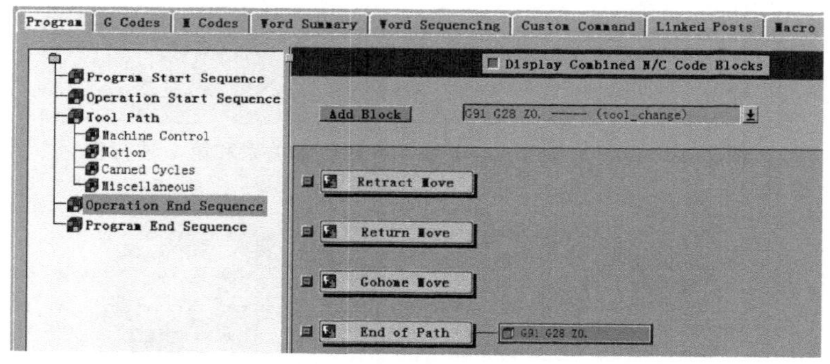

图 4-16　设置退刀操作

⑦ 其他设置同 4 轴后处理。

⑧ 保存后处理到 D:\v7\UG_pos\5TT 目录下，文件名为 5tt. pui。

4. 4　5 轴零件的加工流程

4. 4. 1　工艺分析

① 分析图纸，见图 4-17。

② 选择夹具：平口钳。

③ 选择刀具：ϕ16 铣刀、ϕ10 铣刀、ϕ8 钻头。

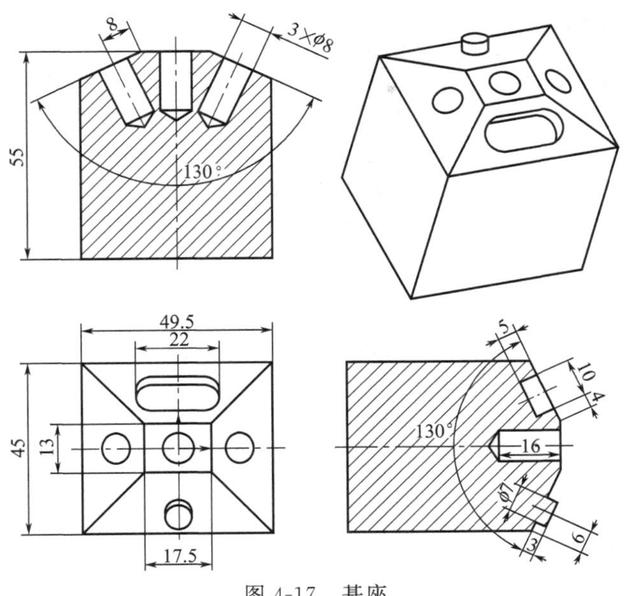

图 4-17　基座

4.4.2　机床操作

(1) 装夹工件

找正虎钳，在 $B0$ $C0$ 状态下，拉平虎钳的固定钳口，而后放置合适尺寸的垫铁，夹紧工件，见图 4-18。

(2) 对刀

G54 设置为 $X0$ $Y0$ $Z0$。测量工件编程零点（设定在工件底面中心点）相对于 5 轴中心的位置偏移。实测为 $X4.75$ $Y26.5$ $Z80$，见图 4-19。

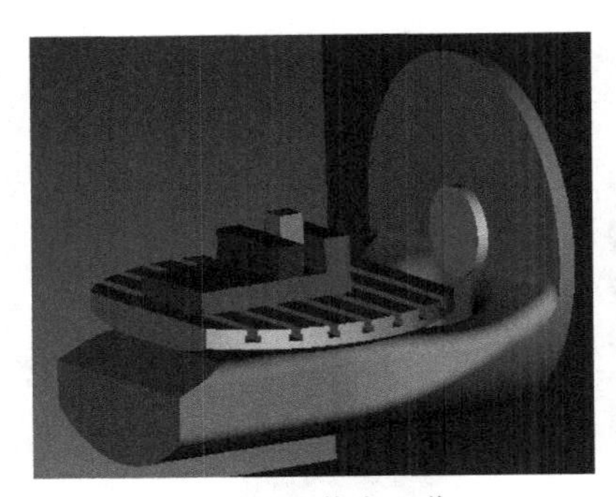

图 4-18　装夹工作

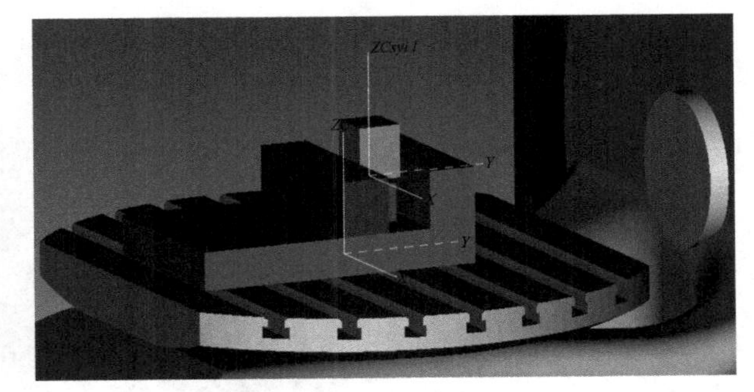

图 4-19　对刀

测量刀具长度方案如下。

方案 1：通过激光对刀仪测量所有刀具的长度。

方案 2：在工作台表面（或已知坐标平面）采用对刀棒或 Z 轴设定仪对刀。

【提示】　对于机床零点不在5轴零点的机床，要提前测量 5 轴中心的坐标，并写入相应的工件偏置（例如 G54）中，在加工时，调用对应坐标系（例如 G54）。

4.4.3　UG 编程

① 打开 D:\v7\5x_TT\Example_0\A0. prt。

图 4-20　加工模块

② 进入加工模块，在加工环境中选择“多轴铣加工”，见图 4-20。

③ 加工环境设置。在主菜单单击“首选项”按钮、“加工”按钮，进入加工首选项界面，勾选“将 WCS 定向到 MCS”，见图 4-21。定制合适的加工环境，可以使工作过程变得非常轻松，并提高工作效率。

④ 在刀具视图模式下，创建刀具并设置刀具参数，见图 4-22。

ϕ16 铣刀：T1，H1。

ϕ10 铣刀：T2，H2。

ϕ8 钻头：T3，H3。

⑤ 设置加工坐标系、安全平面。

在几何视图下，编辑加工坐标系，见图 4-23(a)。首先把加工坐标系设定在工件底面中心点，而后根据对刀结果，在动态坐标系方式下，平移坐标系到 $X-4.75$ $Y-26.5$ $Z-80$ 的位置，见图 4-23(b)。设置“装夹偏置”为“1”(对应坐标偏置 G54)。

图 4-21　加工首选项界面

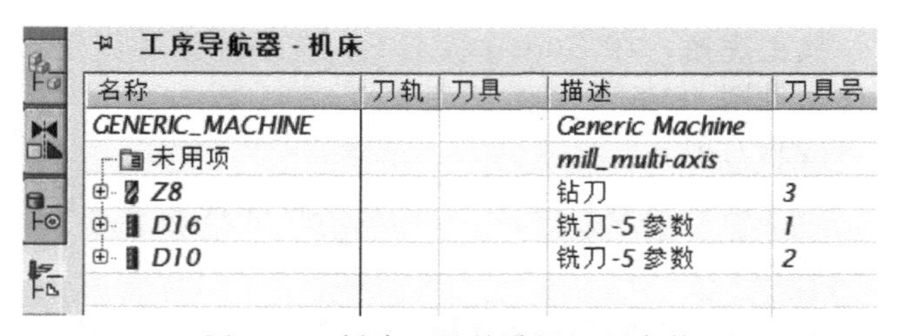

图 4-22　创建刀具并设置刀具参数

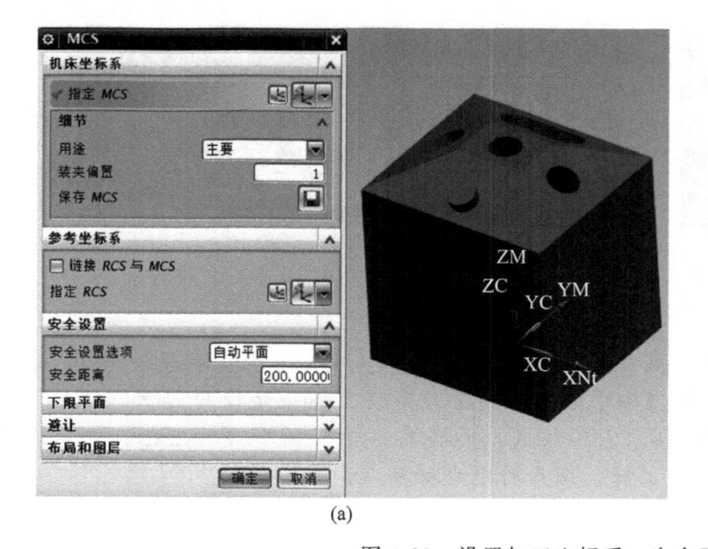

(a)

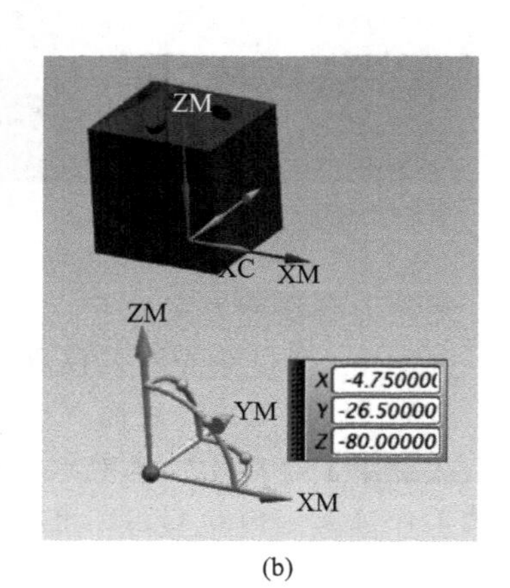

(b)

图 4-23　设置加工坐标系、安全平面

⑥ 编程。在几何视图模式下，为每个加工平面设置局部坐标系，采用“3+2 定位加工”的方式，完成斜面、圆台、键槽、孔的加工。

a. 加工 $\phi7$ 圆台及斜面。

第 1 步：创建局部坐标系。单击创建几何体图标“”，在弹出的创建几何体菜单中，设置父几何体、名称（见图 4-24），单击确定，弹出 MCS 菜单（见图 4-25）。

图 4-24　创建几何体菜单

图 4-25　MCS 菜单

第 2 步：单击 CSYS 对话框“指定 MCS”，在弹出的菜单中，选择“平面，X 轴，点”类型，依次选择坐标平面、X 轴方向、坐标零点，见图 4-26。

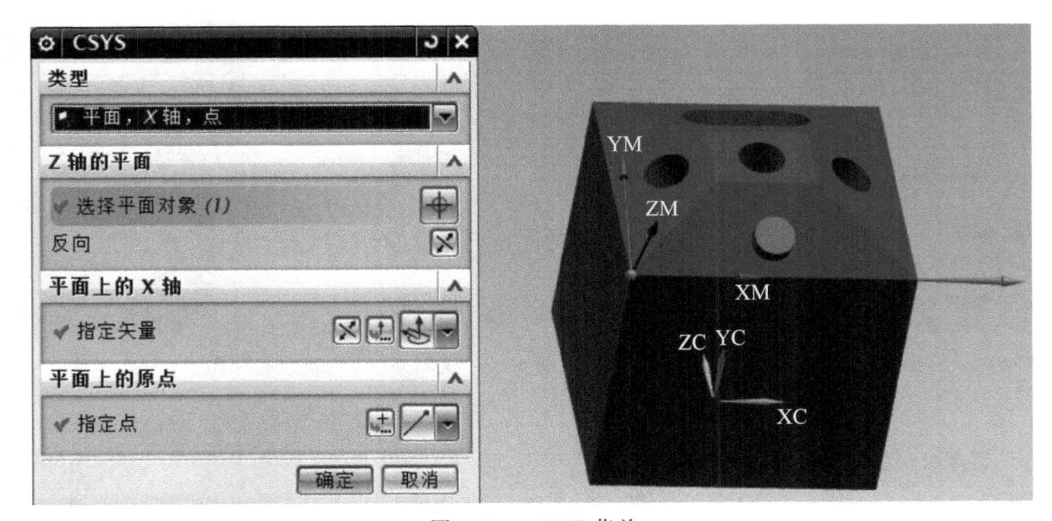

图 4-26　CSYS 菜单

第 3 步：设置“细节”“安全平面”，见图 4-27。单击确定，完成局部坐标系设置，见图 4-28。

第 4 步：在 MCS_1 节点下，创建 2 个“平面铣”操作，分别完成 $\phi7$ 圆台底面和顶面的铣削（图 4-29）。

b. 加工 22×10 键槽及斜面。

创建局部坐标系 MCS_2，并在其节点下创建 2 个“平面铣”操作，分别完成 22×10 键槽及斜面的铣削（图 4-30）。

c. 加工有 $\phi 8$ 孔的斜面。

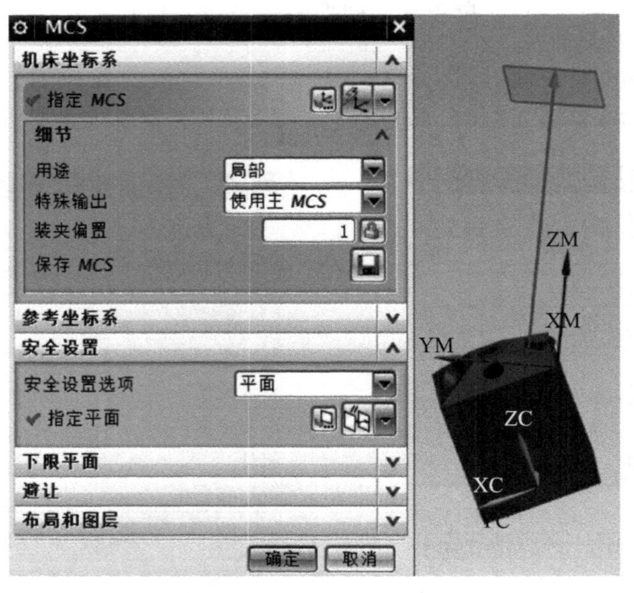

图 4-27　设置“细节”“安全平面”

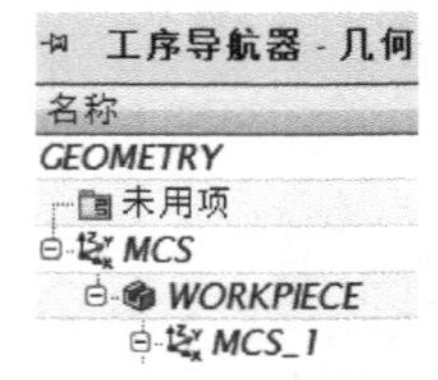

图 4-28　局部坐标系设置

工序导航器 - 几何

名称	刀轨	刀具	几何体
GEOMETRY			
未用项			
MCS			
WORKPIECE			
MCS_1			
O1	✔	D16	MCS_1
O2	✔	D16	MCS_1

图 4-29　铣削 $\phi 7$ 圆台底面和顶面

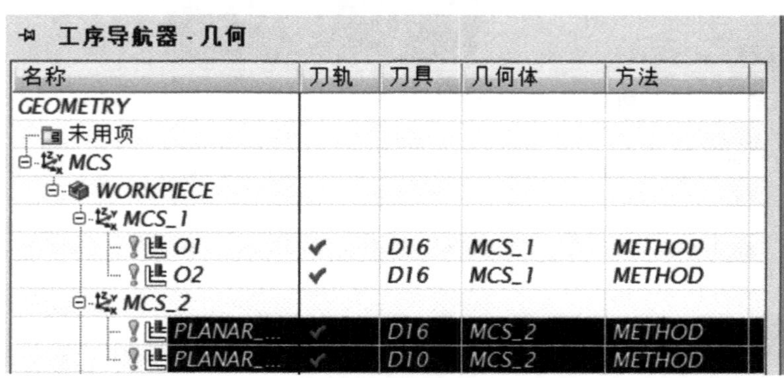

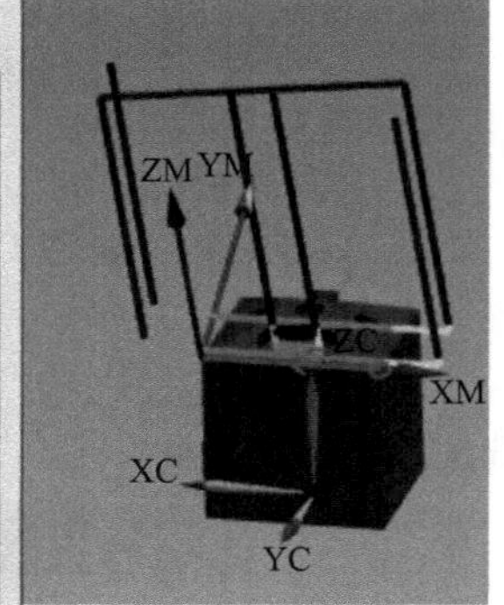

图 4-30　加工 22×10 键槽及斜面

创建局部坐标系 MCS _ 3，并在其节点下创建 1 个“平面铣”操作，完成斜面的铣削，见图 4-31。右键单击刚生成的平面铣操作（图 4-32），依次单击“对象”“变换”，镜像一个平面铣操作完成另一个斜面的铣削（图 4-33）。

工序导航器 - 几何

名称	刀轨	刀具	几何体	方法
GEOMETRY				
未用项				
MCS				
WORKPIECE				
MCS_1				
O1	✔	D16	MCS_1	METHOD
O2	✔	D16	MCS_1	METHOD
MCS_2				
PLANAR_...	✔	D16	MCS_2	METHOD
PLANAR_...	✔	D10	MCS_2	METHOD
MCS_3				
PLANAR_...	✔	D16	MCS_3	METHOD

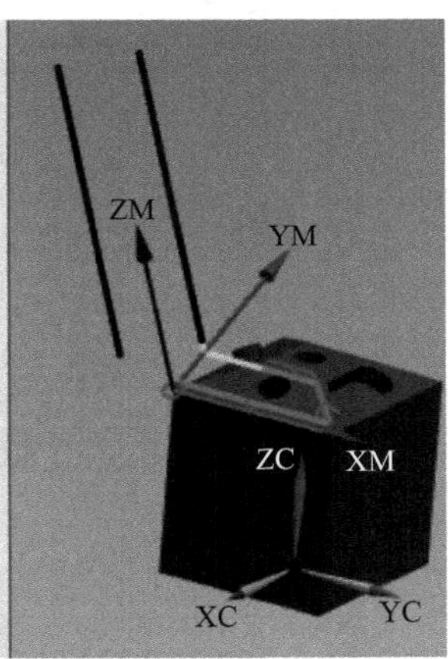

图 4-31　铣削斜面

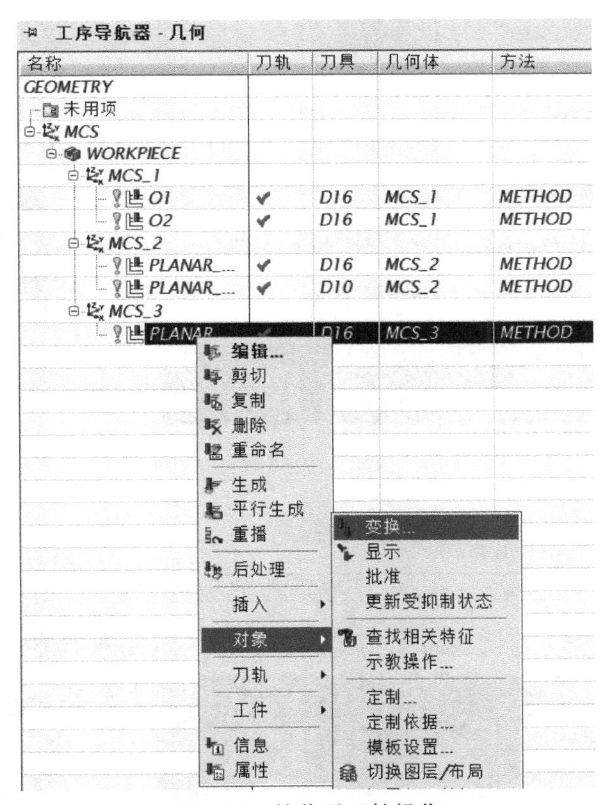

图 4-32　镜像平面铣操作

d. 完成 3 个 $\phi 8$ 孔的钻孔加工，见图 4-34。

⑦ 后处理。在程序视图模式下，按照加工顺序，选择所有操作，使用 FANUC 系统的后处理，生成 NC 程序 O1. ptp，见图 4-35。

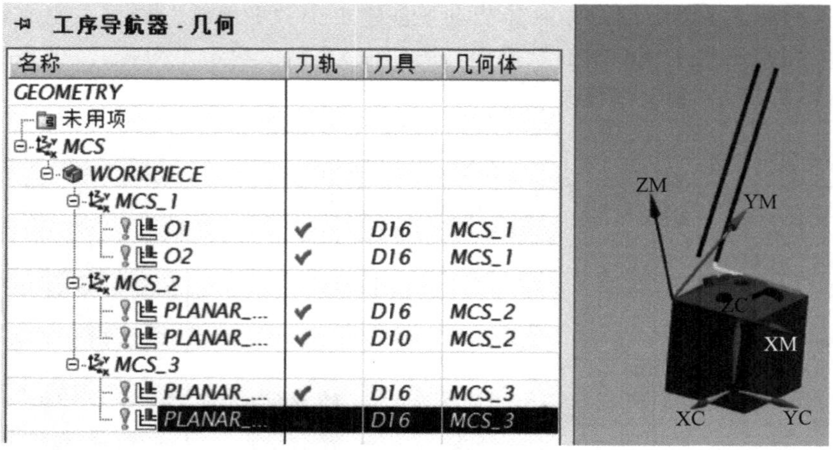

工序导航器 - 几何

名称	刀轨	刀具	几何体
GEOMETRY			
未用项			
MCS			
WORKPIECE			
MCS_1			
O1	✔	D16	MCS_1
O2	✔	D16	MCS_1
MCS_2			
PLANAR_...	✔	D16	MCS_2
PLANAR_...	✔	D10	MCS_2
MCS_3			
PLANAR_...	✔	D16	MCS_3
PLANAR_...		D16	MCS_3

ZM YM ZC XM XC YC

图 4-33　铣削另一个平面

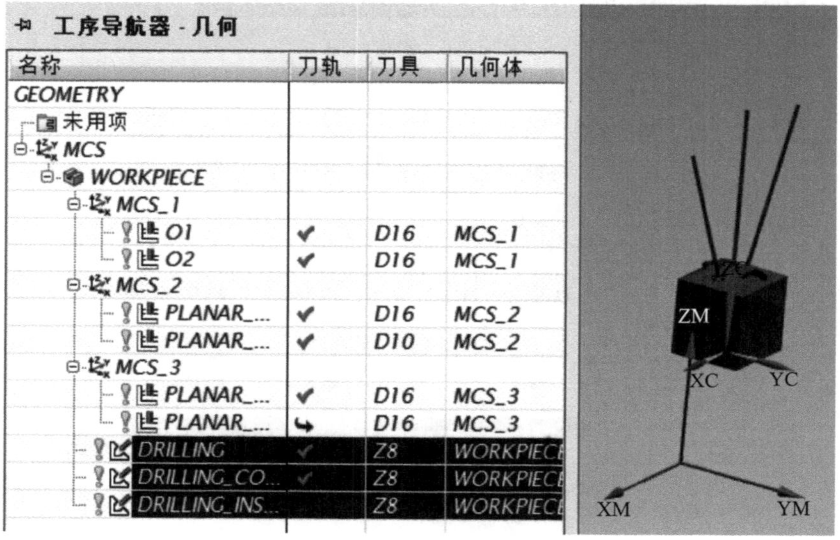

工序导航器 - 几何

名称	刀轨	刀具	几何体
GEOMETRY			
未用项			
MCS			
WORKPIECE			
MCS_1			
O1	✔	D16	MCS_1
O2	✔	D16	MCS_1
MCS_2			
PLANAR_...	✔	D16	MCS_2
PLANAR_...	✔	D10	MCS_2
MCS_3			
PLANAR_...	✔	D16	MCS_3
PLANAR_...	↪	D16	MCS_3
DRILLING	✔	Z8	WORKPIECE
DRILLING_CO...	✔	Z8	WORKPIECE
DRILLING_INS...		Z8	WORKPIECE

ZC ZM XC YC XM YM

图 4-34　完成 3 个 $\phi 8$ 孔的钻孔加工

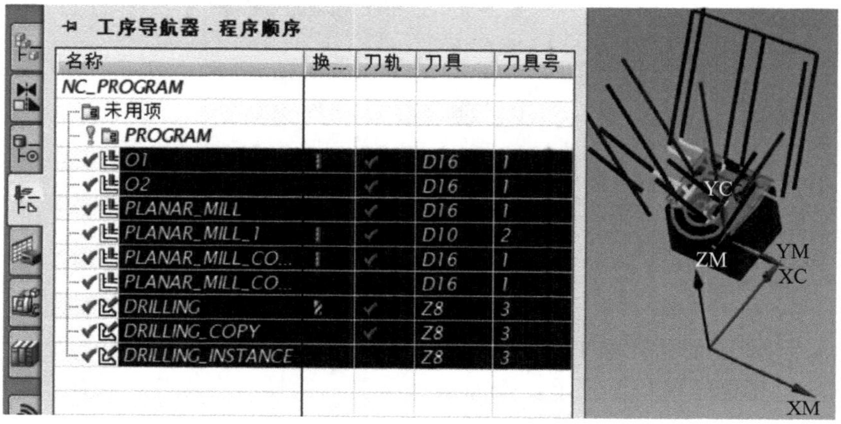

工序导航器 - 程序顺序

名称	换...	刀轨	刀具	刀具号
NC_PROGRAM				
未用项				
PROGRAM				
O1	!	✔	D16	1
O2		✔	D16	1
PLANAR_MILL		✔	D16	1
PLANAR_MILL_1	!	✔	D10	2
PLANAR_MILL_CO...	!	✔	D16	1
PLANAR_MILL_CO...			D16	1
DRILLING	↯	✔	Z8	3
DRILLING_COPY		✔	Z8	3
DRILLING_INSTANCE			Z8	3

YC ZM YM XC XM

图 4-35　后处理

4.4.4 Vericut 仿真

① 创建新项目 D:\v7\5x_TT\Example_0\A0. vcproject，单位 mm。

② 配置机床 DMG DMU50，配置控制系统 FANUC16im（可选配置控制系统 hei530. ctl），见图 4-36。

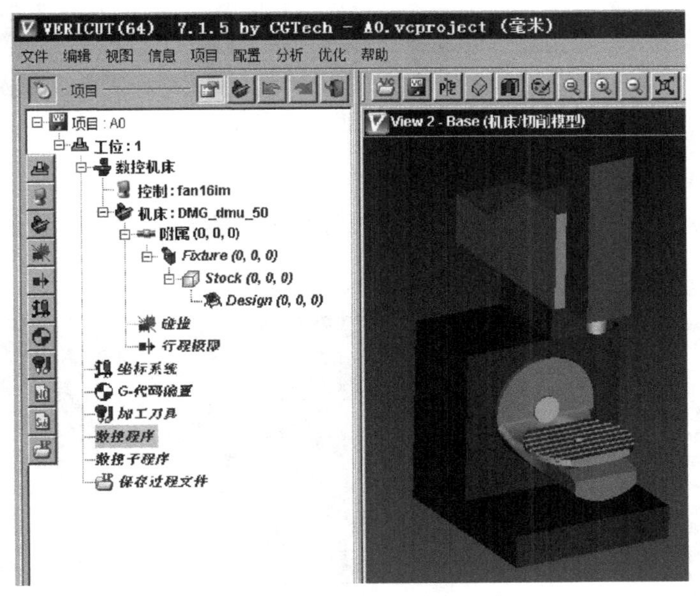

图 4-36　配置机床及控制系统

③ 调入虎钳并创建垫块、毛坯 49.5×45×55。平移零件到 X4.75 Y26.5 Z80 的位置。保证虎钳和垫块、毛坯的位置与机床上虎钳、毛坯实际位置一致，见图 4-37。

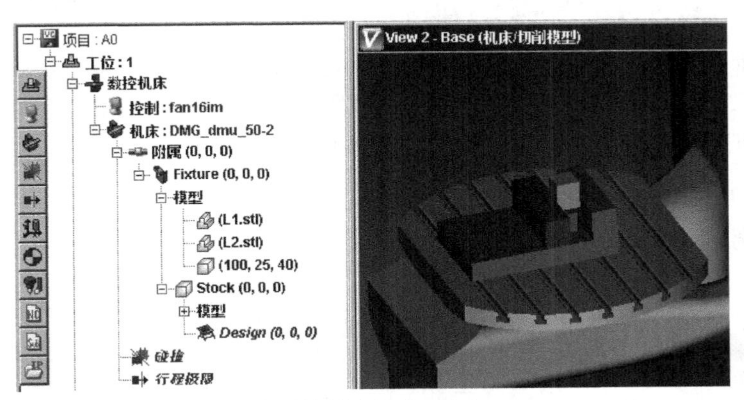

图 4-37　调入虎钳并创建垫块、主坯 49.5×45×55

④ 设置加工坐标系。设 G54 为 X0 Y0 Z0，见图 4-38。

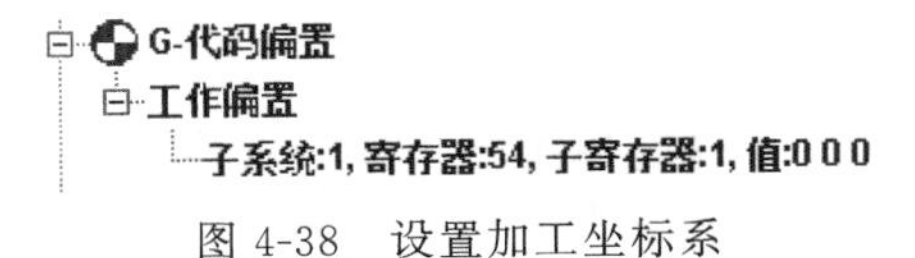

图 4-38　设置加工坐标系

⑤ 创建刀库 A0. tls，见图 4-39。

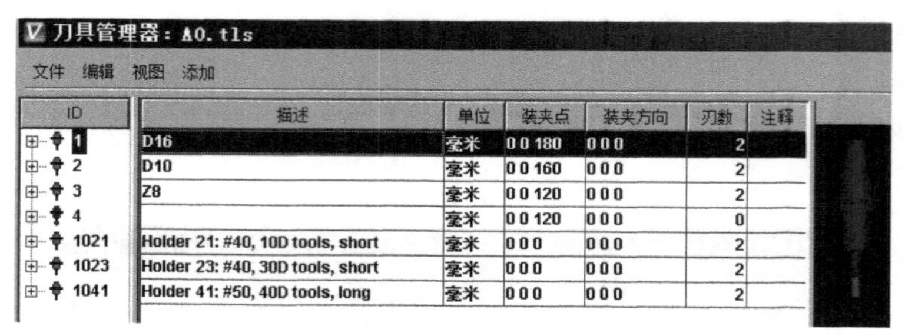

图 4-39　创建刀库 A0.tls

⑥ 调入程序 O1.ptp，见图 4-40。

⑦ 执行程序。单击屏幕右下角的绿色三角箭头“　”，对加工过程进行仿真，见图 4-41。

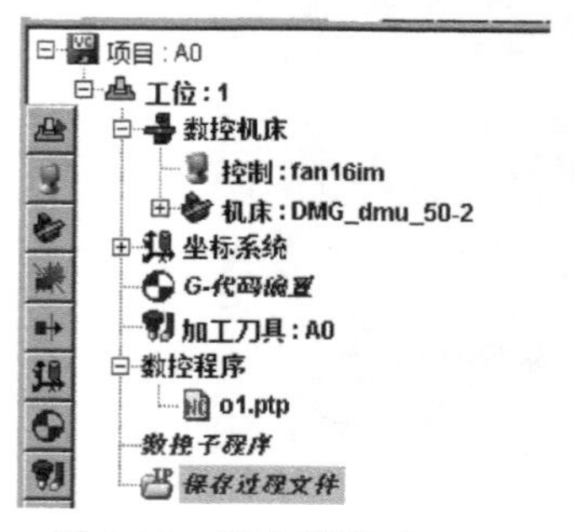

图 4-40　调入程序 O1.ptp

图 4-41　仿真加工过程

4.5　经济型 5 轴双转台加工中心 UG 后处理定制

经济型 5 轴加工中心，通常是在 3 轴加工中心的基础上，加装一个双转台。此类机床通常设置成 BC 轴结构，适合加工轴类零件和小型零件，见图 4-42。也有一些机床设置成 AC 轴结构，虽然加工视野较好，但加工行程会受到很大限制。

4.5.1　搜集机床数据

① 机床型号：华中 VMC1060。

图 4-42　经济型 5 轴加工中心

② 控制系统：华中 818B。

③ 机床零点：工作台右上角。

④ B 轴（第 4 轴）零点：B 轴和 C 轴轴线的交点，实测坐标 $X-305$ $Y-203$ $Z-617$ 。

⑤ C 轴（第 5 轴）零点：B 轴和 C 轴轴线的交点。

⑥ 编程零点：B 轴零点。

⑦ 机床行程：$X-750\sim0$ $Y\pm260$ $Z-450\sim0$ $A\pm110$ $C\pm99999$。

【注释】 对于经济型5轴机床，通常假设 C 轴零点和 B 轴零点重合，是为了简化编程。C 轴零点也可以设在工作台表面和 C 轴轴线的交点，只要在实际编程中和自己的后处理互相对应即可。

4.5.2 定制后处理

① 打开 UG 的后处理构造器，设置后处理名“HuaZhong-5BC”、后处理单位“Millimeters”、后处理机床类型“5 轴双转台”、控制系统模板“Generic”。

② 设置第 4、5 轴参数。

a. 设置 4 轴零点和第 4 轴行程（图 4-43）。

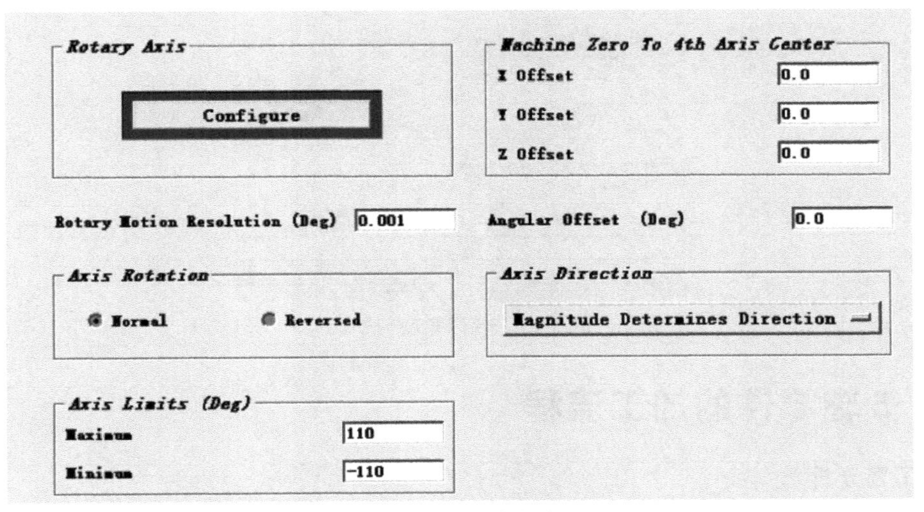

图 4-43　4 轴零点与行程

【注释】　4轴零点相对于机床坐标系的偏置都设置成 0 后，在实际加工中，只要在工件坐标系中输入 B 轴零点的实际机床坐标即可，例如在 G54 中输入“$X-305$ $Y-203$ $Z-617$”。

b. 设置 5 轴零点、4 轴零点的位置关系和第 5 轴行程（图 4-44）。

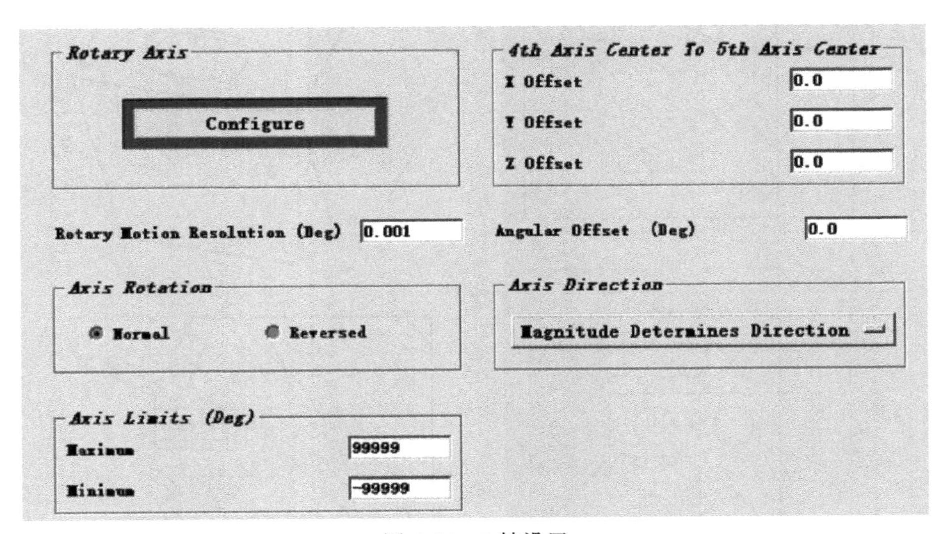

图 4-44　5 轴设置

c. 设置第 4 轴、第 5 轴的名称和旋转平面（图 4-45）。

③ 其他设置（略）。

④ 保存后处理。

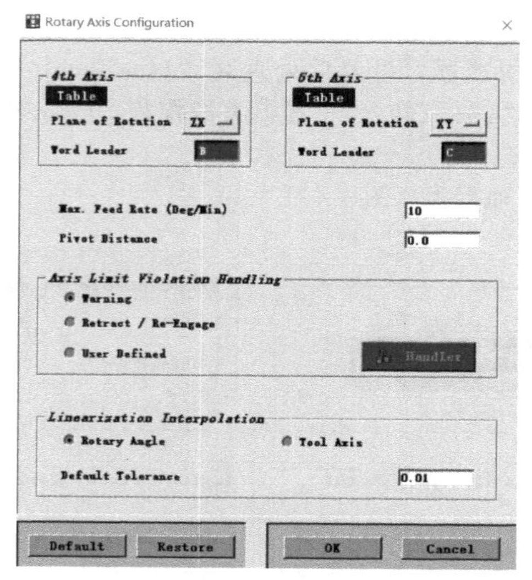

图 4-45　名称和旋转平面

4.6　5 轴零件的加工流程

4.6.1　工艺分析

① 图纸，见图 4-46。

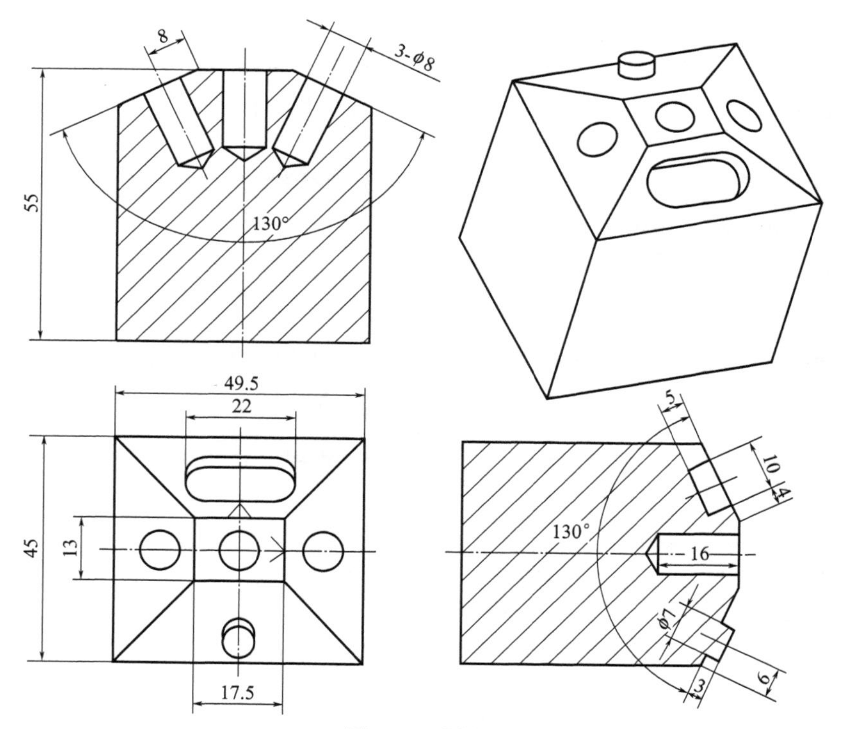

图 4-46　图纸

② 装夹方案：三爪卡盘，工件零点 G54 在 4 轴中心点，见图 4-47。

③ 选择刀具：ϕ16 铣刀、ϕ10 铣刀、ϕ8 钻头。

④ 对刀，确定工件零点 G54。

a. 用寻边器测量回转工作台中心的 X、Y 坐标。

b. 在 B90 状态下，间接测量回转台中心的 Z 坐标，具体步骤为先测量回转台直径，在测量回转台中心到工作台表面（也可以是已知 Z 坐标的某一平面）的距离，通过工作台表面的 Z 坐标，反向计算 4 轴中心点坐标。本案例实测为 $X-304.75$ $Y206.5$ $Z-180$，则在机床 G54 坐标系中输入“$X-304.75$ $Y206.5$ $Z-180$”。

c. 测量工件编程零点（设定在工件顶面中心点）相对于坐标系 G54 中的位置。实测为 $X0$ $Y0$ $Z310.88$（图 4-48）。此数据将用于后续的 CAM 编程。

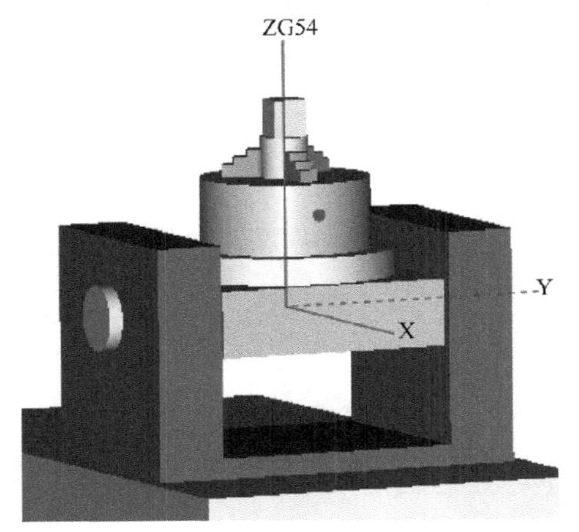

图 4-47　工件零点

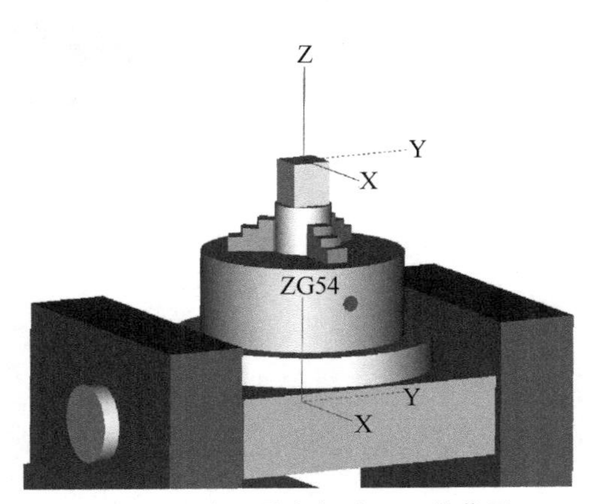

图 4-48　编程零点相对 G54 的位置

d. 测量刀具长度：

方案 1，通过激光对刀仪测量所有刀具的长度。

方案 2，在工作台表面（或已知坐标平面）采用对刀棒或 Z 轴设定仪对刀。对于本案例，由于已知编程零点（工件上顶面）的坐标为 $Z310.88$。则当刀尖和工件上表面贴合后，输入“$Z310.88$”测量即可（适用于 FANUC 系统）。

4.6.2　UG 编程

① 打开 D:\v7\5x_TT\Example_0\A0.prt。

② 进入加工模块，调整“主加工坐标系”和零件对应，具体位置就是工件上表面中心点下方 $X0$ $Y0$ $Z310.88$ 位置，见图 4-49。

③ 后处理，生成程序 O15。

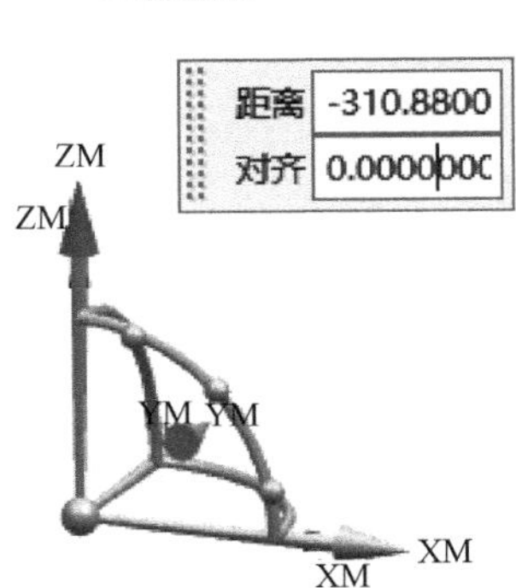

图 4-49　调整坐标系

4.6.3　Vericut 仿真

① 打开项目 D:\v7\5x_TT\简易 3+2\5BC 华中 818B.vcproject。

② 检查 G54 零点。

③ 检查刀库。

④ 调入程序。

⑤ 模拟加工，见图 4-50。

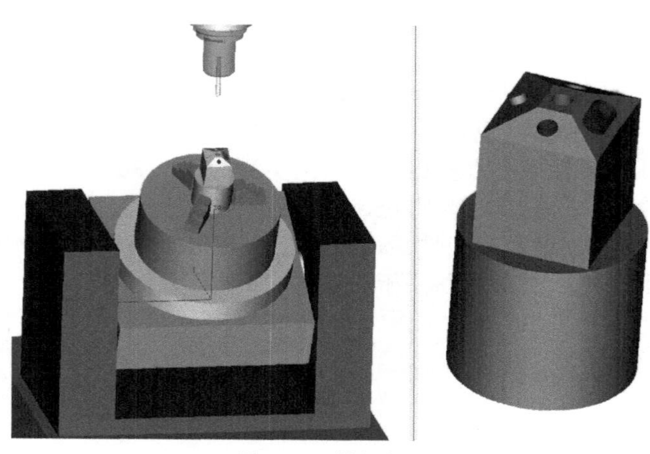

图 4-50　模拟加工

第 5 章

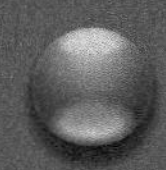

5轴加工的典型案例

5.1 案例1 壳体

5.1.1 壳体零件的工艺分析

（1）零件分析

壳体零件的毛坯采用铸造毛坯，材料为铸铁。该零件主要由平面、斜面、孔系组成，需要加工 3 个密封面及面上所有孔、3 个观察窗及所有孔。该零件属于薄壁零件，工艺刚性较差，主要是控制装夹变形和加工变形。该壳体零件图和毛坯图见图 5-1 和图 5-2。

图 5-1 零件图

图 5-2 毛坯图

（2）工件装夹

① 工序 1：选用可调支承和压板，让工件靠近工作台的一边，尽可能使用较短刀具完成工件加工（图 5-3）。如果是批量加工，还要设置限位装置。

图 5-3 选用可调支承和压板

② 工序 2：选用专用工装（图 5-4），采用一面两孔定位方式。定位销采用一个圆销钉和一个菱形销，安装工件后，用压板压紧工件，见图 5-5。

（3）刀具选择

刀具选择见表 5-1。

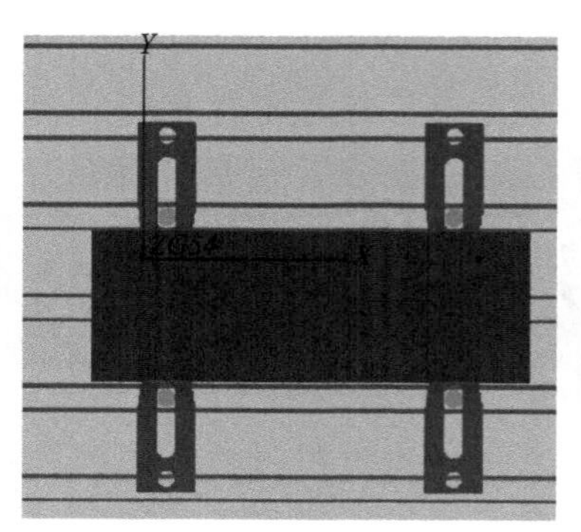

图 5-4　选用专用工装

图 5-5　压紧工件

表 5-1　刀具选择

刀具号	刀具长度补偿号	刀具描述	刀具名称
T1	H1	直径 24mm 的铣刀	D24
T2	H2	直径 5mm 的铣刀	D5
T3	H3	直径 4.8mm 的钻头	Z4.8
T4	H4	直径 12mm 的钻头	Z12
T5	H5	直径 2.6mm 的钻头	Z2.6
T6	H6	直径 3.6mm 的钻头	Z3.6
T7	H7	直径 2.1mm 的钻头	Z2.1

(4) 工序流程

工序流程见表 5-2。

表 5-2　工序流程

工序号	工序内容	工序名	刀具
1	口面、4 个 ϕ5 孔		
1.1	精铣口面	O1-1	T1
1.2	预钻 ϕ5 底孔至 ϕ4.8	O1-2	T3
1.3	精加工 ϕ5 孔	O1-3	T2
2	左右侧面及孔、3 个窗口面及孔		
2.1	铣左侧端面	O2-1	T1
2.2	铣右侧端面	O2-2	T1
2.3	铣第一个窗口面	O2-3	T1
2.4	铣第二个窗口面	O2-4	T1
2.5	铣第三个窗口面	O2-5	T1
2.6	钻右端面 ϕ2.6 孔	O2-6	T5
2.7	钻左端面 ϕ3.6 孔	O2-7	T6
2.8	钻第三个窗口面 ϕ2.1 孔	O2-8	T7
2.9	钻第二个窗口面 ϕ2.1 孔	O2-9	T7
2.10	钻第一个窗口面 ϕ2.1 孔	O2-10	T7

续表

工序号	工序内容	工序名	刀具
2.11	钻第三个窗口面 ϕ12 孔	O2-11	T4
2.12	钻第二个窗口面 ϕ12 孔	O2-12	T4
2.13	钻第一个窗口面 ϕ12 孔	O2-13	T4

5.1.2　对刀

(1) 确定工序 1 的编程零点

工序 1 的编程零点设在底面中心，见图 5-6(a)。夹紧工件后，旋转 C 轴，使待加工面（零件口面）和 X 轴平行，见图 5-6(b)。用寻边器或试切法测量编程零点的坐标位置，并考虑各面的加工余量。记下此时编程零点的坐标位置：$X-3.5$ $Y-220$ $Z30$ $B0$ $C0$ [图 5-6(c)]。

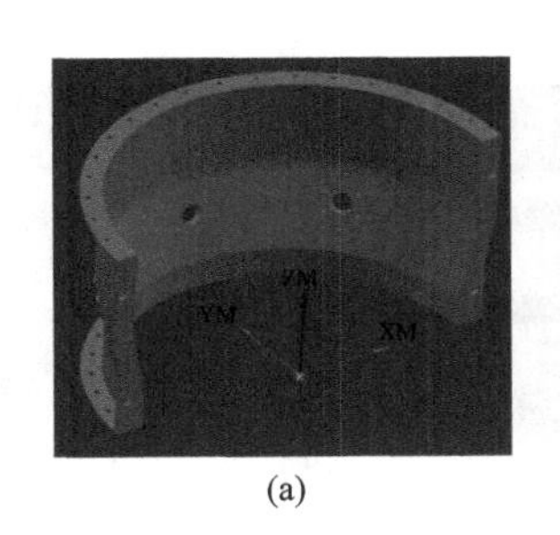

(a)

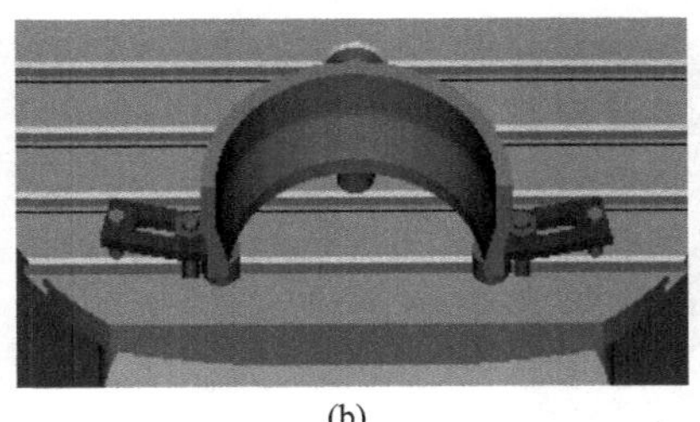
(b)

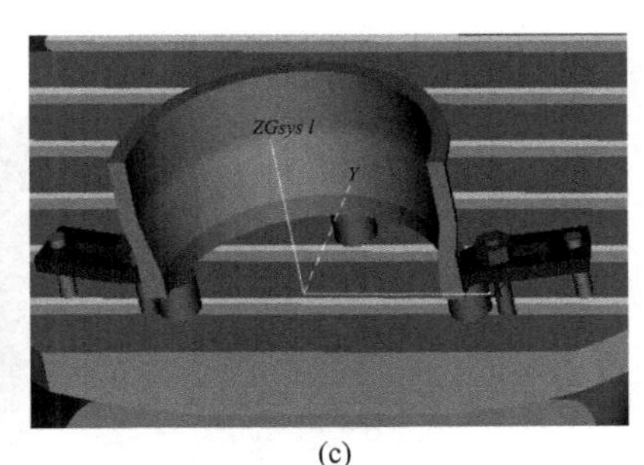

(c)

图 5-6　确定工序 1 的编程零点

(2) 确定工序 2 的编程零点

工序 2 采用专用工装，定位方式采用一面两孔。编程零点设在左边 ϕ3.6 定位销（圆销）轴线和工装表面的交点。

用压板把工装压紧在工作台上，在机床坐标系下 $B0$ 位置，旋转 C 轴，用百分表拉平 2 个定位销（即 2 个定位销钉的连线和 X 轴平行），记住 C 轴位置（本案例的 C 轴实测值是 C-1.2）。当然在 $C0$ 状态下，拉平 2 个定位销，再夹紧工装也可行，只是操作工要有较好的动手能力，并需要一定的找正装夹时间。

在主轴上装夹杠杆百分表，通过回转主轴来测量定位销（圆销）的 X、Y 坐标。Z 轴则用百分表测量工装端面和工作台面的距离（图 5-7）。记下定位销钉孔的坐标位置：$X-117.08$ $Y34.806$ $Z120$。

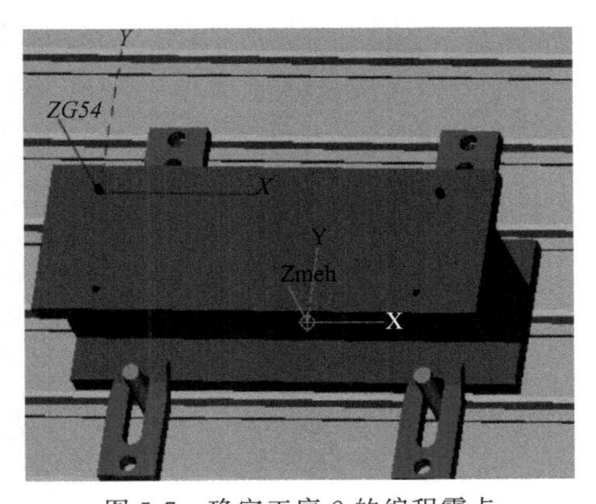

图 5-7　确定工序 2 的编程零点

在机床偏置中，输入工件坐标系 G54 的值：$X0$ $Y0$ $Z0$ $B0$ $C-1.2$。

【提示】　实际是测量左端定位销(圆销) 相对于 5 轴中心的坐标偏置，由于 5 轴中心点和机床零点重合，所以可直接用杠杆表测量定位销（圆销）的 X、Y 坐标。对于 5 轴中心点和机床零点不重合的机床，还要测量 5 轴中心点的坐标，而后进行计算得出定位销相对于 5 轴中心点的坐标值。

(3) 测量刀具长度

在工作台表面上，采用对刀棒或 Z 轴设定仪测量刀具长度。

5.1.3 使用 UG 编程

(1) 零件造型

启动 UG，调入零件 D:\v7\5x_TT\Example_1\5X_A1_XT. prt（图 5-8）。

(2) 启动多轴加工模块

进入加工模块，在加工环境中选择“多轴铣加工”（图 5-9）。

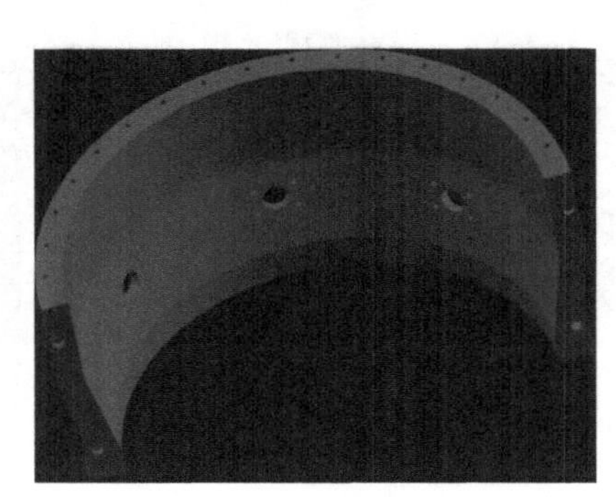

图 5-8　零件造型

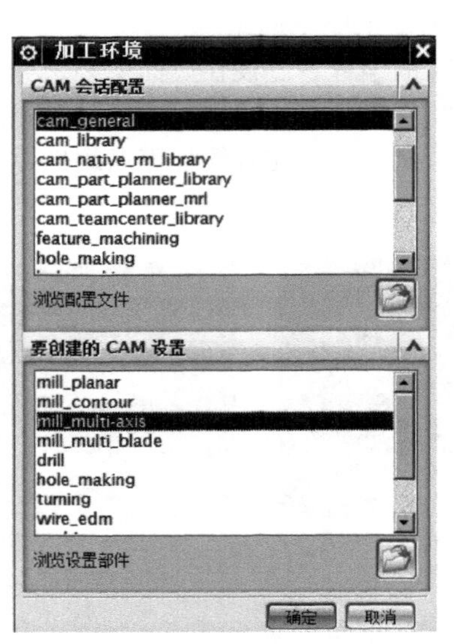

图 5-9　启动多轴加工模块

(3) 创建刀具

在刀具视图下，依次创建所有刀具（图 5-10）。

工序导航器 - 机床

名称	刀具号	描述
GENERIC_MACHINE		Generic Machine
未用项		mill_multi-axis
D24	1	铣刀-5 参数
Z4.8	3	钻刀
D5	2	铣刀-5 参数
Z12	4	钻刀
Z2.6	5	钻刀
Z3.6	6	钻刀
Z2.1	7	钻刀

图 5-10　创建刀具

(4) 设置“工序 1”加工坐标系

① 在几何视图下（图 5-11），重命名加工坐标系为“MCS _ 1”（图 5-11）。

② 单击“CSYS”对话框，选择类型“平面，X 轴，点”，依次选择底面、X 轴正方向、坐标零点，选择完成后如图 5-12 所示。

③ 根据对刀结果，调整加工坐标系的零点到“X3.5 Y220 Z-30”位置。再次单击“CSYS”对话框，类型“偏置 CSYS”，参考“WCS”，偏置“X3.5 Y220 Z-30”，单击确定

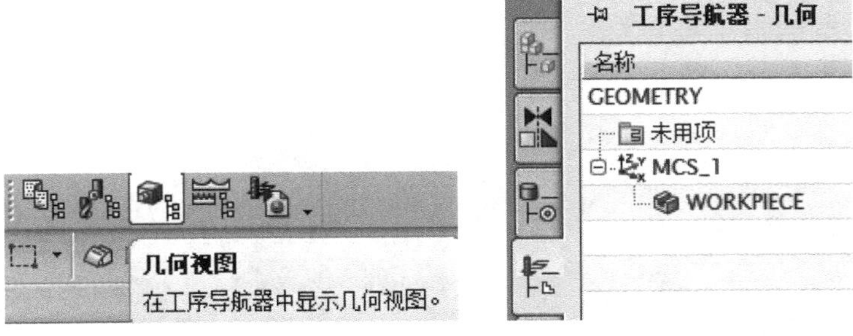

图 5-11　重命名加工坐标系

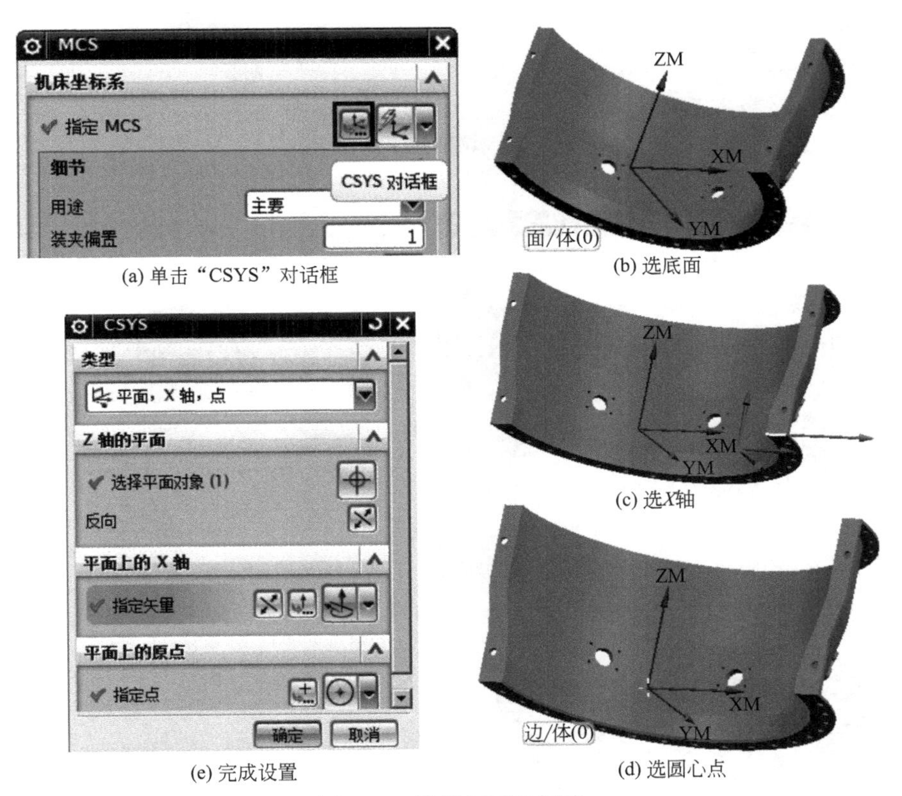

(a) 单击“CSYS”对话框　(b) 选底面　(c) 选X轴　(d) 选圆心点　(e) 完成设置

图 5-12　设置加工坐标系

完成加工坐标系的调整（图 5-13）。

④ 安全设置。定义安全平面，指定口面并偏置 100mm（图 5-14）。

⑤ 细节设置。设置用途为“主要”（主加工坐标系），设置装夹偏置为“1”（对应 G54），见图 5-15。

（5）设置“工序 1”毛坯

设置图层 101 为主工作层，图层 1 设为不可见。单击“WORKPIECE”（MCS_1 WORKPIECE），在工件设置窗口（图 5-16），单击“指定毛坯”，选择毛坯几何体。

（6）铣定位基准面

① 创建“面铣”操作，刀具选择“D24”，几何体选择“WORKPIECE”，名称选择“O1-1”（图 5-17）。单击确定，进入面铣操作。

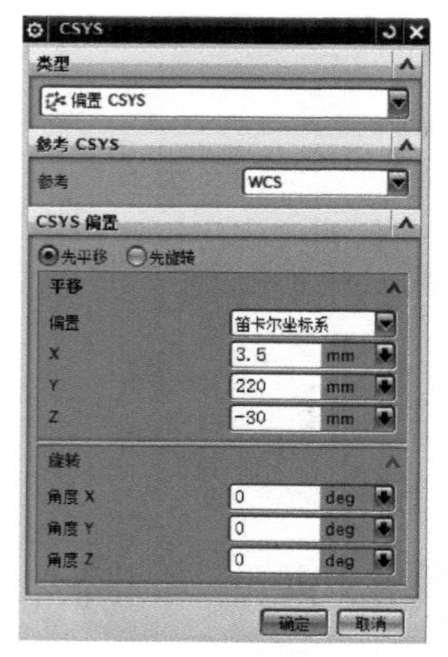

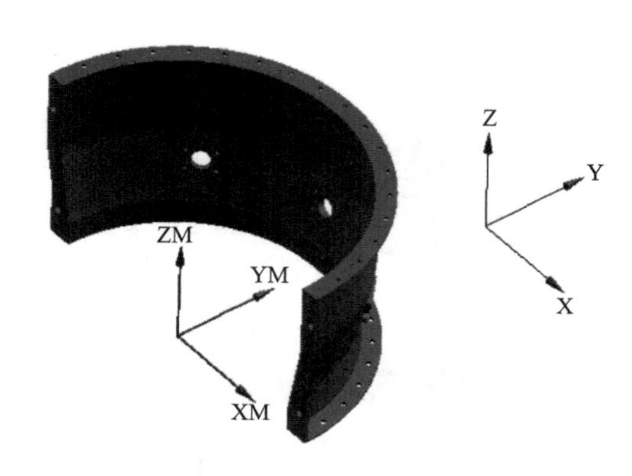

图 5-13　调整加工坐标系

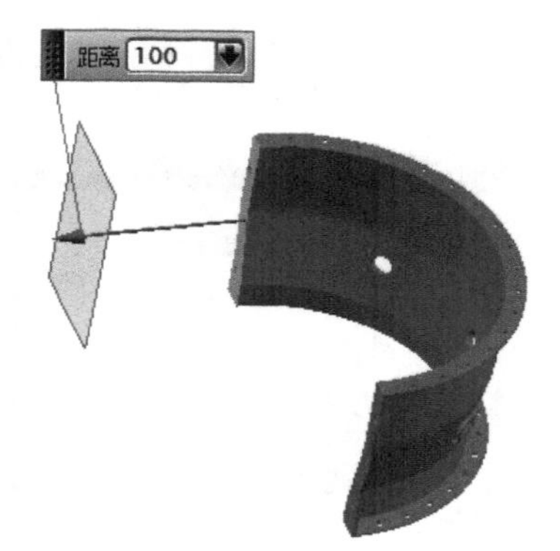

图 5-14　设置安全面

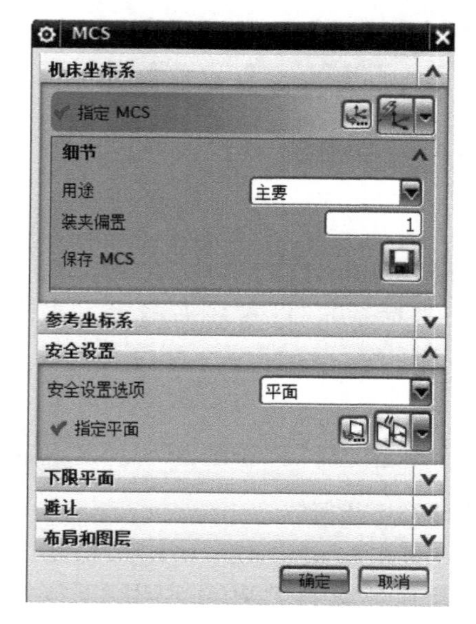

图 5-15　细节设置

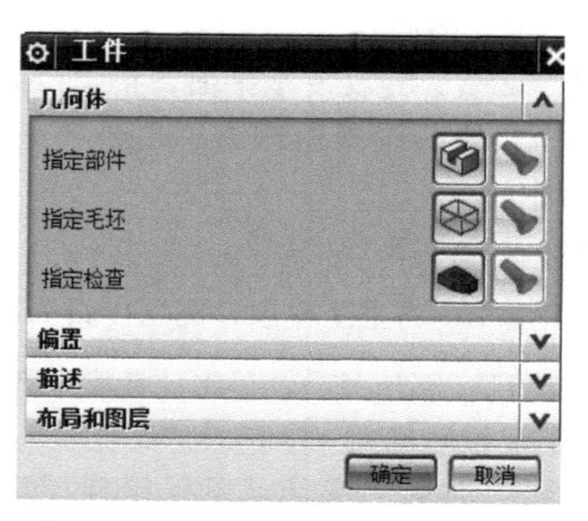

图 5-16　设置“工序 1”毛坯

② 设置操作参数（图 5-18）。
指定部件：零件几何体。
指定面边界：口面。
刀轴：垂直于第一个面。
切削模式：跟随周边。
切削参数：部件余量 0。
进给率和速度：S650，F200。

图 5-17　创建工序

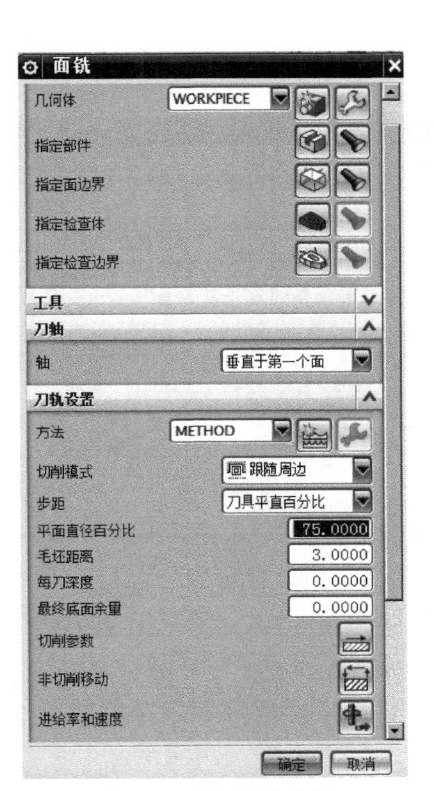

图 5-18　设置操作参数

③ 单击“生成”按钮，轨迹见图 5-19。

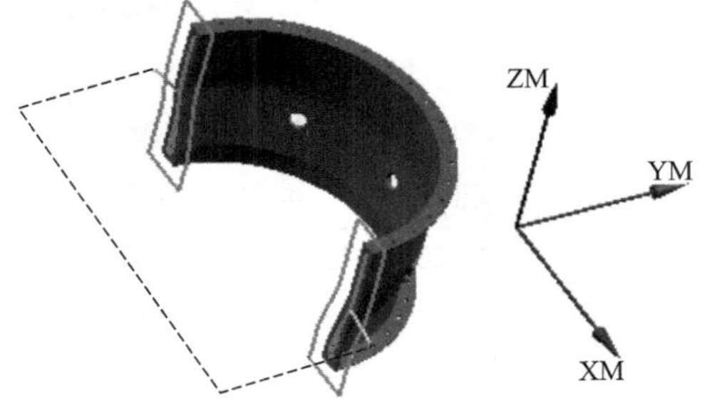

图 5-19　生成轨迹

（7）钻孔

① 创建“钻孔”操作，刀具选择“Z4.8”，几何体选择“WORKPIECE”，名称选择“O1-2”（图 5-20）。单击确定，进入钻孔操作。

② 设置操作参数（图 5-21）

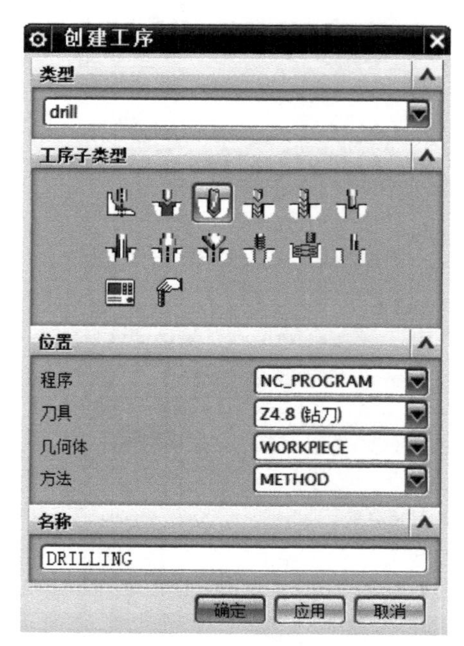

图 5-20　创建工序

图 5-21　设置操作参数

指定孔：面上所有孔。

刀轴：指定矢量。选择面的法向，而后选择“钻孔表面”（图 5-22）。

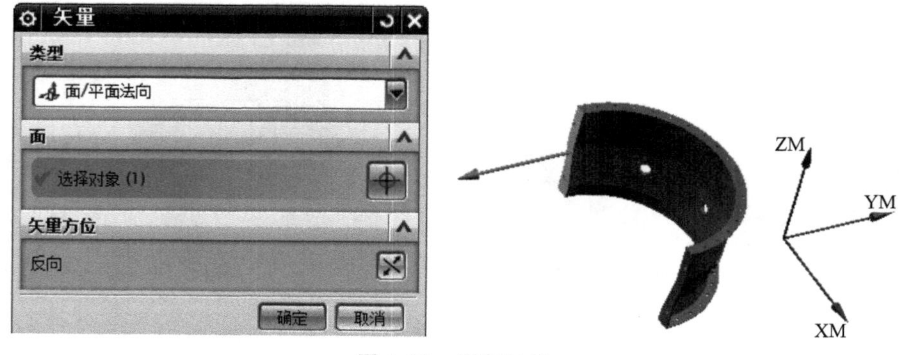

图 5-22　指定矢量

循环类型：标准钻。循环参数设置如图 5-23 所示。

③ 单击操作“生成”按钮，轨迹如图 5-24 所示。

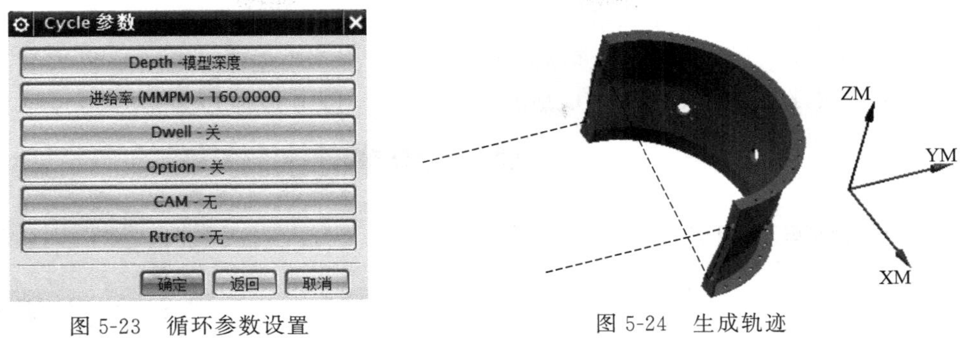

图 5-23　循环参数设置　　　　图 5-24　生成轨迹

(8) 扩孔

① 复制操作“O1-2”，重命名为“O1-3”（图 5-25）。

② 修改操作参数。

刀具：D5。

进给率：F80。

③ 单击操作“生成”按钮，轨迹见图 5-26。

工序导航器 - 几何

名称	刀轨	刀具
GEOMETRY		
未用项		
MCS_1		
WORKPIECE		
O1-1	✔	D24
O1-2	✔	Z4.8
O1-3	✔	Z4.8

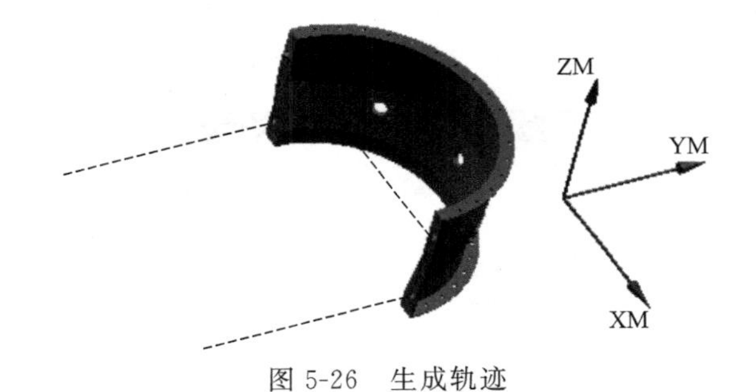

图 5-25　工序导航器　　　　图 5-26　生成轨迹

(9)“工序 1”后处理

在几何视图模式下，在“MCS_1”节点，右键单击，单击“后处理”（图 5-27）。后处理选 D:\v7\UG_post\5TT\5tt. pui，输出文件 D:\v7\5x_TT\Example_1\O1. ptp（图 5-28）。

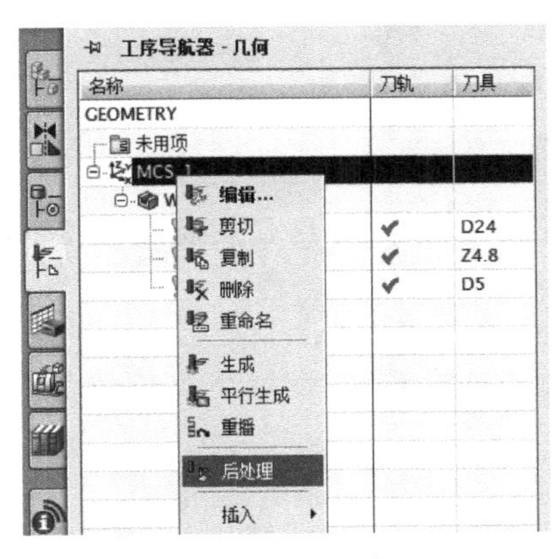

图 5-27　工序导航器

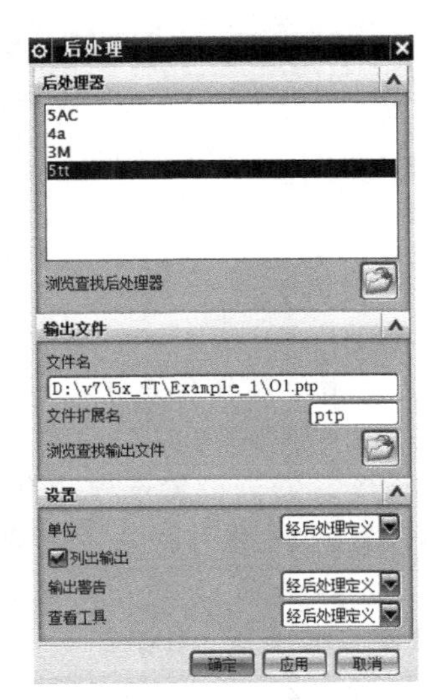

图 5-28　后处理

(10) 设置“工序 2”加工坐标系

① 在几何视图下（图 5-29），在 GEOMETRY 父节点下，创建加工坐标系“MCS _ 2”。

② 首先把工件坐标系设定在 ϕ5 孔（用于对刀的孔）的下表面中心点（图 5-30）。

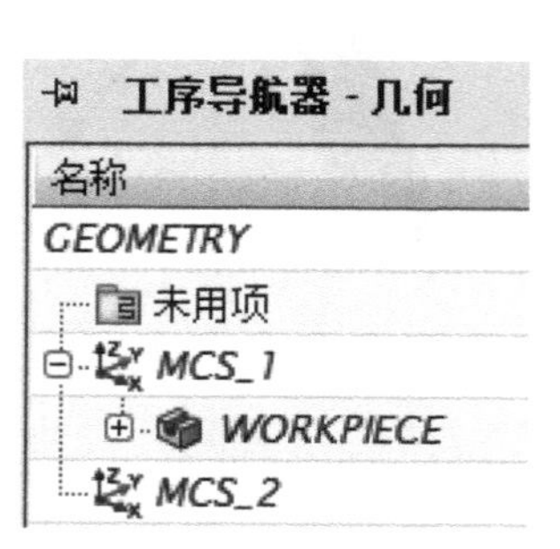

图 5-29 创建加工坐标系“MCS _ 2”

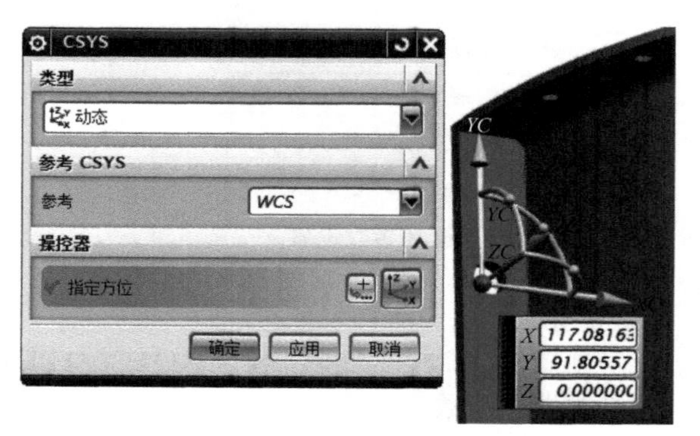

图 5-30 设置工件坐标系

③ 进入加工坐标系设置界面，单击“CSYS”对话框，类型选“偏置 CSYS”，参考 CSYS 选“WCS”，偏置选“笛卡尔坐标系”，并输入偏置值：X117.08 Y−34.086 Z−120（图 5-31）。单击确定，完成加工坐标系的设定。

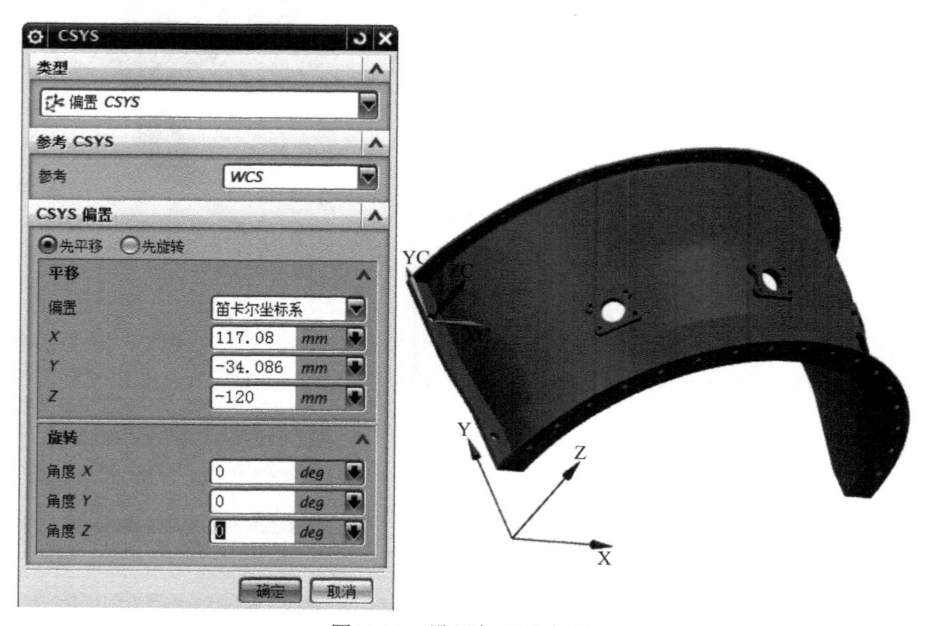

图 5-31 设置加工坐标系

【提示】 增量偏置值是根据对刀测量的销钉孔相对于5轴零点的坐标值，把坐标零点移动到 X117.08 Y−34.086 Z−120 的位置。

④ 安全设置。安全设置选项“自动平面”，安全距离 100。

⑤ 细节设置。设置用途为“主要”（主加工坐标系），设置装夹偏置为“2”（对应 G55）。

(11) 设置“工序 2”毛坯

① 在“MCS _ 2”节点下，创建“毛坯几何体”，并命名为“WORKPIECE _ 2”。

② 设置图层 101 为主工作层，图层 1 设为不可见。单击“WORKPIECE _ 2”，在工件设置窗口，单击“指定毛坯”，选择毛坯几何体。

(12) 铣左侧面

① 创建“面铣”操作，刀具选择“D24”，几何体选择“WORKPIECE _ 2”，名称选择“O2-1”。

② 设置操作参数。

指定部件：零件几何体。

指定面边界：左侧面。

刀轴：垂直于第一个面。

切削模式：跟随周边。

切削参数：部件余量 0。

进给率和速度：S650，F200。

安全平面：加工表面向上偏移 $Z100$。

③ 生成刀具轨迹，见图 5-32。

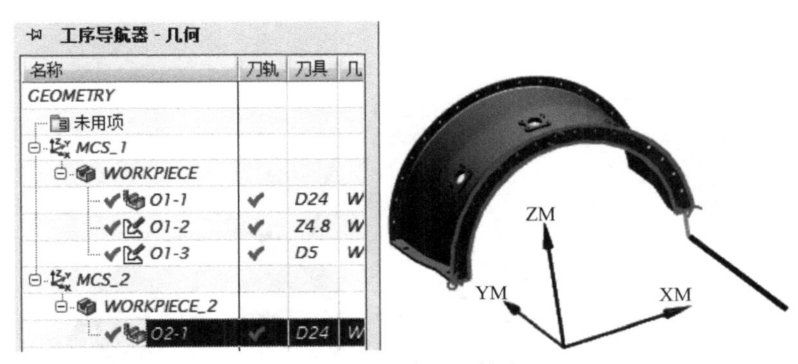

图 5-32　生成刀具轨迹

(13) 铣右侧面

创建“面铣”操作，刀具选择“D24”，几何体选择“WORKPIECE _ 2”，名称选择“O2-2”，设置操作参数同上。生成刀具轨迹后，见图 5-33。

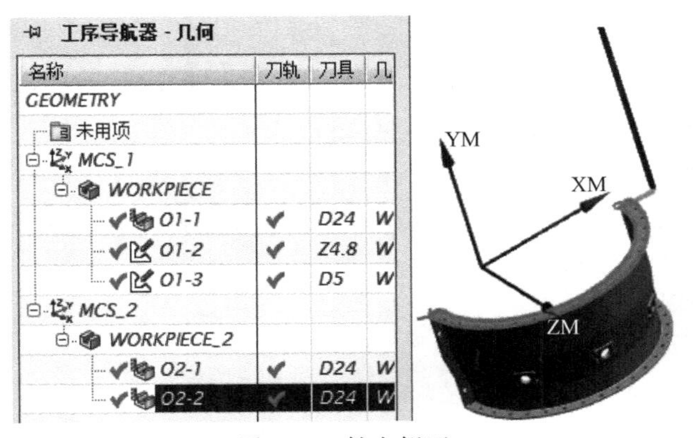

图 5-33　铣右侧面

(14) 铣第一个窗口面

创建“面铣”操作，刀具选择“D24”，几何体选择“WORKPIECE _ 2”，名称选择“O2-3”，设置操作参数同上（图 5-34）。

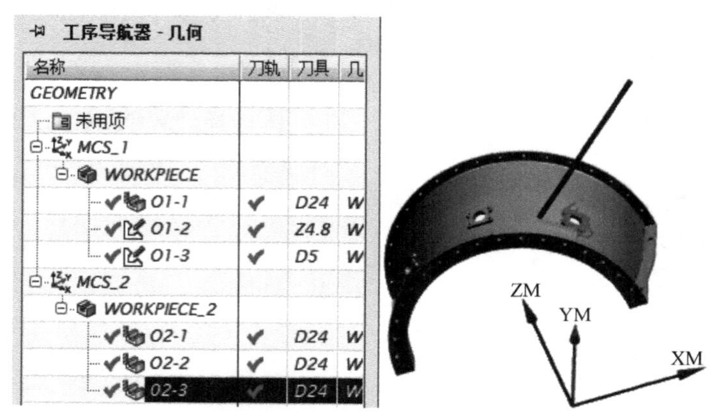

图 5-34　铣第一个窗口面

(15) 铣第二个窗口面

创建“面铣”操作，刀具选择“D24”，几何体选择“WORKPIECE _ 2”，名称选择“O2-4”，设置操作参数同上（图 5-35)。

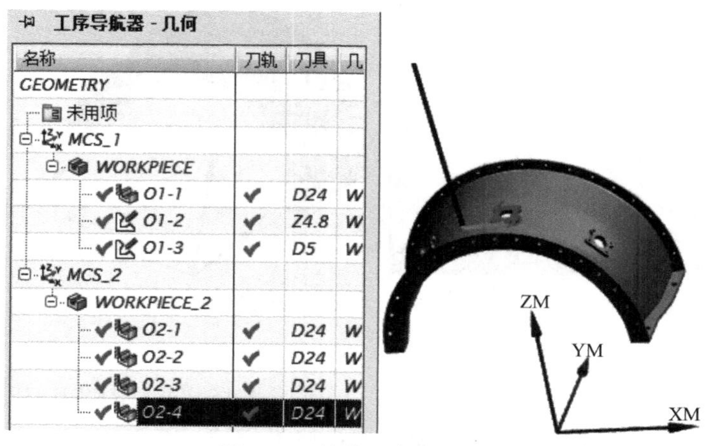

图 5-35　铣第二个窗口面

(16) 铣第三个窗口面

创建“面铣”操作，刀具选择“D24”，几何体选择“WORKPIECE _ 2”，名称选择“O2-5”，设置操作参数同上（图 5-36)。

(17) 钻右端面 ϕ2.6 孔

① 创建“钻孔”操作，刀具选择“Z2.6”，几何体选择“WORKPIECE _ 2”，名称选择“O2-6”。单击确定，进入钻孔操作。

② 设置操作参数。

指定孔：端面上所有孔。

刀轴：指定矢量，选择面的法向。

循环类型：标准钻。

安全平面：孔口表面向上偏移 Z100。

③ 生成刀具轨迹（图 5-37)

(18) 钻左端面 ϕ3.6 孔

① 创建“钻孔”操作，刀具选择“Z3.6”，几何体选择“WORKPIECE _ 2”，名称选择

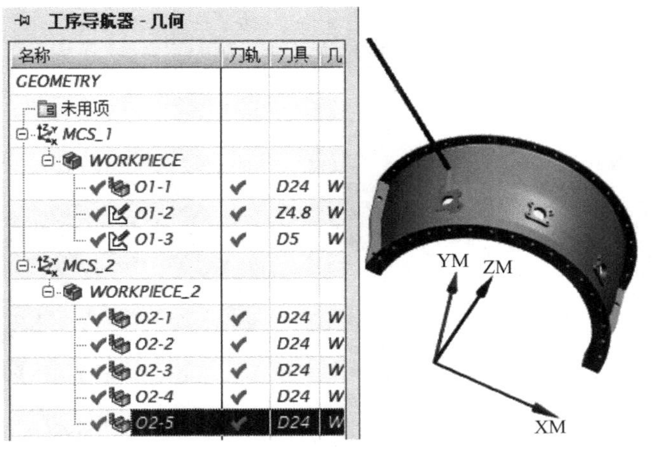

图 5-36　铣第三个窗口面

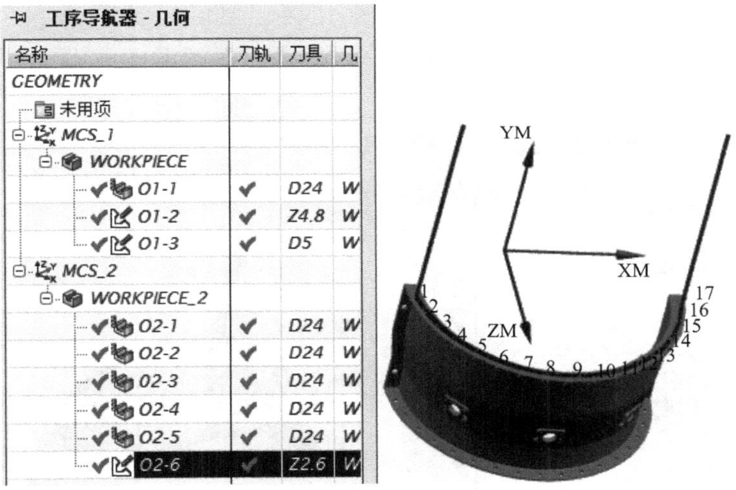

图 5-37　钻右端面 $\phi 2.6$ 孔

“O2-7”。单击确定，进入钻孔操作。

② 设置操作参数。

指定孔：端面上所有孔。

刀轴：指定矢量，选择面的法向。

循环类型：标准钻。

安全平面：孔口表面向上偏移 $Z100$。

③ 生成刀具轨迹（图 5-38）。

(19) 钻第三个窗口面 $\phi 2.1$ 孔

① 创建“钻孔”操作，刀具选择“Z2.1”，几何体选择“WORKPIECE _ 2”，名称选择“O2-8”。单击确定，进入钻孔操作。

② 设置操作参数。

指定孔：端面上所有孔。

刀轴：指定矢量，选择面的法向。

循环类型：标准钻。

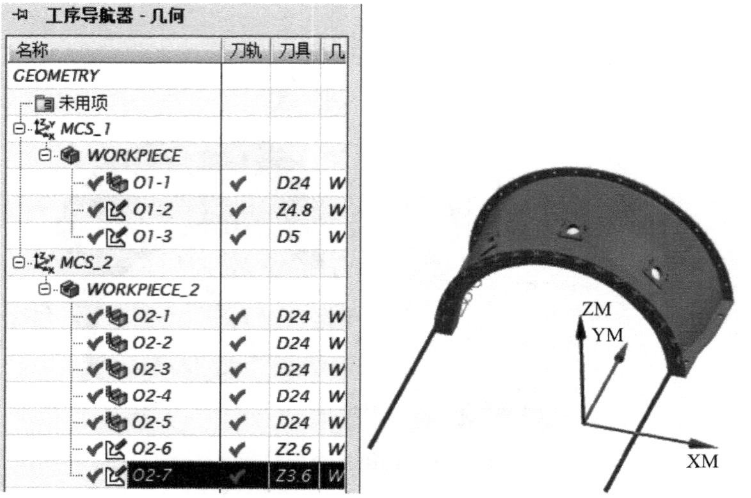

图 5-38　钻左端面 $\phi 3.6$ 孔

安全平面：孔口表面向上偏移 $Z100$。

③ 生成刀具轨迹（图 5-39）。

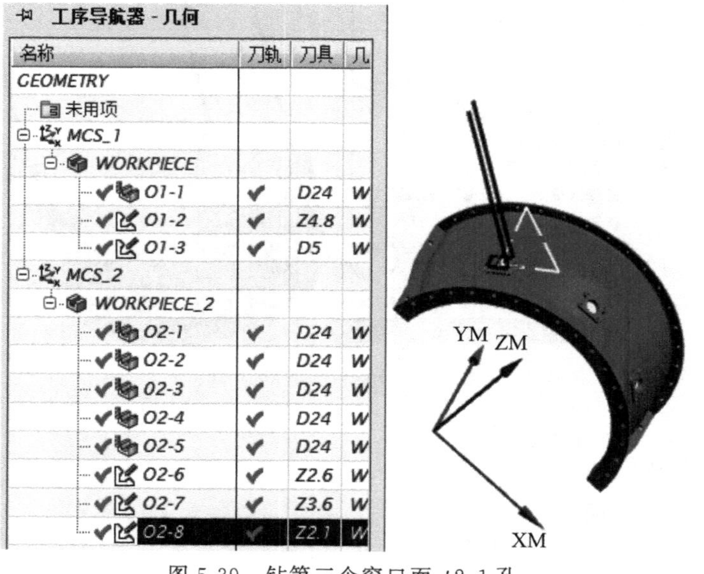

图 5-39　钻第三个窗口面 $\phi 2.1$ 孔

（20）钻第二个窗口面 $\phi 2.1$ 孔

① 创建“钻孔”操作，刀具选择“Z2.1”，几何体选择“WORKPIECE _ 2”，名称选择“O2-9”。单击确定，进入钻孔操作。

② 设置操作参数。

指定孔：端面上所有孔。

刀轴：指定矢量，选择面的法向。

循环类型：标准钻。

安全平面：孔口表面向上偏移 $Z100$。

③ 生成刀具轨迹（图 5-40）。

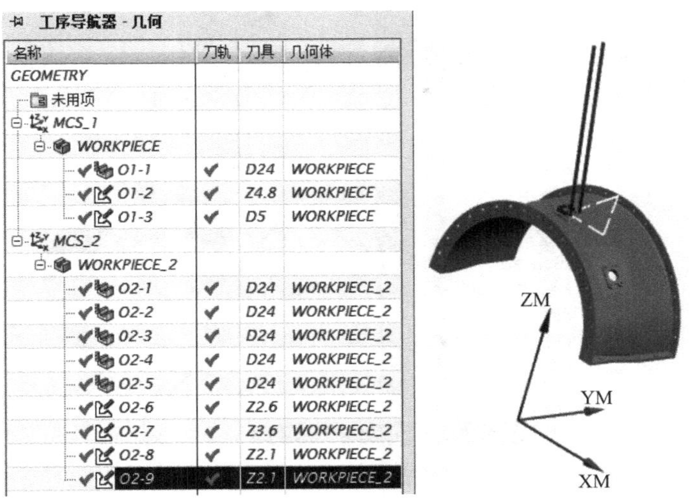

图 5-40　钻第二个窗口面 $\phi 2.1$ 孔

(21) 钻第一个窗口面 $\phi 2.1$ 孔

① 创建“钻孔”操作，刀具选择“Z2.1”，几何体选择“WORKPIECE _ 2”，名称选择“O2-10”。单击确定，进入钻孔操作。

② 设置操作参数。

指定孔：端面上所有孔。

刀轴：指定矢量，选择面的法向。

循环类型：标准钻。

安全平面：孔口表面向上偏移 $Z100$。

③ 生成刀具轨迹（图 5-41）。

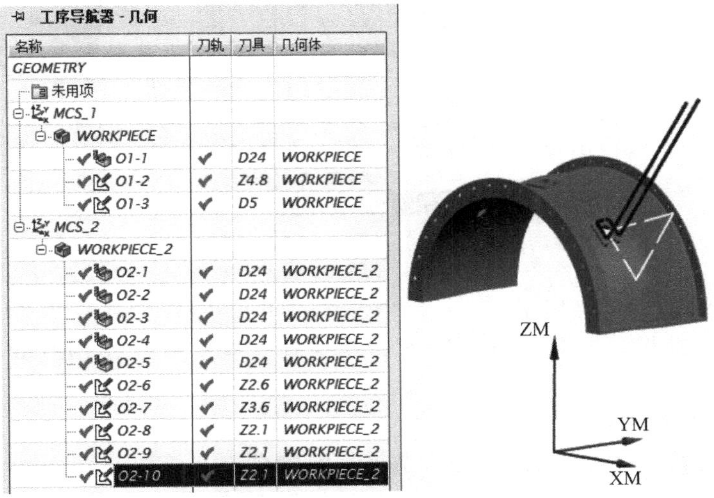

图 5-41　钻第一个窗口面 $\phi 2.1$ 孔

(22) 钻第三个窗口面 $\phi 12$ 孔

创建“钻孔”操作，刀具选择“Z12”，几何体选择“WORKPIECE _ 2”，名称选择“O2-11”（图 5-42）。

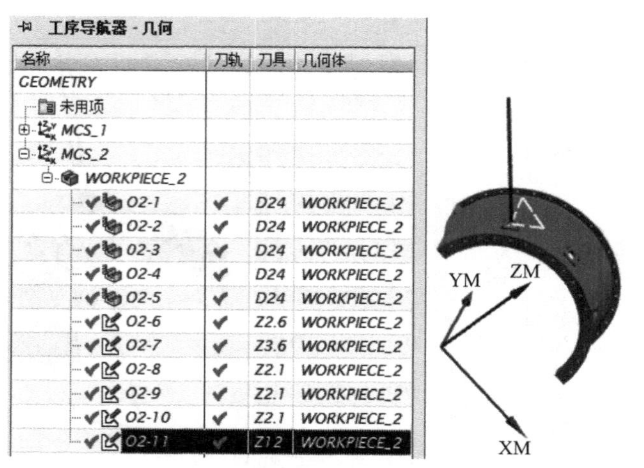

图 5-42　钻第三个窗口面 ϕ12 孔

（23）钻第二个窗口面 ϕ12 孔

创建“钻孔”操作，刀具选择“Z12”，几何体选择“WORKPIECE _ 2”，名称选择“O2-12”（图 5-43）。

名称	刀轨	刀具	几何体
GEOMETRY			
未用项			
MCS_1			
MCS_2			
WORKPIECE_2			
O2-1	✔	D24	WORKPIECE_2
O2-2	✔	D24	WORKPIECE_2
O2-3	✔	D24	WORKPIECE_2
O2-4	✔	D24	WORKPIECE_2
O2-5	✔	D24	WORKPIECE_2
O2-6	✔	Z2.6	WORKPIECE_2
O2-7	✔	Z3.6	WORKPIECE_2
O2-8	✔	Z2.1	WORKPIECE_2
O2-9	✔	Z2.1	WORKPIECE_2
O2-10	✔	Z2.1	WORKPIECE_2
O2-11	✔	Z12	WORKPIECE_2
O2-12	✔	Z12	WORKPIECE_2

ZM　YM　XM

图 5-43　钻第二个窗口面 ϕ12 孔

（24）钻第一个窗口面 ϕ12 孔

创建“钻孔”操作，刀具选择“Z12”，几何体选择“WORKPIECE _ 2”，名称选择“O2-13”（图 5-44）。

（25）“工序 2”后处理

在几何视图模式下，在“MCS _ 2”节点，右键单击，单击“后处理”。后处理选 D:\v7\UG_post\5TT\5tt. pui，输出文件 D:\v7\5x_TT\Example_1\O2. ptp。

5.1.4　加工仿真

Vericut 不仅能完成单一工序的加工仿真，而且能针对不同的机床完成多工序的仿真。在这个案例中，首先在工序 1 完成口面加工仿真，工序 2 通过复制工序 1，而后修改装夹方案、工件坐标系、刀库、加工程序，完成其他面及孔的加工仿真。

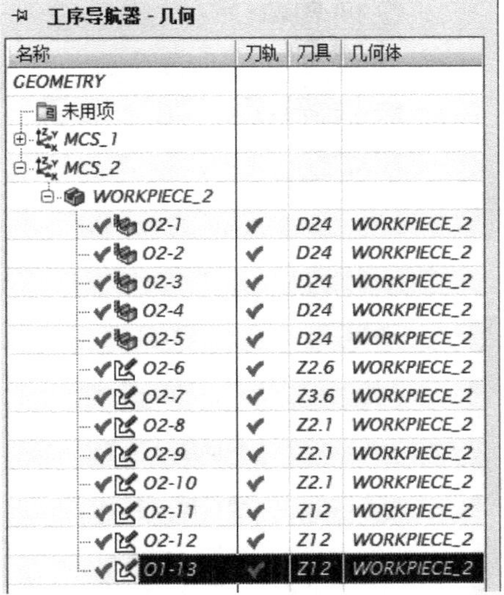

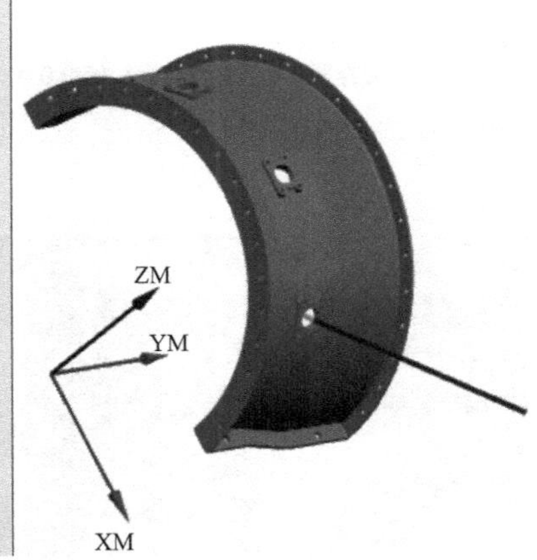

图 5-44　钻第一个窗口面 $\phi 12$ 孔

（1）创建项目

① 打开项目 D:\v7\5x_TT\Example_0\A0. vcproject。

② 另存项目为 D:\v7\5x_TT\Example_1\A1. vcproject（图 5-45）。

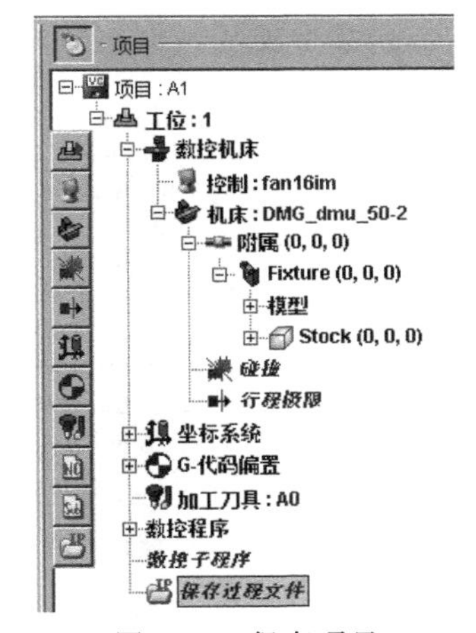

图 5-45　保存项目

③ 删除原有夹具、毛坯、刀具库、程序，保存项目文件。

（2）工序 1 的加工仿真

① 机床 DMG DMU50，控制系统 FANUC16im。

② 装夹工件。根据对刀时测量的工件零点坐标位置，调整零件（图 5-46）。

③ 调入刀库。打开刀具文件 D:\v7\5x_TT\Example_1\A1. tls（图 5-47）。

④ 设置加工坐标系（图 5-48）。

⑤ 调入程序。打开程序文件 D:\v7\5x_TT\Example_1\O1. ptp（图 5-49）。

图 5-46　装夹零件

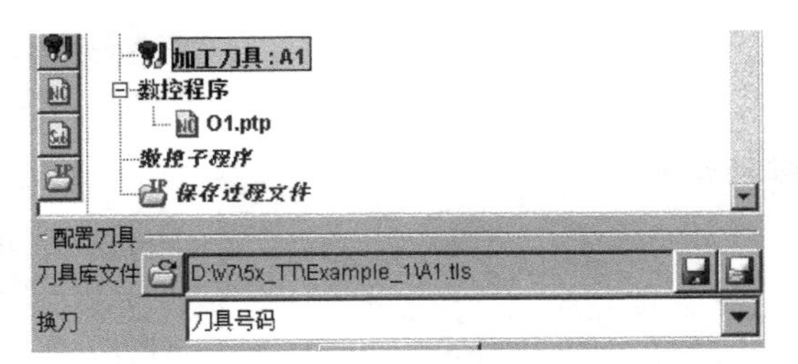

图 5-47　调入刀库

⑥ 仿真零件加工。单击播放键，观察零件的加工过程。结果如图 5-50 所示。

（3）工序 2 的加工仿真

① 复制工位 1，并粘贴为工位 2（图 5-51）。

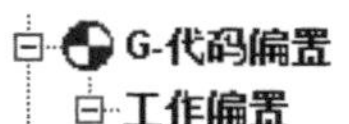

图 5-48 设置加工坐标系

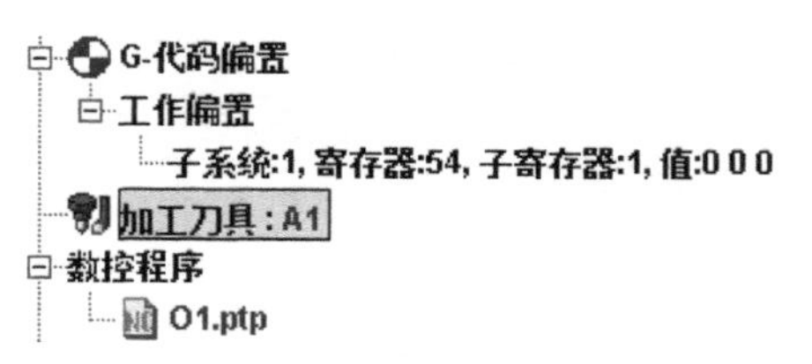

图 5-49 调入程序

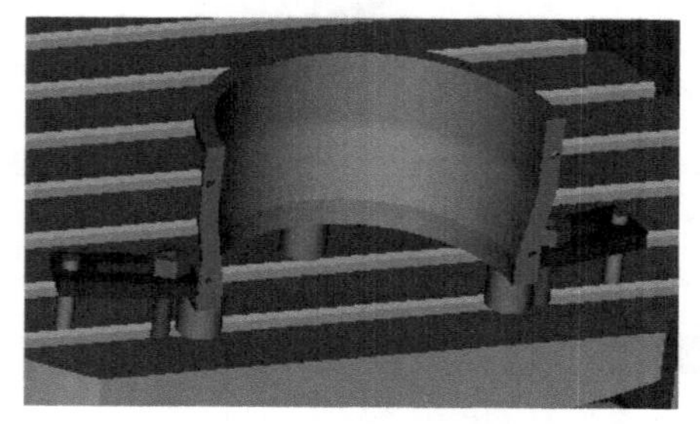

图 5-50 仿真零件加工

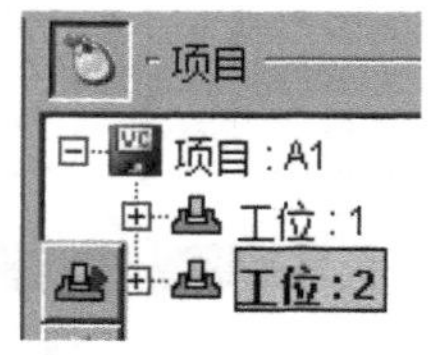

图 5-51 复制工位 1 并粘贴为工位 2

② 添加夹具，并根据对刀结果调整夹具位置（图 5-52）。

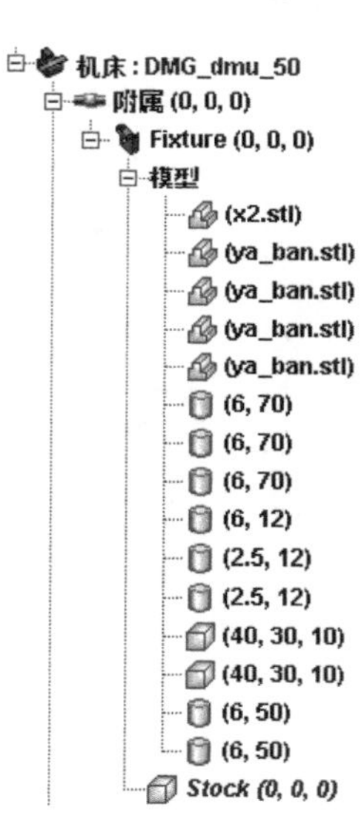

图 5-52 调整夹具位置

图 5-53 调整零件在夹具中的位置

③ 调整零件在夹具中的位置，保证定位销孔与第一序加工的 $\phi5$ 定位孔同轴（图 5-53）。

④ 设置工件坐标系。根据工序 2 的对刀结果，设置工件偏置 G55（图 5-54）。

⑤ 刀库沿用工序 1 的刀库 A1. tls。

⑥ 调入程序。打开程序文件 D:\v7\5x_TT\Example_1\O2. ptp（图 5-55）。

⑦ 仿真零件加工。单击播放键，观察零件的加工过程，见图 5-56。

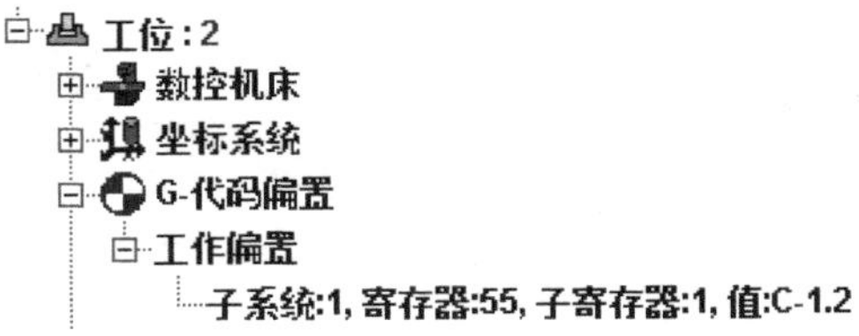

工位：2
数控机床
坐标系统
G-代码偏置
工作偏置
子系统:1, 寄存器:55, 子寄存器:1, 值:C-1.2

图 5-54　设置工件坐标系

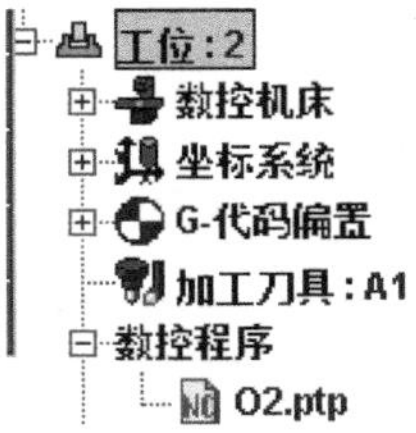

工位：2
数控机床
坐标系统
G-代码偏置
加工刀具：A1
数控程序
O2.ptp

图 5-55　调入程序

（4）保存加工项目

在学习过程中，可以用生成的新程序替代原程序，以验证程序是否正确。并在加工过程中，观察是否会发生碰撞、干涉、过切等意外情况。

当刀具以 G00 的速度与工件接触时，接触部位会以红色显示，提示出现碰撞；

当刀具、刀柄与工作台、夹具接触时，接触部位也会以红色显示，提示出现干涉；

对加工后的零件局部进行放大观察，判断是否出现过切、欠切情况。

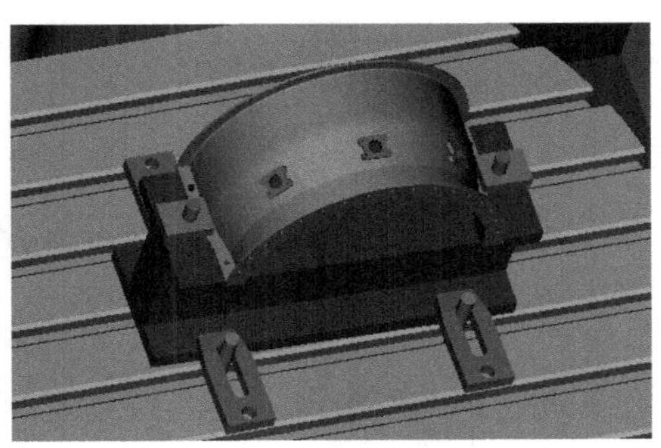

图 5-56　仿真零件加工

【提示】　当采用海德汉系统时，可以采用配套光盘中不带 M128 和 CYCL19 功能的海德汉 iTNC530 后处理生成程序，并在 Vericut 中调用系统自带的海德汉 iTNC530 数控系统，进行仿真。对应的 M128、CYCL19 功能在后面 RPCP 案例中进行介绍。

5.2　案例 2　桨叶加工

5.2.1　零件加工工艺

（1）零件分析

图 5-57 为桨叶零件图，毛坯为 304 不锈钢精铸。底座（110×48）、斜面（60°）已经在上一工序完成，2 个 ϕ11 孔（对角）已经加工到尺寸用于定位，另 2 个 ϕ11 孔已经加工成 M10 的螺纹孔用于装夹。本工序要求加工叶片所有面和 R58 圆弧面。

（2）工件装夹

夹具采用专用工装，采用一面两孔的定位方式，用 2 个 M10 的螺钉紧固在工装上，如图 5-58 所示。工装用压板压紧在工作台上。

（3）刀具选择

T1：ϕ16 球铣刀。

T2：ϕ16 铣刀。

5.2.2　对刀

本案例采用相对对刀。工件零点设在 5 轴零点，需要测量工装表面圆销中心点相对 5 轴零点的坐标位置。

（1）找正工件

在 B0 位置，旋转 C 轴，使用百分表沿 X 轴方向移动，在 Y 轴方向调整 2 个定位销的距离差为 28mm［图 5-59(a)］，或者沿 X 轴移动拉平工装侧面［图 5-59(b)］。此时机床坐

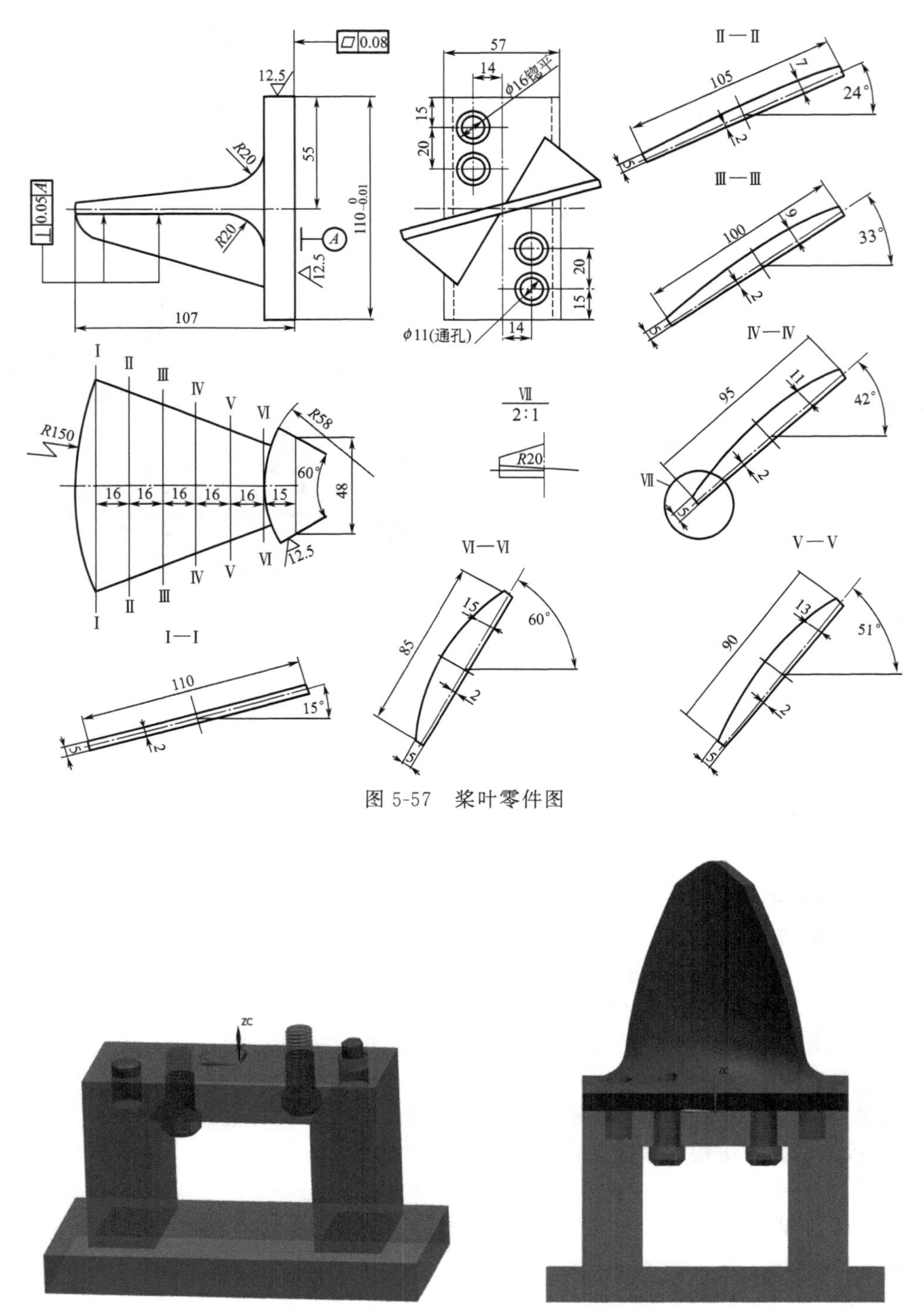

图 5-57　桨叶零件图

图 5-58　工件装夹

标系的 C 轴位置，即工装在工作台上的正确位置，本案例为 $C0$。如果不为 0，则要在工件偏置中设置或在编程时设置。

（2）测量工装在机床中的位置

本案例实测工装表面圆销中心点的坐标值为 $X40$ $Y14$ $Z80$ $B0$ $C0$（图 5-60）。

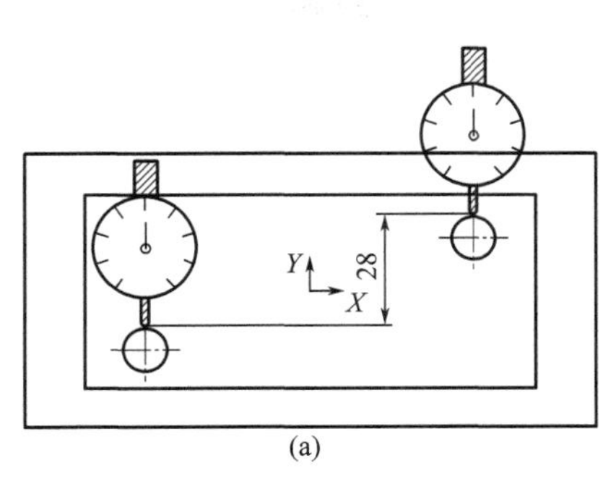

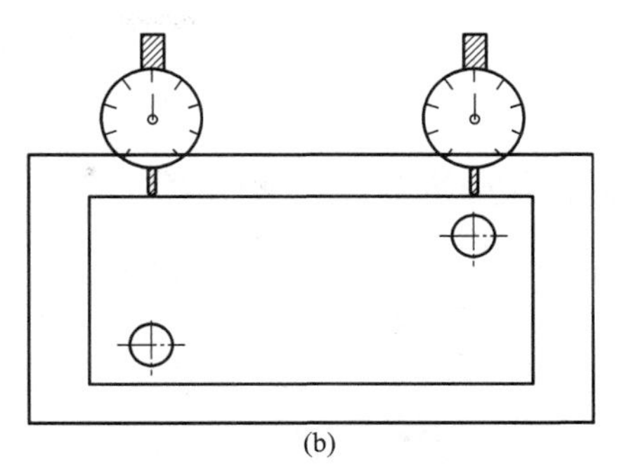

图 5-59　找正工件

(3) 测量刀具长度

同 5.1 节案例 1。

5.2.3　使用 UG 编程

(1) 创建项目

① 打开文件 D:\v7\4x\Example_4\4x_blade.prt，另存为 D:\v7\5x_TT\Example_2\5x_blade.prt。

②进入加工模块，删除所有的操作、局部坐标系。保留刀具不变，毛坯几何体不变。见图 5-61。

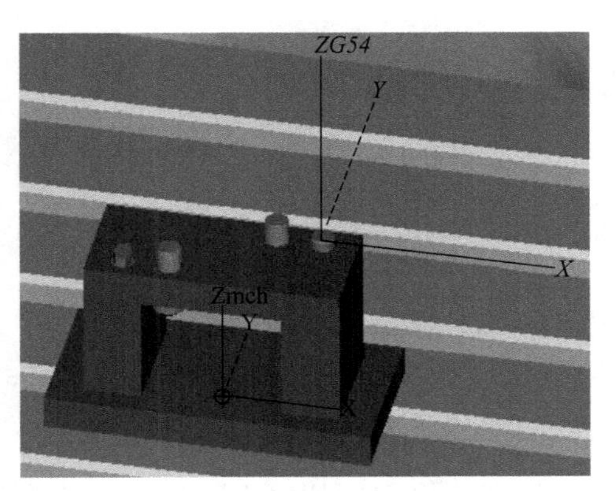

图 5-60　测量工装在机床中的位置

(2) 设置主加工坐标系 MCS

① 首先加工坐标系零点设在工件底面 $\phi 11$ 孔中心点，并调整 X、Y、Z 轴的方向［图 5-62(a)］；而后根据对刀结果调整 MCS 到指定位置（X-40 Y-14 Z-80 B0 C0），见图 5-62(b)。

工序导航器 - 几何

名称	刀轨	刀具	刀具描述
GEOMETRY			
未用项			
MCS			
WORKPIECE			

工序导航器 - 机床

名称	刀具号	描述	刀轨
GENERIC_MACHINE		Generic Machine	
未用项		mill_multi-axis	
T1	1	铣刀-5 参数	
T2	2	铣刀-5 参数	

图 5-61　创建项目

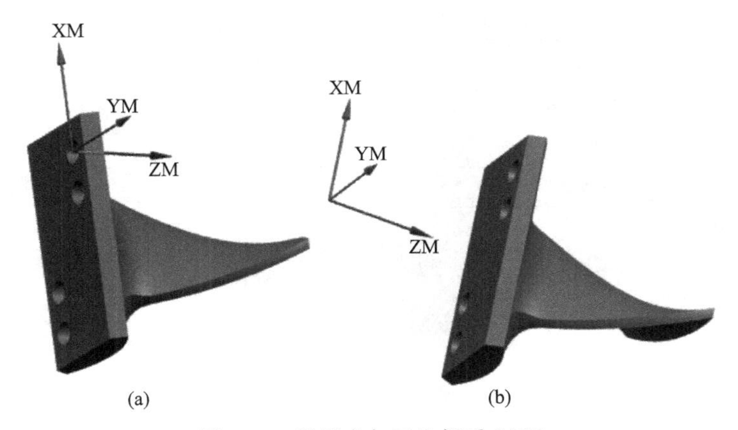

图 5-62　设置主加工坐标系 MCS

② 安全设置。安全设置选项选“球”，指定点选“零件底面中心点”，半径“200”，见图 5-63。

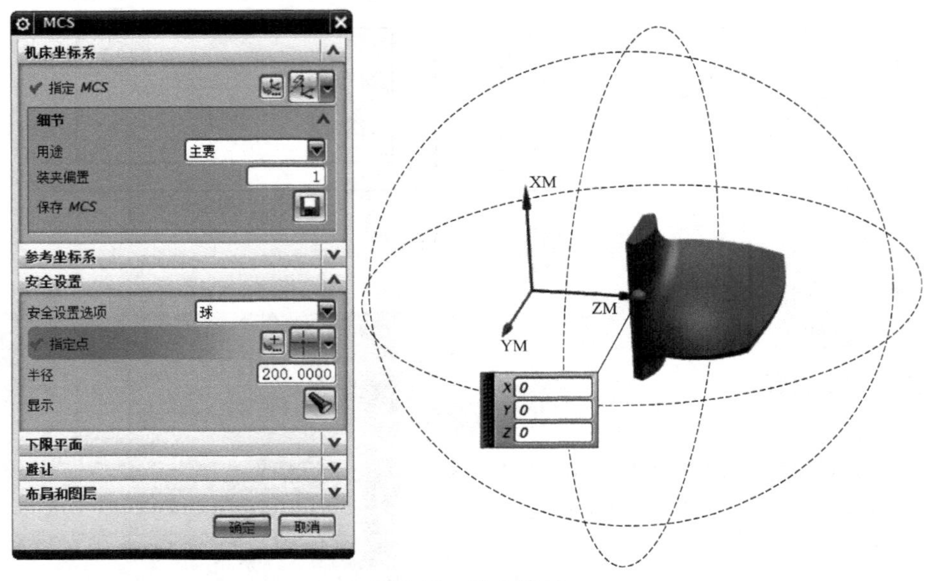

图 5-63　安全设置

(3) 创建局部加工坐标系

① 在“WORKPIECE”节点下创建局部坐标系“MCS_1”，只考虑 Z 轴方向，动态调整 Z 轴的方向，以满足定向加工，见图 5-64(a)。设置用途“局部”，特殊输出“使用主 MCS”，装夹偏置“1”，安全设置选项“使用继承的”，见图 5-64(b)。

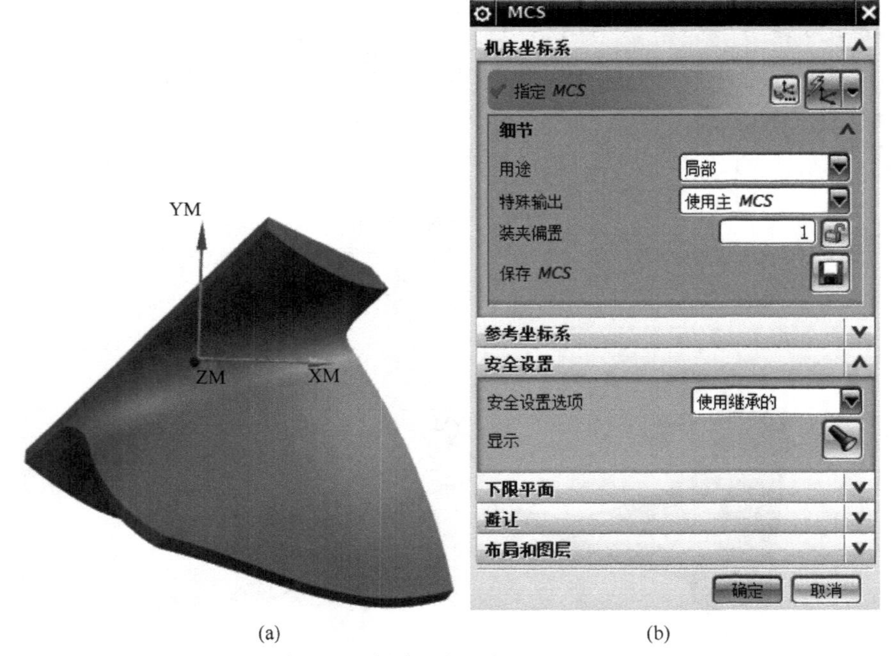

(a)　　(b)

图 5-64　创建局部坐标系 MCS_1

② 在“WORKPIECE”节点下创建局部坐标系“MCS _ 2”，只考虑 Z 轴方向，动态调整 Z 轴的方向，见图 5-65。设置用途“局部”，特殊输出“使用主 MCS”，装夹偏置“1”，安全设置选项“使用继承的”。

③ 在“WORKPIECE”节点下创建局部坐标系“MCS _ 3”，只考虑 Z 轴方向，动态调整 Z 轴的方向，图 5-66。设置用途“局部”，特殊输出“使用主 MCS”，装夹偏置“1”，安全设置选项“使用继承的”。

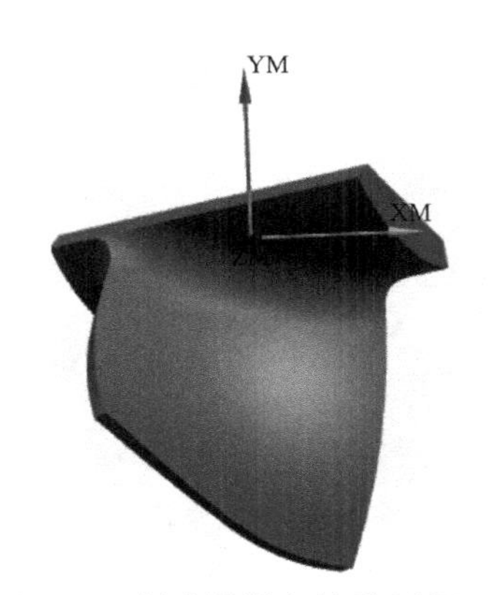

图 5-65　创建局部坐标系 MCS _ 2

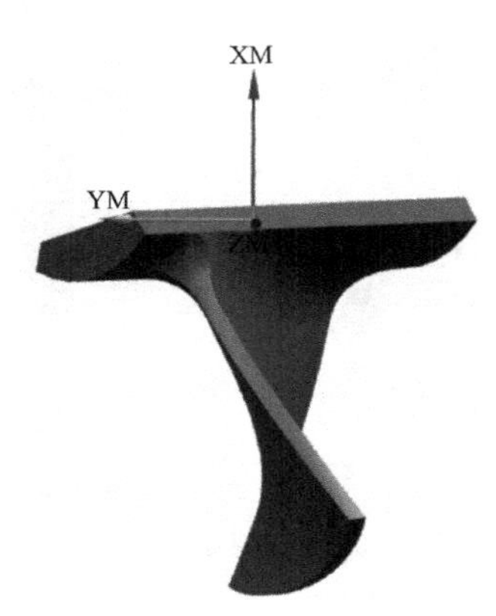

图 5-66　创建局部坐标系 MCS _ 3

④ 在“WORKPIECE”节点下创建局部坐标系“MCS _ 4”，只考虑 Z 轴方向，动态调整 Z 轴的方向，图 5-67。设置用途“局部”，特殊输出“使用主 MCS”，装夹偏置“1”，安全设置选项“使用继承的”。

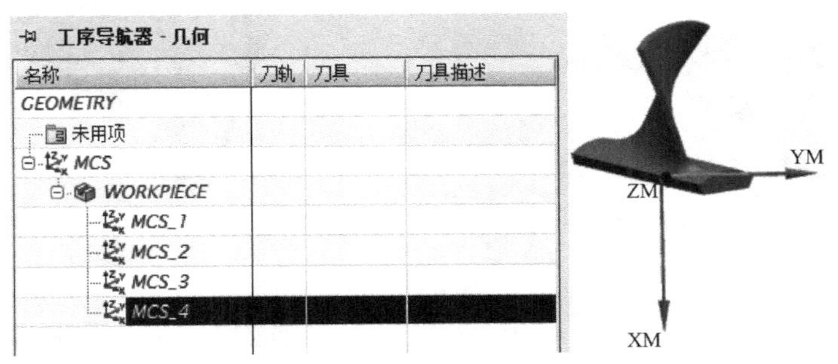

图 5-67　创建局部坐标系 MCS _ 4

（4）粗铣叶片上表面

① 创建工序。在几何体视图下，创建“可变轮廓铣”操作，刀具选择 T1，几何体选择“WORKPIECE”，名称选择“O1”（图 5-68）。单击确定，进入可变轮廓铣操作，图 5-69。

② 指定几何体。指定部件选整个零件，切削区域选叶片上表面，见图 5-70。

③ 驱动方法选“曲面”。在“曲面区域驱动方法”界面，驱动几何体选叶片上表面，图 5-71。切削方向“横向”，材料方向“向外”，见图 5-72。切削模式“往复上升”，步距数“50”，见图 5-73。

④ 刀轴选择“相对于驱动”，侧倾角“－50”，见图 5-74。侧倾角的正负和驱动几何体的切削方向关联（图 5-72）。

⑤ 刀轨设置。在切削参数界面，加工余量选“0.3”。在非切削移动界面，进刀类型“圆弧-垂直于刀轴”，半径“20%”刀具直径，圆弧角度“30”，见图 5-75，安全设置选项

“使用继承的”，见图 5-76。进给率和速度为 S2400、F1200。

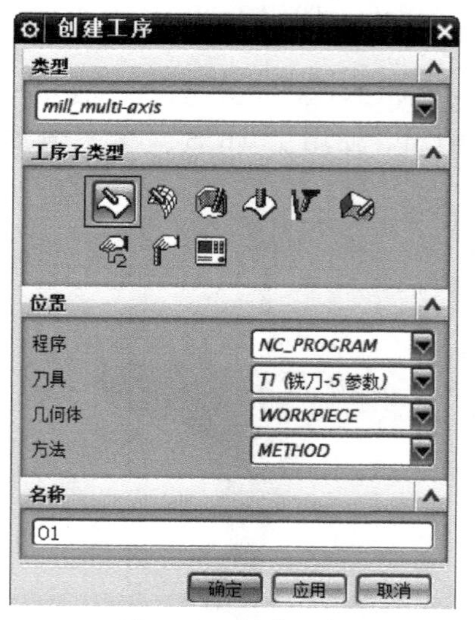

图 5-68　创建工序

图 5-69　可变轮廓铣

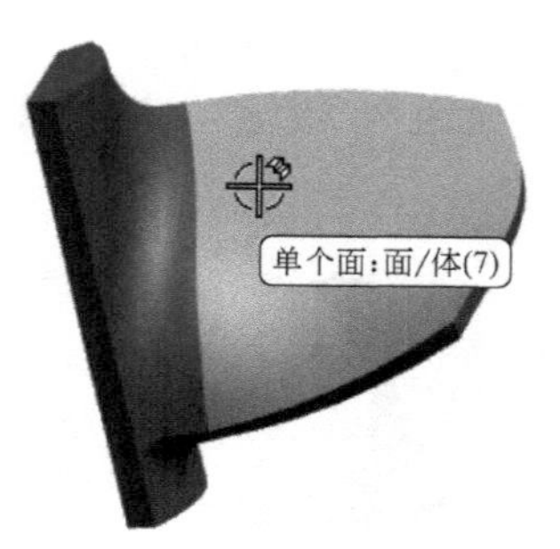

图 5-70　指定几何体

图 5-71　驱动几何体选叶片上表面

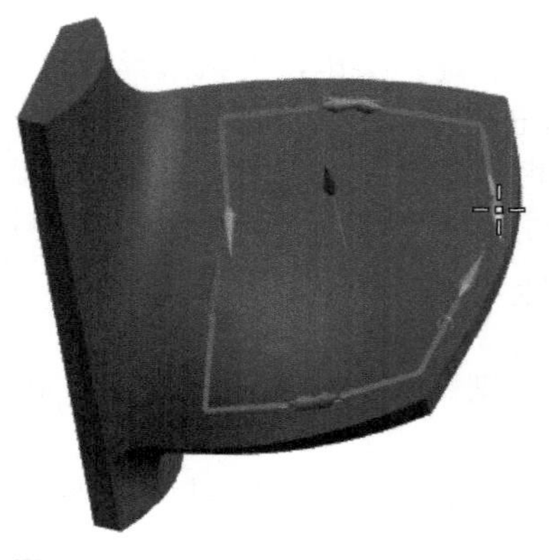

图 5-72　选择切削方向和材料方向

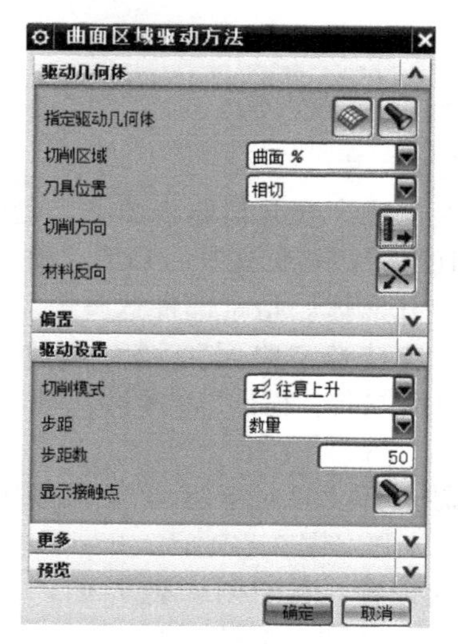

图 5-73　驱动设置

图 5-74　刀轴选择

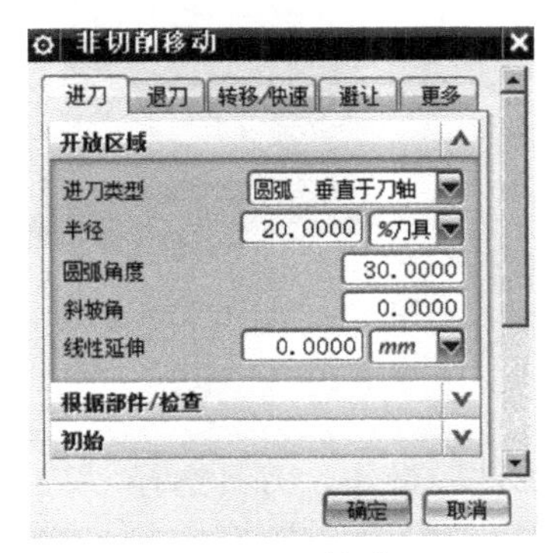

图 5-75　刀轨设置

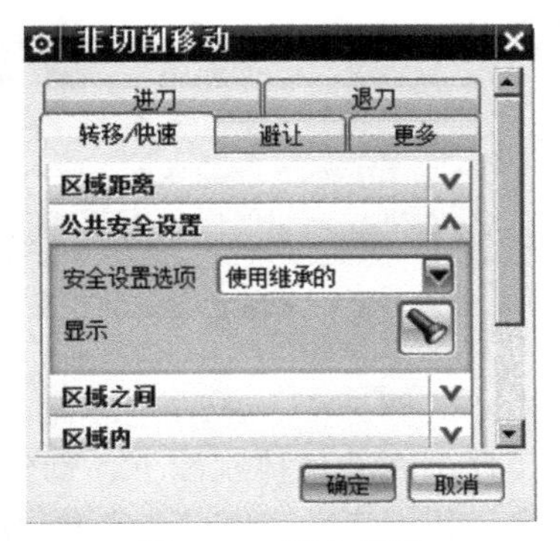

图 5-76　安全设置

⑥ 生成刀轨，见图 5-77。

(5) 粗铣叶片下表面

① 复制操作“O1”，粘贴在父节点“WORKPIECE”下，并改操作名为“O2”。

② 编辑操作“O2”，修改几何体设置。指定切削区域选叶片下表面。

③ 设置驱动几何体。选叶片下表面作为驱动曲面。调整切削方向和材料方向，步距数“50”，见图 5-78。

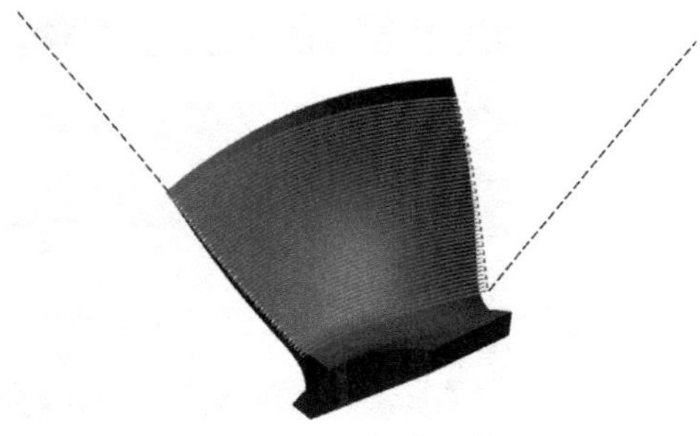

图 5-77　生成刀轨

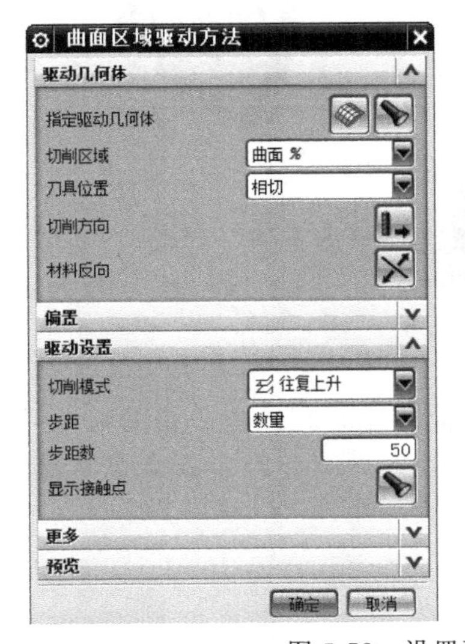

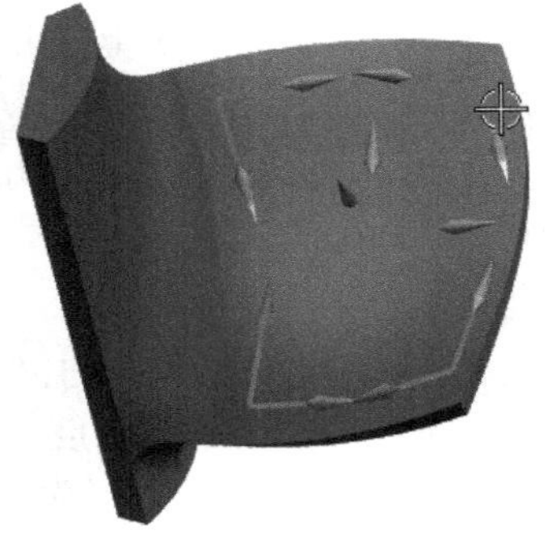

图 5-78　设置驱动几何体

④ 根据驱动几何体的切削方向，调整刀轴侧倾角的正负，见图 5-79。

⑤ 生成刀具轨迹，见图 5-80。

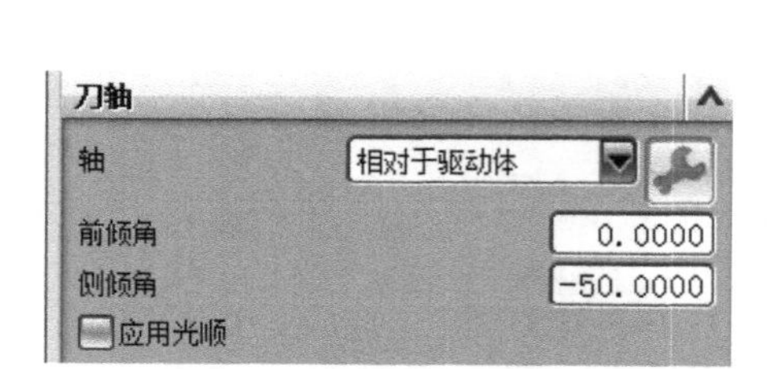

图 5-79 调整刀轴侧倾角的正负

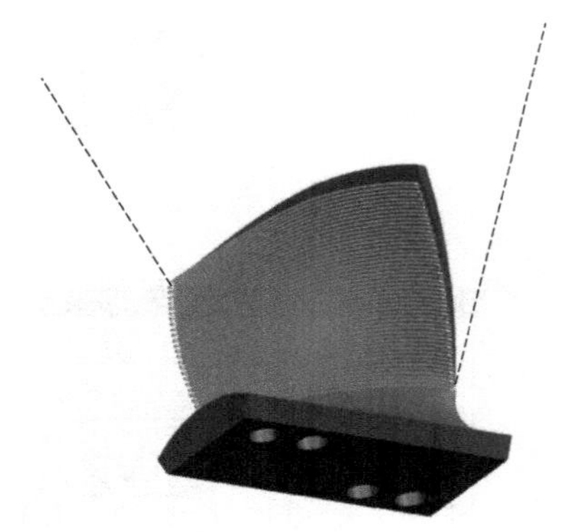

图 5-80 生成刀具轨迹

(6) 粗铣 $R58$ 圆弧面、$R20$ 过渡面

① 创建工序。在几何体视图下，创建“固定轮廓铣”操作，刀具选择“T1”，几何体选择“MCS _ 1”，名称选择“O3”。单击确定，进入固定轴轮廓铣操作。

② 选择几何体。指定部件选“整个零件”，指定切削区域选择部分 $R58$ 圆弧面、$R20$ 过渡面，见图 5-81。

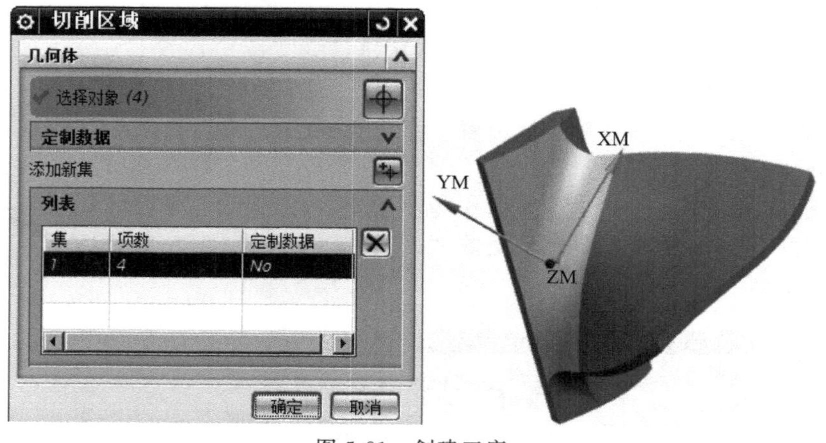

图 5-81 创建工序

③ 驱动方法选“区域铣削”。进入“区域铣削驱动方法”界面，见图 5-82。

切削模式选“往复上升”，切削方向选“顺铣”，步距“恒定”，最大步距“0.3”，步距已应用选“在部件上”，切削角“自动”。

④ 刀轴 $+Z$ 轴。

⑤ 刀轨设置。在切削参数界面，加工余量选“0.3”。在非切削移动界面，进刀类型选“圆弧-平行于刀轴”，半径“5”，圆弧角度“30”，见图 5-83，安全设置选项选“平面”，指定平面 $Z200$，见图 5-84。进给率和速度为 S2400、F1200。

⑥ 生成刀具轨迹，见图 5-85。

(7) 粗铣另一部分 $R58$ 圆弧面、$R20$ 过渡面

① 复制操作“O3”，粘贴在父节点“MCS _ 2”下，并改操作名为“O4”。

② 编辑操作“O4”，修改几何体设置。指定切削区域选另一部分 $R58$ 圆弧面、$R20$ 过

渡面，见图 5-86(a)。修剪边界选择“图层 142”中的圆弧，修剪掉不合理的刀具轨迹，见图 5-86(b)。

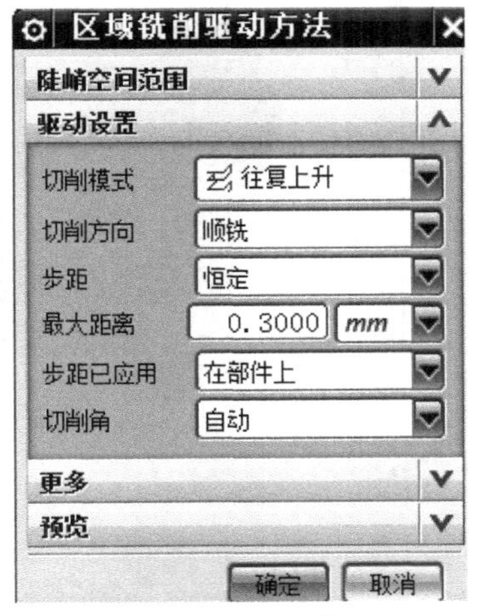

图 5-82　驱动设置

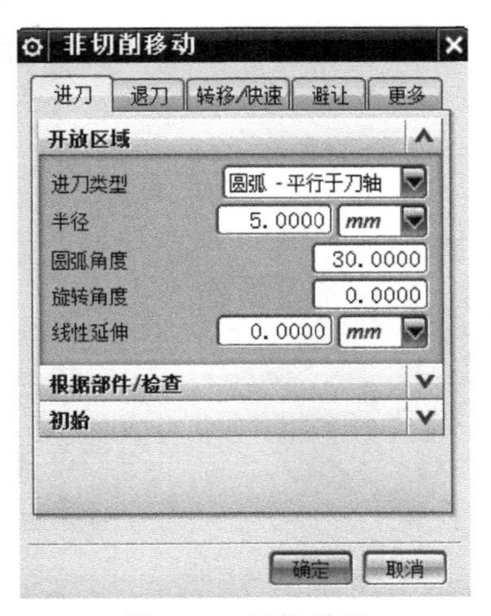

图 5-83　刀轨设置

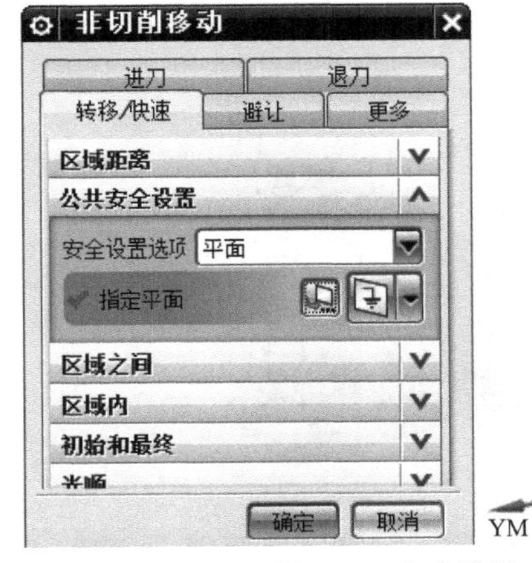

图 5-84　安全设置

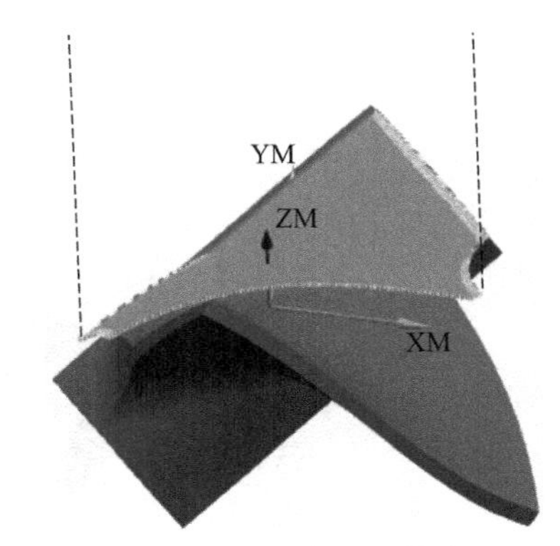

图 5-85　生成刀具轨迹

③ 刀轨设置。在非切削移动界面，单击“转移/快速”按钮，安全设置选项“平面”，指定平面 $Z200$，见图 5-87。

④ 生成刀具轨迹，见图 5-88。

(8) 粗铣叶片左侧面

① 复制操作“O3”，粘贴在父节点“MCS _ 3”下，并改操作名为“O5”。

② 编辑操作“O5”，指定切削区域选“左侧面、部分 $R58$ 圆弧面、$R20$ 过渡面”，见图 5-89。

③ 刀轨设置。在非切削移动界面，单击“转移/快速”按钮，安全设置选项“使用继承的”，见图 5-90。

④ 生成刀具轨迹，见图 5-91。

(9) 粗铣叶片右侧面

① 复制操作“O5”，粘贴在父节点“MCS _ 4”下，并改操作名为“O6”。

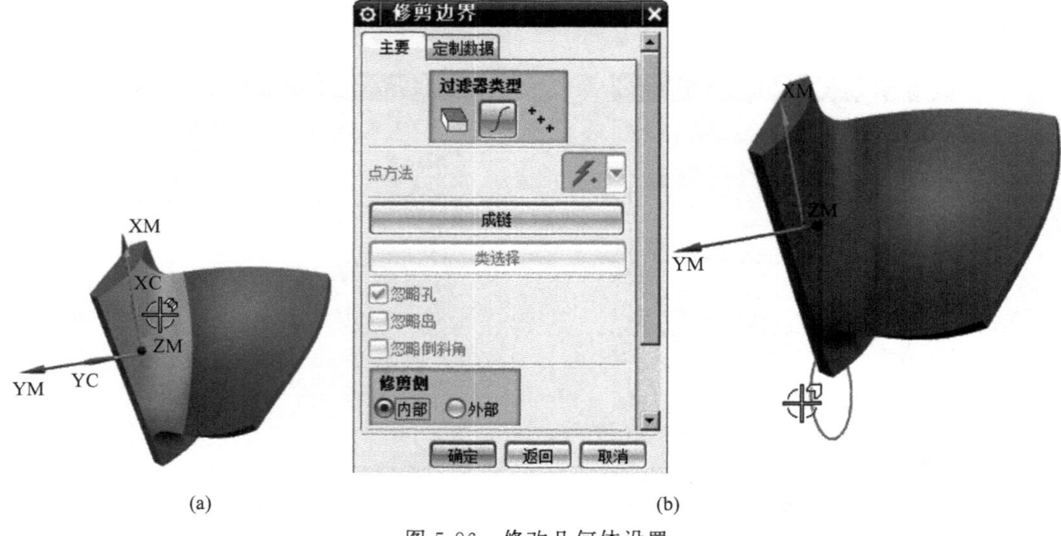

图 5-86 修改几何体设置

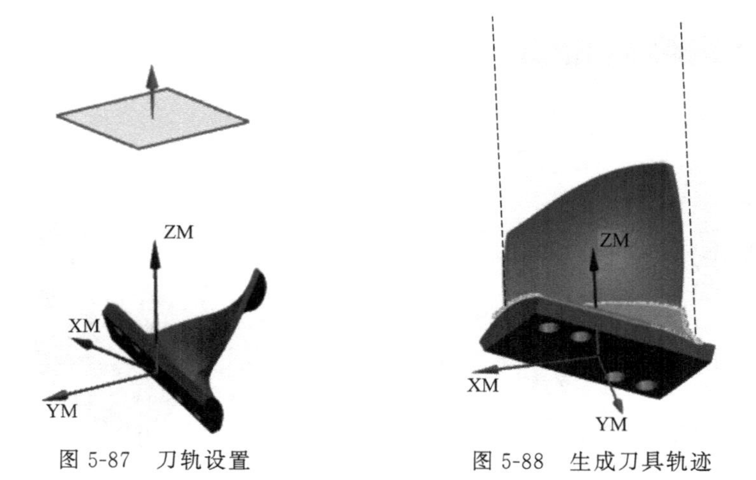

图 5-87 刀轨设置

图 5-88 生成刀具轨迹

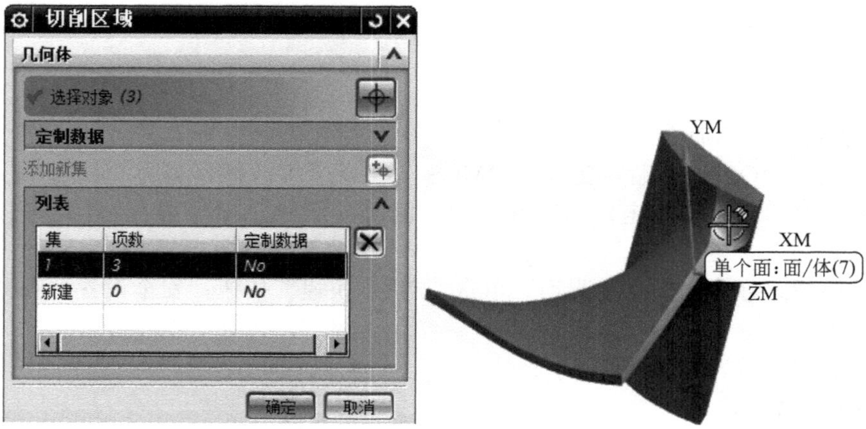

图 5-89 粗铁叶片左侧面设置

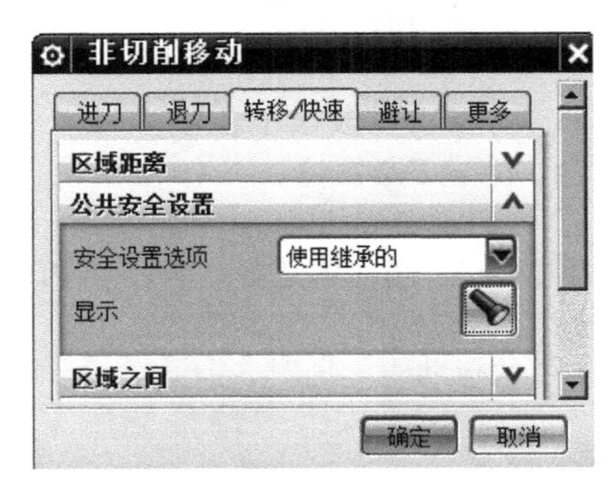

图 5-90　刀轨设置

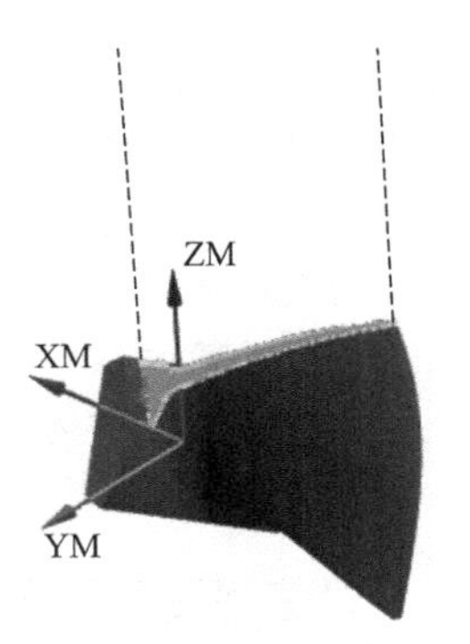

图 5-91　生成刀具轨迹

② 编辑操作“O6”，指定切削区域选“右侧面、部分 $R58$ 圆弧面、$R20$ 过渡面”，见图 5-92。

③ 生成刀具轨迹，见图 5-93。

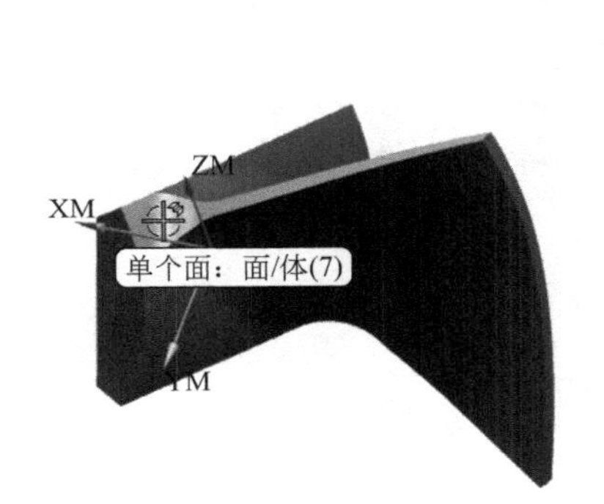

图 5-92　粗铣叶片右侧面

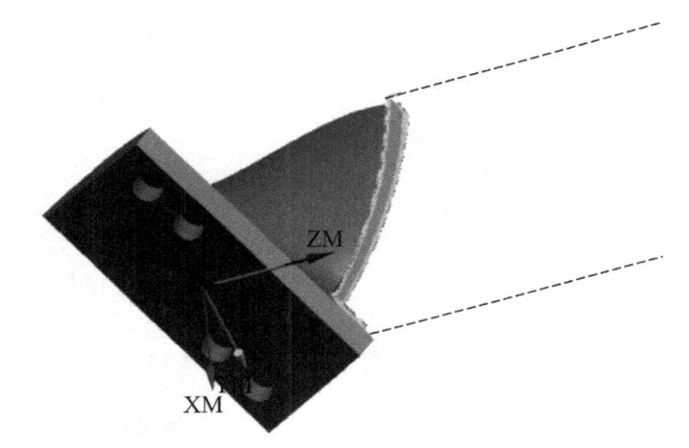

图 5-93　生成刀具轨迹

【提示】　当生成的刀具轨迹不理想时，可通过调整局部坐标系、切削方向、使用修剪几何体等方法，使刀具轨迹尽可能符合加工要求。

(10) 精铣叶片上表面

① 复制操作“O1”，粘贴在父节点“WORKPIECE”下，并改操作名为“O7”。

② 编辑操作“O7”，在“曲面区域驱动方法”界面，修改步距数为“100”。修改切削余量为“0”，生成刀具轨迹。

(11) 精铣叶片下表面

① 复制操作“O2”，粘贴在父节点“WORKPIECE”下，并改操作名为“O8”。

② 编辑操作“O8”，在“曲面区域驱动方法”界面，修改步距数为“100”。修改切削余量为“0”，生成刀具轨迹。

(12) 精铣 $R58$ 圆弧面、$R20$ 过渡面

① 复制操作“O3”，粘贴在父节点“MCS_1”下，并改操作名为“O9”。

② 编辑操作“O9”，修改切削余量为“0”，生成刀具轨迹。

(13) 精铣另一部分 $R58$ 圆弧面、$R20$ 过渡面

① 复制操作“O4”，粘贴在父节点“MCS_2”下，并改操作名为“O10”。

② 编辑操作“O10”，修改切削余量为“0”，生成刀具轨迹。

(14) 精铣叶片左侧面

① 复制操作“O5”，粘贴在父节点“MCS_3”下，并改操作名为“O11”。

② 编辑操作“O11”，修改切削余量为“0”，生成刀具轨迹。

(15) 精铣叶片右侧面

① 复制操作“O6”，粘贴在父节点“MCS_4”下，并改操作名为“O12”。

② 编辑操作“O12”，修改切削余量为“0”，生成刀具轨迹。

(16) 精铣 $R150$ 圆弧面

① 创建“固定轴轮廓铣”操作，刀具选择“T2”，几何体选择“WORKPIECE”，名称选择“O13”。单击确定，进入固定轴轮廓铣操作。

② 驱动方法选“曲线/点”，选择图层 141 中的辅助线，见图 5-94。

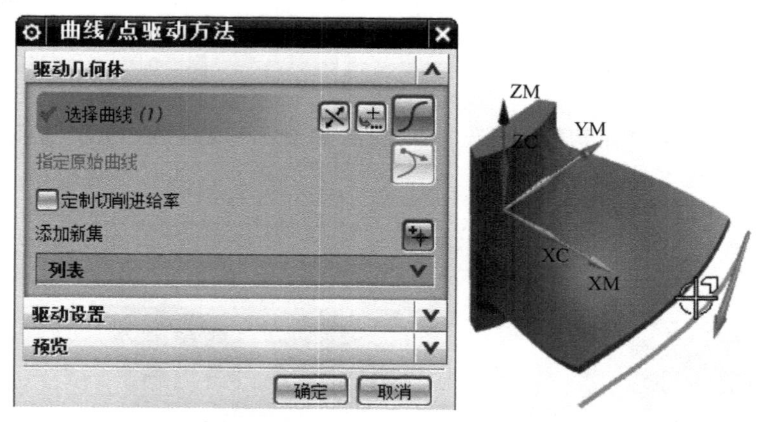

图 5-94　选择图层 141 中的辅助线

③ 刀轴选“指定矢量”，指定矢量选“左端面”，见图 5-95。

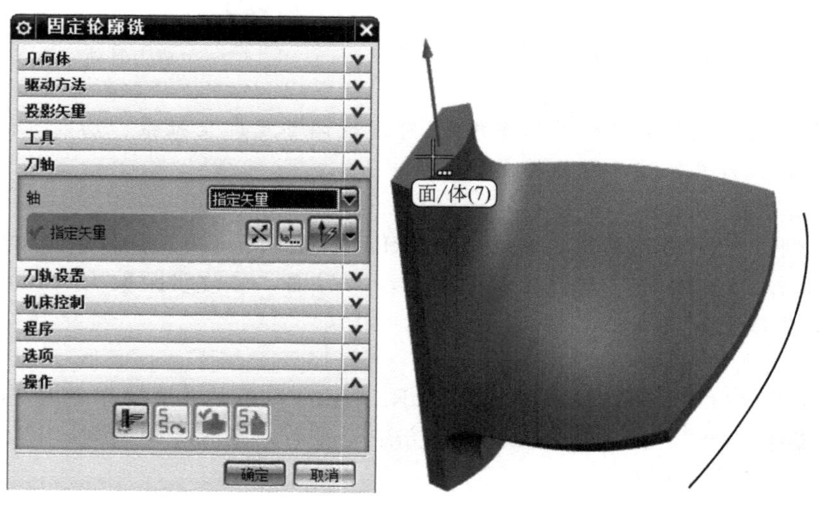

图 5-95　设置刀轴

④ 切削余量选“0”。

⑤ 设置非切削移动。

⑥ 单击“进刀”按钮，开放区域进刀类型选“圆弧-垂直于刀轴”，半径“50%刀具”直径，圆弧角度选“90”，见图 5-96。单击“转移/快速”按钮，安全设置选项选“平面”，指定平面选顶面，偏置距离 100，见图 5-97。主轴速度 S1200，切削进给 F200。

⑦ 生成刀具轨迹，图 5-98。

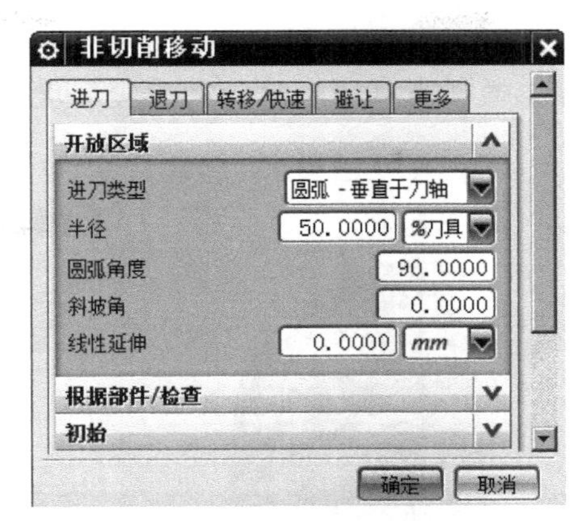

图 5-96　设置进刀

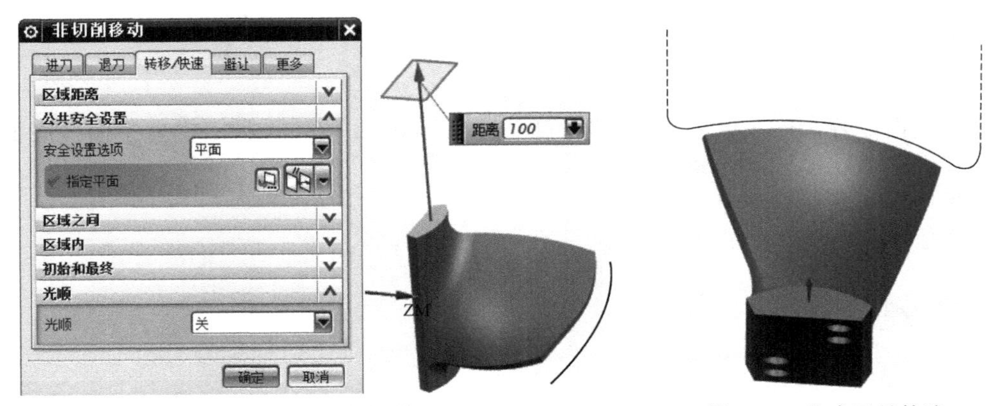

图 5-97　设置转移/快速　　图 5-98　生成刀具轨迹

(17) 锪 ϕ16 阶台孔

① 创建工序。在几何体视图下，创建“钻孔”操作，刀具选择“T2”，几何体选择“WORKPIECE”，名称选择“O14”，见图 5-99。单击确定，进入钻孔操作。

② 选择几何体。指定孔选底面的 4 个圆心，见图 5-100。指定顶面选底面向上偏置 30，见图 5-101。指定底面选底面向上偏置 11，见图 5-102。

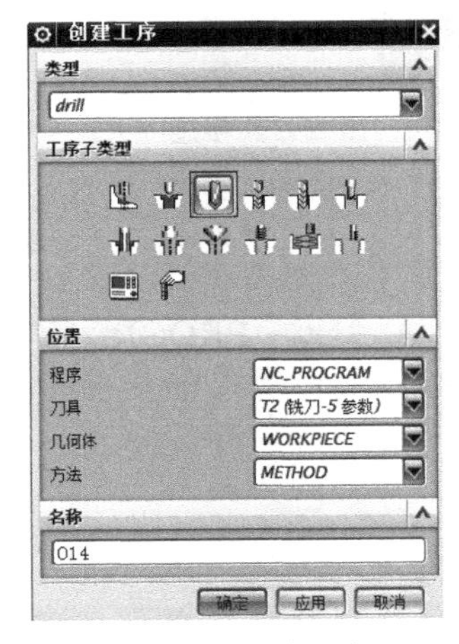

图 5-99　创建工序

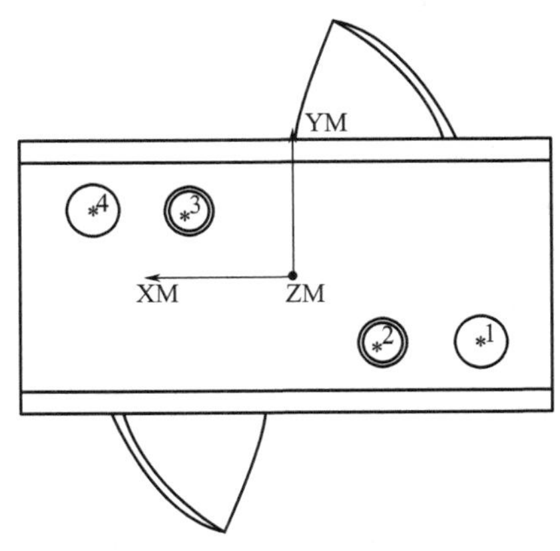

图 5-100　指定孔选底面的 4 个圆心

③ 刀轴“+Z 轴”。

④ 循环“标准钻”。循环参数设置如下，钻深“刀尖深度，20”，Rtrcto（回退）“自动”，见图 5-103。

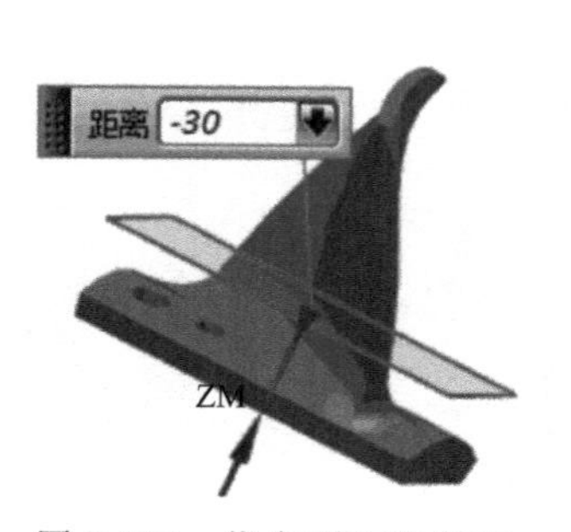

图 5-101 指定顶面选底面向上偏置 30

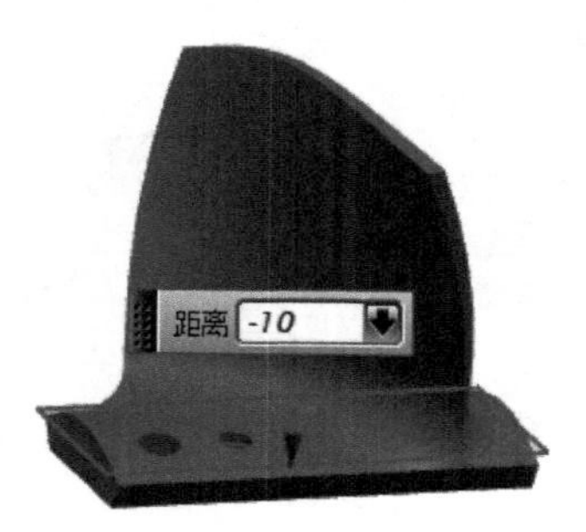

图 5-102 指定底面选底面向上偏置 11

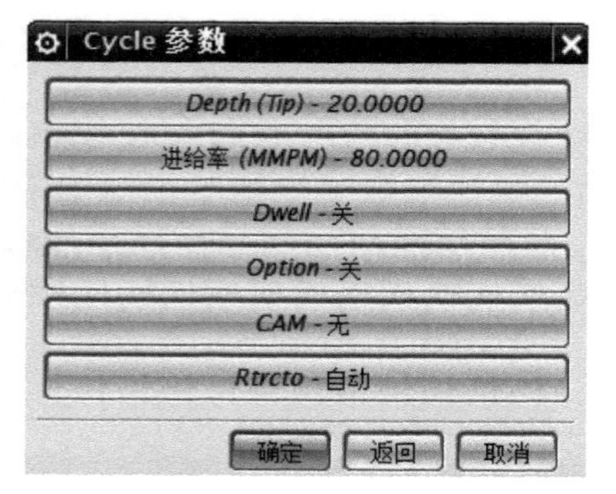

图 5-103 循环参数设置

⑤ 安全面设置。依次单击“避让”“clearance plane”按钮，指定安全平面“底面向上偏置 200”，见图 5-104。

⑥ 进给率和速度分别为 S1200、F80。

⑦ 生成刀具轨迹，图 5-105。

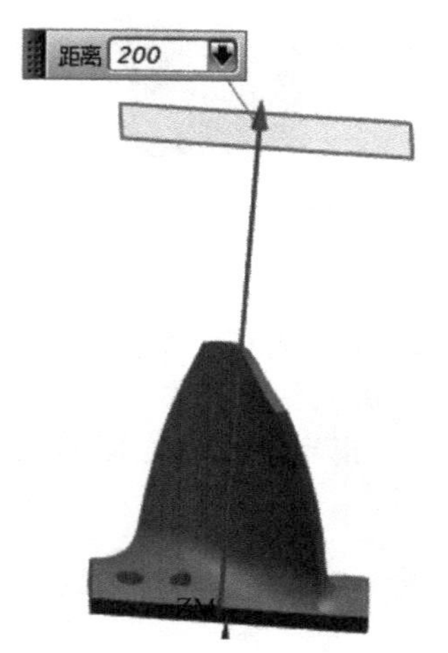

图 5-104 安全面设置

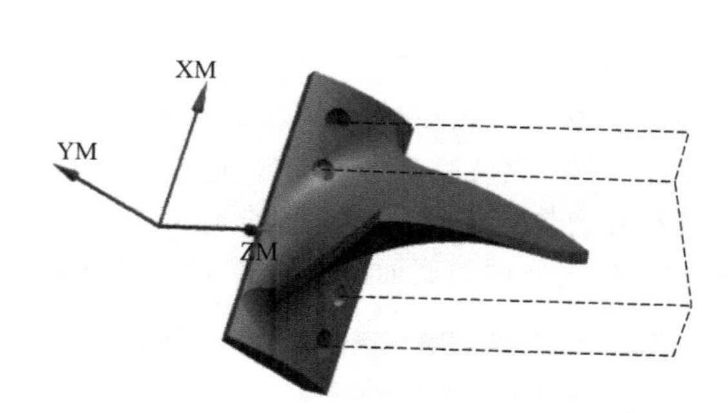

图 5-105 生成刀具轨迹

（18）后处理

① 在几何视图模式下，浏览所有操作，见图 5-106。

② 在程序视图模式下，按照加工顺序重新排列操作，在“NC_PROGRAM”节点，右键单击，在弹出界面单击“后处理”，见图 5-107。后处理选 D:\v7\UG_post\5TT\5tt.pui，输出文件 D:\v7\5x_TT\Example_2\O2.ptp。

5.2.4 使用 Vericut 仿真切削过程

（1）复制一个项目

① 打开项目 D:\v7\5x_TT\Example_0 \A0.vcproject。

② 另存项目为 D:\v7\5x_TT\Example_2 \A2.vcproject。

工序导航器 - 几何

名称	刀轨	刀具	描述
GEOMETRY			mill_multi-axis
未用项			mill_multi-axis
MCS			MCS
WORKPIECE			WORKPIECE
MCS_1			MCS
O3	✔	T1	FIXED_CONTOUR
O9	✔	T1	FIXED_CONTOUR
MCS_2			MCS
O4	✔	T1	FIXED_CONTOUR
O10	✔	T1	FIXED_CONTOUR
MCS_3			MCS
O5	✔	T1	FIXED_CONTOUR
O11	✔	T1	FIXED_CONTOUR
MCS_4			MCS
O6	✔	T1	FIXED_CONTOUR
O12	✔	T1	FIXED_CONTOUR
O1	✔	T1	VARIABLE_CONTOUR
O2	✔	T1	VARIABLE_CONTOUR
O7	✔	T1	VARIABLE_CONTOUR
O8	✔	T1	VARIABLE_CONTOUR
O13	✔	T2	FIXED_CONTOUR
O14	✔	T2	DRILLING

图 5-106　浏览所有操作

图 5-107　后处理

③ 保持机床、数控系统不变。

④ 删除毛坯、刀具、程序、工件偏置，保存项目。

(2) 导入毛坯

① 在“Fixture”节点下，调入工装，并根据对刀结果调整夹具位置，见图 5-108。

② 在“stock”节点下，右击，依次点击添加模型、模型文件。

选择 D:\v7\5x_TT\Example_2 \stock. stl 文件，调整毛坯在夹具中的位置，见图 5-109。

(3) 调入刀具库

打开 D:\v7\5x_TT\Example_2 \A2. tls。

(4) 建立工件坐标系

根据对刀结果设置工件偏置 G54：$X0\ Y0\ Z0\ B0\ C0$。

(5) 导入程序

调入 NC 程序 D:\v7\5x_TT\Example_2 \O2. ptp。

(6) 加工仿真

在“机床/切削模型”视图下，观察加工过程。

在“零件”视图下，观察加工效果，见图 5-110。

图 5-108　调整夹具位置

图 5-109　调整毛坯在夹具中的位置

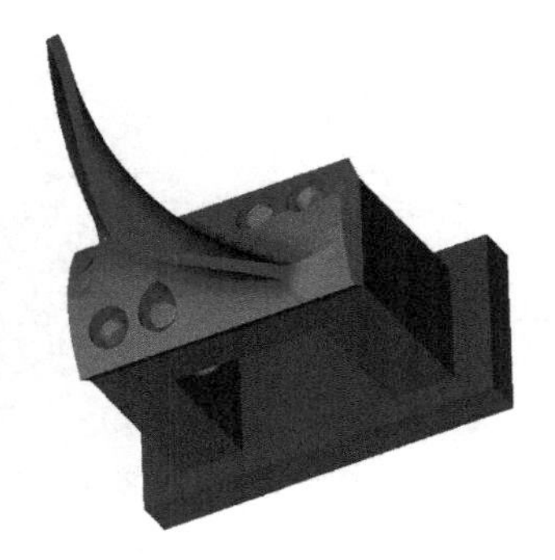

图 5-110　加工仿真

5.3 案例 3　叶轮加工

5.3.1 零件加工工艺

（1）零件分析

图 5-111 为叶轮的零件实体图，叶根圆角 $R1.5$。图 5-112 为毛坯图。毛坯材料为硬铝。

（2）工件装夹

采用一面一孔定位方式，通过中心孔用拉杆紧固在工装上，见图 5-113。

图 5-111　叶轮零件实体图

图 5-112　毛坯图

图 5-113　工件装夹

（3）刀具选择

T1：$\phi 6$ 球铣刀。

T2：$\phi 3$ 球铣刀。

【提示】　叶轮加工模块是 UG 的重要组成部分，仅支持球刀加工。在实际加工中常采用带锥度的球头铣刀以提高刀具刚性，因此在编程时要考虑刀具的锥度问题以避免刀具和零件发生干涉。在仿真中，$\phi 3$ 球铣刀的锥度是 2°，如果仿真检查不干涉，就可上机加工了。

5.3.2 对刀

本案例采用相对对刀，工件零点设在 5 轴零点。

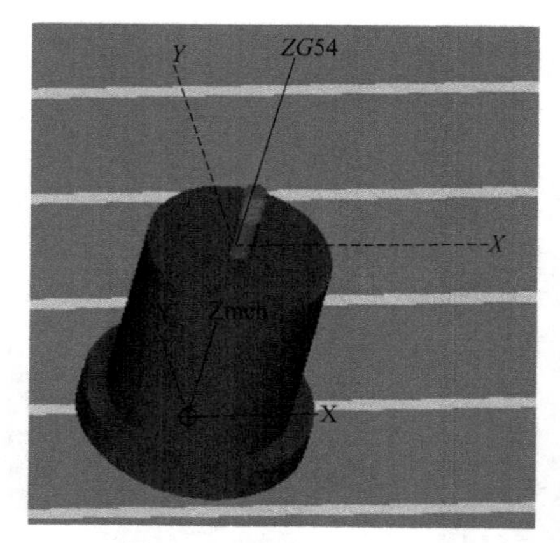

图 5-114　设置坐标位置

（1）测量工装表面中心点相对 5 轴零点的坐标位置

本案例实际安装位置为 $X0\ Y0\ Z100$，见图 5-114。

（2）测量刀具长度

同 5.1 节案例 1。

5.3.3 使用 UG 编程

（1）创建项目

① 打开 D:\v7\5x_TT\Example_3\5x_yelun. prt。

② 设置加工环境，进入叶轮加工模块，见图 5-115。

（2）创建刀具

在刀具视图下，创建所有刀具，见图 5-116。精铣刀具的选择要根据零件最小 R 角（一般是叶片根部圆角）来确定。在主菜单下依次点击“分析”“最小半径”，弹出“最小半径”选择对话图，选择叶片根部的圆角，见图 5-117，单击确定，弹出信息对话框，显示最小半径 $R1.499$，见图 5-118。

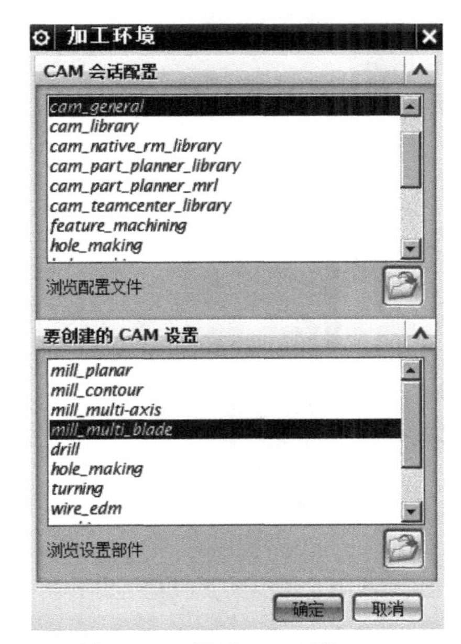

图 5-115　设置加工环境

工序导航器 - 机床

名称	刀具号	描述
GENERIC_MACHINE		Generic Mac
未用项		mill_multi_b
T1	1	铣刀-5 参数
T2	2	铣刀-5 参数

图 5-116　创建刀具

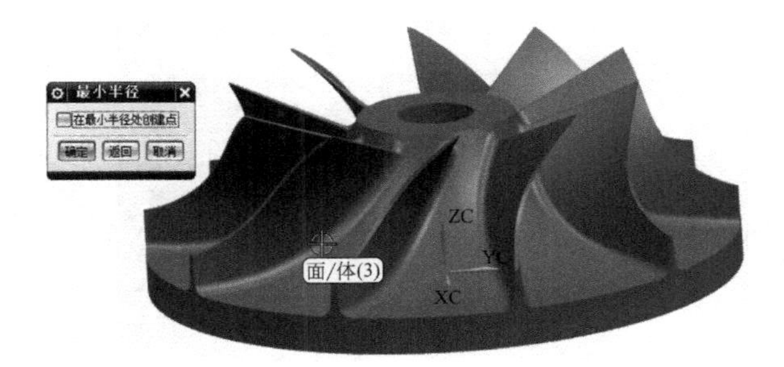

图 5-117　选择叶片根部的圆角

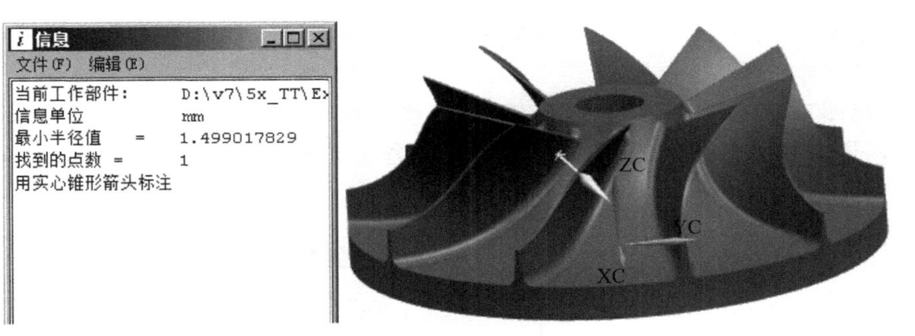

图 5-118　显示最小半径

(3) 设置加工坐标系

① 在几何视图下（图 5-119），双击加工坐标系节点“MCS”，进入机床坐标系界面。

② 指定 MCS。首先加工坐标系零点设在叶轮底面孔中心点下方，而后根据对刀结果调整 MCS 到指定位置，见图 5-120。调整后结果见图 5-121。

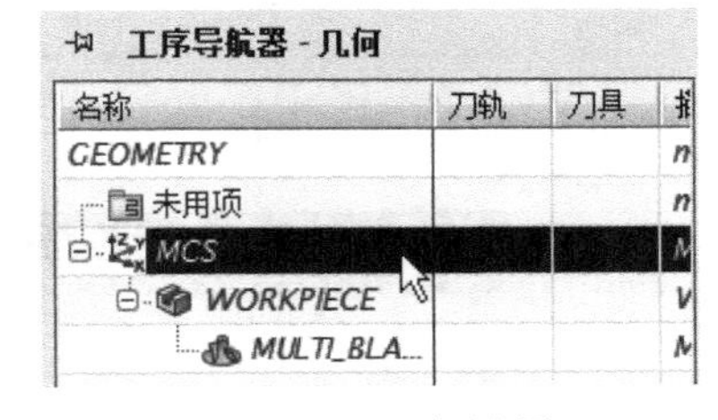

图 5-119　几何视图

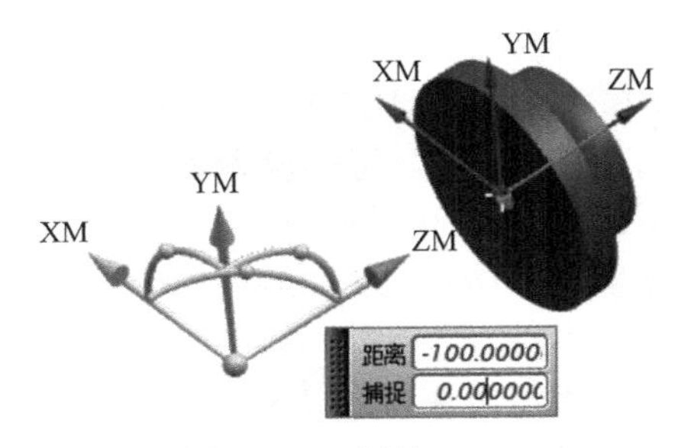

图 5-120　调整 MCS

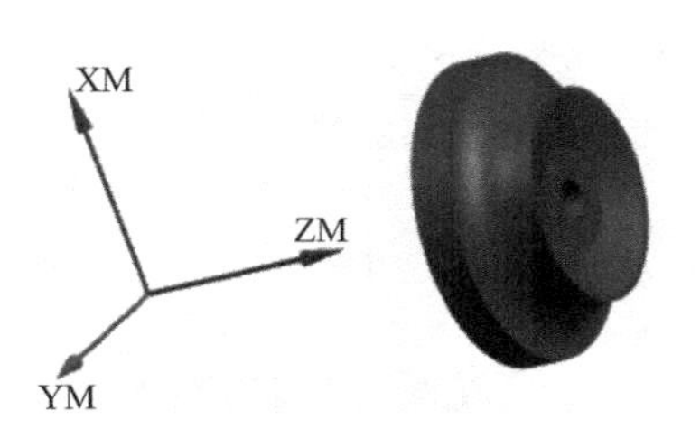

图 5-121　调整结果

③ 安全设置。安全设置选项选“球”，以叶轮底面孔中心为球心，创建半径 120mm 的球面，见图 5-122。

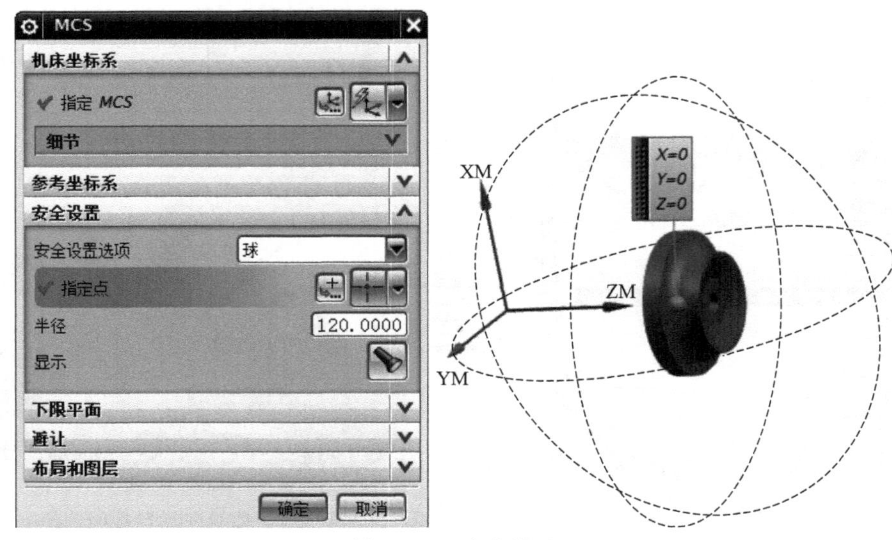

图 5-122 安全设置

④ 细节设置，用途选“主要”，装夹偏置“1”。

(4) 设置零件几何体

在几何视图下，双击“WORKPIECE”节点（图 5-123），进入零件几何体设置界面，见图 5-124，指定部件选图层 1 中的叶轮，指定毛坯选图层 101 中的毛坯几何体。使图层 101 不可见。

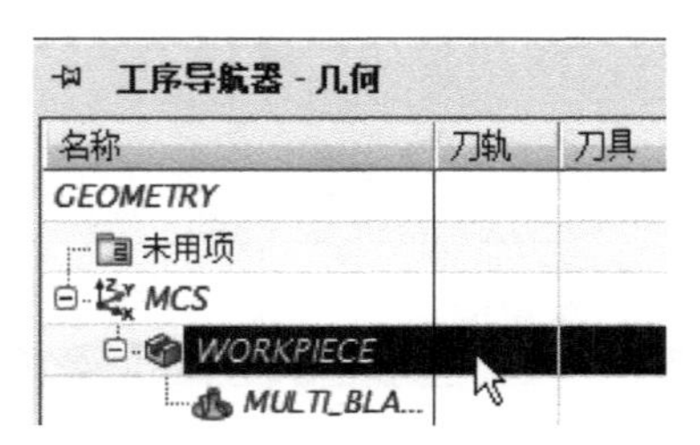

图 5-123 几何视图

图 5-124 零件几何体设置界面

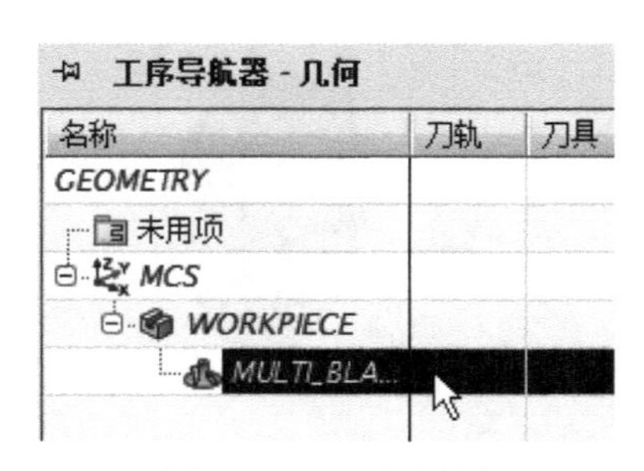

图 5-125 几何视图

(5) 设置叶片几何体

在几何视图下，双击“MULTI_BLADE_GEOM”节点（图 5-125），进入叶片几何体设置界面（图 5-126），依次指定轮毂（图 5-127）、包覆（图 5-128）、叶片（图 5-129）、叶根圆角（图 5-130）。

(6) 叶片粗加工

① 创建工序。在几何体视图下，创建“多叶片粗加工”操作，刀具选择“T1”，几何体选择“MULTI_BLADE_GEOM”，名称选择“O1”（图 5-131）。单击确

定，进入多叶片粗加工操作对话框，见图 5-132。

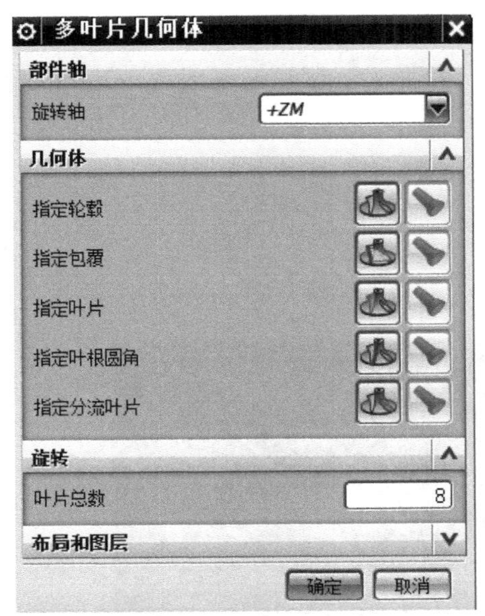

图 5-126　叶片几何体设置界面

图 5-127　指定轮毂

图 5-128　指定包覆

图 5-129　指定叶片

图 5-130　指定叶根圆角

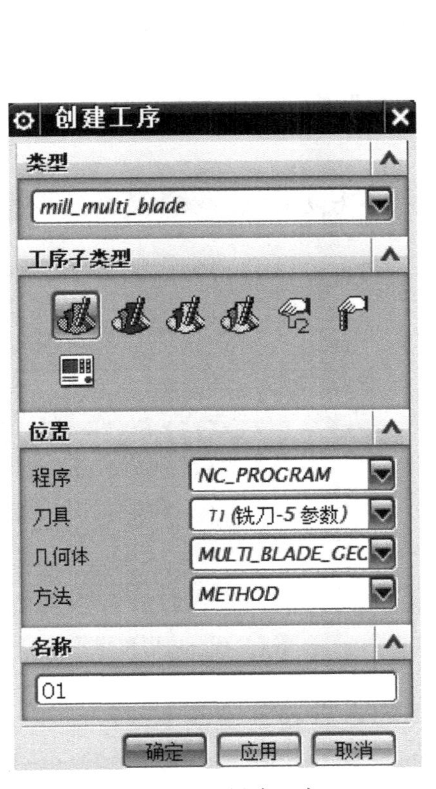

图 5-131　创建工序

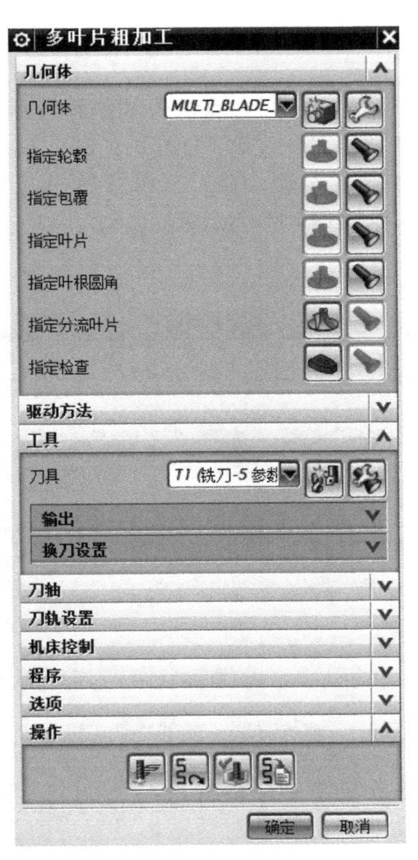

图 5-132　多叶片粗加工操作对话框

② 设置驱动方法。单击叶片粗加工驱动方法按钮“ ”，进入驱动方法设置对话框（图 5-133）。单击指定起始位置按钮，选择合适的起始位置，见图 5-134。其他设置采用默认值。

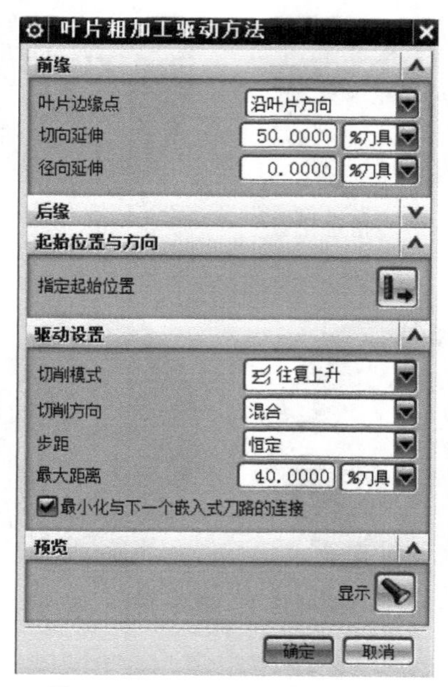

图 5-133　驱动方法设置对话框

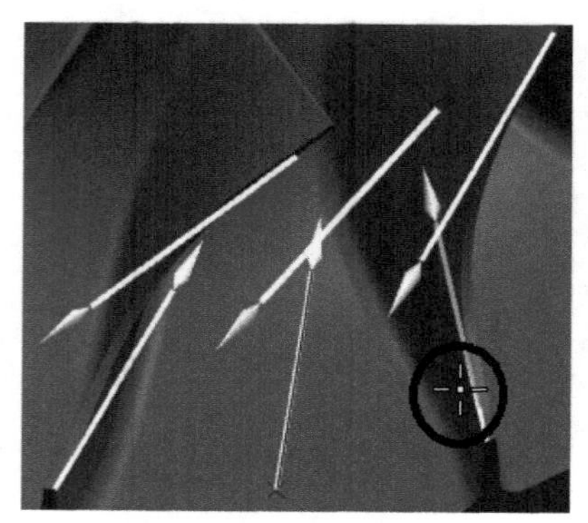

图 5-134　选择起始位置

③ 刀轴“自动”，点击刀轴编辑按钮，设置刀轴侧倾安全角“2”，最小前倾角“－20”，旋转所绕对象“叶片”，见图 5-135。

④ 切削层设置。在刀轨设置界面，单击“切削层”按钮，进入切削层对话框，深度模式选“从轮廓偏置”，见图 5-136。

图 5-135　刀轴设置

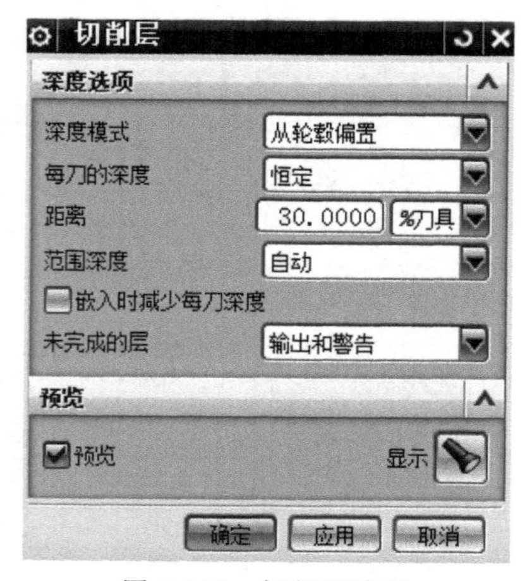

图 5-136　切削层设置

⑤ 在切削参数对话框，设置叶片、轮毂的加工余量“0.3”，见图 5-137。

⑥ 在非切削移动对话框，设置进刀类型“圆弧-平行于刀轴”，见图 5-138，设置安全设置选项“使用继承的”，见图 5-139。

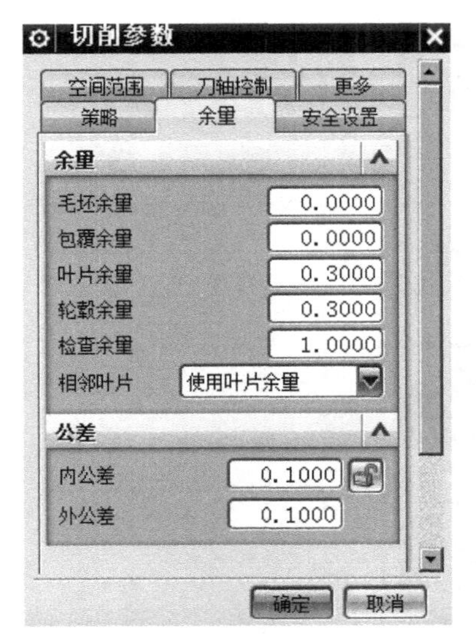

图 5-137　设置加工余量

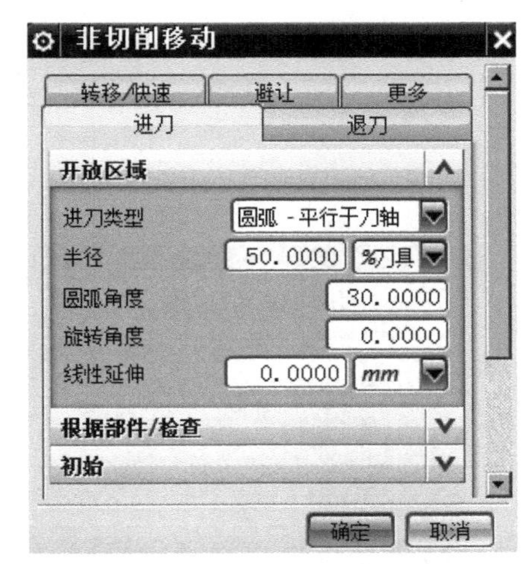

图 5-138　设置进刀类型

⑦ 进给率和速度分别为 S5000、F500。

⑧ 生成刀具轨迹，见图 5-140。

图 5-139　设置安全设置选项

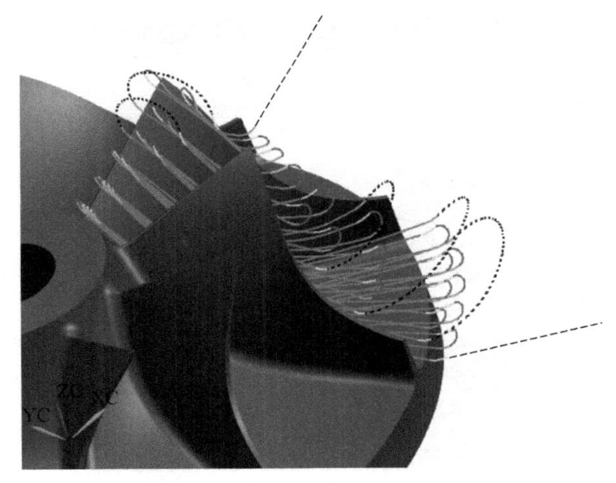

图 5-140　生成刀具轨迹

（7）流道精加工

① 创建工序。在几何体视图下，创建“轮毂精加工”操作，刀具选择 T2，几何体选择“MULTI _ BLADE _ GEOM”，名称选择“O2”（图 5-141）。单击确定，进入轮毂精加工操作对话框，见图 5-142。

② 设置驱动方法。单击轮毂精加工驱动方法按钮，进入驱动方法设置对话框，见图 5-143(a)。单击指定起始位置按钮，选择合适的起始位置，见图 5-143(b)。切削模式“往复上升”，切削方向“混合”，步距根据加工精度或使用要求设定，其他设置采用默认值。

③ 刀轴“自动”，点击刀轴编辑按钮，设置刀轴侧倾安全角“3”，最小前倾角“－20”，旋转所绕对象“叶片”，见图 5-144。侧倾安全角设置为 3°，是为了使用刚性较好的带锥度球铣刀。

图 5-141　创建工序

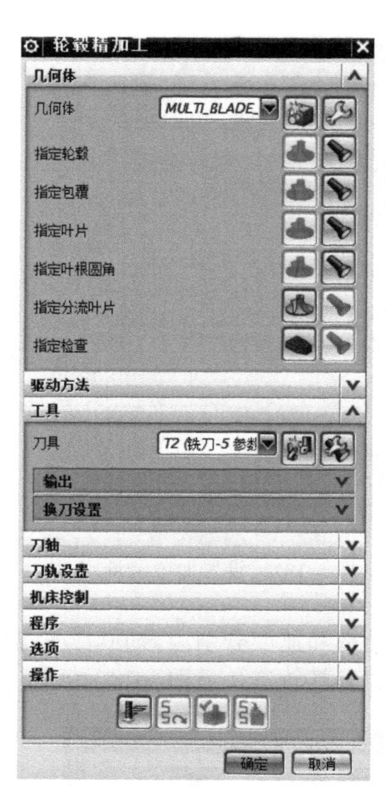

图 5-142　轮毂精加工

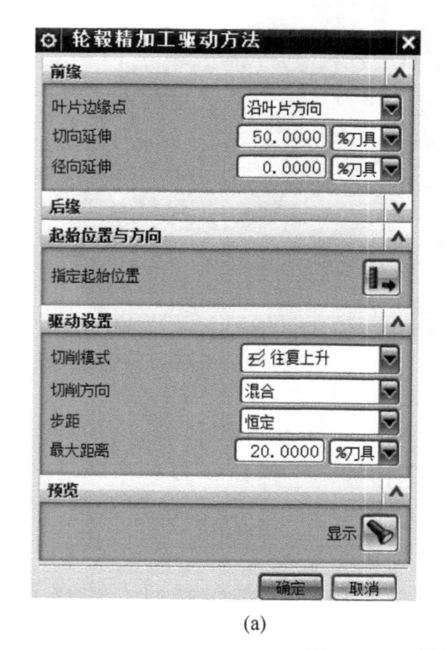

(a)

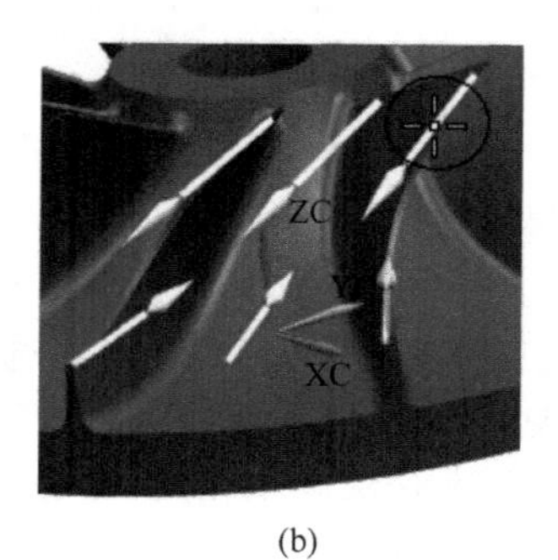

(b)

图 5-143　设置驱动方法

④ 在切削参数对话框，设置叶片、轮毂的加工余量“0”。在非切削移动对话框，设置进刀类型“圆弧-平行于刀轴”，见图 5-145，设置安全设置选项“使用继承的”。

图 5-144　刀轴设置

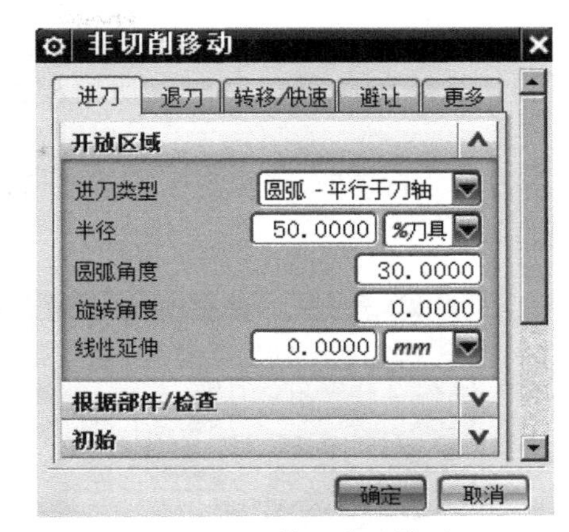

图 5-145　设置进刀类型

⑤ 进给率和速度分别为 S5000、F500。

⑥ 生成刀具轨迹，见图 5-146。

(8) 叶片精加工

① 创建工序。在几何体视图下，创建“叶片精加工”操作，刀具选择“T2”，几何体选择“MULTI_BLADE_GEOM”，名称选择“O3”（图 5-147）。单击确定，进入叶片精加工操作对话框，见图 5-148。

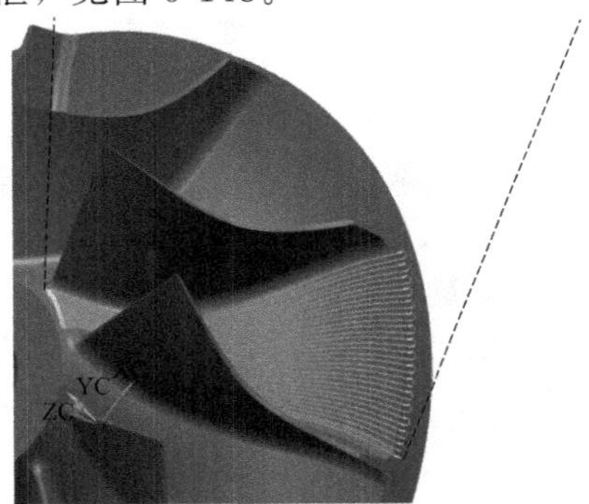

图 5-146　生成刀具轨迹

图 5-147　创建工序

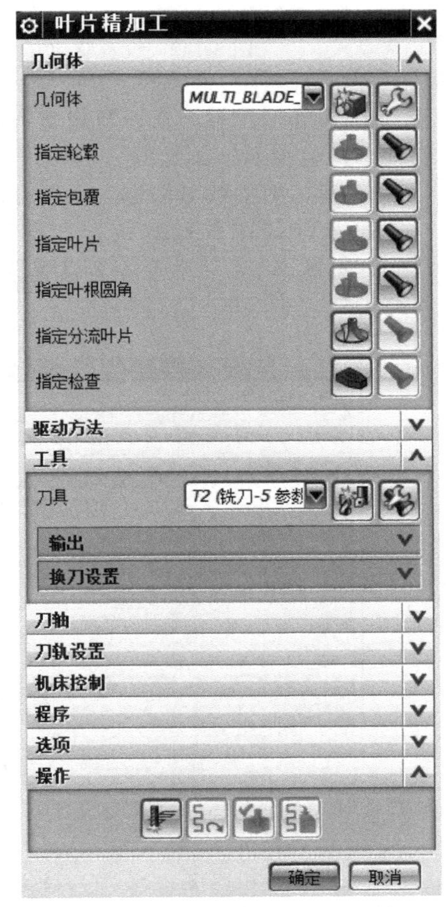

图 5-148　叶片精加工操作对话框

② 设置驱动方法。单击叶片精加工驱动方法按钮，进入驱动方法设置对话框，见图 5-149。叶片切向延伸“6”，切削模式“单向”，切削方向“顺铣”，其他设置采用默认值。

③ 刀轴“自动”，点击刀轴编辑按钮，设置刀轴侧倾安全角“3”，最小前倾角“－10”，见图 5-150。

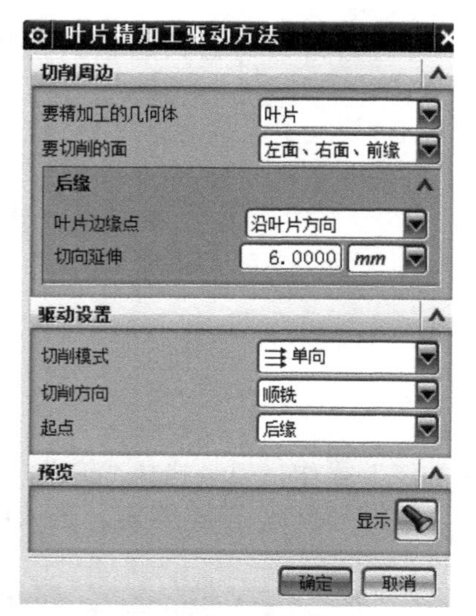

图 5-149 设置驱动方法

图 5-150 刀轴设置

④ 切削层设置。在刀轨设置界面，单击“切削层”按钮，进入切削层对话框，深度模式选“从包覆插补到轮毂”，每刀深度“1”，见图 5-151。

⑤ 在切削参数对话框，设置叶片、轮毂的加工余量“0”。

⑥ 在非切削移动对话框，设置进刀类型“圆弧-垂直于刀轴”，半径“5”，圆弧角度“45”，见图 5-152。设置安全设置选项“使用继承的”，区域之间移刀类型“直接”，区域内移刀类型“光顺”，见图 5-153。

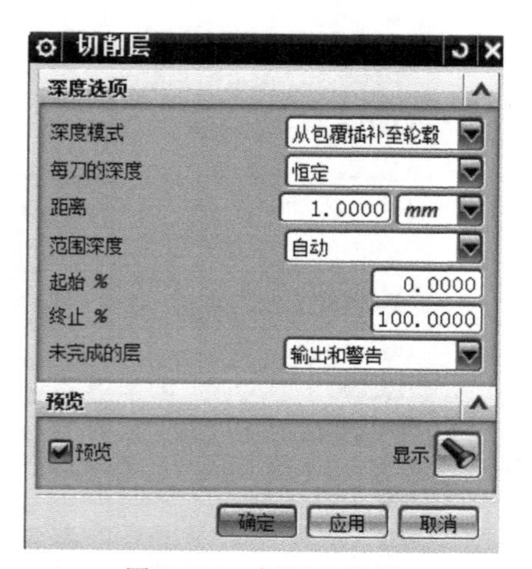

图 5-151 切削层设置

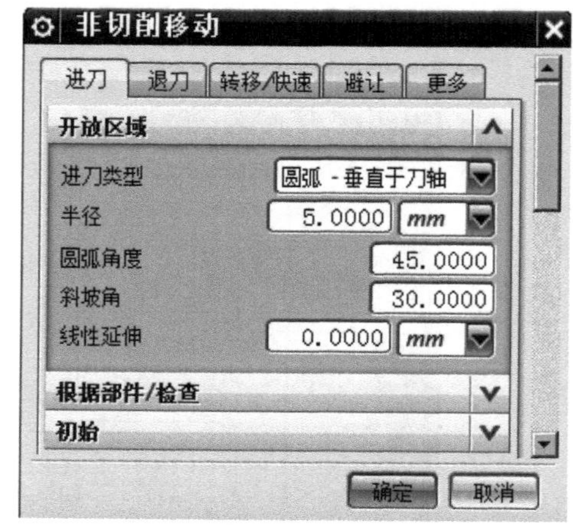

图 5-152 设置进刀类型

⑦ 进给率和速度：S5000、F300。

⑧ 生成刀具轨迹，见图 5-154。

(9) 叶片清根加工

① 创建工序。在几何体视图下，创建“圆角精加工”操作，刀具选择“T2”，几何体选择“MULTI _ BLADE _ GEOM”，名称选择“O4”，见图 5-155。单击确定，进入圆角精加工操作对话框，见图 5-156。

图 5-153　设置转移/快速

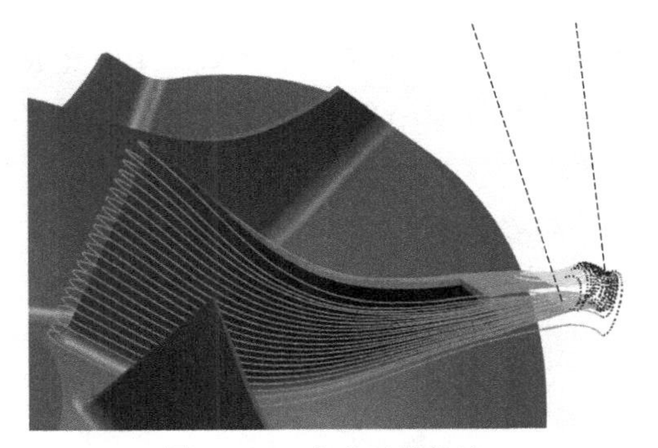

图 5-154　生成刀具轨迹

图 5-155　创建工序

② 设置驱动方法。单击圆角精加工驱动方法按钮，进入驱动方法设置对话框，见图 5-157。叶片切向延伸“5”，切削模式“单向”，顺序“先陡”，切削方向“顺铣”。切割带条“步进”，轮毂和叶片方向各铣 3 刀。

③ 刀轴“自动”，点击刀轴编辑按钮，设置刀轴侧倾安全角“3”，最小前倾角“−10”，见图 5-158。

④ 在切削参数对话框，设置叶片、轮毂的加工余量“0”。

⑤ 在非切削移动对话框，设置进刀类型“圆弧-垂直于刀轴”，半径“3”，圆弧角度“30”，见图 5-159，设置安全设置选项“使用继承的”，区域内移刀类型“光顺”，见图 5-160。

⑥ 进给率和速度：S5000、F300。

⑦ 生成刀具轨迹，见图 5-161。

(10) 阵列刀具轨迹

① 在程序视图下，鼠标右键单击操作“O1”，依次单击“对象”“变换”，见图 5-162，

弹出刀具轨迹变换对话框，类型“绕直线旋转”，指定点“叶片底面中心点”，指定矢量“叶轮中心轴线”，角度“360”，见图 5-163，单击确定，完成刀具轨迹阵列。

② 在程序视图下，重新排列操作顺序，见图 5-164。

③ 依次阵列操作“O2”“O3”“O4”，并重新排列操作顺序。

(11) 后处理

在程序视图模式下，在“NC _ PROGRAM”节点，右键单击，在弹出界面单击“后处理”，后处理选 D:\v7\UG_post\5TT\5tt. pui，输出文件为 D:\v7\5x_TT\Example_3\O3. ptp。

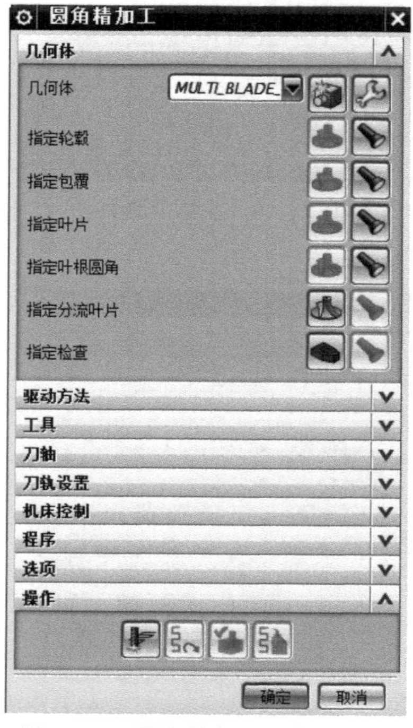

图 5-156　圆角精加工操作对话框

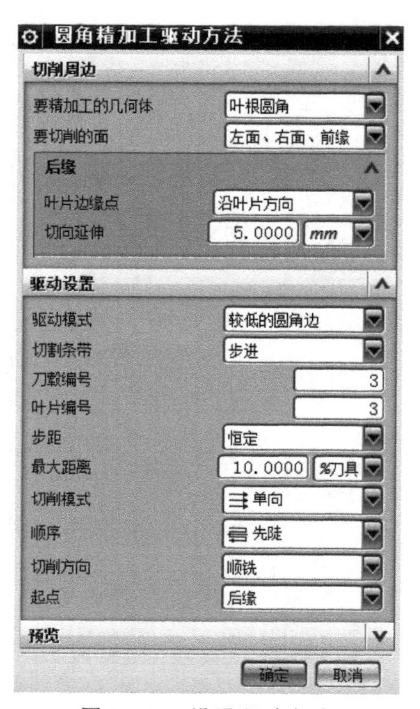

图 5-157　设置驱动方法

图 5-158　刀轴设置

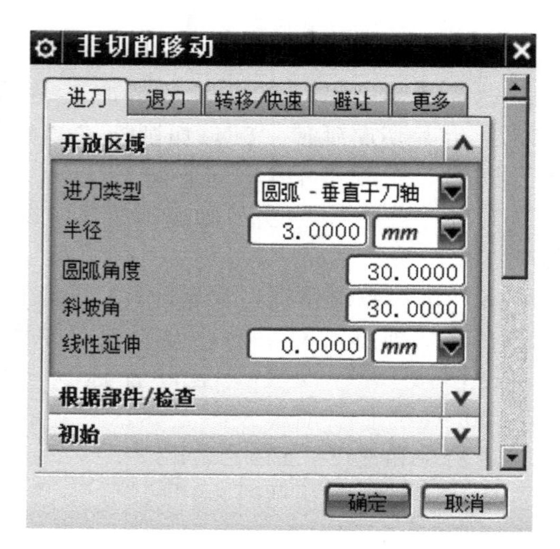

图 5-159　设置进刀类型

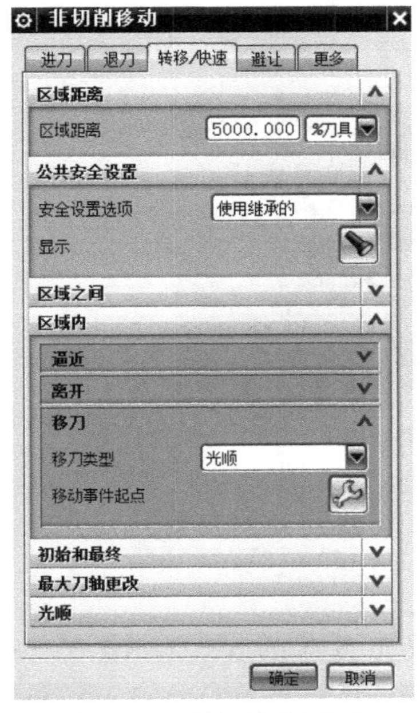

图 5-160　设置转移/快速

图 5-161　生成刀具轨迹

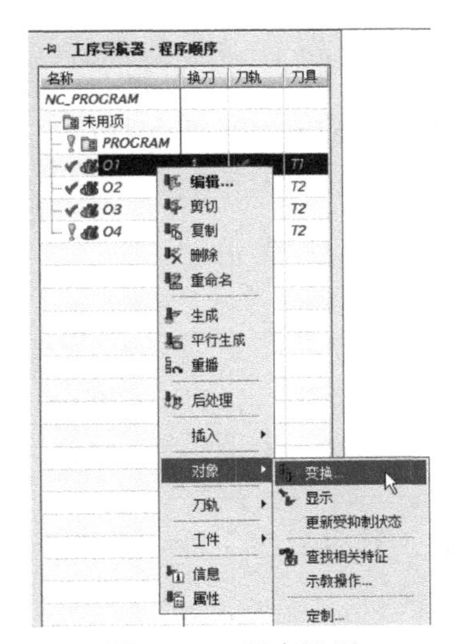

图 5-162　程序视图

图 5-163　刀具轨迹变换

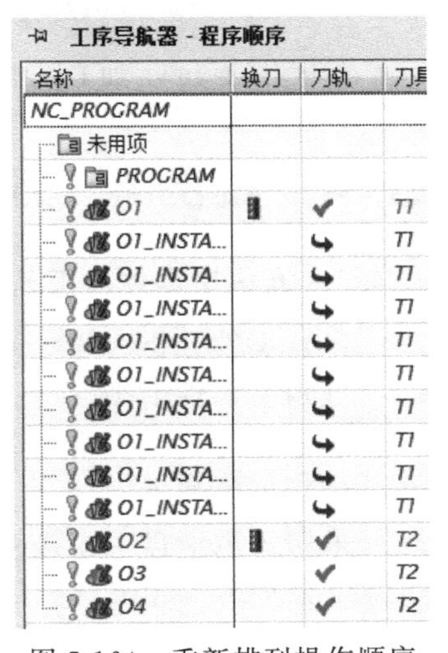

图 5-164　重新排列操作顺序

5.3.4　使用 Vericut 仿真切削过程

（1）复制一个项目

① 打开项目 D:\v7\5x_TT\Example_0\A0.vcproject。

② 另存项目为 D:\v7\5x_TT\Example_3\A3.vcproject。

③ 保持机床、数控系统不变

④ 删除毛坯、刀具、程序、工件偏置，保存项目。

（2）导入毛坯

① 在“Fixture”节点下，调入工装，并根据对刀结果调整夹具位置，见图 5-165。

② 在“stock”节点下，右击，依次点击添加模型、模型文件。

选择 D:\v7\5x_TT\Example_3\stock. stl 文件，调整毛坯在夹具中的位置，见图 5-166。

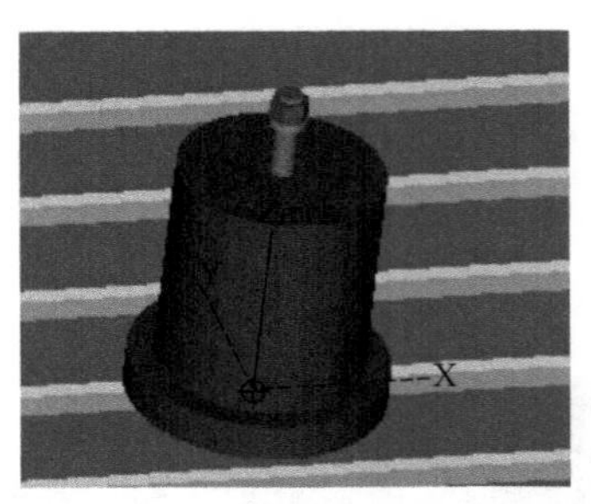

图 5-165　调整夹具位置

图 5-166　调整毛坯在夹具中的位置

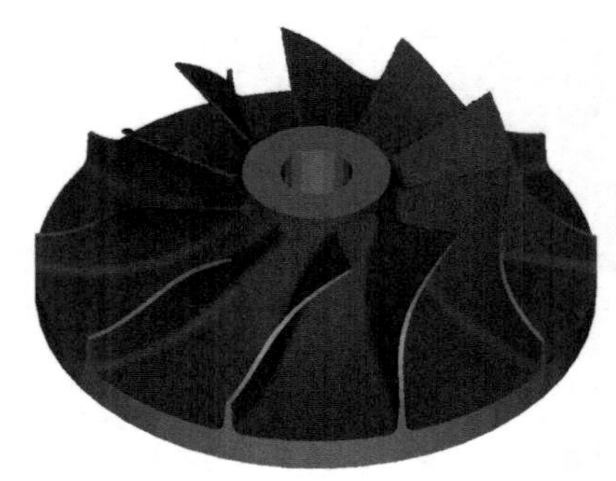
图 5-167　加工仿真

(3) 调入刀具库

打开 D:\v7\5x_TT\Example_3\A3. tls。

(4) 建立工件坐标系

根据对刀结果设置工件偏置 G54：$X0$ $Y0$ $Z0$ $B0$ $C0$。

(5) 导入程序

调入 NC 程序 D:\v7\5x_TT\Example_3 \O3. ptp。

(6) 加工仿真

在“机床/切削模型”视图下，观察加工过程。

在“零件”视图下，观察加工效果，见图 5-167。

5.4 案例 4　五角星（5 轴加工）

5.4.1 五角星零件的工艺分析

(1) 零件分析

五角星零件由 10 个斜面组成（图 5-168）。毛坯采用 ϕ50 的 2A12 棒料，由 ϕ30×20 台、ϕ18×12 槽及 2×45°倒角车成。

(2) 工件装夹

采用三爪卡盘，直接夹持 ϕ30×20 的圆台，为了避免主轴和工作台发生干涉，在三爪卡盘下面加入 4 个支撑，以垫高三爪卡盘，见图 5-169。

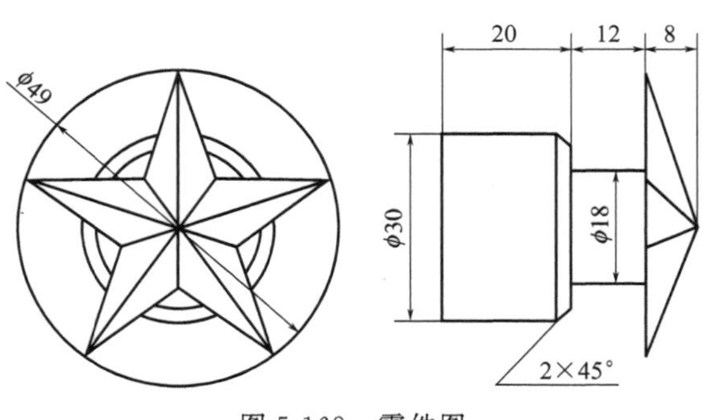

图 5-168　零件图

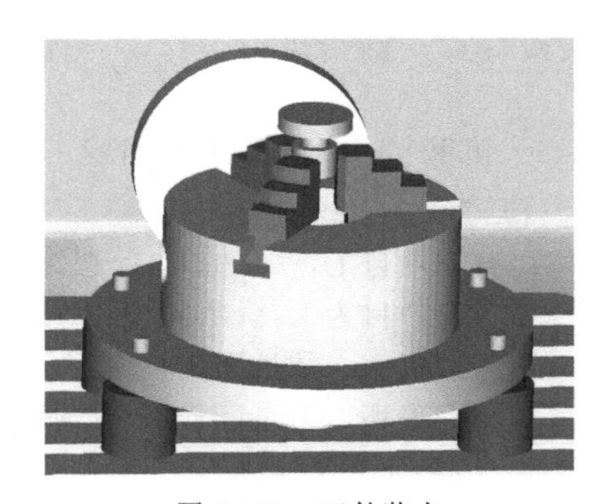
图 5-169　工件装夹

(3) 刀具选择

表 5-3 刀具选择

刀具号	刀具长度补偿号	刀具描述	刀具名称
T1	H1	直径10mm的铣刀	D10

(4) 工序流程

表 5-4 工序流程

工序号	工序内容	刀具
1.1	粗铣外形	T1
1.2	粗铣斜面1,并阵列5	T1
1.3	粗铣斜面2,并阵列5	T1
1.4	精铣斜面1,并阵列5	T1
1.5	精铣斜面1,并阵列5	T1

5.4.2 对刀

(1) 确定工件在机床上的坐标位置

加工坐标系G54设在5轴中心点，本案例为$X0$ $Y0$ $Z0$。对刀点预设在五角星底面中心点。测量对刀点在G54坐标系中的位置：装夹毛坯，用寻边器测量五角星底面中心点在加工坐标系中的位置，本案例为$X0$ $Y0$ $Z207$，见图5-170。

【提示】 可以用百分表测量毛坯顶面到工作台表面的距离，用卡尺测量毛坯厚度，通过间接计算就能得到"对刀点相对于5轴零点的Z坐标"。毛坯中心XY坐标可以用寻边器直接测出。见图5-171。

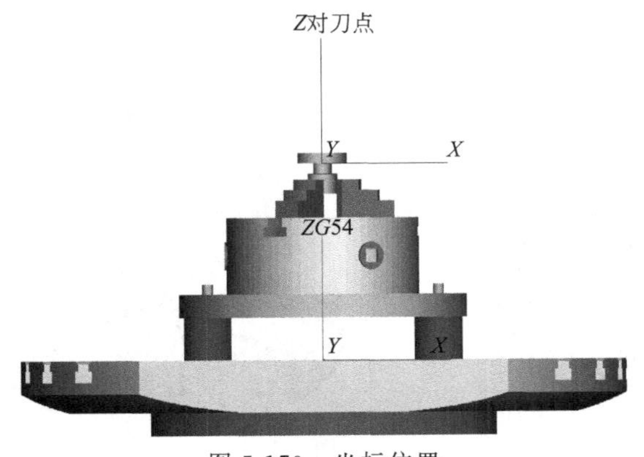

图 5-170 坐标位置

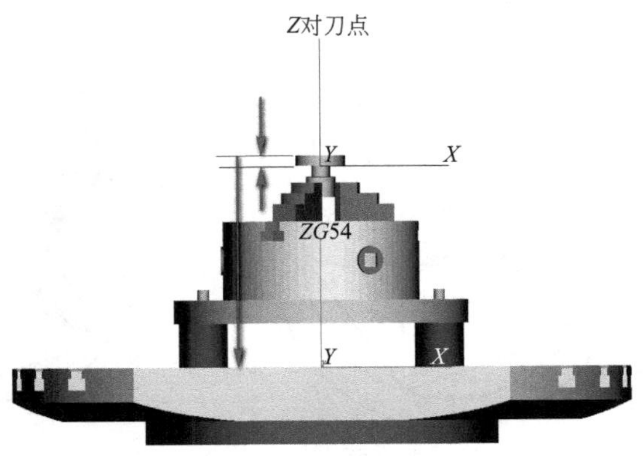

图 5-171 毛坯中心坐标

(2) 测量刀具长度

在工作台表面上，采用Z轴设定仪对刀。

5.4.3 使用UG编程

(1) 零件造型

① 在XY绘制草图，见图5-172。

② 在ZX平面绘制中心线，高度8mm（图5-173）。

③ 做两个直纹面，见图5-174。

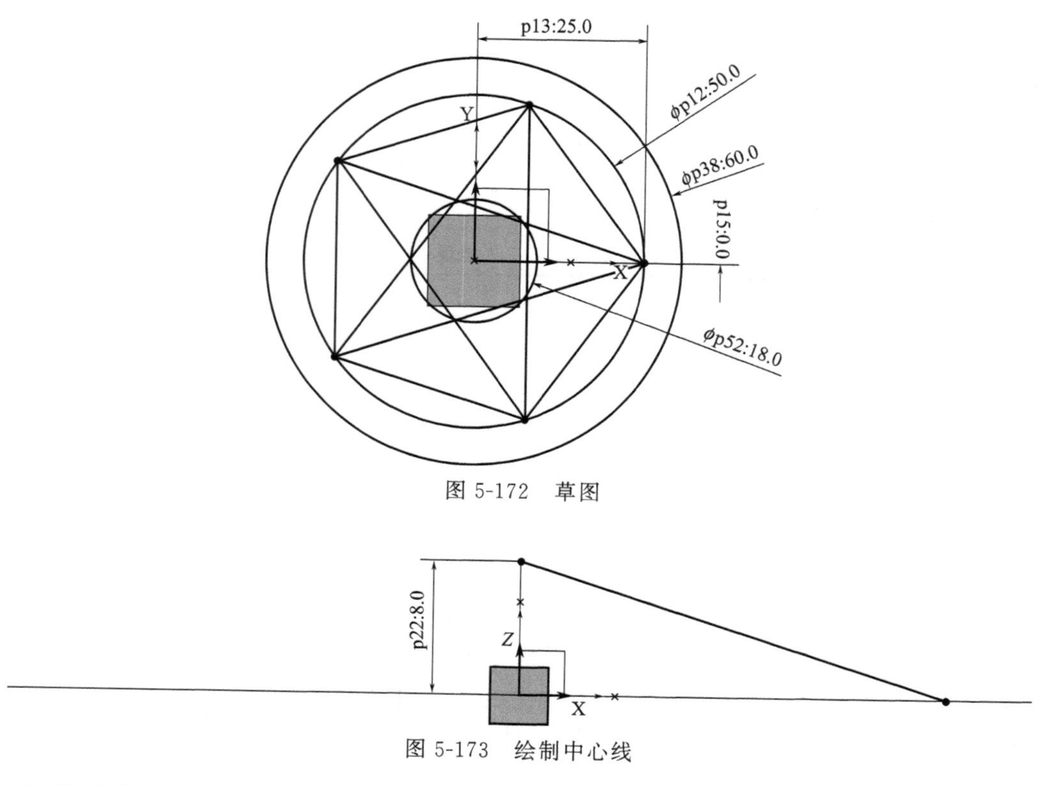

图 5-172　草图

图 5-173　绘制中心线

④ 阵列直纹面，而后缝合成一个面，见图 5-175。

⑤ 拉伸 $\phi60\times10$ 的圆柱，并用直纹面修剪，而后拉伸出 $\phi18$、$\phi30$ 的圆柱，见图 5-176。

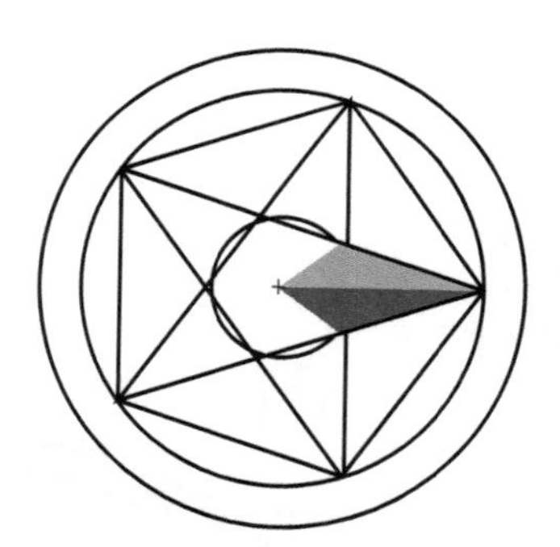

图 5-174　直纹面

图 5-175　陈列与缝合

图 5-176　拉伸与修剪

（2）启动多轴加工模块

进入加工模块，在加工环境中选择“多轴铣加工”（图 5-177）。

（3）创建刀具

在机床视图下（图 5-178），创建直径 10mm 的铣刀 T1。

（4）设置加工坐标系

① 在几何视图下，双击“MCS”，用途选择“主要”，并调整坐标系到五角星底面中心点，见图 5-179。

② 根据对刀结果，调整加工坐标系的零点到“$X0\ Y0\ Z-207$”位置，见图 5-180。

图 5-177　加工环境

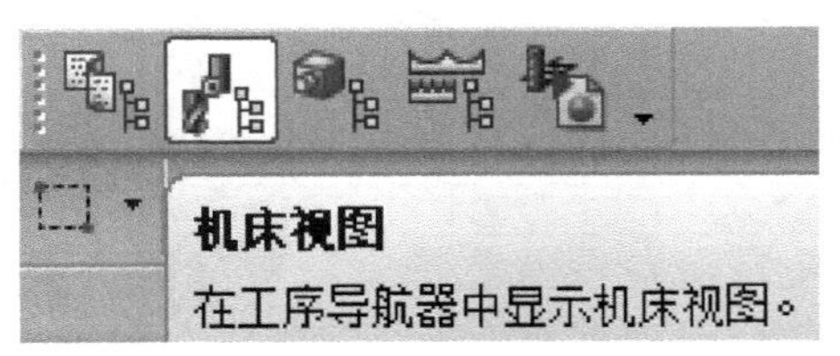

图 5-178　机床视图

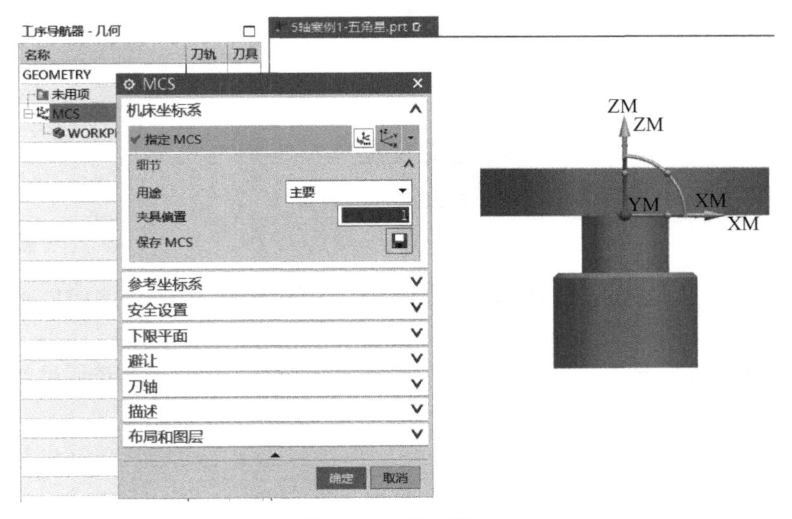

图 5-179　几何视图

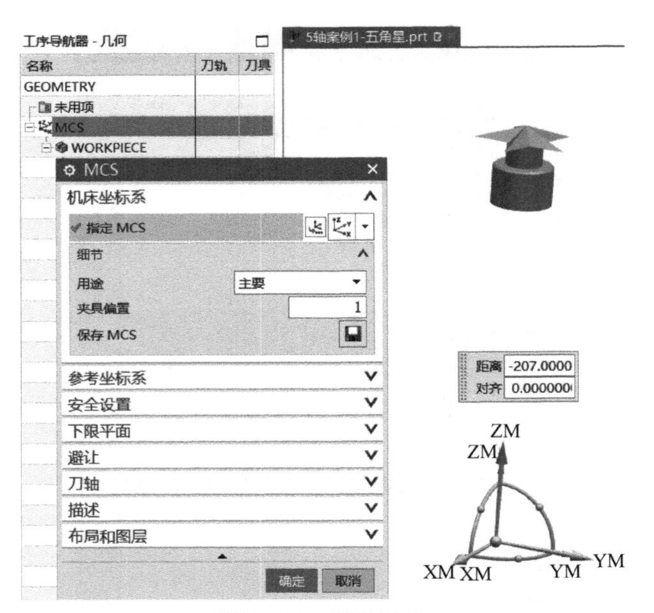

图 5-180　调整零点

(5) 设置毛坯

设置图层 101 为主工作层，图层 1 设为不可见。单击“WORKPIECE”，在工件设置窗口（图 5-181），单击“指定毛坯”，选择毛坯几何体（ϕ80×10 圆柱体）。

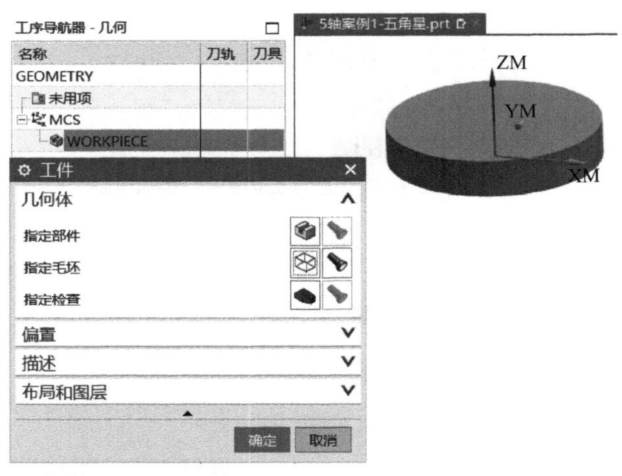

图 5-181　工件设置

(6) 粗铣外轮廓

① 创建平面铣操作，刀具选择“T1”，几何体选择“WORKPIECE”，名称选择“O1C”。

② “指定部件边界”选择五角星底面的 10 条边，“指定底面”选五角星的底面，再向下偏移 2mm（图 5-182）。

③ 设置加工参数：

切削模式：轮廓。

切削参数：部件余量 0.3。

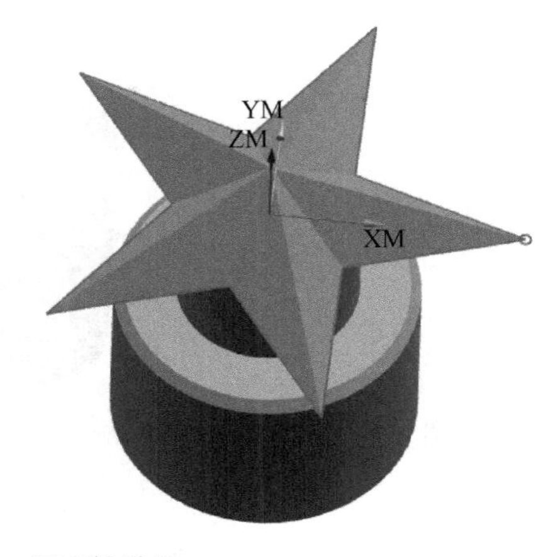

图 5-182　平面铣设置

进给率和速度：S1500 F200。

安全平面：五角星底面向上偏移 Z100。

④ 生成刀具轨迹，见图 5-183。

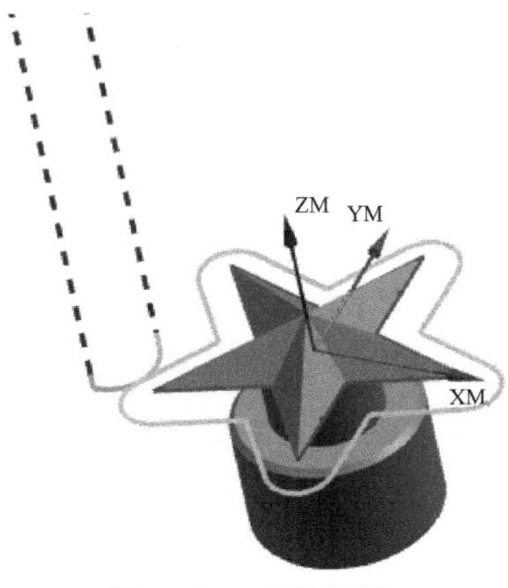

图 5-183　刀具轨迹

（7）粗铣斜面 1

① 在斜面 1 建立局部坐标系，特殊输出“使用主 MCS”，Z 轴垂直于斜面，几何体选择“WORKPIECE”，名称选择“MCS _ 1”，见图 5-184。

② 创建“平面铣”操作，刀具选择 T1，几何体选择“MCS _ 1”，名称选择“O2C”。

③“指定部件边界”选择曲线 A、B（事先在草图中生成），“指定底面”选斜面，见图 5-185。

④ 设置加工参数

切削模式：轮廓。

切削参数：部件余量 0.3。

进给率和速度：S1500 F200。

安全平面：XY 平面向上偏移 30。

⑤ 生成刀具轨迹，见图 5-186。

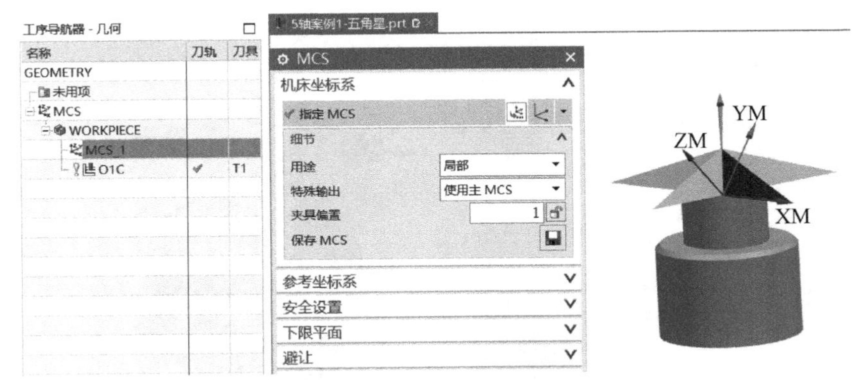

图 5-184　MCS 设置

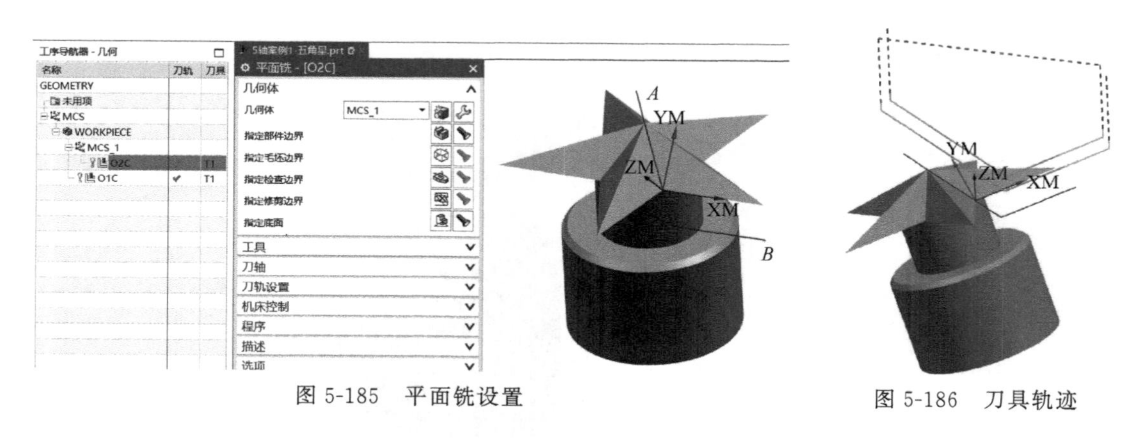

图 5-185　平面铣设置　　　　图 5-186　刀具轨迹

⑥ 阵列轨迹 5 份。选中“O2C”→右键→“对象”→“变换”，见图 5-187。选择“绕直线旋转”，直线选零件轴线→“实例”→“5”份，见图 5-188。点击“确定”，阵列轨迹，见图 5-189。

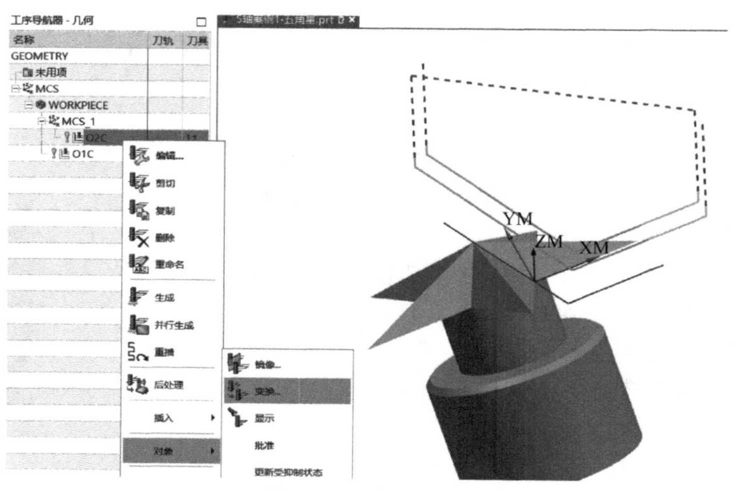

图 5-187　变换选择

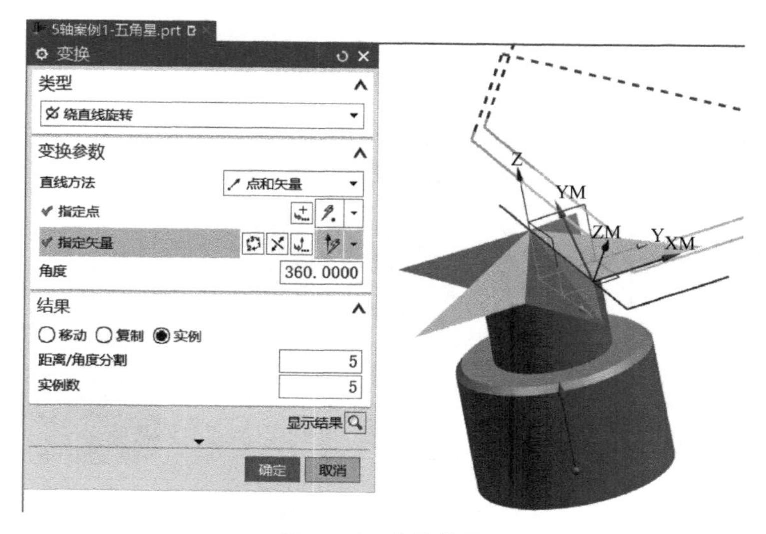

图 5-188　变换设置

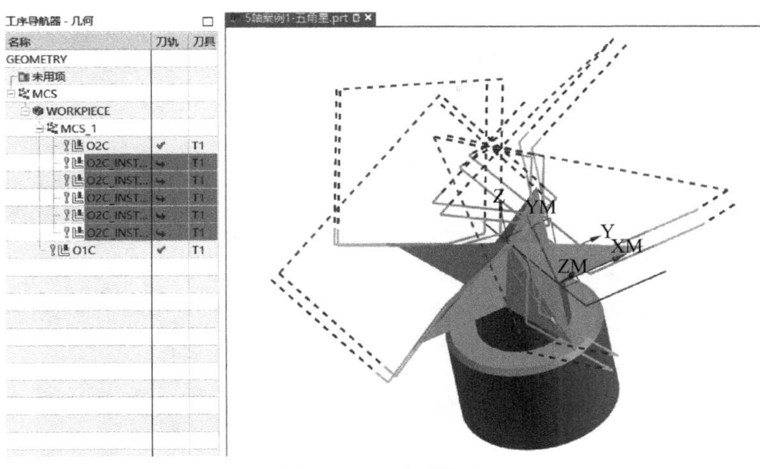

图 5-189　阵列轨迹

（8）粗铣斜面 2

① 在斜面 2 建立局部坐标系，特殊输出“使用主 MCS”，*Z* 轴垂直于斜面，几何体选择“WORKPIECE”，名称选择“MCS _ 2”，见图 5-190。

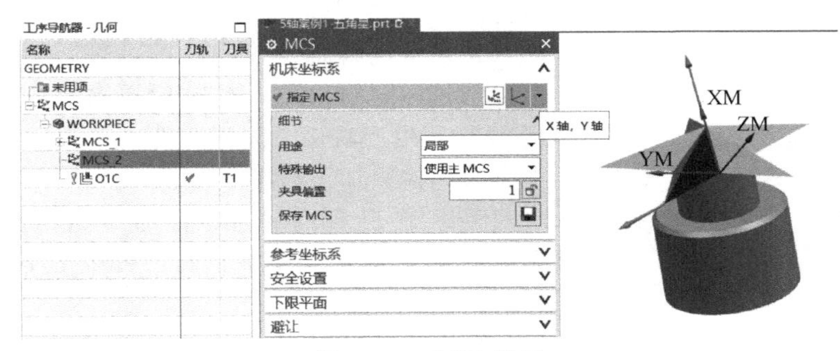

图 5-190　MCS 设置

② 创建“平面铣”操作，刀具选择“T1”，几何体选择“MCS _ 2”，名称选择“O3C”。

③“指定部件边界”选择曲线“*A*、*C*”（事先在草图中生成），“指定底面”选斜面，见图 5-191。

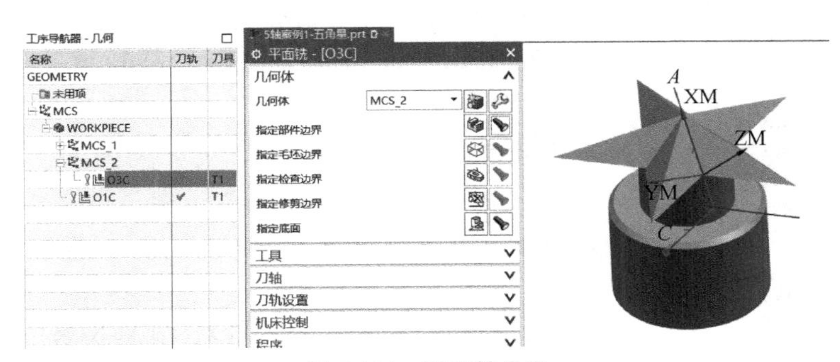

图 5-191　平面铣设置

④ 设置加工参数，参考操作“O2C”。

⑤ 生成刀具轨迹，并阵列 5 份，见图 5-192。

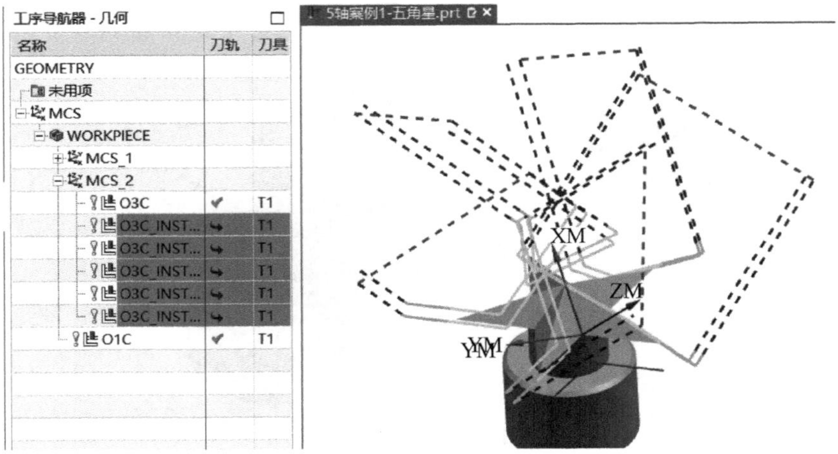

图 5-192　阵列轨迹

(9) 精铣斜面 1

复制操作“O2C”，粘贴后更名“O4J”，修改加工余量为 0，生成轨迹，阵列 5 份。

(10) 精铣斜面 2

复制操作“O3C”，粘贴后更名“O5J”，修改加工余量为 0，生产轨迹，阵列 5 份。

(11) 检查加工顺序

在程序视图下，检查加工顺序，是否正确（图 5-193）。如果顺序不正确，可以上下拖动程序到合适位置。

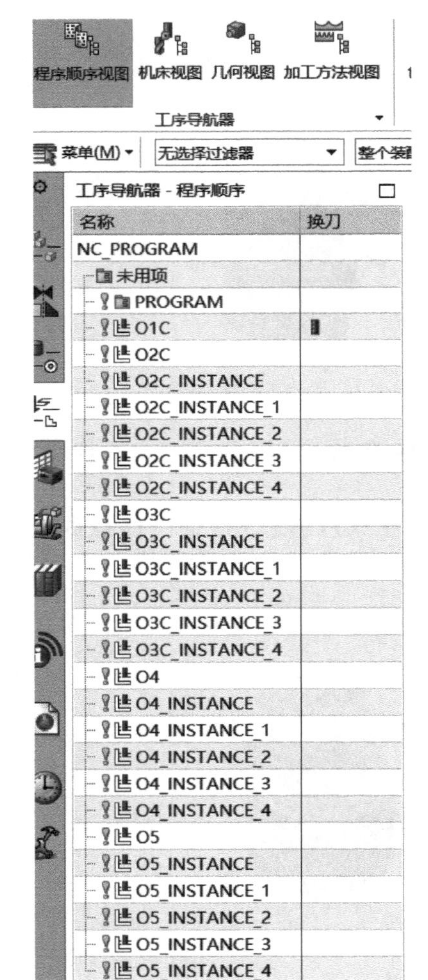

图 5-193　程序顺序

(12) 刀路模拟

在几何视图下，点击“WORKPIECE”，右击“刀轨”、单击“确认”。选“3D 动态”，点击“播放”，见图 5-194。

(13) 后处理

在程序视图模式下，在“NC _ PROGRAM”节点，右键单击，单击“后处理”。后处理选 D:\v7\UG_post\5TT\5tt. pui，输出文件 D:\v7\5x_TT\5X 案例 4 五角星 \ O1. ptp。

5. 4. 4　加工仿真

用 Vericut 软件，进行机床、数控系统、毛坯装夹、刀具、程序的设置，完成零件的加工仿真。

(1) 创建项目

① 打开项目 D:\v7\5x_TT\5X 案例 4 五角星 \ 案例 4-五角星. vcproject。

② 系统配置：机床 DMG DMU50、控制系统 FANUC16im。

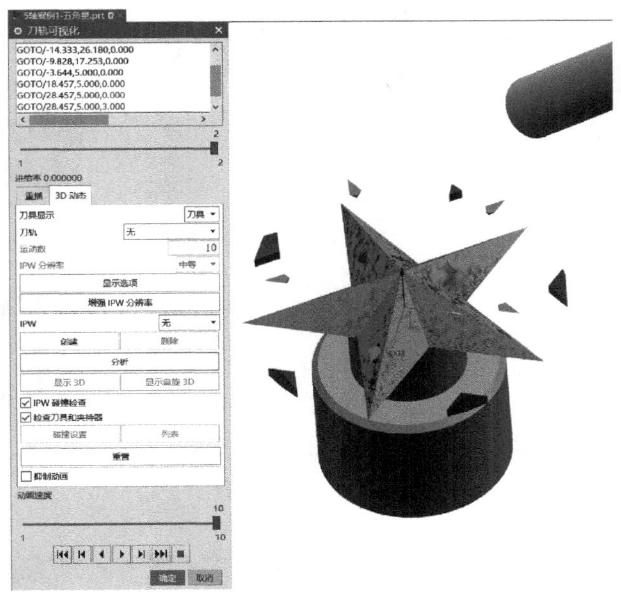

图 5-194　几何视图

(2) 装夹工件

根据对刀结果，调整工件在机床中的的坐标位置为 $X0$ $Y0$ $Z207$，和实际机床装夹保持一致，见图 5-195。

图 5-195　装夹工件

(3) 刀具文件

打开 D:\v7\5x_TT\5X 案例 4 五角星 \ 五角星. tls，见图 5-196。

(4) 设置加工坐标系

设置为 G54 X0 Y0 Z0，见图 5-197。

(5) 调入程序

打开程序文件 D:\v7\5x_TT\5X 案例 4 五角星 \ O1. ptp（图 5-197）。

(6) 仿真零件加工

单击播放键，观察零件的加工过程，见图 5-198。

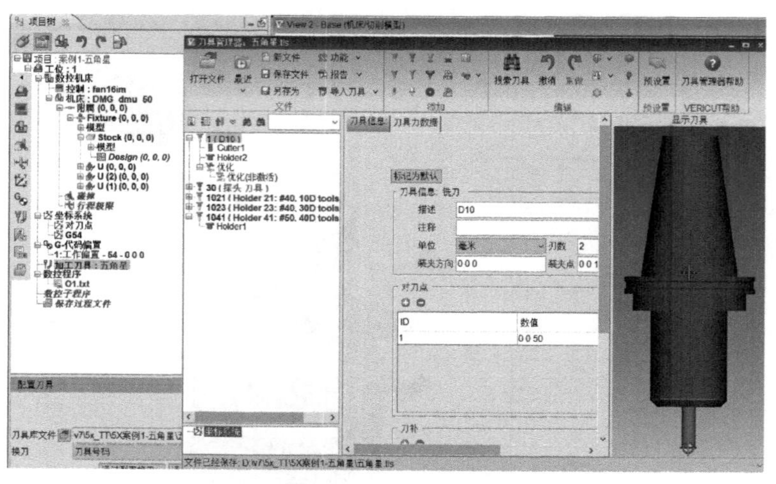

图 5-196　刀具文件

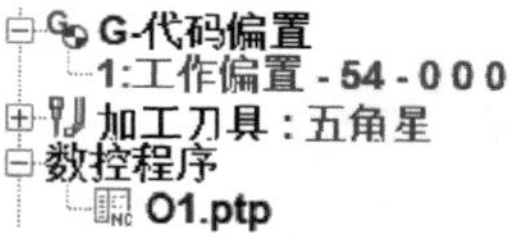

图 5-197　设置坐标系

图 5-198　仿真

5.5　案例 5　六角亭

5.5.1　六角亭零件的工艺分析

（1）零件分析

图 5-199 为六角亭的零件图，零件材料：2A12。

（2）工件装夹

① 工序 1：用三爪卡盘夹持 ϕ50×100 的棒料，见图 5-200。

② 工序 2：切断，保证工件长度 60。

③ 工序 3：工序 3 用三爪卡盘、软爪夹持亭子 36 的侧面（图 5-201）。

（3）刀具选择（表 5-5）

表 5-5　刀具选择

刀具号	刀具长度补偿号	刀具描述	刀具名称
T1	H1	直径 10mm 的铣刀	D10
T2	H2	直径 10mm 的加长铣刀	D10L
T3	H3	直径 8.5mm 的钻头	Z8.5

续表

刀具号	刀具长度补偿号	刀具描述	刀具名称
T4	H4	直径 23mm 的钻头	Z23
T5	H5	直径 7.8mm 的螺纹铣刀	M10
T6	H6	直径 6mm 的铣刀	D6
T7	H7	直径 5mm 的钻头	Z5

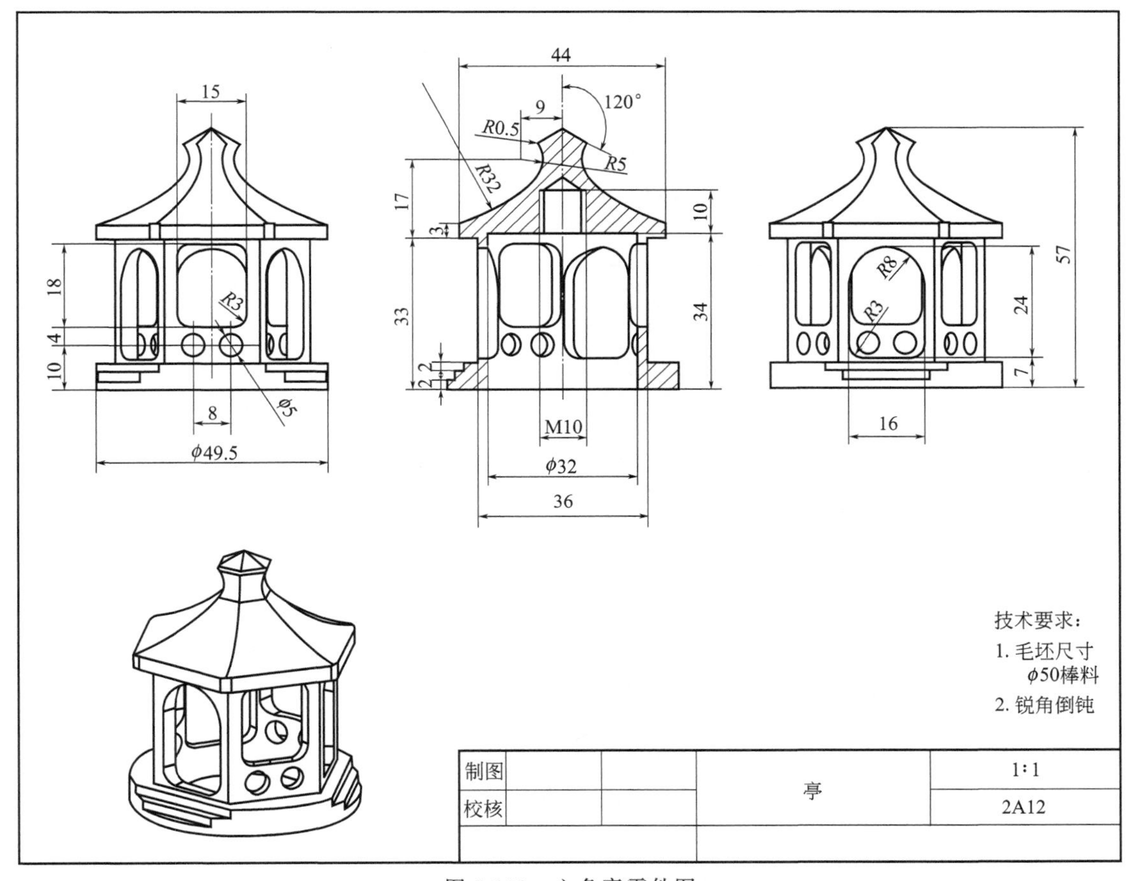

图 5-199　六角亭零件图

图 5-200　工件装夹

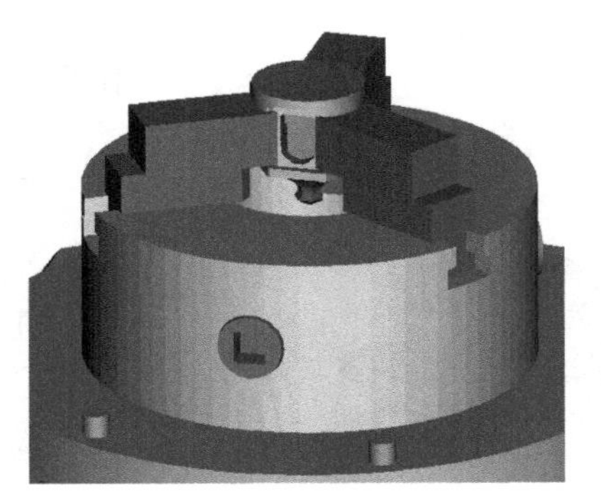

图 5-201　工序 3

（4）工序流程（表 5-6）

表 5-6　工序流程

工序号	工序内容	工序名	刀具
1	铣亭子外形		
1.1	粗铣塔顶	P1	T1
1.2	精铣亭顶轮廓（宽度 44）	P1-2	T1
1.3	精铣亭顶曲面	P2	T2
1.4	粗精铣亭的六个面	P3、P4	T1
1.5	粗精铣亭的窗户	P8、P9	T6
1.6	钻窗台下面 $\phi 5$ 的孔	P10	T7
1.7	粗精铣亭的台阶	P5	T1
1.8	粗精铣亭的门	P6、P7	T6
2	铣亭子内部		
2.1	精铣亭子底面	O1	T1
2.2	精铣底座 $\phi 49.5$ 外圆	O2	T1
2.3	钻 $\phi 8.5$ 底孔	O3	T3
2.4	钻扩 $\phi 23$ 底孔	O4	T4
2.5	粗精铣 $\phi 32$ 阶台孔	O5、O6	T2
2.6	铣 M10 螺纹	O7	T5

5.5.2　对刀

（1）确定工序 1 的编程零点

编程零点设在 5 轴中心点，G54 设置为“X0 Y0 Z0 B0 C0”。首先把对刀点设在毛坯顶面中心点，再沿 Z 轴降低 2mm，确保顶面有加工余量。而后测量对刀点相对 5 轴中心点的坐标，实测为 $X0\ Y0\ Z279$，记下这个相对坐标，在编程时再使用（图 5-202）。

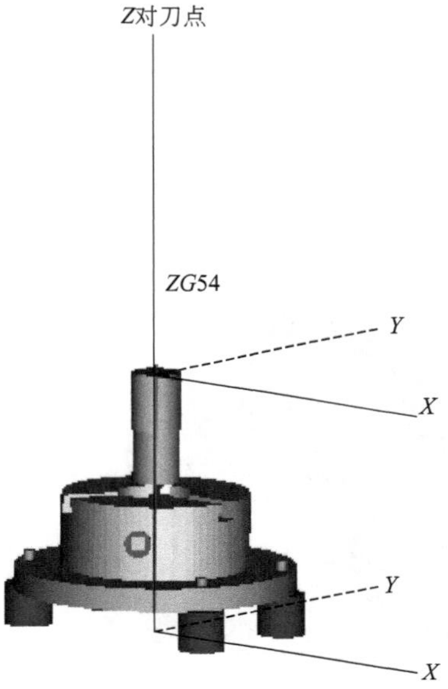

图 5-202　工序 1 编程零点

（2）确定工序 3 的编程零点

编程零点也设在 5 轴中心点，G54 设置为“X0 Y0 Z0 B0 C0”。首先把对刀点设在已经加工的亭子三个侧面 36×3 中心和台阶面的交点。而后测量对刀点相对 5 轴中心点的坐标，实测为 $X0\ Y0\ Z190.2$，记下这个相对坐标，在编程时使用，见图 5-203。

（3）测量刀具长度

在工作台表面上，采用对刀棒或 Z 轴设定仪对刀。

5.5.3　使用 UG 编程

（1）零件造型

① 在 XY 平面绘制草图，见图 5-204。

② 在 ZX 平面绘制草图，见图 5-205。

③ 拉伸实体，见图 5-206。

④ 拉伸实体，见图 5-207。阵列 6 份，见图 5-208。

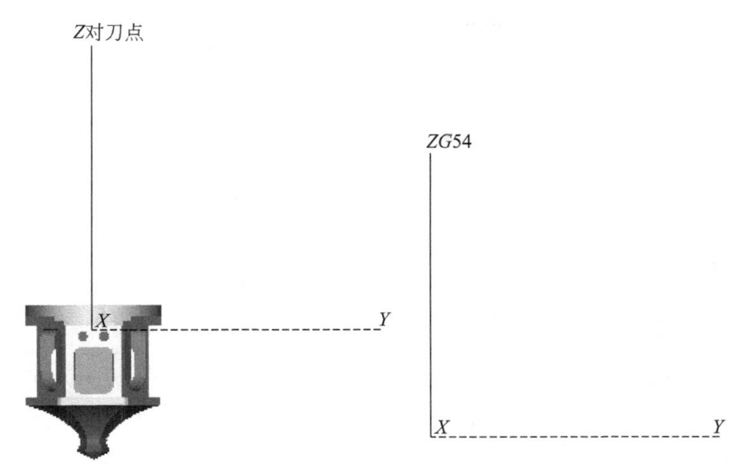

图 5-203　工序 3 编程零点

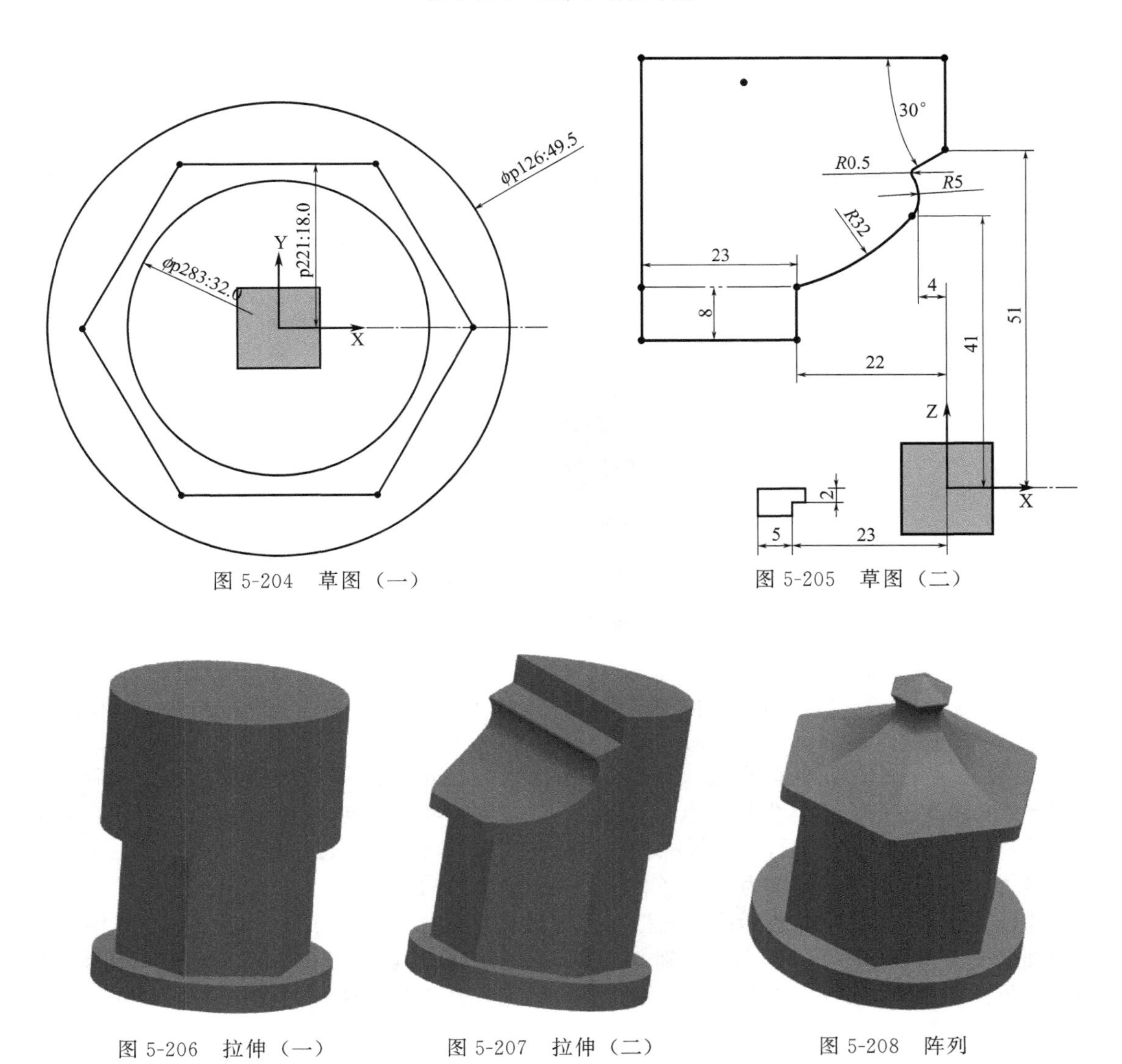

图 5-204　草图（一）

图 5-205　草图（二）

图 5-206　拉伸（一）

图 5-207　拉伸（二）

图 5-208　阵列

⑤ 拉伸台阶，并阵列 6 份，见图 5-209。

⑥ 完成 3 个窗口造型、3 个门造型，并阵列 3 份，见图 5-210。

图 5-209　拉伸阵列台阶

图 5-210　完成造型

(2) 编程准备

① 进入多轴加工模块，在加工环境中选择“多轴铣加工”。

② 设置“WORKPIECE”主节点，并指定“毛坯”几何体，见图 5-211。在“WORKPIECE”节点下创建工序 1 坐标系“WCS＿1”、工序 2 坐标系“WCS＿2”，见图 5-212。

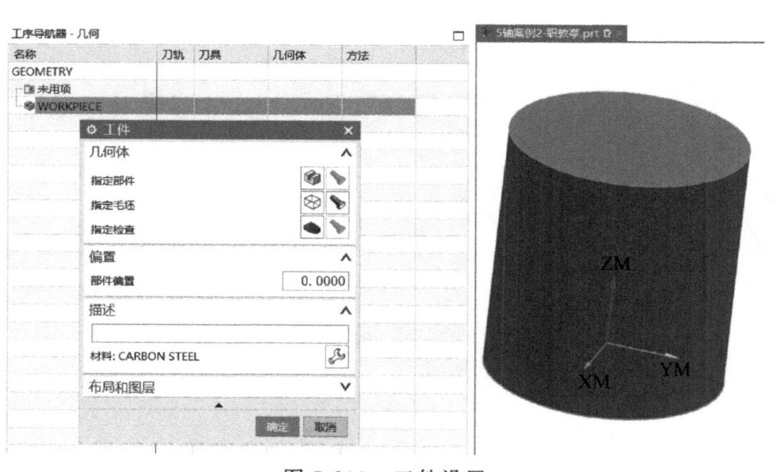

图 5-211　工件设置

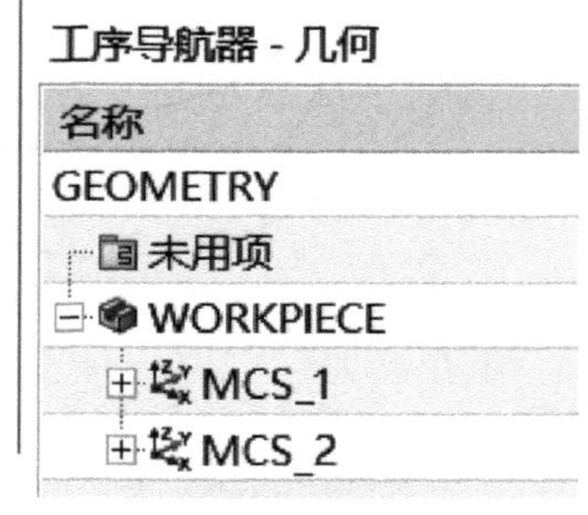

图 5-212　创建坐标系

③ 设置工序 1 的加工坐标系。先把加工坐标系，设定在亭的顶点（对刀点），而后再平移 $Z-279$ 到 5 轴中心点（坐标零点），注意 Z 轴方向和实际方向一致，见图 5-213。在安全设定选项中，设定安全平面，从零件的底面向上平移 120mm，见图 5-214。设置加工坐标系的用途为“主要”，夹具偏置为“1”（对应机床坐标系 G54）。

④ 设置工序 2 的加工坐标系。先把对刀点设在已经加工的亭子三个侧面 36×3 中心和台阶面的交点，而后平移 Z－190.2 到 5 轴中心点（坐标零点），注意 Z 轴方向和实际方向一致，见图 5-215。在安全设定选项，设定安全平面，从零件的底面向上平移 120mm。设置加工坐标系的用途为“主要”，夹具偏置为“1”（对应机床坐标系 G54）。

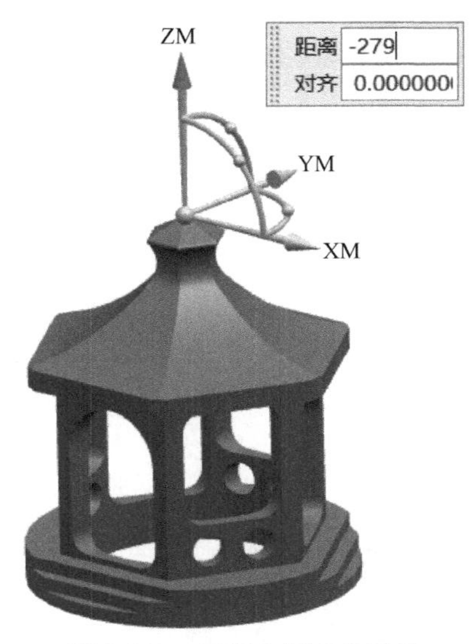

图 5-213　工序 1 加工坐标系

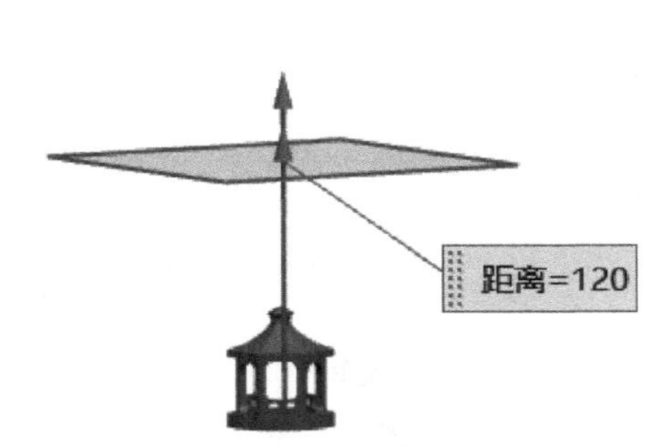

图 5-214　安全平面

⑤ 创建刀具库。在刀具视图下，创建所有刀具，见图 5-216。

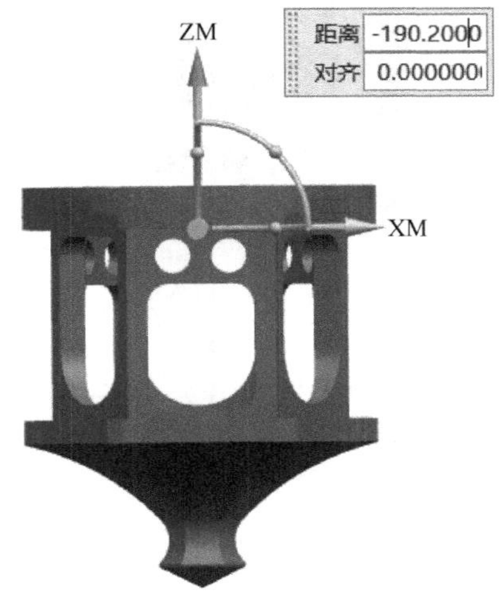

图 5-215　工序 2 加工坐标系

工序导航器 - 机床

名称	刀具号
GENERIC_MACHINE	
未用项	
D10	1
Z8.5	3
Z23	4
D10L	2
M10	5
D6	6
Z5	7
K0.2	8

图 5-216　创建刀具库

(3) 粗铣塔顶（工序 1）

① 创建“型腔铣”操作。刀具选择“D10”，几何体选“MCS_1”，名称“P1”。

② 操作参数设置：

指定部件：选择整个零件。

切削模式：跟随部件。

切削层：范围深度 28，每层深 5。

加工余量：0.3。

切削宽度：60%（刀具直径）。

安全平面：$Z100$。

③ 生成刀具轨迹（图 5-217）。

(4) 精铣塔顶轮廓

① 创建“平面铣”操作。刀具选择“D10”，几何体选“MCS_1”，名称“P1-2”。

② 操作参数设置：

指定部件边界：选择亭顶部宽度44的六边形外轮廓。

指定底面：选择亭檐面（距离底面33），再向下偏置2mm。

切削模式：轮廓。

加工余量：0。

安全平面：$Z100$。

③ 生成刀具轨迹（图5-218）。

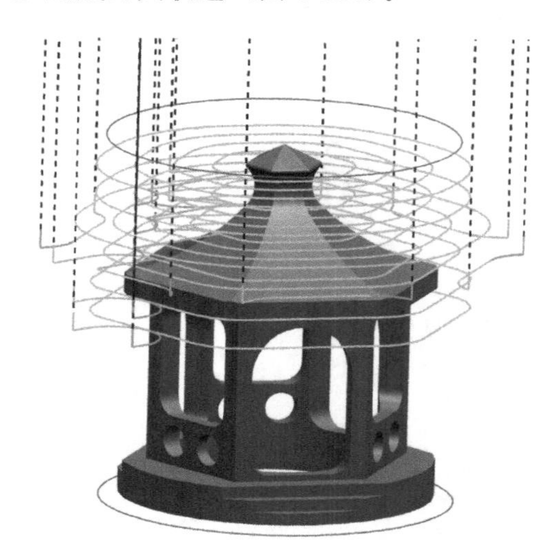

图5-217 粗铣轨迹

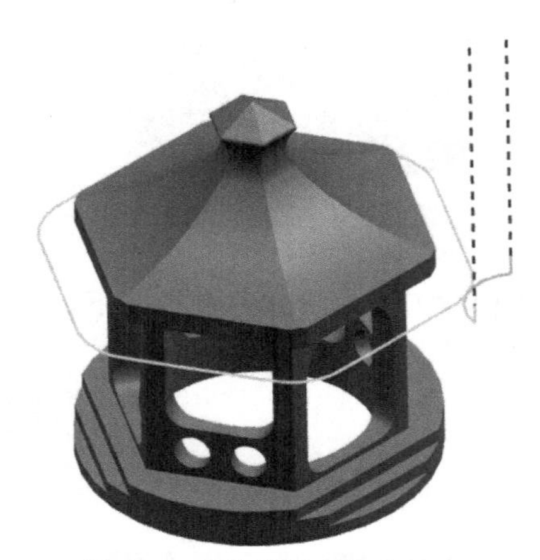

图5-218 精铣塔顶轮廓轨迹

(5) 精铣塔顶曲面

① 创建局部坐标系。几何体选“MCS_1”，名称“M3”。细节设置：用途“局部”，特殊输出“使用主MCS”。指定MCS，选择“Z轴、X轴、原点”方式，保证Z轴和亭子顶面的一侧相切（图5-219）。

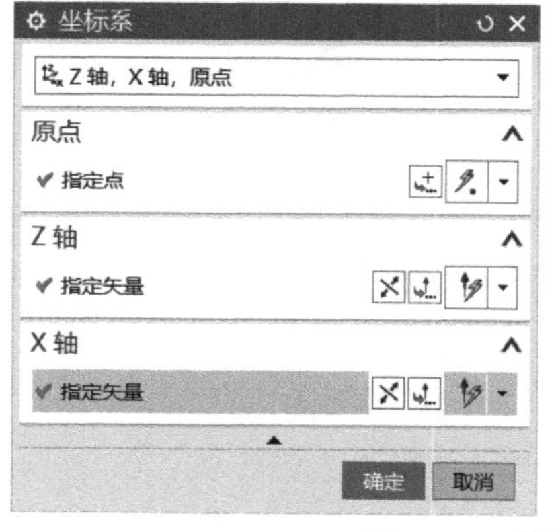

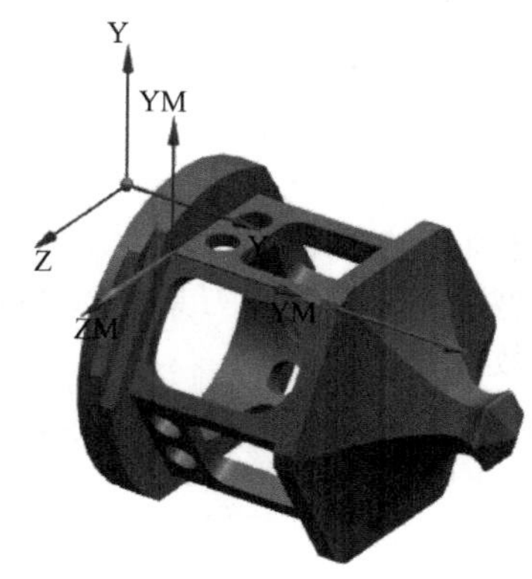

图5-219 创建坐标系

② 创建“平面铣”操作。刀具选择“D10L”，几何体选“M3”，名称“P2”。

③ 操作参数设置：

指定部件边界：选择亭顶部曲面交界的棱，并指定平面。

指定底面：选择 XY 平面，$Z-25$ 位置。

切削模式：轮廓。

加工余量：0。

安全平面：$Z100$。

④ 生成刀具轨迹，见图 5-220。

⑤ 绕亭子的中心轴线，间隔 60°，阵列 5 份刀具轨迹。

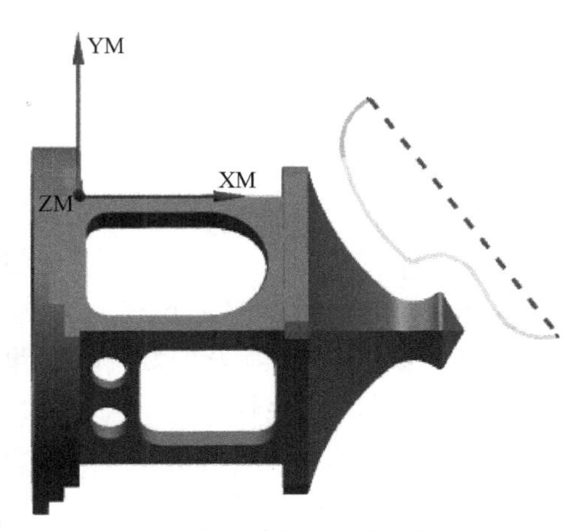

图 5-220　精铣塔顶曲面轨迹

(6) 粗精铣亭的 6 个墙面

① 创建局部坐标系。几何体选“MCS _ 1”，名称“M4”。细节设置：用途“局部”，特殊输出“使用主 MCS”。指定 MCS，选择“X 轴、Y 轴”方式，保证 Z 轴垂直于窗户所在面，见图 5-221。

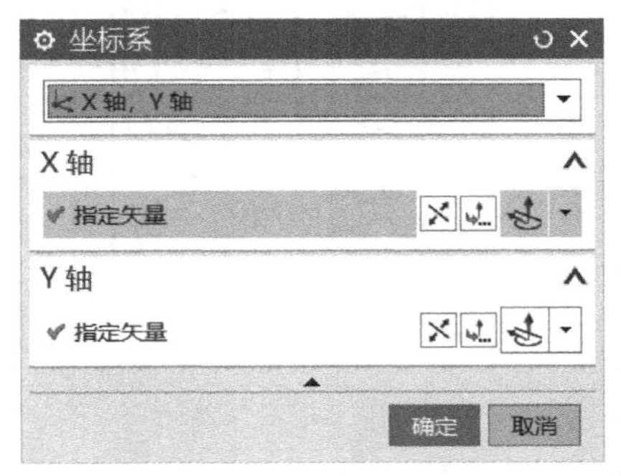

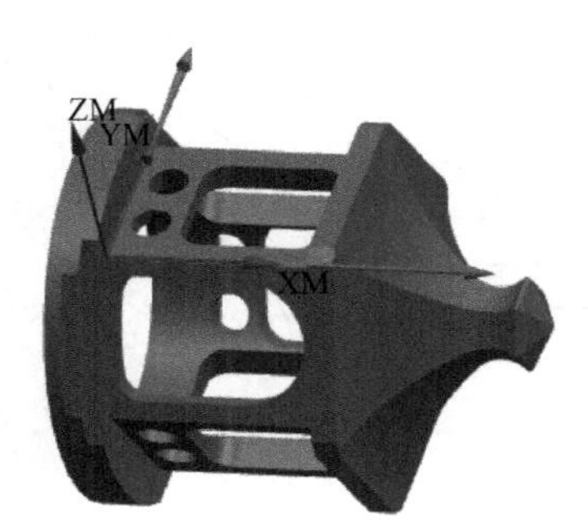

图 5-221　创建坐标系

② 创建“面铣”操作。刀具选择“D10”，几何体选“M4”，名称“P3”。

③ 操作参数设置：

指定部件：选择实体零件。

指定面边界：选择窗户所在面。

切削模式：跟随部件。

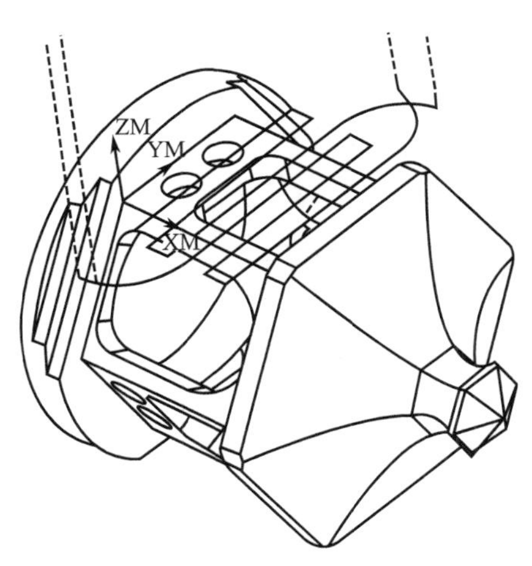

图 5-222　生成轨迹

步距：35%（刀具直径）。

加工余量：0.3（底面和侧面）。

安全平面：$Z100$。

④ 生成刀具轨迹，见图 5-222。

⑤ 复制操作“P3”，另存为操作“P3J”，修改加工余量为 0，生成刀具轨迹。

⑥ 绕亭子的中心轴线，间隔 60°，阵列操作“P3”“P3J”5 份。

(7) 粗精铣亭的窗户

① 创建“平面铣”操作。刀具选择“D6”，几何体选“M4”，名称“P8”。

② 操作参数设置：

指定部件边界：选择窗户边界。

指定底面：选择窗户所在平面，沿 Z 轴下降 $Z-6$。

切削模式：轮廓。

步距：50％（刀具直径）。

附加刀路：1。

加工余量：0.2。

非切削移动：螺旋进刀。

安全平面：Z100。

③ 生成刀具轨迹（图 5-223）。

④ 复制操作“P8”，另存为操作“P9”。修改加工余量为 0，附加刀路 0，圆弧进刀，生成刀具轨迹，见图 5-224。

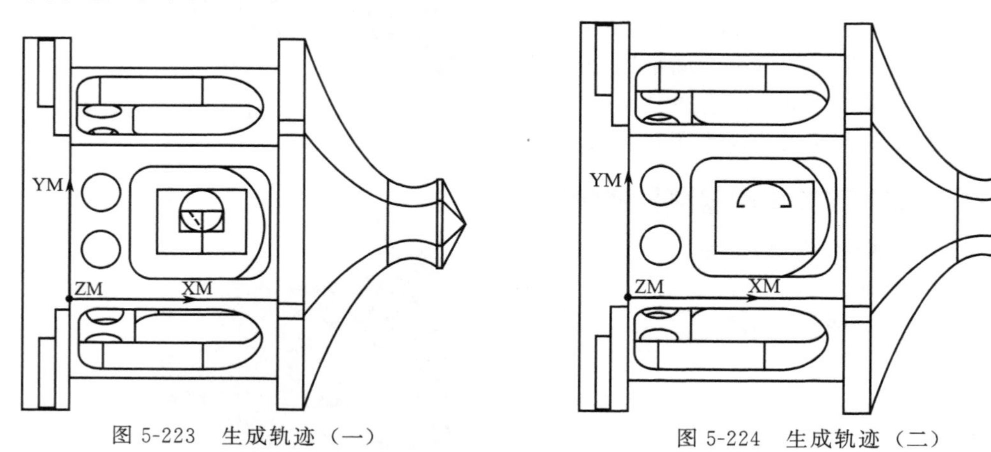

图 5-223　生成轨迹（一）　　图 5-224　生成轨迹（二）

⑤ 绕亭子的中心轴线，间隔 120°，阵列操作“P8”“P9”2 份。

（8）钻窗台下面的孔

① 创建“钻孔”操作。刀具选择“Z5”，几何体选“M4”，名称“P10”。

② 操作参数设置：

指定几何特征：选择两个孔的内表面，见图 5-225。

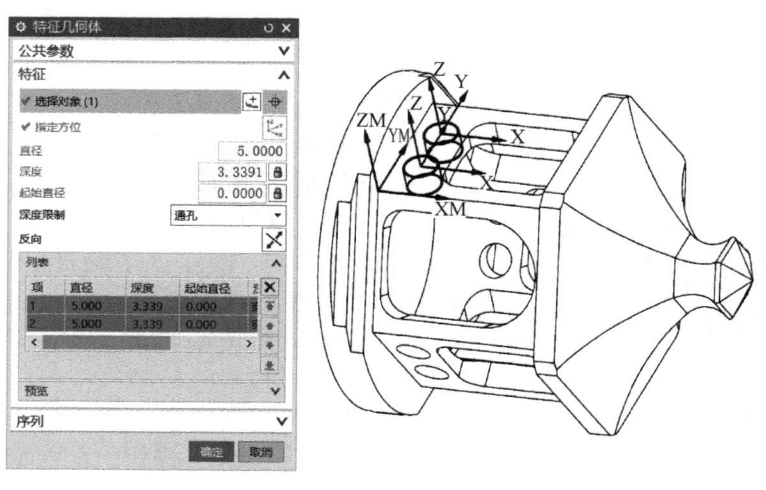

图 5-225　参数设置

循环：钻。

切削参数：顶偏置 3，底偏置 2.5。

安全平面：Z100。

③ 生成刀具轨迹（图 5-226）。

④ 绕亭子的中心轴线，间隔 120°，阵列操作“P10”2 份。

（9）粗精铣亭的台阶

① 创建局部坐标系。几何体选“MCS _ 1”，名称“M5”。细节设置：用途“局部”，特殊输出“使用主 MCS”。指定 MCS，选择“X 轴、Y 轴”方式，保证 Z 轴垂直于窗户所在面，见图 5-227。

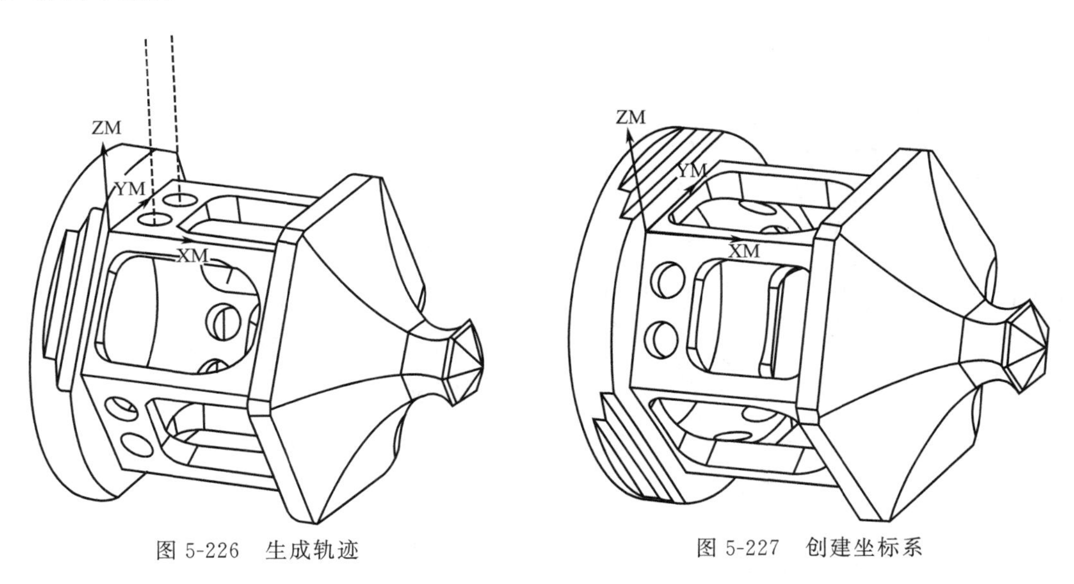

图 5-226　生成轨迹　　图 5-227　创建坐标系

② 创建“平面铣”操作。刀具选择“D10”，几何体选“M5”，名称“P5”。

③ 操作参数设置：

指定部件边界：选择第一个台阶的边。

指定底面：选择第一个台阶的底面。

切削模式：轮廓。

加工余量：0。

安全平面：Z100。

④ 生成刀具轨迹，见图 5-228。

⑤ 复制操作“P5”，另存为操作“P5-2”。

修改操作参数：

指定部件边界：选择第二个台阶的边；

指定底面：选择第二个台阶的底面。

生成刀具轨迹。

⑥ 绕亭子的中心轴线，间隔 120°，阵列操作“P5”“P5-2”2 份。

（10）粗精铣亭的门

① 创建“平面铣”操作。刀具选择“D6”，几何体选“M5”，名称“P6”。

② 操作参数设置：

指定部件边界：选择门的边界。

指定底面：选择门所在平面，沿 Z 轴下降 $Z-6$。

切削模式：轮廓。

步距：50％（刀具直径）。

附加刀路：1。

加工余量：0.2。

非切削移动：螺旋进刀。

安全平面：Z100。

③ 生成刀具轨迹，见图 5-229。

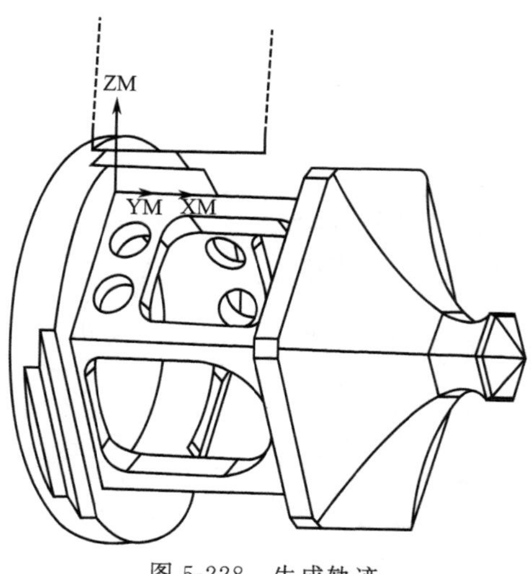

图 5-228　生成轨迹

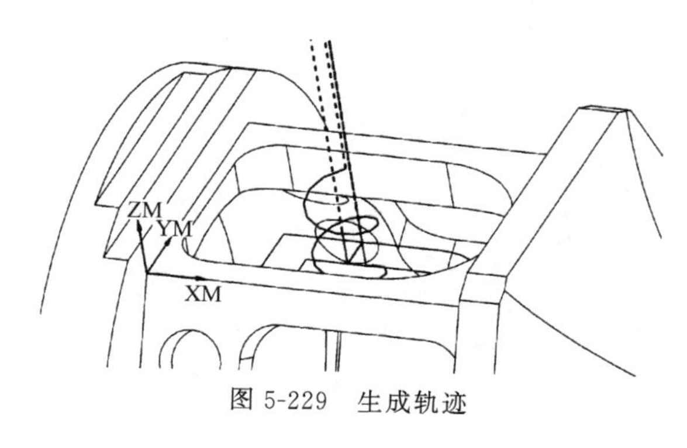

图 5-229　生成轨迹

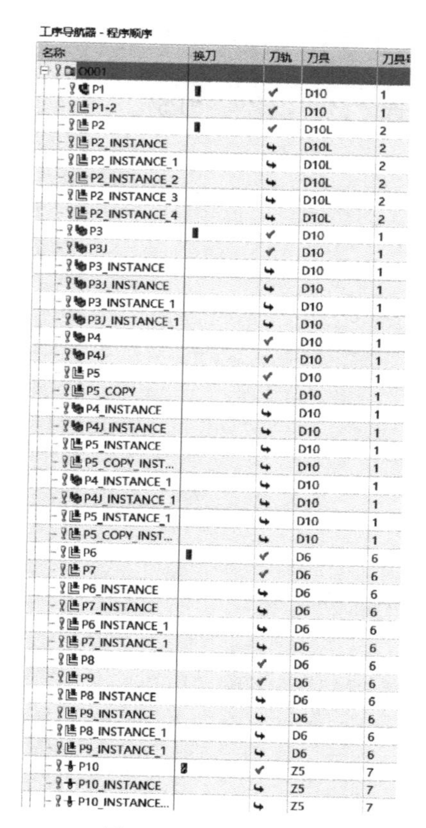

工序导航器 - 程序顺序

名称	换刀	刀轨	刀具	刀具号
O001				
P1	▮	✔	D10	1
P1-2		✔	D10	1
P2	▮	✔	D10L	2
P2_INSTANCE		↳	D10L	2
P2_INSTANCE_1		↳	D10L	2
P2_INSTANCE_2		↳	D10L	2
P2_INSTANCE_3		↳	D10L	2
P2_INSTANCE_4		↳	D10L	2
P3	▮	✔	D10	1
P3J		✔	D10	1
P3_INSTANCE		↳	D10	1
P3J_INSTANCE		↳	D10	1
P3_INSTANCE_1		↳	D10	1
P3J_INSTANCE_1		↳	D10	1
P4		✔	D10	1
P4J		✔	D10	1
P5		✔	D10	1
P5_COPY		✔	D10	1
P4_INSTANCE		↳	D10	1
P4J_INSTANCE		↳	D10	1
P5_INSTANCE		↳	D10	1
P5_COPY_INST...		↳	D10	1
P4_INSTANCE_1		↳	D10	1
P4J_INSTANCE_1		↳	D10	1
P5_INSTANCE_1		↳	D10	1
P5_COPY_INST...		↳	D10	1
P6	▮	✔	D6	6
P7		✔	D6	6
P6_INSTANCE		↳	D6	6
P7_INSTANCE		↳	D6	6
P6_INSTANCE_1		↳	D6	6
P7_INSTANCE_1		↳	D6	6
P8		✔	D6	6
P9		✔	D6	6
P8_INSTANCE		↳	D6	6
P9_INSTANCE		↳	D6	6
P8_INSTANCE_1		↳	D6	6
P9_INSTANCE_1		↳	D6	6
P10	▮	✔	Z5	7
P10_INSTANCE		↳	Z5	7
P10_INSTANCE...		↳	Z5	7

图 5-230　程序顺序

④ 复制操作“P6”，另存为操作“P7”。修改加工余量为 0，附加刀路 0，圆弧进刀，生成刀具轨迹。

⑤ 绕亭子的中心轴线，间隔 120°，阵列操作“P6”“P7”2 份。

（11）后处理工序 1 的加工程序

① 在程序视图下，对所有的操作按实际加工顺序排队，见图 5-230。

② 选择工序 1 的所有程序，右键单击，单击“后处理”。后处理选 D:\v7\UG_post\5TT\5tt. pui，输出文件 D:\v7\5x_TT\5X 案例 5 亭 \ O1. ptp。

（12）精铣亭的底面（工序 3）

① 创建“面铣”操作。刀具选择“D10”，几何体选“MCS _ 2”，名称“O1”。

② 操作参数设置：

指定部件：选择实体零件；

指定面边界：选择亭的底面；

切削模式：跟随部件；

步距：45％（刀具直径）；

加工余量：0；

安全平面：Z100。

③ 生成刀具轨迹，见图 5-231。

(13) 精铣底座 ϕ49.5 外圆

① 创建“平面铣”操作。刀具选择“D10”，几何体选“MCS _ 2”，名称“O2”。

② 操作参数设置：

指定部件边界：选择底座边界 ϕ49.5 外圆。

指定底面：选择窗户所在平面，沿 Z 轴下降 $Z-10$。

切削模式：轮廓。

步距：50%（刀具直径）。

加工余量：0。

非切削移动：圆弧。

安全平面：Z100。

③ 生成刀具轨迹，见图 5-232。

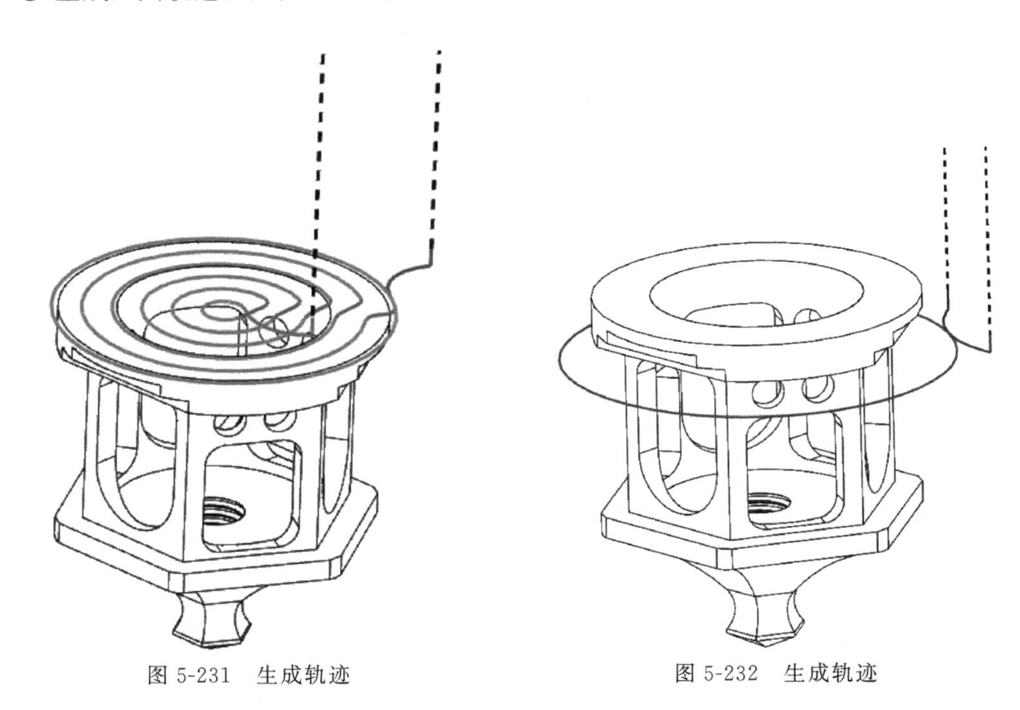

图 5-231　生成轨迹　　图 5-232　生成轨迹

(14) 钻 ϕ8.5 孔（M10 螺纹底孔）

① 创建“钻孔”操作。刀具选择“Z8.5”，几何体选“MCS _ 2”，名称“O3”。

② 操作参数设置：

指定几何特征：选择螺纹特征，见图 5-233。

循环：深孔钻。

步进：3。

安全平面：Z100。

③ 生成刀具轨迹，见图 5-234。

(15) 钻扩 ϕ23 的底孔

① 复制操作“O3”，另存为“O4”。

② 刀具选择“Z23”。

③ 重新生成刀具轨迹，系统自动计算有效钻孔深度（图 5-235）。

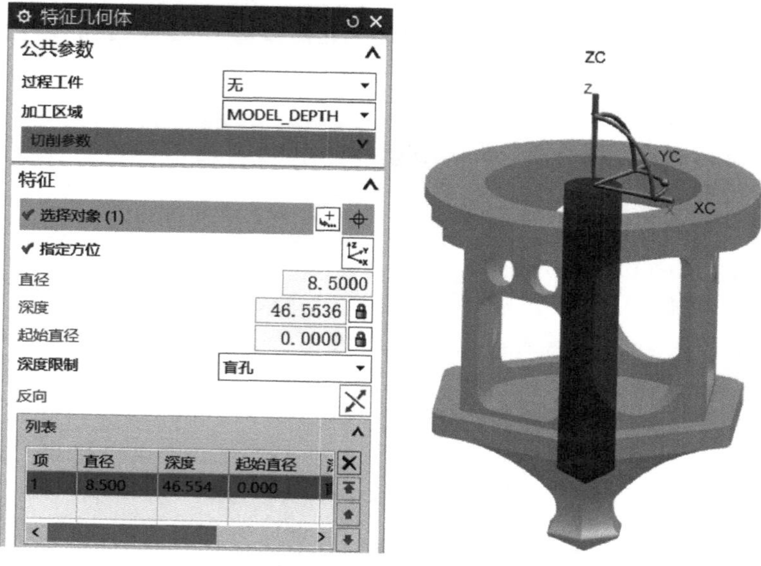

图 5-233　特征选择

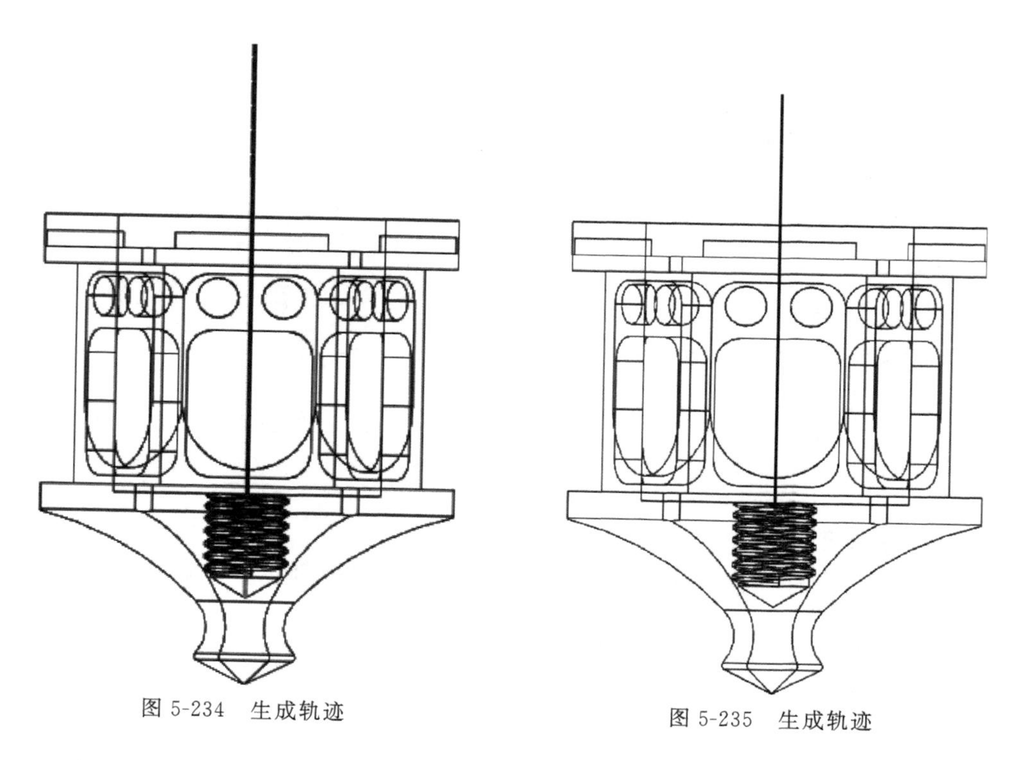

图 5-234　生成轨迹

图 5-235　生成轨迹

(16) 粗铣 ϕ32 内孔

① 创建“平面铣”操作。刀具选择“D10”，几何体选“MCS_2”，名称“O5C”。

② 操作参数设置。指定部件边界：选择 ϕ32 孔边界。

指定底面：选择 ϕ32 孔底面。

切削模式：轮廓。

步距：50%（刀具直径）。

附加刀路：1。
切削层：每层 10。
加工余量：0.2（底面、侧面）。
进刀：圆弧进刀，R5（勾选：在圆弧中心开始）。
安全平面：Z100。
③ 生成刀具轨迹（图 5-236）。
（17）精铣 ϕ32 孔
① 复制操作“O5C”，另存为“O6J”。
② 修改刀具为“D10L”，修改加工余量为 0，切削层为 0（不分层）。
③ 生成刀具轨迹（图 5-237）。

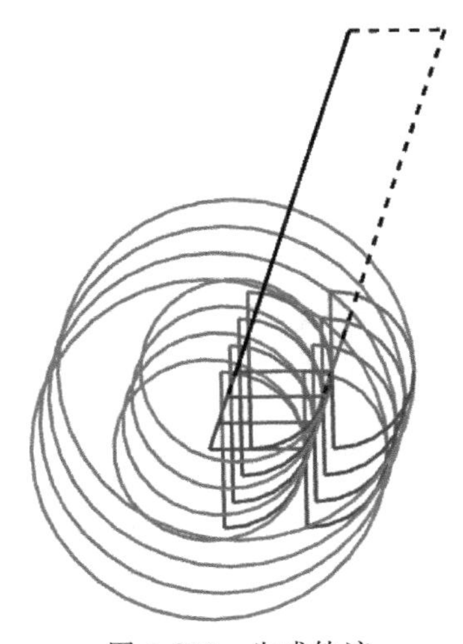
图 5-236　生成轨迹

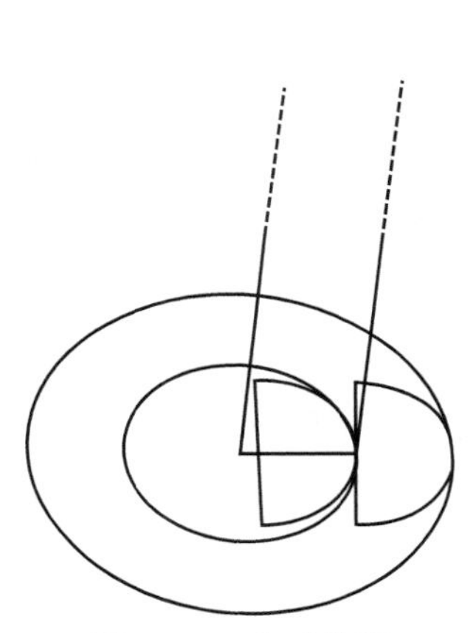
图 5-237　生成轨迹

（18）铣 M10 的螺纹
① 创建“螺纹铣”操作。刀具选择“M10”，几何体选“MCS _ 2”，名称“O7”。
② 操作参数设置：
指定特征几何体：选择 M10 螺纹特征（系统自动识别螺纹长度、螺距）。
加工余量：0。
进刀类型：螺旋（勾选：从中心开始）。
安全平面：*Z*100。
③ 生成刀具轨迹（图 5-238）。
（19）后处理工序 3 的加工程序
① 在程序视图下，对所有工序 3 的操作按实际加工顺序排队（图 5-239）
② 选择工序 3 的所有程序，右键单击，单击“后处理”。后处理选 D:\v7\UG_post\5TT\5tt.pui，输出文件 D:\v7\5x_TT\5X 案例 5 亭 \ O2.ptp。

5.5.4　加工仿真

① 创建项目
a. 打开项目 D:\v7\5x_TT\5X 案例 5 亭 \ 案例 5-亭.vcproject。
b. 系统配置：机床 DMG DMU50、控制系统 FANUC16im。
② 工位 1 装夹工件。根据对刀结果，调整工件在机床中的的坐标位置为 *X*0 *Y*0 *Z*279，和实际机床装夹保持一致（图 5-240）。

③ 刀具文件 D:\v7\5x_TT\5X 案例 5 亭 \ A2. tls。

④ 设置加工坐标系，“G54 X0 Y0 Z0”。

⑤ 调入程序。打开程序文件 D:\v7\5x_TT\5X 案例 5 亭 \ O1. ptp。

⑥ 复制工位 1，粘贴为工位 2。右击“仿真”按钮，勾选“各个工位的结束”选项（图 5-241）。

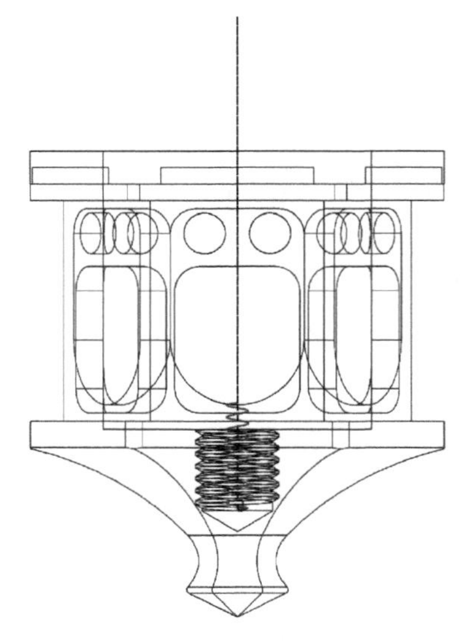

图 5-238　生成轨迹

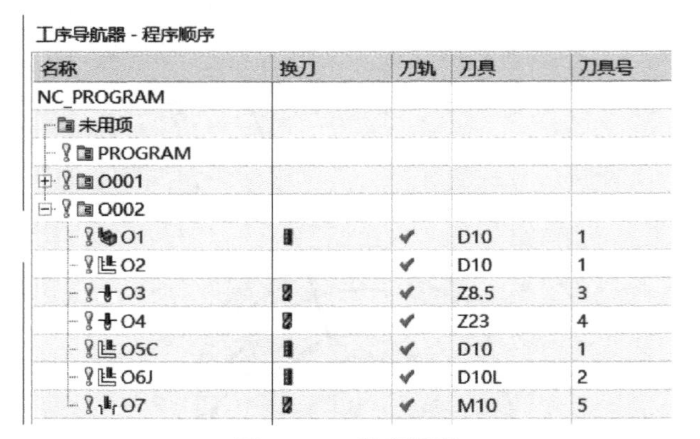

图 5-239　程序顺序

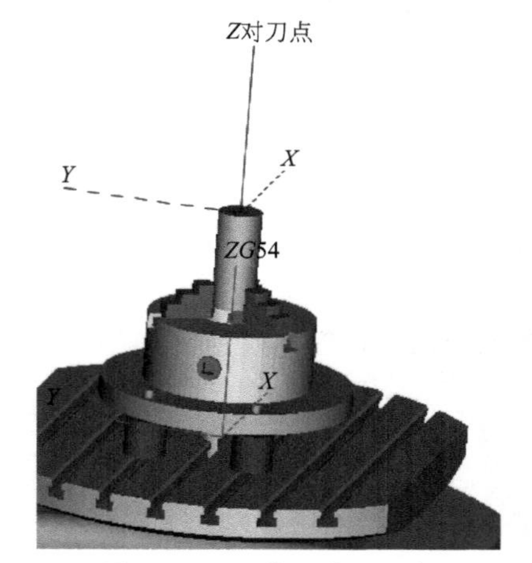

图 5-240　工位 1 装夹工件

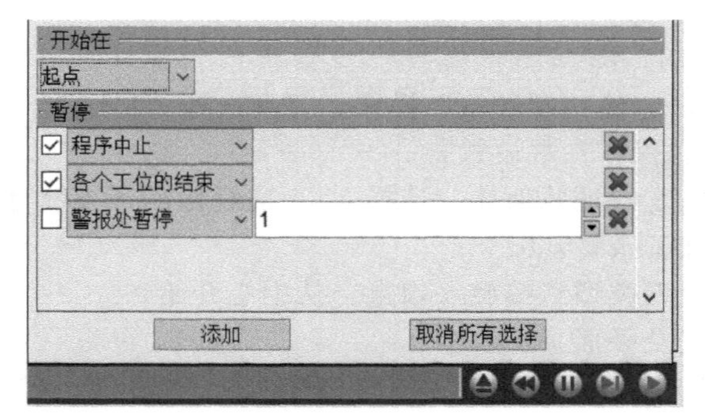

图 5-241　仿真设置

⑦ 工位 2 装夹工件。按“仿真”按钮，在工序 1 结束后，按“单步仿真”按钮。在工序 2 界面，根据对刀结果，调整工件在机床中的的坐标位置为 $X0\ Y0\ Z190.2$，和实际机床装夹保持一致，而后单击“加工毛坯”，在弹出的配置模型界面，单击“保留毛坯的转变”，见图 5-242，完成工序 2 毛坯的装夹定位。

⑧ 设置工序 2 加工坐标系，“G54 X0 Y0 Z0”。

⑨ 调入工序 2 的程序。打开程序文件 D:\v7\5x_TT\5X 案例 5 亭 \ O2. ptp。

⑩ 仿真零件加工。单击“重置模型”按键，而后单击播放键，观察零件的加工过程（图 5-243）。

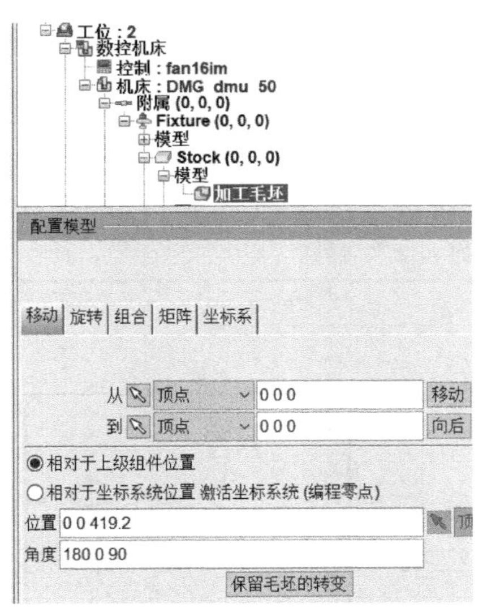

图 5-242　配置模型

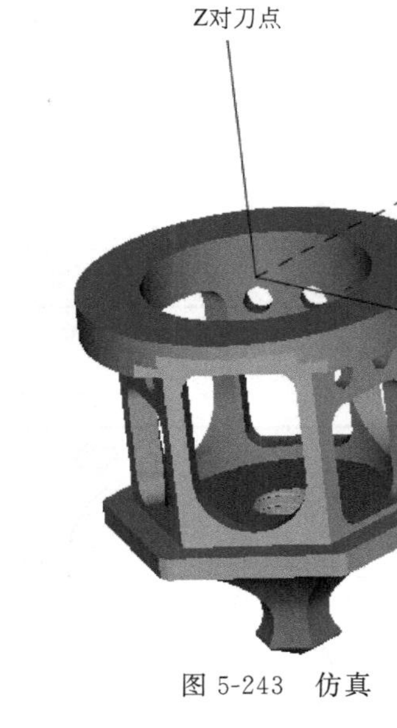

图 5-243　仿真

5.6 案例 6　箱体（5 轴加工）

5.6.1 箱体零件的工艺分析

（1）零件分析

图 5-244 为箱体的零件图，毛坯尺寸 82×62×60。零件材料：2A12。

（2）工件装夹

① 工序 1：在三轴加工中心上，用平口钳装夹，完成基准面、内腔、2 个 $\phi 6$ 销钉孔、4 个 M6 螺纹孔的加工（图 5-245）。

② 工序 2：选用专用工装（图 5-246），采用一面两孔定位方式。定位销采用一个圆销钉和一个菱形销，安装工件后，用 4 颗 M6 内六角螺栓拉紧工件（图 5-247）。

（3）刀具选择（表 5-7）

表 5-7　刀具选择

刀具号	刀具长度补偿号	刀具描述	刀具名称
T1	H1	直径 60mm 的面铣刀	D60
T2	H2	直径 10mm 的铣刀	D10
T3	H3	直径 10mm 的 90°定心钻	Z10
T4	H4	直径 12mm 的钻头	Z12
T5	H5	直径 4.2mm 的钻头	Z2.6
T6	H6	直径 5mm 的钻头	Z3.6
T7	H7	直径 30 精镗刀	T30
T8	H8	直径 22 精镗刀	T22
T9	H9	直径 15 精镗刀	T15

续表

刀具号	刀具长度补偿号	刀具描述	刀具名称
T10	H10	直径 13 精镗刀	T13
T11	H11	M6 螺纹铣刀	铣刀直径 4.8
T12	H12	M5 螺纹铣刀	铣刀直径 4
T13	H13	直径 10mm 的 90°倒角刀	DJ

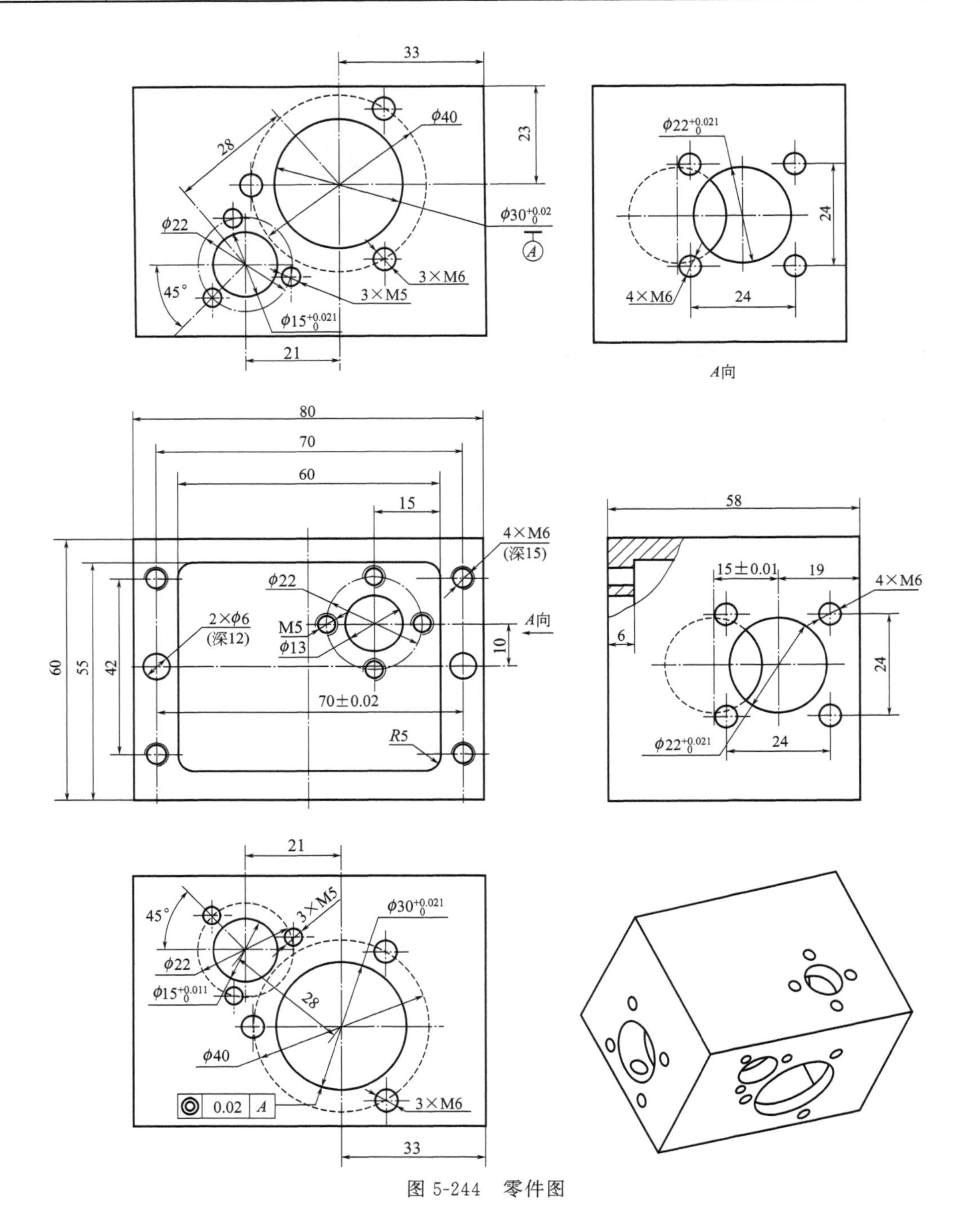

图 5-244　零件图

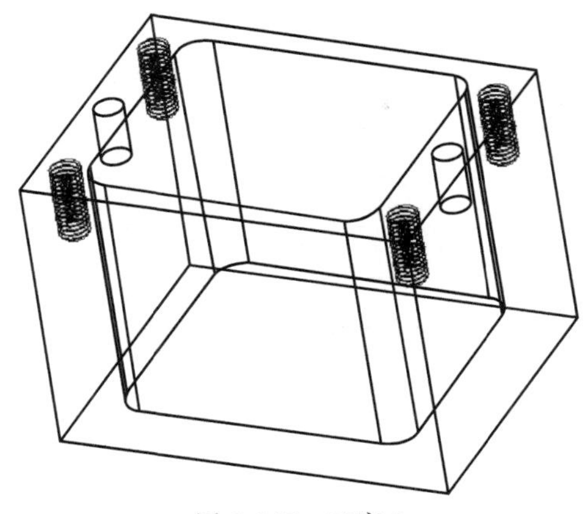

图 5-245　工序 1

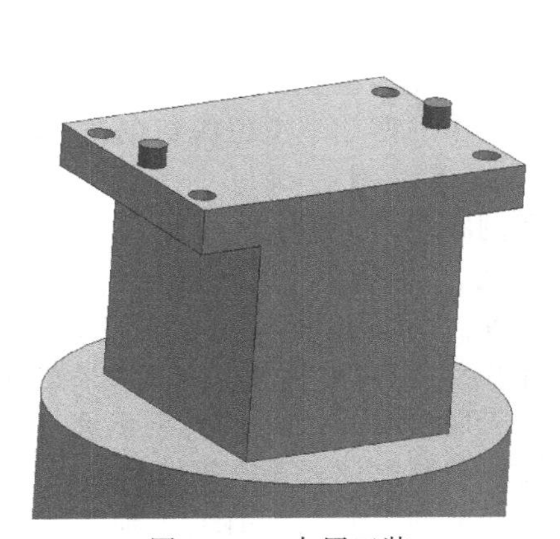

图 5-246　专用工装

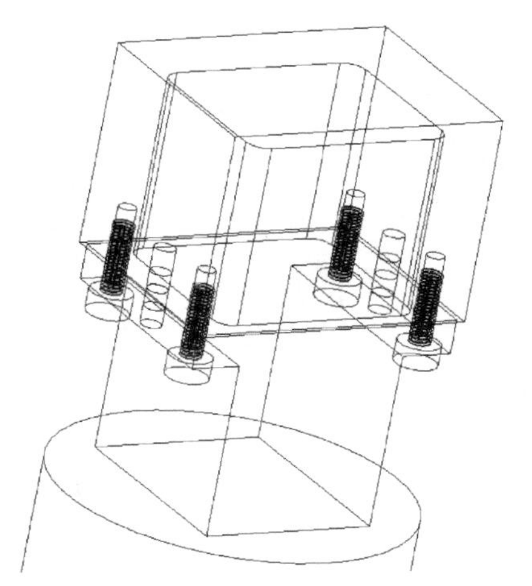

图 5-247　安装工件

(4) 工序流程（表 5-8）

表 5-8　工序流程

工序号	工序内容	刀具
1	口面、4 个 M6 螺纹孔、2 个 ϕ6 销钉孔	
2	5 个面	
2.1	铣面	T1
2.2	定心钻钻孔	T3
2.3	ϕ12 钻头，预钻孔 ϕ30、ϕ15、ϕ22、ϕ13	T4
2.4	ϕ10 铣刀，扩孔 ϕ30、ϕ15、ϕ22、ϕ13（半精加工）	T2
2.5	精镗孔 ϕ30	T7
2.6	精镗孔 ϕ22	T8
2.7	精镗孔 ϕ15	T9
2.8	精镗孔 ϕ13	T10
2.9	ϕ5 钻头钻孔（M6 底孔）	T6

续表

工序号	工序内容	刀具
2.10	$\phi4.2$ 钻头钻孔（M5 底孔）	T5
2.11	铣 M6 螺纹	T11
2.12	铣 M5 螺纹	T12
2.13	$\phi30$、$\phi15$、$\phi22$、$\phi13$ 孔口倒角	T13
2.14	M6、M5 螺纹孔倒角	T3

5.6.2 对刀

（1）工序 1（略）

（2）确定工序 2 的编程零点

工序 2 采用专用工装，定位方式采用一面两孔。对刀点（编程零点）设在左边 $\phi6$ 定位销（圆销）轴线和工装表面的交点（图 5-248）。

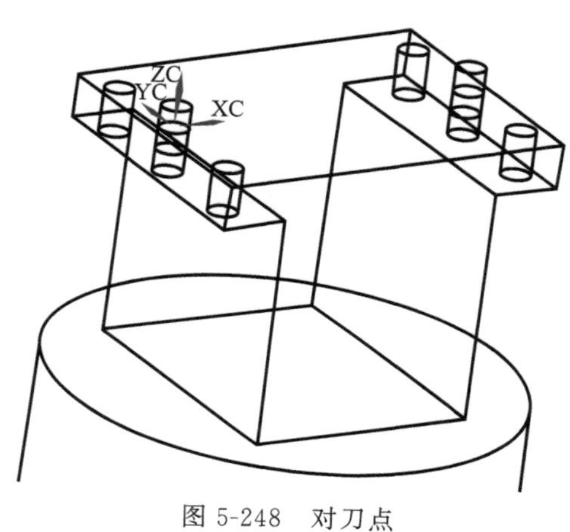

图 5-248 对刀点

① 用百分表拉平两个销钉。在工作台上用三爪卡盘夹紧工装，保证工装表面和工作台面平行，在机床坐标系 B0 位置，旋转 C 轴，用百分表拉平 2 个定位销（即 2 个定位销钉的连线和 X 轴平行），记住 C 轴位置。

本案例的 C 轴实测值是 C0。

② 测量 4 轴零点（机床枢纽点）在机床坐标系中的位置。本案例机床零点在工作台表面中心点（5 轴中心点），见图 5-249。如果机床零点不在工作台表面中心点，则要先测量此点的机床坐标，为后续的测量计算提供条件。

对于标准的双转台机床，4 轴零点为 4 轴轴线和 5 轴轴线的交点。实测 4 轴零点的机床坐标为 X0 Y0 Z50。

【提示】 也可以采用试切的方法，来间接计算 4 轴零点的机床坐标。在机床上夹持棒料，在 B0 C0 状态下，加工一个方台，选取两个平行的 A、B 面作为测量基准，见图 5-249。

在 B90 状态下，在 C0、C180 位置分别用百分表头测 A 面、B 面的 Z 坐标，而后在 B0 状态用百分表头测工作台表面的 Z 坐标。AB 两面的 Z 坐标相加除以 2，再减去工作台表面的 Z 坐标，即为 4 轴零点想对于机床零点的 Z 坐标。

在 B0 状态，在 C0、C180 位置用寻边器测量 A 面的 X 坐标，取中后，即为 4 轴零点相对于机床零点的 X 坐标。

在 B0 状态，在 C90、C270 位置用寻边器测量 A 面的 Y 坐标，取中后，即为 4 轴零点相对于机床零点的 Y 坐标。

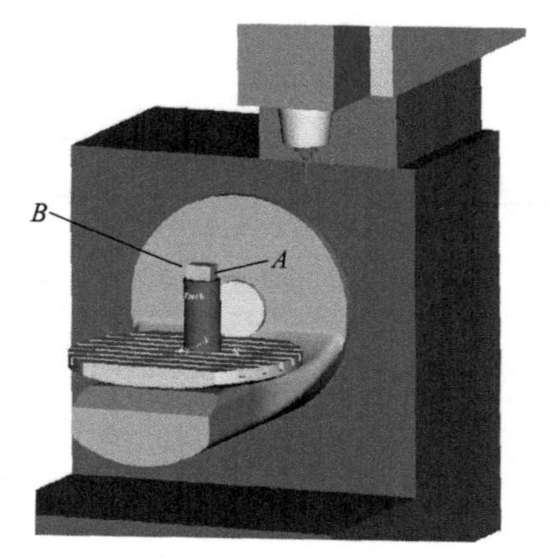

图 5-249 机床坐标系

③ 测量工装上对刀点（编程零点）相对于 4 轴零点

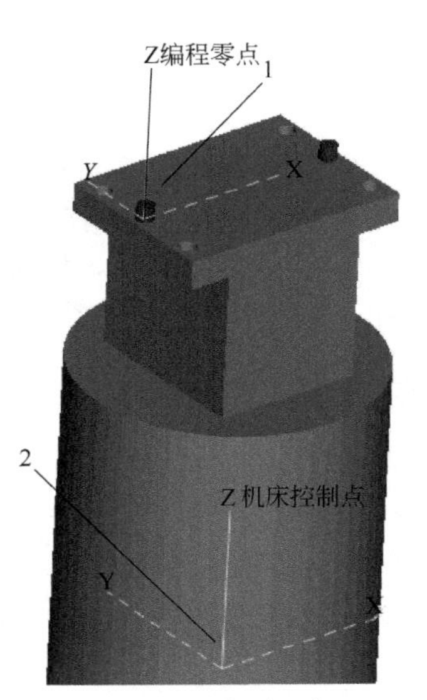

图 5-250　相对坐标

的坐标。在 $B0$ $C0$ 状态下，通过寻边器测量 $\phi 6$ 销钉孔的坐标，对比 4 轴零点的 XY 坐标，即可计算出编程零点相对于 4 轴零点的 XY 坐标。通过百分表测量工装表面和工作台表面的 Z 坐标，即可间接计算出编程零点相对于 4 轴零点的 Z 坐标。

本案例，对刀点（编程零点）相对于 4 轴零点的坐标为 $X-15$ $Y30$ $Z150$（图 5-250，1 点为编程零点，2 点为 4 轴零点）。

（3）测量刀具长度

在工作台表面上，采用 Z 轴设定仪对刀。刀长为对刀时的机床坐标系 Z 坐标值减去对刀块高度，再减去工作台表面机床坐标系的 Z 坐标值，即刀具长度。

当然，采用机外光学对刀仪对刀更安全、更快捷。

【提示】 对于简易的5轴双转台机床，如果 Z 轴行程不够，可以借助已知高度的标准块、Z 轴设定仪测量刀长。

5.6.3 手工编程

（1）编程分析

① 本案例采用手工编程，并通过用户宏程序 O9015 实现 5 轴 3+2 功能（现代 5 轴机床的定向加工功能）。

```
O9015
#501=0    (#501~ #503是4轴零点在机床坐标中的X、Y、Z轴坐标)
#502=0
#503=50
#10=#2
#11=#3+#1
#24=#24+#21
#25=#25+#22
#26=#26+#23
#27=#24*COS[-#11]-#25*SIN[-#11]
#32=#24*SIN[-#11]+#25*COS[-#11]
#33=#26*COS[-#10]-#27*SIN[-#10]
#31=#26*SIN[-#10]+#27*COS[-#10]
#31=#31+#501
#32=#32+#502
#33=#33+#503
G10 L2 P#17  X#31 Y#32  Z#33 B#10 C#11
M99
```

调用方法：G65 P9015 Q　A　B　C　X　Y　Z　U　V　W。

注释：

Q 为设置的坐标系，1 对应 G54，2 对应 G55…依次类推；

A 为初始 C 轴坐标；

B 为 B 轴旋转角度；

C 为 C 轴旋转角度；

X 为零件上加工点相对于编程零点的 X 坐标；

Y 为零件上加工点相对于编程零点的 Y 坐标；

Z 为零件上加工点相对于编程零点的 Z 坐标；

U 为编程零点相对于 4 轴零点的 X 坐标；

V 为编程零点相对于 4 轴零点的 Y 坐标；

W 为编程零点相对于 4 轴零点的 Z 坐标；

② 为了便于说明，按照视图把加工面划分为 1＃、2＃、3＃、4＃、5＃加工面，编程零点在 ϕ6 孔口中心点（图 5-251）。

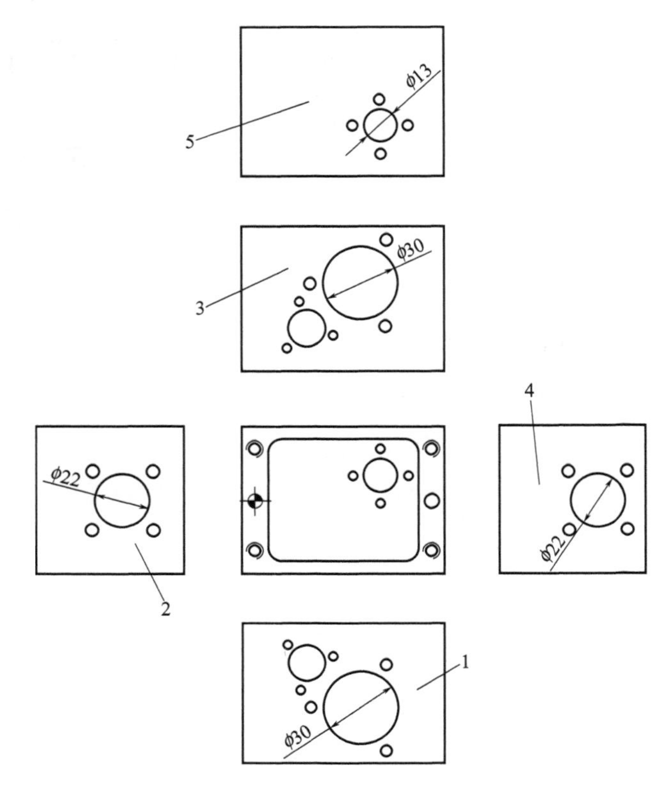

图 5-251 加工面划分

1—1＃加工面，以 ϕ30 孔心为零点建立工件坐标系 G54；2—＃加工面，以 ϕ22 孔心为零点建立工件坐标系 G55；3—3＃加工面，以 ϕ30 孔心为零点建立工件坐标系 G56；4—4＃加工面，以 ϕ22 孔心为零点建立工件坐标系 G57；5—5＃加工面，以 ϕ13 孔心为零点建立工件坐标系 G58

（2）在 1＃加工面创建 G54 坐标系

① 第一步：坐标系从“编程零点”平移到“ϕ30 孔心”（图 5-252）。平移后，XYZ 坐标为：X42 Y－30 Z23。

【提示】 “点 1”为 ϕ6 销钉孔中心点（编程零点），“点 2”为 ϕ30 孔心（新建坐标系 G54 的零点），通过图纸可计算出图中“点 2”相对于“点 1”的坐标为 X42 Y-30 Z23。

② 第二步：旋转 C 轴，让被加工面和 Y 轴平行（图 5-253）。旋转后，C 轴坐标为 C－90。

【提示】 要根据 B 轴的行程来旋转 C 轴，本案例机床 B 轴行程为 B0～B90，所以 C 轴不能旋转后为 C－90，否则 B 轴需要旋转到 B－90，会引起超程。

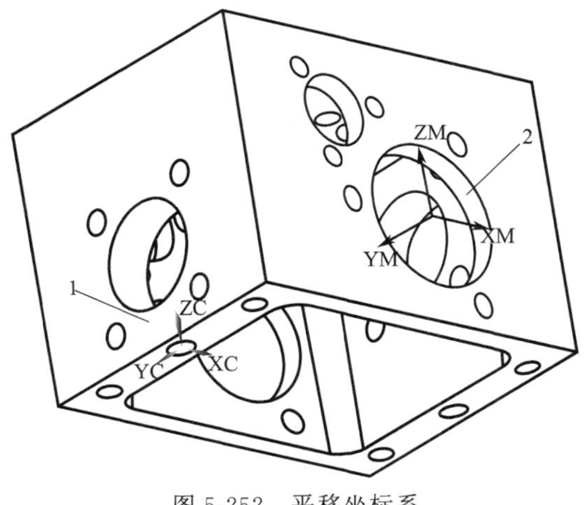

图 5-252 平移坐标系

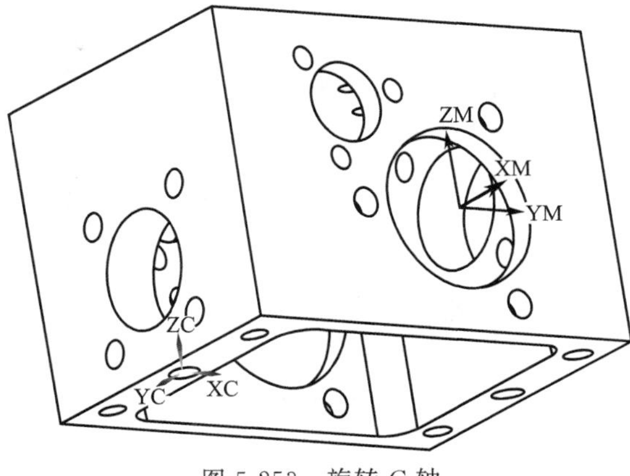

图 5-253 旋转 *C* 轴

③ 第三步：旋转 *B* 轴，让被加工面和主轴垂直（图 5-254）。旋转后，*B* 轴坐标为 *B*90。

④ 在 *B*90 *C*－90 位置，工件在机床中的位置见图 5-255。

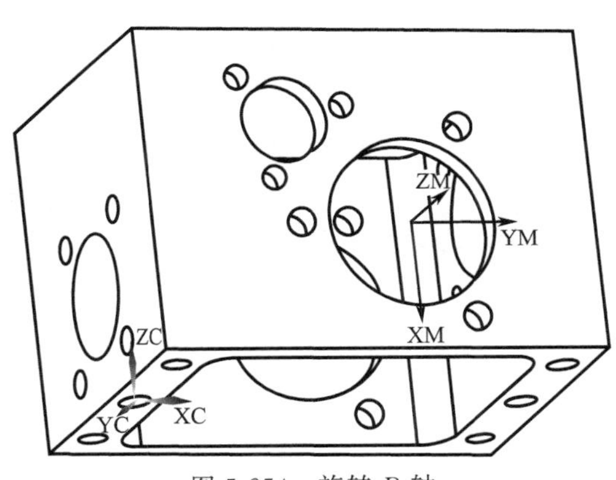

图 5-254 旋转 *B* 轴

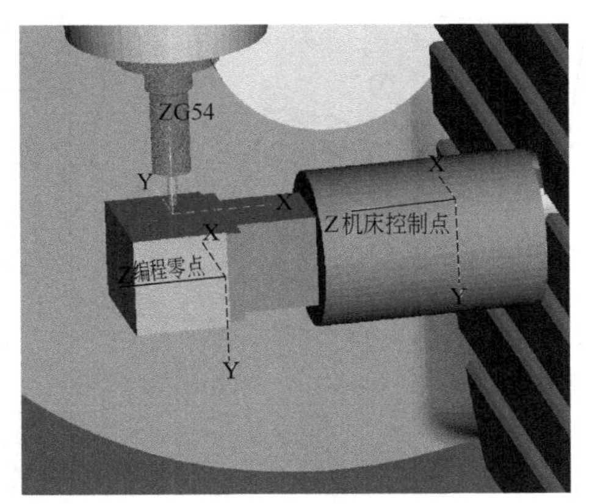

图 5-255 工件位置

⑤ 使用用户宏程序创建 G54 坐标系，创建后的坐标系见图 5-256。

程序：G65 P9015 Q1 A0 B90 C-90 X42 Y-30 Z23 U-15 V30 W150。

附件：G54 设置过程录像见 D:\v7\5x_TT\5X 案例 6-箱体 \ G54 设置录像. mp4。

（3）在 2＃加工面创建 G55 坐标系

① 第一步：坐标系从“编程零点”平移到“ϕ22 孔心”（图 5-257）。平移后后，*XYZ* 坐标为：*X*75 *Y*0 *Z*34。

② 第二步：旋转 *C* 轴，让被加工面和 *Y* 轴平行。此加工面已经和 *Y* 轴平行，不用旋转，*C* 轴坐标为 *C*0。

③ 第三步：旋转 *B* 轴，让被加工面和主轴垂直（图 5-258）。旋转后，*B* 轴坐标为 *B*90。

④ 在 *B*90 *C*180 位置，工件在机床中的位置见图 5-259。

⑤ 使用用户宏程序创建 G55 坐标系，创建后的坐标系见图 5-260。程序：G65 P9015 Q1 A0 B90 C0 X75 Y0 Z34 U-15 V30 W150。

（4）在 3＃加工面创建 G56 坐标系

① 第一步：坐标系从“编程零点”平移到“ϕ30 孔心”（图 5-261）。平移后，*XYZ* 坐

标为：$X42\ Y30\ Z23$.

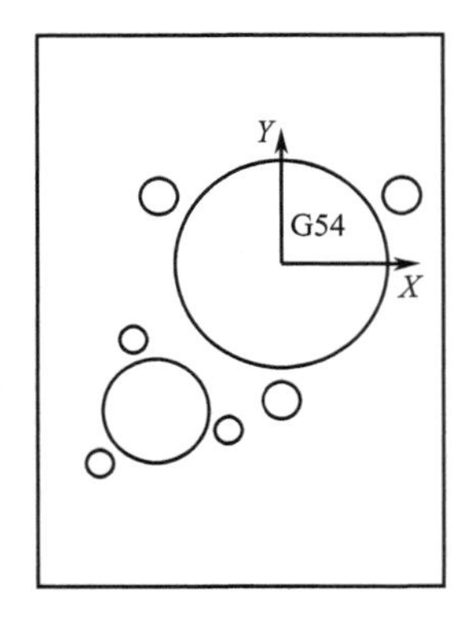

图 5-256　G54 坐标系

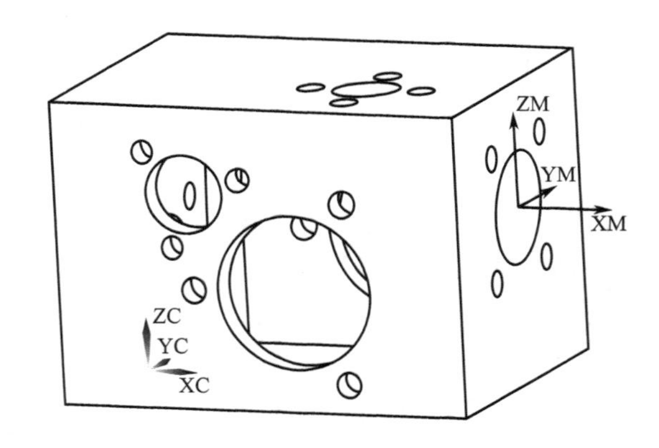

图 5-257　平移坐标系

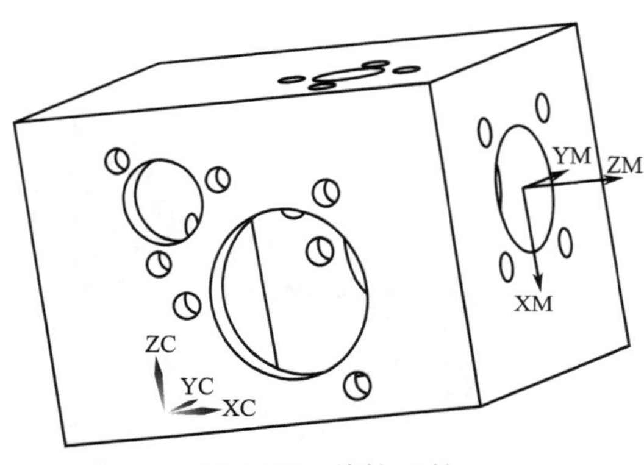

图 5-258　旋轴 B 轴

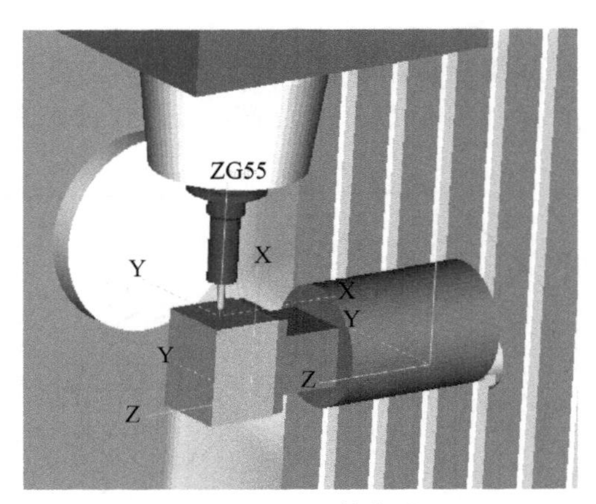

图 5-259　工件位置

② 第二步：旋转 C 轴，让被加工面和 Y 轴平行（图 5-262）。旋转后，C 轴坐标为 $C90$。

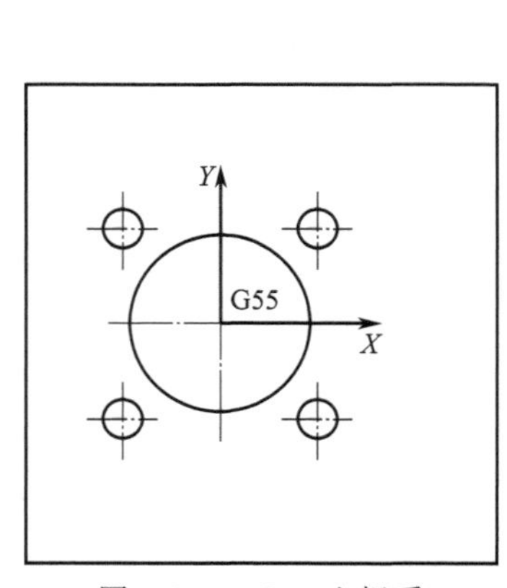

图 5-260　G55 坐标系

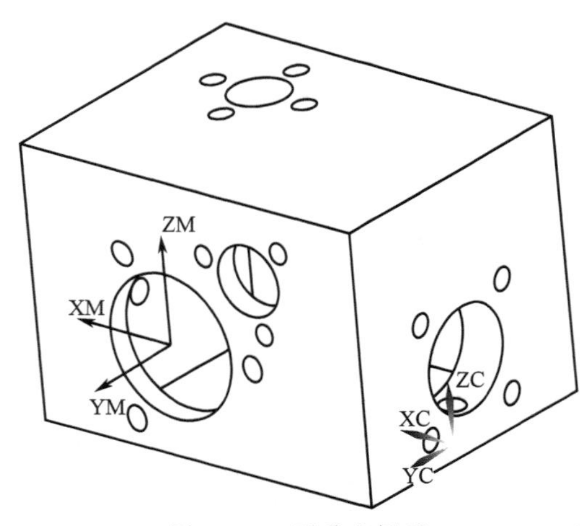

图 5-261　平移坐标系

③ 第三步：旋转 B 轴，让被加工面和主轴垂直（图 5-263）。旋转后，B 轴坐标为 $B90$。

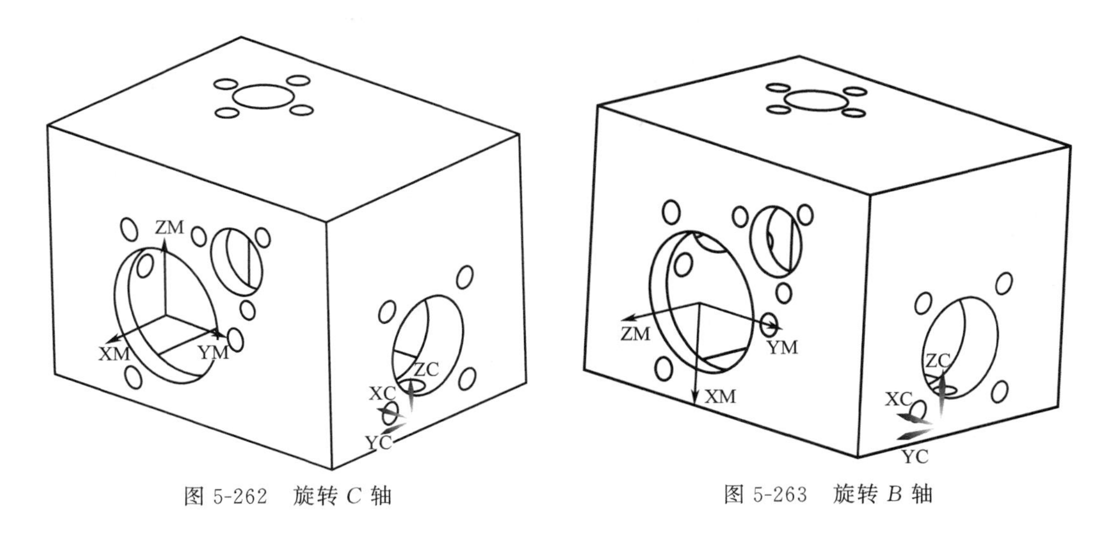

图 5-262　旋转 C 轴　　图 5-263　旋转 B 轴

④ 在 B90 C90 位置，工件在机床中的位置，见图 5-264。

⑤ 使用用户宏程序创建 G56 坐标系，创建后的坐标系见图 5-265。

程序：G65 P9015 Q1 A0 B90 C90 X42 Y30 Z23 U-15 V30 W150。

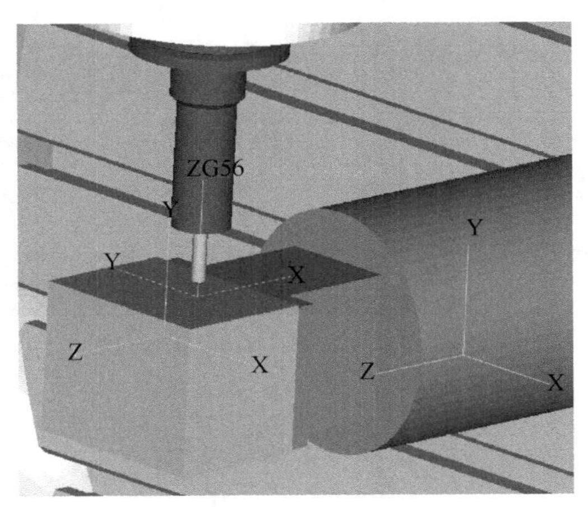

图 5-264　工件位置

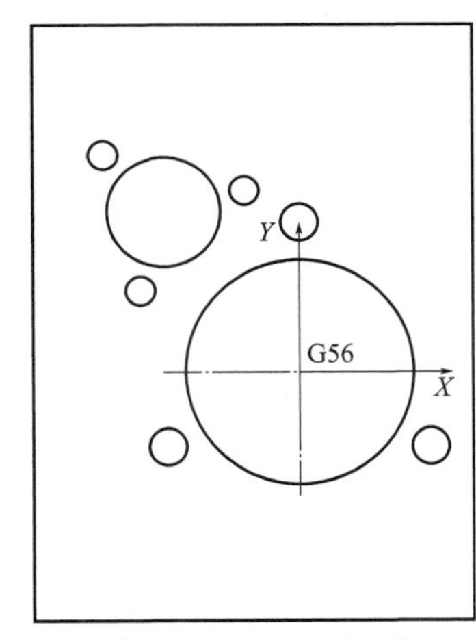

图 5-265　G56 坐标系

（5）在 4＃加工面创建 G57 坐标系

① 第一步：坐标系从“编程零点”平移到“ϕ22 孔心”（图 5-266）。平移后，XYZ 坐标为：$X-5$ Y0 Z19。

② 第二步：旋转 C 轴，让被加工面和 Y 轴平行。旋转后，C 轴坐标为 C180（图 5-267）。

③ 第三步：旋转 B 轴，让被加工面和主轴垂直（图 5-268）。旋转后，B 轴坐标为 B90。

④ 在 B90 C180 位置，工件在机床中的位置，见图 5-269。

⑤ 使用用户宏程序创建 G57 坐标系，创建后的坐标系见图 5-270。

程序：G65 P9015 Q1 A0 B90 C90 X-5 Y0 Z19 U-15 V30 W150。

（6）在 5＃加工面创建 G58 坐标系

① 第一步：坐标系从“编程零点”平移到“ϕ13 孔心”（图 5-271）。平移后，XYZ 坐标为：X50 $Y-10$ Z58。

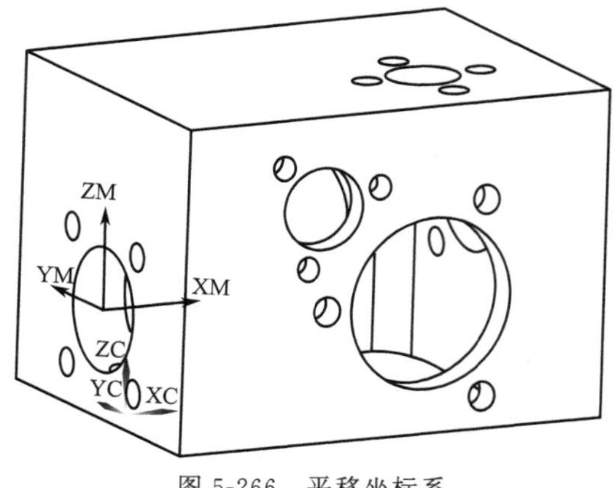

图 5-266　平移坐标系

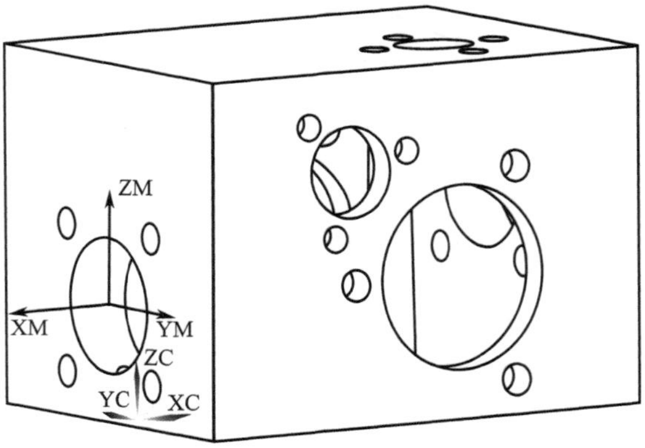

图 5-267　旋转 C 轴

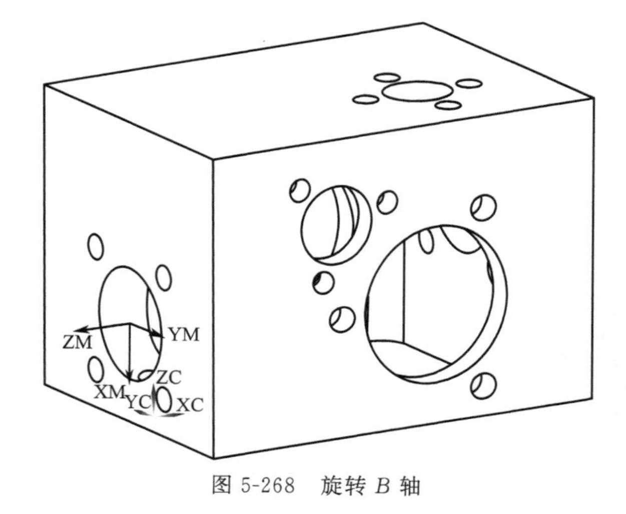

图 5-268　旋转 B 轴

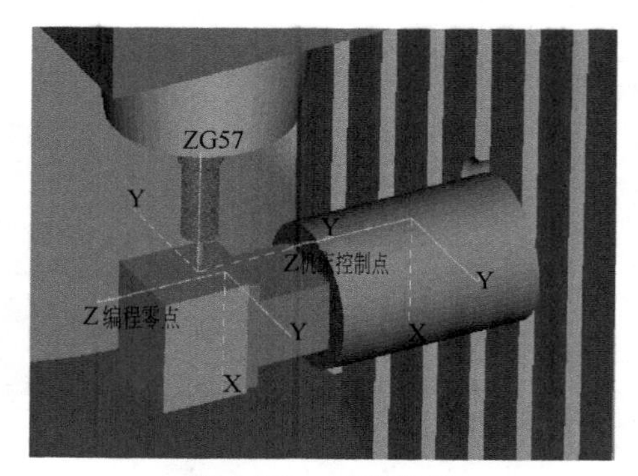

图 5-269　工件位置

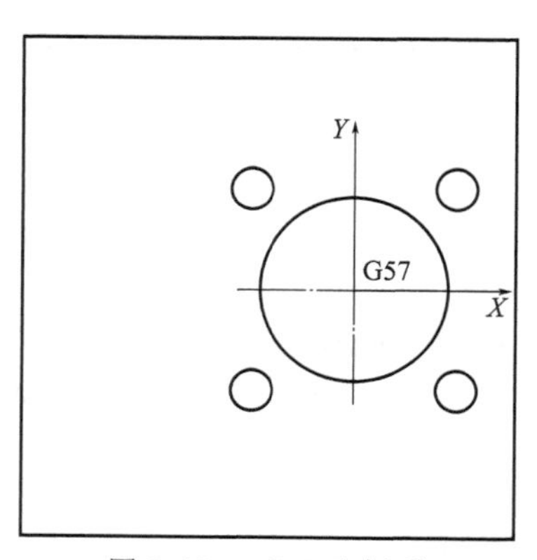

图 5-270　G57 坐标系

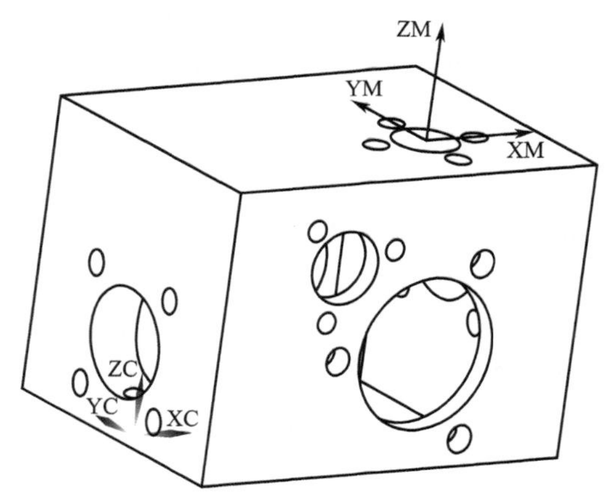

图 5-271　平移坐标系

② 第二步：C0 位置，加工面已经和 Y 轴平行。

③ 第三步：B0 位置，加工面已经和主轴垂直。

④ 在 $B0$ $C0$ 位置，工件在机床中的位置见图 5-272。

⑤ 使用用户宏程序创建 G58 坐标系，创建后的坐标系见图 5-273。

程序：G65 P9015 Q1 A0 B0 C0 X50 Y-10 Z58 U-15 V30 W150。

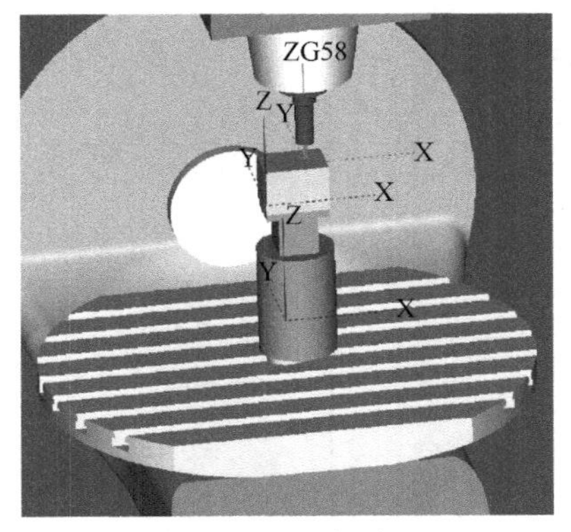

图 5-272　工件位置

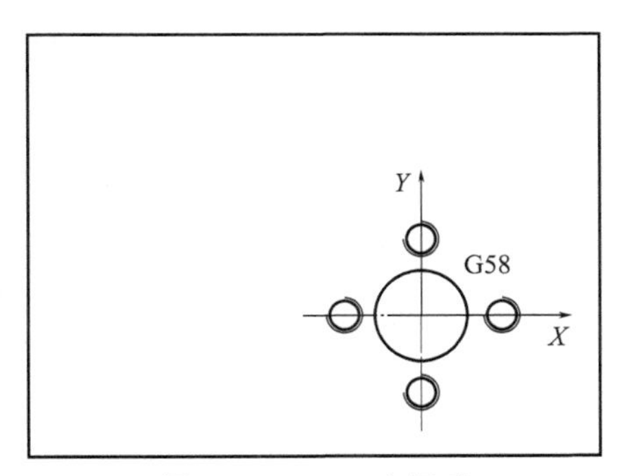

图 5-273　G58 坐标系

【提示】 创建的 G54～G58 工件坐标系，在图纸上按视图位置，在旋转 BC 轴后，XY 坐标轴的方向，见图 5-274。

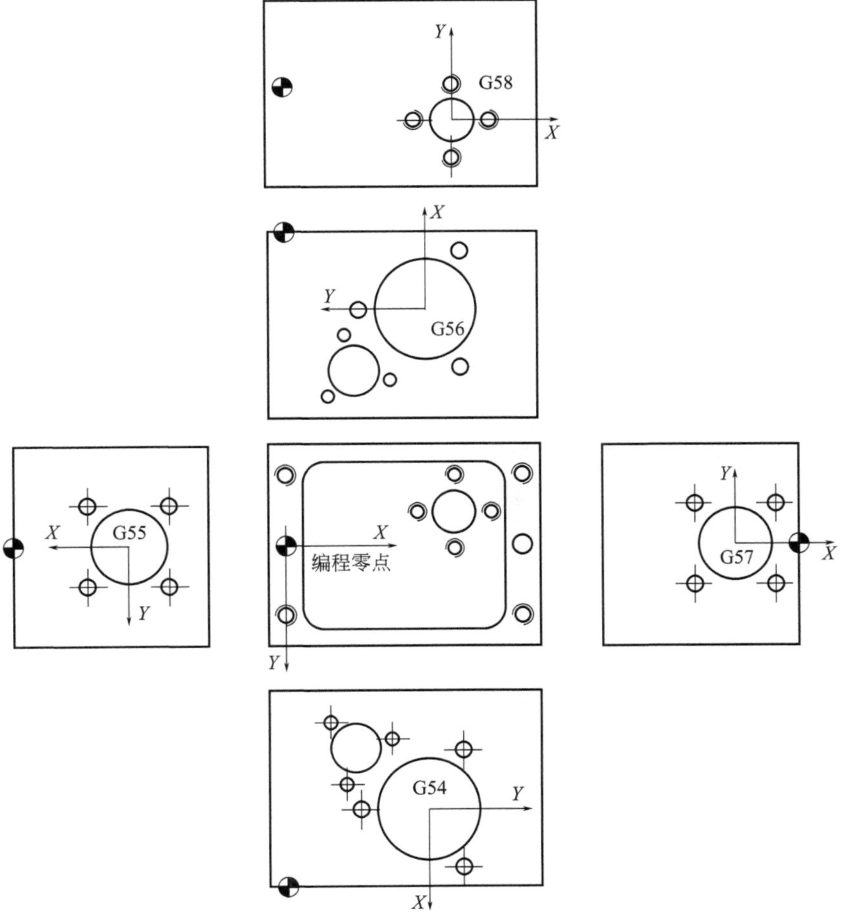

图 5-274　G54～G58 工件坐标系

（7）G54 下孔心坐标

计算 G54 坐标系下，加工面所有孔的孔心坐标，见图 5-275。

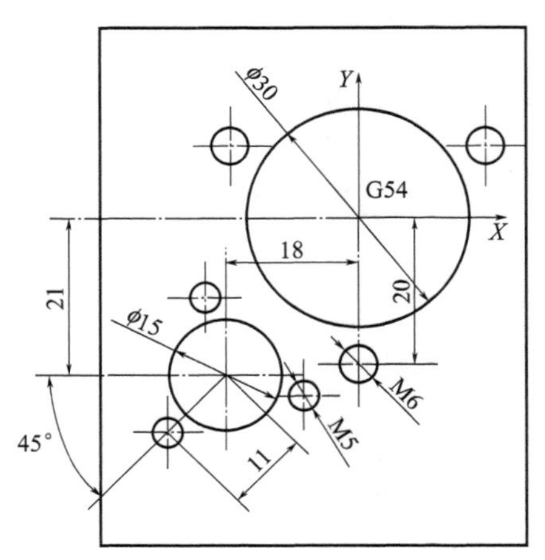

图 5-275　G54 坐标系

① ϕ30 孔心坐标：X0 Y0。

ϕ15 孔心坐标：X－18 Y－21。

② 3 个 M5 螺纹孔坐标用宏程序 O9011 计算：

```
G65 P9011 X－18 Y－21 D22 A225 B120 K3
```

③ 3 个 M6 螺纹孔坐标用宏程序 O9011 计算：

```
G65 P9011 X0 Y0 D40 A-90 B120 K3
```

④ 计算分度圆孔心坐标的用户宏程序：

a. 程序如下：

```
O9011
#32=1
#33=#7/2
WHILE [#32 LE #6]  DO1
    #41=#24+#33*COS[#1]
    #42=#25+#33*SIN[#1]
    X#41 Y#42
    #1=#1+#2
    #32=#32+1
END1
M99
```

b. 用户宏程序调用格式：G65 P9011 X Y D A B K。

c. 用户宏程序调用说明：

XY，圆心坐标（分度圆）；

D，分度圆直径；

A，初始孔角度；

B，分度角；

K，孔个数。

(8) G55 孔心坐标

计算 G55 坐标系下，加工面所有孔的孔心坐标，见图 5-276。

① ϕ22 孔心坐标：X0 Y0

② 4 个 M6 螺纹孔坐标：

X12　Y12；

X－12　Y12；

X－12　Y－12；

X12　Y－12。

(9) G56 孔心坐标

计算 G56 坐标系下，加工面所有孔的孔心坐标，见图 5-277。

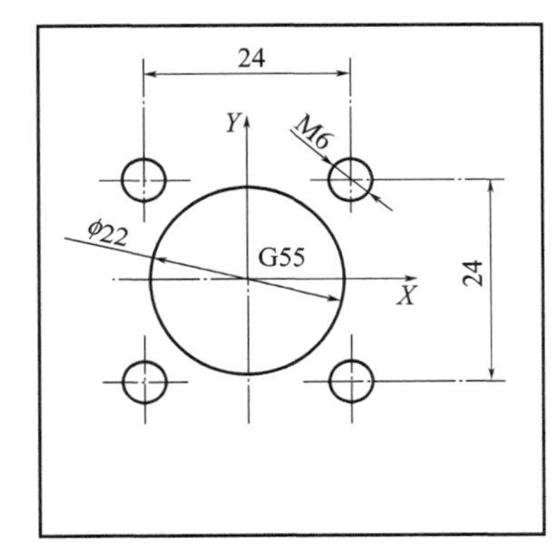

图 5-276　G55 坐标系

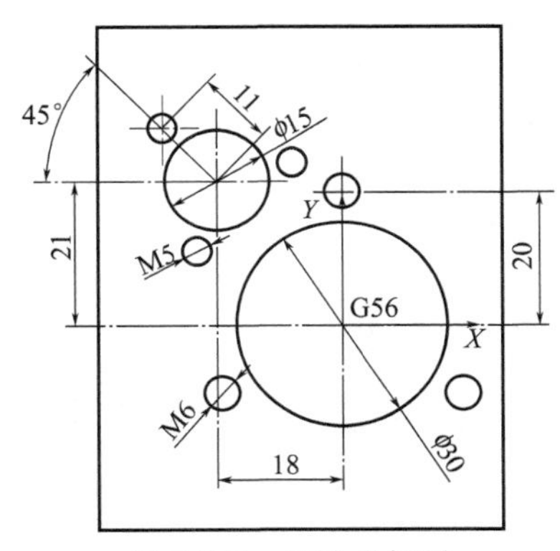

图 5-277　G56 坐标系

① ϕ30 孔心坐标：X0 Y0。

ϕ15 孔心坐标：X－18 Y21。

② 3 个 M5 螺纹孔坐标用宏程序 O9011 计算：

```
G65 P9011 X-18 Y21 D22 A135 B120 K3
```

③ 3 个 M6 螺纹孔坐标用宏程序 O9011 计算：

```
G65 P9011 X0 Y0 D40 A90 B120 K3
```

(10) G57 孔心坐标

计算 G57 坐标系下，加工面所有孔的孔心坐标，见图 5-278。

① ϕ22 孔心坐标：X0 Y0。

② 4 个 M6 螺纹孔坐标：

X12　Y12；

X－12　Y12；

X－12　Y－12；

X12　Y－12。

(11) G58 孔心坐标

计算 G58 坐标系下，加工面所有孔的孔心坐标，见图 5-279。

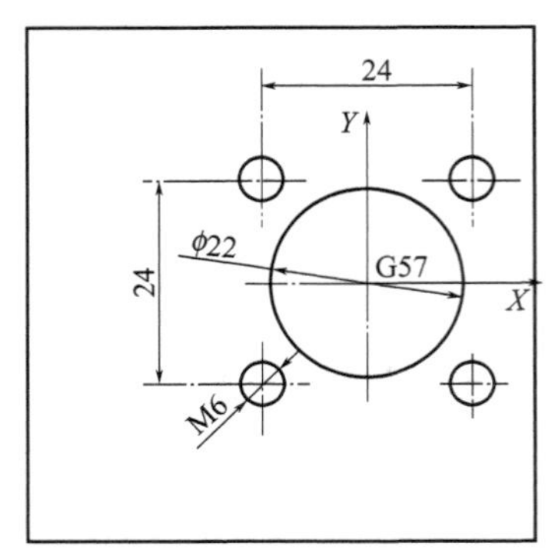

图 5-278　G57 坐标系

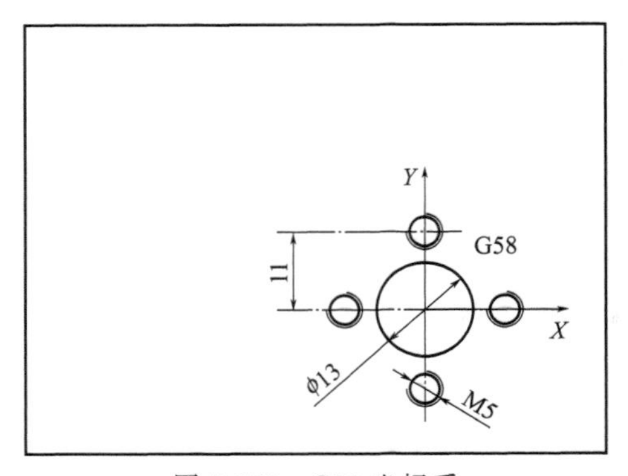

图 5-279　G58 坐标系

① $\phi 13$ 孔心坐标：$X0$ $Y0$。

② 4 个 M5 螺纹孔坐标：

$X11$　$Y0$；

$X0$　$Y11$；

$X-11$　$Y0$；

$X0$　$Y-11$。

(12) 铣 5 面的程序

```
M6 T1
M3 S1200
G90 G54 G00 X-6 Y-85 B0 C0  (铣 G54 面)
G43 H1 Z100
Z0
G01 Y65 F500
G00 Z100
;
G90 G55 G00 X5 Y-65 B0 C0  (铣 G55 面)
Z0
G01 Y65
G00 Z100
;
G90 G56 G00 X-6 Y-70 B0 C0  (铣 G56 面)
Z0
G01 Y85
G00 Z100
;
G90 G57 G00 X-10 Y-65 B0 C0  (铣 G57 面)
Z0
G01 Y65
G00 Z300
;
G90 G58 G00 X-90 Y10 B0 C0  (铣 G58 面)
```

```
Z0
G01 X60
G00 Z100
```

（13）定心钻钻孔程序

```
M6 T3
M3 S1200
G90 G54 G00 X0 Y0 B0 C0 （G54 面钻定心孔）
G43 H3 Z100
G81 G99 Z-1 F100 R5
X-18Y-21
G65 P9011 X-18 Y-21 D22 A225 B120 K3
G65 P9011 X0 Y0 D40 A-90 B120 K3
G80 Z100
;
G90 G55 G00 X0 Y0 B0 C0 （G55 面钻定心孔）
Z100
G81 G99 Z-1 R5
X12  Y12
X-12  Y12
X-12  Y-12
X12  Y-12
G80 Z100
;
G90 G56 G00 X0 Y0 B0 C0(G56 面钻定心孔）
Z100
G81 G99 Z-1 R5
X-18 Y21
G65 P9011 X-18 Y21 D22 A135 B120 K3
G65 P9011 X0 Y0 D40 A90 B120 K3
G80 Z100
;
G90 G57 G00 X0 Y0 B0 C0 （G57 面钻定心孔）
Z100
G81 G99 Z-1 R5
X12  Y12
X-12  Y12
X-12  Y-12
X12  Y-12
G80 Z300
;
G90 G58 G00 X0 Y0 B0 C0 （G58 面钻定心孔）
Z100
G81 G99 Z-1 R5 K0
X11 Y0
X0 Y11
```

```
X-11 Y0
X0 Y-11
G80 Z100
```

(14) 预钻孔程序

```
M6 T4
M3 S800
G90 G54 G00 X0 Y0 B0 C0   (ϕ30孔)
G43 H4 Z100
G81 G99 Z-10 F100
G80 Z100
;
G90 G55 G00 X0 Y0 B0 C0   (ϕ22孔)
Z100
G81 G99 Z-15
G80 Z100
;
G90 G56 G00 X0 Y0 B0 C0   (ϕ30孔)
Z100
G81 G99 Z-10
G80 Z100
;
G90 G57 G00 X0 Y0 B0 C0   (ϕ22孔)
Z100
G81 G99 Z-15
G80 Z300
;
G90 G58 G00 X0 Y0 B0 C0   (ϕ13孔)
Z100
G81 G99 Z-10
G80 Z100
```

(15) 使用“用户宏程序”扩孔 $\phi30$、$\phi22$、$\phi15$、$\phi13$ 程序

① 主程序内容:

```
T2 M6  (D10 KUO KONG)
M3 S2000
G90 G54 G00 X0 Y0 B0 C0
G43 H2 Z100
G65 P9012 X0 Y0 Z-10 D29.7 T10 K2
G65 P9012 X-18 Y-21 Z-12 D14.7 T10 K2
G00 Z100
;
G90 G55 G00 X0 Y0 B0 C0
Z100
G65 P9012 X0 Y0 Z-10 D21.7 T10 K2
```

```
G00 Z100
;
G90 G56 G00 X0 Y0 B0 C0
Z100
G65 P9012 X0 Y0 Z-10 D29. 7 T10 K2
G65 P9012 X-18 Y21 Z-12 D14. 7 T10 K2
G00 Z100
;
G90 G57 G00 X0 Y0 B0 C0
Z100
G65 P9012 X0 Y0 Z-10 D21. 7 T10 K2
G00 Z300
;
G90 G58 G00 X0 Y0 B0 C0
Z100
G65 P9012 X0 Y0 Z-10 D12. 7 T10 K2
G00 Z100
```

②“平面螺旋扩孔”用户宏程序：

```
O9012
#23=#5043
#22=#4104
IF [#9 EQ #0] THEN #9=#22
IF [#8 EQ #0] THEN #8=#9
IF [#26 EQ #0] GOTO 200
IF [#7 EQ #0] GOTO 200
IF [#20 EQ #0] GOTO 200
IF [#6 EQ #0] GOTO 200
#11=[#3-#20]/2
#12=[#7-#20]/2
IF [ #11 lT 0 ] THEN #11=0
IF [#11 GE #12] GOTO 100
IF [#12 lT #6] GOTO 100
IF [#9 EQ #0]
G00 X#24 Y#25
G00 Z#18
G01 Z#26 F#8
F#9
#1=#11+#6
G01 X[#24-#1]
WHILE  [#1 LT #12 ] DO1
G03  X[#1+#24]  I[#1-0.5*#6]
G03  X-#1+#24  I-#1
#1=#1+#6
END1
IF [#1 GT #12] GOTO10
G03  X[#1+#24]  I[#1-0.5*#6]
```

```
G03  I-#1
G00 Z23
GOTO100
N10
#13=[#1-#6+#12]/2
G03  X[#12+#24]  I#13
G03  I-#12
G00 Z23
N100 GOTO300
N200
#3000=119 ( NO : DEPTH - DIAMITER - KUAN)
N300
M99
%
```

③“平面螺旋扩孔”用户宏程序调用格式：

```
G65 P9012  X_  Y_  Z_  R_  C_  D_  T_  K_  E_  F_
```

a. 必填参数如下（省略或填写错误，程序会拒绝加工并报警）：

Z（孔深）；

D（孔直径）；

T（刀直径）；

K（切削宽度）。

b. 选填参数：

X（孔心坐标）；

Y（孔心坐标）；

C（底孔直径）；

R（初始 Z 坐标）；

E（从 R 点下刀的进给速度）；

F（切削速度）。

【提示】 XY 默认当前位置为孔心，C 默认底孔直径 0，R 默认为 0，E 默认为 F，F 默认系统初始。

（16）精镗 ϕ30 孔程序

```
T7 M6  ( D30 JING TANG )
M3 S2000
G90 G54 G00 X0 Y0 B0 C0
G43 H7 Z100
G85 G98 Z-10 R5 F80
G80 Z100
;
G90 G56 G00 X0 Y0 B0 C0
Z100
G85 G98 Z-10 R5 F80
G80 Z300
```

(17) 精镗 ϕ22 孔程序

```
T8 M6 ( D22 JING TANG )
M3 S2000
G90 G55 G00 X0 Y0 B0 C0
G43 H8 Z100
G85 G98 Z-15 R5 F80
G80 Z100
;
G90 G57 G00 X0 Y0 B0 C0
Z100
G85 G98 Z-15 R5 F80
G80 Z300
```

(18) 精镗 ϕ15 孔程序

```
T9 M6 ( D15 JING TANG )
M3 S2000
G90 G54 G00 X-18 Y-21 B0 C0
G43 H9 Z100
G85 G98 Z-10 R5 F80
G80 Z100
;
G90 G56 G00 X-18 Y021 B0 C0
Z100
G85 G98 Z-10 R5 F80
G80 Z300
```

(19) 精镗 ϕ13 孔程序

```
T10 M6 ( D13 JING TANG )
M3 S2000
G90 G54 G00 X0 Y0 B0 C0
G43 H10 Z100
G85 G98 Z-10 R5 F80
G80 Z100
```

(20) 钻 M6 底孔程序

```
M6 T6( Z5 ZUAN KONG )
M3 S1200
G90 G54 G00 X0 Y0 B0 C0
G43 H6 Z100
G73 G99 Z-10 Q1 R5 F100 L0
G65 P9011 X0 Y0 D40 A-90 B120 K3
G80 Z100
;
```

```
G90 G55 G00 X0 Y0 B0 C0
Z100
G81 G99 Z-15 R5 L0
X12  Y12
X-12  Y12
X-12  Y-12
X12  Y-12
G80 Z100
;
G90 G56 G00 X0 Y0 B0 C0
Z100
G73 G99Z-12 Q1 R5 L0
G65 P9011 X0 Y0 D40 A90 B120 K3
G80 Z100
;
G90 G57 G00 X0 Y0 B0 C0
Z100
G73 G99 Z-15 Q1 R5 L0
X12  Y12
X-12  Y12
X-12  Y-12
X12  Y-12
G80 Z300
```

(21) 钻 M5 底孔程序

```
M6 T5 ( Z4.2 ZUAN KONG )
M3 S1500
G90 G54 G00 X0 Y0 B0 C0
G43 H5 Z100
G73 G99 Z-15 Q1 R5 F100 L0
G65 P9011 X-18 Y-21 D22 A225 B120 K3
G80 Z100
;
G90 G56 G00 X0 Y0 B0 C0
Z100
G73 G99 Z-15 Q1 R5 L0
G65 P9011 X-18 Y21 D22 A135 B120 K3
G80 Z300
;
G90 G58 G00 X0 Y0 B0 C0
Z100
G73 G99 Z-12 Q1 R5 L0
X11 Y0
X0 Y11
X-11 Y0
X0 Y-11
G80 Z100
```

(22) 铣 M6 螺纹孔程序

① 主程序：

```
M6 T11  ( M6 XI DAO )
M3 S3000
G90 G54 G00 X0 Y0 B0 C0
G43 H11 Z100
G66 P9013 Z-12 R5 Q1 T4. 6 D6 E98 F200
G65 P9011 X0 Y0 D40 A-90 B120 K3
G67
G00 Z100
;
G90 G55 G00 X0 Y0 B0 C0
Z100
G66 P9013 Z-12 R5 Q1 T4. 6 D6 E98
X12  Y12
X-12  Y12
X-12  Y-12
X12  Y-12
G67
G00 Z100
;
G90 G56 G00 X0 Y0 B0 C0
Z100
G66 P9013 Z-12 R5 Q1 T4. 6 D6 E98
G65 P9011 X0 Y0 D40 A90 B120 K3
G67
G00 Z100
;
G90 G57 G00 X0 Y0 B0 C0
Z100
G66 P9013 Z-12 R5 Q1 T4. 6 D6 E98
X12  Y12
X-12  Y12
X-12  Y-12
X12  Y-12
G67
G00 Z300
```

② 铣螺纹用户程序：

```
O9013
＃12=＃5043
G90
G00 X＃24 Y＃25
Z＃18
＃2=[＃7-＃20]/2
```

```
#1=#18-#17
G91 G01 Y-#2 F#9
WHILE [ #1 GE #26 ] DO1
      G90 G03 J#2 Z#1
      #1=#1-#17
END1
G91 G01 Y#2
IF [#8 EQ 99 ] THEN #11=#18
IF [#8 EQ 98 ] THEN #11=#12
G90 G00 Z#11
M99
```

③ 铣螺纹用户程序调用格式：

```
G65 P9013 X Y Z R Q T D E F
```

注释：
XY，孔心坐标；
Z，孔深；
R，初始 Z；
Q，螺距；
T，刀直径；
D，螺纹直径；
E，98 返回初始平面/99 返回 R 点；
F，切削速度。
(23) 铣 M5 螺纹孔程序

```
M6 T12 ( M5 XI DAO )
M3 S1500
G90 G54 G00 X0 Y0 B0 C0
G43 H12 Z100
G66 P9013 Z-12 R5 Q1 T4.0 D5 E98
G65 P9011 X-18 Y-21 D22 A225 B120 K3
G67
G00 Z100
;
G90 G56 G00 X0 Y0 B0 C0
Z100
G66 P9013 Z-12 R5 Q1 T4.0 D5 E98
G65 P9011 X-18 Y21 D22 A135 B120 K3
G67
G00 Z300
;
G90 G58 G00 X0 Y0 B0 C0
Z100
G66 P9013 Z-12 R5 Q1 T4.0 D5 E98
```

```
X11 Y0
X0 Y11
X-11 Y0
X0 Y-11
G67
G00 Z100
```

(24) 孔口倒角程序

```
T13 M6 (KONG DAO JIAO)
M3 S3000
G90 G54 G00 X0 Y0 B0 C0
G43 H13 Z100
Z5
G01 Z-2.5 F300
Y-13
G03 J13
G00 Z5
;
G00 X-18 Y-21
G01 Z-2.5
G91 G01 Y-5.5
G90 G03 J5.5
G00 Z100
;
G90 G55 G00 X0 Y0 B0 C0
Z100
G01 Z-2.5
Y-9
G03 J9
G00 Z100
;
G90 G56 G00 X0 Y0 B0 C0
Z100
Z5
G01 Z-2.5
Y-13
G03 J13
G00 Z5
;
G00 X-18 Y21
G01 Z-2.5
G91 G01 Y-5.5
G90 G03 J5.5
G00 Z100
;
G90 G57 G00 X0 Y0 B0 C0
```

```
Z100
G01 Z-2.5
Y-9
G03 J9
G00 Z300
;
G90 G58 G00 X0 Y0 B0 C0
Z100
G01 Z-2.5
Y-4.5
G03 J4.5
G00 Z100
```

（25）M6、M5螺纹孔倒角程序

```
M6 T3(M6 -M5 DAO JIAO )
M3 S1200
G90 G54 G00 X0 Y0 B0 C0
G43 H3 Z100
G81 G99 Z-2.7 F100 R5 L0
G65 P9011 X-18 Y-21 D22 A225 B120 K3
G81 G99 Z-3.2 R5 L0
G65 P9011 X0 Y0 D40 A-90 B120 K3
G80 Z100
;
G90 G55 G00 X0 Y0 B0 C0
Z100
G81 G99 Z-3.2 R5 L0
X12  Y12
X-12  Y12
X-12  Y-12
X12  Y-12
G80 Z100
;
G90 G56 G00 X0 Y0 B0 C0
Z100
G81 G99 Z-2.7 R5 L0
G65 P9011 X-18 Y21 D22 A135 B120 K3
G81 G99 Z-3.2 R5 L0
G65 P9011 X0 Y0 D40 A90 B120 K3
G80 Z100
;
G90 G57 G00 X0 Y0 B0 C0
Z100
G81 G99 Z-3.2 R5 L0
X12  Y12
```

```
X-12  Y12
X-12  Y-12
X12  Y-12
G80 Z300
;
G90 G58 G00 X0 Y0 B0 C0
Z100
G81 G99 Z-2.7 R5 L0
X11 Y0
X0 Y11
X-11 Y0
X0 Y-11
G80 Z100
M30
```

5.6.4　加工仿真

（1）创建项目

① 打开项目 D:\v7\5x_TT\5X 案例 6 箱体\案例 6-箱体.vcproject。

② 检查刀具，双击“加工刀具：5X 箱体”，见图 5-280、图 5-281。

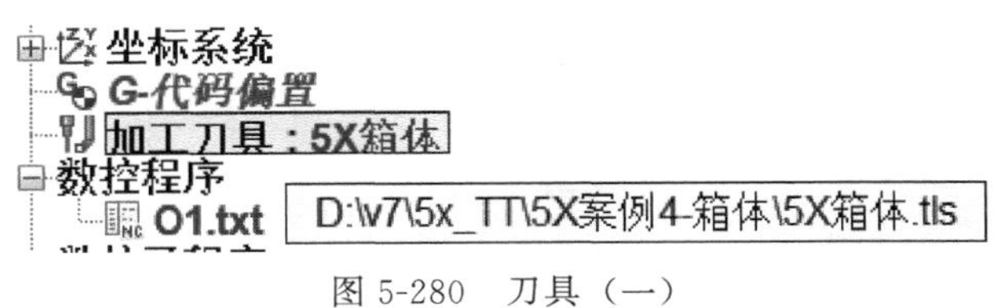

图 5-280　刀具（一）

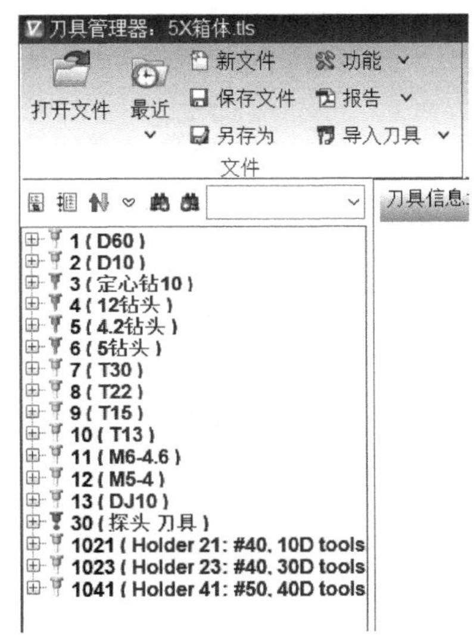

图 5-281　刀具（二）

③ 检查程序（图 5-282）。

（2）工序 2 的加工仿真

单击播放键，观察零件的加工过程（图 5-283）。

（3）保存加工项目

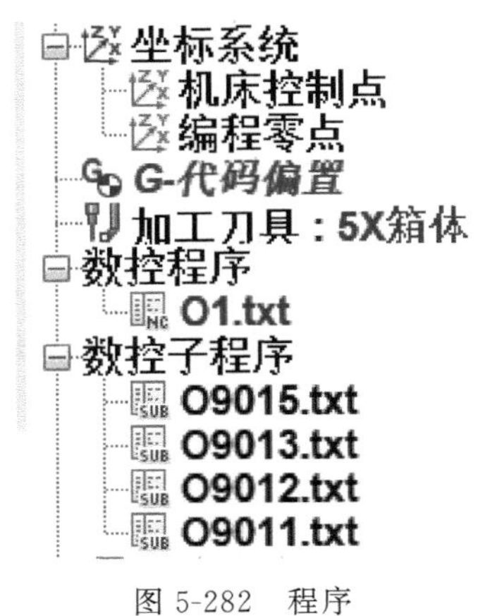

图 5-282　程序

图 5-283　仿真

5.6.5 体验“3+2定位加工”仿真

（1）打开项目

① 打开项目 D:\v7\5x_TT\5X案例6箱体\案例6-箱体.vcproject。

② 另存项目为 D:\v7\5x_TT\5X案例6箱体\案例6-箱体-移动工装.vcproject。

（2）平移工装及毛坯

① 打开项目 D:\v7\5x_TT\5X案例6箱体\案例6-箱体.vcproject。

② 平移工装夹具。点击“Fixture（0，0，0）”，在下面弹出“配置组件”界面，点击“移动”，见图5-284。而后在“移动界面”的第二行输入“13-150”，而后点击“移动”，结果如图5-285。

【提示】 不要大幅度移动毛坯，会造成程序中的抬刀高度不够，导致刀柄和毛坯、机床发生干涉，或导致超程，修改过程一定要符合实际情况。

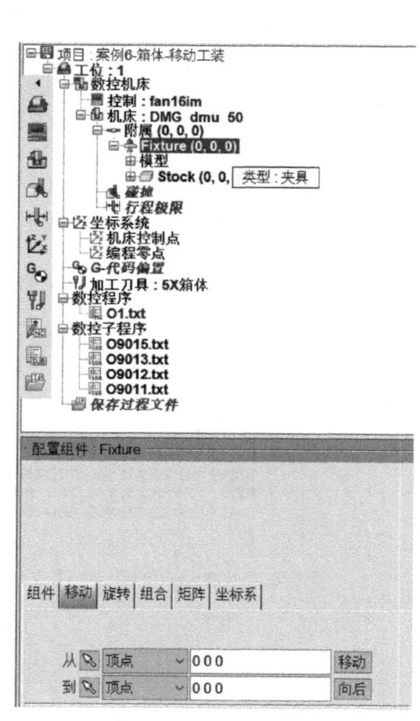

图5-284 平移（一）

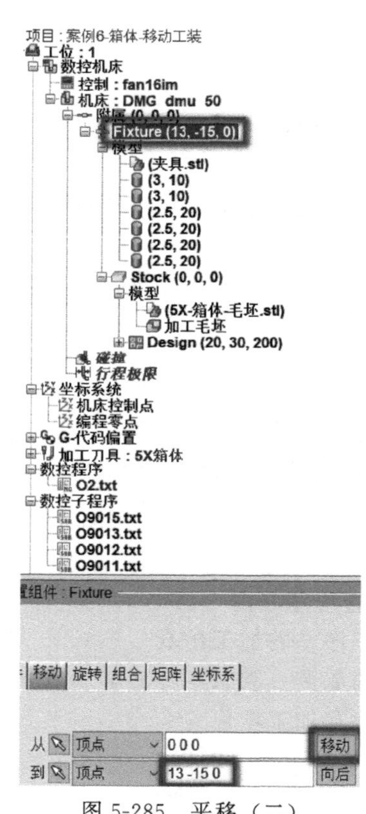

图5-285 平移（二）

（3）修改主程序

① 因为工装移动后，只有“编程零点”发生了变化，因此只需修改“编程零点相对于4轴零点”的坐标即可。原对刀点（编程零点）相对于4轴零点的坐标为 $X-15$ $Y30$ $Z150$（图5-250），现在平移 $X-13$ $Y15$ 后，对刀点相对于4轴零点的坐标变为 $X-2$ $Y15$ $Z150$。

② 打开主程序O1，另存为O2，修改O2如下：

```
O2
G65 P9015 Q1 A0 B90  C-90 X42 Y-30 Z23 U-2 V15 W150
G65 P9015 Q2 A0 B90  C0  X75 Y0 Z34 U-2 V15 W150
```

```
G65 P9015 Q3 A0 B90   C90   X42 Y30 Z23 U-2 V15 W150
G65 P9015 Q4 A0 B90   C180 X-5 Y0 Z19 U-2 V15 W150
G65 P9015 Q5 A0 B0   C0 X50 Y-10 Z58 U-2 V15 W150~
……
```

【提示】　只修改了 U V W，用于重新定义工件坐标系 G54～G58。

③ 用主程序 O2 替代原主程序 O1（图 5-286 、图 5-287）。

(4) 单击播放键，观察零件的加工过程，见图 5-288。

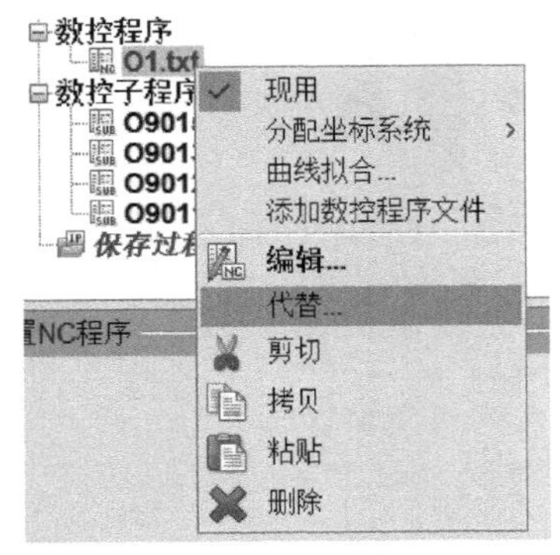

图 5-286　替代程序（一）

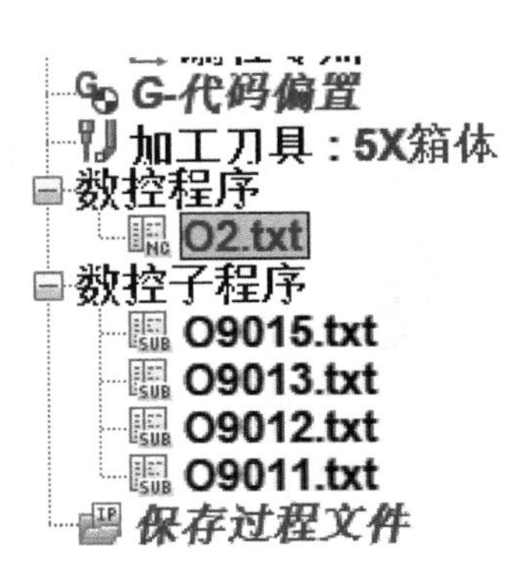

图 5-287　替代程序（二）

图 5-288　仿真

5.7　案例 7　鼎

5.7.1　鼎零件的工艺分析

(1) 零件分析

图 5-289 为鼎的零件图。毛坯为 $\phi100\times65$ 棒料，材料：2A12。

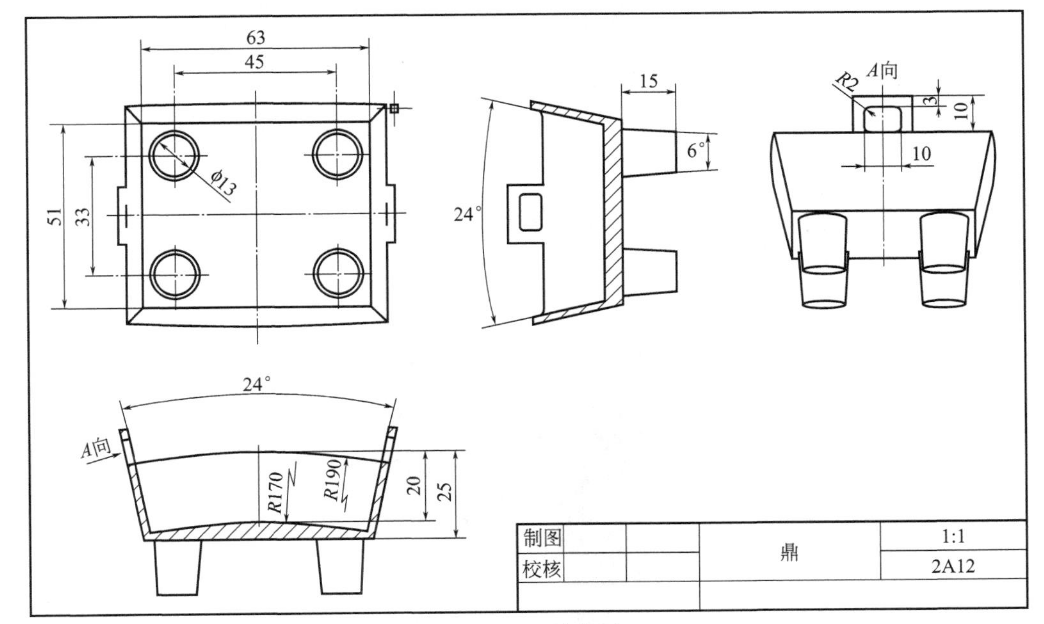

图 5-289　零件图

【提示】 棒料长度65包括鼎的高度47和工艺螺栓长度15，在4条腿的底部设计4条长度17的M10工艺螺栓用于工件装夹，零件加工结束后，再铣掉。

（2）工件装夹

① 工序1：用三爪卡盘夹持ϕ100×65的棒料，见图5-290。

② 工序2：采用专用工装（图5-291）、4个M10螺钉紧固，再用三爪卡盘（软爪）装夹，见图5-292。

图5-290　工序1装夹

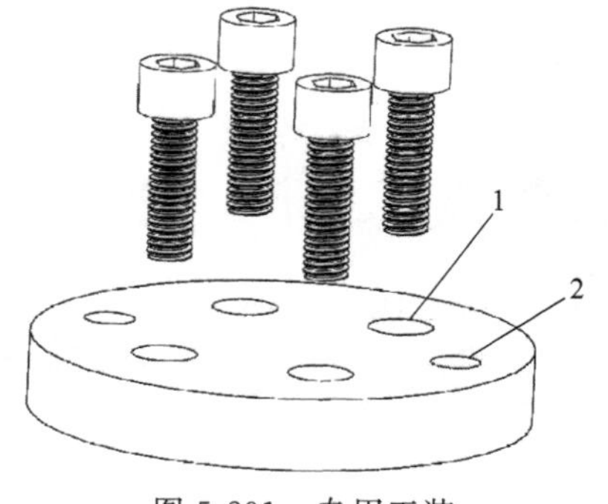

图5-291　专用工装

1—4个ϕ13的6°锥孔；2—2个M10螺纹孔

③ 工序3：用专用工装、4个M10螺母紧固（工艺螺栓），再用三爪卡盘（软爪）装夹，见图5-293。

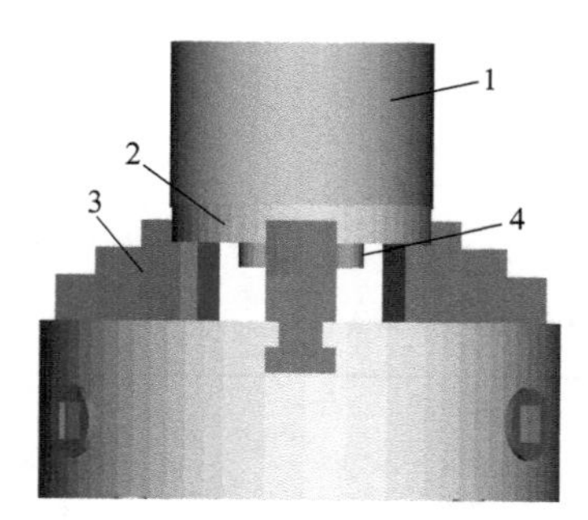

图5-292　工序2装夹

1—工件；2—工装；3—软爪；4—M10螺栓

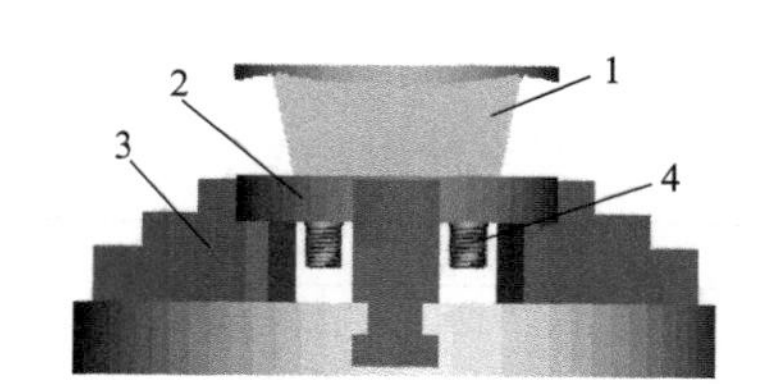

图5-293　工序3装夹

1—工件；2—工装；3—软爪；4—M10螺母位置

④ 工序4：用专用工装、压板、2个M10螺栓紧固零件，再用三爪卡盘（软爪）装夹，见图5-294。

图5-294　工序4装夹

（3）刀具选择（表 5-9）

表 5-9　刀具选择

刀具号	刀具长度补偿号	刀具描述	刀具名称
T1	H1	直径 10mm 的铣刀	D10
T2	H2	直径 6mm 的加长铣刀	D6
T3	H3	直径 4mm 的铣刀	D4
T4	H4	直径 6 螺距 1.5 的螺纹铣刀	D6-P1.5
T5	H5	直径 6mm 的 90°刻字刀	KZ
T6	H6	直径 8.5mm 的钻头	Z85

（4）工序流程（表 5-10）

表 5-10　工序流程

工序号	工序内容	工序名	刀具
1	铣定位面和 M10 螺纹孔		
1.1	精铣顶面	P1	T1
1.2	钻 ϕ8.5 孔		T1
1.3	铣 M10 螺纹		T2
2	铣鼎的 4 条腿、外侧面		
2.1	粗铣 4 条腿及工艺螺栓		
2.2	精铣工艺螺栓，保证尺寸 ϕ10		
2.3	精铣鼎的底面		
2.4	精铣 4 条腿，保证 6°和 ϕ13		
2.5	铣 M10 外螺纹		
2.6	粗、精铣鼎的长侧面		
2.7	粗、精铣鼎的短侧面		
2.8	铣鼎的耳孔		
3	铣鼎的 4 内侧面、底面、耳		
3.1	粗铣鼎的上部		
3.2	粗铣鼎的内腔		
3.3	粗、精铣鼎的口面		
3.4	精铣鼎耳的顶部		
3.5	半精铣鼎的内侧面		
3.6	半精铣鼎 R170 的弧形底面		
3.7	精铣鼎的内侧面	O1	T1
3.8	精铣鼎 R170 的弧形底面	O2	T1
3.9	内腔清根	O3	T3
3.10	R170 的弧面刻字		
4	铣鼎的 4 个 M10 工艺螺栓		

5.7.2 对刀

（1）确定工序1的编程零点

编程零点设在5轴中心点，G54设置为“X0 Y0 Z0 B0 C0”。首先把对刀点设在毛坯顶面中心点，再沿 Z 轴降低1mm，确保顶面有加工余量。而后测量对刀点相对5轴中心点的坐标，实测为 $X0\ Y0\ Z245$，记下这个相对坐标，在编程时再使用（图5-295）。

（2）确定工序2的编程零点

编程零点也设在5轴中心点，G54设置为“X0 Y0 Z0 B0 C0”。测量毛坯厚度（本案例实测64mm）。首先把对刀点设在毛坯顶面中心点，而后测量对刀点相对5轴中心点的坐标，实测为 $X0\ Y0\ Z260$，记下这个相对坐标，在编程时使用，图5-296。

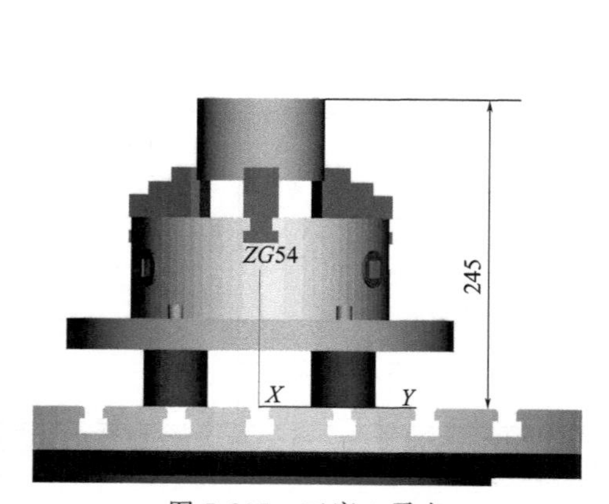

图5-295 工序1零点

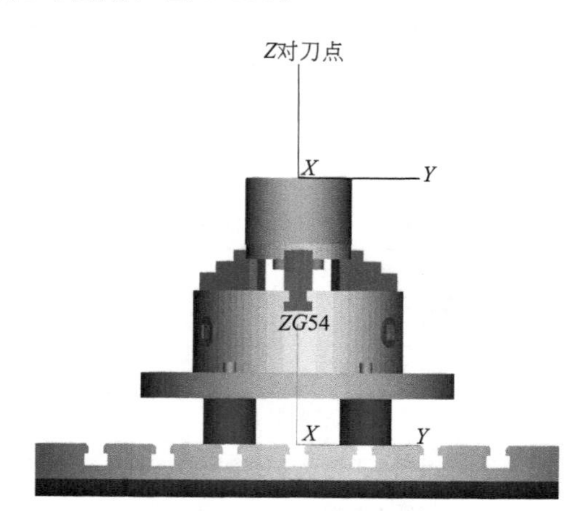

图5-296 工序2零点

【注释】 毛坯厚度64，鼎的口部余量1，鼎高约47，计算出工艺螺栓长度应为16（图5-297）。

（3）确定工序3的编程零点

编程零点也设在5轴中心点，G54设置为“X0 Y0 Z0 B0 C0”。首先把对刀点设在工装顶面中心点，而后测量对刀点相对5轴中心点的坐标，实测为 $X0\ Y0\ Z191$，记下这个相对坐标，在编程时使用（图5-298）。

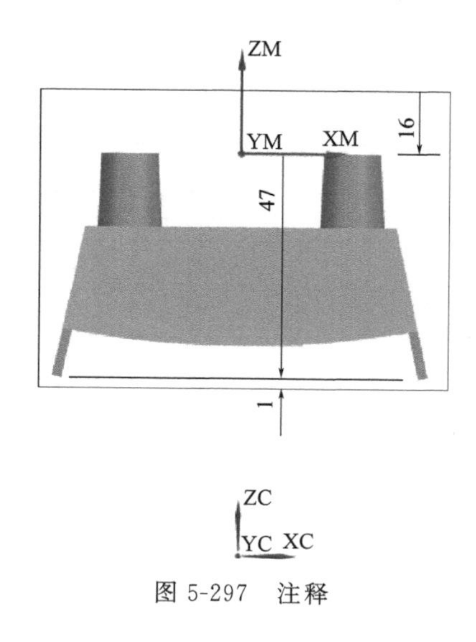

图5-297 注释

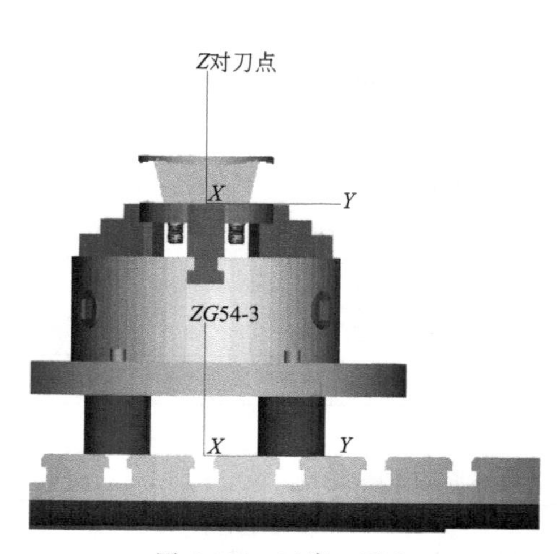

图5-298 工序3零点

(4) 确定工序 4 的编程零点

编程零点也设在 5 轴中心点，G54 设置为“X0 Y0 Z0 B0 C0”。首先把对刀点设在工装顶面中心点，而后测量对刀点相对 5 轴中心点的坐标，实测为 $X0\ Y0\ Z198.8$，记下这个相对坐标，在编程时使用（图 5-299）。

(5) 测量刀具长度

在工作台表面上，采用对刀棒或 Z 轴设定仪对刀。

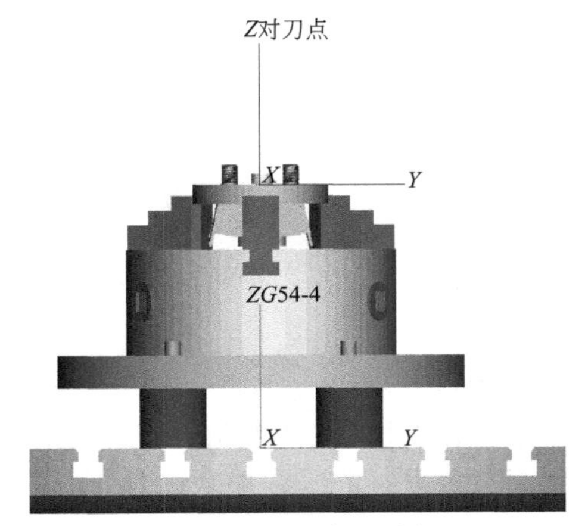

图 5-299　工序 4 零点

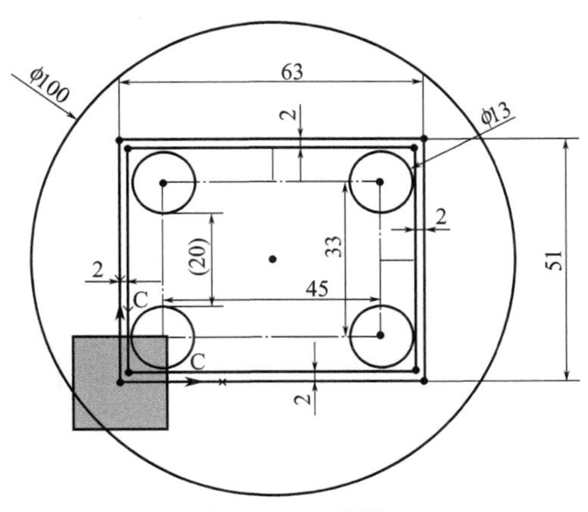

图 5-300　草图

5.7.3 使用 UG 编程

(1) 零件造型

① 在 XY 绘制草图（图 5-300）。

② 拉伸生成“内芯”，并用 $R170$ 弧面修剪（图 5-301）。

③ 拉伸生成“鼎的外形”，并用 $R190$ 弧面修剪（图 5-302）。

图 5-301　内芯

图 5-302　外形

④ 拉伸生成两个“耳朵”（图 5-303）。

⑤ 和鼎芯求差（图 5-304）。

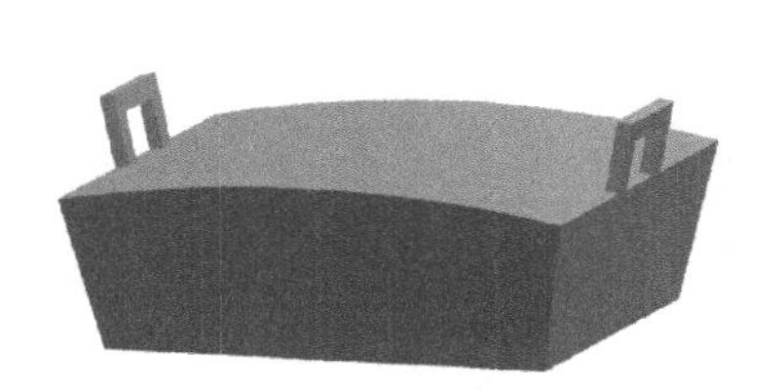

图 5-303　“耳朵”

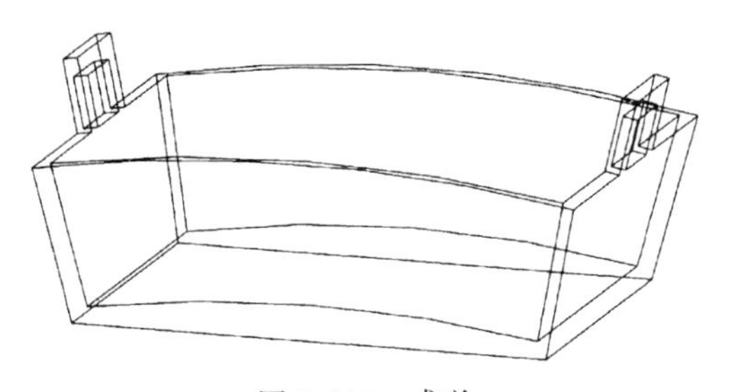

图 5-304　求差

⑥ 拉伸生成 4 个鼎足（图 5-305）。

⑦ 拉伸生成 4 个 M10 的工艺螺栓（用于工序 3 的装夹）（图 5-306）。

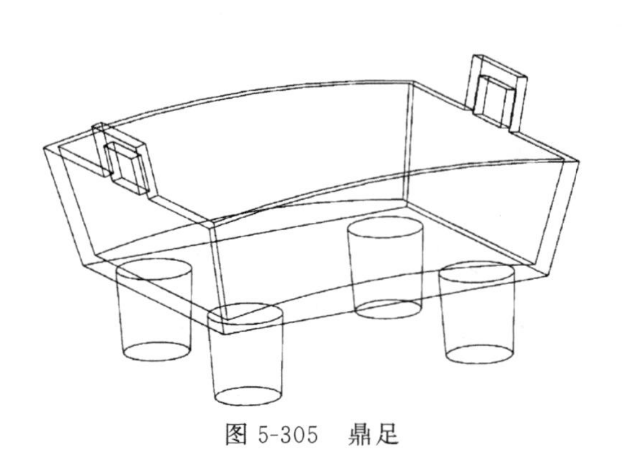

图 5-305　鼎足

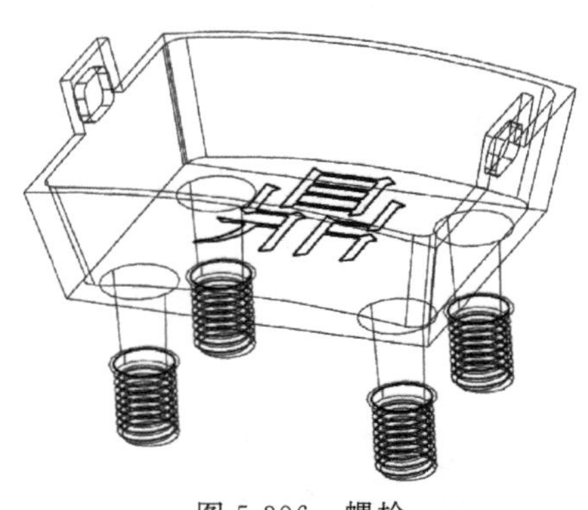

图 5-306　螺栓

（2）编程准备

① 进入加工模块，在加工环境中选择“多轴铣加工”。

② 设置“WORKPIECE”主节点，并指定“毛坯”几何体。在“WORKPIECE”节点下创建工序 1 坐标系“G54-1”、工序 2 坐标系“G54-2”，工序 3 坐标系“G54-3”、工序 4 坐标系“G54-4”（图 5-307）。

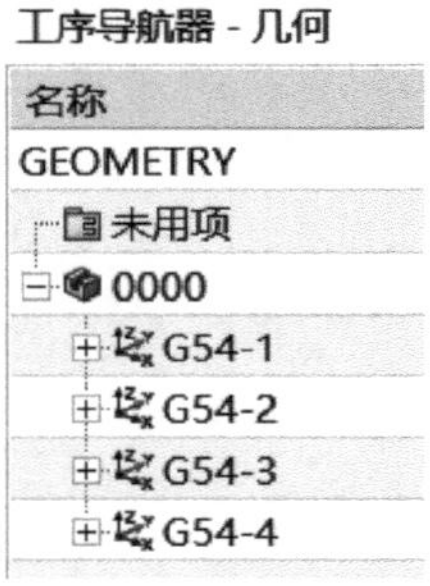

工序导航器 - 几何
名称
GEOMETRY
未用项
0000
G54-1
G54-2
G54-3
G54-4

图 5-307　创建坐标系

③ 设置工序 1 的加工坐标系。

先把加工坐标系，设定在亭的顶点（对刀点），而后平移 $Z-245$ 到 5 轴中心点（坐标零点），注意 Z 轴方向和实际方向一致，见图 5-308。在安全设定选项，设定安全平面，从零件的底面向上平移 120mm。设置加工坐标系的用途为“主要”，夹具偏置“1”（对应机床坐标系 G54）。

④ 设置工序 2 的加工坐标系。

先把加工坐标系，设定在亭的顶点（对刀点），而后平移 $Z-260$ 到 5 轴中心点（坐标零点），注意 Z 轴方向和实际方向一致，见图 5-309。安全设置选项“球”，半径 120mm。

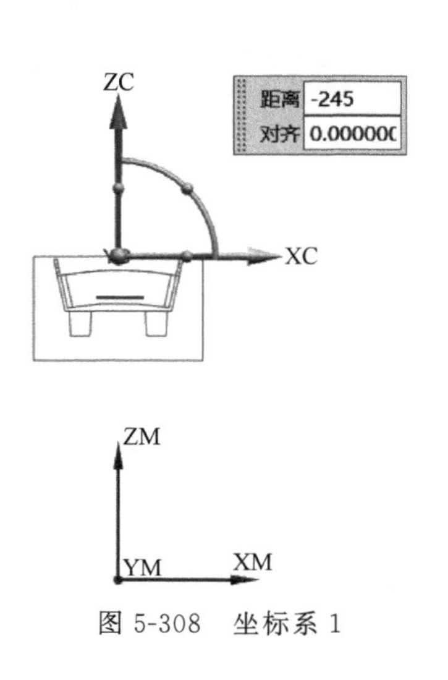

图 5-308　坐标系 1

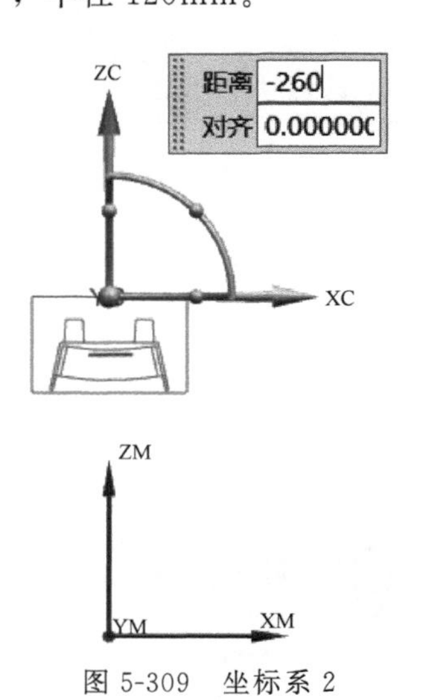

图 5-309　坐标系 2

⑤ 设置工序 3 的加工坐标系。

先把加工坐标系，设定在亭的顶点（对刀点），而后平移 $Z-260$ 到 5 轴中心点（坐标零点），注意 Z 轴方向和实际方向一致，见图 5-310。安全设置选项“球”，半径 120mm。

⑥ 设置工序 4 的加工坐标系。

先把加工坐标系，设定在亭的顶点（对刀点），而后平移 $Z-260$ 到 5 轴中心点（坐标零点），注意 Z 轴方向和实际方向一致，见图 5-311。

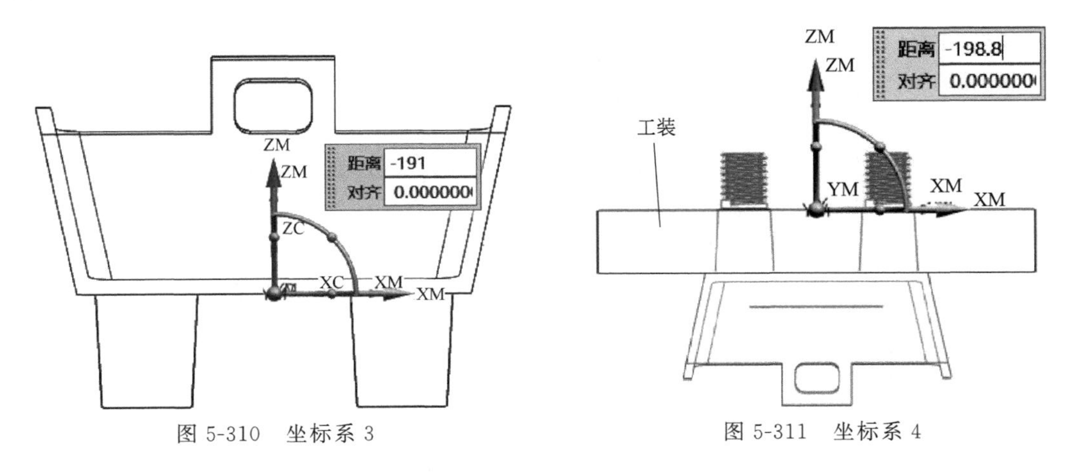

图 5-310　坐标系 3　　　图 5-311　坐标系 4

⑦ 创建刀具库。在刀具视图下，创建所有刀具（图 5-312）。

(3) 铣定位面（工序 1）

① 创建“面铣”操作。刀具选择“D10”，几何体选“G54-1”，名称“001”。

② 操作参数设置：

指定部件：选择整个零件。

指定面边界：选择顶面。

切削模式：摆线。

切削宽度：45%（刀具直径）。

加工余量：0。

安全平面：$Z100$。

③ 生成刀具轨迹（图 5-313）。

工序导航器 - 机床

名称	刀具号
GENERIC_MACHINE	
未用项	
D10	1
D6	2
D4	3
D6-P1.5	4
KZ	5
Z85	6

图 5-312　刀具库

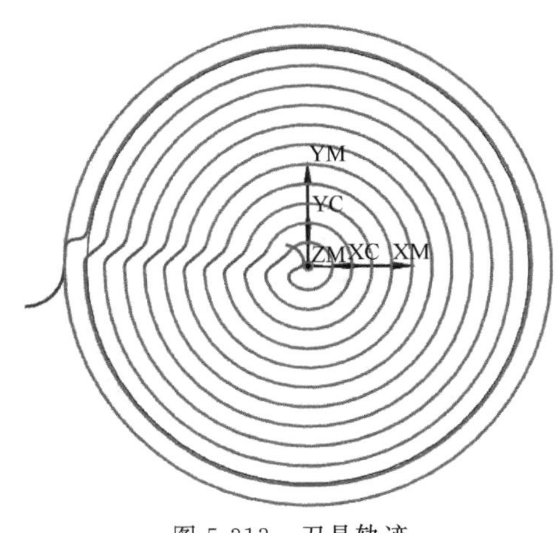

图 5-313　刀具轨迹

(4) 钻 ϕ8.5 孔

① 创建“钻孔”操作。刀具选择“Z85”，几何体选“G54-1”，名称“002”。

② 操作参数设置：

指定几何特征：选择 4 个圆（在毛坯表面画 4 个 ϕ10 的圆）。

使用预定义深度：15。

循环：钻。

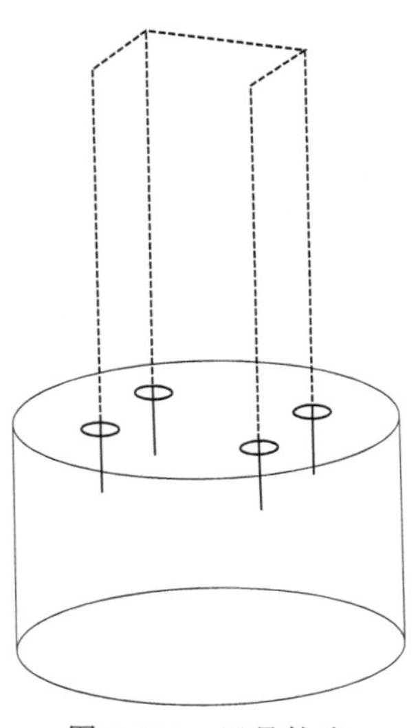

图 5-314 刀具轨迹

切削参数：顶偏置 3。

安全平面：Z100。

③ 生成刀具轨迹（图 5-314）。

(5) 精 M10 螺纹孔

① 创建“螺纹铣”操作。刀具选择“D6-P1.5”，几何体选“G54-1”，名称“003”。

② 操作参数设置：

指定特征几何体：选择毛坯表面 4 个 ϕ10 的圆。

螺纹尺寸：大径 10，小径 8.5，深度 12（手工填写）。

加工余量：0。

进刀类型：螺旋（勾选：从中心开始）。

安全平面：Z100。

③ 生成刀具轨迹（图 5-315）。

(6) 粗铣 4 条腿及工艺螺栓（工序 2）

① 创建“型腔铣”操作。刀具选择“D10”，几何体选“G54-2”，名称“O1”。

② 操作参数设置：

指定部件：选择整个零件。

切削模式：跟随部件。

切削层：范围深度 29.5，每层深 20。

加工余量：0.3。

切削宽度：15%（刀具直径）。

安全平面：Z100。

③ 生成刀具轨迹（图 5-316）。

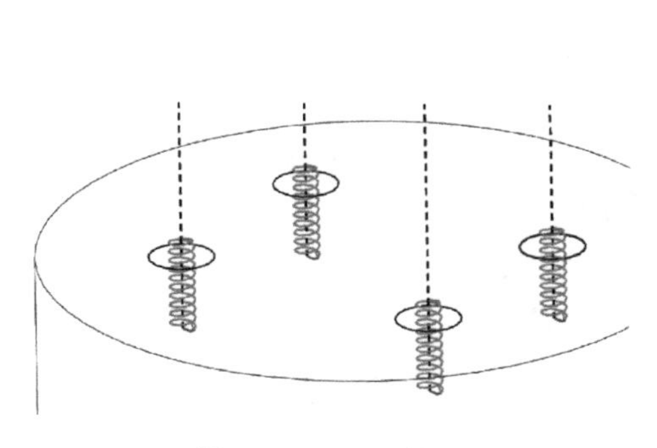

图 5-315 刀具轨迹

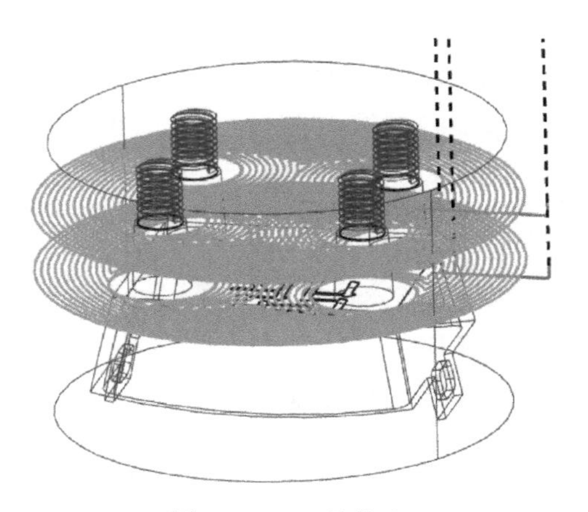

图 5-316 刀具轨迹

(7) 精铣工艺螺栓 ϕ10 外圆

① 创建“平面铣”操作。刀具选择“D10”，几何体选“G54-2”，名称“O2”。

② 操作参数设置：

指定部件边界：选择 ϕ10 外圆。

指定底面：ϕ10 外圆所在平面。

切削模式：轮廓。

加工余量：0。

安全平面：Z100。

③ 生成刀具轨迹（图 5-317)。

(8) 精铣鼎的底面

① 创建“面铣”操作。刀具选择“D10”，几何体选“G54-2”，名称“O3”。

② 操作参数设置：

指定部件：选择实体零件。

指定面边界：选择鼎的底面。

切削模式：跟随部件。

步距：40%（刀具直径)。

加工余量：0。

安全平面：Z100。

③ 生成刀具轨迹（图 5-318)。

(9) 精铣鼎的 4 条腿

保证 6°和 ϕ13。

① 创建“可变轮廓铣”操作。刀具选择“D10”，几何体选“G54-2”，名称“O4”。

图 5-317　刀具轨迹

② 操作参数设置：

指定部件：整个零件。

指定底面：鼎的底面。

指定壁：4 条腿的锥面。

驱动方法：外形轮廓铣。

投影矢量：刀轴。

刀轴：自动。

余量：0。

进刀：圆弧-平行于刀轴

安全平面：Z100。

③ 生成刀具轨迹（图 5-319)。

(10) 精铣 4 个 M10 工艺螺栓

① 创建“凸台螺纹铣”操作。刀具选择“D6-P1.5”，几何体选“G54-2”，名称“O5”。

② 操作参数设置：

指定特征几何体：选 4 个螺栓（图 5-320)。

牙型和螺距：从模型（螺距 1.5)。

切线方向：顺铣。

余量：0。

进刀类型：螺旋。

最小安全距离：3。

安全平面：Z100。

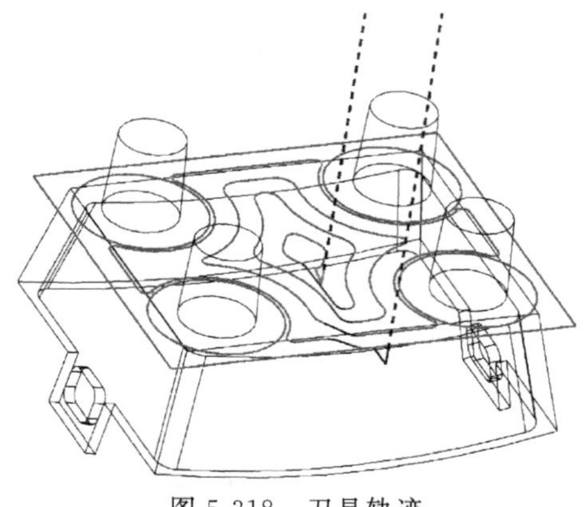

图 5-318 刀具轨迹

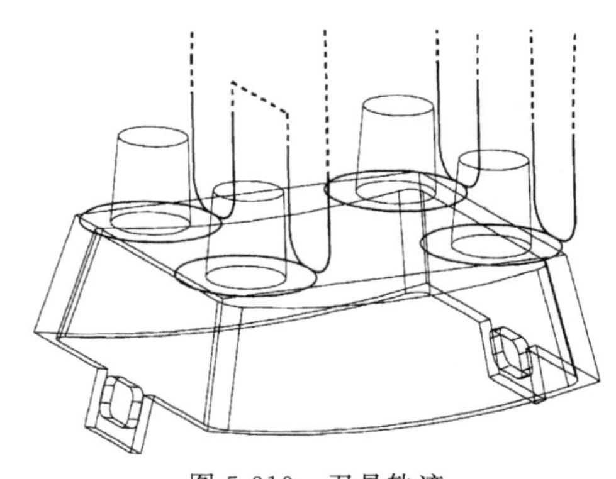

图 5-319 刀具轨迹

③ 生成刀具轨迹（图 5-321）

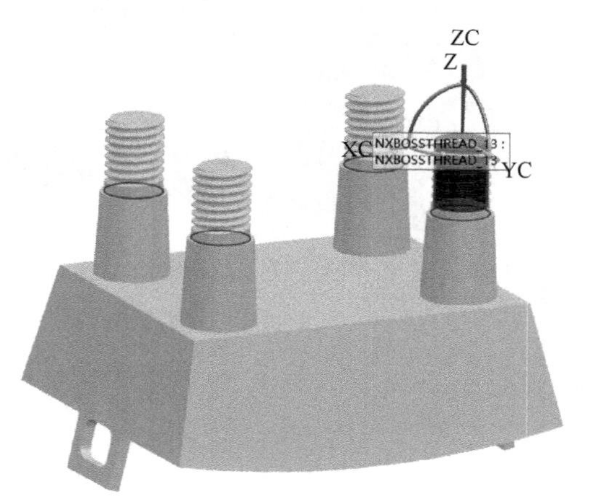

图 5-320 指定螺栓

图 5-321 刀具轨迹

（11）粗精铣鼎的长侧面

① 创建局部坐标系。以长侧面为基准面，做草图（图 5-322）。

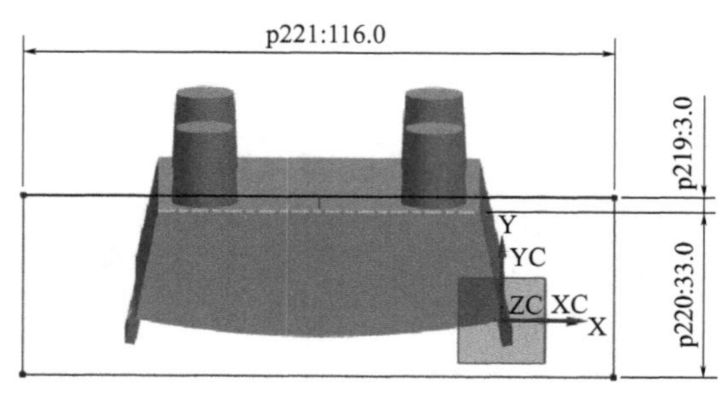

图 5-322 草图

几何体选“G54-2”，名称“M1”。

细节设置：用途“局部”，特殊输出“使用主 MCS”。

指定 MCS，选择“X 轴、Y 轴”方式（图 5-323）。

② 创建“平面铣”操作。刀具选择“D10”，几何体选“M1”，名称“O6”。

③ 操作参数设置：

指定部件边界：选择草图中矩形的长边。

指定底面：选择 *XY* 平面（*Z*0 面）。

切削模式：轮廓。

步距：20％刀具直径。

附加刀路：16。

部件余量：－1。

底面余量：0.3。

进刀类型：圆弧（*R*7）。

安全平面：*Z*100。

④ 生成刀具轨迹（图 5-324）。

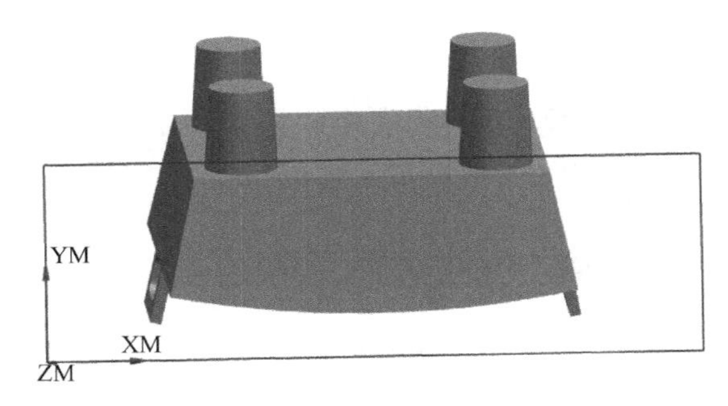

图 5-323　指定 MCS

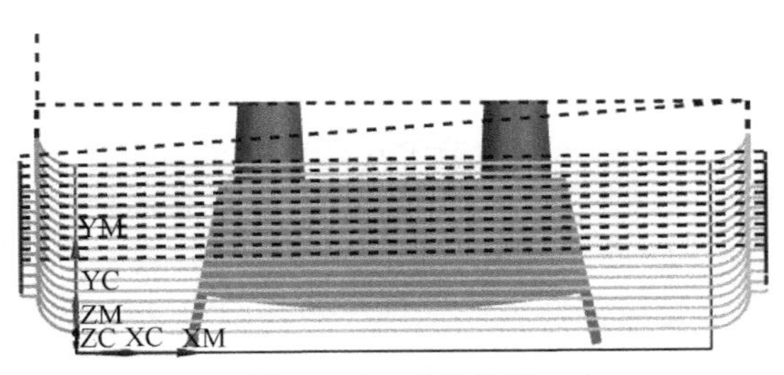

图 5-324　刀具轨迹

⑤ 过工件中心轴线，镜像操作“O6”，重命名为“O6-2”。

⑥ 复制操作“O6”“O6-2”，另存为“O8”“O8-2”，分别修改“底面余量”为 0，重新生成刀具轨迹。

（12）粗精铣鼎的短侧面

① 创建局部坐标系。以长侧面为基准面，作草图（图 5-325）。

几何体选“G54-2”，名称“M2”。

细节设置：用途“局部”，特殊输出“使用主 MCS”。

指定 MCS，选择“X 轴、Y 轴”方式（图 5-326）。

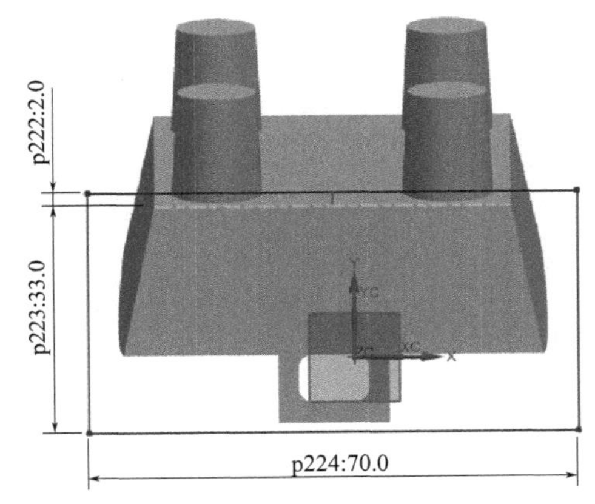

图 5-325　草图

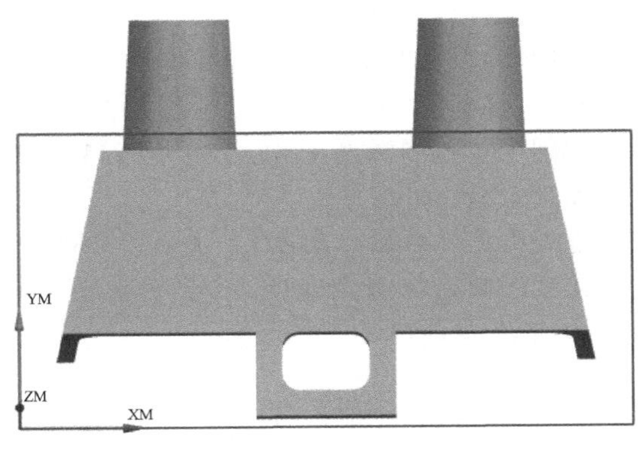

图 5-326　指定 MCS

② 创建“平面铣”操作。刀具选择“D10”，几何体选“M2”，名称“O7”。
③ 操作参数设置：
指定部件边界：选择草图中矩形的长边。
指定底面：选择 XY 平面（Z0 面）。
切削模式：轮廓。

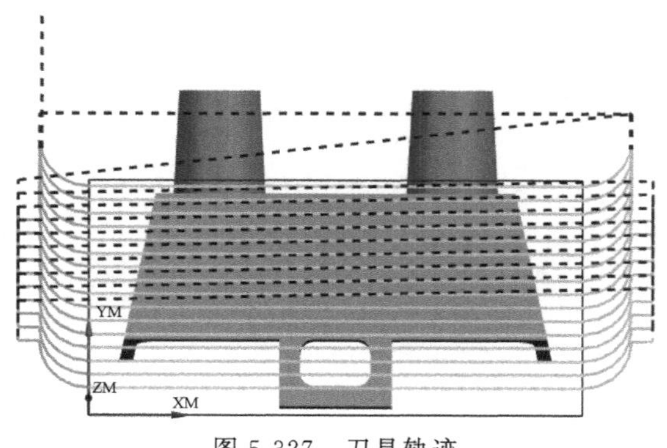

图 5-327 刀具轨迹

步距：20%刀具直径。
附加刀路：15。
部件余量：−1。
底面余量：0.3。
进刀类型：圆弧（R7）。
安全平面：Z100。
④ 生成刀具轨迹（图 5-327）。
⑤ 过工件中心轴线，镜像操作“O7”，重命名为“O7-2”。
⑥ 复制操作“O7”“O7-2”，另存为“O9”“O9-2”，分别修改“底面余量”为 0，重新生成刀轨迹。

(13) 铣鼎的两个耳孔
① 创建“平面铣”操作。刀具选择“D4”，几何体选“M2”，名称“O10”。
② 操作参数设置：
指定部件边界：选择鼎耳的边（边界类型“封闭”，刀具侧“内侧”）。
指定底面：选择 XY 平面（Z0 面）。
切削模式：跟随周边。
步距：50%刀具直径。
部件余量：0。
进刀类型：沿形状进刀（斜坡角 4°）。
安全平面：Z100。
③ 生成刀具轨迹（图 5-328）。
④ 过工件中心轴线，镜像操作“O10”，重命名为“O10-2”。
(14) 粗铣鼎的上部（第 3 工序）
① 创建“型腔铣”操作。刀具选择“D10”，几何体选“G54-3”，名称“P1”。
② 操作参数设置：
指定部件：选择整个零件。
切削模式：摆线。
步距：30%（刀具直径）。
切削层：范围深度 13（Z224～Z211），每层深 7.5。
加工余量：0.3。
进刀类型：螺旋（角度 4，直径 90%）。
安全平面：使用继承的（主坐标系 G54-3 中设置的“安全平面”）。
③ 生成刀具轨迹（图 5-329）。
(15) 粗铣鼎的内腔
① 复制操作“P1”，另存为“P2”。
② 修改“操作参数设置”：

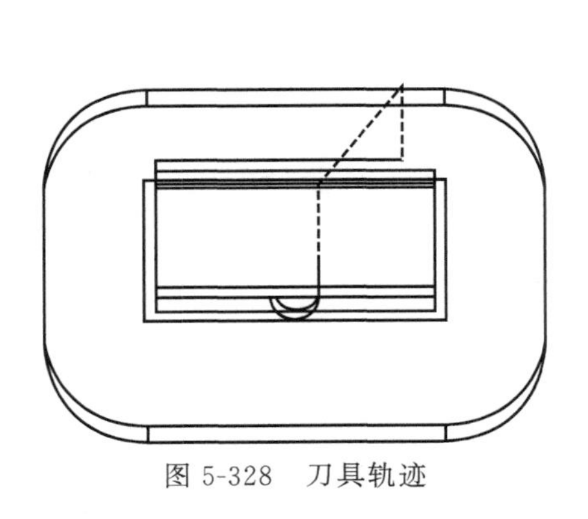

图 5-328　刀具轨迹

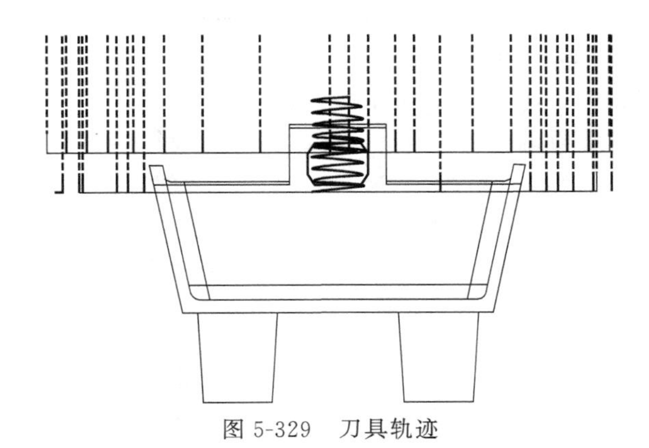

图 5-329　刀具轨迹

指定修剪边界：矩形（事先大致画出，用于修剪掉型腔外部）。

切削层：范围深度 14.5（Z211～Z196.5），每层深 3。

③ 生成刀具轨迹（图 5-330）。

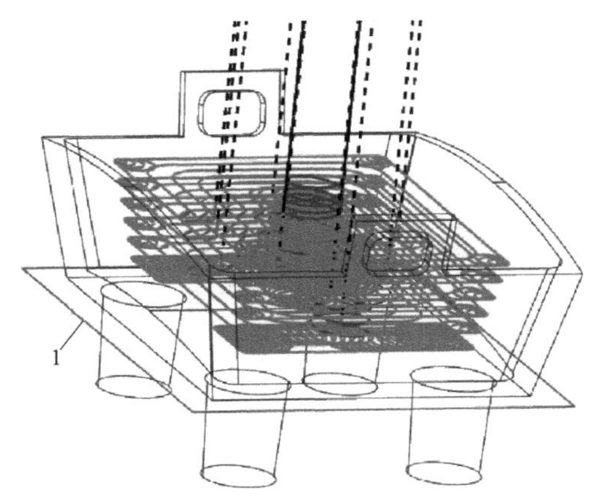

图 5-330　刀具轨迹

1—修剪用“矩形边界”

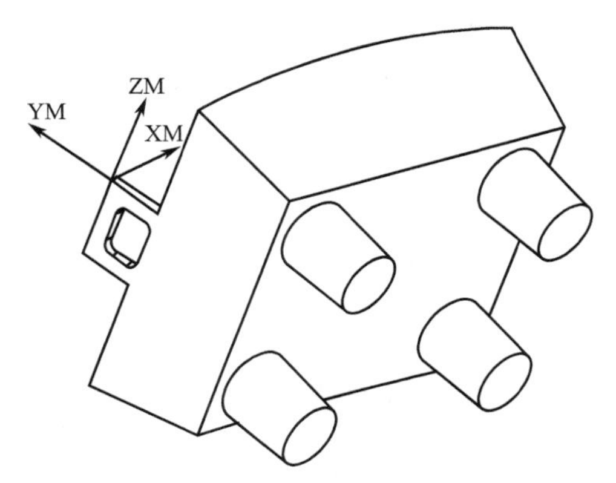

图 5-331　指定 MCS

（16）粗精铣 R190 的口面

① 创建局部坐标系。

几何体选“G54-3”，名称“N1”。

细节设置：用途“局部”，特殊输出“使用主 MCS”。

指定 MCS，选择“X 轴、Y 轴”方式（图 5-331）。

② 创建“平面铣”操作。刀具选择“D10”，几何体选“N1”，名称“P3”。

③ 操作参数设置：

指定部件边界：选 R190 的弧边，指定平面选 Z25。

指定底面：选择 Z0 平面。

切削模式：轮廓。

步距：2mm。

附加刀路：4。

部件余量：0.2。

底面余量：0.2。

进刀类型：线性（长度 8）。
安全平面：Z100。
④ 生成刀具轨迹（图 5-332）。
⑤ 复制操作“P3”，另存为“P3-2”。
修改操作参数：“附加刀路”0，“部件余量”0，“底面余量”0，重新生成刀轨迹。
⑥ 镜像操作“P3”“P3-2”，另存为“P3-3”“P3-4”。
镜像“基准面”过工件中心且平行于 N1 坐标系的 XY 平面（图 5-333）。

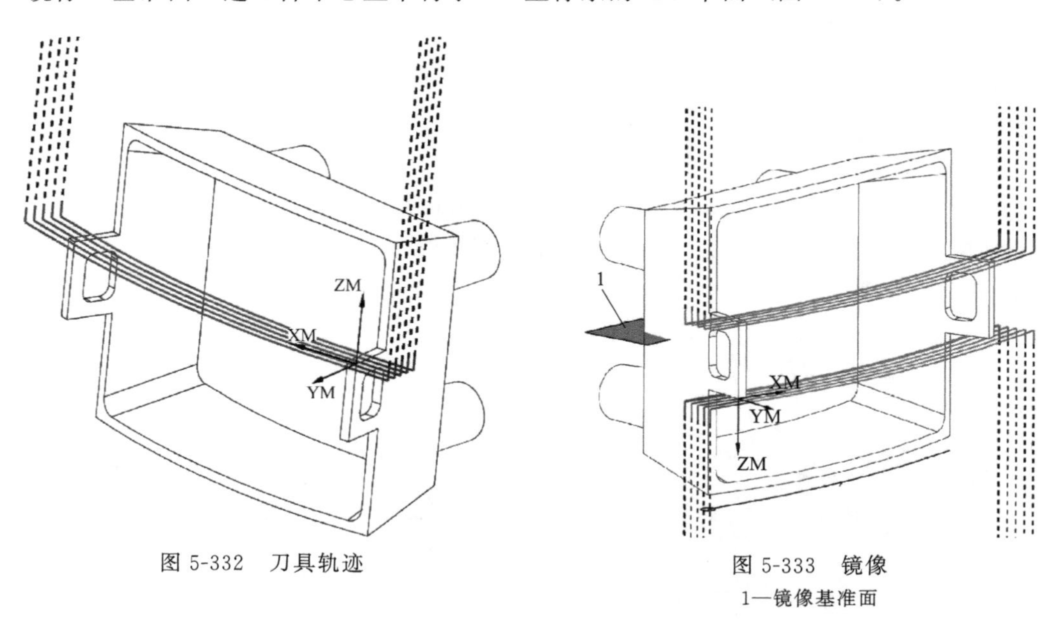

图 5-332　刀具轨迹

图 5-333　镜像
1—镜像基准面

(17) 精铣鼎耳的顶部
① 创建局部坐标系。
几何体选“G54-3”，名称“N2”。
细节设置：用途“局部”，特殊输出“使用主 MCS”。
指定 MCS，选择“原点、X 点、Y 点”方式（图 5-334）。
② 创建“平面铣”操作。刀具选择“D10”，几何体选“N2”，名称“P4”。
③ 操作参数设置：
指定部件边界：选鼎耳的长边（曲线类型“开放”，注意刀具侧的“左右”选择）。
指定底面：选择 Z0 平面。
切削模式：轮廓。
部件余量：0。
底面余量：0。
进刀类型：线性（长度 5）。
安全平面：Z100。
④ 生成刀具轨迹（图 5-335）。
⑤ 镜像操作“P4”为“P4 _ INSTANCE”（如果感觉名字太长，可以改为“P4-2”）。
镜像用“基准面 12”过工件中心（图 5-336）。
(18) 粗铣鼎内侧面及底面（R170 弧面）
① 创建“可变轮廓铣”操作。刀具选择“D10”，几何体选“G54-3”，名称“P5”。

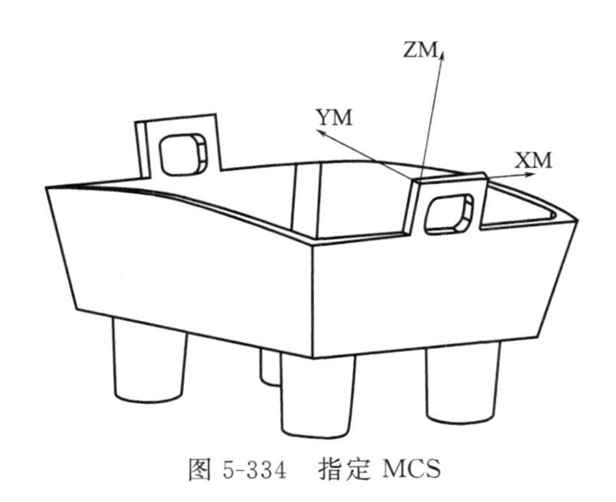

图 5-334　指定 MCS

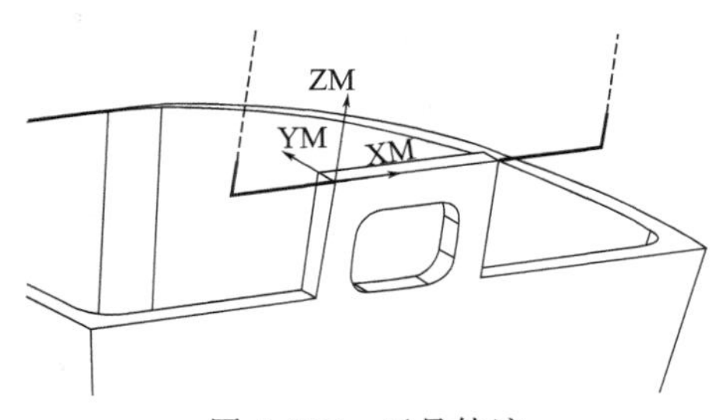

图 5-335　刀具轨迹

② 操作参数设置：
指定部件：整个零件。
指定底面：$R170$ 弧面。
指定壁：内腔侧壁。
驱动方法：外形轮廓铣。
投影矢量：刀轴。
刀轴：自动。
多刀路：2（步距 3）。
余量：0.2（底面和侧壁）。
进刀：圆弧-垂直于刀轴（$R12$）。
公共安全设置：使用继承的。
③ 生成刀具轨迹（图 5-337）。

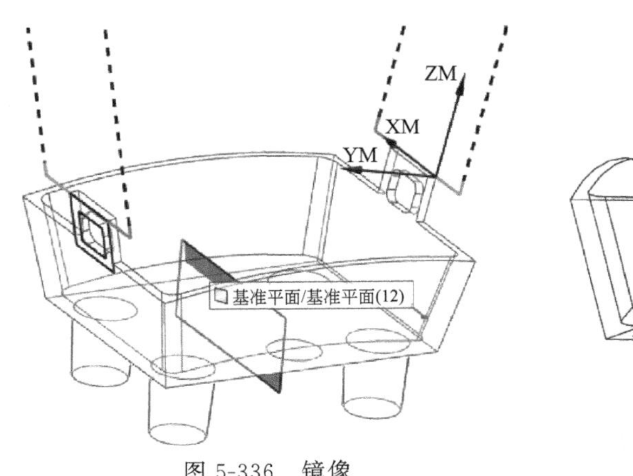

图 5-336　镜像

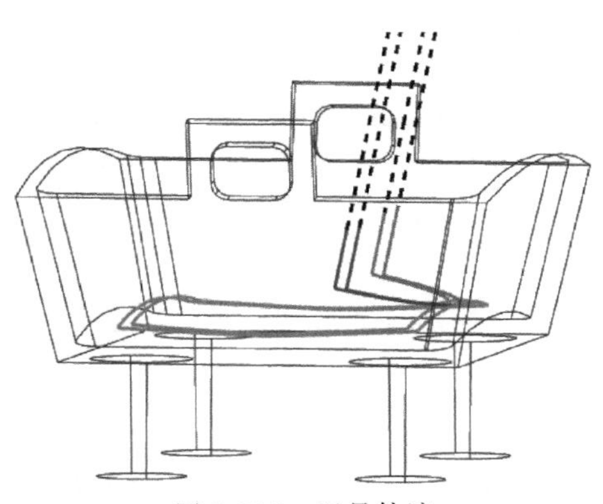
图 5-337　刀具轨迹

④ 创建“可变轮廓铣”操作。刀具选择“D10”，几何体选“G54-3”，名称“P6”。
⑤ 操作参数设置：
指定部件：整个零件。
驱动方法：边界（选 $R170$ 弧面的轮廓）（图 5-338）。
切削模式：往复。
步距：3。
投影矢量：指定矢量（$+Z$ 轴）。

刀轴：垂直于零件。
余量：0.3。
进刀：插削。
公共安全设置：使用继承的。
⑥ 生成刀具轨迹（图 5-339）。

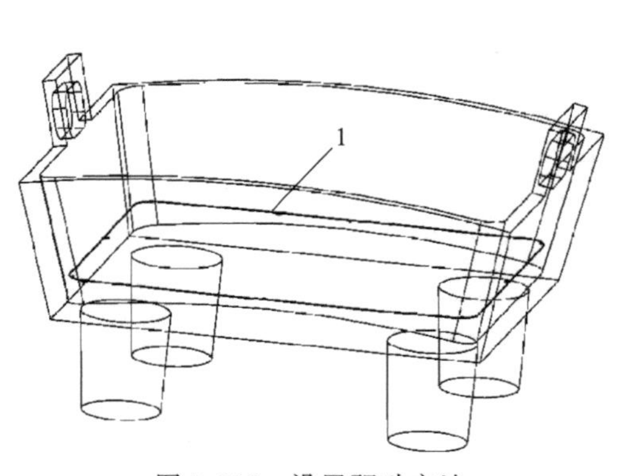

图 5-338 设置驱动方法
1—驱动边界

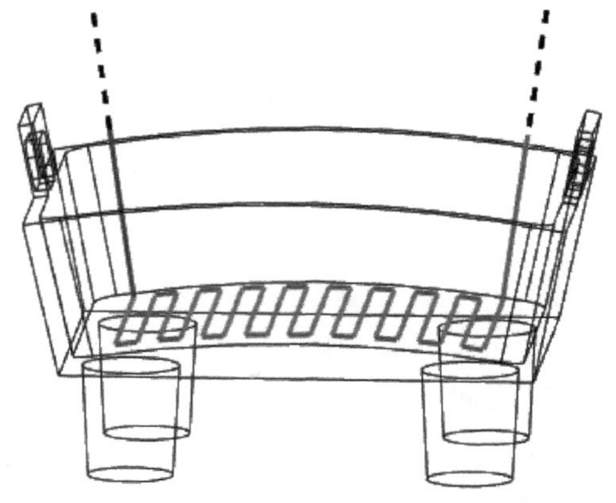
图 5-339 刀具轨迹

(19) 精铣鼎内侧面底面
① 复制操作“P5”，另存为“P7”。
修改操作参数：刀具选“D6”、余量选“0”、多刀路选“1”。
重新生成刀轨轨迹（图 5-340）。
② 复制操作“P6”，另存为“P8”。
修改操作参数：刀具选“D6”、余量选“0”、步距选“0.3”。
重新生成刀轨轨迹。
③ 内腔清根，复制操作“P8”，另存为“P8-COPY”。
修改操作参数：切削模式选“轮廓”。
重新生成刀轨轨迹（图 5-341）。

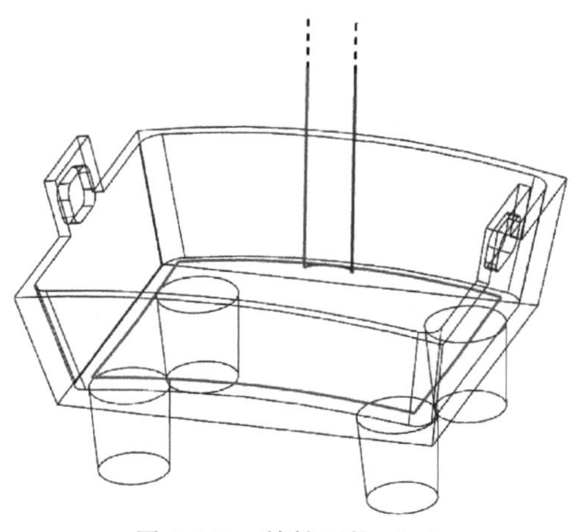
图 5-340 精铣刀轨（一）

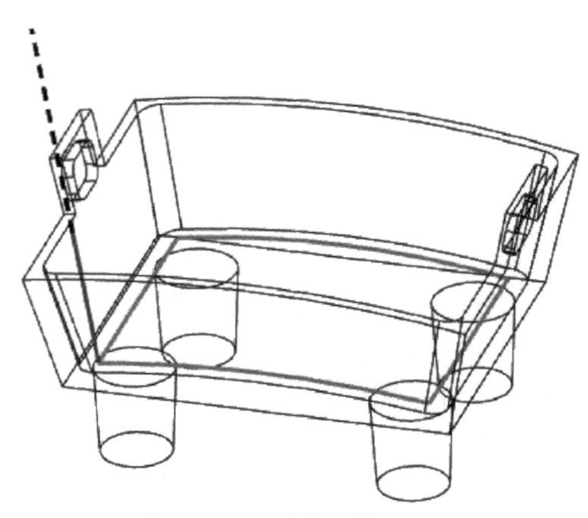
图 5-341 精铣刀轨（二）

(20) 铣鼎的 4 个 M10 工艺螺栓（工序 4）

① 创建“面铣”操作。刀具选择“D10”，几何体选“G54_4”，名称“F1”。

② 操作参数设置：

指定部件：选择整个零件。

指定面边界：选择 4 条腿的底面。

切削模式：跟随部件。

步距：30%刀具直径。

加工余量：0。

安全平面：Z100。

③ 生成刀具轨迹（图 5-342）。

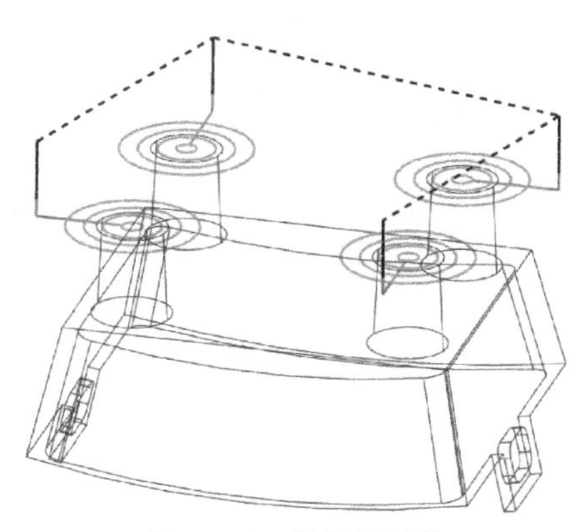

图 5-342　铣螺栓刀轨

(21) 后处理

① 在程序视图下，对工序 1、工序 2、工序 3、工序 4 的操作按实际加工顺序排队（图 5-343）。

② 选择“工序 1”的所有程序，右键单击，单击“后处理”。

工序导航器 - 程序顺序

名称	换刀	刀轨	刀具	刀具号
NC_PROGRAM				
未用项				
PROGRAM				
工序1				
001	▮	✔	D10	1
002	▮	✔	Z85	6
003	▮	✔	D6-P1.5	4
工序2				
O1	▮	✔	D10	1
O2		✔	D10	1
O3		✔	D10	1
O4		✔	D10	1
O5	▮	✔	D6-P1.5	4
O6	▮	✔	D10	1
O6-2		↪	D10	1
O7		✔	D10	1
O7-2		↪	D10	1
O8		✔	D10	1
O8-2		↪	D10	1
O9		✔	D10	1
O9_2		↪	D10	1
O10	▮	✔	D4	3
O10-2		↪	D4	3
工序3				
P1	▮	✔	D10	1
P2		✔	D10	1
P3		✔	D10	1
P3-2		✔	D10	1
P3_3		↪	D10	1
P3-4		↪	D10	1
P4		✔	D10	1
P4_INSTANCE		↪	D10	1
P5		✔	D10	1
P6		✔	D10	1
P7	▮	✔	D6	2
P7_COPY		✔	D6	2
P8		✔	D6	2
P8_COPY		✔	D6	2
P9	▮	✔	KZ	5
工序4				
F1	▮	✔	D10	1

图 5-343　程序顺序

后处理选 D:\v7\UG_post\5TT\5tt.pui，输出文件 D:\v7\5x_TT\5X 案例 7 鼎\O501.ptp。

③ 选择“工序 2”的所有程序，右键单击，单击“后处理”。

后处理选 D:\v7\UG_post\5TT\5tt.pui，输出文件 D:\v7\5x_TT\5X 案例 7 鼎\O502.ptp。

④ 选择“工序 3”的所有程序，右键单击，单击“后处理”。

后处理选 D:\v7\UG_post\5TT\5tt.pui，输出文件 D:\v7\5x_TT\5X 案例 7 鼎\O503.ptp。

⑤ 选择“工序 4”的所有程序，右键单击，单击“后处理”。

后处理选 D:\v7\UG_post\5TT\5tt.pui，输出文件 D:\v7\5x_TT\5X 案例 7 鼎\O504.ptp。

5.7.4　加工仿真

用 Vericut 软件，进行机床、数控系统、毛坯装夹、刀具、程序的设置，完成零件的加工仿真。

(1) 创建项目

① 打开项目 D:\v7\5x_TT\5X 案例 7 鼎\案例 7-鼎.vcproject。

② 系统配置：机床 DMG DMU50、控制系统 FANUC16im。

（2）工序 1 的仿真

① 工位 1 装夹工件。根据对刀结果，调整工件在机床中的的坐标位置为 $X0\ Y0\ Z245$，和实际机床装夹保持一致（图 5-344）。

② 刀具文件 D:\v7\5x_TT\5X 案例 7 鼎 \ A7 鼎. tls。

③ 设置加工坐标系，“G54 X0 Y0 Z0”。

④ 调入程序。打开程序文件 D:\v7\5x_TT\5X 案例 7 鼎 \ O501. ptp。

⑤ 仿真零件加工。单击“重置模型”按键，而后单击播放键，观察零件的加工过程（图 5-345）。

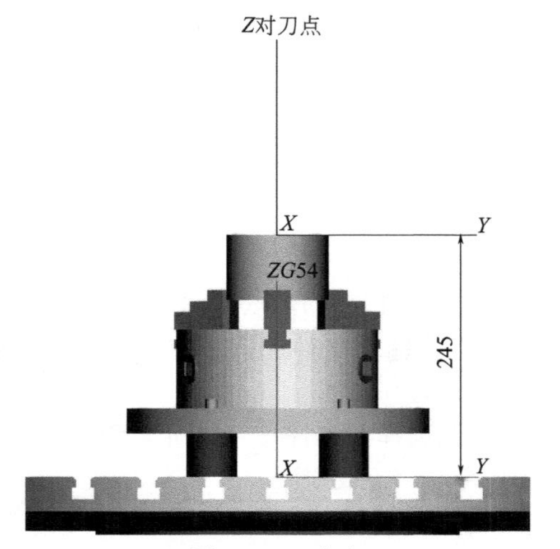

图 5-344　装夹

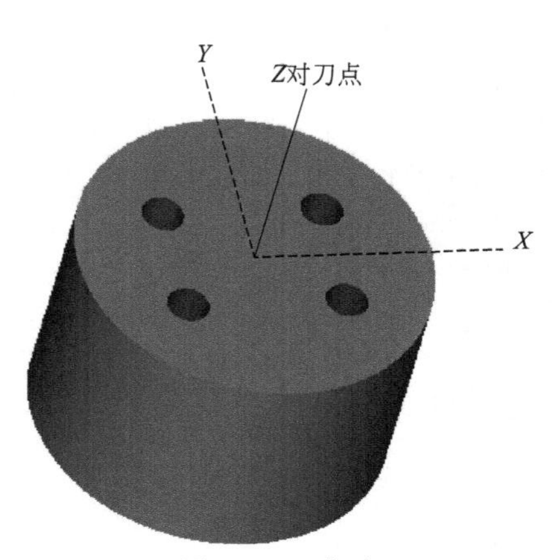

图 5-345　仿真

（3）工序 2 的仿真

① 复制工位 1，粘贴为工位 2。右击“仿真”按钮，勾选“各个工位的结束”选项。

② 工位 2 装夹工件。按“仿真”按钮，在工位 1 结束后，按“单步仿真”按钮，仿真进入“工位 2”。在工位 2 界面，根据对刀结果，调整工件在机床中的的坐标位置为 $X0\ Y0\ Z260$，和实际机床装夹保持一致，而后单击“加工毛坯”，在弹出的配置模型界面，单击“保留毛坯的转变”（图 5-346），完成工位 2 毛坯的装夹定位。

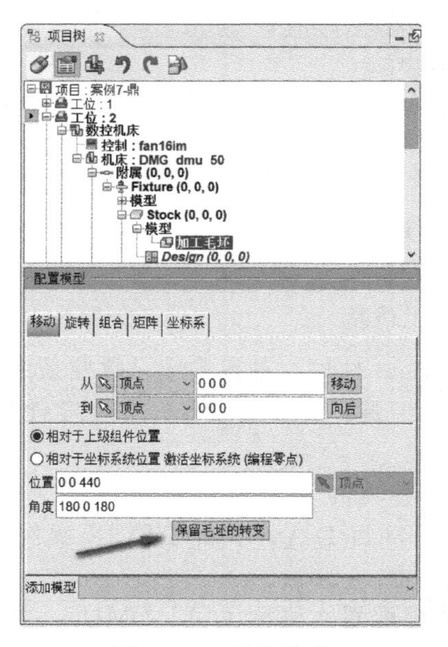

图 5-346　配置模型

③ 设置工位 2 加工坐标系，“G54 X0 Y0 Z0”。

④ 调入工位 2 的程序。打开程序文件 D:\v7\5x_TT\5X 案例 7 鼎 \ O502. ptp。

⑤单击“重置模型”按键，而后击播放键，从“工位 1”开始仿真，观察零件的加工过程（图 5-347）。

（4）工序 3 的仿真

① 复制工位 2，粘贴为工位 3。右击“仿真”按钮，勾选“各个工位的结束”选项。

② 工位 2 装夹工件。按“仿真”按钮，在工位 2 结束后，按“单步仿真”按钮，仿真进入“工位 3”。在工位 3 界面，根据对刀结果，调整工件在机床中的的坐标位置为 $X0\ Y0\ Z191$ ，和实际机床装夹保持一致，而后

单击“加工毛坯”，在弹出的配置模型界面，单击“保留毛坯的转变”，完成工位 3 毛坯的装夹定位。

③ 设置工位 3 加工坐标系，“G54 X0 Y0 Z0”。

④ 调入工位 3 的程序。打开程序文件 D:\v7\5x_TT\5X 案例 7 鼎 \ O503. ptp。

⑤ 单击“重置模型”按键，而后击播放键，从“工位 1”开始仿真，观察零件的加工过程（图 5-348）。

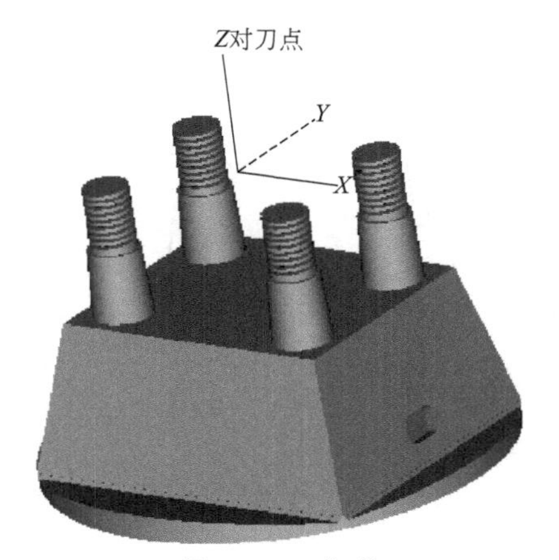

图 5-347　仿真

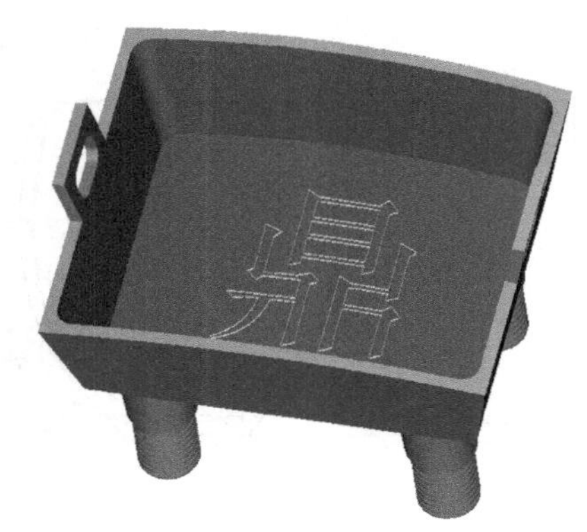
图 5-348　仿真

（5）工序 4 的仿真

① 复制工位 3，粘贴为工位 4。右击“仿真”按钮，勾选“各个工位的结束”选项。

② 工位 4 装夹工件。按“仿真”按钮，在工位 3 结束后，按“单步仿真”按钮，仿真进入“工位 4”。在工位 4 界面，根据对刀结果，调整工件在机床中的的坐标位置为 *X*0 *Y*0 *Z*198.8，和实际机床装夹保持一致，而后单击“加工毛坯”，在弹出的配置模型界面，单击“保留毛坯的的转变”，完成工位 4 毛坯的装夹定位。

③ 设置工位 4 加工坐标系，“G54 X0 Y0 Z0”。

④ 调入工位 4 的程序。打开程序文件 D:\v7\5x_TT\5X 案例 7 鼎 \ O504. ptp。

⑤ 单击“重置模型”按键，而后击播放键，从“工位 1”开始仿真，观察零件的加工过程（图 5-349）。

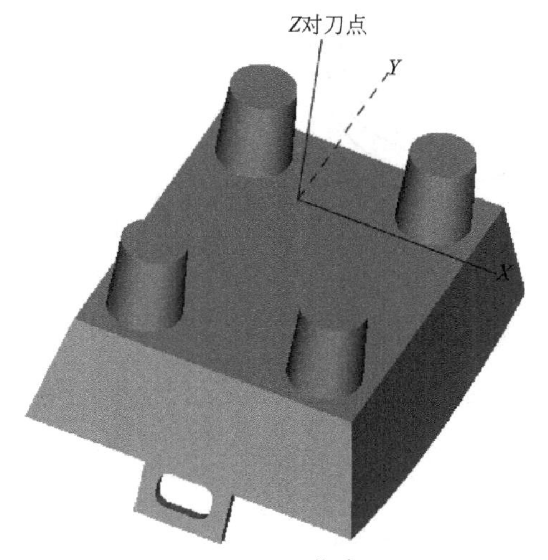

图 5-349　仿真

5.8 案例 8 酒杯

5.8.1 酒杯零件的工艺分析

（1）零件分析

图 5-350 为酒杯的零件图。毛坯为 ϕ50 棒料，材料：2A12。

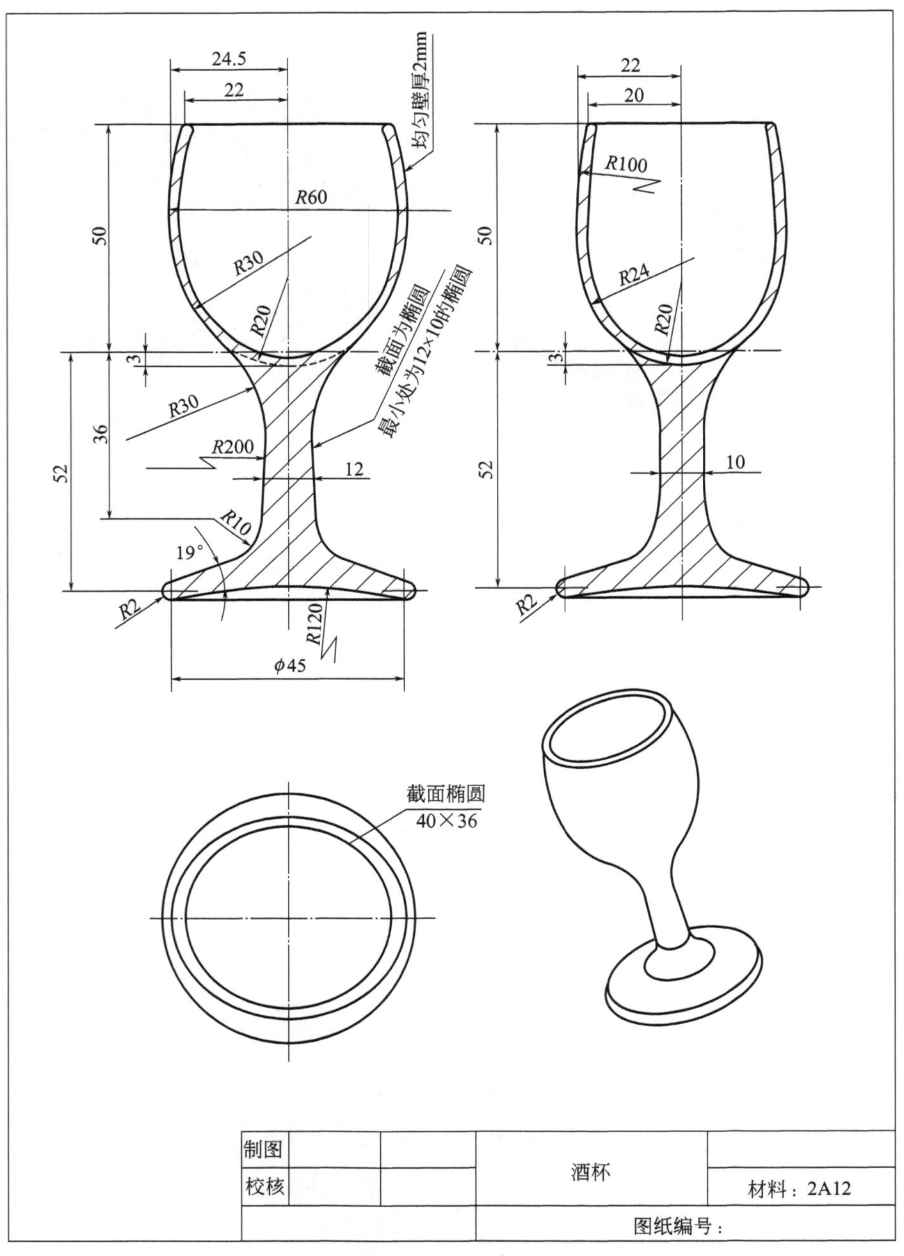

图 5-350　零件图

（2）工件装夹

① 工序 1：用三爪卡盘夹持 ϕ50×150 的棒料，图 5-351。

② 工序2：切断，保证酒杯底座余量3mm。

③ 工序3：工序用三爪卡盘、专用工装（图5-352）夹持酒杯把，见图5-353。

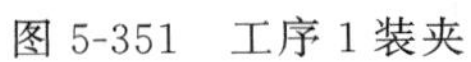
图5-351　工序1装夹

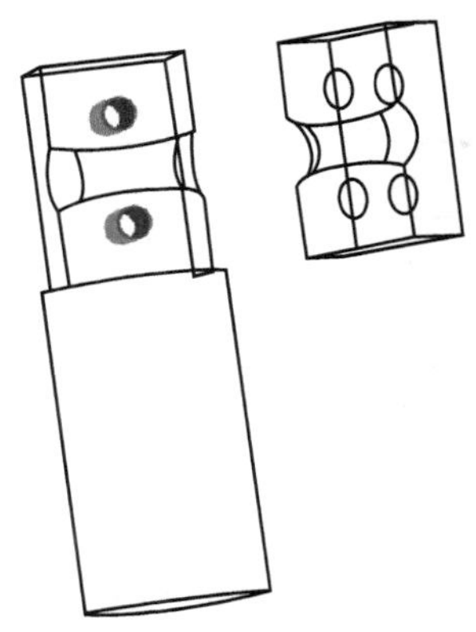
图5-352　专用工装

图5-353　工序3装夹

（3）刀具选择（表5-11）

表5-11　刀具选择

刀具号	刀具长度补偿号	刀具描述	刀具名称
T1	H1	直径16mm的钻头	Z16
T2	H2	直径10mm的铣刀	D10
T3	H3	直径10mm的球刀	Q10
T4	H4	直径6mm的球刀	Q6

（4）工序流程（表5-12）

表5-12　工序流程

工序号	工序内容
1	铣酒杯内腔和外侧面
1.1	钻孔 $\phi16$
1.2	粗铣内腔
1.3	半精铣内腔
1.4	半精铣杯底
1.5	粗铣杯体外侧
1.6	精铣内腔底部
1.7	精铣内腔侧壁
1.8	精铣杯口 $R1$
1.9	精铣杯体外侧
1.10	粗铣杯把(椭圆部位)
1.11	精铣杯把、杯座
1.12	粗铣杯座 $R2$

续表

工序号	工序内容
1.13	精铣杯座 *R*2
2	切断
3	铣杯底
3.1	粗铣杯底
3.2	精铣杯底

5.8.2　对刀

（1）确定工序 1 的编程零点

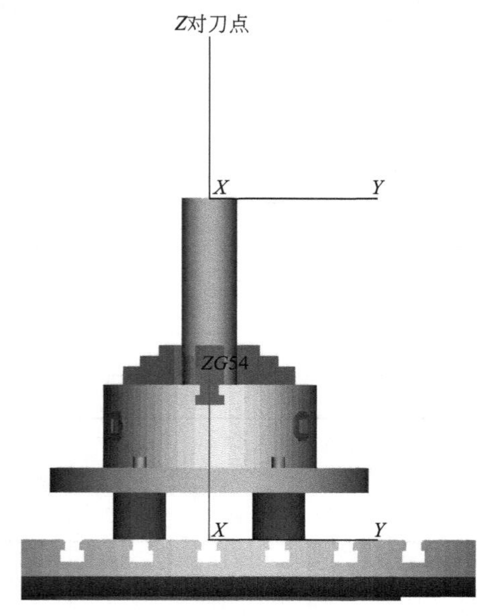

图 5-354　零点 1

编程零点设在 5 轴中心点，G54 设置为“X0 Y0 Z0 B0 C0”。首先把对刀点设在毛坯顶面中心点，再沿 *Z* 轴降低 1mm，确保顶面有加工余量。而后测量对刀点相对 5 轴中心点的坐标，实测为 *X*0 *Y*0 *Z*330，记下这个相对坐标，在编程时再使用（图 5-354）。

（2）确定工序 3 的编程零点

编程零点也设在 5 轴中心点，G54 设置为“X0 Y0 Z0 B0 C0”。首先把对刀点设在工装表面的左上角点（此点坐标可通过工装设计图查询到），见图 5-355。而后测量对刀点相对 5 轴中心点的坐标，实测为 *X*20 *Y*9 *Z*290，记下这个相对坐标，在编程时使用，见图 5-356。

（3）测量刀具长度

在工作台表面上，采用对刀棒或 *Z* 轴设定仪对刀。

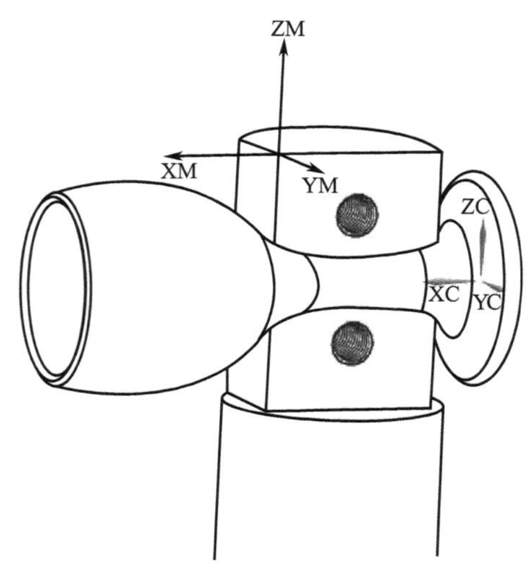

图 5-355　对刀点

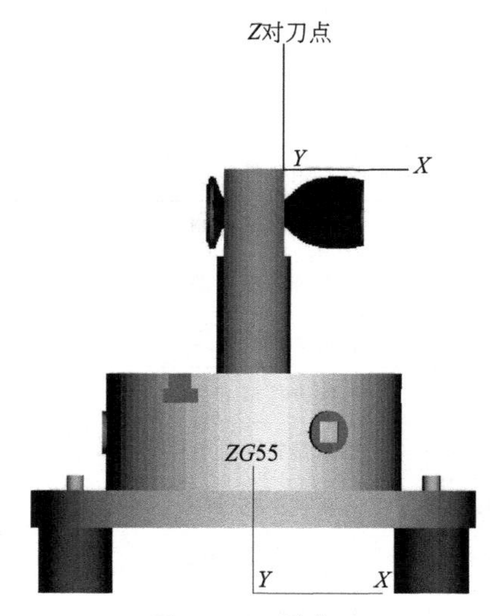

图 5-356　零点 3

5.8.3 使用 UG 编程

（1）零件造型

① 在 XY、XZ、YZ 平面分别绘制草图，见图 5-357。

② 扫掠生成杯体外形（图 5-358）。

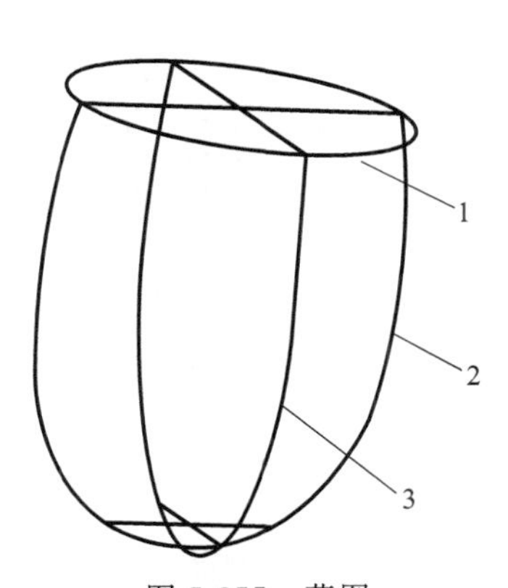

图 5-357　草图

1—XY 平面草图；2—XZ 平面草图；3—YZ 平面草图

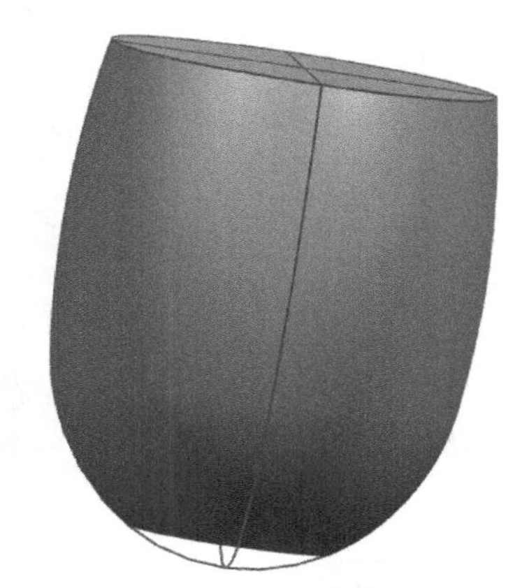

图 5-358　外形

③ 回转生成杯体底部（图 5-359）。

④ 创建图层 11，而后“抽取体”，对抽取体进行“抽壳”，壁厚 2（图 5-360）。

图 5-359　底部

图 5-360　抽壳

⑤ 在 XY、YZ 平面绘制草图（图 5-361）。而后扫掠生成杯把（图 5-362）。用最初生成的杯体对杯把顶部进行修剪操作（图 5-363）。

⑥ 对杯体和杯把进行“合并”（图 5-364）。

⑦ 旋转生成杯座（图 5-365）。

⑧ 对杯把和杯座倒圆 $R10$，杯体交接部位倒圆 $R30$（图 5-366）。

（2）编程准备

① 进入多轴加工模块，在加工环境中选择“多轴铣加工”。

② 设置“WORKPIECE”主节点，并指定“毛坯”几何体。在“WORKPIECE”节点下创建工序 1 坐标系“G54-1”、工序 2 坐标系“G54-2”（图 5-367）。

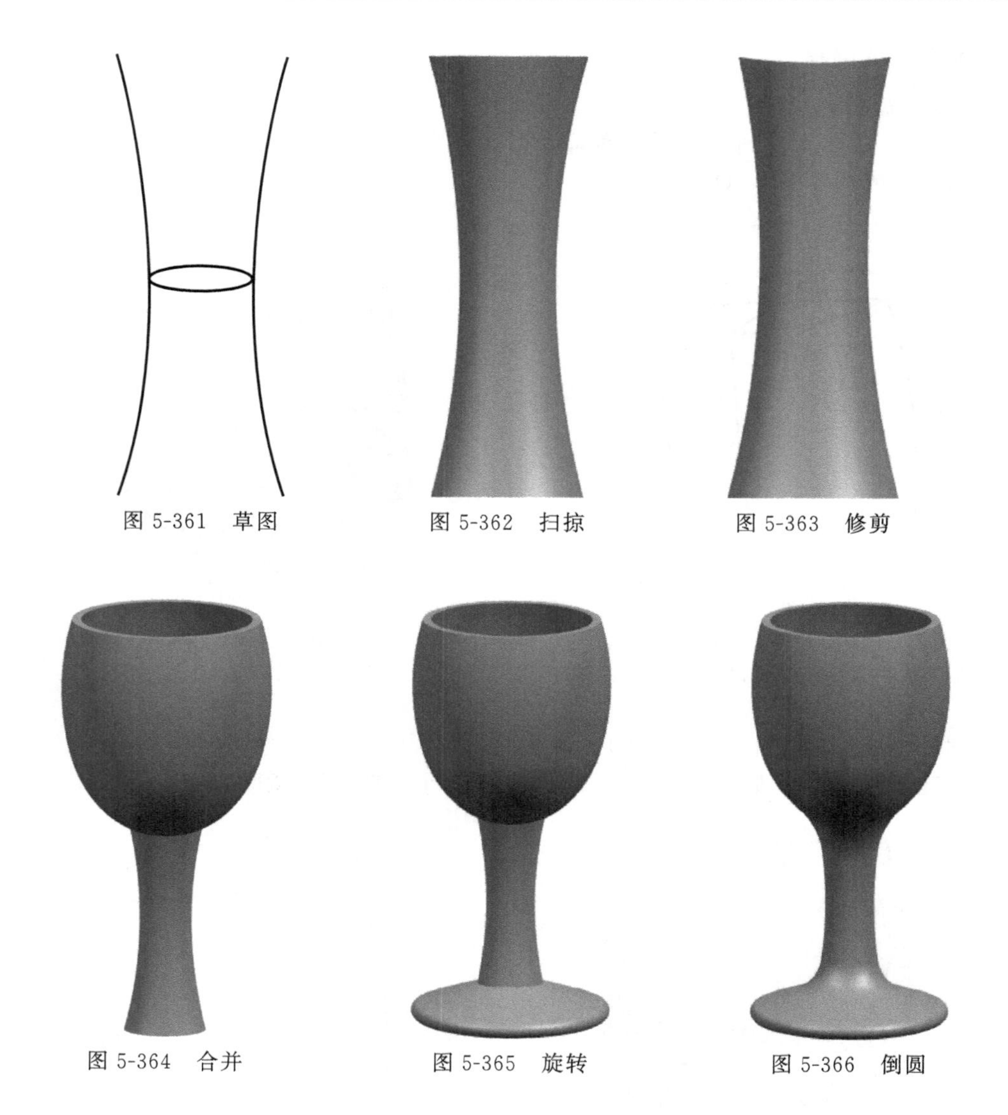

图 5-361　草图　　图 5-362　扫掠　　图 5-363　修剪

图 5-364　合并　　图 5-365　旋转　　图 5-366　倒圆

GEOMETRY
未用项
WORKPIECE
G54-1
G54-2

图 5-367　创建坐标系

③ 设置工序 1 的加工坐标系。先把加工坐标系，设定在毛坯的顶点（对刀点），而后在平移 $Z-330$ 到 5 轴中心点（坐标零点），注意 Z 轴方向和实际方向一致。在安全设定选项，设定安全平面。设置加工坐标系的用途为“主要”，夹具偏置“1”（对应机床坐标系 G54）。

④ 设置工序 3 的加工坐标系。先把对刀点设在工装左上角点（图 5-368），而后平移 $X-20$ $Y-9$ $Z-290$ 到 5 轴中心点（坐标零点，图 5-369）。在安全设定选项，设定安全平面。设置加工坐标系的用途为“主要”，夹具偏置“1”（对应机床坐标系 G54）。

⑤ 创建刀具库。

在刀具视图下，创建所有刀具（图 5-370）。

(3) 预钻孔 $\phi16$（工序 1）

① 创建“钻孔”操作。刀具选择“Z16”，几何体选“G54-1”，名称“O1-Z”。

② 操作参数设置：

指定几何特征：选择顶面草图中的圆心（图 5-371）。

深度：如果钻孔深度不合适，可以解锁深度值后，手动调节。
循环：深孔断屑钻。
安全平面：Z100。

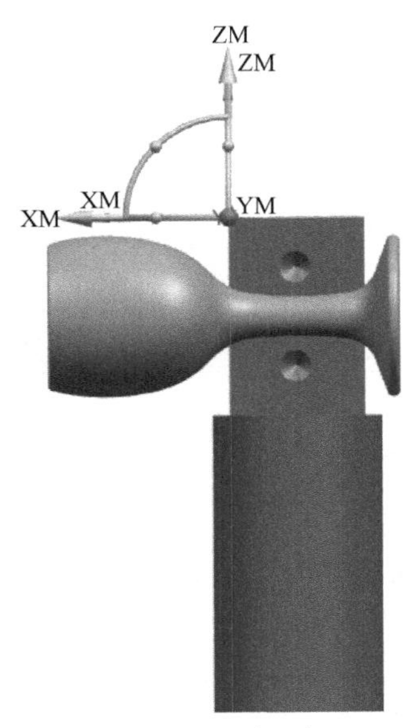

图 5-368　对刀点

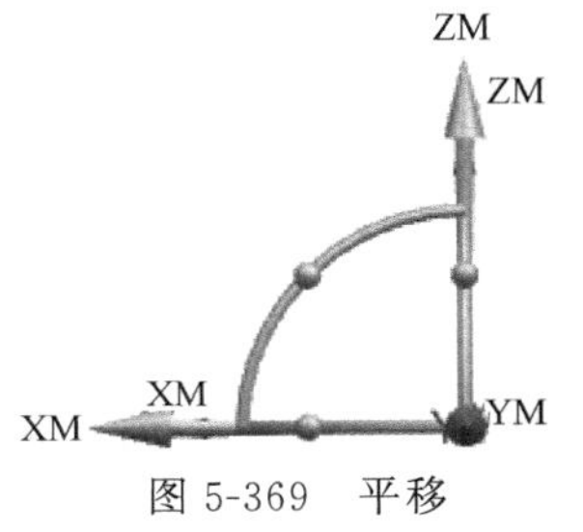

图 5-369　平移

工序导航器 - 机床

名称	刀轨	刀具	刀具号
GENERIC_MACHINE			
未用项			
Z16			1
D10			2
Q10			3
Q6			4

图 5-370　刀具库

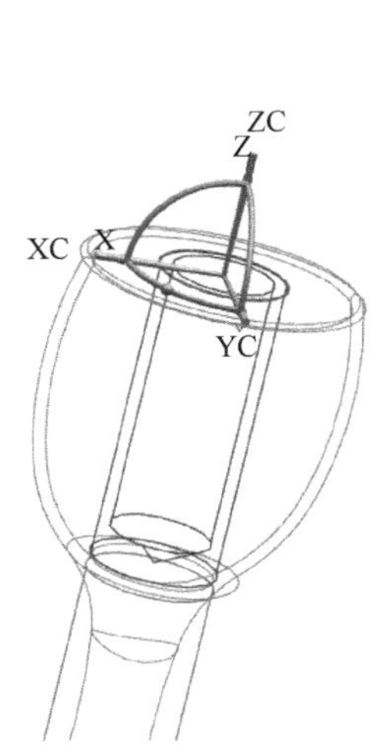

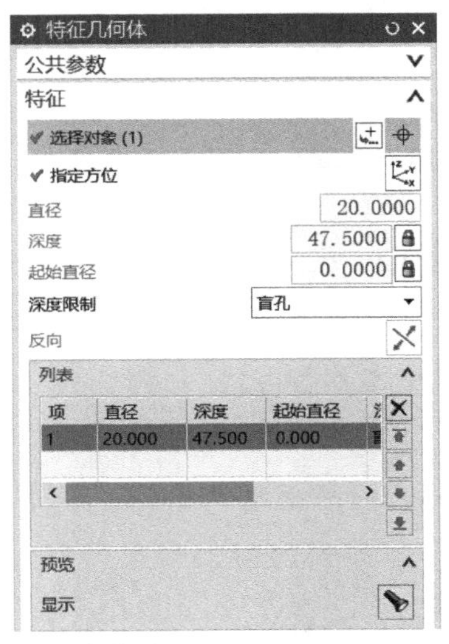

图 5-371　参数设置

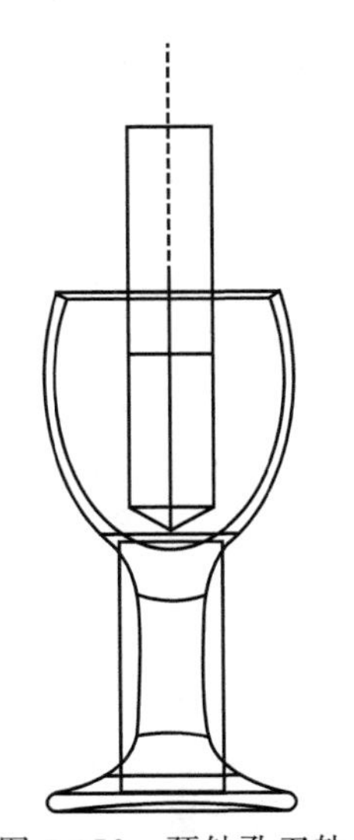

图 5-372　预钻孔刀轨

③ 生成刀具轨迹（图 5-372）。
（4）粗铣酒杯内腔
① 创建“型腔铣”操作。刀具选择“D10”，几何体选“G54 _ 1”，名称“O2-C”。
② 操作参数设置：
指定部件：选择零件。
指定修剪边界：选择杯口边界，仅加工杯体内腔。

切削模式：跟随部件。
进刀类型：插削（已经预钻了底孔）。
加工余量：0.3。
安全平面：Z100。
③ 生成刀具轨迹（图 5-373）。

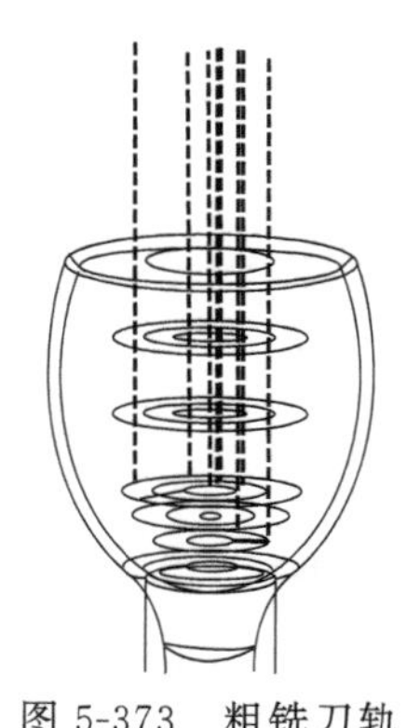
图 5-373　粗铣刀轨

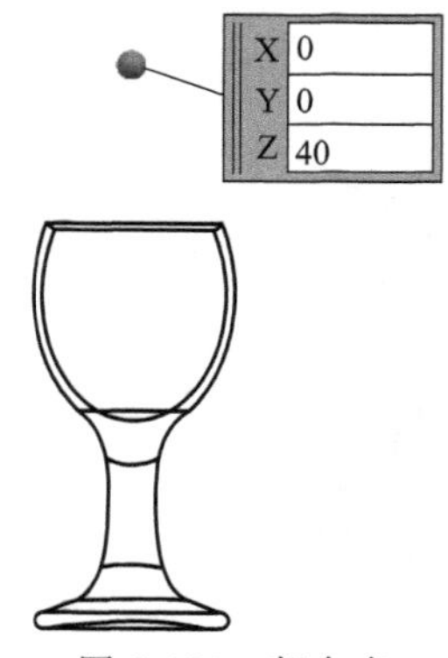

图 5-374　朝向点

（5）半精铣酒杯内腔
① 创建“可变轮廓铣”操作。刀具选择“Q10”，几何体选“G54-1”，名称“O3B”。
② 操作参数设置：
指定部件：不指定。
指定切削区域：不指定。
驱动方法：曲面区域。
驱动几何体：酒杯内腔的扫掠面。
曲面偏置：0.3（内腔表面的加工余量）。
切削模式：往复。
投影矢量：远离直线（Z 轴轴线）。
刀轴：朝向点（选酒杯表面上方的一个点，见图 5-374）。
安全平面：Z100。
③ 生成刀具轨迹（图 5-375）
（6）半精铣杯底
① 创建“固定轴轮廓铣”操作。刀具选择“Q10”，几何体选“G54-1”，名称“O4B”。
② 操作参数设置：
指定部件：选择实体零件。
指定切削区域：内腔底面（回转形成的面）。
驱动方法：区域铣削。
切削模式：往复。
步距：0.3。
进刀类型：“圆弧-平行于刀轴”，圆弧半径 R5。
加工余量：0.3（底面和侧面）。
安全平面：Z100。
③ 生成刀具轨迹（图 5-376）。

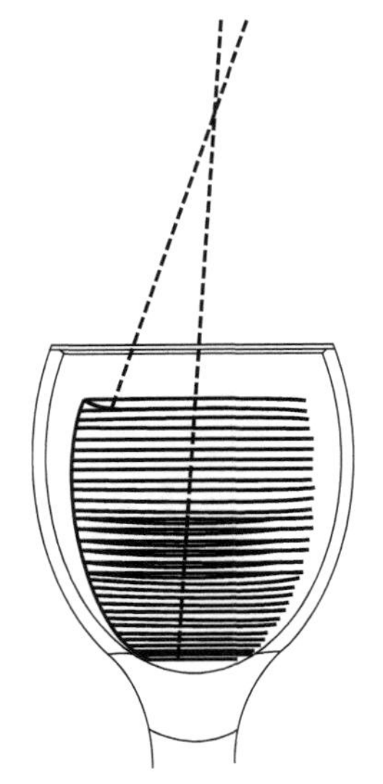

图 5-375　半精铣内腔刀轨

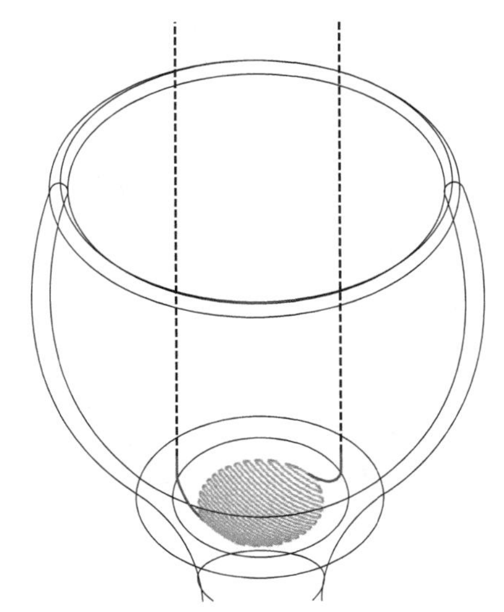

图 5-376　半精铣杯底刀轨

（7）粗铣杯体外侧

① 创建局部坐标系。几何体选“G54-1”，名称“M1”。

细节设置：用途“局部”，特殊输出“使用主 MCS”。

指定 MCS，选择“动态”方式，调整图 5-377 位置，注意 Z 轴要垂直于“酒杯的轴线”。

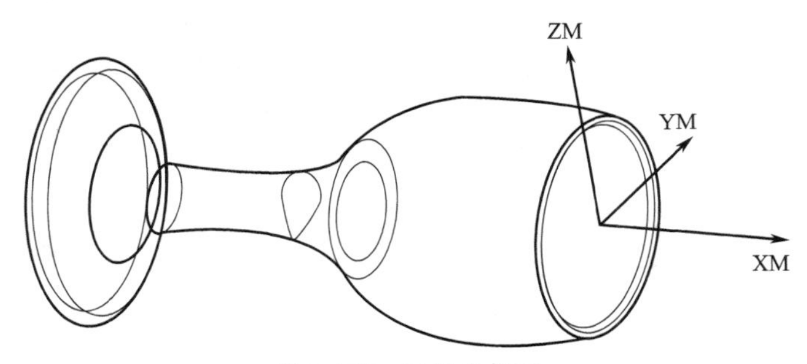

图 5-377　局部坐标系

② 创建“型腔铣”操作。刀具选择“D10”，几何体选“M1”，名称“O5C”。

③ 操作参数设置：

指定部件：选择酒杯。

指定修剪边界：选择图 5-378 中的矩形（事先在图层 141 大致画出）。

切削模式：跟随部件。

切削层：仅一层，层深 25（层底过酒杯的中心轴线）。

切削参数：策略-延伸路径，勾选“在延展毛坯下切削”。

加工余量：0.3。

安全平面：$Z100$。

④ 生成刀具轨迹（图 5-379）。

⑤ 创建“可变轮廓铣”操作。刀具选择“D10”，几何体选“M1”，名称“O6C”。

⑥ 操作参数设置：

指定部件：选择酒杯。

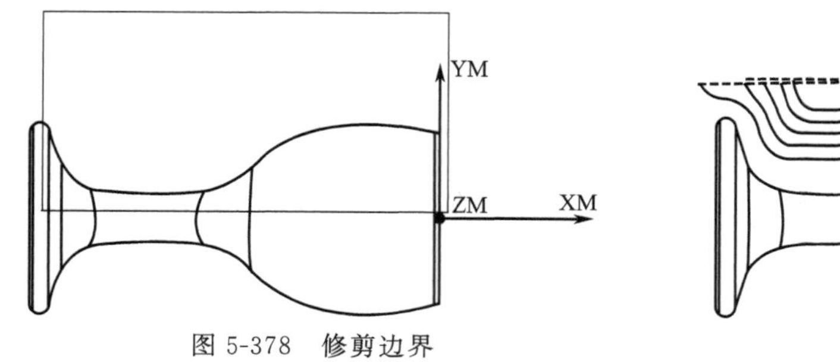

图 5-378　修剪边界

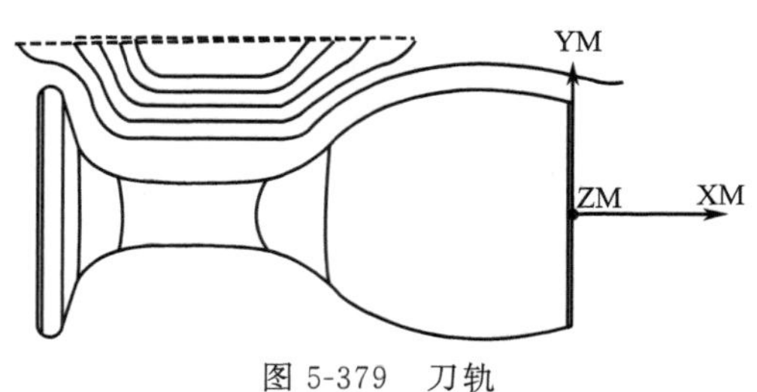

图 5-379　刀轨

指定切削区域：不指定。

驱动方法：曲面区域。

驱动几何体：围绕酒杯创建一柱面（图 5-380）。

加工余量：0.3。

切削模式：单向（保证顺铣），步距数 50。

投影矢量：垂直于驱动体。

刀轴："4 轴，相对于驱动体"，选择轴指定矢量选"＋X 轴方向"（图 5-380）。旋转角度"90"。

安全平面：$Z100$。

⑦ 生成刀具轨迹（图 5-381），利用铣刀的整个侧刃完成高效粗加工。

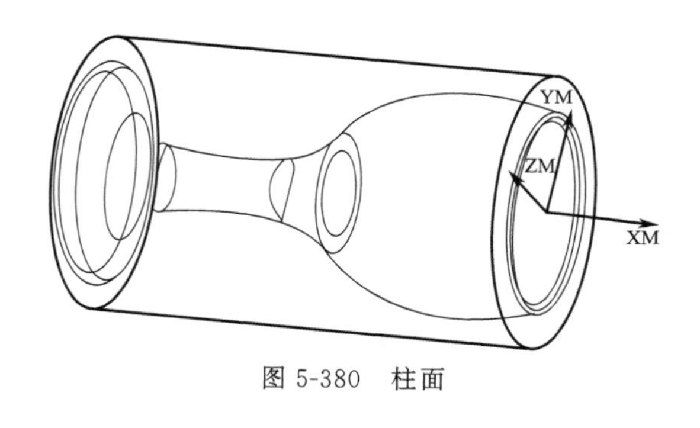

图 5-380　柱面

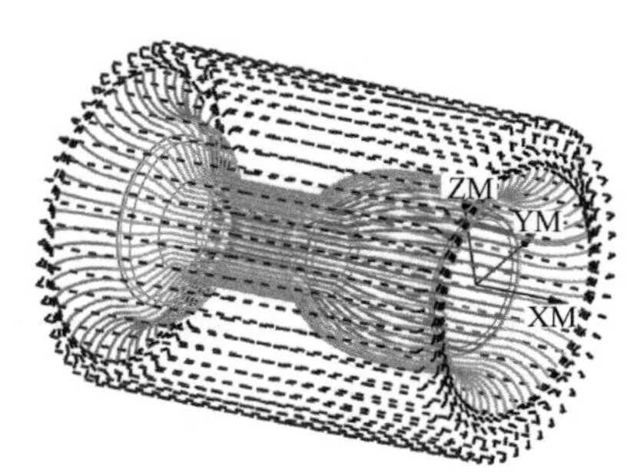

图 5-381　刀轨

(8) 精铣内腔底部

① 复制操作"O4B"，另存为"O7J"。

② 修改部分操作参数设置：

切削模式：同心圆。

步距：0.2。

进刀类型："圆弧-相切逼近"，圆弧半径 $R2$。

加工余量：0（底面和侧面）。

安全平面：$Z100$。

③ 生成刀具轨迹（图 5-382）。

(9) 精铣内腔侧壁

① 创建"可变轮廓铣"操作。刀具选择"Q10"，几何体选"G54-1"，名称"O8J"。

② 操作参数设置：

指定部件：选择酒杯。

指定切削区域：酒杯内腔表面。

驱动方法：曲面区域。

驱动几何体：围绕酒杯创建一回转面（0°～359.5°开口），见图 5-383。

加工余量：0。

切削模式：往复，步距数 301（单数，可以保证在杯口切入切出）。

切削方向：上下方向（图 5-384）。

投影矢量：朝向驱动体。

刀轴：朝向点（杯口上方 20mm 处，见图 5-383）。

③ 生成刀具轨迹（图 5-385）。

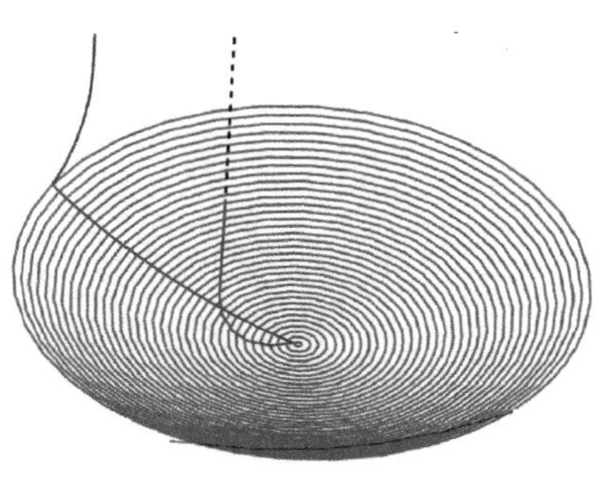

图 5-382　刀轨

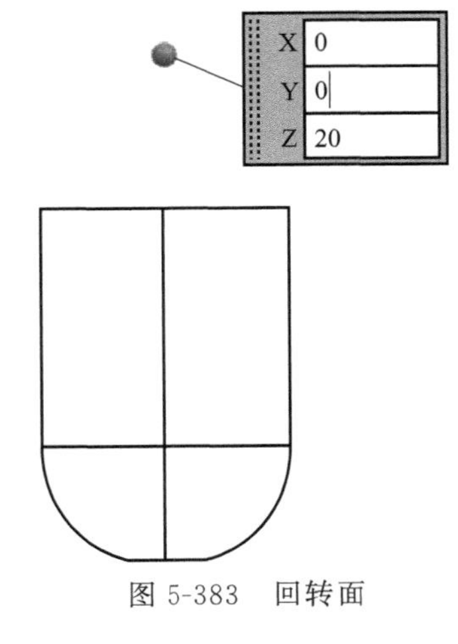

图 5-383　回转面

图 5-384　切削方向

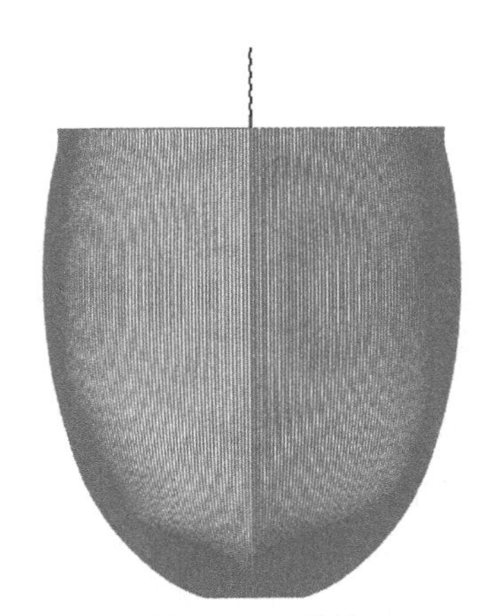

图 5-385　刀轨

（10）精铣杯口弧面

① 创建“固定轴轮廓铣”操作。刀具选择“Q10”，几何体选“G54-1”，名称“O9”。

② 操作参数设置：

指定部件：选择实体零件。

指定切削区域：杯口 $R1$ 的弧面。

驱动方法：区域铣削。

切削模式：跟随周边。

步距：0.3。

进刀类型：“圆弧-平行于刀轴”，圆弧半径 $R5$。

加工余量：0（底面和侧面）。

安全平面：$Z100$。

③ 生成刀具轨迹（图 5-386）。

（11）精铣杯体外侧

① 复制操作“O6C”，另存为“O10J”。刀具选择“D10”，几何体选“WCS-2”，名称“O1”。

② 修改部分操作参数设置：

指定切削区域：选择杯体外侧面（局部精铣）。

步距数量：100。

加工余量：0。

③ 生成刀具轨迹（图 5-387），利用刀具侧刃精铣杯体外侧曲面。

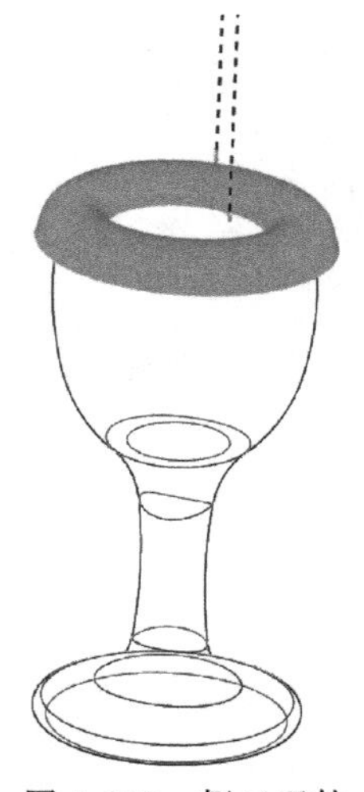
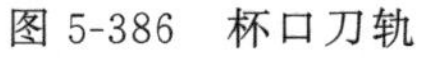

图 5-386　杯口刀轨

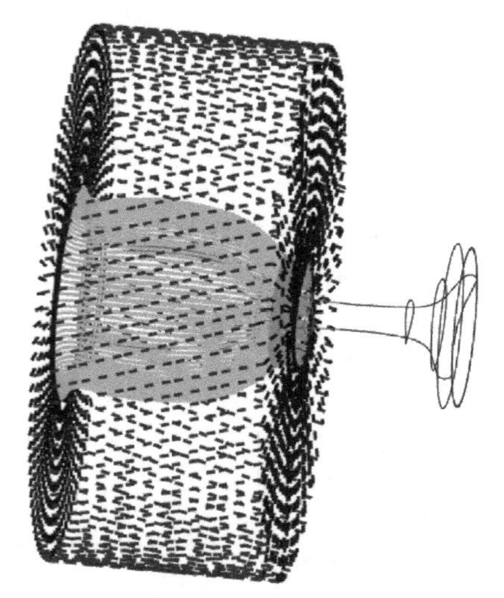

图 5-387　外侧刀轨

（12）粗铣杯把

① 创建“可变轮廓铣”操作。刀具选择“D10”，几何体选“G54-1”，名称“O11C”。

② 操作参数设置：

指定部件：杯体。

指定切削区域：杯把外表面。

驱动方法：曲面区域。

驱动几何体：围绕酒杯中心线，在杯把部位创建一回转面（图 5-388）。

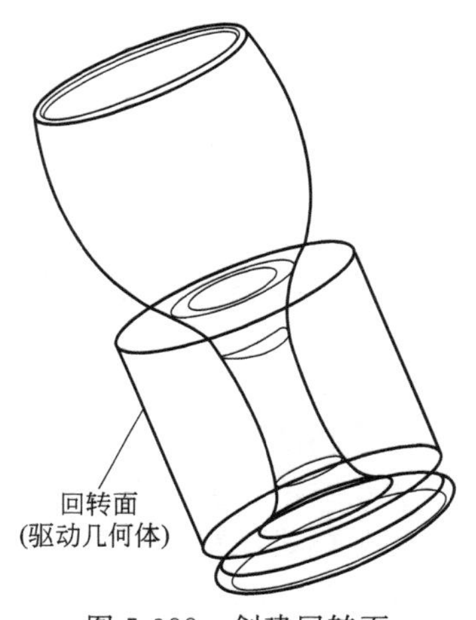

图 5-388　创建回转面

切削模式：单向。

步距数量：20。

加工余量：0.3。

投影矢量：垂直于驱动体。

刀轴：4 轴，相对于驱动体（刀轴矢量选酒杯中心线，旋转角度 90°）。

进刀方式：线性-垂直于部件。

③ 生成刀具轨迹（图 5-389）。

（13）精铣杯把、杯座部位

① 复制操作“O11C”，另存为“O12J”。

② 修改部分操作参数设置：

指定切削区域：选择杯把、杯座外表面。

驱动方法：曲面区域。

驱动几何体：围绕酒杯中心线，创建一回转面（图 5-390）。

步距数量：100。

加工余量：0。

进刀方式：圆弧-垂直于刀轴。

③ 生成刀具轨迹（图 5-391），利用刀具侧刃精铣杯体外侧曲面。

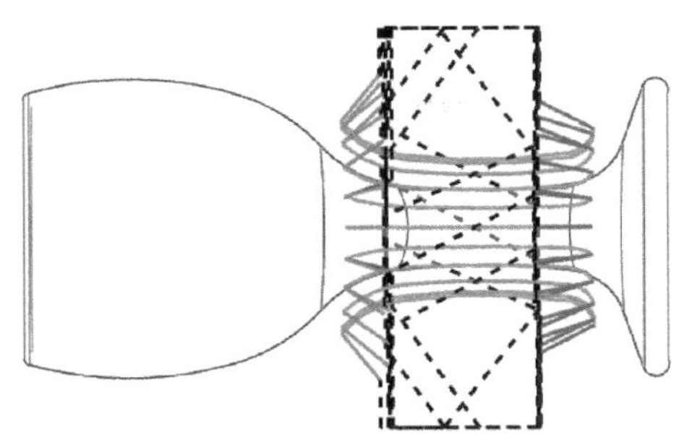

图 5-389　刀轨

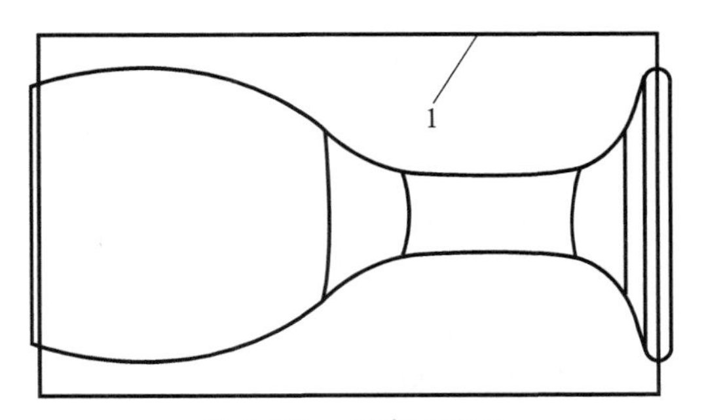

图 5-390　创建回转面

1—回转面（驱动几何体）

(14) 粗铣杯座 R2 弧面

① 创建“可变轮廓铣”操作。刀具选择“D10”，几何体选“G54-1”，名称“O13”。

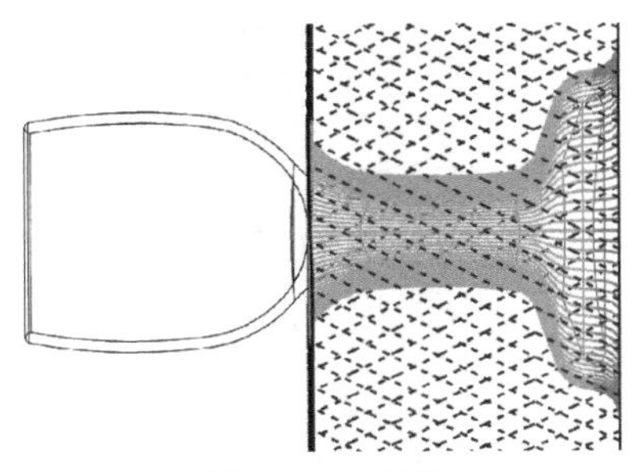

图 5-391　刀轨

② 操作参数设置：

指定部件：不指定。

指定切削区域：不指定。

驱动方法：曲线/点。

驱动几何体：$\phi 30$ 整圆（距离杯底 5.5mm 位置，见图 5-392）。

投影矢量：刀轴。

刀轴：远离直线（酒杯中心轴线）。

进刀类型：线性（距离 30）。

③ 生成刀具轨迹（图 5-393）。

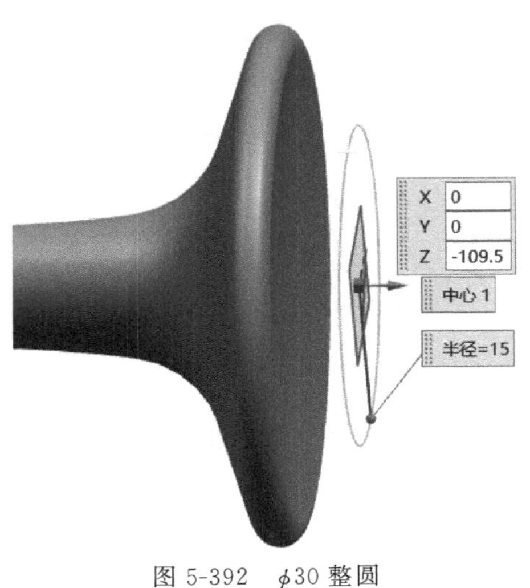

图 5-392　$\phi 30$ 整圆

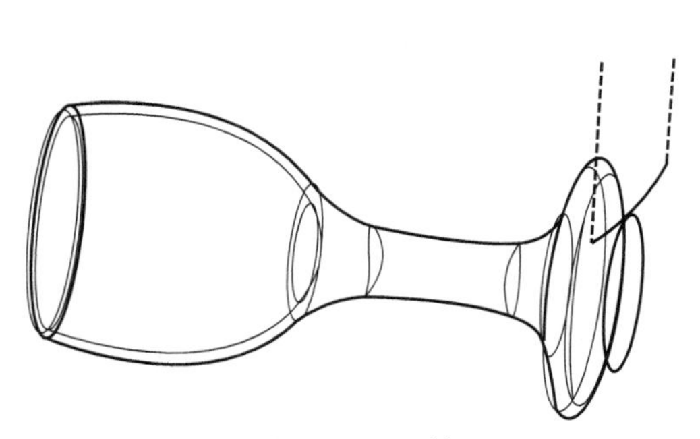

图 5-393　刀轨

(15) 精铣杯座 *R*2

① 创建“可变轮廓铣”操作。刀具选择“Q6”，几何体选“G54-1”，名称“O14”。

② 操作参数设置：

指定部件：酒杯。

指定切削区域：$R2$ 弧面。

驱动方法：曲面区域。

驱动几何体：$R2$ 弧面。

切削模式：往复。

投影矢量：垂直于驱动体。

刀轴：远离直线。

进刀类型：光顺。

③ 生成刀具轨迹（图 5-394）。

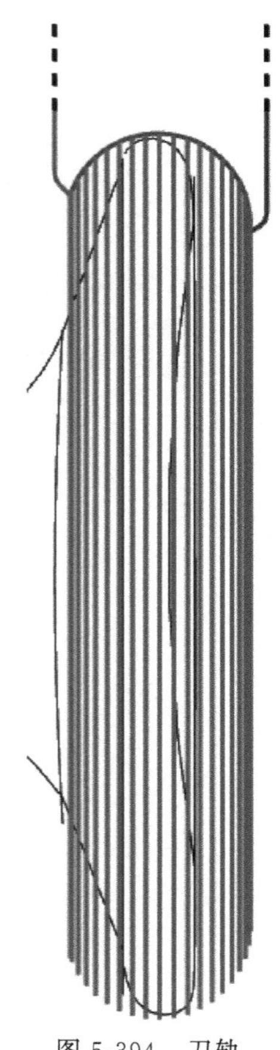

图 5-394　刀轨

工序导航器 - 程序顺序

名称	换刀	刀轨	刀具	刀具号
NC_PROGRAM				
未用项				
PROGRAM				
O1				
O1-Z	■	✔	Z16	1
O2-C	■	✔	D10	2
O3B	■	✔	Q10	3
O4B		✔	Q10	3
O5C	■	✔	D10	2
O6C		✔	D10	2
O7-J	■	✔	Q10	3
O8-J1		✔	Q10	3
O9		✔	Q10	3
O10J	■	✔	D10	2
O11C		✔	D10	2
O12J		✔	D10	2
O13		✔	D10	2
O14	■	✔	Q6	4

图 5-395　程序顺序

（16）后处理工序 1 的加工程序

① 在程序视图下，对所有工序 1 的操作按实际加工顺序排队（图 5-395）。

② 选择工序 1 的所有程序，右键单击，单击“后处理”。后处理选 D：\ v7 \ UG _ post \ 5TT \ 5tt. pui，输出文件 D:\v7\5x_TT\5X 案例 8 酒杯 \ O1. ptp。

（17）切断

下料锯切断，或用 $\phi 10$ 铣刀铣断。

（18）精铣杯底

① 创建局部坐标系。几何体选“G54-2”，名称“M2”

细节设置：用途“局部”，特殊输出“使用主 MCS”。

指定 MCS，选择“动态”方式，调整到杯底中心点（图 5-396）。

② 创建“固定轮廓铣”操作。刀具选择“Q6”，几何体选“M2”，名称“P2”。

③ 操作参数设置：

指定部件：选择酒杯。

指定切削区域：杯底 $R120$ 的弧面。

驱动方法：区域铣削。

切削模式：螺旋（步距 0.2）。

刀轴：和 Y 轴 45°夹角（图 5-397）。

进刀类型：圆弧-平行于刀轴（$R3$）。

加工余量：0。

④ 生成刀具轨迹（图 5-398）。

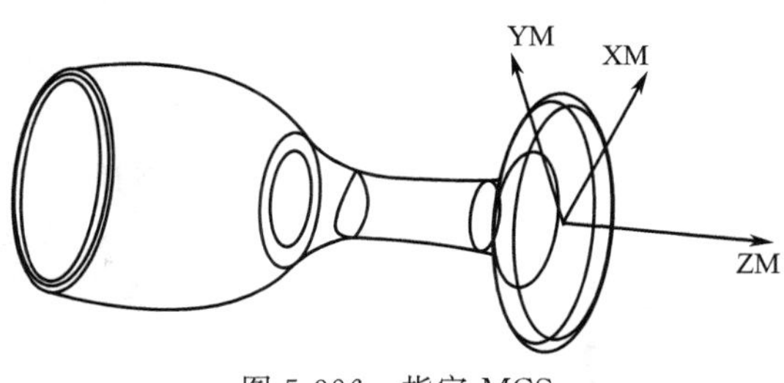

图 5-396　指定 MCS

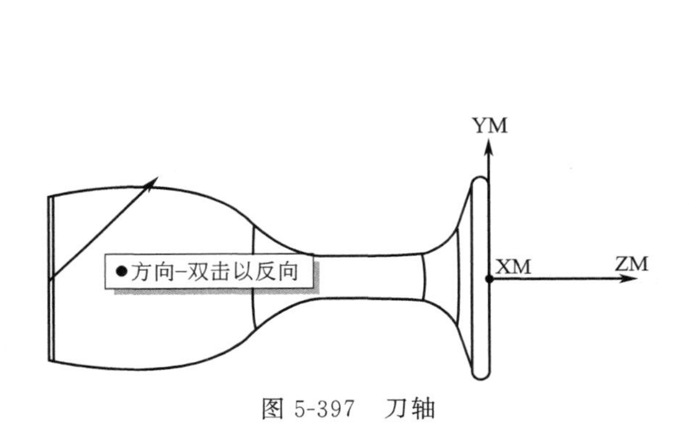

图 5-397　刀轴

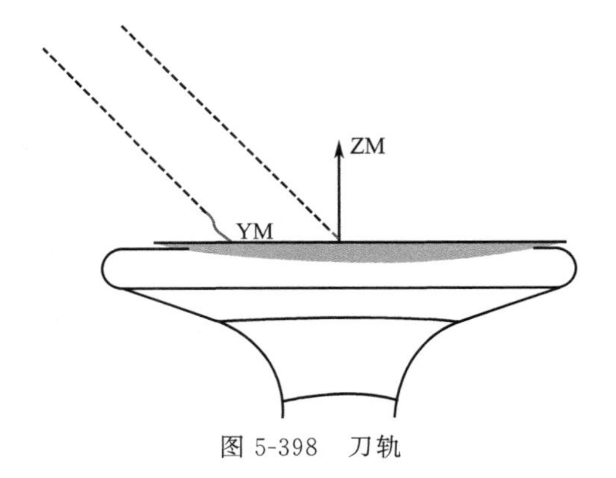

图 5-398　刀轨

（19）后处理工序 3 的加工程序

在程序视图下，选择工序 3 的所有程序（图 5-399），右键单击，单击“后处理”。后处理选 D:\v7\UG_post\5TT\5tt. pui，输出文件 D:\v7\5x_TT\5X 案例 8 酒杯 \ O2. ptp。

工序导航器 - 程序顺序

名称	换刀	刀轨	刀具	刀具号
NC_PROGRAM				
未用项				
PROGRAM				
O1				
O2				
P2		✔	Q6	4

图 5-399　程序视图

5. 8. 4　加工仿真

① 创建项目。

a. 打开项目 D:\v7\5x_TT\5X 案例 8 酒杯 \ 案例 8. vcproject。

b. 系统配置：机床 DMG DMU50、控制系统 FANUC16im。

② 经工位 1 装夹工件。根据对刀结果，调整工件在机床中的的坐标位置为 $X0$ $Y0$ $Z330$，和实际机床装夹保持一致（图 5-400）。

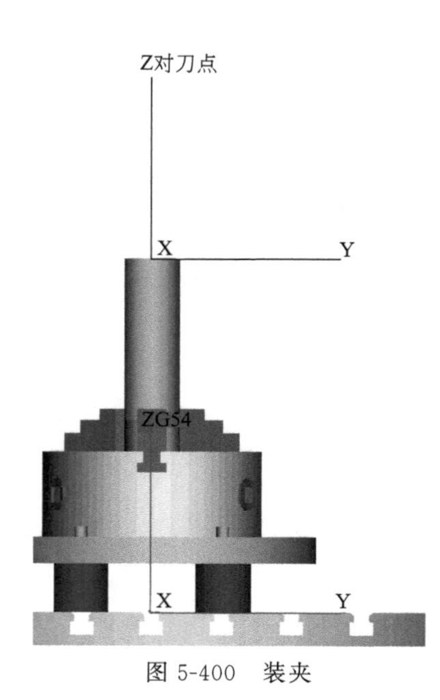

图 5-400 装夹

③ 刀具文件 D:\v7\5x_TT\5X 案例 8 酒杯 \ A8. tls。

④ 设置加工坐标系，“G54 X0 Y0 Z0”。

⑤ 调入程序。打开程序文件 D:\v7\5x_TT\5X 案例 8 酒杯 \ O1. ptp。

⑥ 复制工位 1，粘贴为工位 2。右击“仿真”按钮，勾选“各个工位的结束”选项（图 5-401）。

⑦ 工位 2 装夹工件。按“仿真”按钮，在工序 1 结束后，按“单步仿真”按钮。在工序 2 界面，根据对刀结果，调整工件在机床中的的坐标位置（图 5-402），和实际机床装夹保持一致，而后单击“加工毛坯”，在弹出的配置模型界面，单击“保留毛坯的的转变”，完成工序 2 毛坯的装夹定位。

⑧ 设置工位 2 加工坐标系，“G54 X0 Y0 Z0”。

⑨ 调入工位 2 的程序。打开程序文件 D:\v7\5x_TT\5X 案例 8 酒杯 \ O2. ptp。

⑩ 仿真零件加工。单击“重置模型”按键，而后单击播放键，观察零件的加工过程。

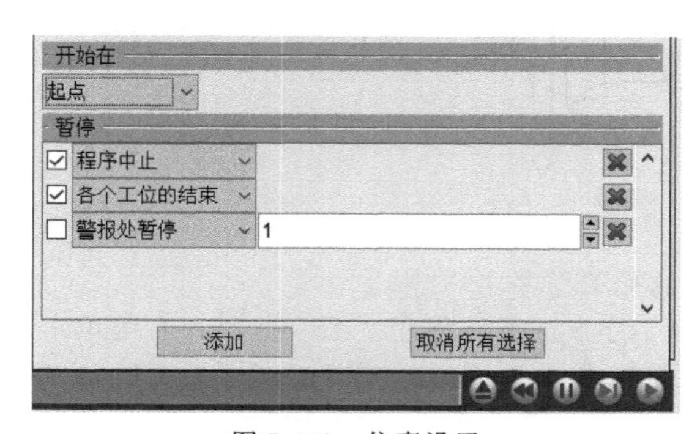

图 5-401 仿真设置

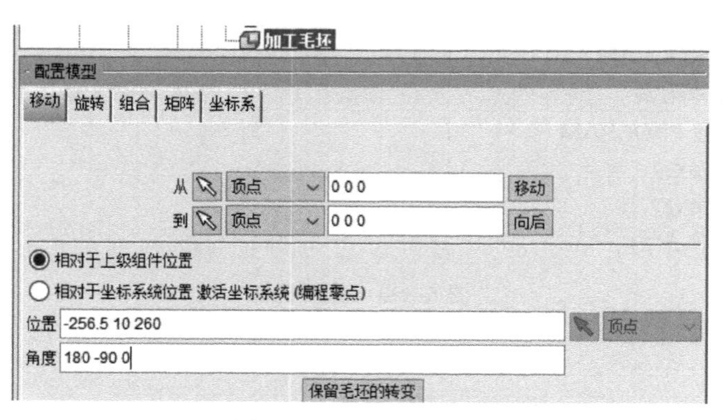

图 5-402 工位 2 设置

5.9 练习

5.9.1 练习 1 支架

见图 5-403。

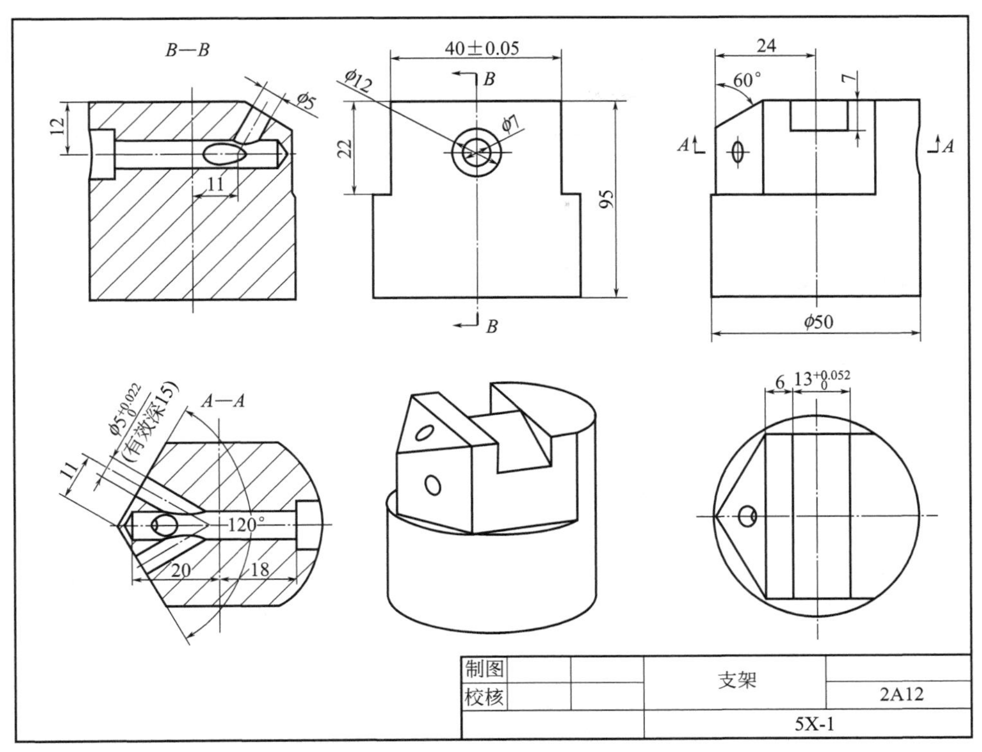

图 5-403　支架

5.9.2　练习 2　亭

见图 5-404。

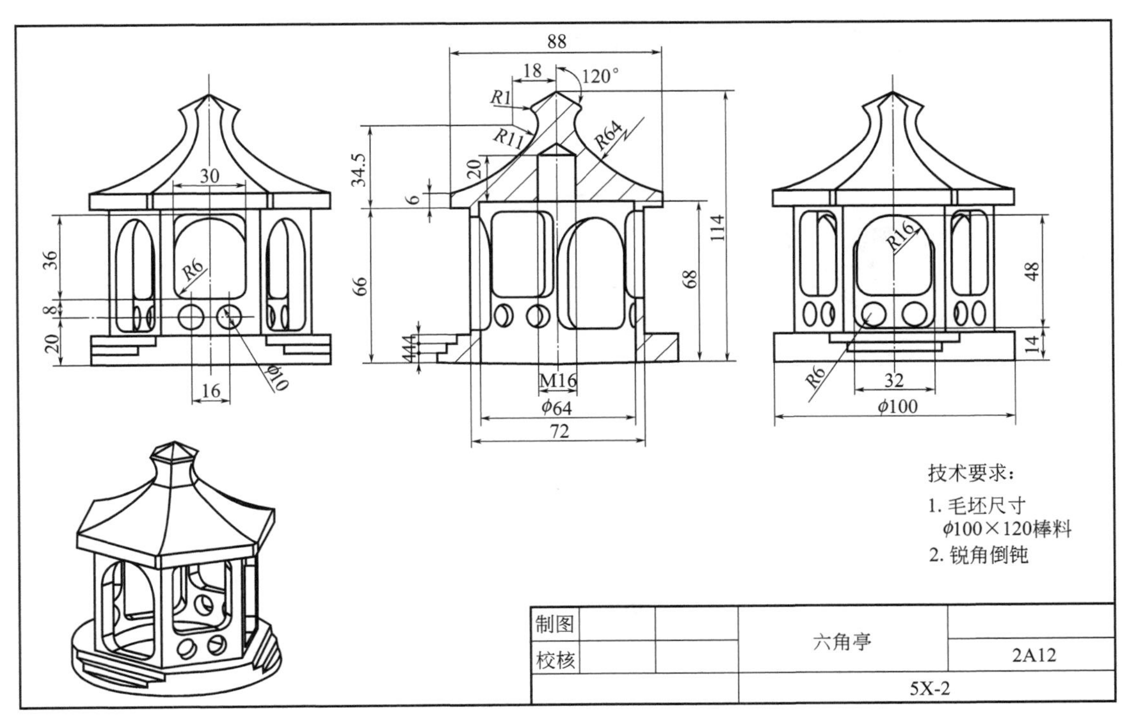

图 5-404　亭

5.9.3　练习 3　夹子

见图 5-405。

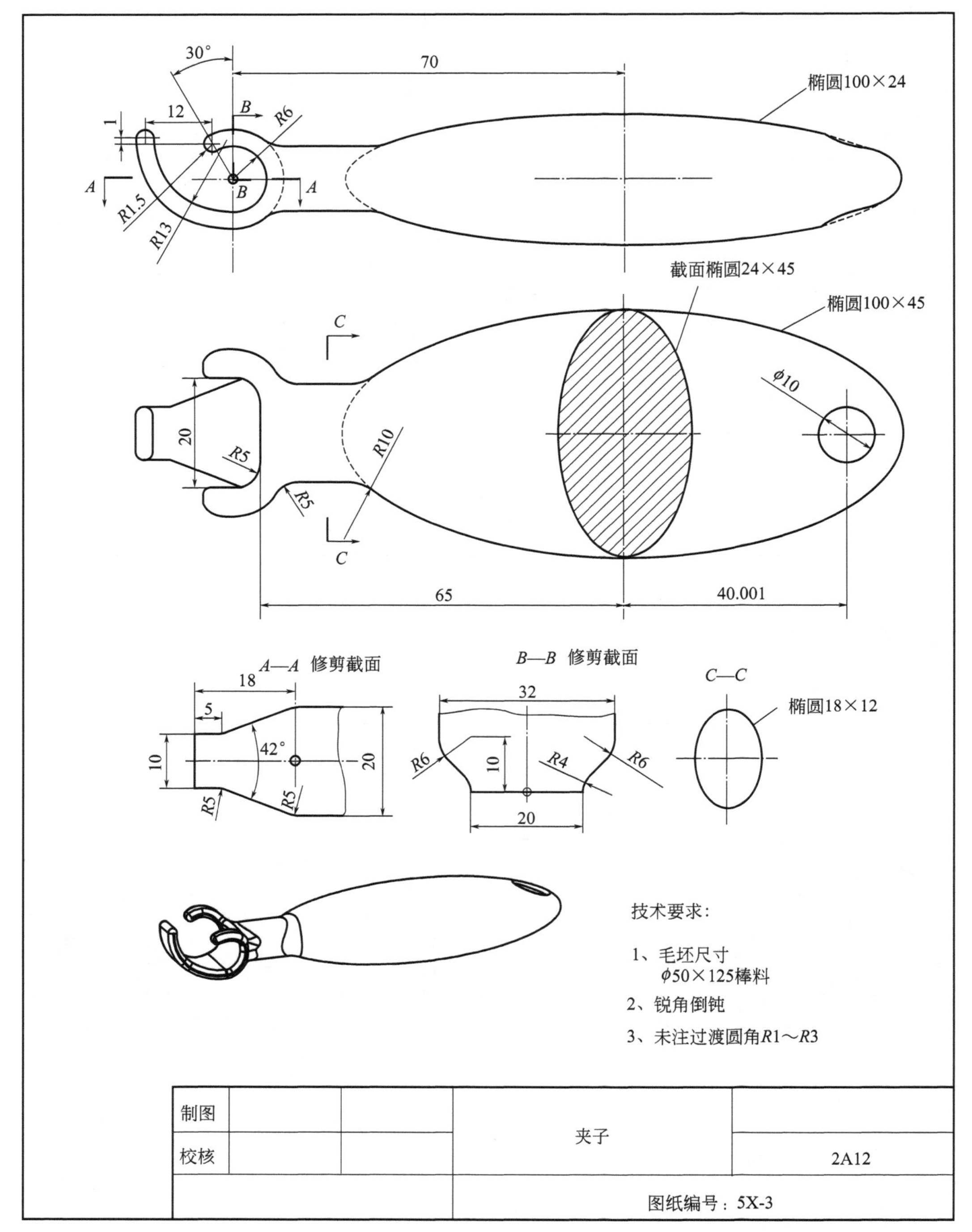

图 5-405　夹子

5.9.4　练习 4　叶轮 1

见图 5-406。

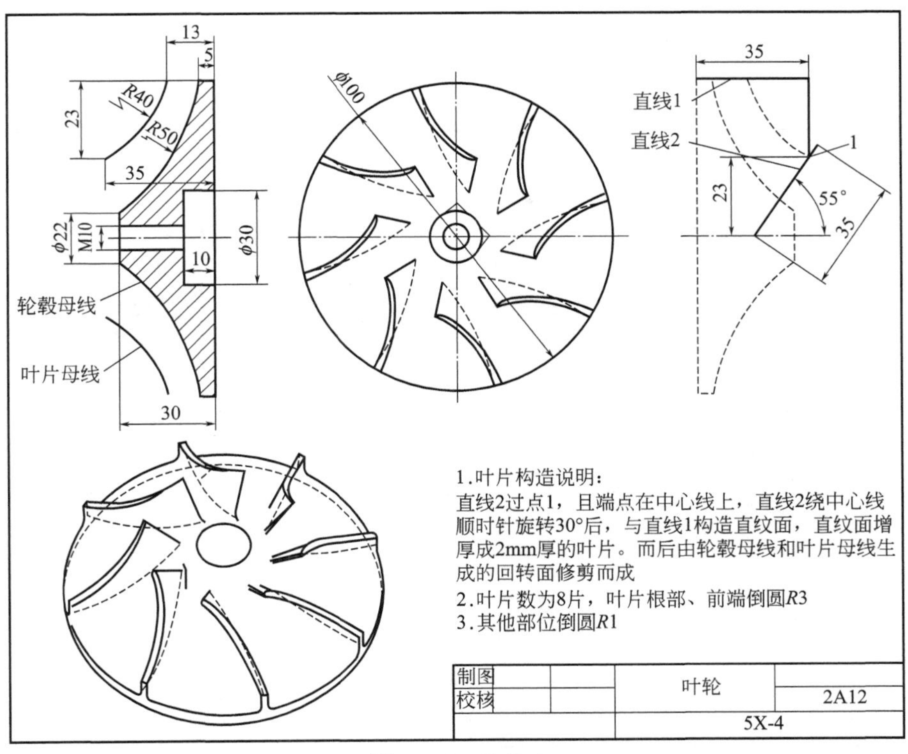

图 5-406　叶轮 1

5.9.5　练习 5　叶轮 2

见图 5-407。

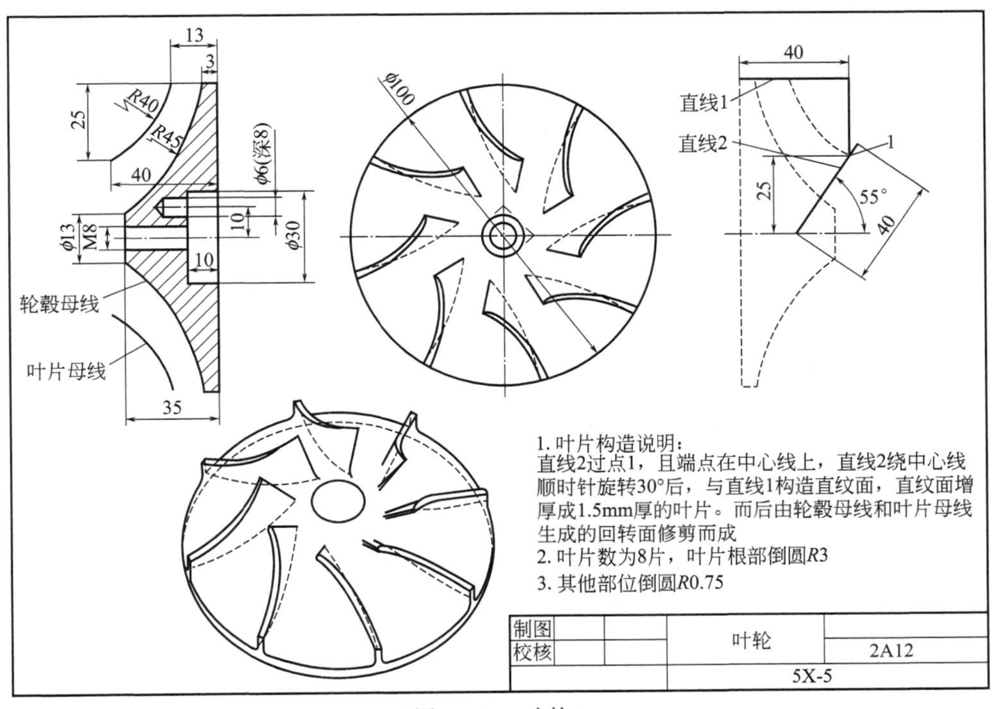

图 5-407　叶轮 2

5.9.6 练习 6 五角星（5 轴加工）

见图 5-408。

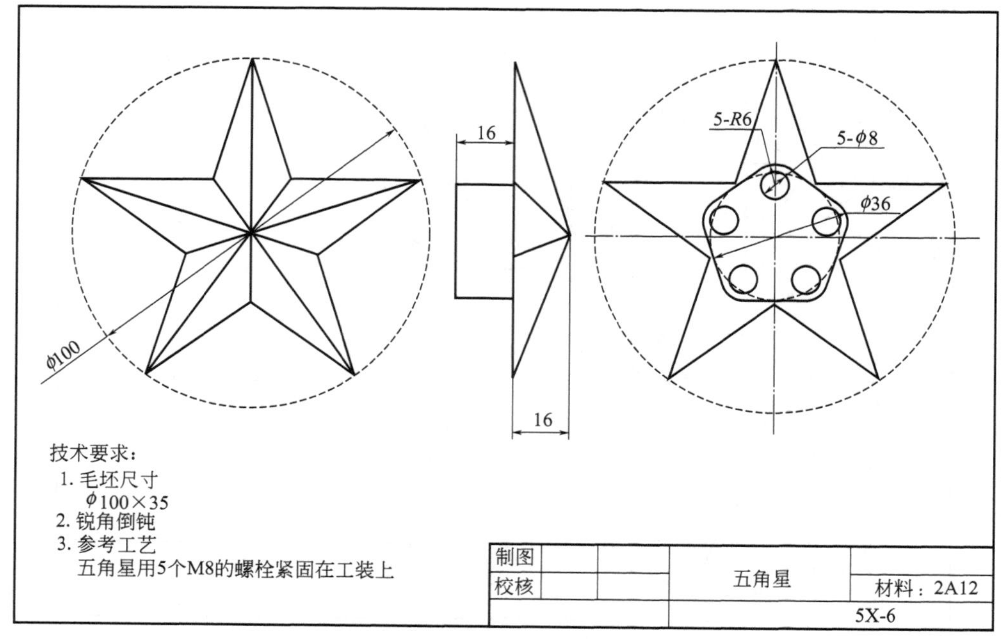

图 5-408 五角星

5.9.7 练习 7 胜利之箭（5 轴加工）

见图 5-409。

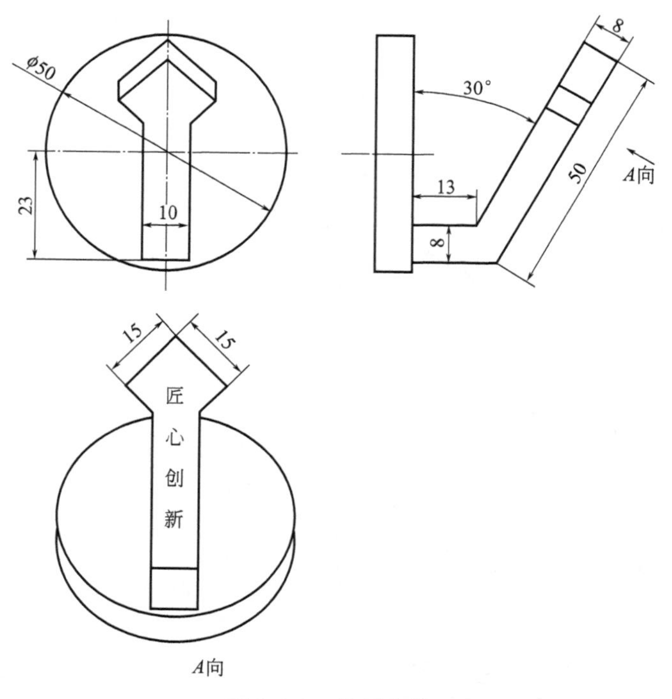

图 5-409 胜利之箭

第 6 章

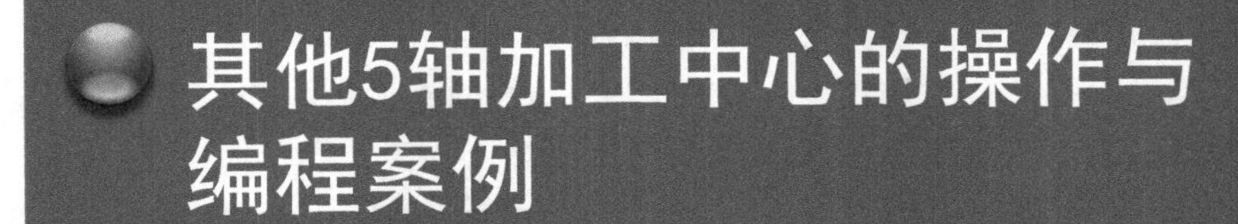

其他5轴加工中心的操作与编程案例

6.1 案例工艺分析

本章将通过“桨叶”的加工，介绍不同种类 5 轴机床的编程、操作。

6.1.1 零件分析

图 6-1 为桨叶零件图，毛坯为 304 不锈钢精铸。底座（110×48）、斜面（60°）已经在上一工序完成，2 个 ϕ11 孔（对角）已经加工到尺寸用于定位，另 2 个 ϕ11 孔已经加工成 M10 的螺纹孔用于装夹。本工序要求加工叶片所有面和 R58 圆弧面，见图 6-2。

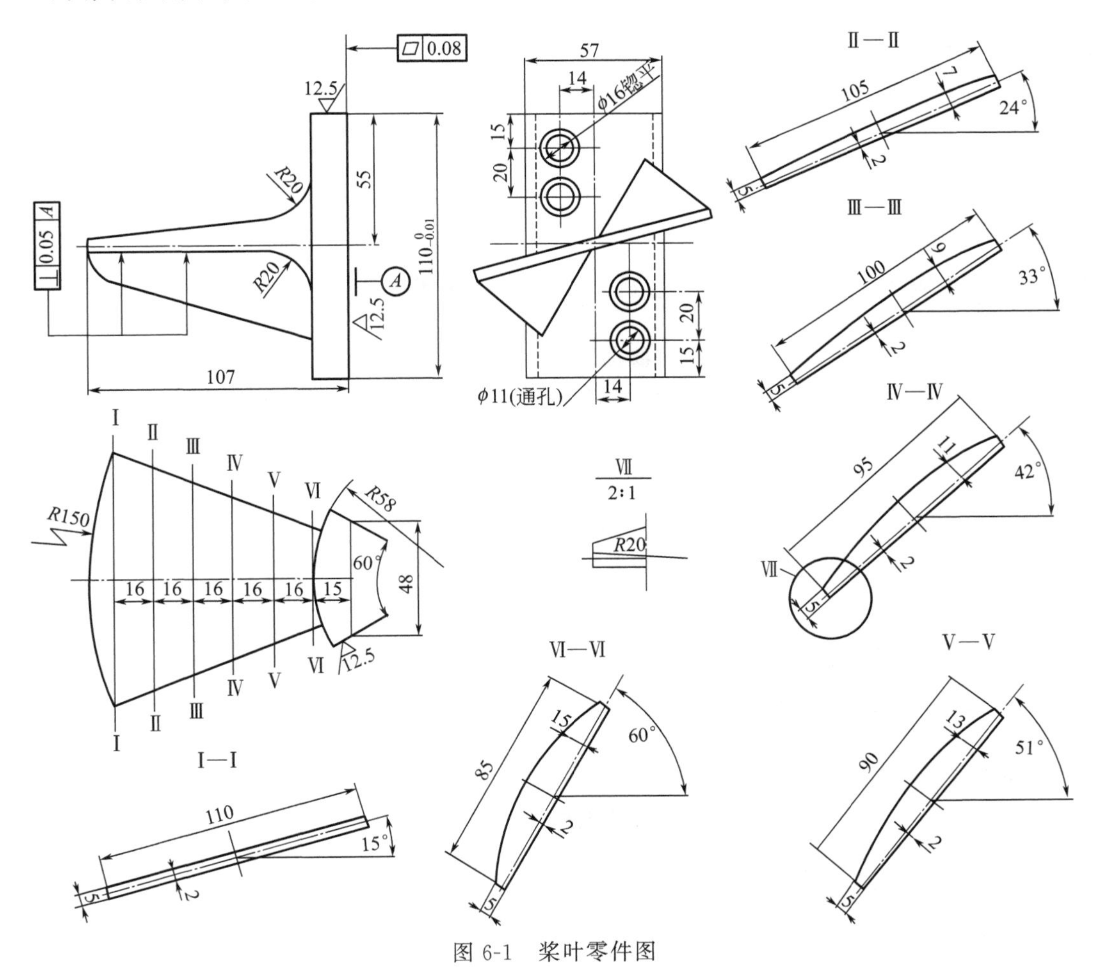

图 6-1 桨叶零件图

6.1.2 工件装夹

工装采用一面两孔的定位方式，用 2 个 M10 的螺钉紧固在工装上，见图 6-3。工件零点设在零件底面 ϕ11 孔（对应 ϕ11 圆柱销）中心点。

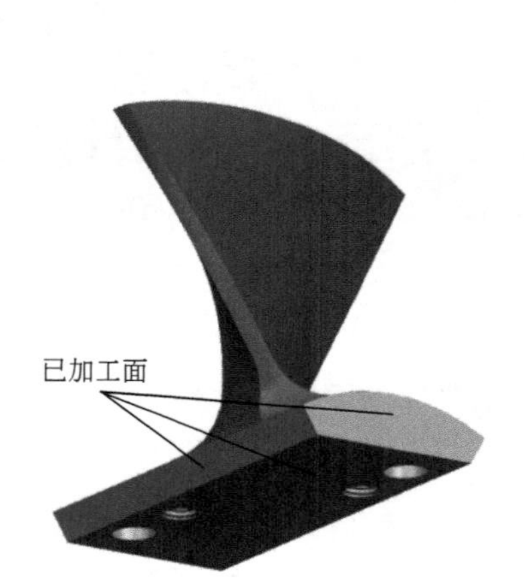

图 6-2　加工要求

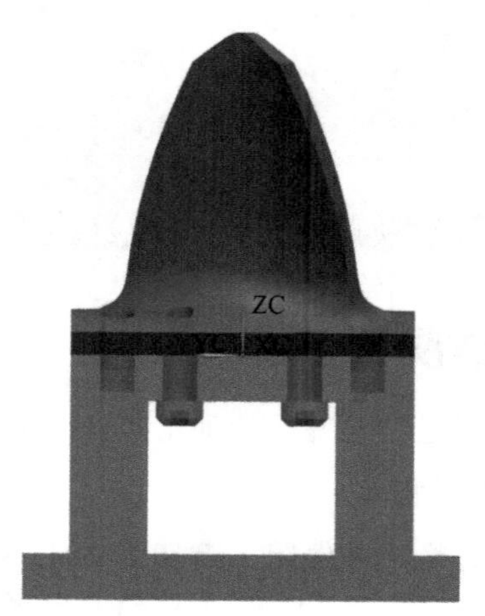

图 6-3　工件装夹

6.1.3 刀具选择

T1：ϕ16 球铣刀。

T2：ϕ16 铣刀。

6.1.4 UG 编程

零件的 UG 编程已经在 5 轴案例 2（D:\v7\5x_TT\Example_2\ 5x_blade. prt）中完成。

6.2 双摆头 5 轴加工中心机床加工案例

工艺特点：对于普通的双摆头 5 轴加工中心机床，首先要装夹刀具，并测量刀具的长度，而后根据刀具的实际长度生成 NC 程序。最后对刀，确定工件零点，并调入程序，加工工件。因刀具磨损或损坏等情况更换刀具后，必须重新生成 NC 程序。

6.2.1 对刀

① 选择刀柄，装夹刀具，并测量刀具长度。ϕ16 球铣刀（T1）的刀具长度实测为 177.927，见图 6-4。ϕ16 铣刀（T2）的刀具长度实测为 150.035，见图 6-5。

② 装夹工件，确定工件零点 G54：*X*－14 *Y*40 *Z*380。

6.2.2 定制后处理

① 搜集机床数据，见图 6-6。

机床零点：工作台中心点。

C 轴零点：*C* 轴轴线和 *B* 轴轴线交点（和 *B* 轴零点重合）。

B 轴零点：枢轴点（*C* 轴轴线和 *B* 轴轴线交点）。

枢轴长度：*B* 轴零点到主轴端面的长度，实测 203.2。

机床指令实际控制点：枢轴点。

编程零点：工件底面中心点。

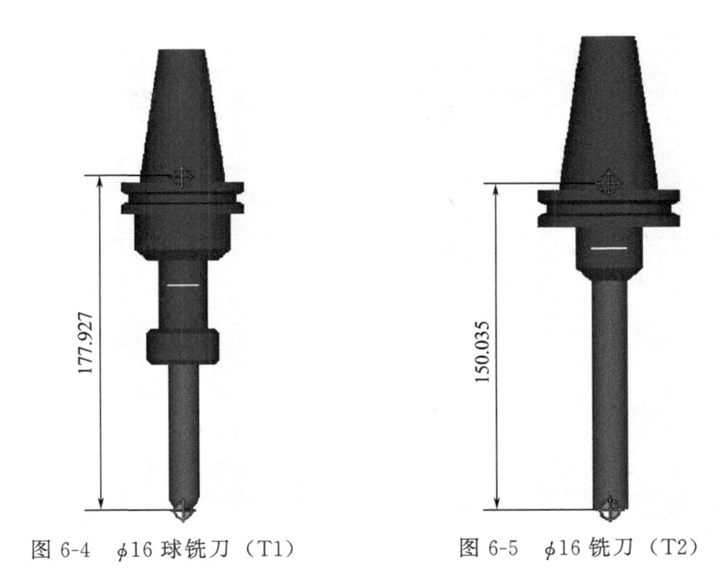

图 6-4　ϕ16 球铣刀（T1）　　图 6-5　ϕ16 铣刀（T2）

机床参考点：X250 Y260 Z545（机床右上角行程极限点）。

机床行程：$X\pm$2500　$Y\pm$1050　Z0～1000　$C\pm$220　$B\pm$120。

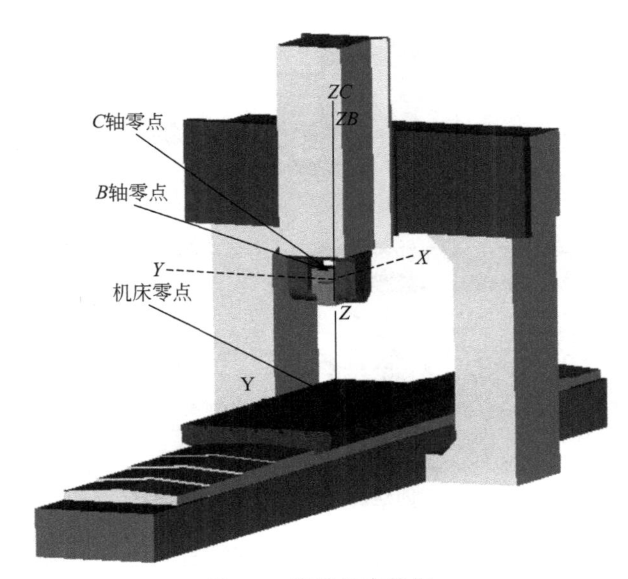

图 6-6　搜集机床数据

② 生成新的后处理。

③ 打开 UG 后处理构造器，生成一个新的后处理。设置后处理名“5HH”、后处理单位“Millimeters”、后处理机床类型“5-Axis with Dual Rotary Heads”，见图 6-7。

④ 创建后处理设置直线轴参数，见图 6-8。

⑤ 设置旋转轴参数，见图 6-9。

C 轴为第 4 轴（XY 平面），B 轴为第 5 轴（ZX 平面）。对于双摆头机床，可把 4 轴零点和 5 轴零点看作是一个点，把 4 轴零点到 5 轴零点的距离设置成枢轴长度 203.2。

⑥ 设置 4 轴零点和第 4 轴行程，见图 6-10。

机床零点到 4 轴零点的偏置距离 X0 Y0 Z0，4 轴行程为$\pm$220。

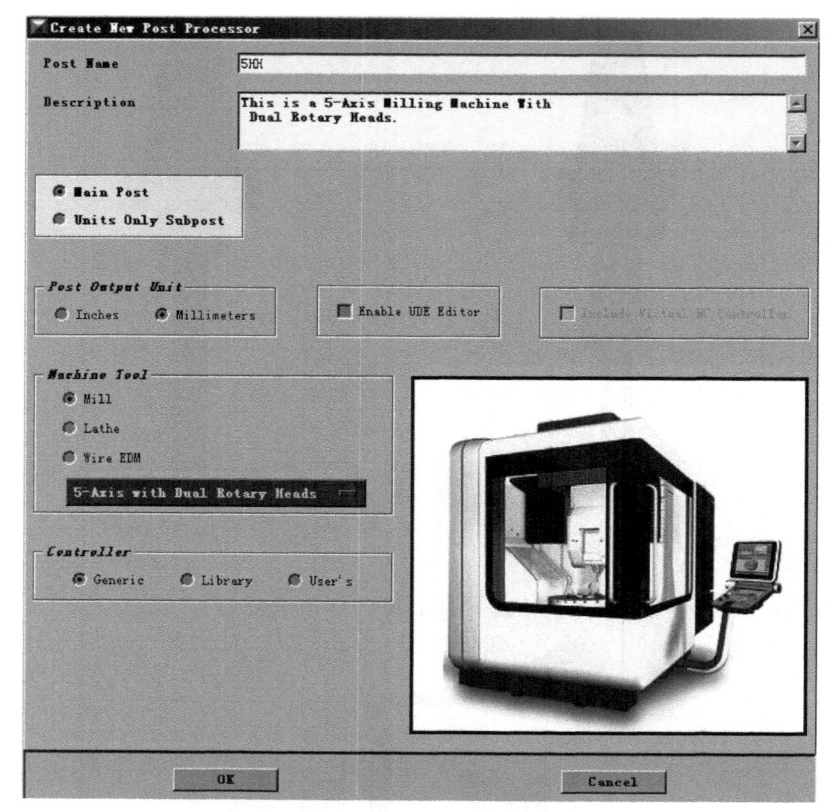

图 6-7　生成新的后处理

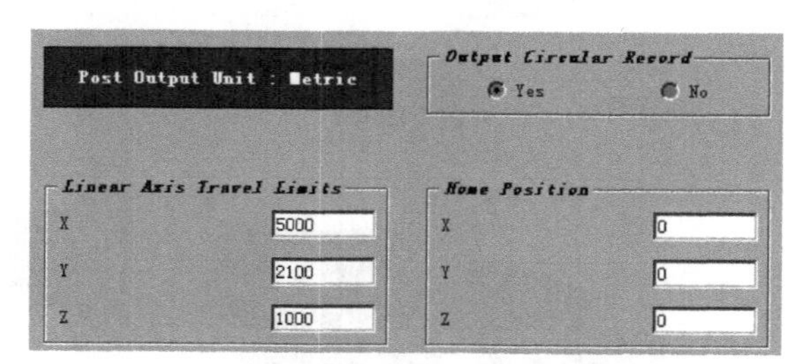

图 6-8　创建后处理设置直线轴参数

⑦ 设置 5 轴零点、4 轴零点的位置关系和第 5 轴行程，见图 6-11。

4 轴零点到 5 轴零点的偏置距离已经在枢轴长度中设置，此处设置 $X0$ $Y0$ $Z0$，4 轴行程为±220。

⑧ 工件坐标系设置。依次选择“Program & Tool Path”“Program”“Operation Start Sequence”对话框，单击“Initial Move”按钮，见图 6-12，在 Initial Move 界面添加“G-MCS Fixture Offset（54～59）”，见图 6-13。

⑨ 快速移动 G00 设置。

在“Tool Path”界面，打开“Motion”对话框，设置 G00 快速定位各轴的运动顺序，见图 6-14。为避免刀具快速移动时发生刀具和工件碰撞，在刀具快速定位时，通常先旋转 B、C 轴，而后是 X、Y 定位，最后沿 Z 轴接近工件，避免 Z 轴和旋转轴同时快速移动。

⑩ 设置退刀操作。

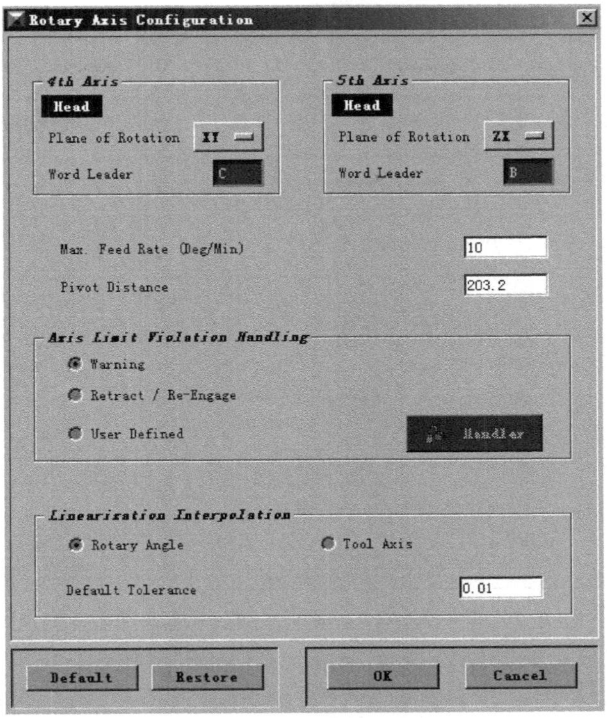

Rotary Axis Configuration
4th Axis
Head
Plane of Rotation
XY
Word Leader
C
5th Axis
Head
Plane of Rotation
ZX
Word Leader
B
Max. Feed Rate (Deg/Min)
10
Pivot Distance
203.2
Axis Limit Violation Handling
Warning
Retract / Re-Engage
User Defined
Handler
Linearization Interpolation
Rotary Angle
Tool Axis
Default Tolerance
0.01
Default
Restore
OK
Cancel

图 6-9　设置旋转轴参数

C:\Program Files\Siemens\NX 8.5\POSTBUILD\5HH
Machine Tool
Program & Tool Path
N/C Data Definitions
Output Settings
Virtual N/C Controller
Display Machine Tool
5-Axis Mill
General Parameters
Fourth Axis
Fifth Axis
Rotary Axis
Configure
Machine Zero To 4th Axis Center
X Offset
0.0
Y Offset
0.0
Z Offset
0.0
Rotary Motion Resolution (Deg)
0.001
Angular Offset (Deg)
0.0
Axis Rotation
Normal
Reversed
Axis Direction
Magnitude Determines Direction
Axis Limits (Deg)
Maximum
220
Minimum
-220
This Rotary Axis Can Be Incremental

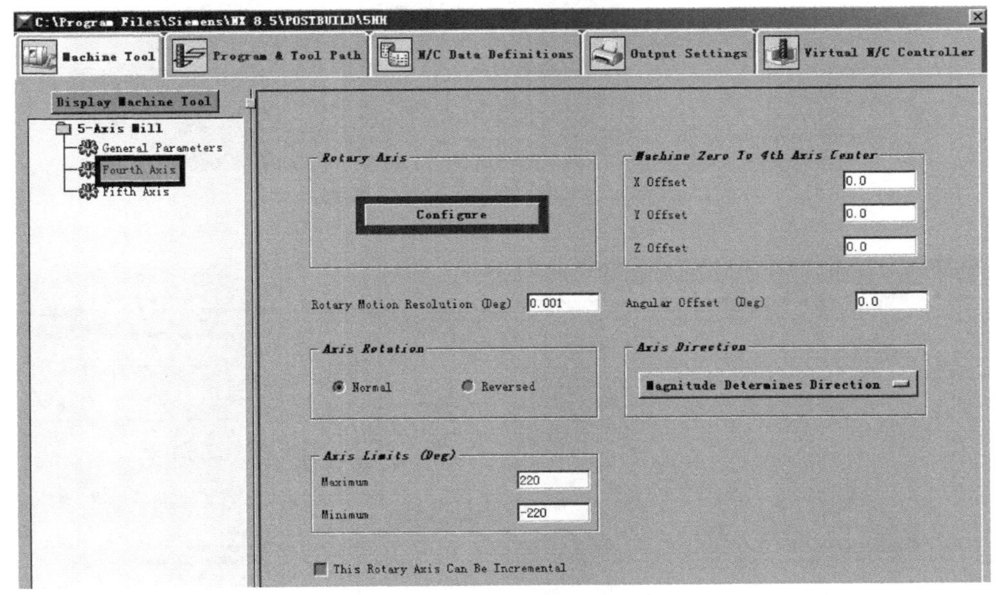

图 6-10　设置 4 轴零点和第 4 轴行程

选择“Operation End Sequence”对话框，在“End of Path”界面添加“G91 G28 Z0”，见图 6-15。为避免在下一个操作中 B、C 轴旋转时，造成刀具和工件的碰撞，在每一个操作结束时，Z 轴要退回正向最远点。由于机床参考点在机床的右上角极限行程终点，所以添加刀具返回参考点指令：G91 G28 Z0。

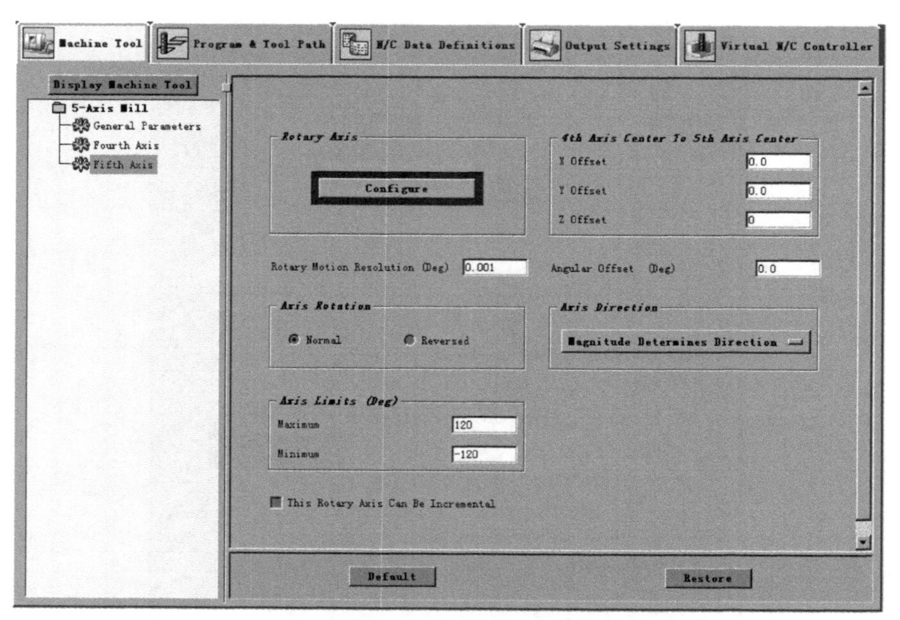

图 6-11　设置 5 轴零点、4 轴零点的位置关系和第 5 轴行程

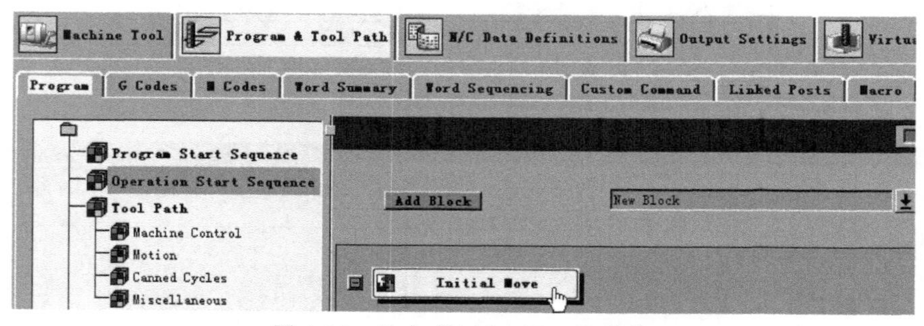

图 6-12　单击“Initial Move”按钮

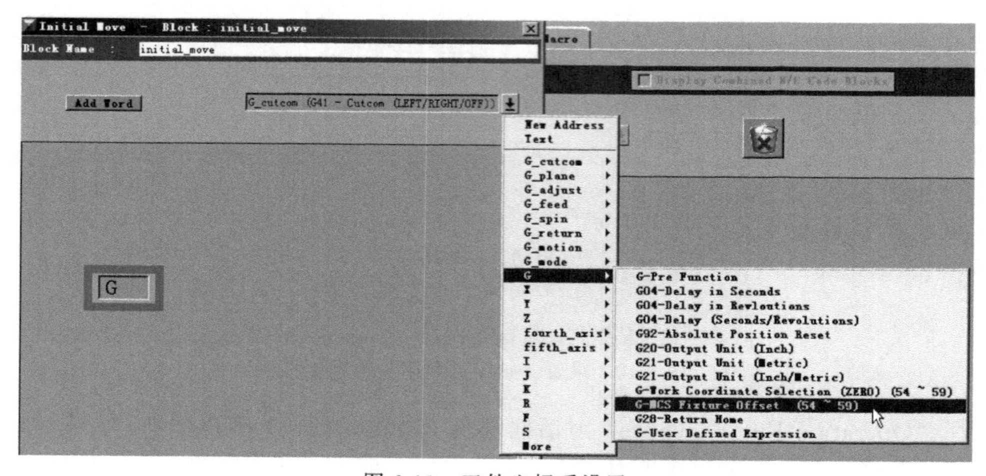

图 6-13　工件坐标系设置

⑪ 保存后处理到 D:\ v7\UG_pos\5HH 目录下，文件名为 5HH. pui。

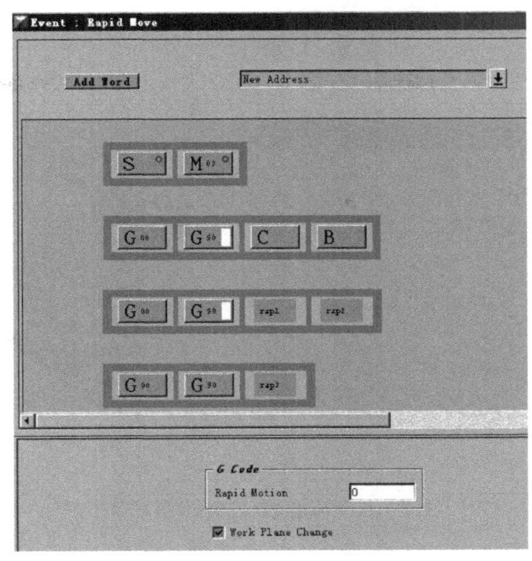

图 6-14　快速移动 G00 设置

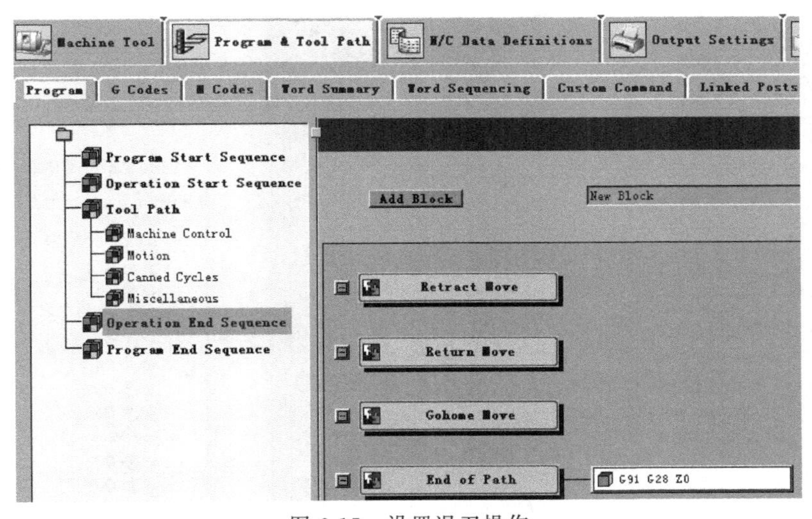

图 6-15　设置退刀操作

6.2.3　UG 编程

① 复制加工文件。

复制 D:\v7\5x_TT\Example_2\ 5x_blade.prt 到 D:\v7\5x_HH\Example_1 目录下。

打开 D:\v7\5x_HH\Example_1\ 5x_blade.prt。

② 在几何视图下，设置加工坐标系零点在工件底面 $\phi 11$ 孔中心点，注意 X、Y、Z 轴的方向要和实际装夹位置一致，见图 6-16。

③ 在刀具视图下，修改刀具参数。设置刀具 T1 的“Z 偏置”为 177.927，见图 6-17。设置刀具 T2 的“Z 偏置”为 150.035，见图 6-18。

④ 在程序视图下，创建粗加工程序组“ROUGH”和精加工程序组“FINISH”。

把粗加工程序 O1～O6 移动到程序组“ROUGH”节点下，把精加工程序 O7～O13 移动到程序组“FINISH”下，见图 6-19。

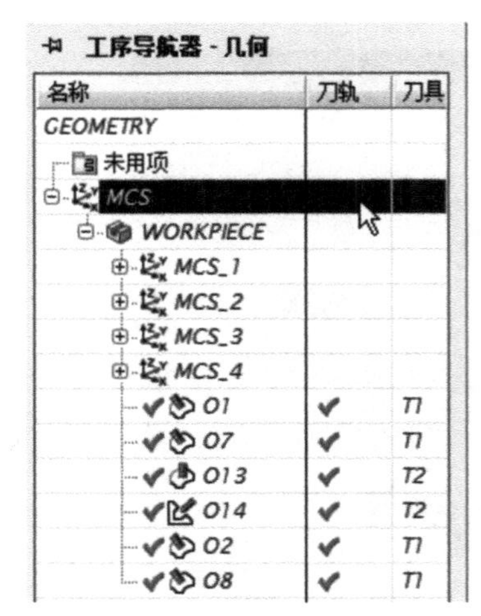

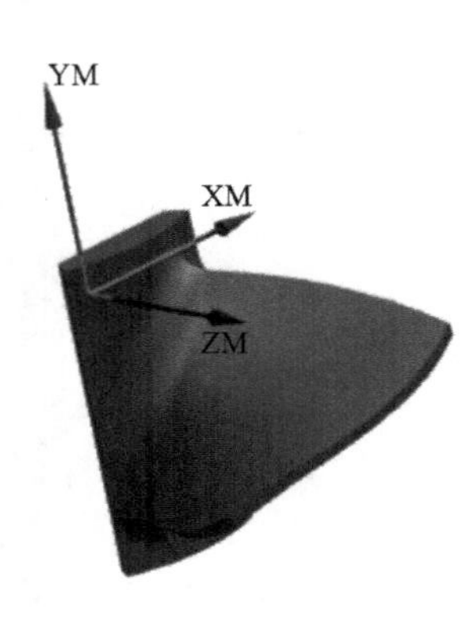

图 6-16　设置加工坐标系零点

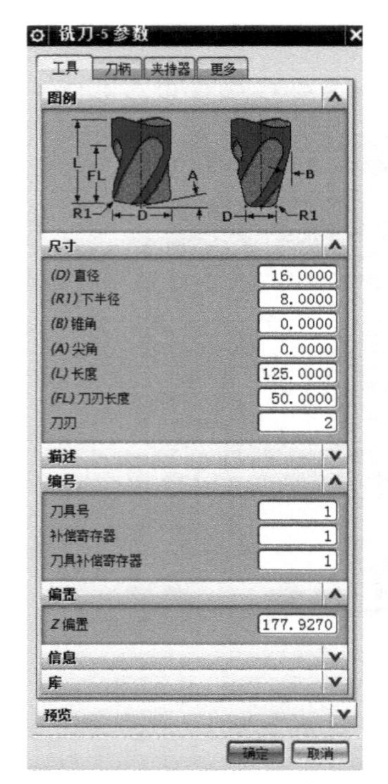

图 6-17　设置刀具 T1 参数

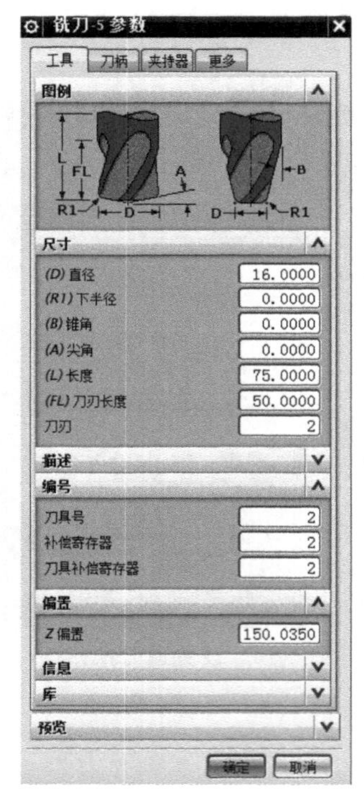

图 6-18　设置刀具 T2 参数

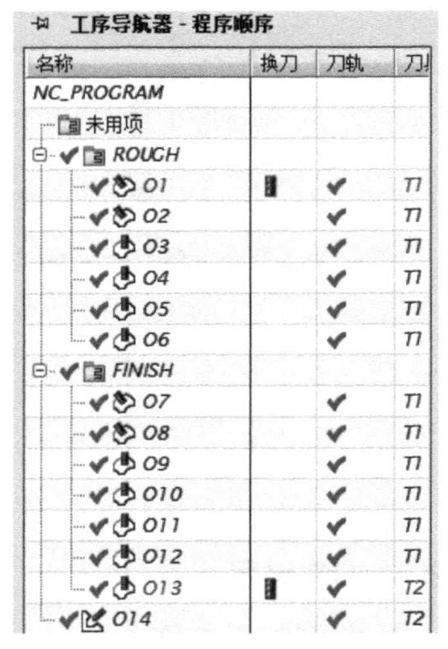

图 6-19　创建加工程序

⑤ 重新生成刀具轨迹。

⑥ 后处理。在程序视图下，输出 NC 程序。后处理器选 D:\v7\UG_post\5HH\5HH. pui。

对 “ROUGH” 节点后处理，输出文件 D:\v7\5x_HH\Example_1\O1. ptp。

对 “FINISH” 节点后处理，输出文件 D:\v7\5x_HH\Example_1\O2. ptp。

对操作 “O14” 后处理，输出文件 D:\v7\5x_HH\Example_1\O3. ptp。

6.2.4　Vericut 仿真切削过程

① 打开项目文件 D:\v7\5x_HH\example_1\ 5x_HH _blade. vcproject。

② 调入夹具、毛坯，注意 X、Y、Z 轴的方向要和实际装夹位置一致，见图 6-20。

③ 对刀、确定工件偏置 G54，见图 6-21。

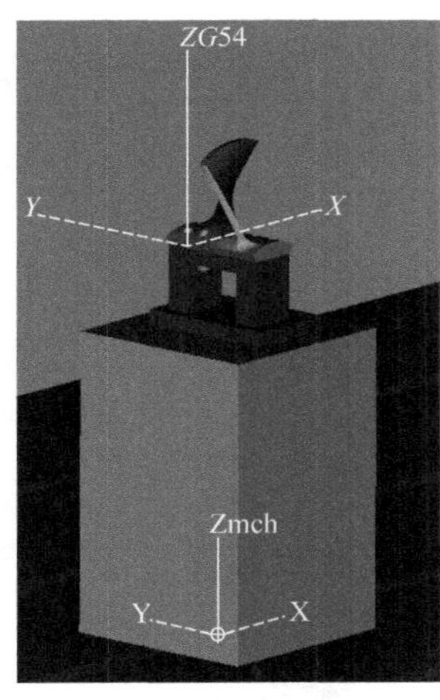

图 6-20　调入夹具、毛坯

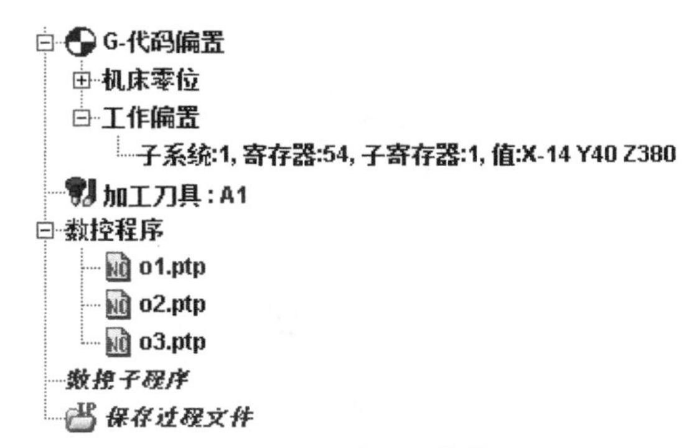

图 6-21　对刀、确定工件偏置 G54

④ 调入刀库。

⑤ 打开刀具文件 D:\v7\5x_HH\Example_1\A1.tls，设置刀具长度要和实际刀具长度（编程刀具长度）一致，见图 6-22。

刀具管理器: A1.tls

文件　编辑　视图　添加

ID	描述	单位	装夹点	装夹方向
1	Q16铣刀	毫米	0 0 177.927	0 0 0
2	D16铣刀	毫米	0 0 150.035	0 0 0

图 6-22　打开刀具文件

⑥ 调入程序 O1、O2、O3，见图 6-21。

⑦ 观察仿真结果，见图 6-23。

【提示】 对于不带 RTCP 功能的双摆头数控机床，每更换刀具必须重新生成程序。改变工件装夹位置改变后，只需重新对刀即可，不用更换程序。

6.3　一转台一摆头 5 轴加工中心机床加工案例

工艺特点：对于一转台一摆头 5 轴加工中心机床，必须先装夹刀具、装夹工件，确定刀具的长度和工件在机床中的位置。而后能根据刀具的实际长度和工件实际位置，生成 NC 程序。本案例选用的系统不带 RTCP、RPCP 功能，更换刀具或调整工件装夹位置后，必须重新生成 NC 程序。一转台一摆头机床的摆臂（枢轴）一般较长，加工时尽可能选择较短的刀柄、刀具，在编程时安全选项的设置也要精打细算，避免实际加工时各轴超出行程范围。

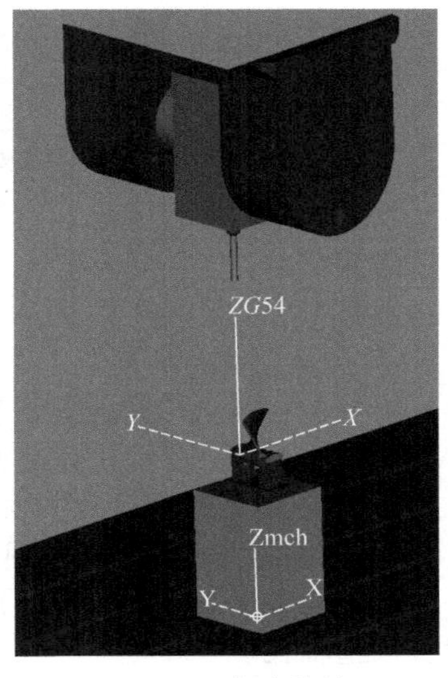

图 6-23　仿真结果

6.3.1　确定刀具长度和工件在机床中的位置

① 选择刀柄，装夹刀具，并测量刀具长度。

ϕ16 球铣刀（T1）的刀具长度实测为 148.927，见图 6-24；ϕ16 铣刀（T2）的刀具长度实测为 147.035，见图 6-25。

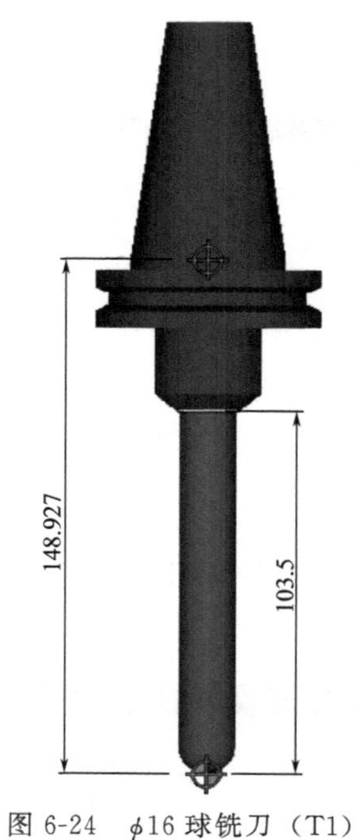

图 6-24　ϕ16 球铣刀（T1）

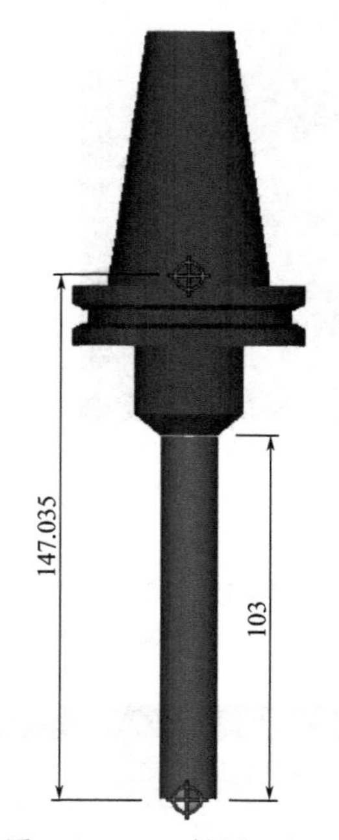

图 6-25　ϕ16 铣刀（T2）

② 装夹工件。旋转 C 轴，找正工件（方法同第 3 章案例 4），测量工装表面圆柱销钉中心点相对 C 轴零点的坐标值为 $X-14$ $Y40$ $Z80$ $B0$ $C0$，见图 6-26。

6.3.2　定制后处理

① 搜集机床数据，见图 6-27。

机床零点：工作台中心点。

C 轴零点：工作台中心点。

B 轴零点：枢轴点。

枢轴长度：B 轴零点到主轴端面（刀长基准点）的长度，实测 260。

机床指令实际控制点：枢轴点。

编程零点：工作台中心点。

机床行程：$X0\sim980$ $Y0\sim560$ $Z0\sim500$ $B-91\sim12$ $C\pm9999$。

② 生成新的后处理。

打开 UG 后处理构造器，生成一个新的后处理。设置后处理名“5HT”、后处理单位“Millimeters”、后处理机床类型“5-Axis with Rotary Head and Table”。

③ 创建后处理设置直线轴参数，见图 6-28。

④ 设置旋转轴参数，见图 6-29。

主轴摆头为第 4 轴（B 轴），回转工作台为第 5 轴（C 轴）。4 轴零点到主轴端面的距离设置成枢轴长度 260。

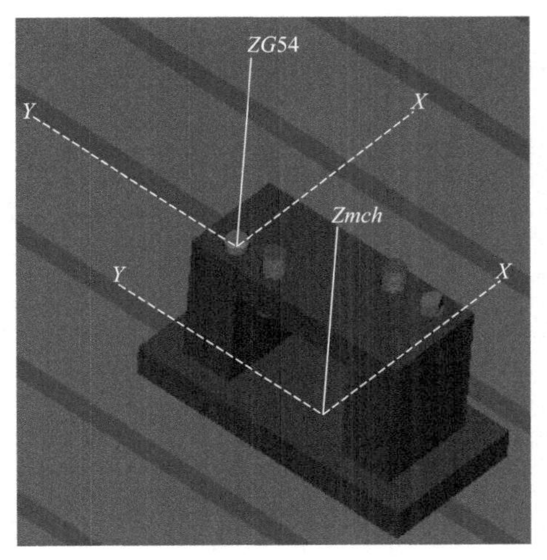

图 6-26　装夹工件

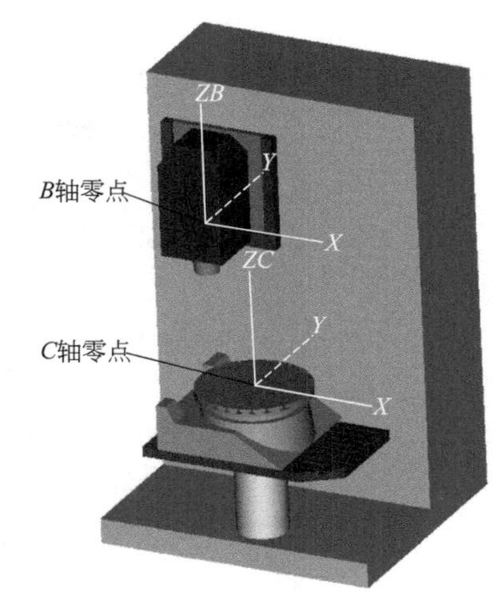

图 6-27　搜集机床数据

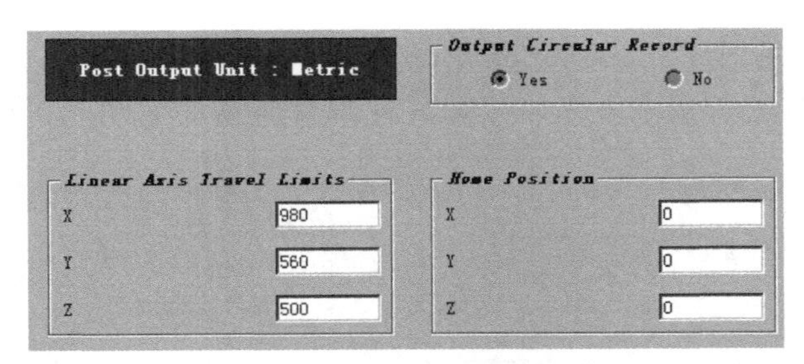

图 6-28　创建后处理设置直线轴参数

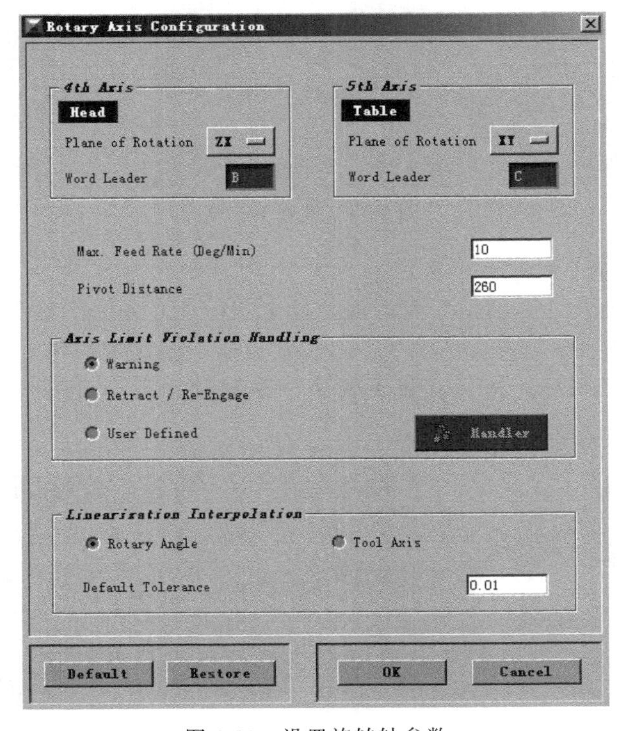

图 6-29　设置旋转轴参数

⑤ 设置第 4 轴，见图 6-30。

机床零点到 4 轴零点的偏置距离 $X0\ Y0\ Z0$，4 轴行程为 $B-91\sim12$。

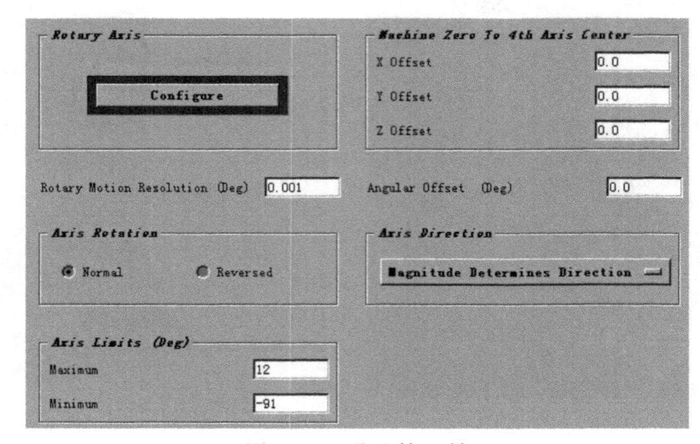

图 6-30 设置第 4 轴

⑥ 设置第 5 轴，见图 6-31。

4 轴零点到 5 轴零点的偏置为 $X0\ Y0\ Z0$，5 轴行程为±9999。

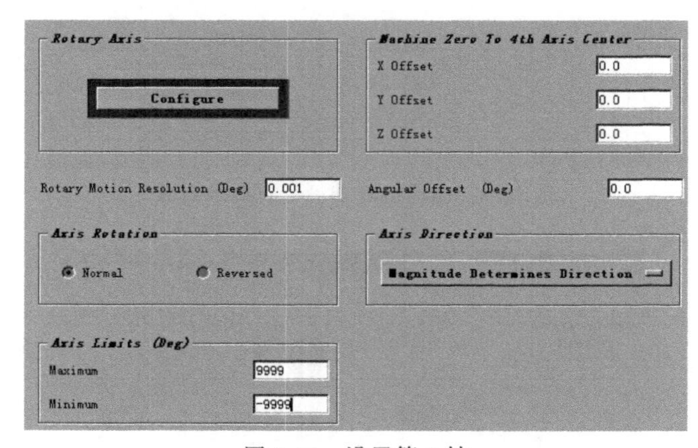

图 6-31 设置第 5 轴

⑦ 工件坐标系设置。

在“Operation Start Sequence”对话框，单击“Initial Move”按钮，在 Initial Move 界面添加“G-Fixture Offset（G54～G59）”，见图 6-32。设置工件坐标系，主要是针对机床零点不在工作台中心的机床，可以通过工件坐标系来设置工作台中心点相对于机床零点的偏置。

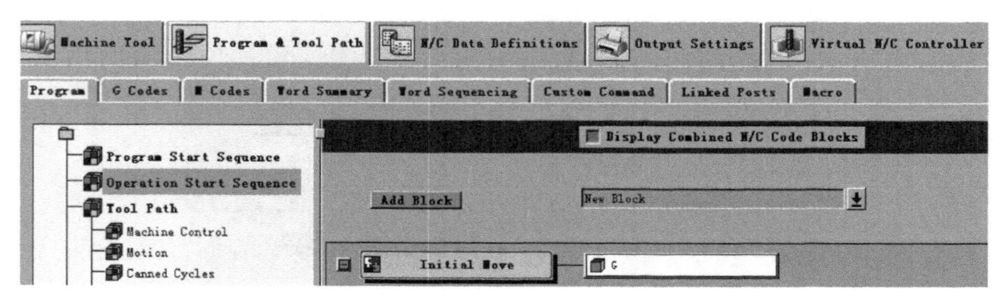

图 6-32 工件坐标系设置

⑧ 快速移动 G00 设置。

在“Tool Path”界面，打开“Motion”对话框，设置 G00 快速定位各轴的运动顺序，见图 6-33。为避免刀具快速移动时发生刀具和工件碰撞，在刀具快速定位时，通常先旋转 B、C 轴，而后是 X、Y、Z 轴定位并接近工件，避免直线轴和旋转轴同时快速移动。

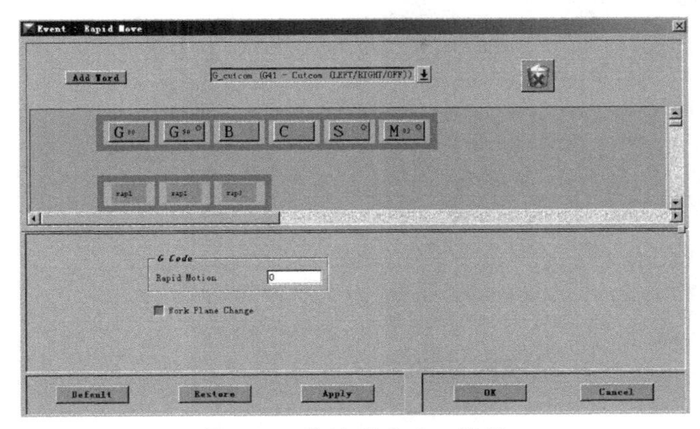

图 6-33　快速移动 G00 设置

⑨ 设置退刀操作。

选择“Operation End Sequence”对话框，在“End of Path”界面添加“G28 G91 Z0”，见图 6-34。为避免在下一个操作中 B、C 轴旋转时，造成刀具和工件的碰撞，在每一个操作结束时，Z 轴要退回正向最远点。

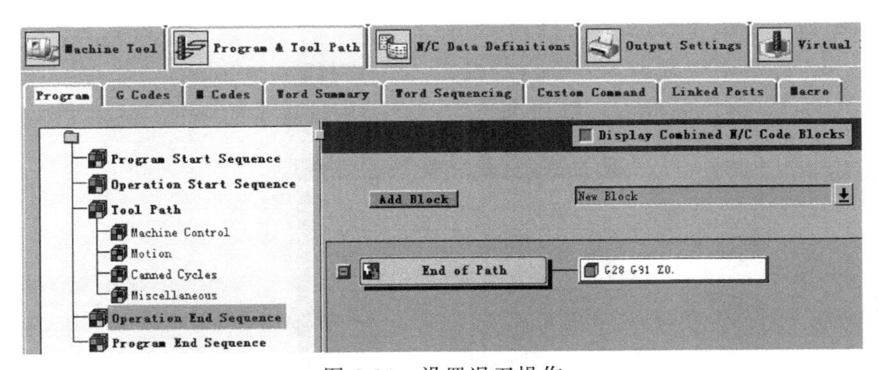

图 6-34　设置退刀操作

⑩ 保存后处理到 D:\ v7\UG_pos\5HT 目录下，文件名为 5HT. pui。

6.3.3　UG 编程

① 复制加工文件。

复制 D:\v7\5x_TT\Example_1\5x_blade. prt 到 D:\v7\5x_HT\Example_1 目录下。

打开 D:\v7\5x_HT\Example_1\5x_blade. prt。

② 在几何视图下，根据对刀测量获得的数据“工装表面圆柱销钉中心点相对 C 轴零点的坐标值 $X-14$ $Y40$ $Z80$ $B0$ $C0$”，设置加工坐标系，注意 X、Y、Z 轴的方向要和实际装夹位置一致，见图 6-35。修改安全设置，设置安全球面的半径为 150，见图 6-36。

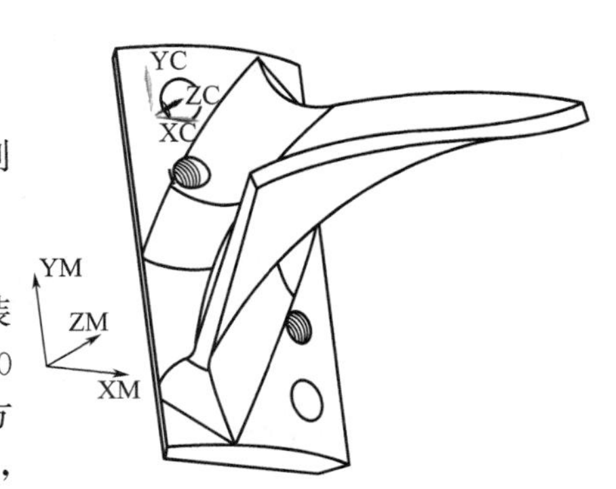

图 6-35　设置加工坐标系

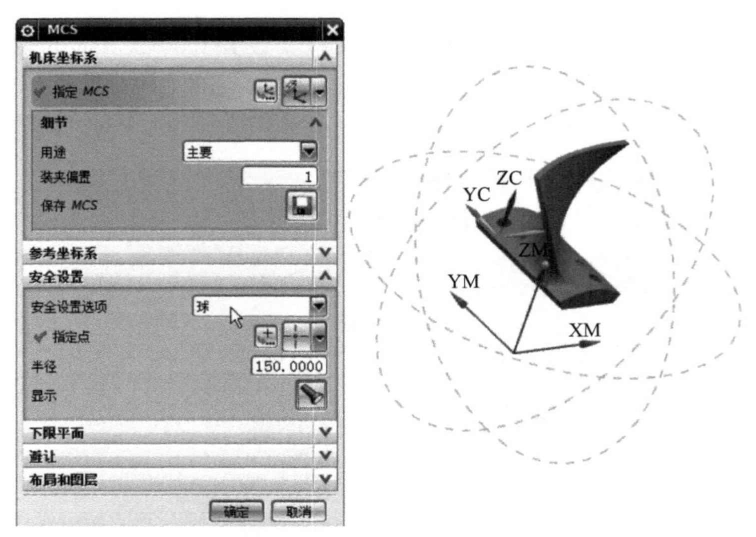

图 6-36　修改安全设置

③ 在刀具视图下，根据实际刀长修改刀具参数。设置刀具 T1 的“Z 偏置”为 148.927，见图 6-37。设置刀具 T2 的“Z 偏置”为 147.035，见图 6-38。

④ 在程序视图下，创建粗加工程序组“ROUGH”和精加工程序组“FINISH”。

把粗加工程序 O1～O6 移动到程序组“ROUGH”节点下，把精加工程序 O7～O13 移动到程序组“FINISH”下，见图 6-39。

⑤ 重新生成刀具轨迹。

⑥ 输出 NC 程序，后处理器选 D:\v7\UG_post\5HT\5HT. pui。

对“ROUGH”节点后处理，输出文件 D:\v7\5x_HT\Example_1\O1. ptp。

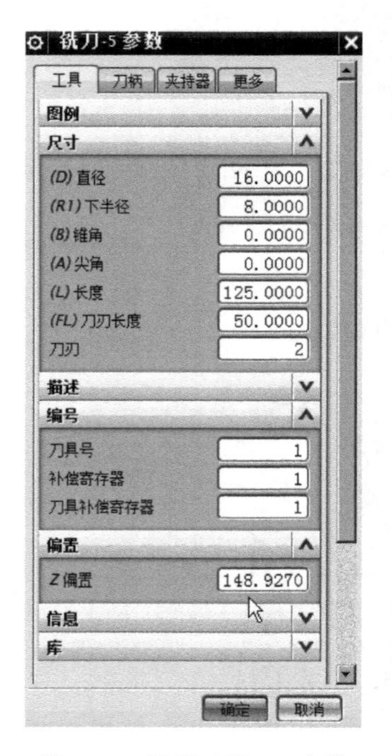

图 6-37　设置刀具 T1 参数

图 6-38　设置刀具 T2 参数

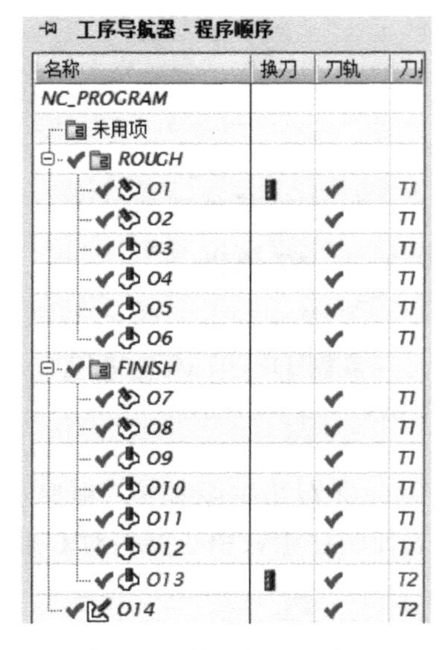

图 6-39　创建加工程序组

对“FINISH”节点后处理，输出文件 D:\v7\5x_HT\Example_1\O2. ptp。

对操作“O14”后处理，输出文件 D:\v7\5x_HT\Example_1\O3. ptp。

6. 3. 4　Vericut 仿真切削过程

① 打开项目文件 D:\v7\5x_HT\example_1\5x_HT _blade. vcproject。

② 调入夹具、毛坯，装夹位置、方向要和实际加工装夹位置一致，见图 6-40。

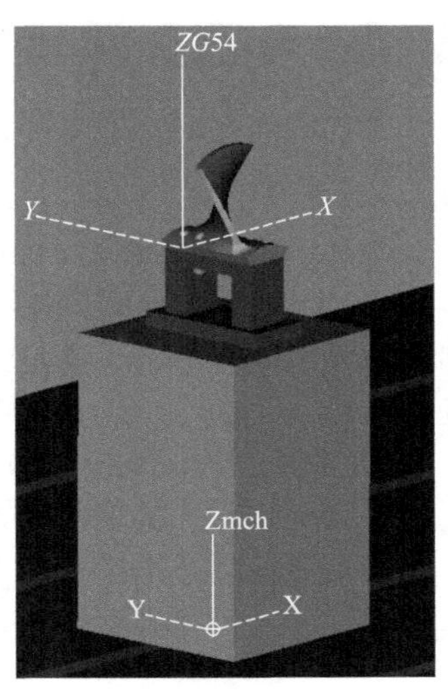

图 6-40　调入夹具、毛坯

③ 调入刀库。

打开刀具文件 D:\v7\5x_HT\Example_1\A1. tls，设置刀具长度要和实际刀具长度一致，见图 6-41。

④ 调入程序 D:\v7\5x_HT\Example_1\o1. ptp、o2. ptp、o3. ptp，见图 6-42。

⑤ 仿真结果，见图 6-43。

刀具管理器：A1. tls

文件　编辑　视图　添加

ID	描述	单位	装夹点	装夹方向
1	Q16铣刀	毫米	0 0 148.927	0 0 0
2	D16铣刀	毫米	0 0 147.035	0 0 0

图 6-41　调入刀库

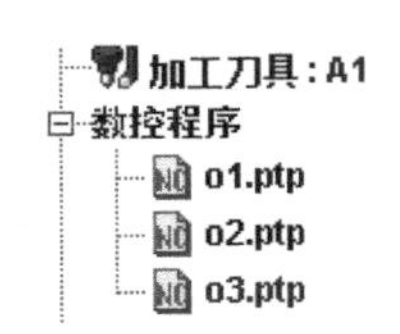

图 6-42　调入程序

图 6-43　仿真结果

【提示】　对于不带 RTCP、RPCP 功能的一转台一摆头 5 轴数控机床，无论更换刀具，还是改变工件装夹位置，都要重新生成程序。

6.4　非正交双转台5轴加工中心机床加工案例

工艺特点：同标准双旋台5轴加工中心机床。

6.4.1　对刀

① 找正工件。在 $B0$ 位置，旋转 C 轴，使用百分表沿 X 轴方向移动，在 Y 轴方向调整2个定位销的距离差为28mm，或者沿 X 移动拉平工装侧面。此时机床坐标系的 C 轴位置，即工装在工作台上的正确位置，本案例为 $C0$。如果不为0，则要在工件偏置中设置或在编程时设置。

② 测量工装在机床中的位置。

本案例实测工装表面圆销中心点的坐标值为 $X-40$ $Y-14$ $Z80$ $B0$ $C0$（图6-44）。

③ 测量刀具长度。

T1：$\phi16$ 球铣刀。

T2：$\phi16$ 铣刀。

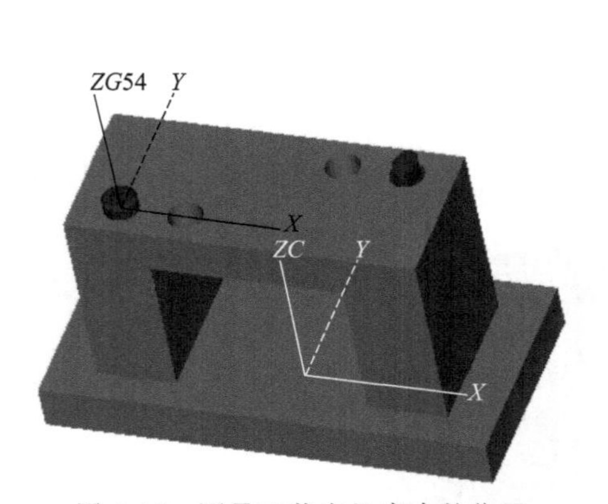

图6-44　测量工装在机床中的位置

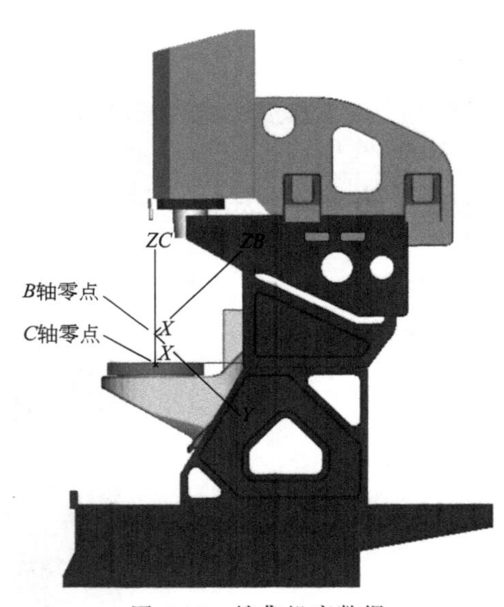

图6-45　搜集机床数据

6.4.2　定制后处理

① 搜集机床数据，见图6-45。

机床零点：工作台中心点。

C 轴零点：工作台中心点。

B 轴零点：B 轴和 C 轴轴线的交点，实测坐标 $X0$ $Y0$ $Z130$。

编程零点：C 轴零点。

机床参考点：$X250$ $Y210$ $Z500$（机床右上角行程极限点）。

机床行程：$X0$～500 $Y0$～420 $Z0$～500 $B0$～180 $C-9999$～9999。

② 打开 D：\ v7 \ UG _ post \ 5TT \ 5tt. pui。

③ 设置直线轴参数，见图6-46。

④ 设置第4轴、第5轴的名称和旋转平面，见图6-47。第4轴旋转平面选择“other”，设置第4轴矢量 I0 J1 K－1，见图6-48。第5轴旋转平面选择“XY”。

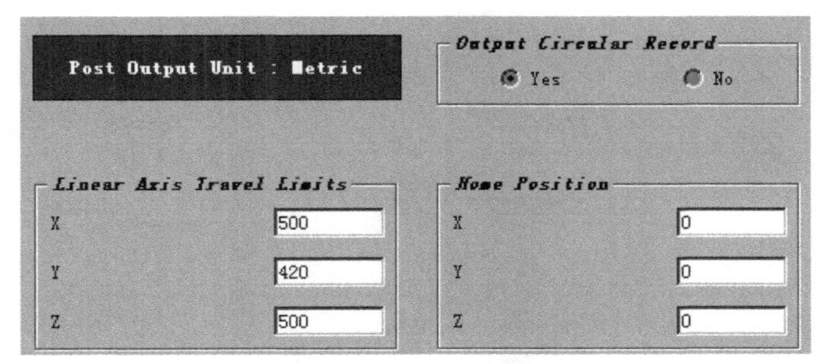

图 6-46　设置直线轴参数

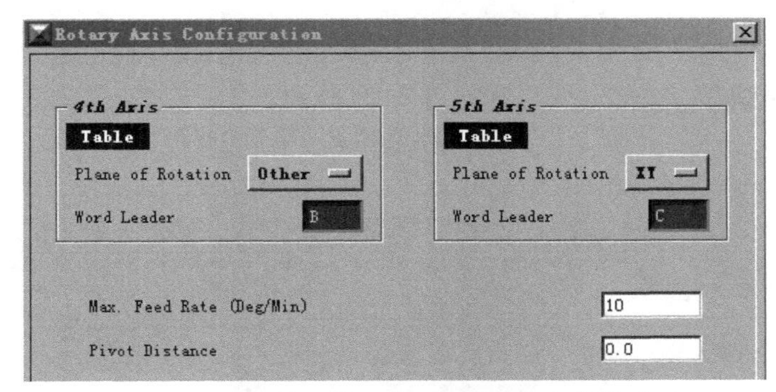

图 6-47　设置第 4 轴、第 5 轴的名称和旋转平面

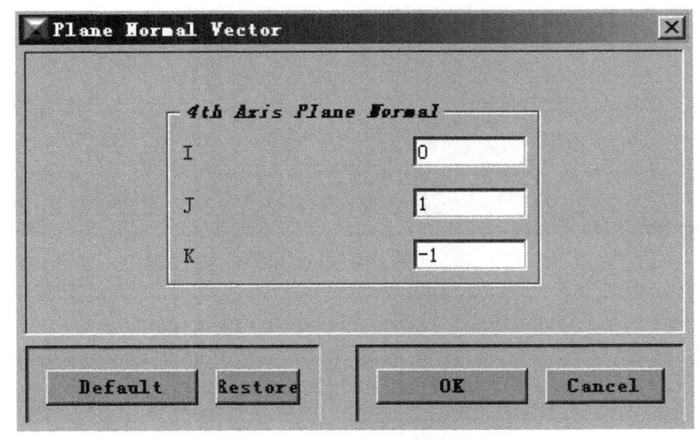

图 6-48　设置第 4 轴矢量

⑤ 设置第 4 轴零点和第 4 轴行程。第 4 轴零点坐标为 $X0$ $Y0$ $Z130$，第 4 轴行程为 0～180，见图 6-49。

⑥ 设置第 5 轴零点和第 5 轴行程。第 4 轴零点坐标为 $X0$ $Y0$ $Z130$，第 4 轴行程为 0～180，见图 6-50。

⑦ 另存为 D:\v7\UG_post\5TT_45\5tt_45. pui。

6. 4. 3　UG 编程

① 复制加工文件。

复制 D:\v7\5x_TT\Example_1\ 5x_blade. prt 到 D:\v7\5X_45_TT\Example_1 目录下。

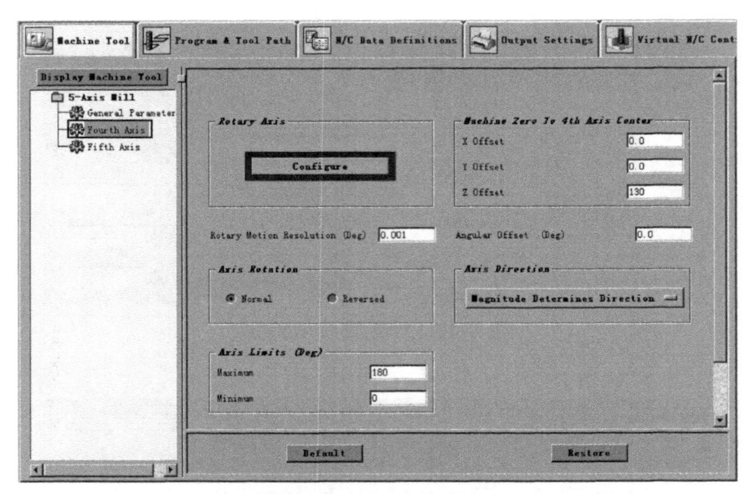

图 6-49　设置第 4 轴零点和第 4 轴行程

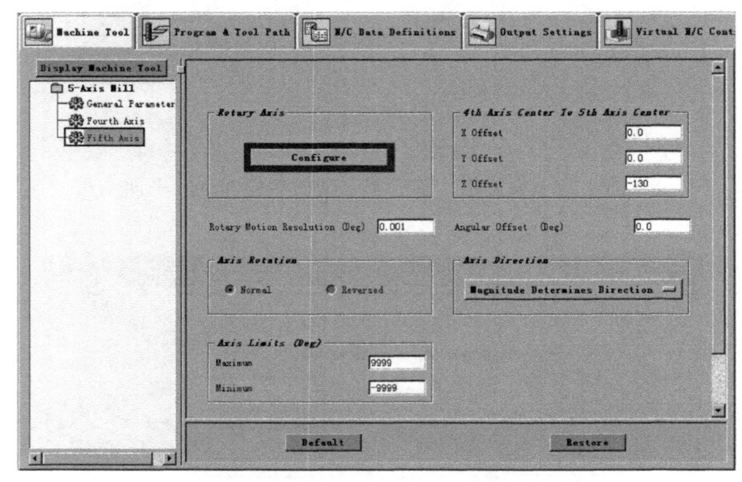

图 6-50　设置第 5 轴零点和第 5 轴行程

打开 D:\v7\5X_45_TT\Example_1\ 5x_blade. prt。

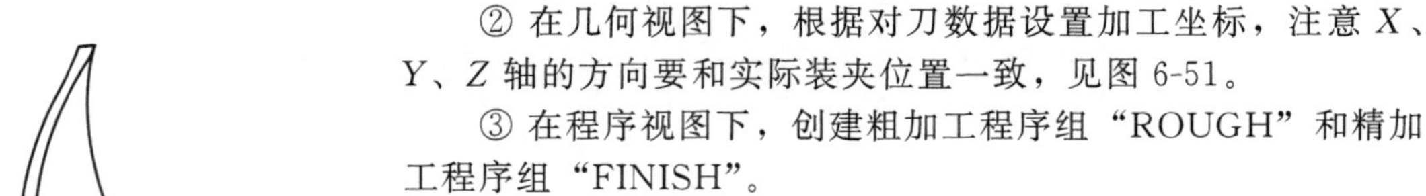

② 在几何视图下，根据对刀数据设置加工坐标，注意 X、Y、Z 轴的方向要和实际装夹位置一致，见图 6-51。

③ 在程序视图下，创建粗加工程序组“ROUGH”和精加工程序组“FINISH”。

把粗加工程序 O1～O6 移动到程序组" ROUGH" 节点下，把精加工程序 O7～O13 移动到程序组“FINISH”下。

④ 重新生成刀具轨迹。

⑤ 输出 NC 程序，后处理器选 D:\v7\UG_post\5TT_45\5tt_45. pui。

对“ROUGH”节点后处理，输出文件 D:\v7\5X_45_TT\Example_1\O1. ptp。

对“FINISH”节点后处理，输出文件 D:\v7\5X_45_TT\Example_1\ O2. ptp。

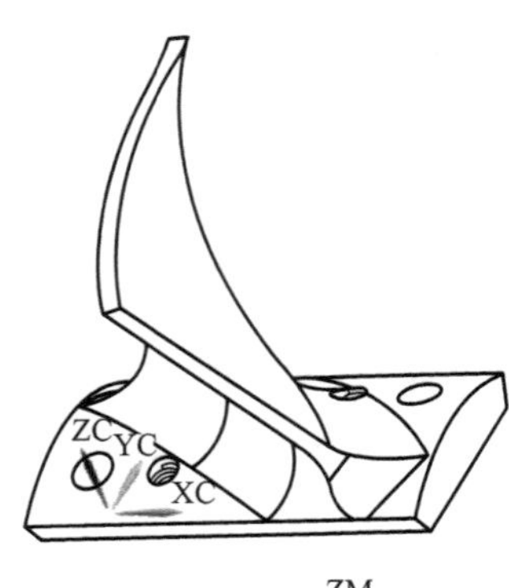

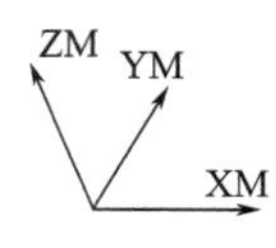

图 6-51　设置加工坐标

对操作“O14”后处理，输出文件 D:\v7\5X_45_TT\Example_1\ O3. ptp。

6. 4. 4　Vericut 仿真切削过程

① 打开项目文件 D:\v7\5X_45_TT\A1_TT_45. vcproject。
② 装夹工件，调整工件、夹具在机床上的位置，见图 6-52。
③ 设置工件偏置 G54：X0 Y0 Z0 B0 C0。
④ 调入刀库，D:\v7\5X_45_TT\Example_1\ A1. tls。
⑤ 调入程序，D:\v7\5X_45_TT\Example_1\o1. ptp、o2. ptp、o3. ptp，见图 6-53。
⑥ 仿真结果，见图 6-54。

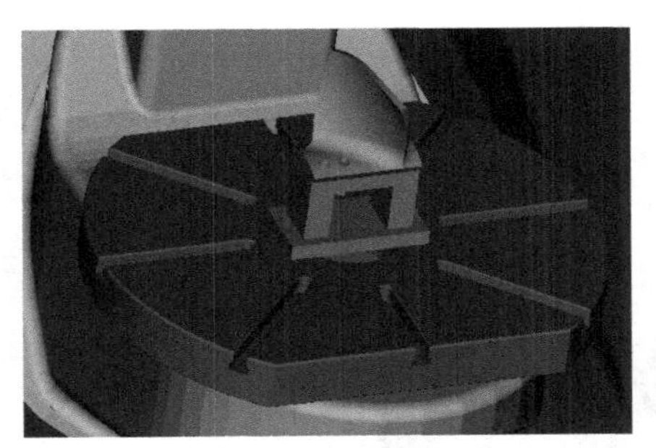

图 6-52　调整工件、夹具在机床上的位置

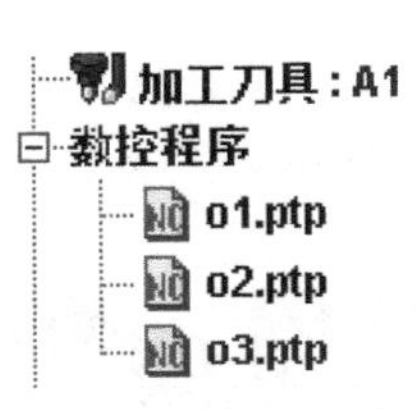

图 6-53　调入程序

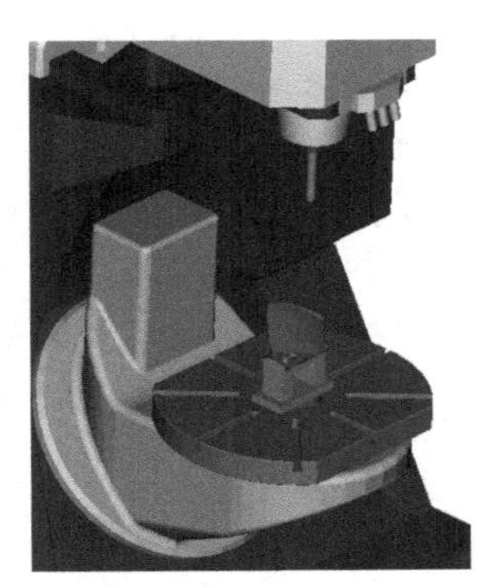

图 6-54　仿真结果

6. 5　非正交双摆头 5 轴加工中心机床加工案例

工艺特点：同标准双摆头 5 轴加工中心机床。由于机床结构限制，只能完成零件的 4 面加工。主要适用于大型零件的内腔加工，见图 6-55。

6. 5. 1　选择刀柄，装夹刀具，并测量刀具长度

ϕ16 球铣刀（T1）的刀具长度实测为 177. 927，ϕ16 铣刀（T2）的刀具长度实测为 150. 035，见图 6-56。

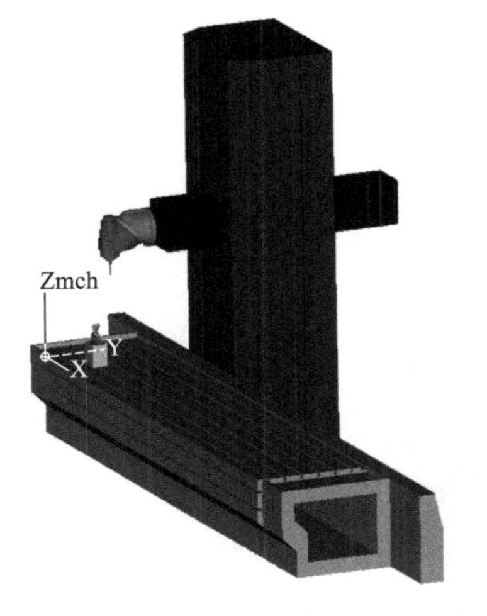

图 6-55　非正交双摆头 5 轴加工中心机床

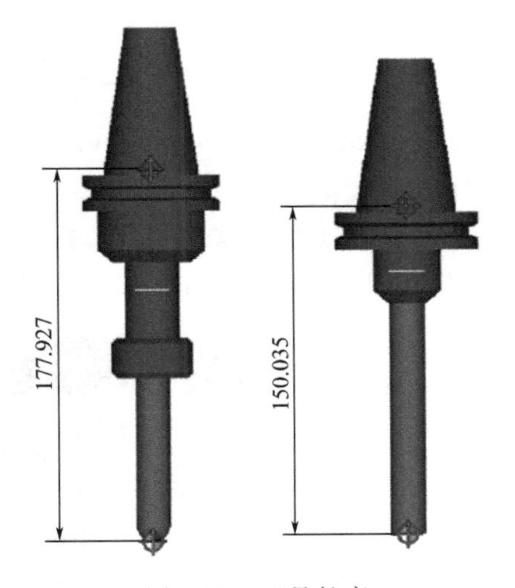

图 6-56　刀具长度

6.5.2 定制后处理

① 搜集机床数据，见图 6-57。

机床零点：工作台左下角点。

B 轴零点：主轴轴线和 B 轴线的交点。

A 轴零点：枢轴点（主轴轴线和 C 轴线的交点），实测到 B 轴零点的距离 205mm。

枢轴长度：C 轴零点到主轴端面（Gage）的长度，实测 64.99mm。

机床指令实际控制点：枢轴点。

【提示】　在机床坐标系下，发出指令 G90 G00 X0 Y0 Z0 后，使枢轴点到达机床零点。

编程零点：工件底面中心点。

机床参考点：X250 Y260 Z545（机床右上角行程极限点）。

机床行程：$X\pm2500$ $Y\pm1050$ $Z0\sim1000$ $C\pm180$ B ±180。

【提示】　1. 测量这些特征点的坐标是技能工人要掌握的基本技能之一，每隔一定的时间，都要测量这些点的位置是否发生了变化。特别是当零件的加工精度达不到要求或机床发生碰撞后，测量这些点的坐标变化是非常重要的。

2. 特别注意一定是在主轴方向和 Z 轴方向一致的情况下创建后处理的。

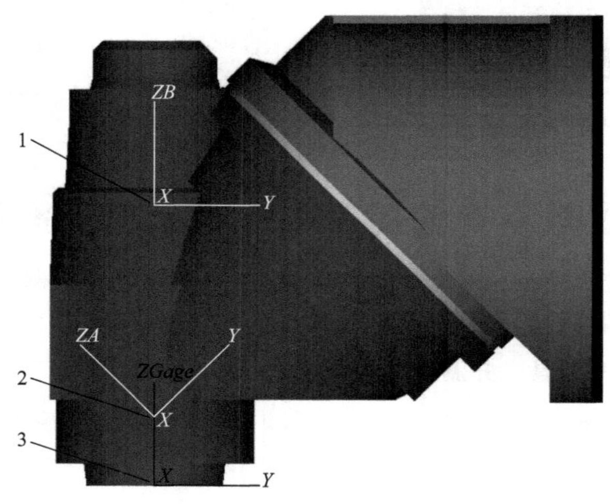

图 6-57　搜集机床数据

1—B 轴零点；2—A 轴零点；3—刀长基准点

② 打开标准的双摆头后处理 D:\v7\UG_pos\5HH\5HH.pui，另存为 D:\v7\UG_post\5HH_45\5HH_45.pui。

③ 打开 D:\v7\UG_post\5HH_45\5HH_45.pui。

④ 创建后处理设置直线轴参数，见图 6-58。

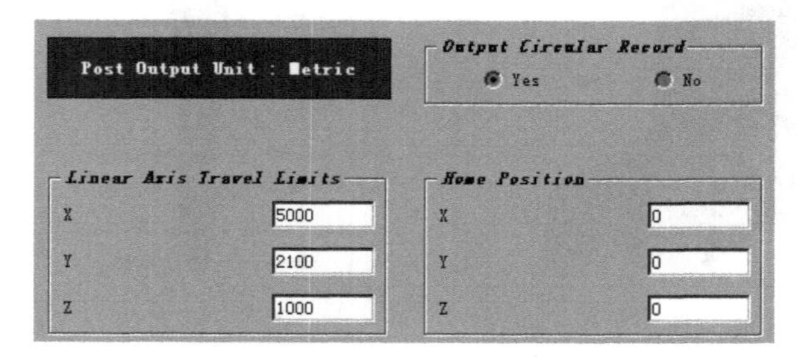

图 6-58　创建后处理设置直线轴参数

⑤ 设置第 4 轴、第 5 轴的名称和旋转平面，见图 6-59。

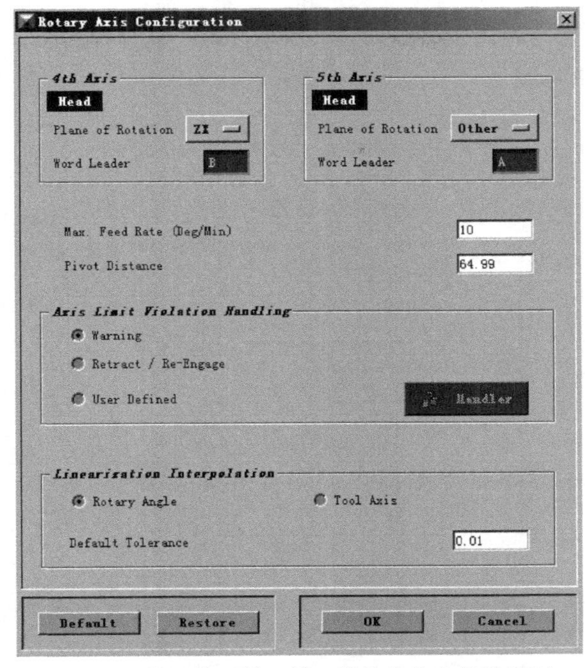

图 6-59　设置第 4 轴、第 5 轴的名称和旋转平面

B 轴为第 4 轴（*XZ* 平面）。*A* 轴为第 5 轴，旋转平面选择“other”，设置第 5 轴矢量 I0 J1 K1。对于特殊双摆头机床，可把主轴轴线和 4 轴轴线的交点看作 4 轴零点，把主轴轴线和 5 轴轴线的交点看作 5 轴零点，主轴端面（Gage）到 5 轴零点的距离设置成枢轴长度 64.99。

⑥ 设置 4 轴零点和第 4 轴行程，见图 6-60。

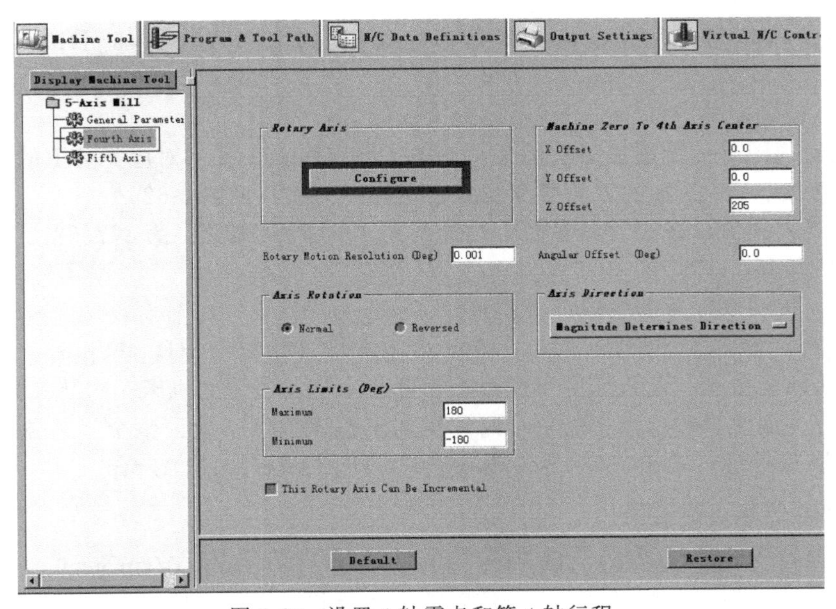

图 6-60　设置 4 轴零点和第 4 轴行程

机床零点到 4 轴零点的距离 $X0$ $Y0$ $Z0$，第 4 轴行程为±180。

⑦ 设置 5 轴零点、4 轴零点的位置关系和第 5 轴行程，见图 6-61。

4 轴零点到 5 轴零点的距离设置 $X0$ $Y0$ $Z205$，第 5 轴行程为±180。

⑧ 其他设置同标准双摆头。在 G00 快速接近、远离工件时，要考虑各轴的移动顺序，避免过切和碰撞。

⑨ 保存后处理。

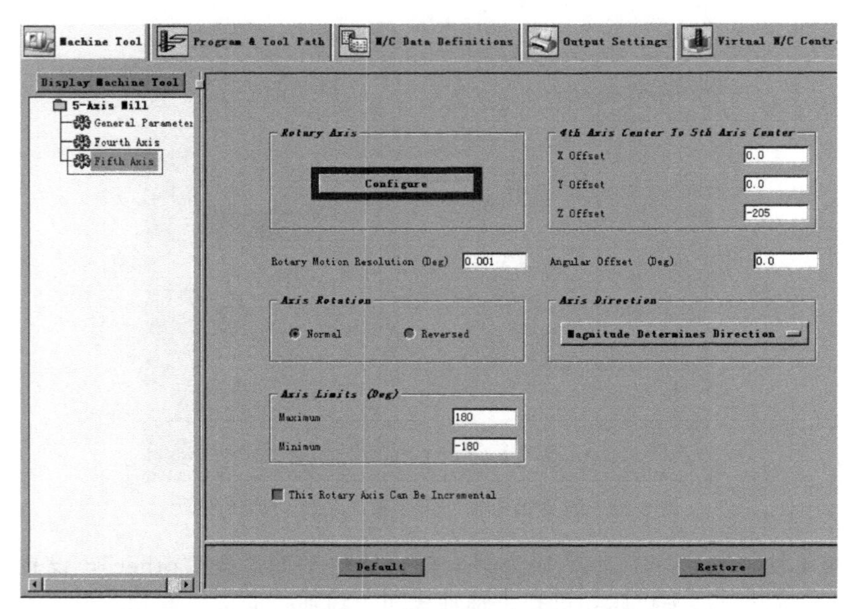

图 6-61　设置 5 轴零点、4 轴零点的位置关系和第 5 轴行程

6.5.3　UG 编程

① 复制加工文件。

复制 D:\v7\5x_HH\Example_1\5x_blade.prt 到 D:\v7\5x_45_HH\example_1 目录下。

打开 D:\v7\5x_45_HH\example_1\5x_blade.prt。

② 在几何视图下，设置加工坐标系零点在工件底面 $\phi11$ 孔（对应工装上的 $\phi11$ 圆柱销）中心点，注意 X、Y、Z 轴的方向要和实际装夹位置一致，见图 6-62。

③ 在刀具视图下，修改刀具参数。设置刀具 T1 的“Z 偏置”为 177.927。设置刀具 T2 的“Z 偏置”为 150.035。

④ 在几何视图下，重新生成刀具轨迹。

⑤ 输出 NC 程序，后处理器选 D:\v7\UG_post\5HH_45\5HH_45.pui。

由于机床结构限制，此机床并不适合加工叶片零件。由于此机床一次装夹只能加工叶片零件的一部分，因此只输出其中的一个叶片粗加工程序，用于验证整个工艺流程的正确性。对操作“O1”后处理，输出文件 D:\v7\5x_45_HH\example_1\O1.ptp。

6.5.4　Vericut 仿真切削过程

① 打开项目文件 D:\v7\5x_HH\example_1\5x_HH _blade. Vcproject

② 调入夹具、毛坯，注意 X、Y、Z 轴的方向要和实际装夹位置一致，见图 6-63。

③ 对刀、设置工件坐标系 G54 X460 Y309 Z300，见图 6-64。

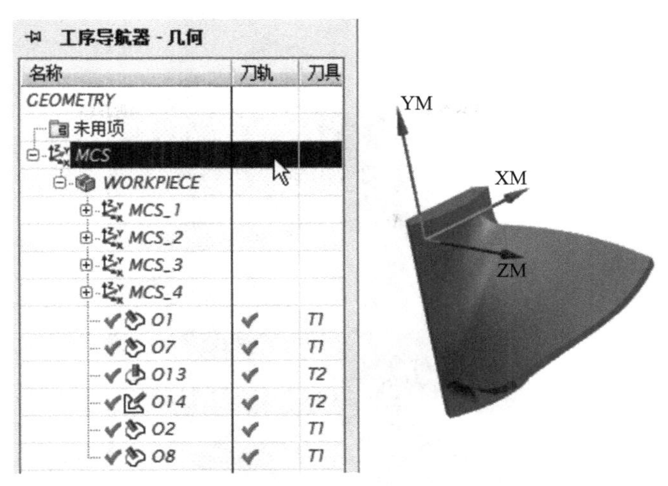

工序导航器 - 几何
名称
刀轨
刀具
GEOMETRY
未用项
MCS
WORKPIECE
MCS_1
MCS_2
MCS_3
MCS_4
O1 T1
O7 T1
O13 T2
O14 T2
O2 T1
O8 T1
YM
XM
ZM

图 6-62　设置加工坐标系

ZG54
Y
X
Zmch
Y
X

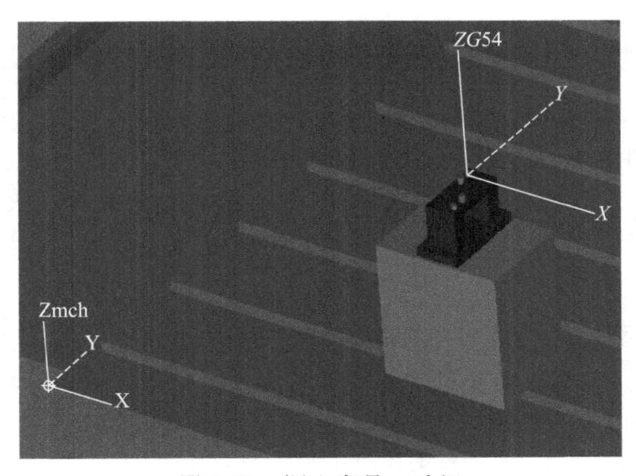

图 6-63　调入夹具、毛坯

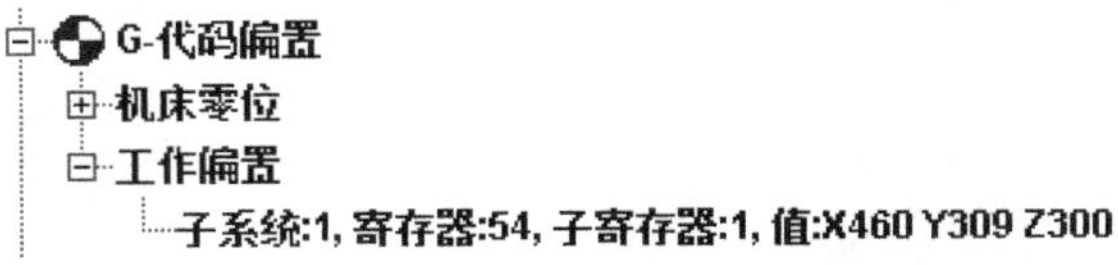

G-代码偏置
机床零位
工作偏置
子系统:1, 寄存器:54, 子寄存器:1, 值:X460 Y309 Z300

图 6-64　对刀、设置工件坐标系

④ 调入刀库。打开刀具文件 D:\v7\5x_HH\Example_1\A1. tls，设置刀具长度要和实际刀具长度一致，见图 6-65。

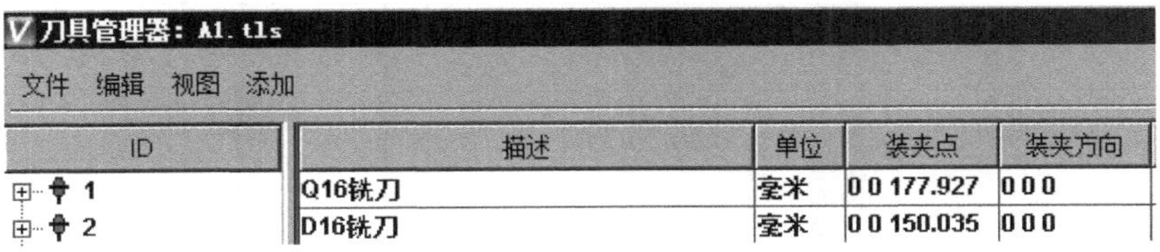

刀具管理器: A1. tls
文件 编辑 视图 添加
ID
描述
单位
装夹点
装夹方向
1
Q16铣刀
毫米
0 0 177.927
0 0 0
2
D16铣刀
毫米
0 0 150.035
0 0 0

图 6-65　调入刀库

⑤ 调入程序 O1、O2、O3。

⑥ 观察仿真结果，见图 6-66。

图 6-66　仿真结果

6.6　非正交一转台一摆头 5 轴加工中心机床加工案例

工艺特点：与标准一转台一摆头 5 轴加工中心机床相同，必须先装夹刀具、装夹工件，确定刀具的长度和工件在机床中的位置。而后能根据刀具的实际长度和工件实际位置，生成 NC 程序。本案例选用的系统不具有 RTCP、RPCP 功能，更换刀具或调整工件装夹位置后，必须重新生成 NC 程序。非正交一转台一摆头机床的摆臂（枢轴）较短，具有更高的灵活性和较大的加工行程。

6.6.1　确定刀具长度和工件在机床中的位置

① 选择刀柄，装夹刀具，并测量刀具长度。

ϕ16 球铣刀（T1）的刀具长度实测为 148.927，见图 6-67。

ϕ16 铣刀（T2）的刀具长度实测为 147.035，见图 6-68。

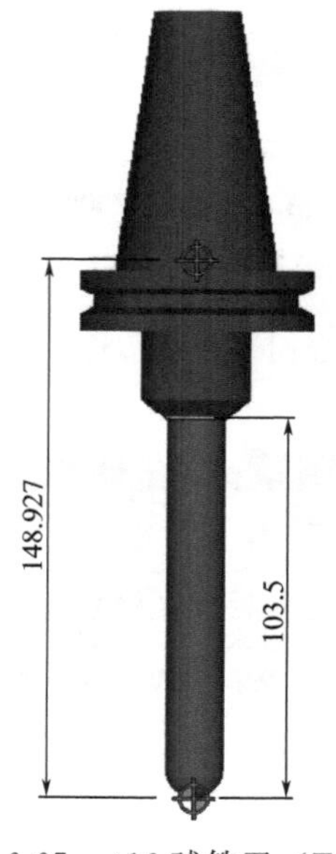

图 6-67　ϕ16 球铣刀（T1）

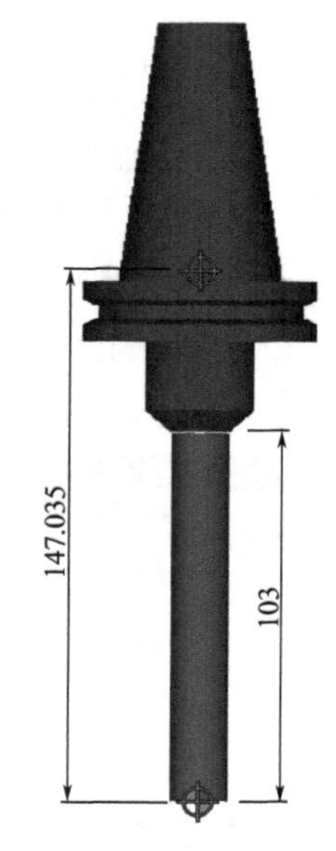

图 6-68　ϕ16 铣刀（T2）

② 装夹工件，测量工件在工作台上的准确位置。旋转 C 轴，找正工件（方法同第 3 章案例 4），测量工装表面圆柱销钉中心点相对 C 轴零点的坐标值为 $X-14$ $Y40$ $Z220$ $B0$ $C0$，见图 6-69。

6.6.2　定制后处理

① 搜集机床数据，见图 6-70。

机床零点：工作台中心点。

C 轴零点：工作台中心点。

B 轴零点：枢轴点。

枢轴长度：B 轴零点到主轴端面（Gage）的长度，实测 0（与主轴端面中心点重合）。

机床指令实际控制点：枢轴点。

编程零点：工作台中心点。

机床行程：$X0\sim1800$　$Y0\sim2000$　$Z0\sim1200$　$B0\sim360$　$C\pm9999$。

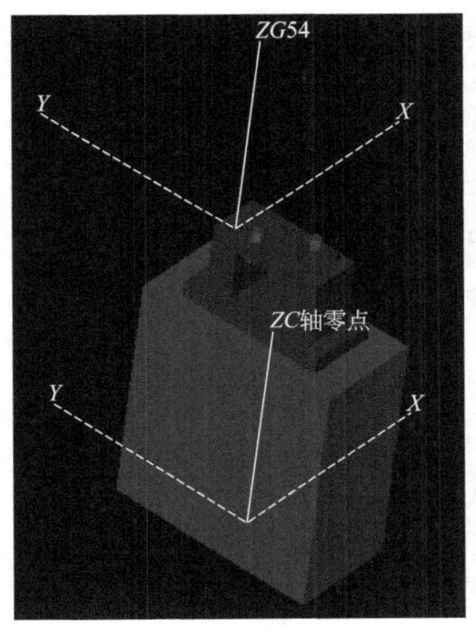

图 6-69　装夹工件

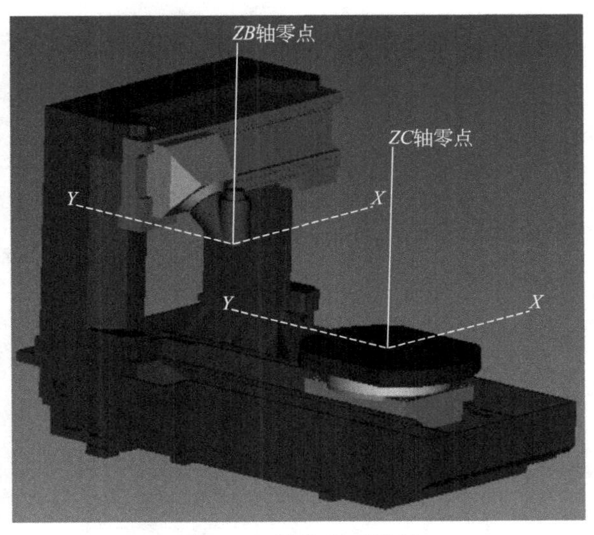

图 6-70　搜集机床数据

② 复制后处理。

打开标准一旋台一摆头后处理 D:\v7\UG_post\5HT\5HT. pui；

另存为 D:\v7\UG_post\5HT_45\5HT_45. pui；

打开 D:\v7\UG_post\5HT_45\5HT_45. pui。

③ 创建后处理设置直线轴行程参数：$X0\sim1800$　$Y0\sim2000$　$Z0\sim1200$。

④ 设置旋转轴参数，见图 6-71。

主轴摆头为第 4 轴（B 轴），回转工作台为第 5 轴（C 轴）。4 轴零点到主轴端面的距离（枢轴长度）设置为 0。

⑤ 设置第 4 轴，见图 6-72。

机床零点到 4 轴零点的偏置距离 $X0$ $Y0$ $Z0$，4 轴行程为 $B-91\sim12$。

⑥ 设置第 5 轴，见图 6-73。

4 轴零点到 5 轴零点的偏置为 $X0$ $Y0$ $Z0$，5 轴行程为±9999。

⑦ 快速移动 G00 设置。

在“Tool Path”界面，打开“Motion”对话框，设置 G00 快速定位各轴的运动顺序，

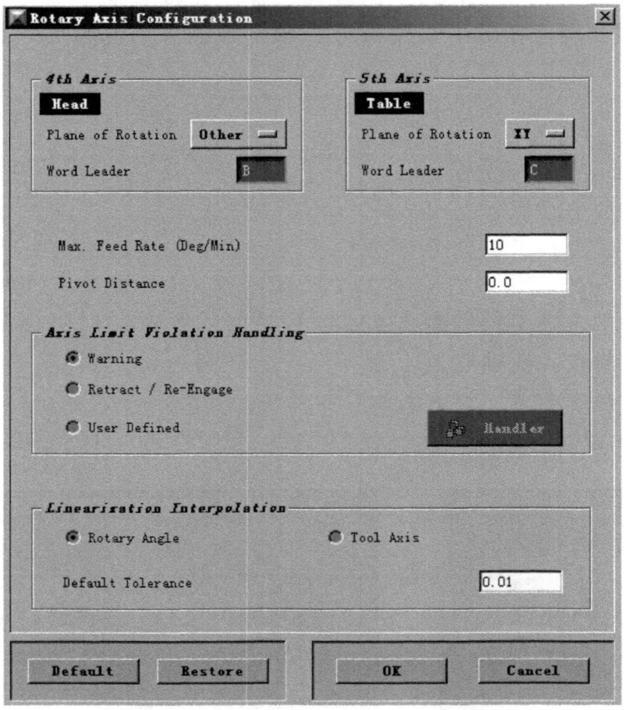

图 6-71　设置旋转轴参数

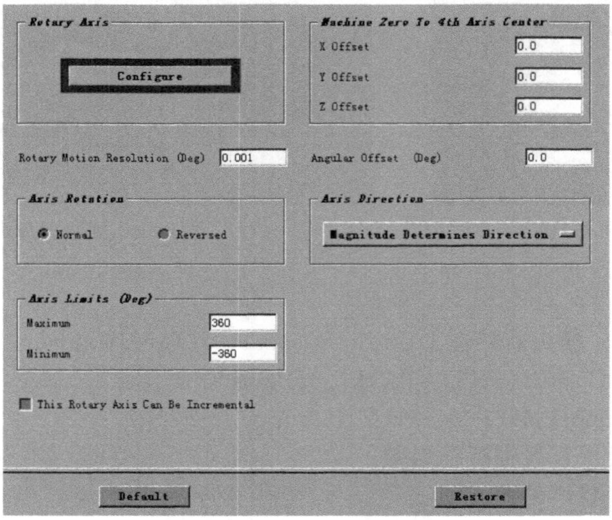

图 6-72　设置第 4 轴

见图 6-74。为避免刀具快速移动时发生刀具和工件碰撞，在刀具快速定位时，通常先旋转 B、C 轴，而后是 X、Y、Z 轴定位并接近工件，避免直线轴和旋转轴同时快速移动。

⑧ 设置退刀操作。

选择“Operation End Sequence”对话框，在“End of Path”界面添加“G28 G91 Z0”，见图 6-75。为避免在下一个操作中 B、C 轴旋转时，造成刀具和工件的碰撞，在每一个操作结束时，Z 轴要退回正向最远点。

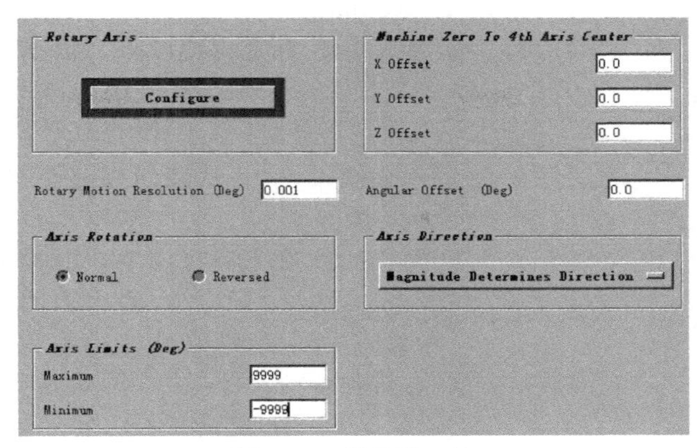

图 6-73　设置第 5 轴

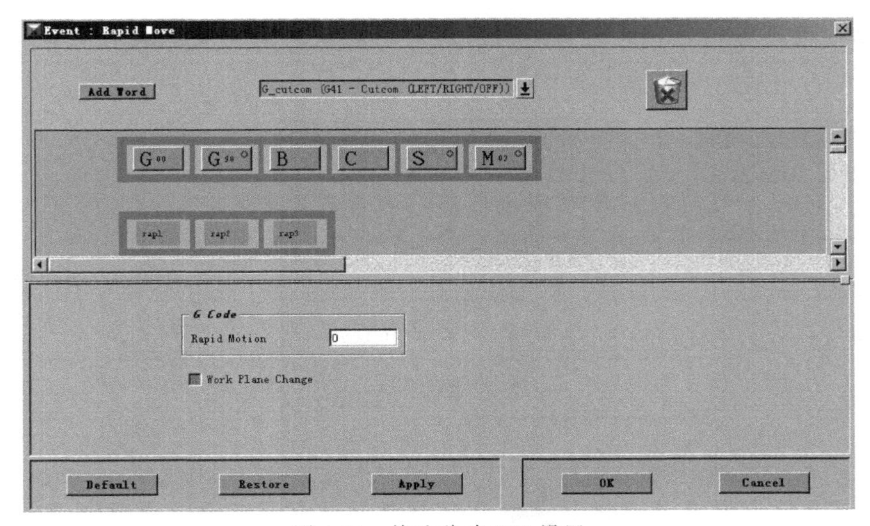

图 6-74　快速移动 G00 设置

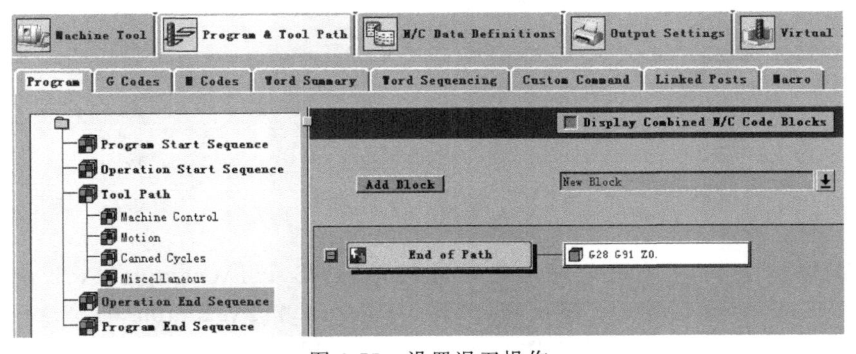

图 6-75　设置退刀操作

⑨ 保存后处理。

6.6.3　UG 编程

① 复制加工文件。

复制 D:\v7\5x_HT\Example_1\5x_blade.prt 到 D:\v7\5x_45_HT 目录下。

打开 D:\v7\5x_45_HT\example_1\ 5x_blade. prt。

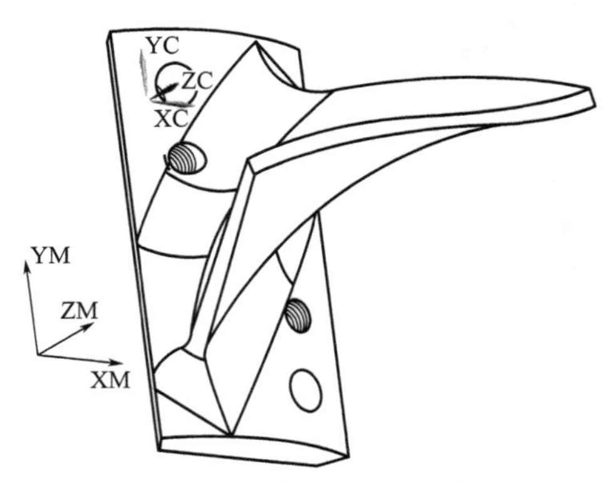

图 6-76 设置加工坐标系

② 在几何视图下，根据对刀测量获得的数据“工装表面圆柱销钉中心点相对 C 轴零点的坐标值 $X-14$ $Y40$ $Z300$ $B0$ $C0$”，设置加工坐标系，注意 X、Y、Z 轴的方向要和实际装夹位置一致，见图 6-76。

③ 在刀具视图下，根据实际刀长修改刀具参数。设置刀具 T1 的“Z 偏置”为 148.927，见图 6-77。设置刀具 T2 的“Z 偏置”为 147.035，见图 6-78。

④ 在程序视图下，查看粗加工程序组“ROUGH”和精加工程序组“FINISH”，见图 6-79。

⑤ 重新生成刀具轨迹。

⑥ 输出 NC 程序，后处理器选 D:\v7\UG_post\5HT_45\5HT_45. pui。

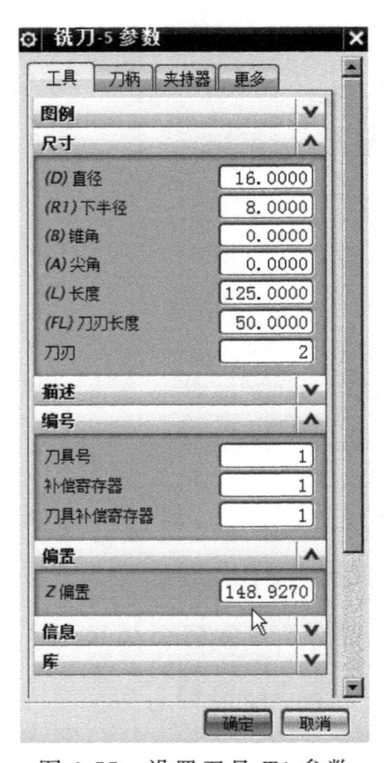

图 6-77 设置刀具 T1 参数

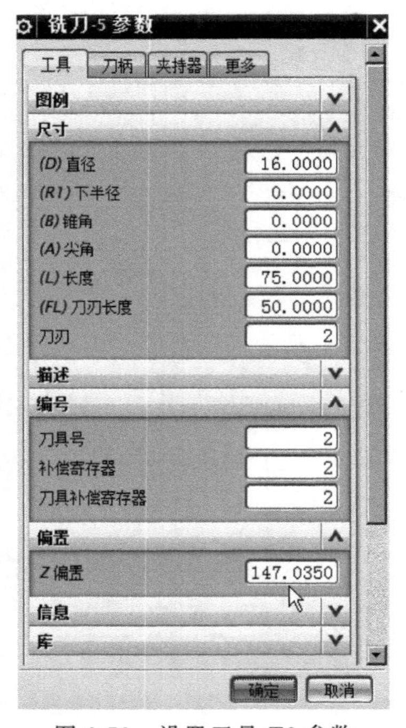

图 6-78 设置刀具 T2 参数

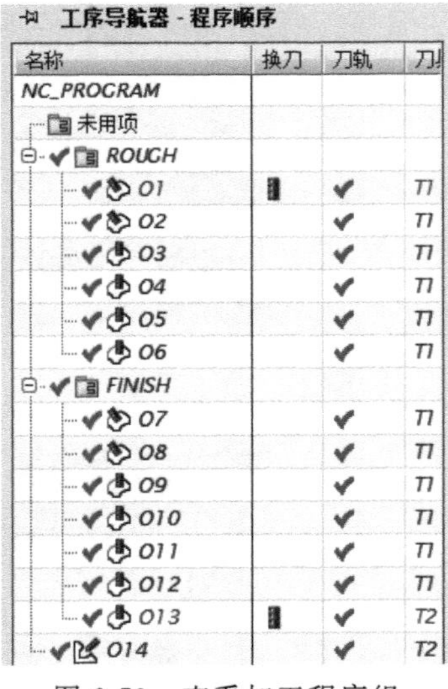

图 6-79 查看加工程序组

对“ROUGH”节点后处理，输出文件 D:\v7\5x_45_HT\example_1\o1. ptp。

对“FINISH”节点后处理，输出文件 D:\v7\5x_45_HT\example_1\o2. ptp。

对操作“O14”后处理，输出文件 D:\v7\5x_45_HT\example_1\o3. ptp。

6.6.4 Vericut 仿真切削过程

① 打开项目文件件 D:\v7\5x_45_HT\ example_1\A5. vcproject

② 调入夹具、毛坯，装夹位置、方向要和实际加工装夹位置一致，见图 6-80。

③ 调入刀库。打开刀具文件 D:\v7\5x_45_HT\A1. tls，设置刀具长度要和实际刀具长

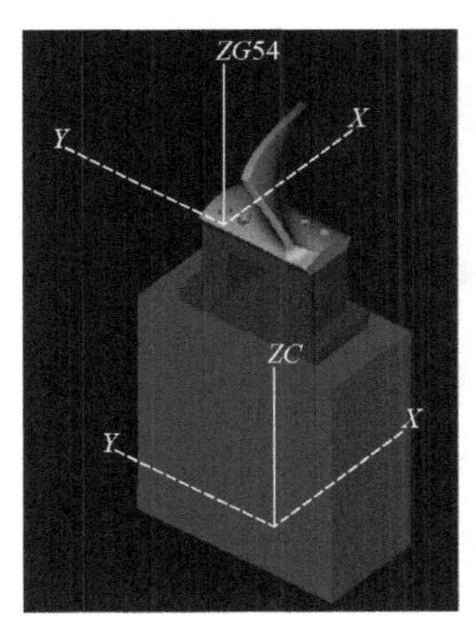

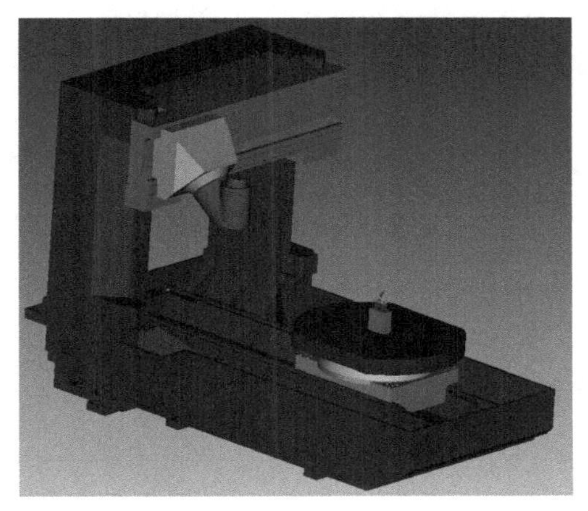

图 6-80　调入夹具、毛坯

度一致，见图 6-81。

④ 调入程序 D:\v7\5x_HT\Example_1\o1. ptp、o2. ptp、o3. ptp，见图 6-82。

⑤ 仿真结果，见图 6-83。

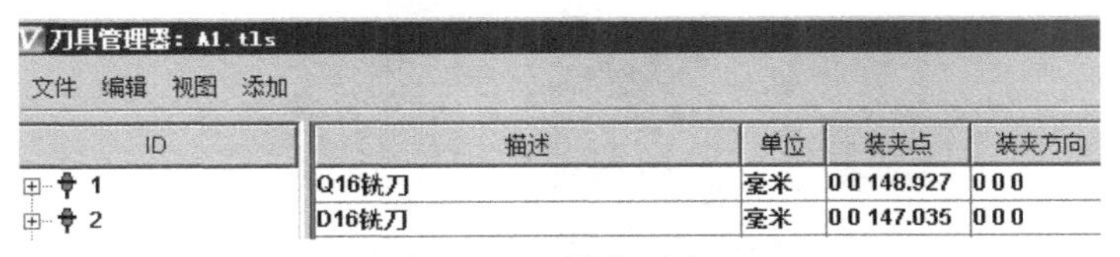

图 6-81　调入刀库

图 6-82　调入程序

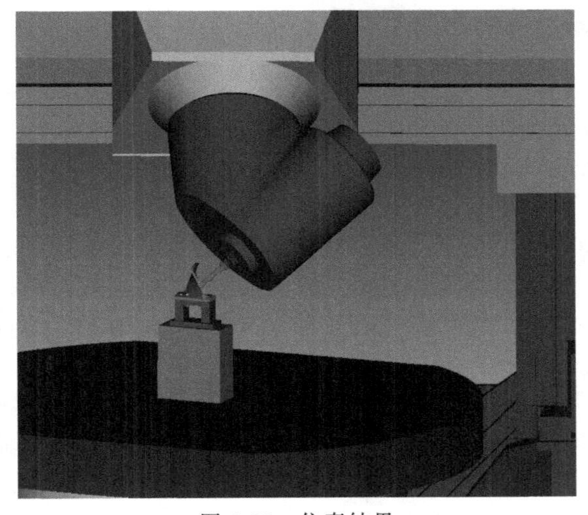

图 6-83　仿真结果

6.7　带 RTCP 功能的双摆头 5 轴加工中心机床加工案例

工艺特点：对于双摆头 5 轴加工中心机床，如果选用带 RTCP 功能的数控系统，编程时不必考虑刀具的长度和工件在机床上的装夹位置，就可以生成 NC 程序，刀具长度和枢轴长度引起的机床实际控制点的坐标偏移都由数控系统来处理。当刀具磨损或损坏后，只需重新测量刀具长度，就可以继续执行 NC 程序。

6.7.1 零件加工工艺

（1）工件装夹

夹具采用专用工装，采用一面两孔的定位方式，用 2 个 M10 的螺钉紧固在工装上。工装用压板压紧在工作台上。

（2）刀具选择

T1：ϕ16 球铣刀。

T2：ϕ16 铣刀。

6.7.2 定制后处理

① 搜集机床数据，见图 6-84，同第 6 章 6.1 节的双摆头机床。

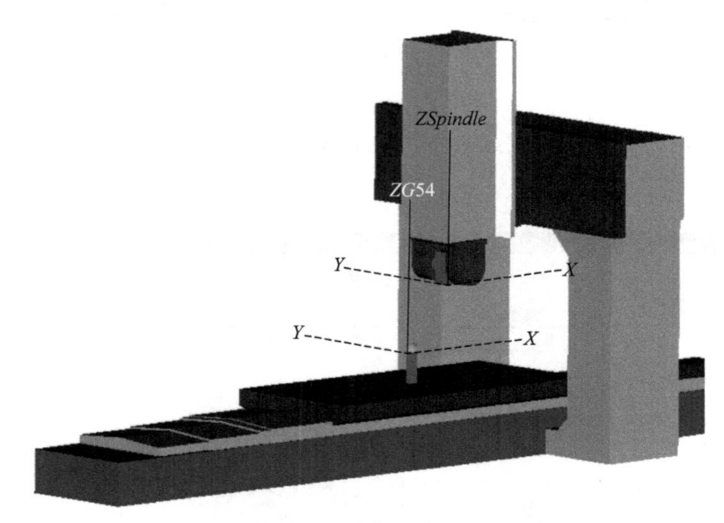

图 6-84 搜集机床数据

机床零点：工作台中心点。

机床指令实际控制点：主轴端面中心点（刀长基准点）。

编程零点：工件底面中心点。

机床行程：X－5000～0 Y－2100～0 Z－1000～0 C－220～220 B－120～120。

【提示】 对于带 RTCP 功能的机床，不必考虑 B、C 轴的零点位置和枢轴长度。

② 打开 D:\v7\UG_post\5HH\5HH. pui，另存为 D:\v7\UG_post\5HH\RTCP\5HH_RTCP. pui。

重新打开 D:\v7\UG_post\5HH\RTCP\5HH_RTCP. pui。

③ 修改第 4、5 轴参数。设置第 4 轴和第 5 轴旋转平面，设置枢轴长度为 0，见图 6-85。设置机床零点和第 4 轴零点的偏置为 X0、Y0、Z0，见图 6-86。设置第 5 轴零点和第 4 轴零点的偏置为 X0、Y0、Z0，见图 6-87。

④ 添加 RTCP 功能代码 M150（自定义代码）。

依次选择“Program & Tool Path”“Program”“Operation Start Sequence”对话框，单击“Initial Move”按钮，在工件坐标偏置“G-Fixture Offset（G54～G59）”对话框下面添加一个新的对话框，并输入自定义代码 M150，见图 6-88。

⑤ 保存后处理。

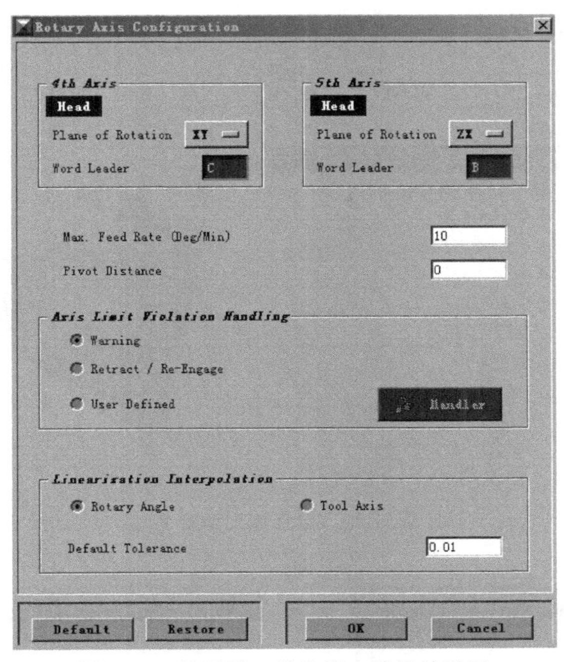

图 6-85　设置第 4 轴和第 5 轴旋转平面

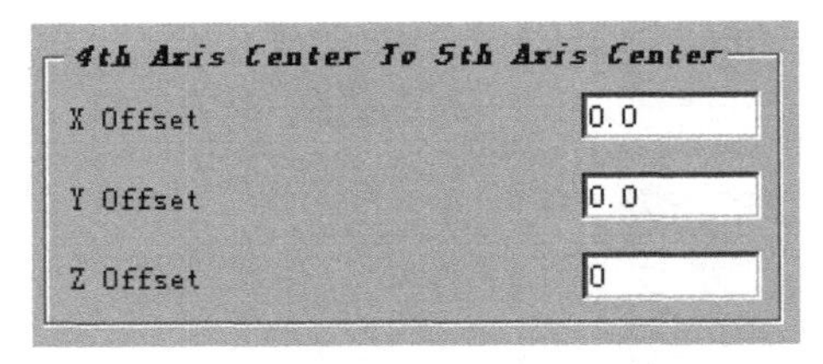

图 6-86　设置机床零点和第 4 轴零点

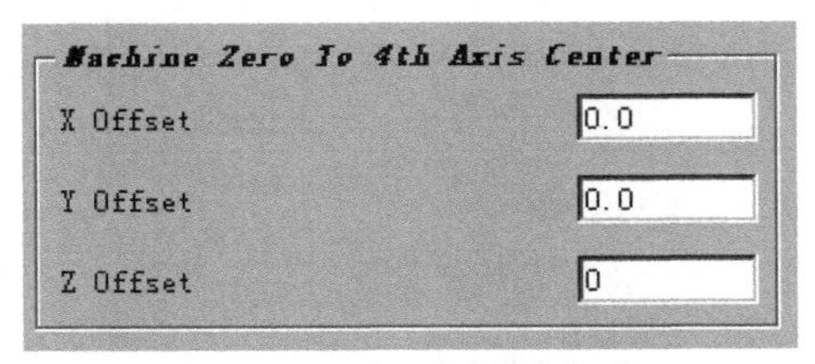

图 6-87　设置第 5 轴零点和第 4 轴零点

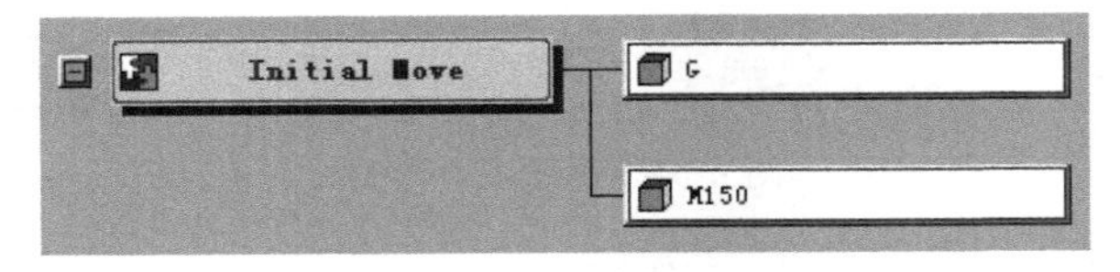

图 6-88　输入自定义代码

6.7.3　UG 编程

① 复制加工文件。

复制 D:\v7\5x_HH\Example_1\5x_blade.prt 到 D:\v7\5x_HH\Example_2 目录下。

打开 D:\v7\5x_HH\Example_2\5x_blade.prt。

② 在几何视图下，检查加工坐标系，见图 6-89。

③ 在刀具视图下，修改刀具参数。设置刀具 T1 的“Z 偏置”为 0，设置刀具 T2 的“Z 偏置”为 0，见图 6-90。

④ 重新生成程序。

⑤ 后处理。

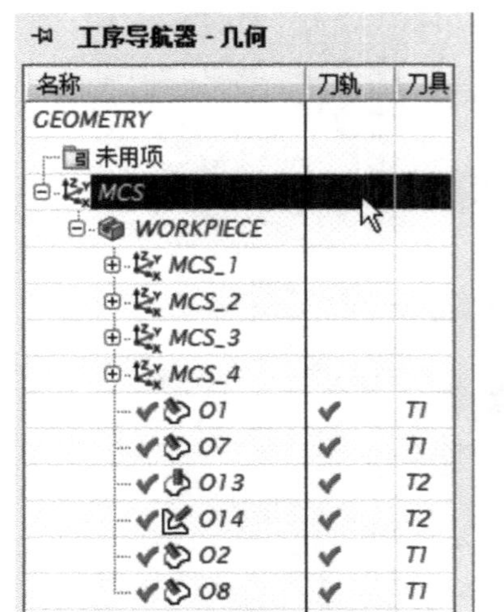

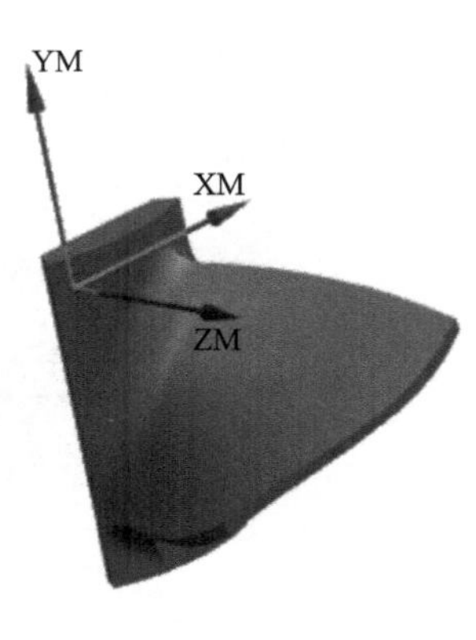

图 6-89　检查加工坐标系

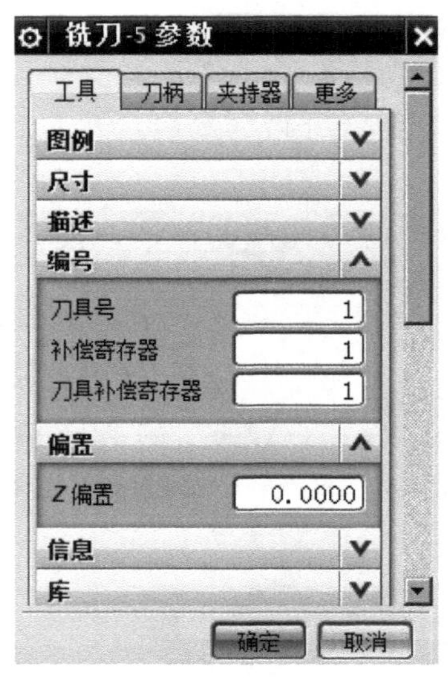

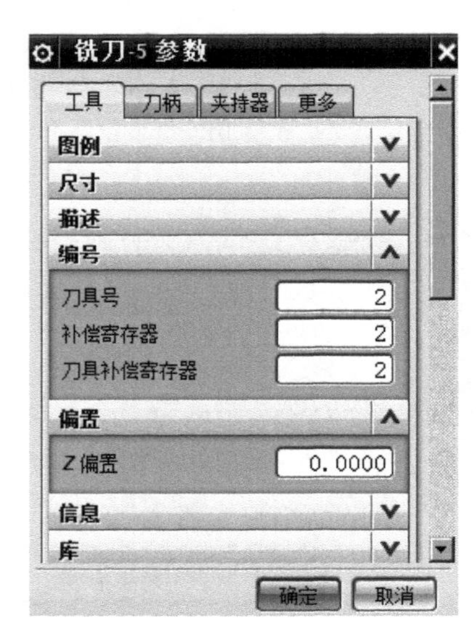

图 6-90　修改刀具参数

在程序视图下，输出 NC 程序。后处理器选 D:\v7\UG_post\5HH\RTCP\5HH_RTCP.pui。

对“ROUGH”节点后处理，输出文件 D:\v7\5x_HH\Example_2\o1.ptp。

对“FINISH”节点后处理，输出文件 D:\v7\5x_HH\Example_2\o2.ptp。

对操作“O14”后处理，输出文件 D:\v7\5x_HH\Example_2\o3.ptp。

6.7.4　Vericut 仿真切削过程

① 打开项目文件 D:\v7\5x_HH\example_2\rtcp.vcproject（数控系统 fan16-rtcp 为带 RTCP 功能的数控系统）。

② 装夹工件。调入夹具、毛坯，注意 X、Y、Z 轴的方向要和实际装夹位置一致，见图 6-91。

③ 对刀、确定工件偏置 G54，见图 6-92。

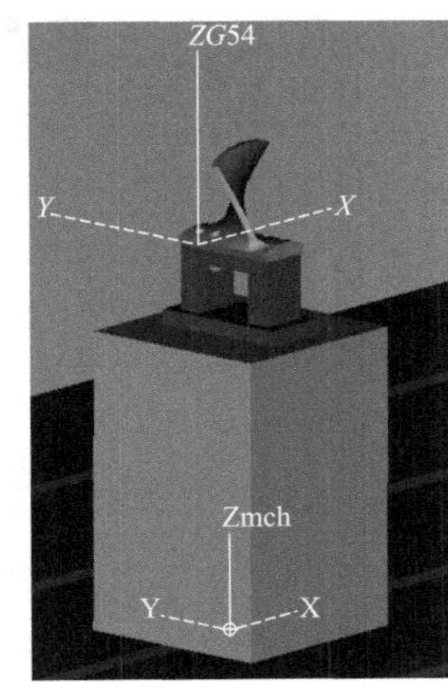

图 6-91　装夹工件

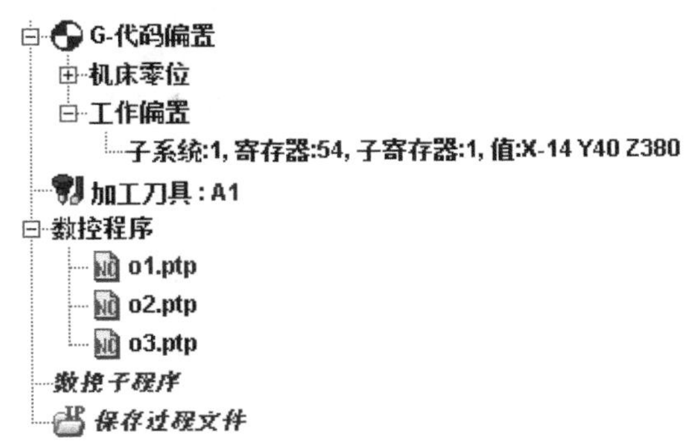

图 6-92　对刀、确定工件偏置 G54

④ 调入刀库。

打开刀具文件 D:\v7\5x_HH\Example_2\A1. tls，任意设置刀具长度。如果需要模拟实际加工时刀具、刀柄是否和机床产生干涉，则要按“对刀后的实际刀具长度”设定仿真刀具长度，见图 6-93。

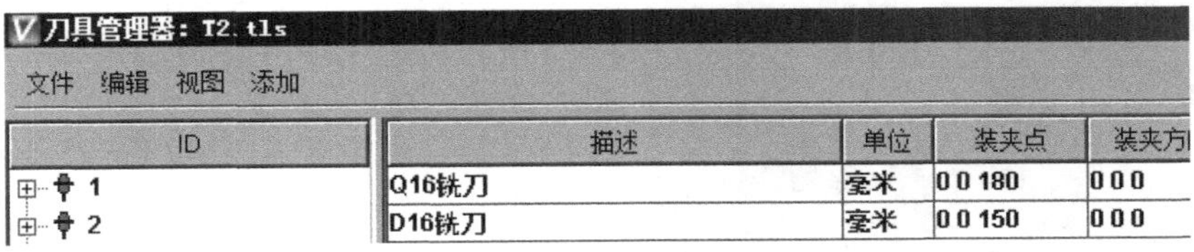

刀具管理器: T2. tls

文件　编辑　视图　添加

ID	描述	单位	装夹点	装夹方
1	Q16铣刀	毫米	0 0 180	0 0 0
2	D16铣刀	毫米	0 0 150	0 0 0

图 6-93　调入刀库

⑤ 调入程序 o1、o2、o3。

⑥ 观察仿真结果，见图 6-94。

⑦ 检验 RTCP 功能的作用：调整刀具长度，重新执行程序，观察机床的加工过程。

图 6-94　仿真结果

6.8 带 RPCP 功能的双转台 5 轴加工中心机床加工案例

工艺特点：对于双转台 5 轴加工中心机床，如果选用带 RPCP 功能的数控系统，确定装夹方案后，就可以编程了。编程时不必考虑刀具的长度和工件在机床上的装夹位置，就可以生成 NC 程序。工作台回转引起的机床实际控制点的坐标偏移都由数控系统来处理。当装夹工件后，只需重新对刀，确定工件零点就可以加工了，加工过程和 3 轴加工类似。

6.8.1 零件加工工艺

（1）工件装夹

夹具采用专用工装，采用一面两孔的定位方式，用 2 个 M10 的螺钉紧固在工装上。工装用压板压紧在工作台上。

（2）刀具选择

T1：ϕ16 球铣刀。

T2：ϕ16 铣刀。

6.8.2 定制后处理

① 搜集机床数据，见图 6-95（同第 4 章双转台机床）。

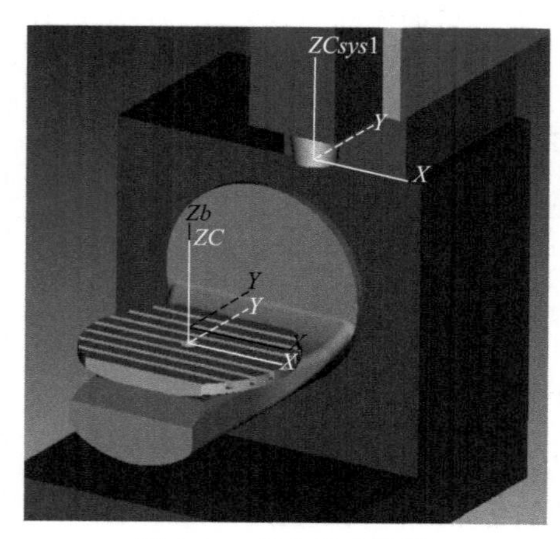

图 6-95　搜集机床数据

机床型号：DMG DMU50。

控制系统：FANUC（带 RPCP 功能）。

机床零点：工作台中心点。

编程零点：工作台中心点。

机床行程：X－500～0　Y－450～0　Z－400～0。

【提示】　对于带 RPCP 功能的机床，不必考虑 B、C 轴零点的相对位置。B、C 轴的各参数都写到机床的系统参数中，由 RPCP 指令来调用以处理各直线轴的补偿数值。

② 打开 D:\v7\UG_pos\5TT\5tt. pui，另存为 D:\v7\UG_post\5TT\RPCP\rpcp. pui。

重新打开 D:\v7\UG_post\5TT\RPCP\rpcp. pui。

③ 设置第 4、5 轴参数。设置旋转轴的回转平面，见图 6-96；设置 4 轴零点、5 轴零点为 0，见图 6-97、图 6-98。

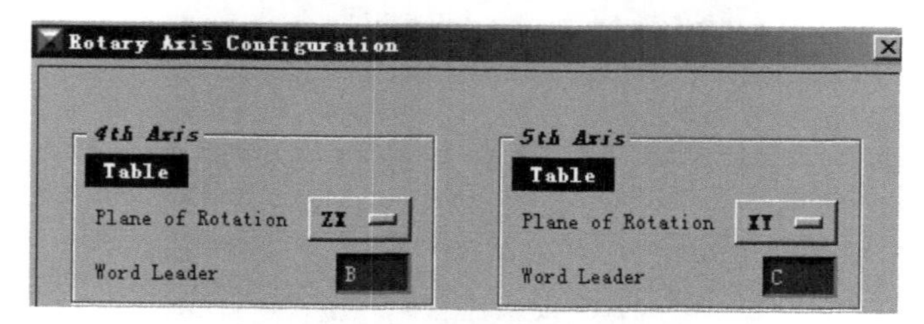

图 6-96　设置旋转轴的回转平面

④ 添加 RPCP 功能代码 M150（自定义代码）。

依次选择“Program & Tool Path”“Program”“Operation Start Sequence”对话框，单击“Initial Move”按钮，在工件坐标偏置“G-Fixture Offset（G54～G59）”对话框下面

添加一个新的对话框，并输入 RPCP 功能自定义代码 M150，见图 6-99。

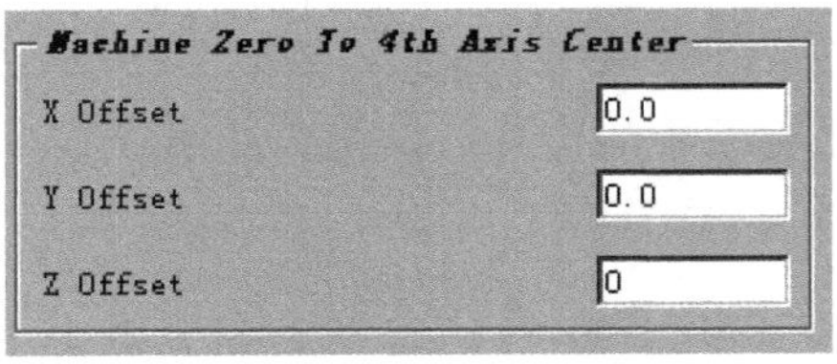

图 6-97　设置 4 轴零点

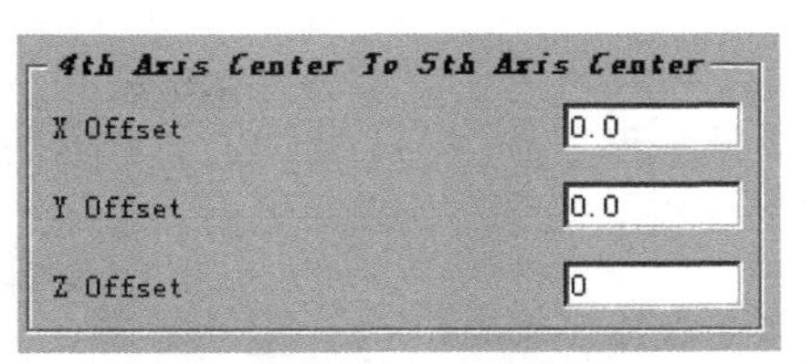

图 6-98　设置 5 轴零点

图 6-99　输入 RPCP 功能自定义代码

⑤ 保存后处理。

6.8.3　使用 UG 编程

① 打开文件 D:\v7\5x_TT\Example_5\rpcp. prt。

② 在几何视图下，设置加工坐标系零点在工件底面 ϕ11 孔中心点，注意 X、Y、Z 轴的方向要和实际装夹位置一致，见图 6-100。

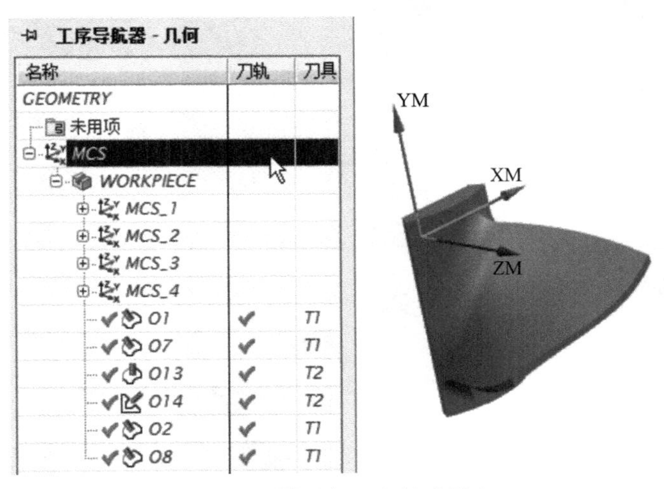

图 6-100　设置加工坐标系零点

③ 重新生成程序。

④ 后处理。

在程序视图下，输出 NC 程序。后处理器选 D:\v7\UG_post\5TT\RPCP\rpcp. pui。

对“ROUGH”节点后处理，输出文件 D:\v7\5x_TT\Example_5\o1. ptp。

对“FINISH”节点后处理，输出文件 D:\v7\5x_TT\Example_5\o2. ptp。

对操作“O14”后处理，输出文件 D:\v7\5x_TT\Example_5\o3. ptp。

6.8.4　Vericut 仿真切削过程

① 打开项目文件 D:\v7\5x_TT\example_5\rpcp. vcproject（数控系统 fan16im-rpcp 为

带 RPCP 功能的数控系统)。

② 装夹工件。调入夹具、毛坯，注意 X、Y、Z 轴的方向要和实际装夹位置一致，见图 6-101。

③ 测量编程零点（ϕ11 孔中心点）在机床坐标系中的位置，设置工件偏置 G54：X−84 Y60 Z80 C0 B0，见图 6-102。

ZG54
Y
X

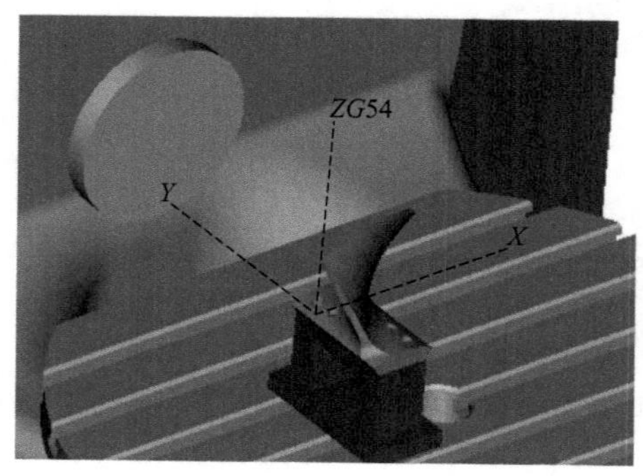

图 6-101　调入夹具、毛坯

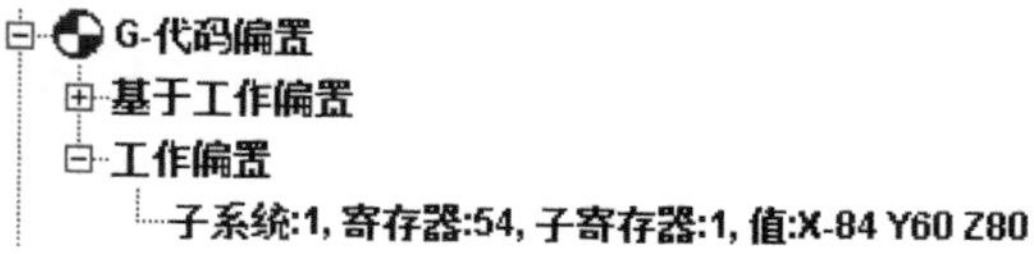

G-代码偏置
基于工作偏置
工作偏置
子系统:1, 寄存器:54, 子寄存器:1, 值:X-84 Y60 Z80

图 6-102　设置工件偏置 G54

④ 调入刀库。

打开刀具文件 D:\v7\5x_TT\Example_5\A5. tls。如果需要模拟实际加工时刀具、刀柄是否和机床产生干涉，则要按“对刀后的实际刀具长度”设定仿真刀具长度，见图 6-103。

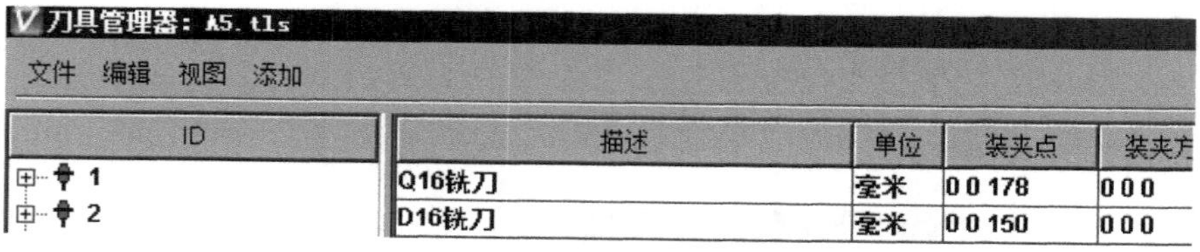

刀具管理器: A5. tls

文件　编辑　视图　添加

ID	描述	单位	装夹点	装夹方
1	Q16铣刀	毫米	0 0 178	0 0 0
2	D16铣刀	毫米	0 0 150	0 0 0

图 6-103　调入刀库

⑤ 调入程序 o1、o2、o3。

⑥ 观察仿真结果，见图 6-104。

ZG54
Y
X

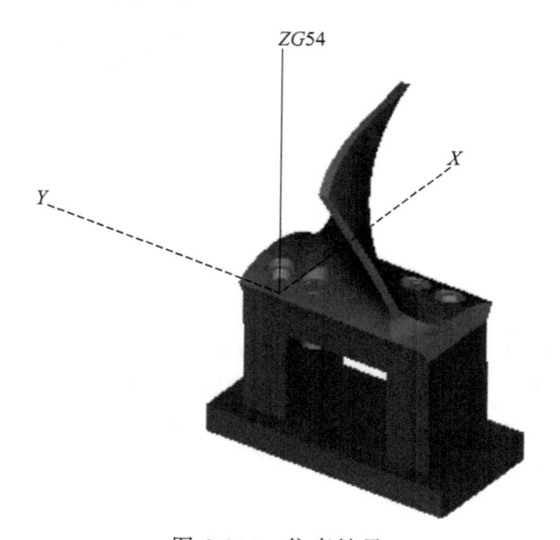

图 6-104　仿真结果

⑦ 检验 RPCP 功能的作用。

调整工件在工作台上的位置，并相应修改工件偏置 G54。重新执行程序，观察机床的加工过程。

6.9 德马吉 DMG DMU50 双转台 5 轴加工中心加工案例

工艺特点：对于配备海德汉 iTNC530 数控系统的 DMG DMU50 双转台 5 轴加工中心机床，在确定装夹方案后，就可以编程了。编程时不必考虑刀具的长度和工件在机床上的装夹位置，就可以后处理生成 NC 程序。工作台回转引起的机床实际控制点的坐标偏移都由海德汉 iTNC530 系统来处理。当装夹工件后，只需对刀确定工件零点和刀具长度就可以加工了，加工操作过程和 3 轴加工类似。

6.9.1 零件加工工艺

（1）工件装夹

夹具采用专用工装，采用一面两孔的定位方式，用 2 个 M10 的螺钉紧固在工装上。工装用压板压紧在工作台上。

（2）刀具选择

T1：ϕ16 球铣刀。

T2：ϕ16 铣刀。

6.9.2 定制后处理

① 搜集机床数据，见图 6-105（同第 4 章双转台机床）。

机床型号：DMG DMU50。

控制系统：海德汉 iTNC530。

编程零点：工作台中心点。

机床行程：X－500～0　Y－450～0　Z－400～0。

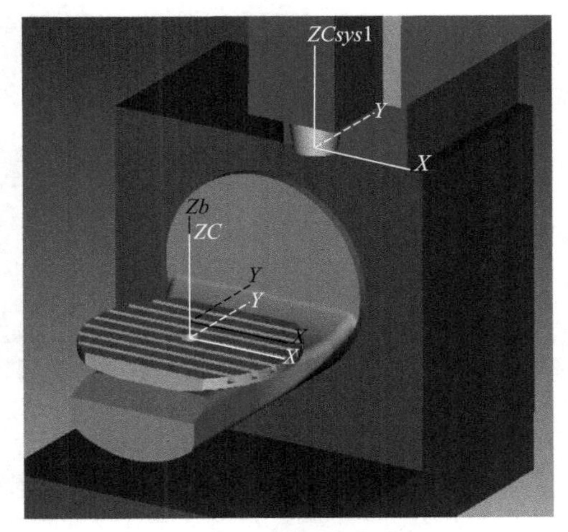

图 6-105　搜集机床数据

【提示】　海德汉 iTNC530 数控系统用 M128 指令和循环 CYCL19 来共同实现 RPCP 功能，其中 M128 用于 5 轴联动操作，循环 CYCL19 用于固定轴加工操作（俗称 3＋2，即 2 个旋转轴只参与定位，切削时 2 个旋转轴是锁定状态）。编程时不必考虑 B、C 轴零点的相对位置，B、C 轴的位置参数都写到机床的系统参数中，由 M128 和循环 CYCL19 来调用以处理各直线轴的补偿数值。关于海德汉 iTNC530 的后处理定制，较简单的方法是做 2 个后处理，分别用于处理 5 轴联动和 3＋2 加工；标准的后处理定制则比较复杂，需要通过变量来识别操作是 5 轴联动还是 3＋2 加工，如果是 5 轴联动的操作，则输出 M128，如果是 3＋2 操作，则输出循环 CYCL19。

② 打开 UG8.5 版本的后处理构造器，设置后处理名“iTNC530 _ 5TT”、后处理单位“Millimeters”、机床类型“5-Axis with Dual Rotary Tables”、控制系统模板“HEIDENHAIN”，见图 6-106。

③ 设置第 4、5 轴参数。设置旋转轴的回转平面，见图 6-107；设置 4 轴零点、5 轴零点为 0，见图 6-108、图 6-109。

④ 添加工件坐标偏置。

依次选择“Program & Tool Path”“Program”“Program Start Sequence”对话框。在“Program Start Sequence”节点底部，添加一个自定义宏（Custom Maro），见图 6-110、图 6-111。

图 6-106　设置后处理

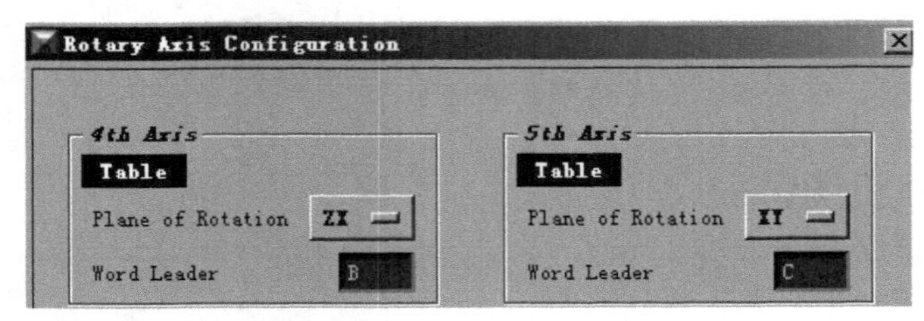

图 6-107　设置旋转轴的回转平面

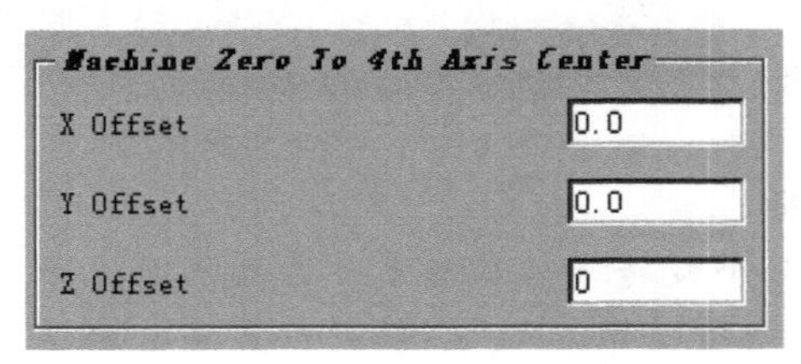

图 6-108　设置 4 轴零点

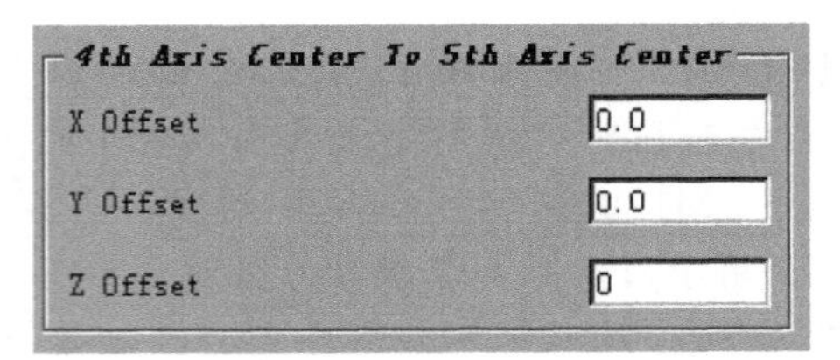

图 6-109　设置 5 轴零点

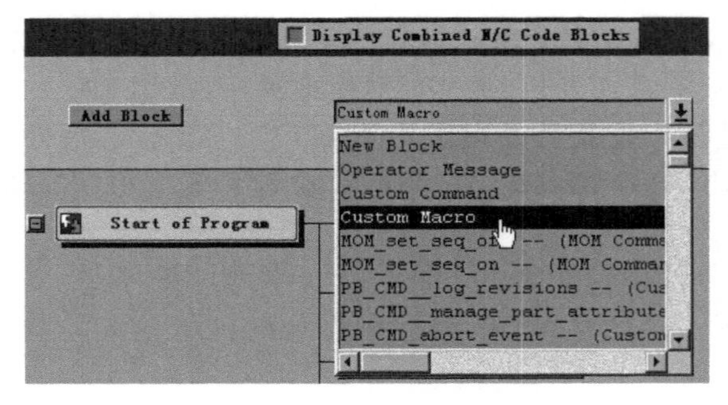

图 6-110　添加工件坐标偏置

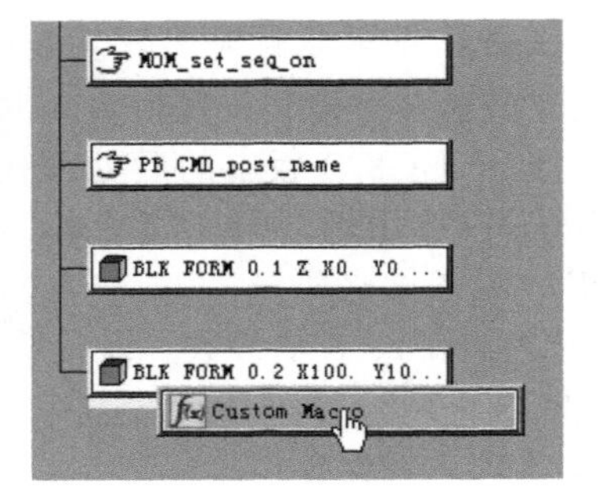

图 6-111　添加自定义宏

在弹出的"自定义宏"界面，设置"宏名称"为"G54"，"宏输出名称"为"CYCL DEF 247"，连接符号为"="，其他参数为"None"。设置参数名称为"Q339"，参数表达式为"$mom_fixture_offset_value"，数据类型为整数（对应坐标号 1，2，3…），见图 6-112。

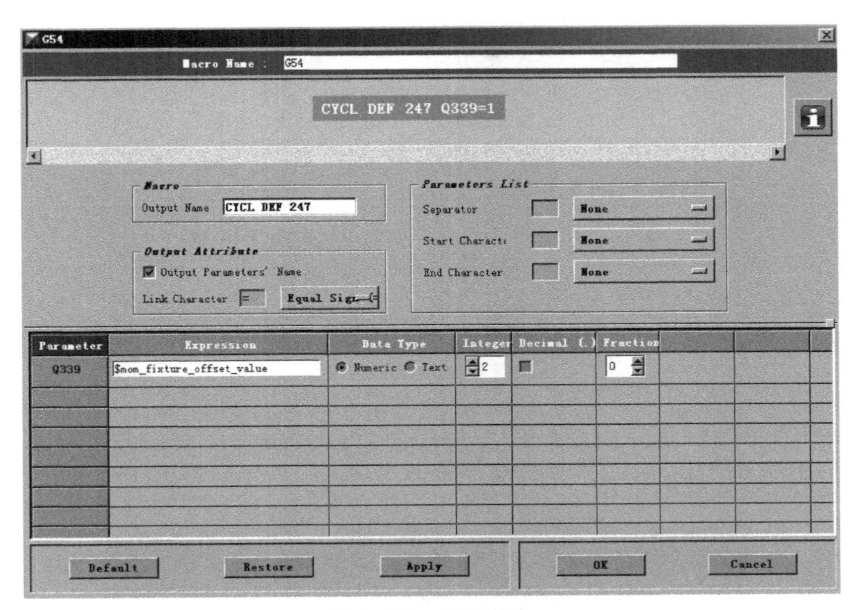

图 6-112　自定义宏

⑤ 判断 5 轴操作类型。

依次选择"Program & Tool Path""Program""Operation Start Sequence""Star of Path"对话框，编辑命令"PB_CMD_init_tnc_output_mode"，见图 6-113。

在工件坐标偏置"G-Fixture Offset（G54～G59）"对话框下面添加一个新的对话框，并输入 RPCP 功能自定义代码 M150，见图 6-99。

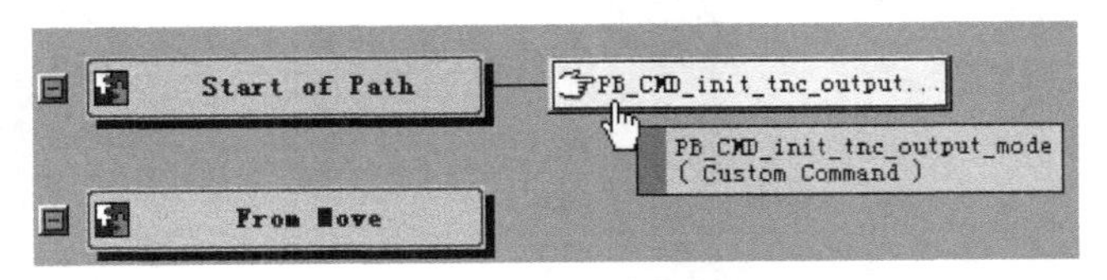

图 6-113　判断 5 轴操作类型（一）

在弹出的"PB_CMD_init_tnc_output_mode"命令对话框，设置可变轴操作、顺序铣操作、叶轮铣操作为 5 轴联动操作，并激活 M128 功能，见图 6-114。如果是其他操作则激活循环 CYCL 19。

⑥ 设置操作起始点和操作结束后退刀点。

依次选择"N/C Data Definitions""Block"对话框，编辑程序块"return_home_xy"，设置退刀点为 $X-500$ $Y-1$，见图 6-115(a)；编辑程序块"return_home_z"，设置退刀点为 $Z-1$，见图 6-115(b)；编辑程序块"return_home_bc"，设置退刀点为 $B0$ $C0$。

⑦ 设置圆弧插补、快速功能格式。

设置圆弧心坐标 X、Y、Z 为强制输出，见图 6-116。设置快速功能格式为 2 个旋转轴先定位，而后 3 个直线轴联动定位，并且设定 CYCL19 在旋转轴定位前输出，M128 指令在

B、C 轴定位之后输出，图 6-117。

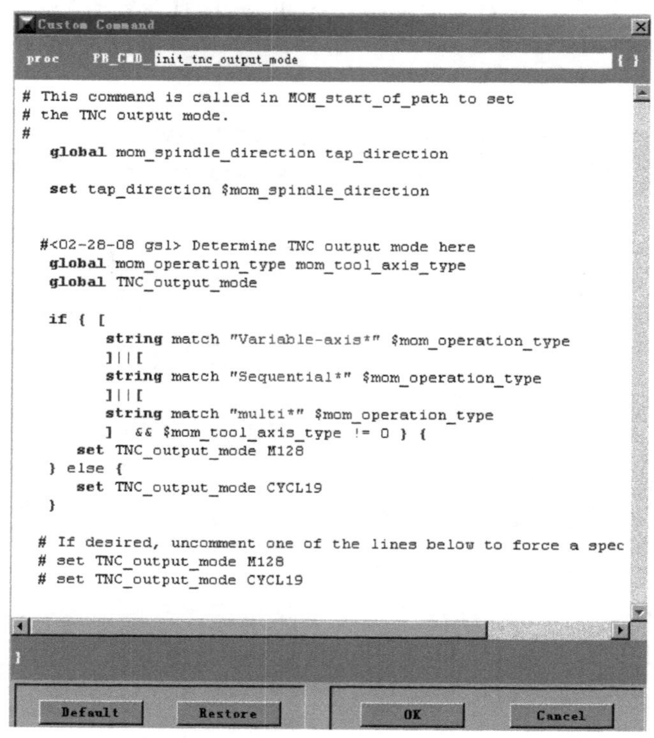

图 6-114　设置 5 轴操作类型（二）

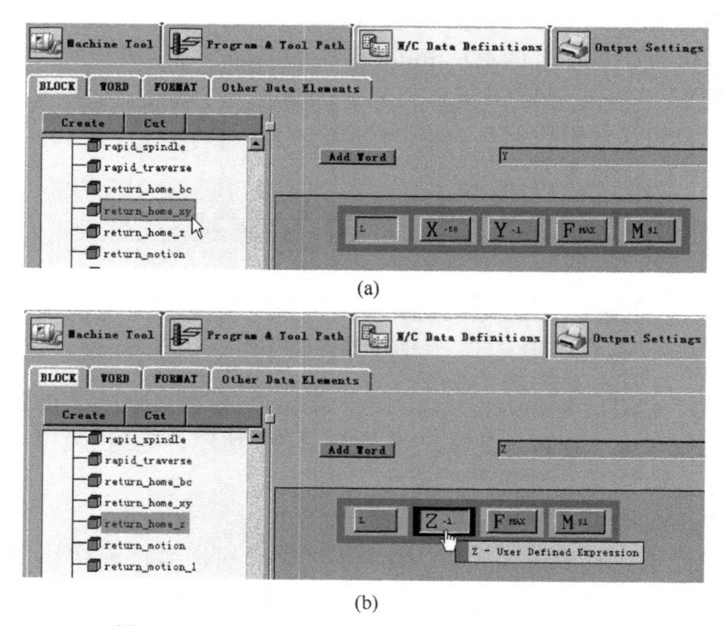

图 6-115　设置操作起始点和操作结束后退刀点

⑧ 设置 NC 程序格式为“＊.H”，见图 6-118，保存后处理。

【提示】　如果程序格式不符合自己的加工习惯，则需要进行局部的细节调整，以满足自己的加工需要。

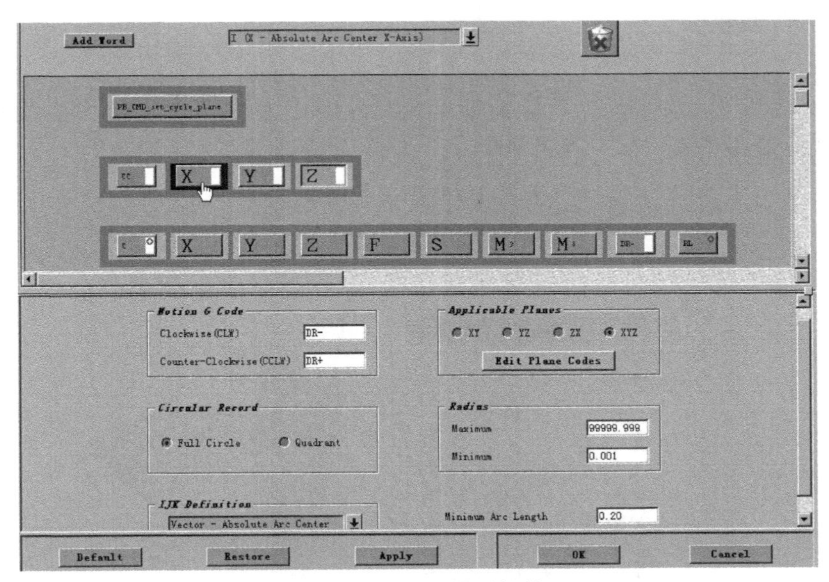

图 6-116　设置圆弧插补

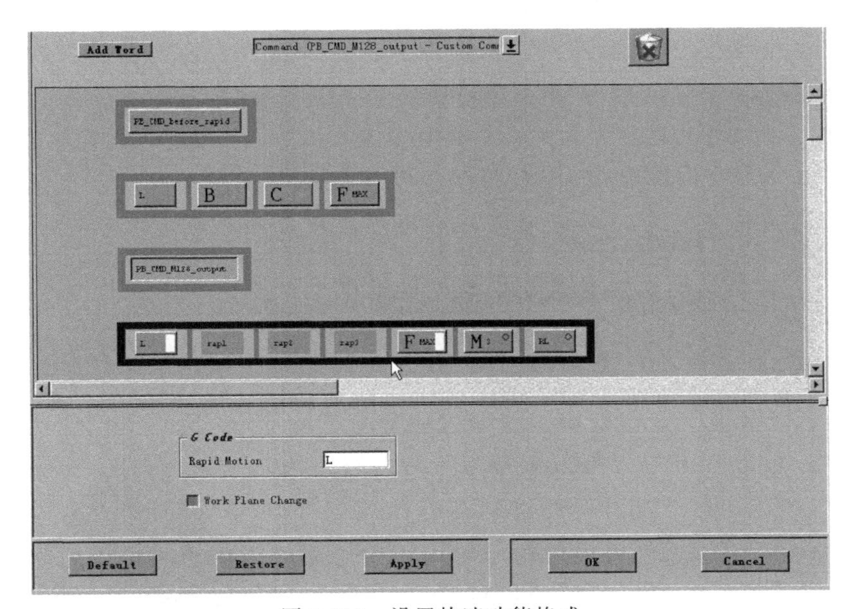

图 6-117　设置快速功能格式

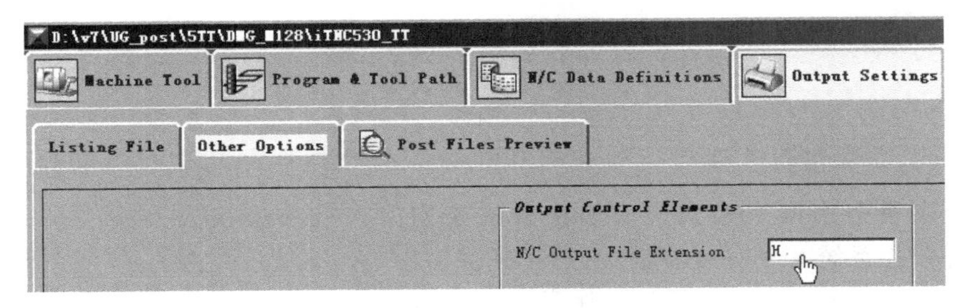

图 6-118　设置 NC 程序格式

6.9.3　使用 UG 编程

① 打开文件 D:\v7\5x_TT\Example_5_M128\ 5x_blade_m128. prt。

② 在几何视图下，设置加工坐标系零点在工件底面 ϕ11 孔中心点，注意 X、Y、Z 轴的方向要和实际装夹位置一致，见图 6-119。

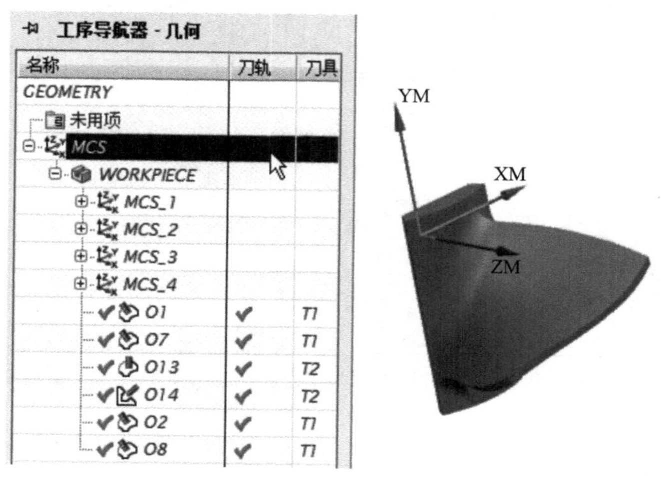

图 6-119　设置加工坐标系零点

③ 重新生成程序。

④ 后处理。在程序视图下，右击 NC _ PROGRAM 节点，输出 NC 程序 o1，后处理器选 D:\v7\UG_post\5TT\DMG_M128 \iTNC530_TT. pui，见图 6-120。

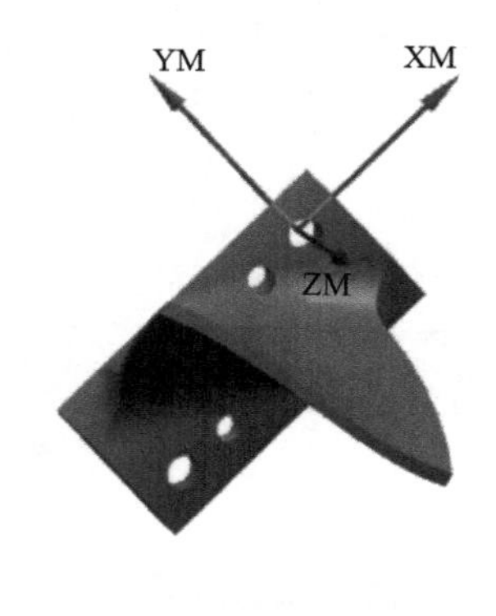

图 6-120　后处理

6.9.4　Vericut 仿真切削过程

① 打开项目文件 D:\v7\5x_TT\Example_5_M128\A2. vcproject。

② 选择数控系统 hei530（海德汉 iTNC530）。

③ 装夹工件。调入夹具、毛坯，注意 X、Y、Z 轴的方向要和实际装夹位置一致。测量编程零点（ϕ11 孔中心点）在机床坐标系中的位置，设置工件偏置 1：$X40$ $Y14$ $Z80$ $C0$ $B0$，

见图 6-121。

④ 调入刀库。打开刀具文件 D:\v7\5x_TT\Example_5_M128\A2. tls。如果需要模拟实际加工时刀具、刀柄是否和机床产生干涉，则要按“对刀后的实际刀具长度”设定仿真刀具长度，见图 6-122。

⑤ 调入程序 o1. h。

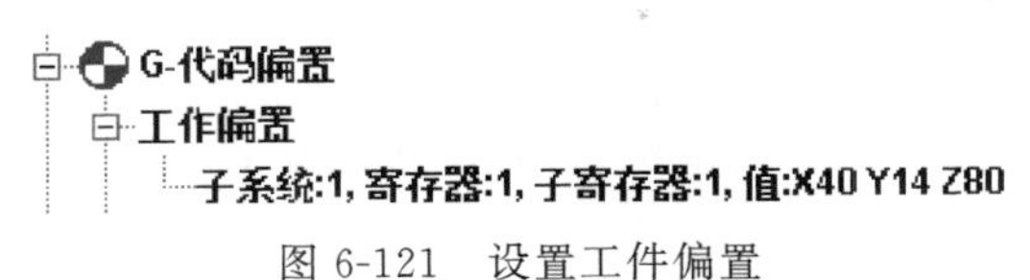

图 6-121　设置工件偏置

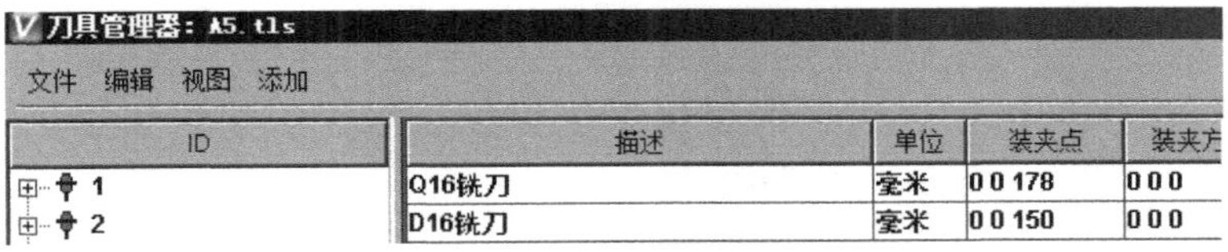

刀具管理器: A5. tls

文件　编辑　视图　添加

ID	描述	单位	装夹点	装夹方
1	Q16铣刀	毫米	0 0 178	0 0 0
2	D16铣刀	毫米	0 0 150	0 0 0

图 6-122　调入刀库

⑥ 观察仿真结果，见图 6-123。

图 6-123　仿真结果

⑦ 调整工件在工作台上的位置，并相应修改工件偏置。重新执行程序，观察机床的加工过程。

参 考 文 献

[1] 梁全，王永章. 五轴数控系统 RTCP 和 RPCP 技术应用 [J]. 组合机床与自动化加工技术，2008 (02)：62-65.

[2] 张喜江. 加工中心宏程序应用案例 [M]. 北京：金盾出版社，2013.

[3] 斯密德. FANUC 数控系统用户宏程序与编程技巧 [M]. 罗学科，赵玉侠，刘瑛，等译. 北京：化学工业出版社，2007.

[4] 姜厚文，杨浩. UG NX6 固定轴与多轴铣培训教程 [M]. 北京：清华大学出版社，2010.

[5] 杨胜群. UG NX 数控加工技术 [M]. 北京：清华大学出版社，2006.

[6] 杨胜群. VERICUT 数控加工仿真技术 [M]. 北京：清华大学出版社，2010.